中 国 国 家 标 准 汇 编

2011 年修订-18

中国标准出版社　编

中国标准出版社

北　京

图书在版编目(CIP)数据

中国国家标准汇编:2011年修订.18/中国标准出版社编.—北京:中国标准出版社,2012

ISBN 978-7-5066-6942-9

Ⅰ.①中… Ⅱ.①中… Ⅲ.①国家标准-汇编-中国-2011 Ⅳ.①T-652.1

中国版本图书馆CIP数据核字(2012)第197073号

中国标准出版社出版发行
北京市朝阳区和平里西街甲2号(100013)
北京市西城区三里河北街16号(100045)

网址 www.spc.net.cn
总编室:(010)64275323 发行中心:(010)51780235
读者服务部:(010)68523946

中国标准出版社秦皇岛印刷厂印刷
各地新华书店经销

*

开本 880×1230 1/16 印张 40 字数 1 235 千字
2012年9月第一版 2012年9月第一次印刷

*

定价 220.00 元

出 版 说 明

1.《中国国家标准汇编》是一部大型综合性国家标准全集。自1983年起，按国家标准顺序号以精装本、平装本两种装帧形式陆续分册汇编出版。它在一定程度上反映了我国建国以来标准化事业发展的基本情况和主要成就，是各级标准化管理机构，工矿企事业单位，农林牧副渔系统，科研、设计、教学等部门必不可少的工具书。

2.《中国国家标准汇编》收入我国每年正式发布的全部国家标准，分为“制定”卷和“修订”卷两种编辑版本。

“制定”卷收入上一年度我国发布的、新制定的国家标准，顺延前年度标准编号分成若干分册，封面和书脊上注明“20××年制定”字样及分册号，分册号一直连续。各分册中的标准是按照标准编号顺序连续排列的，如有标准顺序号缺号的，除特殊情况注明外，暂为空号。

“修订”卷收入上一年度我国发布的、被修订的国家标准，视篇幅分设若干分册，但与“制定”卷分册号无关联，仅在封面和书脊上注明“20××年修订-1，-2，-3，……”字样。“修订”卷各分册中的标准，仍按标准编号顺序排列(但不连续)；如有遗漏的，均在当年最后一分册中补齐。需提请读者注意的是，个别非顺延前年度标准编号的新制定的国家标准没有收入在“制定”卷中，而是收入在“修订”卷中。

读者配套购买《中国国家标准汇编》“制定”卷和“修订”卷则可收齐由我社出版的上一年度我国制定和修订的全部国家标准。

3. 由于读者需求的变化，自1996年起，《中国国家标准汇编》仅出版精装本。

4. 2011年我国制修订国家标准共1 989项。本分册为“2011年修订-18”，收入新制修订的国家标准16项。

中国标准出版社
2012年8月

目　　录

GB/T 19830—2011　石油天然气工业　油气井套管或油管用钢管 …………………………………… 1
GB/T 19902.5—2011　工业自动化系统与集成　制造软件互操作性能力建规　第5部分:基于多能力类结构进行专规匹配的方法学 …………………………………… 294
GB/T 19963—2011　风电场接入电力系统技术规定 …………………………………… 345
GB/T 20042.6—2011　质子交换膜燃料电池　第6部分:双极板特性测试方法…………………… 357
GB/T 20060—2011　滚动轴承　圆柱滚子轴承　可分离斜挡圈　外形尺寸 ……………………… 375
GB/T 20159.3—2011　环境条件分类　环境条件分类与环境试验之间的关系及转换指南　有气候防护场所固定使用 …………………………………… 381
GB/T 20159.4—2011　环境条件分类　环境条件分类与环境试验之间的关系及转换指南　无气候防护场所固定使用 …………………………………… 429
GB/T 20234.1—2011　电动汽车传导充电用连接装置　第1部分:通用要求…………………… 471
GB/T 20234.2—2011　电动汽车传导充电用连接装置　第2部分:交流充电接口…………………… 485
GB/T 20234.3—2011　电动汽车传导充电用连接装置　第3部分:直流充电接口…………………… 503
GB/T 20418—2011　土方机械　照明、信号和标志灯以及反射器…………………………………… 515
GB/T 20485.31—2011　振动与冲击传感器的校准方法　第31部分:横向振动灵敏度测试……… 575
GB/T 20543.1—2011　金融服务　国际银行账号(IBAN)　第1部分:IBAN的结构 …………… 590
GB/T 20543.2—2011　金融服务　国际银行账号(IBAN)　第2部分:注册机构的角色和职责 … 599
GB/T 20633.2—2011　承载印制电路板用涂料(敷形涂料)　第2部分:试验方法…………………… 609
GB/T 20633.3—2011　承载印制电路板用涂料(敷形涂料)　第3部分:一般用(1级)、高可靠性用(2级)和航空航天用(3级)涂料…………………………………… 625

ICS 77.140.75;75.180.10
H 48;E 92

中华人民共和国国家标准

GB/T 19830—2011/ISO 11960:2004
代替 GB/T 19830—2005

石油天然气工业　油气井套管或油管用钢管

Petroleum and natural gas industries—Steel pipes for use as casing or tubing for wells

(ISO 11960:2004,IDT)

2011-12-30 发布　　2012-06-01 实施

中华人民共和国国家质量监督检验检疫总局
中国国家标准化管理委员会　发布

前　言

本标准按照 GB/T 1.1—2009 给出的规则起草。

本标准代替 GB/T 19830—2005《石油天然气工业　油气井套管或油管用钢管》。

本标准与 GB/T 19830—2005 相比，主要技术变化如下：

——建立了三个产品规范等级(PSL-1、PSL-2 和 PSL-3)的要求；

——增加了高抗泄漏接头的补充要求[见附录 A 中 A.11(SR22)]；

——增加、调整并修订部分符号及相关术语；

——调整了部分钢级的冲击韧性要求；

——补充并细化部分钢级的硬度要求；

——增加了附录 H、附录 I 和附录 J；

——增加和细化了对接箍毛坯的要求。

本标准使用翻译法等同采用 ISO 11960:2004《石油天然气工业　油气井套管或油管用钢管》。

本标准的附录 A、附录 B、附录 C、附录 D、附录 E、附录 H 和附录 I 为规范性附录，附录 F、附录 G 和附录 J 为资料性附录。

本标准由中国石油天然气集团公司提出。

本标准由全国石油天然气标准化技术委员会(SAC/TC 355)归口。

本标准起草单位：中国石油集团石油管工程技术研究院。

本标准主要起草人：方伟、徐婷、秦长毅。

引　言

本标准所采用的ISO 11960:2004是根据API Spec 5CT《套管和油管规范》制定的。

本标准的使用者宜了解在个别应用场合可能需要更高要求或不同要求。限制供应商为个别场合提供或购方接受其他设备或工程方法不是本标准的目的。这更有利于技术革新或开发。若提供其他设备、方法等,供应商宜对与本标准不同之处加以标识,并提供细节。

本标准包括各种程度的要求,使用下列动词形式加以区别:

——“应”用来表示某条款是要求性的;

——“宜”用来表示某条款是推荐性的;

——“可”用来表示某条款是可选择的。

石油天然气工业　油气井套管或油管用钢管

1　范围

1.1　本标准规定了钢管(套管、油管、平端套管衬管和短节)、接箍毛坯及附件的交货技术条件,并建立了三个产品规范等级(PSL-1、PSL-2、PSL-3)的要求。PSL-1 的要求是本标准的基础。附录 H 规定了除 H40 和 L80 钢级 9Cr 类以外的所有钢级的 PSL-2 和 PSL-3 产品规范等级的标准技术要求。

本标准所涉及的管子的规格、质量、壁厚、钢级和适用的管端加工列于表 C.1～表 C.3 和表 E.1～表 E.3。

经购方和制造厂协商,本标准还可适用于其他规格和壁厚的平端管。

本标准适用于符合 API Spec 5B 的下列接头:

——短圆螺纹套管(STC);

——长圆螺纹套管(LC);

——偏梯形螺纹套管(BC);

——直连型套管(XC);

——不加厚油管(NU);

——外加厚油管(EU);

——整体接头油管(IJ)。

对于这些接头,本标准规定了接箍和螺纹保护器的交货技术条件。经协商可选择的高抗泄漏接头的补充要求在附录 A 中 A.11(SR22)中给出。

本标准还可适用于带有 ISO/API 标准未包括的接头的管子。

1.2　本标准适用的 4 组产品包括下列钢级管子:

——第 1 组:H、J、K、N 钢级的所有套管和油管;

——第 2 组:C、L、M、T 钢级的所有套管和油管;

——第 3 组:P 钢级的所有套管和油管;

——第 4 组:Q 钢级的所有套管。

1.3　规格大于 4-1/2 但小于 10-3/4(代号 1)的套管可由购方规定用作油管,见表 C.1、表 C.24、表C.30 和表 C.31 或表 E.1、表 E.24、表 E.30 和表 E.31。

1.4　附录 A 给出了可由购方和制造厂协商选择的补充要求:无损检验、接箍半成品、加厚套管、电焊套管、冲击试验、带密封环接箍及合格证。

1.5　本标准不适用于螺纹加工要求。

注:有关螺纹及螺纹量规的尺寸要求、螺纹测量的规定、量规规范及螺纹检验用仪器和方法均在 API Spec 5B 中给出。

2　一致性

2.1　规范性引用文件

第 3 章所列规范性引用文件,其相关要求的内容与美国石油学会(API)、美国材料与试验协会(ASTM)或美国国家标准协会(ANSI)制定的相关文件是可互换的。这些文件排在 ISO 文件之后,并在其前加“或”,例如“ISO ××××或 API ××××”。使用这种方式列出的替换文件与使用前面的

ISO 文件可能导致不同的结果。然而两种结果都是可接受的，因而在实际使用中这些文件被认为是可以互换的。

2.2 计量单位

在本标准中，数据是以国际单位制(SI)和美国惯用单位制(USC)两种单位制表示的。对于某一特定的订货项目，只要求使用一种单位制，不需给出用其他单位制表示的数据。

按这些单位制中的任一种单位制表示的规范生产的产品应认为是等效的，并可互换。因此，符合用一种单位制表示的本标准要求的产品也一定符合用另外一单位制表示的要求。

本标准中，国际单位制单位数据后的括号内为美国惯用单位制单位表示的数据。

用国际单位制单位表示的数据表和用美国惯用单位制单位表示的数据表分别在附录 C 和附录 E 中给出。

图在附录 D 中给出，其数据是用国际单位制和美国惯用单位制两种单位制表示的。

3 规范性引用文件

下列文件对于本文件的应用是必不可少的。凡是注日期的引用文件，仅注日期的版本适用于本文件。凡是不注日期的引用文件，其最新版本(包括所有的修改单)适用于本文件。

ISO 31-0 量和单位 第 0 部分：一般原则

ISO 643 钢 晶粒度的金相测定

ISO 6506-1 金属材料 布氏硬度试验 第 1 部分：试验方法

ISO 6508-1 金属材料 洛氏硬度试验 第 1 部分：试验方法(A、B、C、D、E、F、G、H、K、N、T 标尺)

ISO 6892 金属材料 室温下的拉伸试验

ISO 7500-1 金属材料 静态单轴试验机的验证 第 1 部分：拉伸/压缩试验机 力测量系统的验证和校准

ISO 8501-1 涂料和相关产品涂敷前钢基体的准备 表面清洁度的目视评定 第 1 部分：未涂敷钢基底和涂敷前全面清理后钢基底的锈蚀程度和准备等级

ISO 9303 承压无缝和焊接(埋弧焊除外)钢管 纵向缺欠的全圆周超声检测

ISO 9304 承压无缝和焊接(埋弧焊除外)钢管 缺欠的涡流检测

ISO 9305 承压无缝钢管 横向缺欠的全圆周超声检测

ISO 9402 承压无缝和焊接(埋弧焊除外)钢管 铁磁性钢管纵向缺欠的全圆周磁传感器/漏磁检测

ISO 9513 金属材料 单轴试验用引伸计的校准

ISO 9598 承压无缝钢管 铁磁性钢管横向缺欠的全圆周磁传感器/漏磁检测

ISO 9764 承压电阻焊和电感应焊钢管 焊缝纵向缺欠的超声检测

ISO/TR 9769 钢和铁 可采用分析方法评述

ISO 10400 石油和天然气工业 套管、油管、钻杆和管线管性能公式及计算

ISO 11484 承压钢管 无损检测(NDT)人员的资格及鉴定

ISO 13665 承压无缝和焊接钢管 管体表面缺欠的磁粉检测

ISO 13678 石油和天然气工业 套管、油管和管线管用螺纹脂的评价与试验

ANSI-NACE TM0177:1996 室温 H_2S 环境中金属抗硫化物应力开裂实验室试验

API Bul 5C2 套管、油管和钻杆使用性能通报

API Bul 5C3 套管、油管、钻杆和管线管性能公式与计算通报(包括补充件 1)

API Spec 5B 套管、油管和管线管螺纹的加工、测量和检验规范

API Std 5T1　缺欠术语

ASNT SNT-TC-1A　无损检测人员资格及评定推荐作法

ASTM A370　钢制品机械性能标准试验方法和定义

ASTM A751　钢制品化学分析的标准测试方法、操作和术语

ASTM A941　钢、不锈钢、相关合金和铁基合金有关的术语

ASTM B117　盐雾试验设备的标准操作

ASTM E4　试验机的标定方法

ASTM E10　金属材料布氏硬度试验方法

ASTM E18　金属材料洛氏硬度和洛氏表面硬度试验方法

ASTM E23　金属材料缺口冲击试验方法

ASTM E29　使用有效数字确定试验数据与规范的符合性的标准作法

ASTM E83　引伸计系统的标定和分类方法

ASTM E112　平均晶粒度测定方法

ASTM E213　金属管超声检验方法

ASTM E273　焊接管和油管焊接区的超声检验方法

ASTM E309　钢管产品磁饱和涡流检验方法

ASTM E570　铁磁性钢管产品漏磁检验方法

ASTM E709　磁粉检验方法指南

IADC/SPE 11396　B. A. Dale，M. C. Moyer，T. W. Sampson，油田螺纹保护器的评价试验程序，IADC/ SPE 钻井会议，新奥尔良，LA，20-23，1983 年 2 月

4　术语、定义、符号和缩略语

4.1　术语和定义

ASTM A941 中有关热处理作业术语和定义及下列术语和定义适用于本文件。

4.1.1

附件材料　accessory matcrial

用于制造附件的标准无缝油管、套管、无缝厚壁管、机械用管、棒坯或热锻件。

4.1.2

API 螺纹　API threads

API Spec 5B 规定的螺纹。

4.1.3

车载量　carload

管子制造厂发货时装载在一节火车车皮上的管子数量。

4.1.4

套管　casing

从地表下入已钻井眼作衬壁的管子。

4.1.5

套管和油管附件　casing and tubing accessory

管柱内用以提供管柱内机械和压力完整性并有助于实现管柱所需其他功能的一根管段。

附件举例：转换接头、异径短节、短节、出油管接箍、喷砂短节等。

注：附件包括本标准特别规定之外的其他管产品或 ISO(API)规范之外其他的产品。

4.1.6

接头 connection

管子构件螺纹连接组件。

4.1.7

控制冷却 controlled cooling

按预定方法从高温冷却下来，以避免硬化、开裂或内部损伤，或者得到所需要的显微组织或机械性能。

4.1.8

接箍 coupling

用于连接两根带螺纹管子并具有内螺纹的圆筒体。

4.1.9

接箍半成品 coupling blank

生产一件接箍所用的不带螺纹的坯料。

4.1.10

接箍毛坯 coupling stock

生产接箍半成品用的无缝厚壁管或机械用管。

4.1.11

缺陷 defect

按本标准规定拒收产品所依据的足够大的缺欠。

4.1.12

电焊管 electric-welded pipe

具有一条无填充金属、电阻焊或电感应焊的纵向焊缝的管子。制造时，接边被机械压力挤压在一起进行焊接，焊接热输入由电流、电阻产生。

4.1.13

控制上紧 handling tight

足够紧，以致不使用管钳无法卸开接箍。

4.1.14

炉批 heat

一炉投料熔炼的单一循环过程所生产的金属。

4.1.15

熔炼分析 heat analysis

由炼钢厂报告的、对代表一个炉批的化学成分分析。

4.1.16

缺欠 imperfection

按本标准中表 C.61 或表 E.61 中的某一种 NDE 方法所能检测出的在产品管壁内或产品表面上的不连续性。

4.1.17

检验 inspection

按相应要求对单位产品所进行的测量、检查、试验、螺纹检测或其他比较的过程。

4.1.18

检验批 inspection lot

待检的、属性一致条件下生产的限定数量的产品。

4.1.19

检验批样本　inspection lot sample

从一个检验批中抽取的一个或多个能够代表该检验批的产品。

4.1.20

检验批大小　inspection lot size

一个检验批中产品的数量。

4.1.21

分级淬火　interrupted quenching

被淬火管子在温度显著高于淬火介质温度时，从该淬火介质中移出，再进行的淬火。

4.1.22

代号 1　label 1

规格或规定外径的无量纲代号，可在订购管子时使用。

4.1.23

代号 2　label 2

单位长度质量的无量纲代号，可在订购管子时使用。

4.1.24

根(件)　length

符合本标准表 C.30 或表 E.30 中范围要求的一根管子，可以是平端、带螺纹或带螺纹和接箍的。

4.1.25

线性缺欠　linear imperfection

包括但不限于发裂(seam)、折叠(lap)、裂纹(crack)、压痕(plug score)、切口(cut)和凿槽(gouge)的缺欠。

注：见 API Std 5T1。

4.1.26

制造厂　manufacturer

根据上下文，指以下一个或几个制造厂：制管厂、管子加工厂、螺纹加工厂、接箍制造厂、短节制造厂、附件制造厂。

注：见第 14 章。

4.1.27

非线性缺欠　non-linear imperfection

包括但不限于点坑(pit)及圆底模压印痕(round bottom die stamping)的缺欠。

注：见 API std 5T1。

4.1.28

管子　pipe

套管、油管、平端套管衬管和短节的统称。

4.1.29

制管厂　pipe mill

操作制管设施的厂商、公司或集团公司。

4.1.30

平端套管衬管　plain-end casing liner

通常具有壁厚大于 J55 规定厚度，以无螺纹提供的套管。

4.1.31

加工厂　processor

能对制管厂生产的热处理管子进行加工作业的厂商、公司或集团公司。

4.1.32

产品　product

单件或成批的管子、接箍、附件、接箍毛坯或接箍半成品(如适用时)。

4.1.33

短节　pup-joint

短于长度范围 1 的套管、油管或平端套管衬管。

4.1.34

短节材料　pup-joint material

制造短节用的标准油管、套管、厚壁管、机械用管、棒坯。

4.1.35

购方　purchaser

负责确定某一产品订单要求并付款的一方。

4.1.36

淬火裂纹　quench crack

钢中奥氏体向马氏体转变过程产生应力所造成的裂纹。

注：这一转变同时伴有体积增加。

4.1.37

无缝管　seamless pipe

无焊缝的锻轧钢管产品。

注：它是用热加工钢制造的，如若必要时，可随后进行冷加工或热处理，或这些工艺相结合，以生产出所需要的形状、尺寸和性能。

4.1.38

钢带　skelp

用于制造 EW 管的热轧钢带。

4.1.39

特殊端部加工　special end-finish

其螺纹形状和特征、制造规范、尺寸、接头上紧及使用性能在本标准范围以外的螺纹。

4.1.40

螺纹保护器　thread protector

用于装卸、运输和存储时保护螺纹和密封面的盖帽或衬套。

4.1.41

油管　tubing

下入井中，用作生产流体或注入流体的管子。

4.1.42

上临界温度　upper critical temperature Ar_3

冷却过程中奥氏体开始向铁素体转变的温度。

4.2　符号和缩略语

BC　　偏梯形螺纹套管接头

C_V　　夏比 V 型缺口冲击试验最小吸收能

CVN　　夏比 V 型缺口

D　　管子规定外径

d　　计算内径

EMI　电磁检验
EU　外加厚油管接头
EW　电焊工艺
FBH　平底孔
HBW　用碳化钨球进行试验时的布氏硬度
HBS　用钢球进行试验时的布氏硬度
HRC　C 标尺洛氏硬度
ID　内径
IJ　整体接头油管接头
k　计算伸长率所用的常数
LC　长圆螺纹套管接头
N　〈热处理工艺〉全长正火
N&T　正火+回火
NDE　无损检验
NU　不加厚油管接头
OD　外径
PSL　产品规范等级
Q　淬火+回火
S　无缝工艺(当不涉及化学元素硫时)
Sc　ANSI-NACE TM0177:1996 方法 B 试验结果的最小合格值
SCC　特殊间隙接箍
SSC　硫化物应力开裂
STC　短圆螺纹套管接头
t　规定壁厚
T&C　带螺纹和接箍
USC　美国惯用单位(单位制)
UT　超声检验
W　除特殊间隙接箍以外的具有 API 螺纹接箍的规定外径
W_c　带 API 螺纹特殊间隙接箍的规定外径
XC　直连型套管接头
YS_{max}　规定最高屈服强度
YS_{min}　规定最低屈服强度

5 购方需提供的资料

5.1 套管

5.1.1 在订购按本标准制造的管子时,购方应在订单上规定下列要求:

要求	**引用条款**
标准	GB/T 19830
数量	
管子或接箍类型	
套管:	

要求	引用条款
带螺纹或平端	8.12
连接类型:圆螺纹(长或短)、偏梯形螺纹、直连型螺纹或其他螺纹连接	8.12,表 C.1 或表 E.1
带或不带接箍	8.12
特殊间隙接箍	9.8,表 C.1、表 C.36 或表 E.1、表 E.36
衬管:	8.12.1,表 C.2 或表 E.2
代号 1 或规定外径	表 C.1、表 C.2 或表 E.1、表 E.2
代号 2 或规定质量或壁厚	表 C.1、表 C.2 或表 E.1、表 E.2
钢级和类型(若适用)	表 C.1、表 C.2、表 C.5 或表 E.1、表 E.2、表 E.5
长度范围	8.6,表 C.30 或表 E.30
无缝管或电焊管	6.1,表 C.4 或表 E.4
特殊端部加工的接箍、毛坯或半成品的临界厚度	7.6.6
特殊端部加工的附件的临界厚度	7.6.6
特殊端部加工的附件的壁厚审验	10.13.4
交货日期和装运说明	
购方检验	附录 B

5.1.2 购方在订单上还宜选择注明下列条款的各项要求:

要求	引用条款
热处理	6.2
较低的可选冲击试验温度	7.3.7
套管接管	8.7
可选通径要求	8.10
与接箍分装的套管	8.14
接箍上紧(不同于机紧)	8.14
接箍半成品	9.2,A.4(SR9)
带密封环接箍	9.11,A.8(SR13)
熔炼分析和补充分析	10.3
附加标记	11
管子涂层	12.1
材料合格证	13.2,A.8(SR15)
PSL-2 或 PSL-3	附录 H

5.1.3 下列条款可由购方和制造厂协商确定:

要求	引用条款
冷旋转矫直——Q125 钢级	6.3.5
统计冲击试验	7.3.8,A.6(SR12)
第 1 组未经热处理的管子的冲击试验	7.5.1,A.9(SR16)
硫化物应力开裂试验——C90 和 T95 钢级	7.14
附件长度	8.6
螺纹脂和储存脂	8.14

要求	引用条款
第1组H40、J55和K55钢级接箍不进行无损检验	9.14.3
接箍螺纹镀覆——仅对Q125钢级	9.17
附加硬度试验——M65和L80钢级	10.6.2
附加硬度试验——C90和T95钢级	10.6.2
小截面拉伸试样——Q125钢级	10.4.6
附件和第4组短节的控制上紧拧接的静水压试验	10.12.2
选用静水压试验压力	10.12.3
Q125钢级平端套管静水压试验	10.12.2
无损检验	10.15,A.1(SR1),A.2(SR2),A.4(SR10)和A.5(SR11)
标记要求	11.1
螺纹保护器	12.2
接箍半成品——仅对Q125钢级	A.3(SR9)
加厚套管——仅对Q125钢级	A.4(SR10)
电焊套管——P110和Q125钢级	A.5(SR11)
SR12中可选择的*F*系数——Q125钢级	A.6(SR12.2)
套管、接箍、短节或附件的特殊端部加工	8.12.8、9.13.2
质量保证要求	
特殊规格和特殊壁厚	8.2
高抗泄漏LC接头	A.11(SR22)

5.2 油管

5.2.1 在订购按本标准制造的管子时,购方应在订单上规定下列要求:

要求	引用条款
标准	GB/T 19830
数量	
管子或接箍类型	
油管:	
不加厚、外加厚或整体接头	表C.3或表E.3
带螺纹、平端或其他连接	8.12
带或不带接箍	8.12
特殊倒角接箍	9.12,表C.3、表C.37、表C.38或表E.3、表E.37、表E.38
特殊间隙接箍	9.8,表C.3、表C.38或表E.3、表E.38
代号1或规定外径	表C.3或表E.3
代号2或规定质量或壁厚	表C.3或表E.3
钢级和类型(若适用)	表C.3或表E.3,表C.5或表E.5
长度范围	8.6,表C.30或表E.30
无缝管或电焊管	6.1,表C.4或表E.4
特殊端部加工的接箍、毛坯或半成品的临界厚度	7.4.6
附件材料的临界厚度	7.6.6
特殊端部加工的附件的壁厚验证	10.13.4
交货日期和装运说明	
购方检验	附录B

5.2.2 购方在订单上还宜选择注明下列条款的各项要求：

要求	引用条款
热处理	6.2
加厚长度——标准或加长	8.11.6
圆头	8.12.4
接箍上紧(机紧除外)	8.14
与接箍分装的油管	8.14
带密封环接箍	9.11,A.7(SR13)
熔炼分析和补充分析	10.3
附加标记	11
管子涂层	12.1
材料合格证	13.2,A.8(SR15)
PSL-2 或 PSL-3	附录 H

5.2.3 下列条款可由购方和制造厂协商确定：

要求	引用条款
统计冲击试验	7.3.8,A.6(SR12)
第 1 组管子的冲击试验	7.5.1,A.9(SR16)
硫化物应力开裂试验——C90 和 T95 钢级	7.14
附件长度	8.6
螺纹脂和储存脂	8.14
油管、接箍或附件的特殊端部加工	8.12.8,9.13.3
第 1 组 H40、J55 和 K55 钢级接箍不进行无损检验	9.14.3
附加硬度试验——M65 和 L80 钢级	10.6.2
附加硬度试验——C90 和 T95 钢级	10.6.2
短节和控制上紧拧接静水压试验	10.12.2
选用静水压试验压力	10.12.3
无损检验	10.15,A.1(SR1),A.2(SR2),A.4(SR10)和 A.5(SR11)
标记要求	11.1
螺纹保护器	12.2
电焊油管——P110 钢级	A.5(SR11)
特殊端部加工油管、接箍、短节和附件	8.12.8,9.13.3
质量保证要求	
特殊规格和壁厚	8.2
用作油管的套管	8.2,表 C.30 或表 E.30

5.3 接箍毛坯和附件

5.3.1 在订购按本标准制造的接箍或附件时，购方应在订单上规定下列要求：

要求	引用条款
标准	GB/T 19830
数量	
外径及偏差	

要求	引用条款
壁厚及偏差	
直度偏差	
长度	
钢级,类型	表 C.4 和表 C.5 或表 E.4 和表 E.5
冲击要求或临界厚度	7.4
购方检验	附录 B
交付日期及装运要求	

5.3.2 购方在订单上还宜选择注明下列条款的各项要求:

要求	引用条款
热处理	6.2
熔炼分析和补充分析	10.3
附加标记	11
材料合格证	13.2,13.3,A.8(SR15)
产品规范等级(PSL-2 或 PSL-3)	附录 H

6 制造方法

6.1 通则

按本标准供货的各种钢级和组别的管子用钢应进行晶粒细化处理,钢中含有一种或多种晶粒细化元素,如一定量的铝、铌、钒或钛,使钢的奥氏体晶粒细化。

按本标准供货的管子应按表 C.4 或表 E.4 及订单规定,采用无缝管或电焊管制造方法。短节应按 4.1.34 所列材料制造。接箍或接箍毛坯应采用无缝管制造,未经适当热处理的冷拔管材产品是不能接受的。

套管和油管附件应为无缝管,并应用 4.1.1 所列材料制造。

只有当订单上规定 A.6(SR11)中的补充要求时,才应提供 P110 钢级电焊管和 Q125 钢级电焊套管。

只有当订单上规定 A.5(SR10)中的补充要求时,才应提供 Q125 钢级加厚套管。

6.2 热处理

6.2.1 通则

对于订单上指定的钢级和类型的产品,应按表 C.4 或表 E.4 规定的程序进行热处理。对于热处理的加厚管子,应在加厚以后再进行全长热处理。要求热处理的产品应进行全长热处理。接箍半成品可单个进行热处理。对于所有经热张力轧制(张力减径)的管子若终轧温度高于所处理钢材的上临界温度(Ar_3),且管子是经过空冷时,则应认为经正火处理。

电焊管焊成后的焊缝,应加热至高于 540 ℃(1 000 ℉)进行热处理,或采用某种处理方法使焊缝中没有未回火马氏体组织。

6.2.2 第 1 组

N80 钢级 1 类产品应进行正火,或由制造厂选择进行正火加回火。N80Q 钢级产品应进行全长淬火加回火(包括分级淬火后进行控制冷却)。如果订单上有规定,J55 和 K55 钢级套管和 J55 钢级油管应进行热处理。

PSL-2 和 PSL-3 产品的补充要求见附录 H。

6.2.3 第2组

购方有要求时，制造厂应提供证据，证明回火过程中管子确已达到最低回火温度。

当温度低于620 ℃(1 150 ℉)时，L80钢级13Cr类可能会脆化。当所有产品满足7.3、7.4.5、7.5.3和10.7的要求时，无需采取进一步预防措施。

注：在本标准中，当符号L80单独使用时，它包括了L80钢级1类、L80钢级9Cr类和L80钢级13Cr类。

6.2.4 第3和第4组

按本标准供货的产品应经过淬火加回火。

6.3 矫直

6.3.1 第1和第3组

不需要特殊方法。

PSL-2和PSL-3产品的补充要求见附录H。

6.3.2 M65和L80钢级

除正常矫直所必需的冷加工外，M65和L80钢级管子在最终热处理后，不得进行冷加工。在480 ℃(900 ℉)以下旋转矫直的M65和L80钢级管子，辊痕处硬度不应超过表C.6或表E.6的规定值，但是：

——若有触摸不到且无法测量的表面变形辊痕可接收，不需进一步评价；

——制造厂规定程序已作评价和验证的硬度不超过表C.6或表E.6的规定值的辊痕可接收，不需进一步评价；

——具有严重辊痕的管子应拒收，或在480 ℃(900 ℉)以上进行应力消除处理。

6.3.3 C95钢级

除正常矫直所必需的和压缩冷加工量不大于3%的冷加工外，C95钢级管子在最终回火作业后，不得进行拉伸或扩径冷加工。

PSL-2和PSL-3产品的补充要求见附录H。

6.3.4 C90和T95钢级

C90和T95钢级管子可进行冷旋转矫直，但矫直后必须把管子加热到480 ℃(900 ℉)以上进行应力消除处理。必要时，允许在小型压力矫直机上对C90和T95钢级管子进行矫直处理。

PSL-2和PSL-3产品的补充要求见附录H。

6.3.5 Q125钢级

可采用压直矫直机矫直或热旋转矫直，但旋转矫直终了温度不应低于400 ℃(750 ℉)(除非订单上规定了较高的温度最低值)。如果不能采用热旋转矫直方法，也可采用冷旋转矫直，但矫直后必须在510 ℃(950 ℉)以上进行应力消除处理。只有在购方与制造厂有协议时，管子才可在冷旋转矫直后不进行应力消除处理。

6.4 可追溯性

6.4.1 通则

对于要求按炉批号和/或批号进行试验并证实其符合规范要求验收时，制造厂应制定并遵循一套保持炉批号和/或批号识别系统的程序。

6.4.2 C90、T95 和 Q125 钢级系列

应按下列规定在产品上标记序号。在购方收到材料之前，保持其标识是制造厂的责任。

每根管子编号应是唯一的，以使试验数据可与每根管对应起来。此外，当规定补充要求 A.7(SR12)时，该编号应能识别回火处理管的次序，以便按 A.7.3(SR12.3)进行复验。

每根接箍毛坯、接箍、短节或附件材料编号应是唯一的，以使试验数据可与每根管对应起来。当它们取自全长热处理的材料时，应按全长热处理的管子序号标记。当它们是按接箍半成品或单件热处理时，每个热处理批次(见 10.2.3)编号应是唯一的。另外，当接箍、短节或附件材料按接箍半成品或单件在一套设备上连续热处理时，一个批次内的各个管件应按其热处理的顺序编号。

6.5 需要工艺确认的工序

管子制造过程中影响本标准要求(化学成分和尺寸除外)属性符合性的关键操作应予以工艺确认。

需要工艺确认的工序有：

——无缝管，轧制管：最终再加热作业和热定径、扩径或缩径；若适用，加厚、冷精加工；

——无缝管，热处理管：热处理；

——电焊管，轧制管：定径和焊缝焊接。若适用，焊缝热处理和加厚；

——电焊管，热处理管：焊缝焊接和整体热处理。

7 材料要求

7.1 化学成分

产品应符合表 C.5 或表 E.5 规定钢级和类型的规定要求。

PSL-2 或 PSL-3 产品补充要求见附录 H。

7.2 拉伸性能

7.2.1 通则

产品应符合表 C.6 或表 E.6 规定的拉伸性能要求。

加厚套管和油管的拉伸性能(加厚端伸长率除外)应与管体的要求一致。如有争议，加厚处的性能(伸长率除外)应从加厚部位切取试样进行拉伸试验来确定。应向购方提供这些试验的记录。

7.2.2 伸长率——所有组

最小伸长率应由下式确定：

$$e=k\frac{A^{0.2}}{U^{0.9}}$$

式中：

e ——标距为 50.8 mm(2.0 in)时的最小伸长率，以百分数表示，小于 10%时圆整到最接近的 0.5%，大于或等于 10%时圆整到最接近的单位百分数；

k ——常数：1 944(625 000)；

A 拉伸试样的横截面积，单位为平方毫米(mm^2)或平方英寸(in^2)，根据规定外径或试样的名义宽度和规定壁厚计算，圆整到最接近的 10 mm^2(0.01 in^2)。A 值取计算值或 490 mm^2(0.75 in^2)的较小者；

U——规定的最低抗拉强度，单位为兆帕(MPa)(磅每平方英寸)(psi)。

对于两种圆棒拉伸试样[标距内直径为 8.9 mm(0.350 in)、标距长度为 35.6 mm(1.40 in)和标距内直径为 12.7 mm(0.500 in)、标距长度为 50.8 mm(2.0 in)]，其最小伸长率均应由面积为 130 mm^2(0.20 in^2)确定。

各种规格和各钢级拉伸试样的最小伸长率值见表 C.7 或表 E.7。

7.2.3 屈服强度

屈服强度应是载荷作用下试样标距段产生表 C.6 或表 E.6 规定伸长率时所需的拉伸应力。伸长率由引伸计测得。

PSL-3 产品的附加要求见附录 H。

7.3 夏比 V 型缺口冲击试验——一般要求

7.3.1 试验结果的评价

一个试验应包括取自一根管同一部位的 3 个试样。3 个冲击试样的平均值应等于或大于 7.4、7.5 和 7.6 所规定的吸收能要求。同时，仅允许 1 个冲击试样的吸收能低于吸收能要求，但是在任何情况下都不得低于吸收能要求的三分之二。

PSL-2 或 PSL-3 产品补充要求见附录 H。

7.3.2 临界厚度

吸收能要求是根据临界厚度而定的。根据所规定的接箍直径和螺纹尺寸，API 螺纹接箍的临界厚度是接箍中间螺纹根部的厚度。所有具有 API 螺纹的接箍的临界厚度在表 C.8 或表 E.8 中给出。对于管子，临界厚度为规定壁厚。对于其他用途附件，临界厚度应按 7.6.6 规定确定。

7.3.3 试样尺寸和取向

当无法截取全尺寸(10 mm×10 mm)横向试样时，应使用表 C.9 或表 E.9 所列的尽可能大的小尺寸横向试样。当无法(或 7.3.6 规定不允许)用这些横向试样进行试验时，应使用表 C.9 或表 E.9 所列尽可能大的纵向试样。

当使用横向试样进行电焊管冲击试验时，夏比冲击试样缺口应开在焊缝处。

当外径或壁厚不可能加工出 1/2 或更大的小尺寸纵向试样时，则该管子不需进行夏比冲击试验，但是制造厂必须采用某一化学组分，且经文件化、并已被证实其冲击吸收能满足或大于规定要求的最小值的制造工艺。

7.3.4 试样序列

试样取向和尺寸序列如表 C.10 或表 E.10 规定。

7.3.5 可选尺寸的冲击试样

由制造厂选择，表 C.9 或表 E.9 所列可选尺寸的冲击试样可用于代替表 C.11～表 C.16、表 C.21、表 C.22 和表 E.11～表 E.16、表 E.21、表 E.22 中规定的最小尺寸。但是，所选择的替代试样规格应大于序列表(表 C.10 或表 E.10)规定规格，而且吸收能要求也应作调整，与冲击试样的方向和尺寸保持一致。

7.3.6 小尺寸试样

小尺寸试样的最小夏比 V 型缺口吸收能要求应为全尺寸试样吸收能要求值乘以表 C.9 或表 E.9 中的递减系数。但是在任何情况下当递减后吸收能要求低于 11J(8 ft-lb)时，不得使用小尺寸试样。

7.3.7 试验温度

除了第 1 组，J55 和 K55 钢级应在 21 ℃(70 ℉)试验外，其他所有组的试验温度应为 0 ℃(32 ℉)。对于任何钢级，替代较低的试验温度可在订单上规定或由制造厂选择。试验温度公差应为±3 ℃(5 ℉)。

对于J55和K55钢级,当使用小尺寸试样时,可要求降低试验温度。试验温度的降低取决于接头的临界厚度和冲击试验试样尺寸。若适用,应使用表C.11或表E.11规定的试验温度递减值。

7.3.8 统计冲击试验

经购方和制造厂协商同意,应采用A.7(SR12)中的统计冲击试验补充要求。

7.3.9 参考资料

ISO 10400或API Bul 5C3包括用于制定冲击要求的断裂力学、公式、图表等参考资料。

7.4 夏比V型缺口冲击试验——接箍毛坯、接箍半成品和接箍的吸收能要求

7.4.1 通则

适用于一种以上型式接头的接箍毛坯可通过一个试验,证明符合最严格的要求。试样取向和尺寸应是序列表C.10或表E.10上所列的可能的最高级别,而吸收能要求应等于或大于相应的要求。

7.4.2 H40钢级

没有强制性的CVN吸收能要求。

注:可选择的CVN要求见A.10(SR16)。

7.4.3 具有API螺纹的J55和K55钢级

全尺寸横向最小吸收能要求 C_V 为20 J(15 ft-lb)。全尺寸纵向最小吸收能要求 C_V 为27 J(20 ft-lb)。表C.11或表E.11提供了接箍的冲击试样取向、最小尺寸、最低吸收能要求(按所示试样尺寸调整)和试验温度递减(若适用)。

7.4.4 具有API螺纹的M65钢级

无M65钢级接箍。L80钢级1类接箍应用于M65钢级管子。

7.4.5 具有API螺纹的N80钢级1类和N80Q、第2组(M65钢级除外)、第3和4组

表C.12～表C.16或表E.12～表E.16给出了接箍冲击试样取向、最小尺寸和最低吸收能要求(即按所示试样尺寸调整)。

全尺寸试样最低吸收能要求 C_V 按下表所给公式计算,式中:

YS_{max}——被评价钢级的规定最高屈服强度,单位为兆帕(MPa)或千磅每平方英寸(klb/in^2);

t ——按规定接箍尺寸的临界壁厚,单位为毫米(mm)或英寸(in)。

单位制	横向要求 C_V	纵向要求 C_V
国际单位制(SI),J	YS_{max}(0.001 18 t+0.012 59)或20 J,取二者的较大者 (表C.17)	YS_{max}(0.002 36 t+0.025 18)或41 J,取二者的较大者 (表C.18)
美国惯用单位制(USC),ft-lb	YS_{max}(0.152 t+0.064)或15 ft-lb,取二者的较大者 (表E.17)	YS_{max}(0.304 t+0.128)或30 ft-lb,取二者的较大者 (表E.18)

7.4.6 特殊端部加工

临界厚度应按7.6.6规定。7.4.1～7.4.5中的吸收能要求应是适用的。

7.5 夏比 V 型缺口冲击试验——管子吸收能要求

7.5.1 H40、J55、K55 钢级和 N80 钢级 1 类

没有 CVN 吸收能强制性要求。

PSL-2 和 PSL-3 产品补充要求见附录 H。

注：可选择的 CVN 吸收能要求见 A.10(SR16)。

7.5.2 M65 钢级

全尺寸横向最小吸收能要求应为 20 J(15 ft-lb)。全尺寸纵向最小吸收能要求应为 41 J(30 ft-lb)。

7.5.3 N80Q、L80、C90、C95、T95 和 P110 钢级

表 C.19 和表 C.20 或表 E.19 和表 E.20 提供了全尺寸试样最低吸收能要求。

PSL-2 和 PSL-3 产品补充要求见附录 H。

全尺寸试样最低吸收能要求按下表所给公式计算，式中：

YS_{min}——规定最低屈服强度，单位为兆帕(MPa)或千磅每平方英寸(klb/in^2)；

t ——规定壁厚，单位为毫米(mm)或英寸(in)。

单位制和钢级	横向要求 C_V	纵向要求 C_V
国际单位(SI)，J 钢级 N80Q，L80，C90，C95，T95	$YS_{min}(0.001\ 18\ t+0.012\ 59)$ 或 14 J，取二者的较大者 (表 C.19)	$YS_{min}(0.002\ 36\ t+0.025\ 18)$ 或 27 J，取二者的较大者 (表 C.20)
国际单位(SI)，J 钢级 P110	$YS_{min}(0.001\ 18t+0.012\ 59)$ 或 20 J，取二者的较大者 (表 C.19)	$YS_{min}(0.002\ 36\ t+0.025\ 18)$ 或 41 J，取二者的较大者 (表 C.20)
美国惯用单位(USC)，ft-lb 钢级 N80Q，L80，C90，C95，T95	$YS_{min}(0.152\ t+0.064)$ 或 10 ft-lb，取二者的较大者 (表 E.19)	$YS_{min}(0.304\ t+0.128)$ 或 20 ft-lb，取二者的较大者 (表 E.20)
美国惯用单位(USC)，ft-lb 钢级 P110	$YS_{min}(0.152\ t+0.064)$ 或 15 ft-lb，取二者的较大者 (表 E.19)	$YS_{min}(0.304\ t+0.128)$ 或 30 ft-lb，取二者的较大者 (表 E.20)

7.5.4 Q125 钢级

表 C.19 和 C.20 或表 E.19 和 E.20 给出了管子全尺寸试样最低吸收能要求。

PSL-2 和 PSL-3 产品补充要求见附录 H。

全尺寸试样最低吸收能要求按下表所给公式计算，

式中：

YS_{max}——规定最高屈服强度，(1 034 MPa)(150 ksi)；

t ——规定壁厚，单位为毫米(mm)或英寸(in)。

单位制或钢级	横向要求 C_V	纵向要求 C_V
国际单位(SI),J 钢级 Q125	$YS_{min}(0.001\ 18t+0.012\ 59)$ 或 20 J,取二者的较大者 (表 C.19)	$YS_{min}(0.002\ 36\ t+0.025\ 18)$ 或 41 J,取二者的较大者 (表 C.20)
美国惯用单位(USC),ft-lb 钢级 Q125	$YS_{min}(0.152t+0.064)$ 或 15 ft-lb,取二者的较大者 (表 E.19)	$YS_{min}(0.304\ t+0.128)$ 或 30 ft-lb,取二者的较大者 (表 E.20)

7.5.5 试样

表 C.21 或表 E.21 提供了加工全尺寸、3/4 尺寸和 1/2 尺寸横向冲击试样所要求的计算壁厚值;表 C.22 或表 E.22 为加工纵向试样的计算壁厚值。应从这些表中选择计算壁厚小于试验管子的规定壁厚的最大尺寸冲击试样。

7.5.6 试验条件

对于 M65 和 Q125 钢级管子,按 10.7 规定的冲击试验为强制性的。对于除 H40、J55、K55 钢级和 N80 钢级 1 类(其管子无强制性冲击要求)以外的其他所有符合 7.5.3 要求的钢级,可由制造厂选择,由文件化程序代替试验进行评定,除非订单上有 A.10(SR16)规定,在这种情况下,按 10.7 规定的试验为强制性的。装运后的管子经文件化程序评定不符合规定吸收能要求应拒收。

7.6 夏比 V 型缺口试验——套管和油管附件的吸收能要求

7.6.1 附件——通则

如果附件具有 API 内螺纹接头,则附件的最低吸收能要求不应低于对该特定接头的要求。

7.6.2 具有 ISO/API 内螺纹(整体连接油管接头和直连型套管接头除外)的附件

7.4.1～7.4.5 的要求适用。

7.6.3 具有特殊端部加工的过盈配合内锥螺纹的附件

7.4.6 的要求适用。

7.6.4 具有外螺纹的附件

7.5 的要求适用。

7.6.5 具有整体连接油管接头和直连型套管接头以及特殊端部加工的无螺纹干涉内接头的附件

经制造厂和购方协商同意,应采用 A.10(SR16)规定。

7.6.6 附件材料的临界厚度

如果订单上无规定,则确定冲击吸收能要求的临界厚度应取决于具有最低 t/D 比的附件的横截面厚度,其中 D 为规定外径,t 为该截面处计算壁厚。

对于具有 API 内螺纹的附件,API 螺纹的临界厚度如表 C.8 或表 E.8 所示,D 为 9.6 和 9.8 规定的接头的规定外径。

对于特殊端部加工接头,外螺纹组件的临界厚度为规定管体厚度。对于内螺纹组件,其临界厚度为内螺纹组件外螺纹小端平面处的计算厚度(当接头为机紧上扣时)。

7.7 最大硬度

7.7.1 第2组——所有产品

若10.6有要求,则下列硬度要求是适用的。

a) M65、L80钢级所有类型、C90和T95钢级

测得的硬度值和/或平均硬度值应满足表C.6或表E.6的要求。

b) C90和T95钢级——表面硬度

若布氏或洛氏硬度测量值分别不超过HBW255或HRC25.4,则该根管子或管件是可接受的;若任何硬度值超过HBW255或HRC25.4,则可在该硬度压痕最接近的区域附加两个硬度压痕试验。若第二次试验中任一次硬度值超过HBW255或HRC25.4,则该根管子或管件应拒收。

c) C90和T95钢级——全壁厚硬度

平均硬度值不超过HRC25.4的产品是可接受的。若任何单个压痕测得的硬度值超过HRC27.0,则该根管子或管件应拒收。平均硬度值介于HRC25.4和HRC27.0之间的产品应重新试验。

d) C90和T95——可选最大硬度要求

经购方和制造厂协商一致,根据7.14规定的硫化物应力开裂试验,上述的最大平均硬度可以调整。

7.7.2 Q125钢级——所有产品

这些产品不规定硬度上下限。

7.8 硬度变化——C90、T95和Q125钢级

材料应符合表C.6或表E.6规定的硬度变化要求。硬度变化的定义是在一个象限内任意两个平均硬度值之差。该规定不适用于试样之间。

7.9 工艺控制——C90、T95和Q125钢级

所有单独热处理的接箍半成品、短节或附件都应进行表面硬度试验,以验证工艺控制的有效性。对于C90和T95钢级,该硬度试验结果应用来选取全壁厚硬度试验用试件(见10.6.5)。除非订单上另有规定,制造厂或加工厂不需要提供工艺控制硬度试验结果。

7.10 淬透性——经淬火+回火产品的马氏体最小百分比

7.10.1 C90和T95钢级

对每种规格、质量、化学成分以及奥氏体化及淬火组合,全壁厚硬度试验应在每一生产流程的淬火后、回火前的产品上取样进行,以测定淬透性响应。这些试验应在产品的管体上进行,若是加厚产品或附件,试验应在加厚部位或最大壁厚设计部位进行。平均硬度值应等于或大于由下列公式确定的、相对应于最小90%马氏体的硬度值:

$$HRC_{min} = 58 \times (\%C) + 27$$

注:上述公式源于参考文献[2]中的数据。根据这些数据,上述公式于碳含量在0.15%~0.50%范围内有效。

PSL-3产品的补充要求见附录H。

7.10.2 除C90和T95钢级外的所有钢级

对每种规格、质量、化学成分以及奥氏体化及淬火组合,作为文件化程序的一部分即全壁厚硬度试验应在淬火后、回火前的产品上取样进行,以证实充分淬透。这些试验应在产品的管体上进行,若是加

厚产品或附件,试验应在加厚部位或设计最大壁厚部位进行。平均硬度值应等于或大于由下列公式确定的、相对应于最小50%马氏体的硬度值:

$$HRC_{min} = 52 \times (\%C) + 21$$

PSL-2 和 PSL-3 产品补充要求见附录 H。

7.11 晶粒度——C90 和 T95 钢级

原始奥氏体晶粒度应为 ASTM 5 级或更细(按 ISO 643 或 ASTM E112 确定)。

7.12 表面状态——L80 钢级 9Cr 类和 13Cr 类

管子的内表面在最终热处理后应无氧化皮。

PSL-2 和 PSL-3 产品补充要求见附录 H。

7.13 压扁——电焊管

由电焊工艺生产的所有产品应符合表 C.23 或表 E.23 所列压扁要求。

7.14 硫化物应力开裂(SSC)试验——C90 和 T95 钢级

7.14.1 试验和复验要求

对每炉批产品,制造厂应采用下述 ANSI-NACE TM0177-96 一种试验方法证明其满足或超过最低 SSC 门坎值。如果购方要求 SSC 门坎应力值高于此最小值,或要求下列的某一种特定试验方法,则应由制造厂和购方协商一致。对于方法 A 和 D,只有在与购方协商一致后才可使用小尺寸试样或替代试样。当要求方法 D 中的小尺寸试样或替代试样时,其验收判据应由购方和制造厂协商确定。

PSL-3 产品补充要求见附录 H。

签订或接受订单之前,购方和制造厂宜对制造厂资质、硫化物应力开裂试验频次、复验方法和试验操作进行沟通。

7.14.2 最低 SSC 门坎值

a) ANSI-NACE TM0177-96 方法 A,光滑拉伸试验

全尺寸试样,(直径 6.35 mm(0.250 in)):80% YS_{min},

C90 钢级为 496 MPa(72 000 psi),

T95 钢级为 524 MPa(76 000 psi)。

小尺寸试样,(直径 3.81 mm(0.150 in)):72% YS_{min},

C90 钢级为 447 MPa(64 800 psi),

T95 钢级为 472 MPa(68 400 psi)。

b) ANSI-NACE TM0177-96 方法 B,弯曲梁试验

C90 钢级为 Sc(12.0),

T95 钢级为 Sc(12.6)。

注:根据目前行业惯例,方法 B 的要求只用美国惯用单位制表示。

c) ANSI-NACE TM0177-96 方法 D,DCB 试验

C90 和 T95 钢级至少三个有效试样的平均值最低为 33.0 MPa·$m^{1/2}$(30.0 ksi$\sqrt{in}$)。在计算平均值时,应包括所有有效试验结果。

应采用厚度为 9.53 mm(0.375 in)的标准试样。

有效试样试验值不应低于 30.0 MPa·$m^{1/2}$(27.0 ksi$\sqrt{in}$)。

可采用不预制裂纹试样或预制疲劳裂纹试样。如果使用预制疲劳裂纹试样，在预制裂纹期间的最大应力强度因子不应超过 30.0 MPa·$m^{1/2}$(27.0 ksi$\sqrt{in}$)。

对于 C90 钢级，试验单臂位移应为 0.70 mm～0.80 mm(0.028 in～0.032 in)。

对于 T95 钢级，试验单臂位移应为 0.66 mm～0.76 mm(0.026 in～0.030 in)。

7.14.3 试验温度

试验溶液应保持在 24 ℃±3 ℃(75 ℉±5 ℉)。

7.14.4 试验溶液

本标准应采用 ANSI-NACE TM0177-96 A 溶液。为避免与以后修改版本产生矛盾，试验溶液性能应为：

a) 对于试验方法 A 和 D：

——在与试样接触之前，试验溶液的 pH 值应为 2.6～2.8。

——试验溶液应为含有质量分数为 5.0%的氯化钠和 0.5%的冰醋酸的蒸馏水或去离子水。

——试验溶液应为 ANSI-NACE TM0177-96 所述的饱和 H_2S 溶液。

b) 对于试验方法 B：

——在与试样接触之前，试验溶液的 pH 值应为 2.8～3.0。

——试验溶液应为含有质量分数 0.5%的冰醋酸的蒸馏水或去离子水。

——试验溶液应为 ANSI-NACE TM0177-96 所述的饱和 H_2S 溶液。

8 尺寸、质量、公差、管端和缺陷

8.1 代号和规格

在本标准的尺寸表中，管子是用代号和规格(外径)命名的。外加厚管子的外径规格是指管体外径，而不是加厚部分外径。

8.2 尺寸和质量

管子应按订单上规定的规格、壁厚和质量(如表 C.24～表 C.29 或表 E.24～表 E.29 所示)供货。其他平端管规格和壁厚可根据购方和制造厂协议供货。接箍毛坯应按订单规定尺寸供货。接箍毛坯外径及壁厚组合应排除表 C.1、表 C.2、表 C.3 或表 E.1、表 E.2、表 E.3 所列。所有未注明公差的尺寸与设计依据有关，不可通过测量检验来确定产品的接收或拒收。

代号 1 规格大于 4-1/2 而小于 10-3/4 的套管可由购方规定用作油管，见表 C.1、表 C.24、表 C.30、表 C.31 或表 E.1、表 E.24、表 E.30、表 E.31。

用于验收或拒收的所有测量设备的精度每班至少应校验一次，螺纹环规、塞规和称重器具除外。

对于诸如卡规和通径规等测量器具精度的校验，应包括磨损检验和规定尺寸的符合性检验。直尺、长度测量卷尺和其他不能调校的测量器具精度的核查应包括标记清晰度的外观检查和固定校准点的普通磨损检查。对制造厂使用的可调校和不可调校的测量器具的名称应作书面记录。

螺纹工作环规和塞规的验证程序应有文件规定。所有称重器具的精度应按国家相关规定和标准，在不超过制造厂文件程序所要求的周期进行检定。

如果按本标准条款要求校准或鉴定的测量设备经受异常或苛刻条件并足以影响其精度时，在该设备再次使用之前，应对其进行重新校准或验证。

8.3 直径

8.3.1 测量和设计

a) 采用国际单位制时

直径的测量，对于规格(代号1)大于6-5/8应精确至一位小数。本标准采用两位小数是为了确保互换性。

b) 采用美国惯用单位制时

直径应被圆整至三位小数。

8.3.2 要求

外径应在8.11.1规定的公差范围内。对于带螺纹的管子，螺纹端外径应使螺纹长度 L_4 和全顶螺纹长度 L_c 符合API Spec 5B规定的尺寸和公差。对于以平端不加厚供货的管子以及订单上规定用于制造短节的管子，平端不加厚的规定公差应适用于管子全长。

8.4 壁厚

管子任何部位的壁厚不应小于表列的壁厚 t 减去8.11.2规定的允许公差下限。

接箍毛坯的壁厚公差应按订单规定。

8.5 质量

对订单上规定的管端加工形式，按10.13.7叙述的方法确定的质量应符合此处规定的计算质量(或修正的计算质量)要求，其值应在8.11.3规定的公差范围内。计算质量由下式确定：

$$m_L=(m_{pe}\times L)+e_m$$

式中：

m_L——管长为 L 的单根管子的计算质量，单位为千克(kg)或磅(lb)；

m_{pe}——平端质量，单位为千克每米(kg/m)或磅每英尺(lb/ft)；

L——按8.6规定的包括端部加工在内的管子长度，单位为米(m)或磅(ft)；

e_m——由于端部加工而引起的质量增加或减少，单位为千克(kg)或磅(lb)。对于平端不加厚管，$e_m=0$。

注：马氏体铬钢(L80钢级9Cr类和13Cr类)的密度小于碳钢密度。因此，表中所列的质量对于马氏体铬钢是不准确的。可采用质量校正系数0.989。

8.6 长度

套管、油管、平端衬管和短节应按表C.30或表E.30规定的长度供货。接箍毛坯及附件的长度(除接箍外)应在订单中规定。每根成品管的长度应测量以确定其满足长度要求。长度测量值应以米表示并精确至百分之一米(以英尺表示并精确至十分之一英尺)。

对于长度小于30 m(100 ft)的管子，其长度测量器具的精度应为±0.03 m(±0.1 ft)。

8.7 套管对接管

如果订单上有规定，并且仅对于圆螺纹套管，可提供不多于订货量的5%的对接管(两根管由接箍连接成一根标准长度的管子)。组成对接管的单根管子长度不应短于1.52 m(5.0 ft)。

8.8 电焊管焊缝飞边高度与修整

8.8.1 电焊管焊缝飞边的修整

电焊管焊缝外飞边应修整至基本平齐状态。

制造厂提供的电焊管的焊缝内表面应达到如下要求：

a) 修整后应接近平齐；

b) 不含原焊缝飞边的不平坦边缘。

为达到这一要求，允许修整后的焊缝内表面存在轻微的凹槽，这可能是制造厂所希望的。电焊管的内飞边应按8.8.2和8.8.3修整。

8.8.2 第1和2组

套管或套管短节的焊缝内飞边高度不应超过1.14 mm(0.045 in)，油管或油管短节的焊缝内飞边高度不应超过0.38 mm(0.015 in)，测量应在紧接该飞边的内表面上进行。

对于各种壁厚，焊缝内飞边修整后产生的凹槽深度不应大于下列数值。凹槽深度为距焊线约25 mm(1 in)处测得的壁厚与凹槽底部剩余壁厚之差。

壁厚	最大修整深度
3.84 mm～7.64 mm(0.151 in～0.301 in)	0.38 mm(0.015 in)
≥7.64 mm(0.301 in)	0.05 t

8.8.3 第3和4组

不允许存在内飞边高度。内焊道表面凹槽深度不应超过0.38 mm(0.015 in)，并且不得有干扰超声检验的尖角。

8.8.4 处置

焊缝飞边超过8.8.2或8.8.3规定的极限的管子应拒收或打磨修整。

8.9 直度

8.9.1 管子

偏离直线或弦高不应超过下列规定之一：

a) 对于4-1/2及更大规格(代号1)的管子，从管子一端测量至另一端总长度的0.2%；

b) 在每端1.5 m(5.0 ft)长度范围内的偏离距离不应超过3.18 mm(1/8 in)。如图D.14和图D.15所示。

8.9.2 接箍毛坯

接箍毛坯的直度要求由购方和制造厂协商。

8.10 通径要求

每根成品或半成品套管和油管都应进行全长通径检验。由非管子制造厂进行螺纹加工的套管和油管，应在距套管接箍端0.6 m(24 in)范围内及距油管接箍端1.1 m(42 in)范围内进行通径检验。通径规尺寸(长度和直径)应符合表C.31或表E.31。

由购方规定用作油管的规格(代号1)大于4-1/2而小于10-3/4的套管应用如下所示的通径规进行通径检验，并按第11章规定进行标记。

注：用作油管的套管的连接强度见ISO 10400或API Bul 5C3。

代号 1	通径规长度	通径规直径
>4-1/2～≤8-5/8	1 067 mm(42.0 in)	d−3.18 mm(d−1/8 in)
>8-5/8～<10-3/4	1 067 mm(42.0 in)	d−3.97 mm(d−5/32 in)

当购方规定替代通径套管时，表 C.32 或表 E.32 中的套管规格和质量应用所示的替代通径规进行通径检验。用替代通径规通径检验的管子应按第 11 章规定进行标记。

8.11 尺寸和质量偏差

8.11.1 外径 *D*

下列公差适用于管子外径 D：

代号 1	外径(D)公差
<4-1/2	±0.79 mm(±0.031 in)
≥4-1/2	+1%D～−0.5%D

对于规格(代号 1)小于等于 5-1/2 的加厚管，下列公差适用于紧邻加厚部分约 127 mm(5.0 in)距离范围内的管体外径；对于规格(代号 1)大于 5-1/2 的加厚管，下列偏差适用于紧邻加厚部分约等于管体外径 D 距离范围内的管体外径。应使用卡钳或外径规测量。

代号 1	在 m_{eu} 或 L_0 后的公差
≤3-1/2	+2.38 mm～−0.79 mm(+3/32 in～−1/32 in)
>3-1/2～≤5	+2.78 mm～−0.75%D(+7/64 in～−0.75%D)
>5～≤8-5/8	+3.18 mm～−0.75%D(+1/8 in～−0.75%D)
>8-5/8	+3.97 mm～−0.75%D(+5/32 in～−0.75%D)

对于 2-3/8 及更大规格(代号 1)的外加厚油管，下列公差适用于距管端 L_a(见图 D.5)范围内的管子外径。

应用卡钳或外径规测量。在 L_a 与 L_b 之间的直径变化应当是平滑与渐变的。管体外径公差不适用于距管端 L_b 的范围内。

代号 1	公　　差
≥2-3/8～≤3-1/2	+2.38 mm～−0.79 mm(+3/32in～−1/32in)
>3-1/2～≤4	+2.78 mm～−0.79 mm(+7/64 in～−1/32 in)
>4	+2.78 mm～−0.75%D(+7/64 in～−0.75%D)

接箍毛坯的外径公差按订单规定。

8.11.2 壁厚 *t*

管子的规定壁厚偏差为−12.5%。

接箍毛坯的规定壁厚偏差按订单规定。

8.11.3 质量

数　量	公　差
单根	+6.5%～−3.5%
18 144 kg(40 000 lb)或 18 144 kg 以上的车载量	−1.75%
少于 18 144 kg(40 000 lb)的车载量	−3.5%
18 144 kg(40 000 lb)或 18 144 kg 以上的订货量	−1.75%
少于 18 144 kg(40 000 lb)的订货量	−3.5%

8.11.4 内径 *d*

内径 d 由外径公差和质量公差决定。

8.11.5 加厚尺寸

加厚尺寸公差见表 C.26、表 C.27、表 C.28 或表 E.26、表 E.27、表 E.28。

8.11.6 延长加厚长度

经购方与制造厂协商，可以订购延长加厚长度(L_{el})的外加厚油管。除非购方与制造厂另有协议，否则，至少 95%的管接头(两端)应满足 L_{el}规定，而其余管接头应符合 L_{eu}要求。

8.12 管端

8.12.1 半成品管子

半成品管子是指未加工螺纹供货的管子，它可以是加厚的也可以是不加厚的，但应符合本标准对某特定钢级的所有要求，并应按 11.5.2 规定标识。

8.12.2 带 API 螺纹的套管

除非订单上另有规定，否则套管应带 8 牙长圆螺纹或短圆螺纹(若适用)和接箍供货。若订单上有规定，套管应按下述一种管端加工形式供货：

——8 牙圆螺纹不带接箍；

——偏梯形螺纹带接箍；

——偏梯形螺纹不带接箍；

——直连型螺纹；

——高抗泄漏 LC 接头。

此外，也可订购符合 A.8(SR13)的密封环结构。

H40、J55、K55 钢级套管可以以短螺纹或长螺纹供货，(见表 C.1 或表 E.1)如果购方要求订购表 C.24 或表 E.24 中的 H40、J55、K55 或 M65 长螺纹套管，则应在订单上作出规定，否则将根据表 C.24 或表 E.24 供应短螺纹套管。

衬管应以直角平端供货，内外棱边上的毛刺应清除。

8.12.3 带 API 螺纹的油管

除非订单上另有规定，否则油管应带螺纹和接箍供货。若订单上有规定，则油管应按下列任一管端形式供货：

——两端带螺纹但不带接箍；

——整体连接。

此外，还可订购符合 A.8(SR13)的密封环结构。

8.12.4 圆头

由制造厂选择或由购方规定，可提供"圆形"或"子弹头"式管端，以代替传统的油管螺纹端的直角端面。修整的管端应圆滑，以便涂层涂覆，而且内、外表面过渡圆角光滑、无尖角、毛刺或裂片。参阅图 D.6 所示及尺寸。应注意，图 D.6 中的尺寸是推荐值，并不必进行测量检验确定产品接收或拒收。

8.12.5 短节和附件

除非另有规定，否则短节和附件应带螺纹而不带接箍供货。

8.12.6 螺纹加工

管子螺纹、螺纹测量和检验方法应符合 API Spec 5B 的要求。管端不允许用锤子锤圆来满足螺纹加工要求。

8.12.7 管端的工艺质量

所有管子端部的内外棱边都不应有毛刺。在上紧和卸下过程中，马氏体型铬合金钢管子的螺纹有可能产生粘着磨损或粘扣现象。通过表面处理可改善其抗粘扣能力，但这不属于本标准的范围。

PSL-2 和 PSL-3 产品的附加要求见附录 H。

8.12.8 特殊端部加工

若订单上有规定，可供应本标准未作规定的管端加工型式的管子。这种管子的管体应按本标准的要求制造，若由管子厂或加工厂加工螺纹管子应按 11.5.2 规定用符号"SF"作出标记。

若订单上有规定，可供应本标准未作规定的管端加工型式的接箍和附件。除端部加工和尺寸外，这些管件应按本标准的要求制造，并按 11.5.2 规定用符号"SF"作出标记。

8.13 缺陷

8.13.1 管子和附件

所有管子和附件不应有如下所列的缺陷：

a) 任何淬火裂纹；

b) 可证实使净有效壁厚减小到规定壁厚 87.5%以下的任何表面开裂缺欠；

c) 当本标准[见 10.15、A.2(SR1)和 A.3(SR2)]或订单上规定无损检验(外观检验除外)时，所探测出的面积大于 260 mm^2(0.40 in^2)的任何非表面开裂缺欠；

d) 可证实使净有效壁厚减小到规定壁厚 87.5%以下的焊缝两侧 1.6 mm(1/16 in)以内的任何焊缝非表面开裂缺欠；

e) 内、外表面上任何方向、深度大于表 C.33 或表 E.33 所示数值的任何线性缺欠；

f) 加厚管表面深度大于表 C.34 或表 E.34 所示数值、任何方向的任何表面开裂缺欠；

g) 所有加厚产品的内加厚形状上任何可使 90°钩形工具挂住的尖角或截面突变(见图 D.26)。

8.13.2 接箍毛坯

所有接箍毛坯应无淬火裂纹；所有接箍毛坯应没有深度大于制造壁厚 5%以上或可造成其外径或

壁厚减少到规定偏差壁厚以下的任何表面开裂缺欠,或应明确地标示出这类缺陷。8.13.1c)的要求是适用的。

8.13.3 工艺控制计划

基于生产工艺知识和第10章的要求,制造厂应采用可以确保满足上述要求的工艺控制计划。

8.14 接箍上紧与螺纹保护

8.14.1 第1、2和3组

除订单上规定接箍应控制上紧(见注1)或单独运输外,所有套管接箍和标准油管接箍应机紧到管体上。除订单上规定接箍应单独运输外,特殊间隙油管接箍应控制上紧到管体上。

拧接前,应在接箍或管子螺纹的整个啮合表面上涂上螺纹脂。经购方和制造厂协商,可在接箍和管子上同时涂敷。除非订单上另有规定,螺纹脂应符合ISO 13678规定。当管子带螺纹和接箍供货时,现场端和接箍应带上螺纹保护器。当管子带螺纹而不带接箍供货时,则每一端都应带上螺纹保护器。螺纹保护器应符合12.2的要求。所有外露螺纹都应涂上螺纹脂。一种色彩明显的贮存脂可以代替这种螺纹脂在外露的螺纹表面上使用。不管使用哪一种类型的螺纹脂,螺纹表面都应清洁而无水分和切削液。

注1:对于本条款,API RP 5A3与ISO 13678是等效的。

注2:控制上紧接箍的目的是便于在管子使用前卸下接箍,以清洗、检查螺纹及涂上新的螺纹脂。这种方法会使螺纹泄漏机会减少。因为工厂采用机紧接箍后,尽管上紧时不漏,但在运输、装卸和使用后未必保持不漏。

注3:马氏体型铬钢易粘扣,因此,可能需要提醒对螺纹表面进行特殊处理或润滑,使其在静水压试验(装卸堵头)时,减小粘扣。

8.14.2 第4组

除非订单规定采用机紧方法,否则除要求API螺纹套管接箍应单独装运外,对第4组的其他所有要求与上述8.14.1相同。

9 接箍

9.1 一般要求

符合本标准的接箍应是无缝的。除9.2所列情况外,其钢级、类型和热处理均应与管子相同。本标准对于按照本标准订购的作为接箍毛坯的管子上截取的接箍半成品不作要求。

当进行接箍电镀时,宜对电镀工艺进行控制,以使氢吸收降低至最小程度。

9.2 替代钢级或替代热处理

9.2.1 若订单上未规定热处理,则H40钢级管子应用轧制态的、或经正火或正火加回火、或淬火加回火的H40、J55或K55钢级接箍供应。

9.2.2 若订单上未规定热处理,则J55钢级管子应用轧制态的、或经正火或正火加回火、或淬火加回火的J55或K55钢级接箍供应。

9.2.3 若订单上未规定热处理,则K55钢级管子应用轧制态的、或经正火或正火加回火、或淬火加回火的K55钢级接箍供应。

9.2.4 当订单上有规定时,则J55钢级外加厚油管应用L80钢级1类特殊间隙接箍供应。

9.2.5 当订单上有规定时,则J55和K55钢级偏梯形螺纹套管应用L80钢级1类接箍供应。

9.2.6 M65 钢级产品应用 L80 钢级 1 类接箍供应。

9.2.7 经正火的 N80 钢级 1 类管子应以 N80 钢级 1 类或 N80Q 钢级接箍供应。

9.2.8 经正火加回火的 N80 钢级 1 类管子应用经正火加回火的 N80 钢级 1 类接箍或 N80Q 钢级接箍供应。

9.2.9 若订单上有规定，则 N80 钢级 1 类和 N80Q 外加厚油管应用 P110 钢级特殊间隙接箍供应。

9.2.10 若订单上有规定，则 N80 钢级 1 类和 N80Q 偏梯形螺纹套管应用 P110 钢级接箍供应。

9.2.11 若订单上有规定，则 P110 钢级偏梯形螺纹套管应用 Q125 钢级接箍供应。

9.3 制造方法——第 1、2 和 3 组

用无缝管或热锻件制造的接箍应按 6.2 的要求进行热处理。

9.4 制造方法——Q125 钢级

Q125 钢级接箍应用无缝的接箍毛坯制造，接箍毛坯按本标准对 Q125 钢级套管相同的制造要求和质量控制条款制造(见第 6 章和第 7 章)。接箍和接箍半成品应从接箍毛坯上截取。接箍半成品的选择性要求见 A.4(SR9)。

9.5 机械性能

接箍应符合第 7 章和第 10 章规定的机械性能要求，其中包括试验频率、复验条款等。这些试验记录应提供给购方检查。

9.6 尺寸及偏差

9.6.1 第 1、2 和 3 组

接箍应符合表 C.35～表 C.38 或表 E.35～表 E.38 规定的尺寸和公差要求。除非订单上另有规定，否则带螺纹和接箍的套管和油管应用标准接箍供应。

9.6.2 第 4 组

接箍除加工内表面外，还可对整个外表面进行加工。除订购标准 API 螺纹接箍时其尺寸应按表 C.35 和表 C.36 或表 E.35 和表 E.36 规定外，接箍尺寸应符合订单要求。

9.7 标准接箍

标准接箍的外径(W)如表 C.35～表 C.38 或表 E.35～表 E.38 所示。接箍承载面的内外棱边应为圆角或倒角，但不能过分减小承载面的宽度(尺寸 b)，以保证有足够的厚度，能安全地支撑吊卡下的管子质量。接箍的两端面应与轴线严格垂直。

9.8 特殊间隙接箍——第 1、2 和 3 组

当订单上有规定时，应提供偏梯形螺纹套管和外加厚油管用特殊间隙(外径 W_c 被缩减)接箍。除非另有规定，特殊间隙外加厚油管接箍两端应具有如 9.12 和图 D.5 中规定的特殊倒角。

当订单中有规定时，偏梯形螺纹套管特殊间隙接箍两端应具有图 D.3 规定的端部倒角。如图 D.3 和图 D.5 所示，承载面内、外棱边应为圆角或倒角。

接箍端面(当倒角时为钝边)应与轴线完全垂直。如图 D.3 和 D.5 所示，特殊间隙接箍应符合表 C.36 和表 C.38 或表 E.36 和表 E.38 的尺寸(除 b 外)和公差要求。

标记和色标见第 11 章。

9.9 组合接箍

当订单上有规定时，应提供具有相同规格的不同螺纹类型的组合接箍。组合接箍的最小长度和最小外径应完全适合规定的螺纹尺寸和类型。

9.10 缩径接箍——第1、2和3组

缩径接箍是用于连接直径不同而两端螺纹类型相同或不同的两根管的接箍。若订单上有规定，应提供缩径接箍。缩径接箍的最小长度和最小直径应完全适合规定的螺纹尺寸和类型。

9.11 带密封环接箍

当订单上有规定时，应提供符合A.8(SR13)要求的带密封环接箍。

PSL-2和PSL-3产品补充要求见附录H。

9.12 特殊倒角油管接箍——第1、2和3组

当订单上有规定时，应提供符合表C.37和表C.38或表E.37和表E.38要求的不加厚和外加厚油管用特殊倒角接箍。除非另有规定，特殊倒角接箍两端的倒角应如图D.4和图D.5规定。如图D.4和图D.5所示，承载面内、外棱边应为圆角或倒角。接箍钝边应与轴线完全垂直。

9.13 螺纹加工

9.13.1 一般要求

接箍螺纹的加工、测量及检验都应符合API Spec 5B的要求。不应用扩径的方法使接箍达到对API螺纹接箍要求的锥度。

PSL-2和PSL-3产品补充要求见附录H。

注：由于在接箍和外螺纹之间承载压力不足，使API螺纹接箍的泄漏抗力可能达不到管体内屈服压力。

9.13.2 套管接箍——所有组

若订单上有规定，套管接箍应以下列一种形式的端部加工供应：

a) 8牙长圆螺纹或短圆螺纹；

b) 偏梯形螺纹——标准倒角或特殊倒角；

c) 符合A.8(SR13)的密封环结构；

d) 特殊端部加工。

9.13.3 油管接箍——第1、2和3组

若订单上有规定，油管接箍应以下列一种形式的端部加工供应：

a) 加厚油管的8牙或10牙圆螺纹——标准，特殊倒角或特殊间隙；

b) 不加厚油管的8牙或10牙圆螺纹——标准或特殊倒角；

c) 符合A.8(SR13)的密封环结构；

d) 特殊端部加工。

9.14 表面检查

9.14.1 所有成品接箍内表面不应有破坏螺纹连续性的各种缺欠。

9.14.2 所有接箍在最终加工之后、内或外表面电镀之前应进行内、外表面检查。应采用ISO 13665或

ASTM E709 的环向磁场湿荧光磁粉法检查表面纵向缺欠，或采用已向购方证明具有相同灵敏度的其他无损检验方法进行检查。10.15.4 规定的记录应予以保存。

9.14.3 经购方和制造厂协商，H40、J55 和 K55 钢级接箍可不进行无损检验，但应在最终加工之后、电镀之前进行内、外表面外观检查，且不应有肉眼可见的发裂、裂纹和气孔。标记要求见表 C.68 或表 E.68。

注：肉眼可见的发裂或裂纹是指那些不使用磁粉检验、着色渗透或其他无损检验方法就可发现的缺陷。

9.14.4 为确保电镀或涂敷完全，所有接箍的螺纹表面应在电镀或涂敷后进行外观检查。

9.14.5 除了表 C.39 或表 E.39 允许的缺欠外，所有在制造厂检验过程中发现的任何深度的缺欠均应清除。

9.14.6 除 9.14.7 所述外，成品接箍按照 9.14.2 或 9.14.3 在制造厂外再次检验时，除表 C.39 或表 E.39 给出的缺欠外，应不存在其他缺欠。

9.14.7 对于在 0 ℃(32 ℉)或更低温度下的冲击试验证明剪切面积大于 80%并且冲击吸收能超过规定最小值要求的 J55 和 K55 钢级的接箍，以及对于 N80 钢级 1 类、N80Q 和第 2、3 和 4 组材料的接箍，随后在制造厂之外的重新检测发现接箍存在深度不超过规定的临界厚度的 5%的缺欠时，不应拒收。

临界厚度定义见 7.3.2。

9.15 缺欠的测量

缺欠深度应从接箍的正常表面或缺欠上部的接箍延伸轮廓线测量。成品接箍的外径应在加工过的表面或轮廓线(即原始表面或因清除缺欠或缺陷而打磨过的轮廓线)上测量，不应在允许存在的点坑底部测量。

9.16 缺欠和缺陷的修补及清除

不允许采用补焊方法。9.14.5 规定的不允许存在的缺欠应清除。表 C.39 或表 E.39 允许的缺欠均可用机加工或打磨外表面的方法清除或减缓，但要保证在清除缺陷处测得的成品接箍外径在规定偏差范围内，否则该接箍应拒收。机加工或打磨应平滑地过渡到接箍外轮廓线上。

清除缺陷后，应采用与原检验相同的方法及相同的灵敏度或具有相同或更高灵敏度的其他方法对受影响区域进行重新检验。

9.17 螺纹表面处理——Q125 钢级

应按订单规定进行螺纹表面处理。

9.18 接箍和接箍半成品的保护——C90、T95 和 Q125 钢级

所有加工成最终外径的散件接箍和半成品都应装箱，以免搬运过程中相互碰撞。所有其他接箍半成品也应装箱，防止产生随后加工不易消除的裂痕和凿槽。包装箱应选用合适材料以防止损伤材料表面，其设计形状应便于叉车搬运。

10 检验和试验

10.1 试验设备

为能有效证明所有产品符合本标准的要求，制造厂应确定试验设备适当的校准频率。

如果按本标准条文要求校准或检定的试验或测量设备处于不正常或严重影响其精度的情况下，则在再次使用该设备之前应进行重新校准或重新检定。

10.2 机械性能试验批的定义

10.2.1 第1组、第2组(仅对M65、L80钢级1类和C95钢级)和第3组——接箍毛坯和管子(不包括切成半成品或单件后经热处理的短节)

一批定义为来自同一炉批、或根据文件化程序确保其符合本标准的适当要求而编为一组的不同炉批的钢,经轧制或作为连续热处理作业(或间隙式炉处理)的一部分具有相同的规定尺寸和钢级的管子。

10.2.2 L80钢级9Cr类、L80钢级13Cr类、C90、T95和Q125钢级——接箍毛坯和管子(不包括切成半成品或单件后经热处理的短节)

一批定义为来自同一炉批的钢、经连续热处理作业(或间歇式炉处理)的一部分具有相同规定尺寸和钢级的所有管子。

10.2.3 切成半成品或单件后经热处理的接箍半成品、短节或附件

一批定义为来自同一炉批的钢,具有相同规定尺寸和钢级的一组管件,并且这组管件:

a) 在同一间歇式热处理炉内同时成批热处理;或

b) 在一个装有在整个热处理过程能提供控制记录资料的记录控制仪的同一热处理设备中,无间断连续装载的同一循环热处理;或

c) 在一个8 h或少于8 h的连续生产过程中,利用同一设备逐件地进行热处理。

此外,对C90、T95和Q125钢级,9-5/8及更大规格(代号1)的套管用接箍、短节或附件,一批数量不应超过30件;对于较小规格套管用并单件热处理的接箍、短节或附件,一批数量不得超过50件。

10.3 化学成分分析

10.3.1 接箍、短节和附件

对于接箍、短节和附件,所要求的化学分析结果应由钢厂或加工厂提供,应从管子或棒坯材料上取样。

10.3.2 熔炼分析

对于第1、2和3组,购方要求时,制造厂应提供用于制造订单上所供管子、接箍毛坯和接箍的每炉钢的熔炼分析报告。按购方要求,还应提供制造厂用以控制机械性能的其他元素的定量分析结果。

对于Q125钢级,制造厂应提供用于制造订单上所供管子、接箍毛坯和接箍的每炉钢的熔炼分析报告。该报告应包括制造厂用以控制机械性能的其他元素的定量分析结果。

10.3.3 产品分析

产品分析应在每炉钢的两根成品管上进行。产品分析应由制造厂在终加工产品上进行。对于电焊产品,其化学分析可在制管的钢板坯料上进行。

产品分析应包括表C.5或表E.5中所列的所有元素的定量分析结果,以及制造厂用来控制机械性能的其他元素的定量分析结果。

第1、2和3组的产品分析结果按购方要求可以提供。

第4组的产品分析结果应提供给购方。

10.3.4 分析方法

化学成分应采用通常用来测定化学成分的任何一种方法(如发射光谱、X射线发射、原子吸收、燃烧

技术或湿法分析方法)进行。选用的校准方法应溯源到所建立的标准。在结果出现不一致的情况下,化学分析应按照 ISO/TR 9769 或 ASTM A751 进行。

10.3.5 产品分析的复验——所有组

若代表一炉产品的两根管的化学成分分析结果都不符合规定要求,则由制造厂选择,或该炉产品报废,或将该炉剩余管子逐根检验,以确定是否符合规定要求。若两个试样中仅有一个试样不符合规定要求,则由制造厂选择,或该炉产品报废,或从该炉产品中再取两根管子进行复验。若复验用两个试样符合规定要求,则除最初分析不合格的那根管子外,该炉产品合格。若一个或两个复验用试样不符合规定要求,则由制造厂选择,或该炉产品报废,或将剩余的每根管子逐根检验。在逐根检验任一炉的剩余管子时,只检验不合格的元素或需要检验的元素。产品分析复验用试样的取法应与规定的产品分析取样方法相同。若订单上有规定,所有产品分析复验结果应提供给购方。

10.4 拉伸试验

10.4.1 应力消除温度

对于拉伸试验频率,只要应力消除温度比最终回火温度至少低 56 ℃(100 ℉),则不应将回火产品的应力消除认为是"热处理"。

10.4.2 炉批控制拉伸试验——第 1、2 和 3 组

作为对本标准管子生产用的每一炉钢的控制,制造厂应进行一次拉伸试验。对于电焊管,这种控制拉伸试验可由制造厂选择,或者在制管的钢板坯料上进行,或者在成品管上进行。

也可将在一根管子上进行的炉批控制试验作为该管子所属试验批的产品试验。

10.4.3 试验频率和取样位置——套管和油管

所有组套管和油管的试验频率在表 C.40 或表 E.40 中规定。

PSL-2 和 PSL-3 产品补充要求见附录 H。

试验用管应随机抽取,当要求进行多次试验时,抽样方法应保证所取的样品能代表该热处理循环(若适用)的始末及管子的两端。当要求进行多次试验时,除加厚管试样可从一根管子的两端截取外,试样应从不同的管子上截取。

10.4.4 试验频率和取样位置——接箍、短节和附件

接箍毛坯和接箍的试验频率在表 C.41 或表 E.41 中规定,短节和附件的试验频率在表 C.42 或表 E.42 中规定。

对于第 1 组、第 2 组(C90 和 T95 钢级除外)和第 3 组,取自棒坯上的拉伸试样,应在对应于成品附件中壁厚的棒坯处截取。

对于第 2 组(C90 和 T95 钢级)和第 4 组,以整管热处理的接箍、短节和附件材料的拉伸试样应在图 D.10 所示的位置截取。

用以前经过试验并符合要求的套管、油管或接箍半成品制造的短节或附件,若随后不再进行热处理,则不需进行拉伸试验。

也可将炉批控制试验作为该试件所属试验批的产品试验。

10.4.5 试样——总则

产品管体拉伸试样可由制造厂选择,或是全截面试样,或是条形试样,或是圆棒试样,如图 D.9 所

示。从无缝管和接箍坯料截取的条形试样应取自管子圆周上任一位置,由制造厂选择。圆棒试样应取自管壁中间。从电焊管截取的条形试样和圆棒试样应在与焊缝约成 90°的位置截取,或由制造厂选择在制管用钢板坯上平行于轧制方向、在距板边缘约四分之一钢带宽度处取样。经热处理的管子和接箍坯料的拉伸试样应在生产线上最终热处理后的管子上截取。

若能使用适当曲面的试验夹具,或将试样两端部经过机加工或冷压平,从而减少夹紧面的曲率,则所有条形试样标距长度内的宽度应约为 38 mm(1.500 in)。否则,对于规格(代号 1)小于 4 的管子,试样宽度应约为 19 mm(0.750 in);对于规格 4～7-5/8 的管子,其宽度约为 25 mm(1.000 in);对于规格大于 7-5/8 的管子,其宽度约为 38 mm(1.500 in)。

除圆棒拉伸试样外,所有的产品管体拉伸试样应代表所截取管子的整个壁厚,且试验时应不将试样压平。若使用圆棒试样,则当产品规格允许时,应采用直径为 12.7 mm(0.500 in)的圆棒试样;其他规格的产品应采用直径为 8.9 mm(0.350 in)的圆棒试样。当管子规格太小而取不出 8.9 mm(0.350 in)的试样时,不允许使用圆棒拉伸试样。记录或报告伸长率时,当采用条形试样时该记录或报告应给出试样的名义宽度,当采用圆棒试样时该记录或报告应给出其直径和标距长度,当采用全截面试样时,应在记录或报告中说明。

10.4.6 试样——接箍、短节和附件的补充要求——Q125 钢级

除 10.4.5 的要求外,纵向拉伸试样应从接箍、短节或附件材料上截取,单件热处理的接箍半成品、短节或附件,在最终热处理后截取。拉伸试样应采用条形试样,或当管子壁厚超过 19.1 mm(0.750 in)时,采用直径为 12.7 mm(0.500 in)的圆棒试样,如图 D.9 所示。

以接箍半成品或单件热处理的接箍、短节或附件材料,其拉伸试样应从管件按图 D.10 要求截取。根据购方与制造厂的协议,可采用削薄截面的条形试样。

10.4.7 试验方法

产品的拉伸性能应在纵向试样上测定,试样应符合 10.4.5 和 ISO 6892 或 ASTM A370 的要求,对于本标准所涉及的 Q125 钢级产品则应符合 10.4.6 的要求。拉伸试验应在室温下进行。拉伸试验过程中的应变速率应符合 ISO 6892 或 ASTM A370 的要求。

拉伸试验机应在任何试验前 15 个月内按 ISO 7500-1 或 ASTM E4 校准。引伸计应在任何试验前 15 个月内按 ISO 9513 或 ASTM E83 校准。记录应按 13.4 规定保存。

10.4.8 试样无效

如果任何拉伸试样显示出机加工有缺陷或扩展裂纹缺陷,该试样可报废,并用另一试样代替。

10.4.9 复验——所有产品(除 C90、T95 和 Q125 钢级接箍、接箍毛坯、短节或附件材料外)

若代表一批次产品的一次拉伸试验不符合规定要求,则制造厂可以从同一批管中另取 3 根管进行复验。

若所有试样复验均符合要求,则除最初取样的那根不合格管子外,该批管子合格。

若最初取样的一个以上试样或复验用一个或多个试样不符合规定要求,则制造厂可以将该批剩余管子逐根检验。复验用试样取法应与 10.4.5 和 10.4.6 规定相同。M65、L80 和 C95 钢级复验用拉伸试样应从最初取样的那端取样。

被判废批次产品可重新热处理,并作为新的批次重新试验。

10.4.10 复验——C90、T95 和 Q125 钢级接箍、接箍毛坯、短节或附件材料

对以整管热处理的材料,若一个拉伸试样不符合规定要求,则制造厂应从该有问题的管子两端取样试验,或者将该根管报废。不允许追加试验来确定某一件接箍、短节或附件材料是否合格。两个试样试

验结果应符合规定要求,否则该根管报废。被判废的那根管可重新热处理,并作为新的一批试验。

对以接箍半成品或单件产品热处理的材料,若一个拉伸试样不符合规定要求,则制造厂应将有问题的该批重新热处理,或是从有问题的该批中另取3个试样试验。如果这3个试样中有一个或多个试样不符合要求,则该批应报废。制造厂可选择将该批重新热处理,并作为新批次进行试验。

10.5 压扁试验

10.5.1 总的试验要求

对具有表C.23或表E.23所示的 D/t 比值的所有电焊管应进行压扁试验。

在10.5.2~10.5.7中,0°位置应使焊缝接触平行板(定义为12点钟或6点钟位置)。90°位置应使焊缝处于3点钟或9点钟位置。

10.5.2 试验频率

试验频率应按表C.44或表E.44规定。

10.5.3 试样

试样应为长度不小于63.5 mm(2-1/2 in)的试样环或切头。

对于用长卷板制成的管子,在一根管的一端上进行的试验应代表下根管相邻端上的试验。若管子需加厚,则试样应在管子加厚之前截取。

试样可在热处理之前切取,但需经受与所代表管子相同的热处理。若采用批试验时,应采取措施识别试样与取样管子的关系。每批中的每一炉都应进行一次压扁试验。

对于整管正火的电焊管,包括按6.2.1的要求经热张力轧制加工的管子,由制造厂选择,其压扁试样应在该热处理之前或之后截取。

10.5.4 第1组试验方法——非整体热处理的管子

试样应在平行板间压扁。在每组压扁试样中,一个试样焊缝应置于90°位置,另一个试样焊缝应置于0°位置进行压扁。试样应压扁至相对管壁相接触为止。在平行板间距离小于表C.23或表E.23规定值之前,试样任何部位不应产生裂纹或断裂;在整个压扁过程中,不应出现不良的结构特征、焊缝未熔合、分层、金属过烧或挤出金属等现象。

10.5.5 第1和2组试验方法——整体热处理的管子

试样应在平行板间压扁,且焊缝处于弯曲程度最大处。由检验人员决定,单独的压扁试验还应将焊缝置于距最大弯曲处90°的位置。试样应压扁至相对管壁相接触为止。在平行板间距离小于表C.23或表E.23规定值之前,试样任何部位不应产生裂纹或断裂;在整个压扁过程中,不应出现不良的结构特征、焊缝未熔合、分层、金属过烧或挤出金属等现象。

10.5.6 P110钢级管子和Q125钢级套管的试验方法

当订单规定ERW管子和SR11时(见6.1),A.6(SR11)中的要求应适用。

10.5.7 复验

如果代表一根管的任一试样不符合规定要求,则制造厂可以从该同一根管的同一端取样进行补充试验,直至满足要求。但取样后的成品管长度不得小于初次切头后长度的80%。若代表一批产品的一根管的任一试样不符合规定要求,则制造厂可以从该批产品中另取两根管子切取试样复验。若这些试样都符合规定要求，则除最初选作试验的那根管子外，该批所有管子合格。若任一个复验用试样不符合规定要求，则制造厂可将该批剩余管子逐根取样试验。复验用试样取法应与10.5.3规定相同。由制造厂选择，任一批管子都可重新热处理并作为新批次进行试验。

10.6 硬度试验

10.6.1 PSL要求

N80(Q)、C95和P110钢级PSL-3产品的补充要求见附录H。

10.6.2 检验频次——通则

所有产品硬度试验频次应按表C.43或表E.43规定执行。

在表面、管体全壁厚和加厚区部位的补充硬度试验由购方和供方协商确定。补充试验的试验程序由购方和供方协商。

由事先已做过试验的M65、L80、C90、T95或Q125钢级的短节或附件材料长管制成的短节或附件只要随后不再热处理，则都不要求试验。

10.6.3 试验频次——炉批控制试验——M65和L80钢级

为验证符合硬度要求，取自每一炉批控制拉伸试验试样的硬度试块应进行全壁厚硬度试验。

在产品上进行的炉批控制硬度试验也可作为该试件所属批的产品试验。

10.6.4 试验频次——M65和L80钢级

管子、接箍和附件材料的硬度试验频次与每种产品的拉伸试验频次相同。

PSL-3产品的附加要求见附录H。

10.6.5 试验频次和取样位置——不加厚管——C90和T95钢级

对于不加厚管，一个象限的全壁厚硬度试验应从管端取样进行。其中有约50%的试样环应取自管子的前端，而另一半应取自管子的后端。

PSL-3产品的补充要求见附录H。

10.6.6 试验频次和取样位置——加厚管——C90和T95钢级

为验证符合硬度要求，按10.4.3要求进行过拉伸试验的每根管的管体还应在四个象限进行全壁厚硬度试验。加厚段的试验频率应是每批中每20根进行一次试验。在四个象限内的全壁厚硬度试验应从一根加厚管具有最大壁厚的加厚部位取样进行。

除全壁厚硬度试验外，每根管的管体和一个加厚部分的外表面还应进行布氏或洛氏C标尺硬度试验。

10.6.7 试验频次和取样位置——接箍、短节和附件——C90和T95钢级

对于用来制造多个接箍、短节或附件的厚壁管，应从每根管的两端各取一个全壁厚硬度试验环进行试验。

对于单件进行热处理的接箍、短节和附件，应选择每批中具有最高表面硬度的管件进行全壁厚硬度试验。

对于单独热处理的接箍，硬度试验环应如图D.10所示从接箍中部截取。对于单独热处理的短节和附件，硬度试验环可从如图D.10所示的中部截取，也可从延长部分截取。

全壁厚硬度试验应在四个象限进行。

10.6.8 试验频次——Q125 钢级

对于套管，每批应取 3 根管子进行全壁厚硬度试验。试验用管子应随机抽取，并且试验管抽样方法应保证所提供的样品能代表该热处理循环的始末及管子的两端。

经整管热处理的接箍、短节或附件材料，每根管的一端应进行全壁厚硬度试验(每端约 50%的取样概率)。

以接箍半成品或单件热处理的接箍、短节或附件，每批应取一件进行全壁厚硬度试验。

全壁厚硬度试验应在一个象限进行。

PSL-3 产品的补充要求见附录 H。

10.6.9 试样

硬度试验的样品应按照图 D.10 所示位置从产品上截取或按照本标准从该管件的端部或延长部份截取。对于所有钢级，全壁厚硬度试验应在试验环或样块上进行。

一个象限的全壁厚硬度试验应在取自试验环或拉伸试样的样块上进行。四个象限的全壁厚硬度试验应在试验环或取自试验环的样块上进行。全壁厚试验环试样应按图 D.11 规定对一个或四个象限进行制备。

硬度试样表面应经磨制、平行并且光滑，无氧化皮、外来物及润滑剂。

10.6.10 试验方法

布氏硬度试验应按照 ISO 6506-1 或 ASTM E10 进行，洛氏硬度试验应按照 ISO 6508-1 或 ASTM E18 进行。

两种类型的硬度试验应用于这些标准：

a) 包括单个压痕的外表面试验；

b) 包括多个压痕的全壁厚硬度试验。

外表面试验可采用洛氏硬度或布氏硬度任一种方法，并且如本标准规定，外表面试验可用于产品验收及过程控制。

全壁厚硬度试验应采用洛氏硬度法，供产品最人硬度、硬度允许变化及淬火淬透性的验收用。全壁厚硬度试验应在垂直于产品轴向的横向面上进行。若硬度环取自试验件端部，硬度试验应在试验环靠端头最远的那一侧进行(也就是说，远离淬火端面)。为减小可能的误差，每一个硬度试块或每一硬度环象限的第一个压痕可以忽略。

若产品规定壁厚小于 7.62 mm(0.30 in)，壁厚中间处的三个压痕对于全壁厚试验是可以接受的。对于其他所有产品，每象限三个压痕应各在三个位置上进行。每个位置(即外表面、壁厚中间、内表面)的三个压痕的硬度值应综合给出每一位置的平均硬度值。一个全壁厚硬度试验包括，按本标准规定的一个或四个象限中，某一个象限的每一位置的平均硬度值。

在外表面和内表面的压痕应距相应的外表面或内表面的间距在 2.54 mm(0.10 in)至 3.81 mm(0.15 in)之间，但从一个压痕中心到表面边缘距离应不窄于 2.5 倍压痕直径。一个压痕到另一个压痕，从压痕中心到压痕中心的间距应不小于 3 倍压痕直径。对于薄壁管压痕的行允许交错排布。

全壁厚硬度试验通常使用洛氏 C 硬度。采用这种洛氏 C 标尺对于硬度低于 20 HRC 的材料是适用的。由于可能精度不足，评价硬度值低于 20 HRC 材料时应小心，但无论如何，这些结果可用于硬度测定。根据制造厂的选择或订单规定，对于硬度低于 20 HRC 的材料可使用洛氏 B 标尺。洛氏硬度值或平均硬度值应通过实测或换算，以洛氏 C 硬度值报告，保留一位小数。当订单规定有 A.9 SR15 要求时，制造厂应向购方提供这些数据。

除非订单另有规定，硬度换算应由制造厂按选定的合适的换算表进行。

布氏硬度值应圆整至三位有效数字，并且如试验施加载荷不是 29.42 kN(3 000 kgf)、压头钢球直径不是 10 mm 并且试验加载保持时间不在 10 s～15 s 之间时，试验条件应予以报告。

若有争议，应采用实验室洛氏 C 硬度作为仲裁方法。

10.6.11 试样无效

如果任何硬度试样机加工有缺陷或存在扩展裂纹缺陷，则该试样可报废，并用另一试样来代替。

10.6.12 硬度试验机的周期校验

硬度试验机应进行周期校验，布氏硬度试验机的周期校验应采用 ISO 6506-1 或 ASTM E18 B 部分的程序进行，洛氏硬度试验机的周期校验应采用 ISO 6508-1 或 ASTM E10 B 部分的程序进行。相关 ISO 文本标题为“用户对试验机的周期校验程序”，ASTM 的分节标题为“用户周期校验程序”。在连续试验开始和结束时以及在设备操作者或购方(或其代表)要求确认试验机符合要求时，试验机均应进行校验。在任何情况下，最少每 8 h 后，连续试验应校验一次。校验应在具有以下硬度范围的标准试验块上进行：

a) 第 2 组：20 HRC 到 25 HRC；

b) Q125 钢级：25 HRC 到 35 HRC。

若校验显示试验机的试验结果不令人满意，布氏硬度试验机应按照 ISO 6506-2 或 ASTM E18 B 部分的程序、洛氏硬度试验机应按照 ISO 6508-2 或 ASTM E10 B 部分的程序，使用标准试验块通过间接验证方法进行校准。

10.6.13 复验——M65 和 L80 钢级

对于 M65 和 L80 钢级产品，若代表一批的全壁厚硬度试样结果不符合规定要求，制造厂可选择从同一批另取两根、在与初次试验试样同一端取样进行复验。若复验符合要求，则除初次试验不合格的那一根外该批可接收。若复验中一个以上试样不合格，则制造厂可选择逐根检验或整批拒收。

10.6.14 复验——C90 和 T95 钢级产品，除接箍毛坯、短节或切成单件后热处理的附件

对于 C90 和 T95 钢级，若任何平均硬度落在 25.4 HRC 与 27.0 HRC 之间(包括 27.0 HRC 在内)，则应在紧接区域补做三个压痕得到一个新的平均硬度值。若新的平均硬度值不超过 25.4 HRC，则该管件应被接受。若新的平均硬度值超过 25.4 HRC，则该管件应拒收。

10.6.15 复验——C90 和 T95 钢级接箍半成品、短节或切成单件后经热处理的附件

对于 C90 和 T95 钢级接箍半成品、短节或切成半成品或单件后经热处理的附件，若代表该批的硬度试样结果不符合规定要求，则该管件或该根管应被拒收。制造厂应对该批重新热处理或从该批中使用与初始试验相同准则加做三个试验，若三个复验中任何一个失败，则整个热处理批应被拒收。

10.6.16 复验——Q125 钢级——总则

若某一个试样的硬度变化超出表 C.6 或表 E.6 规定的允许范围，该象限表面可以被重新磨平(按制造厂的选择)至低于初始硬度压痕平面再复验。对每一试样仅允许重新磨平和复验一次。复验后，产品若不符合规定要求，应拒收。

10.6.17 复验——Q125 钢级——套管

对于证明一批套管合格所要求的初始三根管中若有一根以上被拒收，则制造厂可选择对该批余下

套管逐根检验。该批余下套管的复验应仅按10.6.16的规定进行。

对于证明一批套管合格所要求的初始三根管中若仅有一根被拒收，要证明该批套管合格，则可增加三根进行试验。增加试样的复验应仅按10.6.16的规定进行。若增加的三根中任一根被拒收，则制造厂可选择对该批套管剩余部分逐根检验或重新处理(即对一批套管来说，6根试验管子中必须有5根管子符合7.8和表C.6或表E.6规定，才能证明该批套管合格)。

10.6.18 复验——Q125钢级——接箍、短节和附件

当接箍、短节和附件的热处理以接箍半成品和单件进行时，若硬度变化超过7.8和表C.6或表E.6的规定，制造厂可从有问题的该批中另取3件以上进行全壁厚硬度试验。若三件中任何一件的一个试样硬度变化超过允许的规定，则该批拒收。

10.6.19 被拒收的批——第2、4组

对所有产品，被拒收的批可以重新处理(即再一次热处理)并作为新批再次作硬度试验。

10.7 冲击试验

10.7.1 抽样——J55、K55和N80钢级1类

对于当7.6有要求的附件材料，和对于接箍毛坯和附件材料，则每批应抽取一组试样。

10.7.2 抽样——M65钢级管子

每批应抽取一组试样。

10.7.3 抽样——N80Q、L80、C90、C95、T95和P110钢级

对于管子，每批管子应抽取一组试样(除非以文件化程序被证明符合规定要求，见7.5.6)。若订单上规定了A.10(SR16)，则试验是强制性的。

对于当7.6有要求的附件材料，和对于接箍毛坯和附件材料，则每批应抽取一组试样。

10.7.4 抽样和试样位置——Q125钢级

对于套管，每批套管应抽取3根进行试验。试验用管子应随机抽取，并且抽样方法应保证所提供试样能代表该热处理循环的始、末及处理时的套管前、后两端。

对于整管热处理的接箍毛坯、短节或附件材料，取自每根管子一端的一件应进行试验，对处理时的前、后端每一端应有约50%的取样概率。

对于以接箍半成品或单件热处理的接箍、短节或附件，每批应取一件进行试验。

10.7.5 试样

纵向和横向试样的取向见图D.12。

冲击试验试样不应用压扁的管子加工。

电焊管当用横向试样进行试验时，夏比V型缺口试样的缺口应开在焊缝线上。

若能满足图D.13的要求，经最终机加工的横向试样表面可保留原始管子产品的外径曲面。这些试样只有在与表C.9或表E.9一致的尽可能厚的横向试样时才应允许采用。

10.7.6 试验方法

夏比V型缺口冲击试验应按ASTM A370和ASTM E23规定进行。

为确定测得的值是否符合这些要求，观察结果应圆整到最接近的整数。一组试样的冲击能值(即3个试样的平均值)应以整数表示，必要时圆整为整数。圆整应按ISO 31-0或ASTM E29中的圆整方法进行。

10.7.7 试样无效

无论试验前或试验后，发现试样制备有缺陷或有与试验目的无关的材料缺欠，则该试样可报废，并用从同一件产品上制备的另一试样来代替。不应仅仅因为不满足最小吸收能要求而将试样简单地判定为有缺陷(见10.7.7～10.7.9)。

10.7.8 单根的复验——所有组

若一个以上试样的结果低于规定最小吸收能要求，或一个试样的冲击吸收能结果低于规定最小吸收能要求的2/3，则应从同一件上另取3个试样复验。复验的每一个试样的冲击吸收能都应等于或大于规定最小吸收能要求，否则该根管应拒收。

10.7.9 拒收件的更换——所有组

若一个试验结果不符合7.4～7.6的要求(若适用)，而且不具备按10.7.7规定重新试验的条件，则从该批中另外3件的每件上再取3个试样。若追加的所有检验件均符合要求，则除最初不合格的那一件外，该批合格。若追加检验件有一件以上不符合规定要求，则制造厂可选择将该批剩余检验件逐件检验，或将该批重新热处理并按新批检验。

10.7.10 多根管拒收——Q125钢级

对于证明一批合格所要求的初始三根管中若有一根以上被拒收，则不允许复验来证明该批管合格。制造厂可选择将该批剩余检验件逐件检验，或将该批重新热处理并按新批检验。

10.8 晶粒度测定——C90和T95钢级

10.8.1 取样

晶粒度测定应在每个淬火淬透性试验试样上进行。

10.8.2 试验方法

晶粒度应采用冶金学评定方法测定，如McQuaid-Ehn试验或ISO 643或ASTM E112规定的其他方法。

10.9 淬透性——C90和T95钢级

每一生产过程或热处理应在一个试样上测定淬透性。每个订单产品的开始以及其后每当规格发生变化时，或奥氏体化和淬火工艺条件发生显著变化时应进行四个象限全壁厚硬度试验。

10.10 硫化物应力开裂试验——C90和T95钢级

应采用ANSI-NACE TM0177-96结合7.14的要求测定C90和T95钢级产品室温下的抗硫化物应力开裂性能。对硫化物应力开裂抗力水平应采用拉伸试验(方法A)、弯曲梁试验(方法B)或DCB试验(方法D)任一方法测定。

对于方法A，除因管子几何尺寸限制而必须采用小尺寸光滑拉伸试样外，均应采用全尺寸光滑拉伸试样。

10.11　金相评定——P110 和 Q125 钢级电焊管

对每种规格的管子在焊接过程开始时应进行金相评定，在焊接过程中至少每 4 h 及焊接过程任一次实际的间断时都应进行金相评定。应在热处理之前取样。

制造厂应有客观标准来评价电焊管焊区是否合格。

PSL-2 和 PSL-3 产品的补充要求见附录 H。

10.12　静水压试验

10.12.1　静水压试验程序

每根管子都应在加厚和最终热处理(若适用)后进行整管静水压试验，且至少达到 10.12.2 规定的静水压试验压力而不渗漏。全压试验状态保持时间应不得少于 5 s。对于电焊管，应在全压下检查管子焊缝是否渗漏。除非预先已至少按最终管端状态所要求的压力进行了整管试验，否则进行螺纹加工的工厂应对管子进行整管静水压试验(或者为这一试验作出安排)。试验应在下列任一状态下进行：

a)　不加厚或进一步热处理的平端不加厚管；

b)　热处理后的平端不加厚管；

c)　加厚后不再进行热处理的平端管；

如果这种管子加厚前在平端状态下已在带螺纹和接箍的试验压力下进行了整管试验，则在加厚之后，加厚部位的试压可以在加厚时受加热的管段后面用一个试压堵头密封的试验装置进行。

d)　热处理后的平端加厚管；

e)　带螺纹但不带接箍管；

f)　带螺纹及机紧接箍管；

g)　最终加工及任何热处理后的短节，应在平端或带螺纹状态下进行试验。

需要热处理的管子应在最终热处理后进行试验。所有带螺纹端的管子，其试验压力至少应达到带螺纹和接箍时的试验压力。以直连型管端加工供应的管子，其静水压试验压力至少应达到上述的一种状态直连型管端的试验压力。

试验机应配备保证满足规定的试验压力和时间间隔要求的装置。试验压力测量装置应在每次试验前 4 个月内，用固定静载压力试验机或等效设备进行校准。校准和验证记录应按 13.5 规定保存。

注 1：马氏体铬钢表面易被擦伤，因此可能需采取特别措施对螺纹表面处理和/或涂润滑油，使其在静水压试验(装卸堵头)过程中表面损伤减少到最小程度。

注 2：各种类型的静水压试验系统均可用。进行水压试验的工厂有责任制定一套试验程序，以保证管子及管子与接箍的螺纹损伤的可能性减少到最低程度。

10.12.2　静水压试验要求

管子应符合表 C.45～表 C.61 或表 E.45～表 E.61 所列规格、钢级和端部加工形式的试验要求。

PSL-2 和 PSL-3 产品的补充要求见附录 H。

带螺纹管子的静水压试验压力应按 10.12.3 所述方法计算的标准压力，或是购方与螺纹加工厂商定的较高试验压力。

除 Q125 钢级外的平端管的静水压试验压力应是 10.12.3 所示计算的压力，或是购方与制造厂商定的较高试验压力。这并不排除随后按许用应力不超过规定最低屈服强度的 80%时由下式计算的压力进行静水压试验。静水压试验渗漏，是拒收的依据。

Q125 钢级平端管应按购方与制造厂协商进行试验。

除购方与制造厂有协议外，接箍毛坯、附件或 Q125 钢级短节试验不要求。

注 1：平端套管衬管的静水压试验要求被包括在表 C.46 或表 E.46 中。

注 2：此处规定的静水压试验压力是检验用试验压力，无意作为设计的依据，并且该试验压力未必与工作压力有任何直接关系。

注 3：用户宜认识到，具有特殊间隙或标准外径的 API 接箍在低于平端或带螺纹和接箍管子的选用试验压力下，可由于接箍与外螺纹端之间的承压不足而引起泄漏。

10.12.3 试验压力计算

标准静水压试验压力是根据下列公式计算的，其数值圆整到最接近的 0.5 MPa(100 psi)，其最大值限于 69.0 MPa(10 000 psi)。

$$p=(2\times f\times YS_{\min}\times t)/D$$

式中：

p ——静水压试验压力，单位为兆帕(MPa)或磅每平方英寸(lb/in^2)；

f ——系数，规格(代号 1)大于 9-5/8 的 H40、J55 和 K55 钢级为 0.6(0.6)，其他钢级和规格为 0.8(0.8)；

$YS_{\min}$ ——管体规定最低屈服强度，单位为兆帕(MPa)或磅每平方英寸(lb/in^2)；

D ——规定外径，单位为毫米(mm)或英寸(in)；

t ——规定壁厚，单位为毫米(mm)或英寸(in)。

注：上述静水压试验压力公式适用于国际单位制和美国惯用单位制。

仅是受试验设备实物极限能力的限制，才可允许采用较低的试验压力。制造厂应具有建立静水压试验设备实物极限能力的文件化设计依据。若计算的试验压力(根据外径、壁厚和钢级)高于静水压试验设备的能力，则经购方同意，制造厂应采用与该试验设备能力相当的试验压力。但仅对计算试验压力小于 20.5 MPa(3 000 psi)的产品，才可进行低于 20.5 MPa(3 000 psi)的静水压试验。

规格(代号 1)大于 9-5/8 的 H40、J55 和 K55 钢级的选用压力可用系数 0.8 计算。对于 P110 和 Q125 钢级，当计算试验压力大于 69.0 MPa(10 000 psi)时，其标准试验压力限于 69.0 MPa(10 000 psi)，而选用试验压力为计算值。选用试验压力在表中圆括号中给出。若订单有规定，并经购方与制造厂协商，应采用选用试验压力。

带螺纹和接箍管子的静水压试验压力按上式计算，但为避免因接箍强度或管子与接箍螺纹之间接触压力不足造成泄漏而要求较低压力者除外。带螺纹和接箍管子的较低压力应根据 ISO 10400 或 API Bul 5C3 所给公式计算。

10.13 尺寸检验

10.13.1 直径——测量精度

采用国际单位制时，对规格(代号 1)不大于 6-5/8 的直径测量，应采用小数点后二位的精度，对于规格(代号 1)大于 6-5/8 的直径测量，应采用小数点后一位的精度。对于采用美国惯用单位制时，应采用小数点后三位的精度。

注：本标准中，以国际单位制表示的管子外径，总是采用两位小数，这是出于确保实际产品不论采用国际单位制或是美国惯用单位制尺寸生产时的互换性设计目的。

10.13.2 直径测量

对于管子和接箍毛坯，制造厂应以每 100 根中至少抽取一根管体或接箍毛坯的频率，在唯一的径向平面内检验管子或接箍毛坯直径是否符合 8.11.1 的要求。

对于不加厚管子和接箍毛坯，测量应采用卷尺(皮尺)、千分尺、卡尺或卡规进行。对加厚套管和规格(代号 1)为 2-3/8 及更大规格的外加厚油管，应采用千分尺、卡尺或卡规进行测量。

对所订购的平端管或接箍毛坯，制造厂应以每 100 根管中至少抽取一根的频率，测量管子两端的直径。

若任一根管子不符合要求，应按10.13.3规定处置。

在对最小直径要求有争议时，应采用千分尺进行测量。在对最大直径有争议时，应采用卷尺(皮尺)进行测量。当采用千分尺测量时，在不符合要求的部位应测量3次，并取其平均值。这3个读数的平均值应被用于确定直径是否符合要求。

10.13.3 直径重新测量

若任一根管子采用卡尺、千分尺或卡规进行测量时，不符合规定的直径要求，则制造厂可选择从该批管中另外再取3根管进行测量。若用卷尺测量的任一根管或接箍毛坯不符合规定的直径要求，除非制造厂能提供影响那根管或接箍毛坯的特定问题的证据，否则应将该批剩余的管子或接箍毛坯逐件测量其是否符合要求。

若重新测量的所有管子符合规定的直径要求，则除最初测量的那根管子外，该批管合格。若重新测量的任一根管子不符合规定要求，则制造厂可将该批剩余的管子逐根测量。不能通过规定要求的单根管，可返切后重新检测其是否符合要求。

根据制造厂的选择可将任何批的管或接箍毛坯重新处理并作为新的一批重新测量。

注：即使经过处理的管子或接箍毛坯制造厂对直径的测量通过了最终质量控制点，但由于搬运和贮存还可能引起最大直径和最小直径的某些偏离，只要用卷尺测得的直径平均值在直径公差范围内，这种偏离不宜作为拒收的原因。

10.13.4 壁厚

每根管或接箍毛坯都应测量壁厚以验证其符合要求。壁厚测量应采用机械式测径仪、通止规或经过严格校准的具有一定精确度的无损检测仪器进行。

PSL-2和PSL-3产品补充要求见附录H。

有争议时，壁厚应采用机械式测径仪测量。机械式测径仪应装有直径为6.4 mm(1/4 in)的球型触头。与管子内表面接触的测杆触头应为球型头，对于规格(代号1)6-5/8和更大规格的管子，其最大半径应为38.1 mm(1-1/2 in)；对于规格(代号1)小于6-5/8的管子，球型触头最大半径为$d/4$，最小半径为3.2 mm(1/8 in)。与管子外表面接触的测杆触头应为平头或半径不小于38.1 mm(1-1/2 in)的球形头。

为确保符合壁厚要求，表C.62或表E.62规定的所有要求电磁或超声检验的无缝管和接箍毛坯应按文件化程序在螺旋方向或纵向上进行全长(不包括自动检验系统不能覆盖的端部区域)壁厚验证检测。壁厚检验设备的配置地应由制造厂自行决定。

如果订单有规定，附件应进行壁厚验证检测。

10.13.5 通径试验

若适用，所有通径试验应采用符合表C.31和表C.32或表E.31和表E.32要求的圆柱形通径规进行。对用作油管的套管要求见8.10。通径规超过规定圆柱段延伸的两端倒角应光滑，以保证通径规能容易进入管子。无论采用人工或机械通径方法，通径规都应能自由通过管子。在有争议时，应采用人工通径方法。在去除管内所有异物并适当支撑(以防止管子下垂弯曲)之前，管子所做通径不过不应拒收。

10.13.6 长度

当管子带螺纹和接箍供货时，管子的长度应测量到接箍的外侧端面。如果不带接箍测量，应予适当修正，使其包括接箍的长度。对于直连型套管和整体连接油管，其长度应测量至内螺纹端的外侧端面；对于短节和附件，其长度测量应从一端到另一端测量。

10.13.7 称重

规格(代号1)为1.660和更大规格的每根套管和每根油管应单独称重。规格(代号1)小于1.660的油管应逐根称重或以合适的捆称重。

对管体作标记的管子制造厂(见第11章)应负责管子称重,以确定是否符合规定的质量公差。管子可以平端、加厚、不加厚、带螺纹或带螺纹和接箍等形式称重。带螺纹和接箍管可带接箍称重,或不带接箍称重,但应对接箍质量予以适当修正。带螺纹和接箍管、整体连接管和不带接箍管装运的管子,只要对螺纹保护器的质量进行适当修正,可带或不带螺纹保护器称重。由螺纹加工厂进行管子的称重,不是强制的。

注:马氏体铬钢(L80钢级9Cr类和13Cr类)的密度不同于碳钢。因此,此处提到的质量对马氏体铬钢来说,不是精确值。可采用质量校正系数0.989。

10.13.8 直度

所有管子和接箍毛坯均应进行目视直度检查。对有问题的弯曲管子或端部弯曲应进行如下直度测量:

a) 对规格(代号1)4-1/2及更大规格的管子,采用直尺或拉紧的绳子(线)从管子一端到另一端进行直度检查;

b) 弯垂最大处采用至少1.8 m(6.0 ft)长的直尺测量,直尺过了弯垂最大处应与管子表面接触,至少还有0.3 m(1 ft),也可用等效方法进行测量。在出现争议时,以直尺测量为准。

拉紧的绳子或直尺应放在能显示出最大偏离量处。

对直线的偏离或弦高不应超过8.9的要求。见图D.14和图D.15。

对直线的偏离量不得在加厚面处、加厚消失处或接箍处测量。

10.13.9 内加厚

内加厚轮廓的检验应用90°钩形工具进行。通过目测,将触杆垂直附装于手柄上。触杆应具有直径为4.8 mm(3/16 in)的球形头,其高(球切点与触头轴的垂直面的间距)不应超过0.30 mm(0.012 in)。触头半径应不超过被检测管体的内半径。触头的锐棱边应消除,见图D.26。当触头沿轴向完全穿过内加厚过渡带时,90°钩形触头应保持与管体纵向垂直。触头的压力不应超过90°钩形工具质量产生的压力。

10.14 外观检查

10.14.1 通则

所有外观检查应由经过专业培训并对表面缺欠具有敏锐观察力的人员进行。制造厂应制定外观检查用照明标准,并形成文件。检查表面的光照度不应低于500 lx(lux)(50 ft-candle)。

除管子端部区域检查外,所有外观检查可在制造过程中任何适当的点进行,若有要求,外观检查应在所有热处理之后进行。

10.14.2 管体和接箍毛坯(不包括管端)

对每根管或接箍毛坯整个外表面上应进行外观缺欠检查。辊痕的外观检查见6.3.2。

10.14.3 管端

距端面至少450 mm(18 in)范围内的管端外表面应进行外观检查。

对不加厚产品距端面至少为2.5D或450 mm(18 in)(取两者的较小值)范围内的管端内表面应进行外观检查。

对加厚产品至少包括加厚过渡区在内的加厚部分长度范围内的管端内表面应进行外观检查。

如果采用另一种检查方法，且该方法被证明具有检测 8.13 所定义的缺陷的能力，则不需进行外观检查。

若进行切头去除缺陷，则对切头后的管端，其内表面应重新进行与前面相同的检查。

10.14.4 处置

外观检查发现的表面缺欠应按 10.15.16 规定进行处理。

10.15 无损检验(NDE)

10.15.1 通则

10.15 规定了无缝管、电焊管、附件以及接箍毛坯的无损检验要求及检验水平。表 C.61 或表 E.61 和表 C.62 或表 E.62 总括了对无缝管、接箍毛坯和电焊管管体要求进行的无损检验。所有要求无损检验(不包括外观检查)的管子、接箍毛坯和附件应进行全长(一端到另一端)缺陷检验。

本条款所引用的管子无损检验标准基于传统的并经验证的无损检验方法和技术，这些方法和技术已被国际上接受用来进行管产品的检验。然而其他无损检验方法/技术，只要经证明具有检测 8.13 定义的缺陷的能力，就可采用。记录应按 10.15.4 规定保存。

由制造厂自行决定，表 C.63 或表 E.63 中所示的参比刻槽取向可按探测制造过程典型缺陷的最佳角度取向。对参比刻槽取向调整的技术说明应形成文件。

若订单上规定管子购方检验和/或见证无损检验操作，则检验应按附录 B 的规定。

使用表 C.64 或表 E.64 中的参考标样校准的设备并按 10.15 进行的检验，不宜理解为一定满足 8.13 的材料要求。

10.15.2 无损检验人员

本标准引用的所有无损检验操作(不包括外观检查)应由具有一定资质并按 ISO 11484 或 ANSI-ASNT SNT-TC-1A:1984 经过鉴定的无损检验人员进行。

10.15.3 参考标样

除壁厚检测外，超声和电磁检验验证系统，应使用带有表 C.63 和表 C.64 或表 E.63 和表 E.64 所述的刻槽或钻孔的参考标样，以验证设备对人工参考标样的响应。

若在正常操作条件下用超声或电磁检验方法能动态地检出表 C.63 和表 C.64 或表 E.63 和表 E.64 所述人工参考标样，则制造厂可使用任何文件化程序来规定其拒收界限。这种检测能力应动态验证。由制造厂选择，检测可在线或离线进行。

表 C.63 和表 C.64 或表 E.63 和表 E.64 列出了验收(检验)界限和相关人工参考标样，制造厂应采用它建立可能带有 8.13 定义的缺陷的管子的分级门坎。自动超声或电磁检验使用的参考标样不应理解为 8.13 定义的缺陷尺寸，或被除制造厂外的某一方用来作为管子拒收的唯一依据。

当使用钻孔进行电磁检验设备校准时，则该检验系统对来自内、外表面刻槽能产生的信号应等于或大于使用钻孔确定的拒收界限。记录应按 10.15.4 规定保存。

10.15.4 无损检验系统能力的记录

制造厂应保留无损检验系统能力验证的记录，证实该系统检出用作确定设备试验灵敏度的参考标样的能力。

该验证至少应涉及下列准则：

a) 覆盖范围的计算(即扫查方案),包括壁厚检测;
b) 预期壁厚检测能力;
c) 可重复性;
d) 检出制造过程典型缺陷的探头取向(见 10.15.1);
e) 证明采用表 C.61 或表 E.61 中的无损检验方法检出制造过程典型缺陷的文件;
f) 设定界限参数;

此外,制造厂还应保留与下列有关的文件:

g) 无损检验系统操作方法;
h) 无损检验设备说明书;
i) 无损检验人员资格信息;
j) 证明在生产试验条件下无损检验系统/操作能力的动态试验数据。

10.15.5 管体或接箍毛坯检验——通则

除非另有协议,对管子接箍毛坯要求的所有无损检验操作(不包括外观检验,但包括按 10.15.12 规定的最终端部区域检验)应在最终热处理及旋转矫直操作之后进行。下列情况除外:

a) 特定类型的短节(见 10.15.11);
b) 若使用一种以上管体无损检验方法,则在热处理/旋转矫直之前可采用其中一种方法(超声检验之外的方法)进行检验。

PSL-2 和 PSL-3 产品的补充要求见附录 H。

10.15.6 套管和油管全管体的无损检验——N80Q、M65、L80 和 C95 钢级

所有管子应采用下列一种或多种方法检测内、外表面纵向缺欠,验收水平 L4:

a) 按 ISO 9303 或 ASTM E213 规定的超声检验;
b) 按 ISO 9402 或 ASTM E570 规定的漏磁检验;
c) 按 ISO 9304 或 ASTM E309 规定的涡流同轴线圈检验;
d) 对于管体外表面,按 ISO 13665 或 ASTM E709 规定的磁粉检验。

PSL-2 和 PSL-3 产品的补充要求见附录 H。

10.15.7 套管和油管的全管体无损检验——符合 A.10(SR16)的 P110 钢级

所有管子应采用下列一种或多种方法检测内、外表面上的纵向和横向缺欠,验收水平 L4:

a) 按 ISO 9303 或 ASTM E213(纵向)和 ISO 9305 或 ASTM E213(横向)规定的超声检验;
b) 按 ISO 9402 或 ASTM E570(纵向)和 ISO 9598 或 ASTM E570(横向)规定的漏磁检验;
c) 按 ISO 9304 或 ASTM E309 规定的涡流同轴线圈检验。

PSL3 产品的补充要求见附录 H。

10.15.8 套管和油管的全管体无损检验——P110 钢级和符合 A.10(SR16)和 A.3(SR2)的 P110 钢级

所有管子应采用下列一种或多种方法检测内、外表面上的纵向和横向缺欠,验收水平 L2:

a) 按 ISO 9303 或 ASTM E213(纵向)和 ISO 9305 或 ASTM E213(横向)规定的超声检验;
b) 按 ISO 9402 或 ASTM E570(纵向)和 ISO 9598 或 ASTM E570(横向)规定的漏磁检验;
c) 按 ISO 9304 或 ASTM E309 规定的涡流同轴线圈检验。

PSL-3 产品的补充要求见附录 H。

10.15.9 套管和油管的全管体无损检验——C90、T95 和 Q125 钢级

所有管子应按 ISO 9303 或 ASTM E213(纵向)和 ISO 9305 或 ASTM E213(横向)进行超声检验,

以检测其内、外表面上的纵向和横向缺欠，验收水平 L2。

此外，所有管子还应采用下列其中一种方法检测外表面上的缺欠：

a) 按 ISO 9402 或 ASTM E570(纵向)和 ISO 9598 或 ASTM E570(横向)的漏磁检验，验收水平 L2；

b) 按 ISO 9304 或 ASTM E309 的涡流检验，验收水平 L2；

c) 按 ISO 13665 或 ASTM E709 规定的磁粉检验。

10.15.10 焊管焊缝的无损检验

除经淬火加回火的焊管的焊缝检验应在最终热处理和旋转矫直操作之后进行外，除非另有协议，焊管焊缝检验时间应由制造厂自行决定。

电焊管焊缝无损检验应采用能检验以熔合线为中心 3 mm(1/8 in)范围焊区的整个壁厚的检验设备进行。

对于第 1 组和第 2 组的所有钢级，应采用下列一种或多种方法检测焊缝的纵向缺欠：

a) 按 ISO 9764 或 ASTM E273 或 ISO 9303 或 ASTM E213 的超声检验，验收水平 L3；

b) 按 ISO 9402 或 ASTM E570 的漏磁检验，验收水平 L3；

c) 按 ISO 9304 或 ASTM E309 的涡流检验，验收水平 L3。

对于 P110 和 Q125 钢级，A.6.5(SR11.5)的要求应适用。

PSL-2 和 PSL-3 产品的补充要求见附录 H。

10.15.11 接箍毛坯、短节和附件

按照表 C.62 或表 E.62，对于需要进行无损检验的接箍毛坯，应使用下述一种或多种方法检测外表面的纵向和横向缺欠，验收水平 L2：

——按照 ISO 9303 或 ASTM E213 的超声检验；

——按照 ISO 9402 或 ASTM E570 的漏磁检验；

——按照 ISO 9304 或 ASTM E309 的涡流同轴线圈检验；

——按照 ISO 13665 或 ASTM E709 的磁粉检验。

应对短节和附件进行检验，并满足与套管和油管相同的要求。

a) 对于由整根套管和油管制成的短节和附件，若随后不再加厚或热处理，则所要求的内、外表面缺陷的检验应在切成最终长度之前或之后进行；

b) 对于由管子或棒坯机加工成的短节和附件，所要求的检验应在加工成最终产品尺寸之前或之后进行，但外表面的外观检查应在加工成最终产品尺寸之后进行；

c) 除 d)中的圆螺纹短节和附件外，对于所有其他短节和附件，所要求的检验应按上述 a)进行；

d) 对于第 1 组、第 2 组 L80 和 C95 钢级及第 3 组，表 C.3 或表 E.3 所列规格的 API 圆螺纹短节和附件，除购方与制造厂另有协议外，所要求的检验应按 e)和 f)规定进行；

e) 对于外表面和端部区域，所要求的检验应在任一加厚工艺和最终热处理之后进行。对于第 3 组短节和附件，纵向和横向缺陷的磁粉检验可代替所要求的外表面检验；

f) 对于内表面，所要求的管体内部检验可在切成单管、任一加厚工艺或最终热处理之前或之后进行；

g) 制造厂校验纵波和剪切波超声设备用的参考标样可保留在接箍毛坯上。若参考标样被保留作参考标准，则应在邻近于参考标样的外表面区域标记“RI”。参考标样应被认为是缺陷并按照 10.15.17b)规定标识。

PSL-2 和 PSL-3 产品的补充要求见附录 H。

10.15.12 未经检验的管端

管端区域检验应在所有热处理之后进行。

值得强调的是:本标准规定的许多自动无损检验操作中,管子两端可能存在一小段不能被检测到。在这种情况下,未经检验的管端区域应:

a) 被切除;

b) 对未经检验管端区域整个圆周和长度范围的内、外表面进行磁粉检验;

c) 进行至少与自动无损检验具有相同检验程度的手工/半自动检验。

记录应按 10.15.4 规定保存。

PSL-3 产品的补充要求见附录 H。

10.15.13 管子加厚部分

除 H40、J55 和 K55 钢级外,对所有钢级管的镦锻加厚部分(包括加厚过渡区),应使用 8.13 所给准则在所有热处理操作之后进行无损检验,以检测加厚部分内、外表面上的横向缺陷。对于经淬火加回火工艺制造的所有钢级,端部区域检验应包括对纵向缺陷的检验。

记录应按 10.15.4 规定保存。

10.15.14 要求进一步评定的管子、接箍毛坯和附件

在各种情况下,规定的无损检验发现产生门坎报警显示信号后,应按 10.15.15 对显示信号进行评定,除非能够证明引起该显示信号的缺欠不是 8.13 所述的缺陷。

10.15.15 显示信号的评定(验证)

制造厂应根据本条款对等于或大于拒收界限的显示信号进行评定,或者按 10.15.16 规定作为缺陷的信号进行处置。显示信号的评定应由具有Ⅰ级资格的检验人员在具有Ⅱ级或Ⅲ级资格的检验人员的监督下进行,或由具有Ⅱ级或Ⅲ级资格的检验人员进行。显示信号的评定应按照文件化程序进行。

若在原显示信号区域未发现缺欠,但对该显示信号无法解释,则该管子应被拒收,或者由制造厂选择,采用相同的检验方法或采用超声检验方法对整个管进行重新检验。由制造厂选择,将检验设备调整至与初次检验时所采用灵敏度水平一样,或调整至满足规定要求的较低的灵敏度。

对于所显示的缺欠的评定,应按下列一种方法测量其深度:

a) 采用机械测量装置(如麻坑深度计、测径仪等)。为便于测量而用磨削或其他手段除去材料不应使管体剩余壁厚减少到低于规定壁厚的 87.5%,不应使接箍毛坯剩余外径或壁厚减少至低于订单规定最小值。应消除由于验证时材料去除所造成的壁厚突变。

b) 采用超声方法(时间和/或振幅为基准)或其他相当的方法。对超声方法进行的验证应形成文件,并且该验证方法应具有辩别缺欠尺寸大于或小于 8.13 规定的相应缺陷尺寸的能力。

如果购方与制造厂对评定试验结果有争议,则任一方可要求对材料进行破坏性检验;检验后,应按 B.4 所述处理。

已被评定和发现是缺陷的缺欠,应按 10.15.16 处理。

10.15.16 带有缺陷管子的处置

满足材料要求并小于 8.13 规定缺陷尺寸的缺欠允许保留在管子中。不允许补焊。带有缺陷的管子应按下列一种方法进行处置:

a) 磨削或机加工

不允许对淬火裂纹进行磨削或机加工。缺陷应用磨削或机加工方法将其完全去除,但剩余壁厚应

在规定的极限范围内，磨削或机加工时应使该区域与管体轮廓线平滑过渡。若去除材料的深度超过规定壁厚的10%，剩余壁厚应按10.13.4验证。缺陷除去后，对受影响的区域应重新检验，以验证缺陷已被完全去除。重新检验应：

1) 使用与原检验相同的检验设备，并在相同的灵敏度下进行；或

2) 采用灵敏度被证明等于或高于原无损检验方法灵敏度的另一种无损检验方法，或几种方法相结合进行检验。

当采用上述方法2)时，该无损检验方法(或几种方法的结合)应形成文件，并应证明其灵敏度等于或高于原无损检验灵敏度。此外，方法2)还应说明受影响区域中存在其他重叠缺陷的可能性。

b) 切除

应将带缺陷的管段切除，切除后的管子长度应在产品要求的长度范围内。

c) 拒收

管子应被拒收。

10.15.17 含有缺陷接箍毛坯的处置

符合材料要求并小于8.13中规定缺陷尺寸的缺欠允许在接箍毛坯中存在。不允许补焊。存在缺陷的接箍毛坯应按照下列一种方法进行处置：

a) 磨削或机加工

缺陷应用磨削或机加工方法完全去除，但剩余外径应在规定的极限范围内。磨削或机加工时应使该修整区域与管体轮廓线平滑过渡。缺陷除去后，对该修整区域的外径应重新检验，以确定符合标准限制，同时，对受影响的区域应重新检验，以证实缺陷已被完全去除。

b) 标记缺陷区域

对接箍毛坯，若可接受范围内的缺陷没有消除，则该区域应标记出来。若缺陷区域轴向长度不大于50 mm(2 in)，标记为环绕管体覆盖整个缺陷区域的油漆条带。若长度大于50 mm(2 in)，则使用交叉阴影涂漆。喷涂带颜色由购方与供方协商。

c) 切除

应将带缺陷的接箍毛坯段切除，切除后的产品长度应在要求的限度范围内。

d) 拒收

接箍毛坯应被拒收。

11 标记

11.1 通则

11.1.1 按本标准制造的产品应由制造厂按下述规定作出标记。

11.1.2 对于除螺纹加工厂外的其他所有制造厂，第11章中除11.6外的标记规则均适用。对于螺纹加工厂，11.5和11.6及表C.68或表E.68中的标记规则适用。加工厂应除去不能显示出热处理后产品新状态的任何标识(如原来的钢级标识和原管子制造厂名称或徽标)。

11.1.3 产品应按11.4规定标记色标。

11.1.4 由制造厂选择，产品应采用模印标记，或同时采用模印和锤压印标记。但下列两种情况除外：

——经购方与制造厂协议，锤压印标记能够要求，在此情况下，锤压印和模印标记应同时采用；

——由制造厂选择，可用管子和接箍上的热滚压印或热锤压印标记代替模压印标记，并允许沿管子全长间隔标记。

11.1.5 选择的锤压印标记要求在11.2中规定，模印标记要求在11.3中规定。标记说明和标记顺序在表C.68或表E.68中规定，表中只包括产品识别用锤压印或漆模印标记的项目。如果选择模压印标

记,则不要求同时漆模印标记这些内容。图 D.16 所示为标记示例。标记不应重叠,且用这种方法标记不应损伤管子。

11.1.6 其他适用标准的标记应列在"GB/T 19830"之后。

11.1.7 在必须将原来的标记信息重新标记在产品的情况下,对产品重新标记的工厂应负责转印标记的正确性和可追溯性。转印标记应有"由《 》转印"字样,在《 》之间应标明对转印标记负责任工厂的名称。

11.1.8 供标记用途的生产日期规定可用下列一种方法:

a) 两位数字,由代表生产年的最后一位数字和缀在其后代表第 11 章的标记完成时的日历季度的一位数字组成的两位数。

b) 三位数字,由代表生产年的最后一位数字和缀在其后代表第 11 章的标记完成时的月份的二位数字组成的三位数。

11.1.9 本标准发布后 6 个月内,由购方选择,可使用前版和本版标准,之后前版将不再适用。在此交叠期内按本标准生产的产品,可用"0"作为交叠期代号而不用代表季度的数字来标识,或"00"作为交叠期代号而不用代表月份的数字来标识。交叠期代号"0"或"00"适用于管体特征的标识,而不适用于 API Spec 5B 的变更。

11.1.10 其他附加的标记是允许的,并可以按制造厂的意愿或购方的要求添加,但应加在表 C68 或表 E68 规定标记之后。

11.2 打压印标记要求

11.2.1 方法

允许的打压印标记方法如下:

序　号	方　法
1	热滚压印或热锤压印标记
2	使用标准模具的冷模压印
3	使用断续的点面模具的冷模压印
4	使用圆面模具的冷模压印
5	振动法

第 2 组和第 4 组产品锤压印标记后,可要求按 11.2.5 规定随后热处理。这种热处理应按 6.2 规定进行。锤压印标记顺序如表 C.68 或表 E.68 所示。

11.2.2 尺寸

锤压印标记尺寸应如表 C.65 或表 E.65 所示。

11.2.3 位置

规格(代号 1)1.660 和更大规格的套管、衬管和油管上的标记应打在每根管子的外表面上,且位于距接箍端或内螺纹端、或平端管任一端、或外螺纹—外螺纹管的任一端 300 mm(12 in)范围内。在规格(代号 1)小于 1.660 管子上,可选择将锤压印标记打印在扎捆在每根管的金属标签上,或打印于成捆管子上的打捆金属箍上。

11.2.4 第 1 和 3 组

若订单上有规定,则由制造厂选择,产品应采用 11.2.1 中的一种或多种方法锤压印标记。

11.2.5 第2组和第4组

若订单上有规定，则由制造厂选择，产品应采用11.2.1中的一种或多种方法锤压印标记。此外，下列规定适用：

——第2组(除C90和T95钢级外)在采用11.2.1中的第2种方法标记后，应进行热处理。

——第2组(仅对C90和T95钢级)和第4组产品在采用11.2.1中的第2种和第4种方法标记后，应进行热处理，但下列情况除外：

——上紧三角形标记；

——当因切头、磨削、机加工或螺纹加工而去除锤压印标记的深度不小于锤压印标记深度的两倍时；

——由购方与制造厂协商，锤压印标记可留在产品上。

11.2.6 上紧三角形标记

对于所有规格和钢级的偏梯形螺纹套管及H40、J55、K55和M65钢级规格(代号1)16和更大规格的圆螺纹套管，上紧三角形标记应打印在每根管两端部的外表面上。经购方与制造厂协商，三角形标记可用一10 mm(3/8 in)宽、76 mm(3 in)长的横向白色油漆带代替。为帮助偏梯形螺纹套管在上紧的三角形或横向白色带定位，在现场端靠近三角形或横向油漆带处应设置一个25 mm(1 in)宽、610 mm(24 in)长的纵向白色油漆标记；另外，在工厂端靠近三角形或横向油漆带处应设置一个25 mm(1 in)宽、100 mm(4 in)长的纵向白色油漆标记。

对于第1组和第3组，三角形标记应仅用第2种或第4种方法锤压。

对于第2组(仅对C90和T95钢级)，三角形标记应仅用第3种方法锤压。

对于第2组(除C90和T95钢级外)和第4组，三角形标记应仅用第3种或第4种方法锤压。

11.3 漆模印标记要求

漆模印标记应印在每根管子的外表面上，且在距接箍端或内螺纹端、或平端管任一端、或“外螺纹—外螺纹”管的任一端不小于0.6 m(24 in)处开始。对长度小于1.8 m(6 ft)的附件和短节，所要求的漆模印标记可以移画法贴印到距管端0.3 m(12 in)范围内的外表面上。这些标记应用短横线隔开，或留有适当的间距。

除螺纹标记应在制造厂认为方便的位置外，漆模印标记顺序应按表C.68或表E.68中的规定。

11.4 色标

11.4.1 方法

除订单上另有规定外，每个产品都应按11.4.2～11.4.6标记色标。

11.4.2 1.8 m(6 ft)或更长的产品

应使用下列一种或多种方法：

a) 对于螺纹管、短节和附件：在距接箍或内螺纹端不大于0.6 m(24 in)的距离，环绕产品涂一条漆印色带；

b) 对于平端管或“外螺纹—外螺纹”管产品：在距任一端不大于0.6 m(24 in)的距离，环绕产品涂一条漆印色带；

c) 接箍：在接箍的整个外表面上涂漆，包括相应的接箍色带；

d) 若管子与特殊间隙接箍一起供货或管子与接箍钢级不同(除 9.2.1 允许使用的 H40、J55 和 K55 钢级外),应按上述 a)、b)和 c)规定对管子和接箍涂漆。

11.4.3 卸开的接箍

在接箍的整个外表面上涂漆,包括相应的色带。

11.4.4 特殊间隙接箍

在接箍上漆印表示制造接箍用钢的钢级颜色,而且也在接箍的中心部位沿圆周涂一个黑色条带。

11.4.5 长度小于 1.8 m(6 ft)的短节和附件

除螺纹外,在整个外表面上涂漆,包括相应的色带。

11.4.6 钢级色标

每种钢级色带的颜色和数量如表 C.66 或表 E.66 所示。

11.5 螺纹和端部加工标记——所有组

11.5.1 API 螺纹标记

对于制造厂,螺纹标识应漆模印在圆螺纹、偏梯形螺纹套管或直连型套管上。对于螺纹加工厂,对套管和油管要求有螺纹标识。螺纹标识应如表 C.67 或表 E.67 所示。

11.5.2 半成品和特殊端部加工标记

对以下产品要求有不同的标记:

a) 加厚或不加厚的平端管;

b) 具有本标准未作规定的特殊端部加工、但其管体是按此处规定要求制造的管子;

c) 以本标准未作规定的特殊端部加工供货的、但满足本标准对产品规定的除尺寸外的所有其他要求的配套接箍和附件。

标记应按表 C.68 或表 E.68 所示。

11.6 管子螺纹加工厂标记要求——所有组

由原管子制造厂以外的工厂加工螺纹的管子应在靠近螺纹处按 11.1、11.2 和 11.3 规定,锤压印或漆模印标记螺纹加工厂名称或商标、规范标记及 11.5 及表 C.67 或表 E.67 所列螺纹尺寸和类型。

螺纹加工厂应在管体上标记实际的静水压试验压力,除非管子已按对表 C.45~表 C.61 或表 E.45~表 E.61 所示螺纹要求的压力进行了试验,并按表 C.68 或表 E.68 规定进行了标记。

示例:对规格(代号 1)7、单位长度质量(代号 2)29.00 的 C95 钢级长螺纹接箍

1) 如果管子制造厂生产的是半成品(UF)管,并依据文件化的试验机设计基础对 177.8 mm(7 in)管子进行 34.5 MPa(5 000 psi)的静水压试验(见 10.12.3),并标记 P34.5(P5000),则螺纹加工厂应对管子进行压力试验至 60.5 MPa(8 800 psi),并按图 D.16 对管子标记。

2) 如果管子制造厂生产的是半成品管,并经静水压试验至 61.0 MPa(8 900 psi),并标记 P61.0(P8900),则不要求螺纹加工厂对管子进行压力试验或标记试验压力。

由原管子制造厂在管体上作的标记不应去除或更改。

不允许使用字母“API”来标识或证明管材上的螺纹符合 API Spec 5B。

12 涂层与保护

12.1 涂层——所有组

12.1.1 运输过程中的保护涂层

除订单上另有规定外，管子和接箍应有外涂层，以防止运输过程中生锈。宜采取措施使涂层光滑、致密，并尽可能不脱落。涂层的等级应具保护管子至少 3 个月的能力。除订单上另有规定外，所供应的接箍毛坯可以无外涂层（裸露），在模印标记上可能使用的保护涂层除外。

如果要求裸管或特殊涂层时，宜在订单上注明。对要求特殊涂层的，订单上宜进一步注明：管子全长涂层还是距管端一定距离内不涂层。除另有规定外，未涂层的管端通常涂上一层油，以防止运输中生锈。

注：在潮湿环境中贮存时，13 Cr 类管易产生局部点蚀。在涂层、装运和贮存时值得特别关注。

12.1.2 长期贮存用涂层

经购方与制造厂协商，对长期贮存、尤其在海洋环境中贮存的管子可要求内、外保护涂层，以防止腐蚀。

下列各项应适用：

a) 在购方和制造厂商定的长期贮存海洋环境中，涂层的防腐蚀保护应是有效的；长期贮存海洋环境中，较小的表面褪色应是可接受的；

b) 在管子下井之前，不必将保护涂层去掉；

c) 正确地涂覆涂层很重要，应对下列参数进行评价：

——管子的干燥度；

——管子的清洁度；

——涂敷温度；

——涂膜厚度。

12.2 螺纹保护器

12.2.1 通则

完全完成加工的螺纹应装上外螺纹和内螺纹保护器。螺纹保护器的设计、材料和机械强度应能保护螺纹和管端避免在正常装卸和运输中受损。外螺纹保护器应覆盖管子螺纹全长，内螺纹保护器应覆盖等于螺纹总长度的内螺纹。在运输与正常的库存期间，螺纹保护器的设计和材料应能保证在正常装卸和运输中使螺纹隔绝脏物和水。正常的库存时间应约为一年。螺纹保护器的螺纹形状应不损伤产品的螺纹。对于短节和附件，若其包装能保护螺纹，则不要求使用螺纹保护器。

PSL-2 和 PSL-3 产品的补充要求在附件 H 中给出。

12.2.2 材料

螺纹保护器的材料不应含有能引起螺纹腐蚀或促使螺纹保护器与产品螺纹粘结的成分，并能适用于－46 ℃～＋66 ℃（－50 ℉～＋150 ℉）的服役温度。

12.2.3 L80 钢级 9Cr 类和 13Cr 类

裸钢制螺纹保护器不得用于 L80 钢级 9Cr 类和 13Cr 类管子上。

12.2.4 可通径螺纹保护器

根据用户与制造厂协议，可提供端头开口的可通径螺纹保护器，螺纹脂应涂于接头整个螺纹和密封面。

13 文件

13.1 电子媒体——所有组

由电子数据交换(EDI)传输系统打印的或使用该系统电子形式的材料试验报告、合格证或类似文件，应认为其与发证机构打印的副本具有同样的效力。EDI传输的文件内容应满足本标准的要求，并符合购方与制造厂之间的任何现有EDI协议。

13.2 合格证——第1、2和3组

炉批控制试验记录购方应能获取。

根据购方要求，制造厂应向购方提供一份合格证书，说明材料按本标准要求进行制造、取样、试验和检验，并且证实符合这些要求。

PSL-2和PSL-3产品的补充要求在附录H中给出。

如要求其他补充资料，包括机械性能试验结果，应在订单上规定补充要求A.9(SR15)。

13.3 合格证要求——Q125钢级

制造厂应提供满足第4组要求的所有管子的合格证。A.9(SR15)的要求应适用。

13.4 记录保存

本标准要求保存记录的试验和检验列于表C.69或表E.69。此类记录应由制造厂负责保存。并且从购买之日起三年内，购方若有要求从制造厂应能获取这些记录。

14 各类制造厂设备配置最低要求

14.1 制管厂

制管厂应具有能按本标准第6章所述生产管子的一种或多种设备。制管厂还应有合适的管子或接箍毛坯的称重和标记设备，并负责称重和标记。

制管厂还应有能进行所要求的试验和检验的设备。或者由制管厂选择，可以由分包方进行这些试验或检验，也可离厂进行。在分包方进行任何这些服务的情况下，制管厂应根据文件化程序对这类检验和试验进行控制和监视。

14.2 加工厂

加工厂应拥有能对整根管子或接箍毛坯进行热处理的作业设备。加工厂还应具有合适的管子或接箍毛坯的称重和标记设备。

加工厂还应拥有能进行所有要求的试验和检验的装置。或者由加工厂选择可以由分包方进行这些试验或检验，也可离厂进行。在分包方进行任何这些服务的情况下，加工厂应根据文件化程序对这类检验和试验进行控制和监视。

14.3 管子螺纹加工厂

管子螺纹加工厂应具有能加工 API Spec 5B 规定的尺寸和公差的管端螺纹的一台或多台螺纹加工作业机床。螺纹加工厂还应具有合适的标记设备,并负责标记。螺纹加工厂还应具有使用适于每一规格和类型螺纹的校对塞规和环规(校验工作规),并拥有所要求的工作规。

螺纹加工厂应具有或可以使用下列能力的设备:

a) 按规定上紧安装接箍;

b) 能进行整管静水压试验到对成品管所要求的压力;

c) 按规范要求,对带有螺纹和接箍的管端进行通径试验;

d) 测量长度。

由分包方实施 a)、b)、c)和 d)中的任何一个项目时,则这种服务应根据文件化程序来进行,并且应受螺纹加工厂的控制和监视。

螺纹加工厂(或分包方)不应改变或更改管体上的标记,或出具管体符合任一 ISO/API 规范的证书。当为螺纹加工厂进行分包工作时,螺纹加工厂应负责检查,并确保这些工作符合本标准的要求。

14.4 接箍、短节和附件制造厂

接箍、短节或附件制造厂应具有能对按相应规范提供尺寸和公差的产品进行机加工和螺纹加工的设备。该制造厂还必须拥有使用适于制造按第 11 章标记产品所需的每一规格和螺纹类型的校对塞规和环规,并拥有所要求的工作规。

接箍、短节或附件制造厂应具有进行产品制造工艺所有其他方面的设备(例如热处理)。在分包方进行这些服务的情况,在进行这些检验和试验时,接箍、短节或附件制造厂应根据文件化程序对其试验进行控制和监视。

短节制造厂还应拥有按本标准要求进行下列试验的设备:

a) 静水压试验;

b) 成品的通径试验。

由分包方进行 a)和 b)中的任何一个项目时,则这种服务应根据文件化程序来进行,并且应受制造厂的控制和监视。

接箍制造厂应能采用磁粉方法或其他适合的无损检验方法检查接箍。

制造厂(或分包方)不应改变或更改管体上的标记,或出具证明管体符合任一 ISO/API 规范的证书。当为制造厂进行分包工作时,制造厂应负责检查,并确保这些工作符合本标准的要求。

附 录 A
(规范性附录)
补 充 要 求

A.1 通则

本附录给出了可由购方规定或由购方与制造厂商定的补充要求。这些要求仅当订单上规定时适用。

A.2 SR1 H40、J55、K55和N80钢级1类补充无损检验

对规定的套管和油管上大于规定壁厚的12.5%或使净有效壁厚小于规定壁厚的87.5%的缺欠应进行检验。

这些缺欠应认为是缺陷,并按10.15.16处理。这种检验(包括镦锻加厚部分的检验)应按10.15所述的对N80Q、M65、L80和C95钢级的最低要求进行。

A.3 SR2 符合A.10(SR16)的H40、J55、K55、N80钢级1类、N80Q、M65、L80、C95和P110钢级补充无损检验

应对规定的套管和油管上大于规定壁厚的5%或使净有效壁厚小于规定壁厚的87.5%的缺欠进行检验。这些缺欠应认为是缺陷,并按10.15.16处理。这种检验(包括镦锻加厚部分的检验)应按10.15所述的对P110钢级的最低要求进行。

A.4 SR9 接箍半成品——仅对Q125钢级

A.4.1 SR9.1 接箍半成品规格

接箍半成品应具有足够的尺寸,以保证经充分加工过的圆筒具有均匀的壁厚及符合订单上规定的外径、内径和长度。仅当订单上有规定时,制造厂应提供经充分加工过的接箍半成品。

A.4.2 SR9.2 尺寸公差

除购方与制造厂另有协议外,经充分加工过的接箍半成品,其外径公差应为$^{+2.38}_{0}$ mm($^{+3/32}_{0}$ in),内径公差应为$^{0}_{-2.38}$ mm($^{0}_{-3/32}$ in)。

以轧制态外表面订货的接箍半成品,其外径公差应为±1%,但不得超过$^{+3.18}_{-1.59}$ mm($^{+1/8}_{-1/16}$ in)。

A.4.3 SR9.3 缺欠

对制造厂或购方不作充分加工的接箍半成品应进行检验,并应满足与成品接箍相同的要求。由制造厂或购方将要进行充分加工的接箍的轧制表面可能有缺欠,但加工过的表面应符合规定的尺寸及9.14规定的表面检验标准。

A.4.4 SR9.4 标记

所有符合A.4(SR9)要求的接箍半成品应按表C.68或表E.68或表C.81或表E.81的规定进行标记。

A.5 SR10 加厚套管——仅对 Q125 钢级

A.5.1 SR10.1 尺寸

Q125 钢级套管的一端或两端应加厚提供。如果不是直连型套管,加厚尺寸(包括公差)应在订单上规定。

A.5.2 SR10.2 材料性能

管子和加厚部分的拉伸、冲击和硬度性能应符合第 7 章要求。加厚部分允许的硬度变化范围应以订单上规定的加厚部分名义壁厚为依据。加厚部位的拉伸试样应取可能的最大圆棒试样。所采用的试样尺寸应在试验前由制造厂和购方商定。

A.5.3 SR10.3 热处理

加厚管子应在加厚后进行全长热处理。

A.5.4 SR10.4 其他试验注意事项

对管体和加厚部分材料的试验频率、复验规定、标识等应按第 10 章规定进行。

A.5.5 SR10.5 端部区域检验

在最终热处理之后,螺纹加工之前,应用磁粉方法检验加厚管子两端的内、外表面上的横向和纵向缺陷。

A.5.6 SR10.6 直连型套管机加工表面检验

A.5.6.1 SR10.6.1 检验要求

直连型套管的机加工表面缺欠应进行外观检查。从表面测得的缺欠最大允许深度应按 A.5.6.2 至 A.5.6.4 中的规定。

A.5.6.2 SR10.6.2 外螺纹端

缺欠位置	允许深度
外表面	规定管体壁厚的 12.5%
内表面	
从管端到外台肩面(镗孔)	0.38 mm(0.015 in)
从外台肩面到加厚消失处	规定管体壁厚的 12.5%

A.5.6.3 SR10.6.3 内螺纹端

缺欠位置	允许深度
外表面	
对于规格(代号 1)7-5/8 和更小规格的管子,从管端到距管端 120.60 mm(4-3/4 in)的平面;对于规格(代号 1)8-5/8 和更大规格的管子,从管端到距管端 165.10 mm(6-1/2 in)的平面	0.25 mm(0.010 in)
对于规格(代号 1)7-5/8 和更小规格的管子,从距管端 120.60 mm(4-3/4 in)的平面到加厚消失处;对于规格(代号 1)8-5/8 和更大规格的管子,从距管端 165.10 mm(6-1/2 in)的平面到加厚消失处	规定管体壁厚的 12.5%
内表面	规定管体壁厚的 12.5%

A.5.6.4 SR10.6.4

内螺纹端所有机加工表面不得有发裂和裂纹。所有螺纹与密封面不得有任何破坏其连续性的缺欠。

A.5.6.5 SR10.6.5

加厚消失处的最小壁厚不得小于管体规定壁厚的87.5%,见图D.8。

A.5.6.6 SR10.7 尺寸和质量

直连型套管的尺寸和质量见表C.24和表C.26或表E.24和表E.26。

A.6 SR11 P110钢级电焊套管、油管和短节及Q125钢级电焊套管和短节

A.6.1 SR11.1 通则

只有当购方与制造厂在管子制造以前已对质量控制的详细条款达成协议后,才可用电焊工艺生产套管(P110和Q125钢级)和油管(P110钢级)。其拉伸、冲击和硬度试验频率应与无缝套管的要求一致。

A.6.2 SR11.2 压扁试验频率

A.6.2.1 SR11.2.1——P110钢级

压扁试验频率应按10.5.2规定。

A.6.2.2 SR11.2.2——Q125钢级

压扁试验应在每根管子的两端分别进行。其中一端的压扁试验应在焊缝处于6点钟位置进行,而另一端应在焊缝处于3点钟位置进行。在截取压扁试样前,应对管子进行全面检查,并清除缺欠(进行返切)。

A.6.3 SR11.3 压扁试验方法

A.6.3.1 SR11.3.1——P110钢级

应按10.5.3、10.5.5和10.5.7规定将试样压扁。

A.6.3.2 SR11.3.2——Q125钢级

试样应是从每根管子每一端截取的长度不小于63.5 mm(2-1/2 in)的圆环或切头。应做好识别标记使试样与所切取试样的管子相对应。压扁试验时,应使焊缝位于6点钟或3点钟位置。压扁试验可接受的最低的要求:试样任何部位不出现裂纹时允许的平行板间距应如表C.70(SR11.1)或表E.70(SR11.1)所示规定值,或是0.85D(取两者中较大者)。

压扁试验时,在平行板间距小于上述规定之前,试样任何部位不得出现裂纹或发生断裂;在整个压扁过程中,焊缝不得显示出现组织不良、焊缝未熔合或分层现象。

A.6.4 SR11.4 其他材料性能

电焊管的拉伸、冲击和硬度要求应与无缝管相同。冲击试样缺口应位于焊缝处。第10章的要求(对无缝管)也应适用于电焊管。

A.6.5 SR11.5 检验和拒收

A.6.5.1 SR11.5.1 非焊区检验

管体应按第10章规定的无缝管产品检验相同的方法进行检验。

A.6.5.2 SR11.5.2 焊缝无损检验

按本标准供货的电焊管(加厚端除外),应对其焊缝全长(100%)进行超声波无损检验。检验应在所有热处理及任何随后的旋转矫直操作之后进行。对管子加厚部位应按10.15.13规定进行检验。

A.6.5.3 SR11.5.3 设备

利用超声波原理并能连续不间断地检验焊缝的任何设备均可使用。每一个工作班至少应使用A.6.5.4(SR11.5.4)所述的参考标样对检验设备和检验程序的有效性进行一次检查。采用模拟产品检验的方式,检验设备对参考标样进行扫查时,应将设备调节至产生规定的最佳显示信号,并能检验距焊缝轴线两侧1.6 mm(1/16 in)的焊区整个壁厚。

A.6.5.4 SR11.5.4 参考标样

参考标样应具有与被检产品相同的规定直径和壁厚。每一个工作班至少应使用该参考标样进行一次检查证明检验设备和检验程序的有效性。参考标样长度由制造厂决定。应模拟产品检验的方式,用检测设备对参考标样进行扫查。对于超声波检验,参考标样应有如图D.17(SR11.1)规定的两个刻槽,一个在外表面,一个在内表面。1.6 mm(1/16 in)孔应在参考标样上沿径向钻通。当用检测设备扫查参考标样时,应将其调节到能产生最佳显示信号。

A.6.5.5 SR11.5.5 拒收界限

任何缺欠所产生的信号大于或等于从参考标样所接收的信号,应认为是缺陷,除非制造厂能证明这一缺欠没有超过A.6.5.6(SR11.5.6)的规定。

A.6.5.6 SR11.5.6 处置

用磁粉方法检查出的缺欠,当确定其深度在规定壁厚的5%~12.5%之间时,应通过磨削或机加工将其除去,否则管子应拒收。所有用超声波或电磁设备确定为缺陷的缺欠,当其深度不超过规定壁厚的12.5%时,应用磨削或机加工将其除去,否则管子应拒收。

带有缺陷的管子,当对缺陷部位磨削或机加工深度超过规定壁厚的12.5%时,应按10.15.16处理。经磨削或机加工的部位应圆滑过渡,避免壁厚的突然变化,同时该部位还应用上述规定的一种无损检验方法进行重新检验,以证实缺陷已完全消除。

A.7 SR12 统计冲击试验

A.7.1 SR12.1 通则

本补充要求规定一种统计试验方法。它仅适用于按批验收或拒收的项目。试验频率是基于材料性能具有正态分布特性,并且对于某一特定的制造厂、规格、化学成分等项目,其标准偏差并不完全确定情况下,材料性能标准统计方法确定的。统计验收和拒收方法仅对冲击性能要求,但对截取冲击试样的所有管子,还应进行拉伸性能和硬度的测试。拉伸、冲击和硬度要求按第7章规定。A.7.5(SR12.5)中的注1阐明了统计冲击试验方法的依据。

A.7.2 SR12.2 试验频率

每根套管应单数编号,该编号供以后识别用。套管的拉伸、冲击和硬度试样应按图 D.10 所示的位置,以相同的频率分别取样。每批套管的抽样数量应由制造厂按表 C.71(SR12.1)或表 E.71(SR12.1)选择。

为确定基于横向或纵向冲击要求的某一批套管的接收或拒收,由 A.7.4(SR12.4)选取对应于样本大小的系数 F。抽样数量不依赖于批的大小。试验用管子应随机抽取,并且抽取的方法应保证样品至少能代表每一热处理循环的始、末和管子的两端(每端抽取概率约为 50%)。

如果新一批材料的标准偏差与以往的经验相一致,经购方与制造厂协议,可用系数 F 为 3.090 代替表 C.71(SR12.1)或表 E.71(SR12.1)中所给值。

A.7.3 SR12.3 复验

如果一个拉伸试样不符合规定要求,则制造厂应在该根管的每端再取样试验。如果一个冲击试样不符合规定要求,制造厂应按 10.7.7、10.7.8 和 10.7.9 规定进行复验(若适用)。如果一个硬度试样不符合规定要求,制造厂应按 10.6.10、10.6.11、10.6.12 和 10.6.13 规定进行复验(若适用)。

如果一批管中的任意一根由于拉伸、冲击或硬度不符合要求而被拒收,则被拒收的该根管子进行回火处理时的前一根、后一根管子应进行试验,并且试验应在与被拒收的该根管相同的一端进行。若其中一根或两根管仍不符合规定要求,制造厂可对该批剩余的所有管子逐根检验,此时,只需对原先试验不合格的项目进行试验(即硬度和冲击性能符合要求,但因伸长率低而被拒收的一批管,必须进行复验,以验证拉伸性能)。所有复验用试样取法应与最初试验试样取法相同。凡不符合第 7 章要求的管子应拒收。

A.7.4 SR12.4 任一批套管的冲击功验收条件

冲击试验后,应计算平均值和标准偏差,以得出横向冲击功平均值。计算应包括所有因吸收功低而被拒收的管子的试验数据。批最小冲击功 S_{min} 应按下式计算(根据试样数据):

$$S_{min}=\overline{S}-F\times\sigma_{lot}$$

式中:

$\overline{S}$ ——试验批的平均冲击功;

F ——由表 C.71(SR12.1)或表 E.71(SR12.1)确定的系数;

σ_{lot}——批的标准偏差。

A.7.5 SR12.5 批验收/拒收

如果 S_{min} 大于或等于 7.4、7.5 或 7.6 规定的 C_V 值,则该批管可接收(若适用)。如果 S_{min} 小于 C_V 值,可再任取几段管进行试验。$\overline{S}$、σ_{lot} 和 S_{min} 应根据所有试验数据和新的 F 值按上述方法确定。新的 S_{min} 应大于 7.4、7.5 或 7.6 规定的 C_V 值,否则该批管应拒收。追加试验用的试样可从其他管子上按需要随机选取。如果套管整批被拒收,则可对每根管进行试验,以证明是否符合 7.4、7.5 或 7.6 规定的最小冲击功要求(若适用)。

注 1:试验频率说明[见 A.7.2(SR12.2)]:由于一个套管柱包括许多根套管,因此,分析时宜考虑到该套管柱中一根或多根管的冲击性能不符合规定最小值的概率。

表 C.72(SR12.2)或表 E.72(SR12.2)给出了由 100 根管组成的套管柱中包含一根或多根不合格管的概率。如果任一根管不合格的概率为千分之一,则该套管柱中出现一根或多根不合格管的概率为十分之一。如果任一根不合格管的概率为万分之一,则该套管柱中出现一根或多根不合格管的概率为百分之一。这种用于确定检验频率的统计学模型可使单根管子具有 99.9%的可靠性。对所有制造厂、产品规格、热处理工艺、化学成分等来说，由于其标准偏差既不能完全确定，也不完全一致，因此容限区间方法所采用的典型的置信度一般为95%。

这种容限区间方法假定标准偏差是未知的。系数 F 取大些，是因为它包括了标准偏差可能出现的各种变化。例如，若吸收能规定为 27 J(20 ft-lb)，在 5 根管上取样，求出标准偏差为 4.1，则系数 F 为 7.501 (7.501)。要使该批管合格，则横向吸收能平均值要大于 27+(7.501×4.1)或 58 J[20+(7.501×3.0)或 43 ft-lb]。若取 10 根试样，求出的标准偏差仍为 4.1，则平均吸收能要大于 27+(5.203×4.1)或 48 J[20+(5.203×3.0)或 36 ft-lb]。如果某厂产品的标准偏差已知，则系数 F 为与无穷个试样相对应的 $F=3.090$ (3.090)。假定给定规格管子和加工厂的无穷个试样的标准偏差为 4.1，则平均吸收能要大于 27+(3.090×4.1)或 40 J[20+(3.090×3.0)或 29 ft-lb]。该方法同时适用于国际单位制和美国惯用单位制。

注2：A.7(SR12)中的计算方法取自参考(5)。表 C.71(SR12.1)或表 E.71(SR12.1)取自参考(5)书中的表 A-7。一批产品横向冲击功平均值和标准偏差计算方法也能在参考(5)书中的第1章第1～6节中看到。

A.8 SR13 带密封环接箍

A.8.1 SR13.1 密封环槽

对带密封环的接箍应按图 D.18(SR13.1)～图 D.21(SR13.4)中所规定的尺寸和公差加工密封环槽。由制造厂选择，可在螺纹加工前或螺纹加工后加工密封环槽。密封环槽和螺纹不得有松动或可能松动而折入螺纹的鳍状物、搭条和带状毛刺。密封环槽精加工后，应对接箍进行检验。检验应采用环向磁场磁化湿荧光磁粉法；或采用已向购方证明具有同样灵敏度的另一种无损检验方法。检验应覆盖内表面和外表面。干磁粉法检验应排除在外。

注：密封环槽尺寸与以往使用的不同，因此可能不能互换。

A.8.2 SR13.2 非金属密封环

用于带密封环接箍的非金属密封环的尺寸和公差应符合图 D.18(SR13.1)～图 D.21(SR13.4)规定。密封环应采用充填 25%玻璃纤维的纯聚四氟乙烯(PTFE)制造，但作为原料的聚四氟乙烯不得含玻璃纤维填充物。

PSL-2 和 PSL-3 产品的补充要求在附件 H 中给出。

注：密封环槽尺寸不同于以往使用的产品，因此不能互换。

A.8.3 SR13.3 标记

所有符合 A.8(SR13)要求的接箍均应标记上“S13”。

A.9 SR15 试验合格证

A.9.1 SR15.1

若适用，对每个订单上规定本补充要求的项目，制造厂应提供以下各项数据。制造厂的合格证应注明制造产品所遵循的本标准及修订日期。

a) SR15.1.1

规定直径、壁厚、钢级、制造方法和热处理方法。

b) SR.15.1.2

备有证明文件的热处理程序对于每批淬火+回火或正火+回火的套管和油管所允许的最低回火温度(接箍毛坯除外)。

c) SR15.1.3

化学成分(熔炼、成品、控制和复验)分析结果,需列出本标准限定或要求报告的所有元素的以百分比表示的质量分数。

d) SR15.1.4

本标准所要求的所有拉伸试验数据,包括屈服强度、抗拉强度、伸长率。应注明试样的类型、尺寸和取向。

如果记录或报告伸长率时,该记录或报告对采用的条形试样应给出试样的名义宽度,对采用圆棒试样应给出其直径和标距长度。当采用全截面试样时,应在记录或报告中说明。

e) SR15.1.5

本标准所要求的冲击试验结果,包括试验判据以及试样的尺寸、位置和取向、名义试验温度(即实际试验温度,若适用,包括小尺寸试样试验温度递减)、每个试样测得的吸收能、剪切面积百分比、每个试验的平均吸收能。

f) SR15.1.6

要求的硬度试验结果(包括洛氏硬度数据和平均硬度数据,试验类别和判据以及试样位置及取向)。

g) SR15.1.7

晶粒尺寸和确定晶粒大小试验方法的。

h) SR15.1.8

最小静水压试验压力和持续时间。

i) SR15.1.9

对于本标准要求焊缝无损检验的焊接管,所采用的无损检验方法(超声波、电磁和/或磁粉)以及参考标样的类型。

j) SR15.1.10

对于购方规定无损检验的无缝产品(按本标准正文、补充要求或订单要求),所采用的检验方法(超声波、电磁或磁粉)以及参考标样的类型和尺寸。

k) SR15.1.11

对于电焊管,焊缝热处理的最低温度,若不进行热处理,应在合格证上注明“焊缝未热处理”。

l) SR15.1.12

购方要求的任何补充试验结果。

A.9.2 SR15.2

制造厂应编制本补充条件涉及的所有产品维持炉号和批号的识别程序并遵守之。该程序应提供跟踪产品至相应的炉号、批号以及所有相应的化学分析结果和机械性能试验结果的方法。

A.10 SR16 管子的(夏比 V 型缺口)冲击试验

A.10.1 SR16.1 试验要求

当订单上对第 1 组 N80Q 钢级、第 2 组(除 M65 钢级外)和第 3 组规定了 A.10(SR16)时,根据 7.5.6 由制造厂选择的 10.7 的试验条款则变为强制性的。当订单上对第 1 组 H40、J55、K55 和 N80 钢级 1 类规定了 A.10(SR16)时,A.10.2 的要求则为强制性的。

A.10.2 SR16.2 夏比 V 型缺口冲击试验——一般要求

A.10.2.1 通则

一个试验应由按 10.2 规定的每批管中的一根上截取的 3 个试样组成。3 个试样的平均吸收能应等于或大于 A.10.3(SR16.3)规定的吸收能要求。另外,最多一个冲击试样的吸收能可小于吸收能要求,任何情况下不应有一个冲击试样的吸收能小于吸收能要求的 2/3。

A.10.2.2 SR16.2.1 试样尺寸

表 C.73(SR16.1)或表 E.73(SR16.1)给出了加工全尺寸、3/4 尺寸和 1/2 尺寸横向冲击试样所要求的计算壁厚。表 C.74(SR16.2)或表 E.74(SR16.2)则给出了纵向试样的相应的同样信息。从表 C.73(SR16.1)或表 C.74(SR16.2)或表 E.73(SR16.1)或表 E.74(SR16.2)中选出的冲击试样尺寸应是具有小于所试验管子规定壁厚的最大计算壁厚的冲击试样。

当不可能取全尺寸(10 mm×10 mm)横向试样时,应采用表 C.75(SR16.3)或表 E.75(SR16.3)中尽可能大的横向试样。若不能采用任一这些横向试样试验时[或按 A.10.2.4(SR16.2.4)要求不允许],则应采用表 C.75(SR16.3)或表 E.75(SR16.3)中可能的最大纵向试样。

若外径或壁厚不允许加工 1/2 尺寸或更大的纵向冲击试样,则该根管子不需试验。但制造厂必须在某一化学成分条件下,采用文件化工艺程序证明冲击吸收能大于最低规定要求。

A.10.2.3 SR16.2.2 允许保留外径曲面的试样

若能满足图 D.22(SR16.1)的要求,经最终机加工的横向试样表面可保留原始管子产品的外径曲面。这些试样仅在使用最大厚度的横向试样时才应采用。

A.10.2.4 SR16.2.3 试样序列

试样取向和尺寸序列按表 C.76(SR16.4)或表 E.76(SR16.4)规定。

A.10.2.5 SR16.2.4 替代尺寸冲击试样

由制造厂选择,可用表 C.75(SR16.3)或表 E.75(SR16.3)列出的替代尺寸冲击试样代替 A.10.2.2(SR16.2.1)述及表中规定的最小尺寸试样。但替代尺寸试样规格应大于序列表[表 C.76(SR16.4)或表 E.76(SR16.4)]规定规格,且吸收能要求也应作调整,与所选的冲击试样取向和尺寸保持一致。

A.10.2.6 SR16.2.5 小尺寸试样的吸收能要求

小尺寸试样夏比 V 型缺口最小冲击吸收能要求 C_V 应为全尺寸试样规定值乘以表 C.75(SR16.3)或表 E.75(SR16.3)中的递减系数。但在任何情况下当递减后吸收能要求低于 11 J(8 ft-lb)时,不得使用小尺寸试样。

A.10.3 SR16.3 管子和外螺纹附件材料的夏比 V 型缺口冲击要求

A.10.3.1 SR16.3.1 仅对 H40 钢级

对于所有壁厚,全尺寸横向最小 CVN 吸收能要求应为 C_V=16 J(12 ft-lb)。

对于所有壁厚,全尺寸纵向最小 CVN 吸收能要求应为 C_V=20 J(15 ft-lb)。

A.10.3.2 SR16.3.2 仅对 J55 和 K55 钢级

对于所有壁厚,全尺寸横向最小 CVN 吸收能要求应为 C_V=20 J(15 ft-lb)。

对于所有壁厚,全尺寸纵向最小 CVN 吸收能要求应为 C_V=27 J(20 ft-lb)。

A.10.3.3 SR16.3.3 N80 钢级 1 类

表 C.77(SR16.5)或表 C.78(SR16.6)或表 E.77(SR16.5)或表 E.78(SR16.6)给出了管子全尺寸试样最小 CVN 吸收能要求。

其要求应按下面所给公式计算,式中:

YS_{min}——规定最低屈服强度,兆帕(MPa)(552 MPa)[千磅/平方英寸(80 ksi)];

t ——规定壁厚,单位为毫米(mm)或英寸(in)。

单　位	横向要求 C_V	纵向要求 C_V
国际单位 J	$YS_{min}(0.00118t+0.01259)$或 14 J, 取两者中较大者 (表 C.77)	$YS_{min}(0.00236t+0.02518)$或 27 J, 取两者较大者 (表 C.78)
美国惯用单位 ft-lb	$YS_{min}(0.152t+0.064)$或 10 ft-lb, 取两者中较大者 (表 E.77)	$YS_{min}(0.304t+0.128)$或 20 ft-lb, 取两者中较大者 (表 E.78)

A.10.4　SR16.4　具有 API 整体接头油管接头和直连型套管接头的附件

7.4 的要求应适用。临界厚度应按 7.3.2 和 7.6.6 规定。

A.10.5　SR16.5　具有内特殊加工端部、无螺纹过盈接头的附件

A.10.3(SR16.3)的要求应适用。临界厚度应按 7.3.2 和 7.6.6 规定。

A.10.6　SR16.6　冲击试验方法

A.10.6.1　SR16.6.1　总的方法

夏比 V 型缺口 A 类冲击试验应按 ASTM A370 和 ASTM E23 规定进行。对于电焊管,若采用横向冲击试样,则试样上的缺口应加工在焊缝处。对于电焊管,若采用纵向冲击试样,则试样应在焊缝 90°的位置截取。冲击试样不应从展平的管子上截取。

A.10.6.2　SR16.6.2　试样取向

试样取向见图 D.12。

A.10.6.3　SR16.6.3　试验温度

全尺寸试样的试验温度应由购方规定如下:

a)　+21 ℃(+70 ℉);

b)　0 ℃(+32 ℉);

c)　−10 ℃(+14 ℉);

d)　订单上规定的其他温度。

全尺寸试样的试验温度允差应为±3 ℃(±5 ℉)。

当要求用小尺寸试样时,应按 A.10.6.5(SR16.6.5)的规定对 H40、J55 和 K55 钢级降低试验温度。

PSL-2 和 PSL-3 产品的补充要求在附件 H 中给出。

注: 考虑到 H40、J55 和 K55 钢级为对加载速率敏感的低强度钢,从产品的使用状态通常出现的加载速率到夏比冲击试验的加载速率,加载速率的增加会导致断裂转变温度增高。因而,可以预期产品的断裂转变行为发生在低于以夏比冲击试验获得的转变温度以下。在大多数应用中,H40、J55 和 K55 钢级在+21 ℃(+70 ℉)试验及更高强度钢级在 0 ℃(+32 ℉)试验是适合的。如果管子在低于−18 ℃(0 ℉)的温度下使用时,较低的冲击试验温度可能是适合的。

A.10.6.4 SR16.6.4 有缺陷的试样

无论试验前或试验后,发现试样制备不合格或有与试验目的无关的材料缺欠,则该试样可报废,并用从同一根管上截取的另一试样来代替。但不应仅仅因为试样不满足最小吸收能要求而将其判为有缺陷的试样。

A.10.6.5 SR16.6.5 小尺寸试样试验温度递减——仅对H40、J55和K55钢级

当使用小尺寸试样时,可要求降低试验温度。试验温度的递减取决于管子的厚度和冲击试验试样尺寸。

若适用,应使用表C.79(SR16.7)或表E.79(SR16.7)规定的试验温度递减值。

A.10.6.6 SR16.6.6 试验频率

应在每批管子中的一根管上进行一次试验。

A.10.6.7 SR16.6.7 一根管或附件的拒收

若一个以上试样低于规定最小吸收能要求,或一个值低于规定最小吸收能要求的2/3,则应从同一根管上再取3个试样复验。复验的每一个试样的冲击吸收能都应等于或大于规定最小吸收能要求,否则该根管应拒收。

A.10.6.8 SR16.6.8 拒收管或附件的更换

若一个试验结果不符合可适用的A.10.3(SR16.3)、A.10.4(SR16.4)或A.10.5(SR16.5)的要求,并且按A.10.6.7(SR16.6.7)规定复验后仍不合格,则应从该批管中另外3根管的每根上再取3个试样。若这些试样均符合要求,则除最初不合格的那根管外,该批管子合格。若复验的这些管中的一根或多根管不符合规定要求,则制造厂可选择将该批剩余管子逐根检验,或将该批管重新热处理并将其视为一个新的批次进行试验。

A.10.6.9 SR16.6.9 圆整方法

为确定一个观测值是否符合这些要求,应按ISO 31-0或ASTM E29规定的圆整方法将获得的数值圆整到最接近的整数。另外,规定的或计算的极限值应以整数表示,必要时圆整为整数。

A.10.7 SR16.7 报告

应向购方报告试样的尺寸(即全尺寸、3/4尺寸或1/2尺寸)和取向、实际试验温度(即规定温度低于可适用的H40、J55和K55钢级的试验温度递减值)、单个试样试验结果(即冲击吸收能和剪切面积百分比)及平均吸收能。

A.10.8 SR16.8 标记

按本补充要求试验的管子应标记上A.10(SR16)、全尺寸最小吸收能要求和前缀正、负号的规定试验温度(不包括可适用的H40、J55和K55钢级的试验温度递减值)。该标记应模版漆印在钢级代号后面。

国际单位制示例:S16-20-10C;

美国惯用单位制示例:S16-15+14F。

A.11 SR22 高抗泄漏 LC

A.11.1 通则

经购方和制造厂协商一致，SR22 高抗泄漏 LC 的补充要求应适用。应该注意 SR22 产品与标准 API LC 接头是可以完全互换的。但是，SR22 关于抗泄漏的设计准则不适用于这类混合产品。

对一些材料来说，如果含铅的螺纹脂涂敷在镀锡的接箍上，在较高温度下时可能导致液态金属脆化。在温度超过 135 ℃(275 ℉)时使用含铅的螺纹脂需特别谨慎。

注：API 接头或管子在较高温度或在酸性服役环境中使用超出了本标准的范围。

A.11.2 SR22 高抗泄漏接头的补充要求

A.11.2.1 SR22.1

套管和接箍应以高抗泄漏 LC 接头供应，应符合 API Spec 5B SR22 对尺寸、检验和接箍螺纹涂镀层所规定的要求。

A.11.2.2 SR22.2a 管子端部的模压印标记

使用 11.2.1 中的方法 3、4 或 5，在距离每根管子的每一端部 L_9 的位置上打印一个高为 6.35 mm (1/4 in)的等边三角形模压印，见图 D.24 SR22-1。

A.11.2.3 SR22.2b 管子端部的漆印标记

在每根管子的现场端部区域应使用高可见度的绿色漆印标记，见图 D.24 SR22-1。

A.11.2.4 SR22.2c 接箍的模压印标记

使用 11.2.1 中的方法 3 或 5，所有接箍应被标上“S22”。

A.11.2.5 SR22.2d 接箍上的彩色条带

接箍应被涂上彩色条带，所用颜色表示制造接箍的钢级，而且也应在靠近接箍端部的外表面涂上高可见度的绿色环形条带。

A.11.2.6 SR22.3 要求特殊通径的套管的可选的锥孔要求

对于要求通径棒直径大于标准值所定购的套管(见 8.10)，制造厂可以沿着管子端部的内径通径或沿着管子端部的内径加工锥孔。这个选择就需要以下面任意一个方式对管子的两端进行处理。

a) 根据图 D.25(SR22.2)选项 1“特殊端部通径规直径”栏，用一个具有最小直径的特殊端部通径规进行通径。通径规插入的距离应等于或大于 L_9。管端内径太小而不能接受特殊端部通径时应根据下面的 b)沿着内径加工锥孔。

b) 沿着内径加工锥度在 2°～15°之间的锥型孔，管子端部机加工表面的最大直径“(倒角直径 d_0)”，而且锥形孔的角度应符合图 D.25 SR22-2 中的选项 2。加工表面的锥形孔不需要沿着内圆周连续延伸。锥形孔应光滑地过渡到管子内径。如果加工锥孔，每一个外螺纹端部的内径应适合选项 2“d_0”的要求。

A.11.2.7 SR22.4.1 螺纹脂的使用

在下面三个位置之一应使用 ISO 13678 螺纹脂：

——仅在外螺纹端部；

——仅在接箍螺纹上；

——在外螺纹的螺纹大端约 25 mm(1 in)宽的条带上和接箍全部螺纹上。

在所有情况下，在表面上均匀地使用了螺纹脂后，所有的螺纹形状轮廓应能被清晰地辨别。

应该让使用者认识到，符合 ISO 13678 不能确保在油田服役中具有足够的螺纹脂体系使用性能。使用者有责任对从评价程序和试验协议所获得的结果进行评价，如若对该螺纹脂体系是否适合特定油田服役的预期要求有疑问时，应进行测定。

注：对于本条款的目的而言，API RP 5A3 等同于 ISO 13678。

A.11.2.8 SR22.4.2 接箍上紧

SR22 要求的上紧是基于机紧圈数和位置，而不是扭矩。扭矩不是接收和拒收的依据，但它是一个过程控制的指标。上紧时，最小的机紧圈数与接箍位置不达到预定准则，该上紧应被拒收。

A.11.2.9 SR22.4.3 接箍上紧速度

机械上紧速度不应超过 10 r/min(每分钟 10 圈)。

A.11.2.10 SR22.4.4 接箍上紧验收标准

对 SR22 接头上紧允许进行选择。上紧时，最小的机紧圈数与接箍位置不达到预定准则，该上紧应被拒收。任何接头在接箍的承载面上紧至超过三角形顶点时应被拒收。接箍上紧应以下列方法中的一种进行校验：

a) 通过机紧圈数：机紧圈数的数值应等于或大于表 C.80 或表 E.80 SR22-1 中规定的最小机紧圈数数值。机紧圈数应该从表 C.80 或表 E.80 SR22-1 中规定的参考初始扭矩开始计算。确保对上紧设备和特性的正确调试，并且将不正常的扭矩波动因素降到最小。

b) 通过位置：上扣使接箍的承载面在三角形标记之内。在操作过程中核实机紧圈数的数值等于或大于表 C.80 或表 E.80 SR22-1 中规定的机紧圈数数值。

A.11.2.11 SR22.4.5 接箍的卸扣和上紧

如果一个接头被卸扣，随后的上紧应根据 A.11.2.10(SR22.4.4)。

附 录 B
（规范性附录）
购方检验

B.1 检验通知

代表购方的检验人员要求检验管子或见证试验时，厂方应事先将试验进行的时间通知检验人员。

B.2 工厂出入

代表购方的检验人员在执行购方合同工作的任何时间内，应能自由进出制造厂与订购管子或接箍生产有关的车间。制造厂应向检验人员提供各种方便条件，以使检验人员确信管子是按本标准制造的。除订单上另有规定外，所有的检验宜在装运前在制造厂进行。检验不应影响车间的生产操作。

B.3 符合性

制造厂有责任遵守本标准的所有条款。购方可进行必要的调查，以获取制造厂的符合性证据，并可对不符合本标准的材料拒收。

B.4 拒收

除非另对在制造厂进行检验或验收后发现有缺陷，或在正常使用中发现有缺陷的材料，可拒收，并通知制造厂。如果要求进行材料破坏性试验，对证实不符合本标准的任何产品应拒收。拒收产品的处理应由购方与制造厂协议。

附　录　C
（规范性附录）
国际单位制表

表 C.1　ISO/API 套管一览表
规格、质量、壁厚、钢级和相应的端部加工

代号[a]		外径 D mm	单位长度名义质量(带螺纹和接箍)[b,c] kg/m	壁厚 t mm	端部加工形式							
1	2				H40	J55 K55	M65	L80 C95	N80 1、Q类	C90 T95	P110	Q125
1	2	3	4	5	6	7	8	9	10	11	12	13
4-1/2	9.50	114.30	14.14	5.21	PS	PS	PS	—	—	—	—	—
4-1/2	10.50	114.30	15.63	5.69	—	PSB	PSB	—	—	—	—	—
4-1/2	11.60	114.30	17.26	6.35	—	PSLB	PLB	PLB	PLB	PLB	PLB	—
4-1/2	13.50	114.30	20.09	7.37	—	—	PLB	PLB	PLB	PLB	PLB	—
4-1/2	15.10	114.30	22.47	8.56	—	—	—	—	—	—	PLB	PLB
5	11.50	127.00	17.11	5.59	—	PS	PS	—	—	—	—	—
5	13.00	127.00	19.35	6.43	—	PSLB	PSLB	—	—	—	—	—
5	15.00	127.00	22.32	7.52	—	PSLBE	PLB	PLBE	PLBE	PLBE	PLBE	—
5	18.00	127.00	26.79	9.19	—	—	PLB	PLBE	PLBE	PLBE	PLBE	PLBE
5	21.40	127.00	31.85	11.10	—	—	PLB	PLB	PLB	PLB	PLB	PLB
5	23.20	127.00	34.53	12.14	—	—	—	PLB	PLB	PLB	PLB	PLB
5	24.10	127.00	35.86	12.70	—	—	—	PLB	PLB	PLB	PLB	PLB
5-1/2	14.00	139.70	20.83	6.20	PS	PS	PS	—	—	—	—	—
5-1/2	15.50	139.70	23.07	6.98	—	PSLBE	PSLB	—	—	—	—	—
5-1/2	17.00	139.70	25.30	7.72	—	PSLBE	PLB	PLBE	PLBE	PLBE	PLBE	—
5-1/2	20.00	139.70	29.76	9.17	—	—	PLB	PLBE	PLBE	PLBE	PLBE	—
5-1/2	23.00	139.70	34.23	10.54	—	—	PLB	PLBE	PLBE	PLBE	PLBE	PLBE
5-1/2	26.80	139.70	39.88	12.70	—	—	—	—	—	P	—	—
5-1/2	29.70	139.70	44.20	14.27	—	—	—	—	—	P	—	—
5-1/2	32.60	139.70	48.51	15.88	—	—	—	—	—	P	—	—
5-1/2	35.30	139.70	52.53	17.45	—	—	—	—	—	P	—	—
5-1/2	38.00	139.70	56.55	19.05	—	—	—	—	—	P	—	—
5-1/2	40.50	139.70	60.27	20.62	—	—	—	—	—	P	—	—
5-1/2	43.10	139.70	64.14	22.22	—	—	—	—	—	P	—	—
6-5/8	20.00	168.28	29.76	7.32	PS	PSLB	PSLB	—	—	—	—	—
6-5/8	24.00	168.28	35.72	8.94	—	PSLBE	PLB	PLBE	PLBE	PLBE	PLBE	—
6-5/8	28.00	168.28	41.67	10.59	—	—	PLB	PLBE	PLBE	PLBE	PLBE	—
6-5/8	32.00	168.28	47.62	12.06	—	—	—	PLBE	PLBE	PLBE	PLBE	PLBE
7	17.00	177.80	25.30	5.87	PS	—	—	—	—	—	—	—
7	20.00	177.80	29.76	6.91	PS	PS	PS	—	—	—	—	—
7	23.00	177.80	34.23	8.05	—	PSLBE	PLB	PLBE	PLBE	PLBE	—	—
7	26.00	177.80	38.69	9.19	—	PSLBE	PLB	PLBE	PLBE	PLBE	PLBE	—
7	29.00	177.80	43.16	10.36	—	—	PLB	PLBE	PLBE	PLBE	PLBE	—
7	32.00	177.80	47.62	11.51	—	—	PLB	PLBE	PLBE	PLBE	PLBE	—
7	35.00	177.80	52.09	12.65	—	—	—	PLBE	PLBE	PLBE	PLBE	PLBE

表 C.1（续）

代号[a]		外径 *D* mm	单位长度名义质量(带螺纹和接箍)[b,c] kg/m	壁厚 *t* mm	端部加工形式							
1	2				H40	J55 K55	M65	L80 C95	N80 1、Q类	C90 T95	P110	Q125
1	2	3	4	5	6	7	8	9	10	11	12	13
7	38.00	177.80	56.55	13.72	—	—	—	PLBE	PLBE	PLBE	PLBE	PLBE
7	42.70	177.80	63.54	15.88	—	—	—	—	—	P	—	—
7	46.40	177.80	69.05	17.45	—	—	—	—	—	P	—	—
7	50.10	177.80	74.56	19.05	—	—	—	—	—	P	—	—
7	53.60	177.80	79.77	20.62	—	—	—	—	—	P	—	—
7	57.10	177.80	84.97	22.22	—	—	—	—	—	P	—	—
7-5/8	24.00	193.68	35.72	7.62	PS	—	—	—	—	—	—	—
7-5/8	26.40	193.68	39.29	8.33	—	PSLBE	PSLB	PLBE	PLBE	PLBE	—	—
7-5/8	29.70	193.68	44.20	9.52	—	—	PLB	PLBE	PLBE	PLBE	PLBE	—
7-5/8	33.70	193.68	50.15	10.92	—	—	PLB	PLBE	PLBE	PLBE	PLBE	—
7-5/8	39.00	193.68	58.04	12.70	—	—	—	PLBE	PLBE	PLBE	PLBE	PLBE
7-5/8	42.80	193.68	63.69	14.27	—	—	—	PLB	PLB	PLB	PLB	PLB
7-5/8	45.30	193.68	67.41	15.11	—	—	—	PLB	PLB	PLB	PLB	PLB
7-5/8	47.10	193.68	70.09	15.88	—	—	—	PLB	PLB	PLB	PLB	PLB
7-5/8	51.20	193.68	76.19	17.45	—	—	—	—	—	P	—	—
7-5/8	55.30	193.68	82.30	19.05	—	—	—	—	—	P	—	—
7-3/4	46.10	196.85	68.60	15.11	—	—	—	P	P	P	P	P
8-5/8	24.00	219.08	35.72	6.71	—	PS	PS	—	—	—	—	—
8-5/8	28.00	219.08	41.67	7.72	PS	—	PS	—	—	—	—	—
8-5/8	32.00	219.08	47.62	8.94	PS	PSLBE	PSLB	—	—	—	—	—
8-5/8	36.00	219.08	53.57	10.16	—	PSLBE	PSLB	PLBE	PLBE	PLBE	—	—
8-5/8	40.00	219.08	59.53	11.43	—	—	PLB	PLBE	PLBE	PLBE	PLBE	—
8-5/8	44.00	219.08	65.48	12.70	—	—	—	PLBE	PLBE	PLBE	PLBE	
8-5/8	49.00	219.08	72.92	14.15	—	—	—	PLBE	PLBE	PLBE	PLBE	PLBE
9-5/8	32.30	244.48	48.07	7.92	PS	—	—	—	—	—	—	—
9-5/8	36.00	244.48	53.57	8.94	PS	PSLB	PSLB	—	—	—	—	—
9-5/8	40.00	244.48	59.53	10.03	—	PSLBE	PSLB	PLBE	PLBE	PLBE	—	—
9-5/8	43.50	244.48	64.73	11.05	—	—	PLB	PLBE	PLBE	PLBE	PLBE	—
9-5/8	47.00	244.48	69.94	11.99	—	—	PLB	PLBE	PLBE	PLBE	PLBE	PLBE
9-5/8	53.50	244.48	79.62	13.84	—	—	—	PLBE	PLBE	PLBE	PLBE	PLBE
9-5/8	58.40	244.48	86.91	15.11	—	—	—	PLB	PLB	PLB	PLB	PLB
9-5/8	59.40	244.48	88.40	15.47	—	—	—	—	—	P	—	—
9-5/8	64.90	244.48	96.58	17.07	—	—		—	—	P	—	—
9-5/8	70.30	244.48	104.62	18.64	—	—	—	—	—	P	—	—
9-5/8	75.60	244.48	112.50	20.24	—	—	—	—	—	P	—	—
10-3/4	32.75	273.05	48.74	7.09	PS	—	—	—	—	—	—	—
10-3/4	40.50	273.05	60.27	8.89	PS	PSB	PSB	—	—	—	—	—
10-3/4	45.50	273.05	67.71	10.16	—	PSBE	PSB	—	—	—	—	—
10-3/4	51.00	273.05	75.90	11.43	—	PSBE	PSB	PSBE	PSBE	PSBE	PSBE	—
10-3/4	55.50	273.05	82.59	12.57	—	—	PSB	PSBE	PSBE	PSBE	PSBE	—
10-3/4	60.70	273.05	90.33	13.84	—	—	—	—	—	PSBE	PSBE	PSBE
10-3/4	65.70	273.05	97.77	15.11	—	—	—	—	—	PSB	PSB	PSB

表 C.1（续）

代号[a]		外径 D mm	单位长度名义质量（带螺纹和接箍）[b,c] kg/m	壁厚 t mm	端部加工形式							
1	2				H40	J55 K55	M65	L80 C95	N80 1、Q类	C90 T95	P110	Q125
1	2	3	4	5	6	7	8	9	10	11	12	13
10-3/4	73.20	273.05	108.93	17.07	—	—	—	—	—	P	—	—
10-3/4	79.20	273.05	117.86	18.64	—	—	—	—	—	P	—	—
10-3/4	85.30	273.05	126.94	20.24	—	—	—	—	—	P	—	—
11-3/4	42.00	298.45	62.50	8.46	PS	—	—	—	—	—	—	—
11-3/4	47.00	298.45	69.94	9.53	—	PSB	PSB	—	—	—	—	—
11-3/4	54.00	298.45	80.36	11.05	—	PSB	PSB	—	—	—	—	—
11-3/4	60.00	298.45	89.29	12.42	—	PSB	PSB	PSB	PSB	PSB	PSB	PSB
11-3/4	65.00	298.45	96.73	13.56	—	—	—	P	P	P	P	P
11-3/4	71.00	298.45	105.66	14.78	—	—	—	P	P	P	P	P
13-3/8	48.00	339.72	71.43	8.38	PS	—	—	—	—	—	—	—
13-3/8	54.50	339.72	81.10	9.65	—	PSB	PSB	—	—	—	—	—
13-3/8	61.00	339.72	90.78	10.92	—	PSB	PSB	—	—	—	—	—
13-3/8	68.00	339.72	101.19	12.19	—	PSB	PSB	PSB	PSB	PSB	PSB	—
13-3/8	72.00	339.72	107.15	13.06	—	—	—	PSB	PSB	PSB	PSB	PSB
16	65.00	406.40	96.73	9.53	PS	—	—	—	—	—	—	—
16	75.00	406.40	111.61	11.13	—	PSB	PSB	—	—	—	—	—
16	84.00	406.40	125.01	12.57	—	PSB	PSB	—	—	—	—	—
16	109.00	406.40	162.21	16.66	—	P	—	P	P	—	P	P
18-5/8	87.50	473.08	130.21	11.05	PS	PSB	PSB	—	—	—	—	—
20	94.00	508.00	139.89	11.13	PSL	PSLB	PSLB	—	—	—	—	—
20	106.50	508.00	158.49	12.70	—	PSLB	PSLB	—	—	—	—	—
20	133.00	508.00	197.93	16.13	—	PSLB	—	—	—	—	—	—
P——平端；S——短圆螺纹；L——长圆螺纹；B——偏梯形螺纹；E——直连型。												

[a] 代号供订货时参考。

[b] 所示单位长度名义质量（带螺纹和接箍）（第2栏）仅供参考。

[c] 马氏体铬钢（L80 9Cr 和 13Cr）的密度不同于碳钢。因此，所示质量对马氏体铬钢来说不是精确值。可采用质量校正系数 0.989。

表 C.2 ISO/API 平端套管衬管一览表——J55 钢级

代号		外径 D mm	平端衬管单位长度质量 kg/m	壁厚 t mm
1	2			
1	2	3	4	5
3-1/2	9.92	88.90	14.76	7.34
4	11.35	101.60	16.89	7.26
4-1/2	13.05	114.30	19.42	7.37
5	17.95	127.00	26.71	9.19
5-1/2	19.83	139.70	29.51	9.17
6-5/8	27.66	168.28	41.18	10.59

表 C.3 ISO/API 油管一览表
规格、质量、壁厚、钢级和相应的端部加工

代号 1	代号 2 不加厚带螺纹和接箍	代号 2 外加厚带螺纹和接箍	代号 2 整体接头	外径 D mm	单位长度名义质量[a,b] 不加厚带螺纹和接箍 kg/m	单位长度名义质量[a,b] 外加厚带螺纹和接箍 kg/m	单位长度名义质量[a,b] 整体接头 kg/m	壁厚 t mm	端部加工形式[c] H40	J55	L80	N80 1、Q类	C90	T95	P110
1	2	3	4	5	6	7	8	9	10	11	12	13	14	15	16
1.050	1.14	1.20	—	26.67	1.70	1.79	—	2.87	PNU	PNU	PNU	PNU	PNU	PNU	—
1.050	1.48	1.54	—	26.67	2.20	2.29	—	3.91	PU	PU	PU	PU	PU	PU	PU
1.315	1.70	1.80	1.72	33.40	2.53	2.68	2.56	3.38	PNUI	PNUI	PNUI	PNUI	PNUI	PNUI	—
1.315	2.19	2.24	—	33.40	3.26	3.33	—	4.55	PU	PU	PU	PU	PU	PU	PU
1.660	2.09	—	2.10	42.16	—	—	3.13	3.18	PI	PI	—	—	—	—	—
1.660	2.30	2.40	2.33	42.16	3.42	3.57	3.47	3.56	PNUI	PNUI	PNUI	PNUI	PNUI	PNUI	—
1.660	3.03	3.07	—	42.16	4.51	4.57	—	4.85	PU	PU	PU	PU	PU	PU	PU
1.900	2.40	—	2.40	48.26	—	—	3.57	3.18	PI	PI	—	—	—	—	—
1.900	2.75	2.90	2.76	48.26	4.09	4.32	4.11	3.68	PNUI	PNUI	PNUI	PNUI	PNUI	PNUI	—
1.900	3.65	3.73	—	48.26	5.43	5.55	—	5.08	PU	PU	PU	PU	PU	PU	PU
1.900	4.42	—	—	48.26	6.58	—	—	6.35	—	—	P	—	P	P	—
1.900	5.15	—	—	48.26	7.66	—	—	7.62	—	—	P	—	P	P	—
2.063	3.24	—	3.25	52.40	—	—	4.84	3.96	PI	PI	PI	PI	PI	PI	—
2.063	4.50	—	—	52.40	—	—	—	5.72	P	P	P	P	P	P	P
2-3/8	4.00	—	—	60.32	5.95	—	—	4.24	PU	PN	PN	PN	PN	PN	—
2-3/8	4.60	4.70	—	60.32	6.85	6.99	—	4.83	PNU	PNU	PNU	PNU	PNU	PNU	PNU
2-3/8	5.80	5.95	—	60.32	8.63	8.85	—	6.45	—	—	PNU	PNU	PNU	PNU	PNU
2-3/8	6.60	—	—	60.32	9.82	—	—	7.49	—	—	P	—	P	P	—
2-3/8	7.35	7.45	—	60.32	10.94	11.09	—	8.53	—	—	PU	—	PU	PU	—
2-7/8	6.40	6.50	—	73.02	9.52	9.67	—	5.51	PNU	PNU	PNU	PNU	PNU	PNU	PNU
2-7/8	7.80	7.90	—	73.02	11.61	11.76	—	7.01	—	—	PNU	PNU	PNU	PNU	PNU
2-7/8	8.60	8.70	—	73.02	12.80	12.95	—	7.82	—	—	PNU	PNU	PNU	PNU	PNU
2-7/8	9.35	9.45	—	73.02	13.91	14.06	—	8.64	—	—	PU	—	PU	PU	—
2-7/8	10.50	—	—	73.02	15.63	—	—	9.96	—	—	P	—	P	P	—
2-7/8	11.50	—	—	73.02	17.11	—	—	11.18	—	—	P	—	P	P	—
3-1/2	7.70	—	—	88.90	11.46	—	—	5.49	PN	PN	PN	PN	PN	PN	—
3-1/2	9.20	9.30	—	88.90	13.69	13.84	—	6.45	PNU	PNU	PNU	PNU	PNU	PNU	PNU
3-1/2	10.20	—	—	88.90	15.18	—	—	7.34	PN	PN	PN	PN	PN	PN	—
3-1/2	12.70	12.95	—	88.90	18.90	19.27	—	9.52	—	—	PNU	PNU	PNU	PNU	PNU
3-1/2	14.30	—	—	88.90	21.28	—	—	10.92	—	—	P	—	P	P	—
3-1/2	15.50	—	—	88.90	23.07	—	—	12.09	—	—	P	—	P	P	—
3-1/2	17.00	—	—	88.90	25.30	—	—	13.46	—	—	P	—	P	P	—
4	9.50	—	—	101.60	14.14	—	—	5.74	PN	PN	PN	PN	PN	PN	—
4	10.70	11.00	—	101.60	—	16.37	—	6.65	PU	PU	PU	PU	PU	PU	—
4	13.20	—	—	101.60	19.64	—	—	8.38	—	—	P	—	P	P	—
4	16.10	—	—	101.60	23.96	—	—	10.54	—	—	P	—	P	P	—
4	18.90	—	—	101.60	28.13	—	—	12.70	—	—	P	—	P	P	—
4	22.20	—	—	101.60	33.04	—	—	15.49	—	—	P	—	P	P	—
4-1/2	12.60	12.75	—	114.30	18.75	18.97	—	6.88	PNU	PNU	PNU	PNU	PNU	PNU	—
4-1/2	15.20	—	—	114.30	22.62	—	—	8.56	—	—	P	—	P	P	—

表 C.3（续）

代号				外径	单位长度名义质量[a,b]			壁厚	端部加工形式[c]						
1	2				不加厚带螺纹和接箍	外加厚带螺纹和接箍	整体接头								
	不加厚带螺纹和接箍	外加厚带螺纹和接箍	整体接头	D mm	kg/m	kg/m	kg/m	t mm	H40	J55	L80	N80 1、Q类	C90	T95	P110
1	2	3	4	5	6	7	8	9	10	11	12	13	14	15	16
4-1/2	17.00	—	—	114.30	25.30	—	—	9.65	—	—	P	—	P	P	—
4-1/2	18.90	—	—	114.30	28.13	—	—	10.92	—	—	P	—	P	P	—
4-1/2	21.50	—	—	114.30	32.00	—	—	12.70	—	—	P	—	P	P	—
4-1/2	23.70	—	—	114.30	35.27	—	—	14.22	—	—	P	—	P	P	—
4-1/2	26.10	—	—	114.30	38.84	—	—	16.00	—	—	P	—	P	P	—

P——平端；N——不加厚带螺纹和接箍；U——外加厚带螺纹和接箍；I——整体接头。

[a] 所示带螺纹和接箍的单位长度名义质量(第2～4栏)仅供参考。

[b] 马氏体铬钢(L80 9Cr 和 13Cr)的密度不同于碳钢。因此，表中给出的质量对马氏体铬钢来说不是精确值。可采用质量校正系数 0.989。

[c] 不加厚油管供货时带标准接箍或特殊倒角接箍。外加厚油管供货时带标准接箍、特殊倒角接箍或特殊间隙接箍。

表 C.4 制造方法及热处理工艺

组别	钢级	类型	制造方法[a]	热处理	最低回火温度 ℃
1	2	3	4	5	6
1	H40	—	S 或 EW	无规定	—
	J55	—	S 或 EW	无规定[b]	—
	K55	—	S 或 EW	无规定[b]	—
	N80	1	S 或 EW	[c]	—
	N80	Q	S 或 EW	Q&T	—
2	M65	—	S 或 EW	[d]	—
	L80	1	S 或 EW	Q&T	566
	L80	9Cr	S	Q&T[e]	593
	L80	13Cr	S	Q&T[e]	593
	C90	1	S	Q&T	621
	C90	2	S	Q&T	621
	C95	—	S 或 EW	Q&T	538
	T95	1	S	Q&T	649
	T95	2	S	Q&T	649
3	P110	—	S 或 EW[f,g]	Q&T	—
4	Q125	1	S 或 EW[g]	Q&T	—
	Q125	2	S 或 EW[g]	Q&T	—
	Q125	3	S 或 EW[g]	Q&T	—
	Q125	4	S 或 EW[g]	Q&T	—

表 C.4（续）

组别	钢级	类型	制造方法[a]	热处理	最低回火温度 ℃
1	2	3	4	5	6

[a] S——无缝工艺；EW——电焊工艺。

[b] 由制造厂选择，或者根据订单规定进行全长正火（N）、正火＋回火（N&T）或者淬火＋回火（Q&T）。

[c] 由制造厂选择进行全长正火或正火＋回火。

[d] 所有管子应进行整体热处理。由制造厂选择，或者根据订单规定进行全长正火（N）、正火＋回火（N&T）或淬火＋回火（Q&T）。

[e] 类型为 9Cr 和 13Cr 钢级的管可采用空气淬火。

[f] 对 P110 钢级电焊套管化学成分的特殊要求见表 C.5 规定。

[g] 仅对 P110 和 Q125 钢级电焊管才有的特殊要求见 A.6（SR11）规定。

表 C.5　化学成分要求（质量分数）

组别	钢级	类型	碳		锰		钼		铬		镍	铜	磷	硫	硅
			min	max	min	max	min	max	min	max	max	max	max	max	max
1	2	3	4	5	6	7	8	9	10	11	12	13	14	15	16
1	H40	—	—	—	—	—	—	—	—	—	—	—	0.030	0.030	—
	J55	—	—	—	—	—	—	—	—	—	—	—	0.030	0.030	—
	K55	—	—	—	—	—	—	—	—	—	—	—	0.030	0.030	—
	N80	1	—	—	—	—	—	—	—	—	—	—	0.030	0.030	—
	N80	Q	—	—	—	—	—	—	—	—	—	—	0.030	0.030	—
2	M65	—	—	—	—	—	—	—	—	—	—	—	0.030	0.030	—
	L80	1	—	0.43[a]	—	1.90	—	—	—	—	0.25	0.35	0.030	0.030	0.45
	L80	9Cr	—	0.15	0.30	0.60	0.90	1.10	8.00	10.0	0.50	0.25	0.020	0.010	1.00
	L80	13Cr	0.15	0.22	0.25	1.00	—	—	12.0	14.0	0.50	0.25	0.020	0.010	1.00
	C90	1	—	0.35	—	1.20	0.25[b]	0.85	—	1.50	0.99	—	0.020	0.010	—
	C90	2	—	0.50	—	1.90	—	NL	—	NL	0.99	—	0.030	0.010	—
	C95	—	—	0.45[c]	—	1.90	—	—	—	—	—	—	0.030	0.030	0.45
	T95	1	—	0.35	—	1.20	0.25[d]	0.85	0.40	1.50	0.99	—	0.020	0.010	—
	T95	2	—	0.50	—	1.90	—	—	—	—	0.99	—	0.030	0.010	—
3	P110	[e]	—	—	—	—	—	—	—	—	—	—	0.030[e]	0.030[e]	—
4	Q125	1	—	0.35	—	1.35	—	0.85	—	1.50	0.99	—	0.020	0.010	—
	Q125	2	—	0.35	—	1.00	—	NL	—	NL	0.99	—	0.020	0.020	—
	Q125	3	—	0.50	—	1.90	—	NL	—	NL	0.99	—	0.030	0.010	—
	Q125	4	—	0.50	—	1.90	—	NL	—	NL	0.99	—	0.030	0.020	—

[a] 若产品采用油淬，则 L80 钢级的碳含量上限可增加到 0.50%。

[b] 若壁厚小于 17.78 mm，则 C90 钢级 1 类的钼含量无下限规定。

[c] 若产品采用油淬，则 C95 钢级的碳含量上限可增加到 0.55%。

[d] 若壁厚小于 17.78 mm，则 T95 钢级 1 类的钼含量下限可减少到 0.15%。

[e] 对于 P110 钢级的电焊管，磷的含量最大值是 0.020%；硫的含量最大值是 0.010%。

NL——不限制，但所示元素含量在产品分析时应报告。

表 C.6 拉伸性能和硬度要求

组别	钢级	类型	加载下的总伸长率 %	屈服强度 MPa		抗拉强度 min MPa	硬度[a] max		规定壁厚 mm	允许硬度变化[b] HRC
				min	max		HRC	HBW		
1	2	3	4	5	6	7	8	9	10	11
1	H40	—	0.5	276	552	414	—	—	—	—
	J55	—	0.5	379	552	517	—	—	—	—
	K55	—	0.5	379	552	655	—	—	—	—
	N80	1	0.5	552	758	689	—	—	—	—
	N80	Q	0.5	552	758	689	—	—	—	—
2	M65	—	0.5	448	586	586	22	235	—	—
	L80	1	0.5	552	655	655	23	241	—	—
	L80	9Cr	0.5	552	655	655	23	241	—	
	L80	13Cr	0.5	552	655	655	23	241	—	—
	C90	1、2	0.5	621	724	689	25.4	255	≤12.70	3.0
	C90	1、2	0.5	621	724	689	25.4	255	12.71～19.04	4.0
	C90	1、2	0.5	621	724	689	25.4	255	19.05～25.39	5.0
	C90	1、2	0.5	621	724	689	25.4	255	≥25.40	6.0
	C95	—	0.5	655	758	724	—	—	—	—
	T95	1、2	0.5	655	758	724	25.4	255	≤12.70	3.0
	T95	1、2	0.5	655	758	724	25.4	255	12.71～19.04	4.0
	T95	1、2	0.5	655	758	724	25.4	255	19.05～25.39	5.0
	T95	1、2	0.5	655	758	724	25.4	255	≥25.40	6.0
3	P110	—	0.6	758	965	862	—	—	—	—
4	Q125	全部	0.65	862	1 034	931	b	—	≤12.70	3.0
	Q125	全部	0.65	862	1 034	931	b	—	12.71～19.04	4.0
	Q125	全部	0.65	862	1 034	931	b	—	≥19.05	5.0

[a] 若有争议时，应采用试验室的洛氏硬度作为仲裁方法。

[b] 未规定硬度极限，但按 7.8 和 7.9 规定限制最大变化量可作为生产控制。

表 C.7 伸长率表

拉伸试样				50.8 mm 标距内最小伸长率 %							
				钢级							
				H40	J55	M65	K55 L80	N80 1类 N80Q C90	C95 T95	P110	Q125
试样面积 mm²	规定壁厚 mm			规定最低抗拉强度 MPa							
	19 mm 宽试样	25 mm 宽试样	38 mm 宽试样	414	517	586	655	689	724	862	931
1	2	3	4	5	6	7	8	9	10	11	12
490	≥25.53	≥19.41	≥12.77	30	24	22	20	19	18	15	14
480	25.00～25.52	19.00～19.40	12.51～12.76	29	24	22	20	19	18	15	14
470	24.48～24.99	18.61～18.99	12.24～12.50	29	24	21	19	19	18	15	14

表 C.7（续）

拉伸试样				50.8 mm 标距内最小伸长率 %							
				钢级							
				H40	J55	M65	K55 L80	N80 1类 N80Q C90	C95 T95	P110	Q125
试样面积 mm²	规定壁厚 mm			规定最低抗拉强度 MPa							
	19 mm 宽试样	25 mm 宽试样	38 mm 宽试样	414	517	586	655	689	724	862	931
1	2	3	4	5	6	7	8	9	10	11	12
460	23.95～24.47	18.20～18.60	11.98～12.23	29	24	21	19	18	18	15	14
450	23.43～23.94	17.81～18.19	11.72～11.97	29	24	21	19	18	18	15	14
440	22.90～23.42	17.40～17.80	11.45～11.71	29	24	21	19	18	18	15	14
430	22.37～22.89	17.01～17.39	11.19～11.44	29	24	21	19	18	17	15	14
420	21.85～22.36	16.60～17.00	10.93～11.18	29	24	21	19	18	17	15	14
410	21.32～21.84	16.21～16.59	10.66～10.92	29	23	21	19	18	17	15	14
400	20.79～21.31	15.80～16.20	10.40～10.65	28	23	21	19	18	17	15	14
390	20.27～20.78	15.41～15.79	10.14～10.39	28	23	21	19	18	17	15	14
380	19.74～20.26	15.00～15.40	9.87～10.13	28	23	21	19	18	17	15	14
370	19.22～19.73	14.61～14.99	9.61～9.86	28	23	20	19	18	17	14	13
360	18.69～19.21	14.20～14.60	9.35～9.60	28	23	20	18	18	17	14	13
350	18.16～18.68	13.81～14.19	9.08～9.34	28	23	20	18	18	17	14	13
340	17.64～18.15	13.40～13.80	8.82～9.07	28	23	20	18	17	17	14	13
330	17.11～17.63	13.01～13.39	8.56～8.81	27	22	20	18	17	17	14	13
320	16.58～17.10	12.60～13.00	8.29～8.55	27	22	20	18	17	16	14	13
310	16.06～16.57	12.21～12.59	8.03～8.28	27	22	20	18	17	16	14	13
300	15.53～16.05	11.80～12.20	7.77～8.02	27	22	20	18	17	16	14	13
290	15.01～15.52	11.41～11.79	7.51～7.76	27	22	20	18	17	16	14	13
280	14.48～15.00	11.00～11.40	7.24～7.50	26	22	19	18	17	16	14	13
270	13.95～14.47	10.61～10.99	6.98～7.23	26	22	19	17	17	16	14	13
260	13.43～13.94	10.20～10.60	6.72～6.97	26	21	19	17	16	16	13	13

表 C.7（续）

拉伸试样				50.8 mm 标距内最小伸长率 %							
				钢级							
				H40	J55	M65	K55 L80	N80 1类 N80Q C90	C95 T95	P110	Q125
试样面积 mm²	规定壁厚 mm			规定最低抗拉强度 MPa							
	19 mm 宽试样	25 mm 宽试样	38 mm 宽试样	414	517	586	655	689	724	862	931
1	2	3	4	5	6	7	8	9	10	11	12
250	12.90～13.42	9.81～10.19	6.45～6.71	26	21	19	17	16	16	13	12
240	12.37～12.89	9.40～9.80	6.19～6.44	26	21	19	17	16	16	13	12
230	11.85～12.36	9.01～9.39	5.93～6.18	25	21	19	17	16	15	13	12
220	11.32～11.84	8.60～9.00	5.66～5.92	25	21	18	17	16	15	13	12
210	10.79～11.31	8.21～8.59	5.40～5.65	25	20	18	17	16	15	13	12
200	10.27～10.78	7.80～8.20	5.14～5.39	25	20	18	16	16	15	13	12
190	9.74～10.26	7.41～7.79	4.87～5.13	24	20	18	16	15	15	13	12
180	9.22～9.73	7.00～7.40	4.61～4.86	24	20	18	16	15	15	13	12
170	8.69～9.21	6.61～6.99	4.35～4.60	24	20	18	16	15	14	12	12
160	8.16～8.68	6.20～6.60	4.08～4.34	24	19	17	16	15	14	12	11
150	7.64～8.15	5.81～6.19	3.82～4.07	23	19	17	15	15	14	12	11
140	7.11～7.63	5.40～5.80	3.56～3.81	23	19	17	15	15	14	12	11
130	6.58～7.10	5.01～5.39	3.29～3.55	23	19	17	15	14	14	12	11
120	6.06～6.57	4.60～5.00	3.03～3.28	22	18	16	15	14	14	12	11
110	5.53～6.05	4.21～4.59	2.77～3.02	22	18	16	15	14	13	11	11
100	5.01～5.52	3.80～4.20	2.51～2.76	22	18	16	14	14	13	11	10
90	4.48～5.00	3.41～3.79	2.24～2.50	21	17	15	14	13	13	11	10
80	3.95～4.47	3.00～3.40	1.98～2.23	21	17	15	14	13	12	11	10
70	3.43～3.94	2.61～2.99	1.72～1.97	20	16	15	13	13	12	10	10
60	2.90～3.42	2.20～2.60	1.45～1.71	19	16	14	13	12	12	10	9.5
50	2.37～2.89	1.81～2.19	1.19～1.44	19	15	14	12	12	11	9.5	9

表 C.8 具有 API 螺纹的接箍的临界厚度

单位为毫米

代号 1	接箍的临界厚度						
	NU	EU	特殊间隙		BC	LC	STC
			EU	BC			
1	2	3	4	5	6	7	8
1.050	4.29	5.36	—	—	—	—	—
1.315	5.36	6.55*	—	—	—	—	—
1.660	6.07	6.10	—	—	—	—	—
1.900	4.98*	6.38*	—	—	—	—	—
2-3/8	7.72	7.62	5.69	—	—	—	—
2-7/8	9.65*	9.09*	6.45	—	—	—	—
3-1/2	11.46	11.53	7.47	—	—	—	—
4	11.53	11.63	—	—	—	—	—
4-1/2	11.05	12.52	—	6.58	8.18	8.86*	8.56*
5	—	—	—	6.76	9.14	9.96	9.45
5-1/2	—	—	—	6.81	9.04	9.88	9.40
6-5/8	—	—	—	6.96	11.91	12.90	12.32
7	—	—	—	7.11	10.67	11.63	10.92
7-5/8	—	—	—	8.84	13.61	14.55	13.87
8-5/8	—	—	—	8.94	15.29	16.43	15.54
9-5/8	—	—	—	8.94	15.29	16.69	15.60
10-3/4	—	—	—	8.94	15.29	—	15.70
11-3/4	—	—	—	—	15.29	—	15.70
13-3/8	—	—	—	—	15.29	—	15.70
16	—	—	—	—	16.94	—	16.05
18-5/8	—	—	—	—	21.69	—	20.80
20	—	—	—	—	16.94	17.09	16.10
注：由于螺纹高度和为避免黑顶扣的加工裕量，所以接箍半成品厚度大于上述规定值。							
* 表中规定的接箍的临界厚度与表 C.11～表 C.16 规定的纵向 CVN 试样尺寸有冲突，取不出规定尺寸的试样。							

表 C.9 适用规格冲击试样和吸收能递减系数

试样规格	试样尺寸 mm	递减系数
全尺寸	10.0×10.0	1.00
3/4 尺寸	10.0×7.5	0.80
1/2 尺寸	10.0×5.0	0.55

表 C.10 试样取向和规格序列

选择顺序	方向	规格
第 1	横向	全尺寸
第 2	横向	3/4 尺寸
第 3	横向	1/2 尺寸
第 4	纵向	全尺寸
第 5	纵向	3/4 尺寸
第 6	纵向	1/2 尺寸

表 C.11　J55 和 K55 钢级接箍夏比冲击试样要求

代号 1	API 接头形式及 CVN 试样取向、尺寸、吸收能及温度递减						
	NU	EU	特殊间隙[b]		BC	LC	STC
			EU	BC			
1	2	3	4	5	6	7	8
1.050	[a]	L-5-15-A	—	—	—	—	—
1.315	L-5-15-A	L-7-22-A	—	—	—	—	—
1.660	L-5-15-B	L-5-15-B	—	—	—	—	—
1.900	L-5-15-A	L-7-22-B	—	—	—	—	—
2-3/8	L-7-22-A	L-7-22-A	L-7-22-A	—	—	—	—
2-7/8	L-10-27-A	L-10-27-A	L-10-27-A	—	—	—	—
3-1/2	T-5-11-E	T-5-11-E	T-5-11-D	—	—	—	—
4	T-7-16-B	T-7-16-B	—	—	—	—	
4-1/2	T-7-16-B	T-7-16-B	—	L-7-22-A	L-7-22-A	L-10-27-A	L-10-27-A
5	—	—	—	T-5-11-C	T-5-11-D	T-5-11-D	T-5-11-D
5-1/2	—	—	—	T-5-11-C	T-5-11-D	T-5-11-D	T-5-11-D
6-5/8	—	—	—	T-10-20-A	T-10-20-A	T-10-20-A	T-10-20-A
7	—	—	—	T-7-16-A	T-7-16-A	T-10-20-A	T-7-16-B
7-5/8	—	—	—	T-10-20-A	T-10-20-A	T-10-20-A	T-10-20-A
8-5/8	—	—	—	T-10-20-A	T-10-20-A	T-10-20-A	T-10-20-A
9-5/8	—	—	—	T-10-20-A	T-10-20-A	T-10-20-A	T-10-20-A
10-3/4	—	—	—	T-10-20-A	T-10-20-A	—	T-10-20-A
11-3/4	—	—	—	—	T-10-20-A	—	T-10-20-A
13-3/8	—	—	—	—	T-10-20-A	—	T-10-20-A
16	—	—	—	—	T-10-20-A	—	T-10-20-A
18-5/8	—	—	—	—	T-10-20-A	—	T-10-20-A
20	—	—	—	—	T-10-20-A	T-10-20-A	T-10-20-A

注：本表中，表示试验要求的排列顺序为：试样取向(T 或 L)、最小试样尺寸(10、7 或 5)、最低吸收能要求(J)和温度递减(A、B、C、D 或 E)，其中：

T 为横向试样(见图 D.12)；

L 为纵向试样(见图 D.12)；

10——全尺寸试样(10 mm×10 mm)；

7——3/4 尺寸试样(10 mm×7.5 mm)；

5——1/2 尺寸试样(10 mm×5 mm)；

A——无温度递减；

B——降低 3 ℃；

C——降低 6 ℃；

D——降低 8 ℃；

E——降低 11 ℃。

吸收能要求和试验温度递减要求根据上述试样尺寸进行调整。

[a] 壁厚不足，无法试验。

[b] 上述要求是假定特殊间隙接箍是由标准接箍加工的。

表 C.12　L80 钢级所有类型接箍夏比冲击试样要求

<table>
<tr><th rowspan="3">代号 1</th><th colspan="7">API 接头形式和 CVN 试样取向、尺寸及吸收能(见注)</th></tr>
<tr><th rowspan="2">NU</th><th rowspan="2">EU</th><th colspan="2">特殊间隙[b]</th><th rowspan="2">BC</th><th rowspan="2">LC</th><th rowspan="2">STC</th></tr>
<tr><th>EU</th><th>BC</th></tr>
<tr><td>1</td><td>2</td><td>3</td><td>4</td><td>5</td><td>6</td><td>7</td><td>8</td></tr>
<tr><td>1.050</td><td>[a]</td><td>L-5-22</td><td>—</td><td>—</td><td>—</td><td>—</td><td>—</td></tr>
<tr><td>1.315</td><td>L-5-22</td><td>L-7-32</td><td>—</td><td>—</td><td>—</td><td>—</td><td>—</td></tr>
<tr><td>1.660</td><td>L-5-22</td><td>L-5-22</td><td>—</td><td>—</td><td>—</td><td>—</td><td>—</td></tr>
<tr><td>1.900</td><td>L-5-22</td><td>L-7-32</td><td>—</td><td>—</td><td>—</td><td>—</td><td>—</td></tr>
<tr><td>2-3/8</td><td>L-7-32</td><td>L-7-32</td><td>L-7-32</td><td>—</td><td>—</td><td>—</td><td>—</td></tr>
<tr><td>2-7/8</td><td>L-10-40</td><td>L-10-40</td><td>L-10-40</td><td>—</td><td>—</td><td>—</td><td>—</td></tr>
<tr><td>3-1/2</td><td>T-5-11</td><td>T-5-11</td><td>T-5-11</td><td>—</td><td>—</td><td>—</td><td>—</td></tr>
<tr><td>4</td><td>T-7-16</td><td>T-7-16</td><td>—</td><td>—</td><td>—</td><td>—</td><td>—</td></tr>
<tr><td>4-1/2</td><td>T-7-16</td><td>T-7-16</td><td>—</td><td>L-7-32</td><td>L-7-32</td><td>L-10-40</td><td>—</td></tr>
<tr><td>5</td><td>—</td><td>—</td><td>—</td><td>T-5-11</td><td>T-5-11</td><td>T-5-11</td><td>—</td></tr>
<tr><td>5-1/2</td><td>—</td><td>—</td><td>—</td><td>T-5-11</td><td>T-5-11</td><td>T-5-11</td><td>—</td></tr>
<tr><td>6-5/8</td><td>—</td><td>—</td><td>—</td><td>T-10-20</td><td>T-10-20</td><td>T-10-20</td><td>—</td></tr>
<tr><td>7</td><td>—</td><td>—</td><td>—</td><td>T-7-16</td><td>T-7-16</td><td>T-10-20</td><td>—</td></tr>
<tr><td>7-5/8</td><td>—</td><td>—</td><td>—</td><td>T-10-20</td><td>T-10-20</td><td>T-10-20</td><td>—</td></tr>
<tr><td>8-5/8</td><td>—</td><td>—</td><td>—</td><td>T-10-20</td><td>T-10-20</td><td>T-10-21</td><td>—</td></tr>
<tr><td>9-5/8</td><td>—</td><td>—</td><td>—</td><td>T-10-20</td><td>T-10-20</td><td>T-10-21</td><td>—</td></tr>
<tr><td>10-3/4</td><td>—</td><td>—</td><td>—</td><td>T-10-20</td><td>T-10-20</td><td>—</td><td>T-10-20</td></tr>
<tr><td>11-3/4</td><td>—</td><td>—</td><td>—</td><td>—</td><td>T-10-20</td><td>—</td><td>T-10-20</td></tr>
<tr><td>13-3/8</td><td>—</td><td>—</td><td>—</td><td>—</td><td>T-10-20</td><td>—</td><td>T-10-20</td></tr>
<tr><td>16</td><td>—</td><td>—</td><td>—</td><td>—</td><td>T-10-21</td><td>—</td><td>T-10-21</td></tr>
<tr><td>18-5/8</td><td>—</td><td>—</td><td>—</td><td>—</td><td>T-10-25</td><td>—</td><td>T-10-24</td></tr>
<tr><td>20</td><td>—</td><td>—</td><td>—</td><td>—</td><td>T-10-21</td><td>T-10-21</td><td>T-10-21</td></tr>
<tr><td colspan="8">注：本表中，表示试验要求的排列顺序为：试样取向(T 或 L)、最小试样尺寸(10、7 或 5)、最低吸收能要求(J)，其中：
T 为横向试样(见图 D.12)；
L 为纵向试样(见图 D.12)；
10——全尺寸试样(10 mm×10 mm)；
7——3/4 尺寸试样(10 mm×7.5 mm)；
5——1/2 尺寸试样(10 mm×5 mm)。
吸收能要求和试验温度递减要求根据上述试样尺寸进行调整。</td></tr>
<tr><td colspan="8">[a] 壁厚不足，无法试验。
[b] 上述要求是假定特殊间隙接箍是由标准接箍加工的。</td></tr>
</table>

表 C.13 C90 钢级接箍夏比冲击试样要求

代号 1	API 接头形式及 CVN 试样取向、尺寸及吸收能(见注)						
	NU	EU	特殊间隙[b]		BC	LC	STC
			EU	BC			
1	2	3	4	5	6	7	8
1.050	[a]	L-5-22	—	—	—	—	—
1.315	L-5-22	L-7-32	—	—	—	—	—
1.660	L-5-22	L-5-22	—	—	—	—	—
1.900	L-5-22	L-7-32	—	—	—	—	—
2-3/8	L-7-32	L-7-32	L-7-32	—	—	—	—
2-7/8	L-10-40	L-10-40	L-10-40	—	—	—	—
3 1/2	T-5-11	T-5-11	T-5-11	—	—	—	—
4	T-7-16	T-7-16	—	—	—	—	—
4-1/2	T-7-16	T-7-16	—	L-7-32	L-7-32	L-10-40	—
5	—	—	—	T-5-11	T-5-11	T-5-11	—
5-1/2	—	—	—	T-5-11	T-5-11	T-5-11	—
6-5/8	—	—	—	T-10-20	T-10-20	T-10-20	—
7	—	—	—	T-7-16	T-7-16	T-10-20	—
7-5/8	—	—	—	T-10-20	T-10-21	T-10-22	—
8-5/8	—	—	—	T-10-20	T-10-22	T-10-23	—
9-5/8	—	—	—	T-10-20	T-10-22	T-10-23	—
10-3/4	—	—	—	T-10-20	T-10-22	—	T-10-23
11-3/4	—	—	—	—	T-10-22	—	T-10-23
13-3/8	—	—	—	—	T-10-22	—	T-10-23
16	—	—	—	—	—	—	—
18-5/8	—	—	—	—	—	—	—
20	—	—	—	—	—	—	—

注：本表中，表示试验要求的排列顺序为：试样取向(T 或 L)、最小试样尺寸(10、7 或 5)、最低吸收能要求(J)，其中：

T 为横向试样(见图 D.12)；

L 为纵向试样(见图 D.12)；

10——全尺寸试样(10 mm×10 mm)；

7——3/4 尺寸试样(10 mm×7.5 mm)；

5——1/2 尺寸试样(10 mm×5 mm)。

吸收能要求和试验温度递减要求根据上述试样尺寸进行调整。

[a] 壁厚不足，无法试验。

[b] 上述要求是假定特殊间隙接箍是由标准接箍加工的。

表 C.14 N80 钢级 1 类、N80Q、C95 和 T95 钢级接箍夏比冲击试样要求

代号 1	API 接头形式及 CVN 试样取向、尺寸及吸收能(见注)						
	NU	EU	特殊间隙[b]		BC	LC	STC
			EU	BC			
1	2	3	4	5	6	7	8
1.050	[a]	L-5-22	—	—	—	—	—
1.315	L-5-22	L-7-32	—	—	—	—	—
1.660	L-5-22	L-5-22	—	—	—	—	—
1.900	L-5-22	L-7-32	—	—	—	—	—
2-3/8	L-7-32	L-7-32	L-7-32	—	—	—	—
2-7/8	L-10-40	L-10-40	L-10-40	—	—	—	—
3-1/2	T-5-11	T-5-11	T-5-11	—	—	—	—
4	T-7-16	T-7-16	—	—	—	—	—
4-1/2	T-7-16	T-7-21	—	L-7-32	L-7-32	L-10-40	—
5	—	—	—	T-5-11	T-5-11	T-5-11	—
5-1/2	—	—	—	T-5-11	T-5-11	T-5-11	—
6-5/8	—	—	—	T-10-20	T-10-20	T-10-21	—
7	—	—	—	T-7-16	T-7-16	T-10-20	—
7-5/8	—	—	—	T-10-20	T-10-22	T-10-23	—
8-5/8	—	—	—	T-10-20	T-10-23	T-10-24	—
9-5/8	—	—	—	T-10-20	T-10-23	T-10-24	—
10-3/4	—	—	—	T-10-20	T-10-23	—	T-10-24
11-3/4	—	—	—	—	T-10-23	—	T-10-24
13-3/8	—	—	—	—	T-10-23	—	T-10-24
16	—	—	—	—	—	—	—
18-5/8	—	—	—	—	—	—	—
20	—	—	—	—	—	—	—

注:本表中,表示试验要求的排列顺序为:试样取向(T 或 L)、最小试样尺寸(10、7 或 5)、最低吸收能要求(J),其中:

T 为横向试样(见图 D.12);

L 为纵向试样(见图 D.12);

10——全尺寸试样(10 mm×10 mm);

7——3/4 尺寸试样(10 mm×7.5 mm);

5——1/2 尺寸试样(10 mm×5 mm)。

吸收能要求和试验温度递减要求根据上述试样尺寸进行调整。

[a] 壁厚不足,无法试验。

[b] 上述要求是假定特殊间隙接箍是由标准接箍加工的。

表 C.15 P110 钢级接箍夏比冲击试样要求

代号 1	API 接头形式及 CVN 试样取向、尺寸及吸收能(见注)						
	NU	EU	特殊间隙[b]		BC	LC	STC
			EU	BC			
1	2	3	4	5	6	7	8
1.050	[a]	L-5-22	—	—	—	—	—
1.315	L-5-22	L-7-32	—	—	—	—	—
1.660	L-5-22	L-5-22	—	—	—	—	—
1.900	L-5-22	L-7-32	—	—	—	—	—
2-3/8	L-7-34	L-7-33	L-7-32	—	—	—	—
2-7/8	L-10-46	L-10-45	L-10-40	—	—	—	—
3-1/2	T-5-14	T-5-14	T-5-11	—	—	—	—
4	T-7-20	T-7-20	—	—	—	—	—
4-1/2	T-7-20	T-7-21	—	L-7-32	L-7-34	L-10-44	—
5	—	—	—	T-5-11	T-5-12	T-5-13	—
5-1/2	—	—	—	T-5-11	T-5-12	T-5-13	—
6-5/8	—	—	—	T-10-20	T-10-26	T-10-26	—
7	—	—	—	T-7-16	T-7-19	T-10-25	—
7-5/8	—	—	—	T-10-22	T-10-28	T-10-29	—
8-5/8	—	—	—	T-10-22	T-10-30	T-10-31	—
9-5/8	—	—	—	T-10-22	T-10-30	T-10-31	T-10-30
10-3/4	—	—	—	T-10-22	T-10-30	—	T-10-30
11-3/4	—	—	—	—	T-10-30	—	T-10-30
13-3/8	—	—	—	—	T-10-30	—	—
16	—	—	—	—	—	—	—
18-5/8	—	—	—	—	—	—	—
20	—	—	—	—	—	—	—

注：本表中，表示试验要求的排列顺序为：试样取向(T 或 L)、最小试样尺寸(10、7 或 5)、最低吸收能要求(J)，其中：

T 为横向试样(见图 D.12)；

L 为纵向试样(见图 D.12)；

10——全尺寸试样(10 mm×10 mm)；

7——3/4 尺寸试样(10 mm×7.5 mm)；

5——1/2 尺寸试样(10 mm×5 mm)。

吸收能要求和试验温度递减要求根据上述试样尺寸进行调整。

[a] 壁厚不足，无法试验。

[b] 上述要求是假定特殊间隙接箍是由标准接箍加工的。

表 C.16 Q125 钢级接箍夏比冲击试样要求

代号 1	API 接头形式及 CVN 试样取向、尺寸及吸收能(见注)			
	特殊间隙[a] BC	BC	LC	STC
1	2	3	4	5
4-1/2	L-7-34	L-7-34	L-10-48	—
5	T-5-12	T-5-13	T-5-14	—
5-1/2	T-5-12	T-5-13	T-5-14	—
6-5/8	T-10-22	T-10-28	T-10-29	—
7	T-7-17	T-7-21	T-10-27	—
7-5/8	T-10-24	T-10-30	T-10-31	—
8-5/8	T-10-24	T-10-32	T-10-33	—
9-5/8	T-10-24	T-10-32	T-10-33	—
10-3/4	T-10-24	T-10-32	—	T-10-32
11-3/4	—	T-10-32	—	T-10-32
13-3/8	—	T-10-32	—	T-10-32
16	—	—	—	—
18-5/8	—	—	—	—
20	—	—	—	—

注:本表中,表示试验要求的排列顺序为:试样取向(T 或 L)、最小试样尺寸(10、7 或 5)、最低吸收能要求(J),其中:
T 为横向试样(见图 D.12);
L 为纵向试样(见图 D.12);
10——全尺寸试样(10 mm×10 mm);
7——3/4 尺寸试样(10 mm×7.5 mm);
5——1/2 尺寸试样(10 mm×5 mm)。
吸收能要求和试验温度递减要求根据上述试样尺寸进行调整。

[a] 上述要求是假定特殊间隙接箍是由标准接箍加工的。

表 C.17 接箍横向夏比吸收能要求

各种钢级最大临界厚度 mm					最小横向吸收能 J
L80	C90	N80 Q、C95、T95	P110	Q125	
1	2	3	4	5	6
15.85	13.32	12.24	7.33	6.13	20
17.14	14.49	13.36	8.21	6.95	21
18.44	15.66	14.48	9.08	7.77	22
19.73	16.83	15.60	9.96	8.59	23
21.02	18.00	16.72	10.84	9.41	24

表 C.17（续）

各种钢级最大临界厚度 mm					最小横向吸收能 J
L80	C90	N80 Q、C95、T95	P110	Q125	
1	2	3	4	5	6
22.32	19.17	17.83	11.72	10.23	25
23.61	20.34	18.95	12.60	11.04	26
24.91	21.51	20.07	13.48	11.86	27
26.20	22.69	21.19	14.35	12.68	28
—	23.86	22.31	15.23	13.50	29
—	25.03	23.43	16.11	14.32	30
—	26.20	24.54	16.99	15.14	31
—	—	25.66	17.87	15.96	32
—	—	—	18.75	16.78	33
—	—	—	19.62	17.60	34
—	—	—	20.50	18.42	35
—	—	—	21.38	19.24	36
—	—	—	22.26	20.06	37
—	—	—	23.14	20.88	38
—	—	—	24.01	21.70	39
—	—	—	24.89	22.52	40
—	—	—	25.77	23.34	41
—	—	—	—	24.16	42
—	—	—	—	24.98	43
—	—	—	—	25.80	44
大于上表所示壁厚的要求应根据特定壁厚和钢级的公式确定。 **注 1**：临界壁厚大于表 C.8 所示不适用于 API 接箍，仅供特殊用途参考。 **注 2**：由于 M65 钢级是按 L80 钢级接箍供货，因此本表未包括此钢级。					

表 C.18 接箍纵向夏比吸收能要求

最大临界厚度 mm					最小纵向吸收能 J
L80	C90	N80 Q、C95、T95	P110	Q125	
1	2	3	4	5	6
16.17	13.61	12.52	7.55	6.33	41
16.82	14.20	13.08	7.99	6.74	42
17.47	14.78	13.64	8.43	7.15	43
18.11	15.37	14.20	8.87	7.56	44
18.76	15.95	14.76	9.30	7.97	45
19.41	16.54	15.32	9.74	8.38	46
20.05	17.13	15.88	10.18	8.79	47
20.70	17.71	16.44	10.62	9.20	48
21.35	18.30	17.00	11.06	9.61	49
21.99	18.88	17.56	11.50	10.02	50

表 C.18（续）

最大临界厚度 mm					最小纵向吸收能 J
L80	C90	N80 Q、C95、T95	P110	Q125	
1	2	3	4	5	6
22.64	19.47	18.11	11.94	10.43	51
23.29	20.05	18.67	12.38	10.84	52
23.94	20.64	19.23	12.82	11.25	53
24.58	21.22	19.79	13.26	11.66	54
25.23	21.81	20.35	13.70	12.07	55
25.88	22.39	20.91	14.13	12.48	56
—	22.98	21.47	14.57	12.89	57
—	23.56	22.03	15.01	13.30	58
—	24.15	22.59	15.45	13.71	59
—	24.73	23.15	15.89	14.12	60
—	25.32	23.70	16.33	14.53	61
—	25.90	24.26	16.77	14.94	62
—	—	24.82	17.21	15.35	63
—	—	25.38	17.65	15.76	64
—	—	25.94	18.09	16.17	65
—	—	—	18.53	16.58	66
—	—	—	18.96	16.99	67
—	—	—	19.40	17.40	68
—	—	—	19.84	17.81	69
—	—	—	20.28	18.22	70

大于上表所示壁厚时相应的要求应根据特定壁厚和钢级的公式确定。

注 1：临界壁厚大于表 C.8 所示不适用于 API 螺纹接箍，仅供特殊用途参考。

注 2：由于 M65 钢级是按 L80 钢级 1 类接箍供货，因此本表未包括此钢级。

表 C.19 管子横向夏比吸收能要求

最大规定壁厚 mm					最小横向吸收能 J
N80 Q、L80	C90	C95、T95	P110	Q125	
1	2	3	4	5	6
11.59	9.11	8.09	—	—	14
13.12	10.48	9.38	—	—	15
14.66	11.84	10.67	—	—	16
16.19	13.21	11.97	—	—	17
17.73	14.57	13.26	—	—	18
19.26	15.94	14.56	—	—	19
20.80	17.30	15.85	12.24	6.13	20
22.33	18.67	17.14	13.36	6.95	21
23.87	20.03	18.44	14.48	7.77	22
25.40	21.40	19.73	15.60	8.59	23

表 C.19（续）

最大规定壁厚 mm					最小横向吸收能 J
N80 Q、L80	C90	C95、T95	P110	Q125	
1	2	3	4	5	6
—	22.76	21.02	16.72	9.41	24
—	24.12	22.32	17.83	10.23	25
—	25.49	23.61	18.95	11.04	26
—	—	24.91	20.07	11.86	27
—	—	—	21.19	12.68	28
—	—	—	22.31	13.50	29
—	—	—	23.43	14.32	30
—	—	—	24.54	15.14	31
—	—	—	25.66	15.96	32
—	—	—	—	16.78	33
—	—	—	—	17.60	34
—	—	—	—	18.42	35
—	—	—	—	19.24	36
—	—	—	—	20.06	37
—	—	—	—	20.88	38
—	—	—	—	21.70	39
—	—	—	—	22.52	40
—	—	—	—	23.34	41
—	—	—	—	24.16	42
—	—	—	—	24.98	43
—	—	—	—	25.80	44
大于上表所示壁厚时，相应的要求应根据特定壁厚和钢级的公式确定。 **注**：此处所示大于标准 ISO/API 管子的壁厚，仅供特殊用途参考。					

表 C.20　管子纵向夏比吸收能要求

最大规定壁厚 mm					最小纵向吸收能 J
N80 Q、L80	C90	C95、T95	P110	Q125	
1	2	3	4	5	6
10.44	8.09	7.12	—	—	27
11.20	8.77	7.76	—	—	28
11.97	9.45	8.41	—	—	29
12.74	10.14	9.06	—	—	30
13.51	10.82	9.70	—	—	31
14.27	11.50	10.35	—	—	32
15.04	12.18	11.00	—	—	33
15.81	12.87	11.64	—	—	34
16.58	13.55	12.29	—	—	35
17.34	14.23	12.94	—	—	36

表 C.20(续)

最大规定壁厚 mm					最小纵向吸收能 J
N80 Q、L80	C90	C95、T95	P110	Q125	
1	2	3	4	5	6
18.11	14.91	13.58	—	—	37
18.88	15.60	14.23	—	—	38
19.65	16.28	14.88	—	—	39
20.41	16.96	15.53	—	—	40
21.18	17.64	16.17	12.52	6.33	41
21.95	18.32	16.82	13.08	6.74	42
22.72	19.01	17.47	13.64	7.15	43
23.48	19.69	18.11	14.20	7.56	44
24.25	20.37	18.76	14.76	7.97	45
25.02	21.05	19.41	15.32	8.38	46
25.79	21.74	20.05	15.88	8.79	47
—	22.42	20.70	16.44	9.20	48
—	23.10	21.35	17.00	9.61	49
—	23.78	21.99	17.56	10.02	50
—	24.47	22.64	18.11	10.43	51
—	25.15	23.29	18.67	10.84	52
—	25.83	23.94	19.23	11.25	53
—	—	24.58	19.79	11.66	54
—	—	25.23	20.35	12.07	55
—	—	25.88	20.91	12.48	56
—	—	—	21.47	12.89	57
—	—	—	22.03	13.30	58
—	—	—	22.59	13.71	59
—	—	—	23.15	14.12	60
—	—	—	23.70	14.53	61
—	—	—	24.26	14.94	62
—	—	—	24.82	15.35	63
—	—	—	25.38	15.76	64
—	—	—	25.94	16.17	65
—	—	—	—	16.58	66
—	—	—	—	16.99	67
—	—	—	—	17.40	68
—	—	—	—	17.81	69
—	—	—	—	18.22	70
—	—	—	—	18.63	71
—	—	—	—	19.04	72
大于上表所示壁厚时,相应的要求应根据特定壁厚和钢级的公式确定。 注:此处所示大于标准 ISO/API 管子的壁厚,仅供特殊用途参考。					

表 C.21 淬火＋回火钢级管子横向冲击试样尺寸要求

代号 1	加工横向夏比冲击试样所需计算壁厚 mm		
	全尺寸	3/4 尺寸	1/2 尺寸
1	2	3	4
3-1/2	20.53	18.03	15.53
4	19.09	16.59	14.09
4-1/2	18.05	15.55	13.05
5	17.26	14.76	12.26
5-1//2	16.64	14.14	11.64
6-5/8	15.62	13.12	10.62
7	15.36	12.86	10.36
7-5/8	14.99	12.49	9.99
7-3/4	14.92	12.42	9.92
8-5/8	14.51	12.01	9.51
9-5/8	14.13	11.63	9.13
10-3/4	13.80	11.30	8.80
11-3/4	13.56	11.06	8.56
13-3/8	13.24	10.74	8.24
16	12.87	10.37	7.87
18-5/8	12.60	10.10	7.60
20	12.49	9.99	7.49
注：第 2、3 和 4 栏中的壁厚已超过 ISO/API 管的最大壁厚，仅供参考。上表提供的机加工裕量为内径 0.50 mm，外径 0.50 mm。			

表 C.22 淬火＋回火钢级管子纵向冲击试样尺寸要求

代号 1	加工纵向夏比冲击试样所需计算壁厚 mm		
	全尺寸	3/4 尺寸	1/2 尺寸
1	2	3	4
1.050	11.97	9.47	6.97
1.315	11.77	9.27	6.77
1.660	11.60	9.10	6.60
1.900	11.52	9.02	6.52
2.063	11.48	8.98	6.48
2-3/8	11.42	8.92	6.42
2-7/8	11.34	8.84	6.34
3-1/2	11.28	8.78	6.28
4	11.25	8.75	6.25
4-1/2	11.22	8.72	6.22
5	11.20	8.70	6.20
5-1/2	11.18	8.68	6.18
6-5/8	11.15	8.65	6.15

表 C.22（续）

代号 1	加工纵向夏比冲击试样所需计算壁厚 mm		
	全尺寸	3/4 尺寸	1/2 尺寸
1	2	3	4
7	11.14	8.64	6.14
7-5/8	11.13	8.63	6.13
7-3/4	11.13	8.63	6.13
8-5/8	11.11	8.61	6.11
9-5/8	11.10	8.60	6.10
10-3/4	11.09	8.59	6.09
11-3/4	11.08	8.58	6.08
13-3/8	11.07	8.57	6.07
16	11.06	8.56	6.06
18-5/8	11.05	8.55	6.05
20	11.05	8.55	6.05
注：第 2、3 和 4 栏中的壁厚已超过 ISO/API 管的最大壁厚，仅供参考。上表提供的机加工裕量为内径 0.50 mm，外径 0.50 mm。			

表 C.23 电焊管压扁试验平行板间距

钢级	D/t	平行板最大间距 mm
H40	≥16	$0.5\times D$
	<16	$D\times(0.830-0.020\ 6\ D/t)$
J55、K55	≥16	$0.65\times D$
	3.93～16	$D\times(0.980-0.020\ 6\ D/t)$
	<3.93	$D\times(1.104-0.051\ 8\ D/t)$
M65	全部	$D\times(1.074-0.019\ 4\ D/t)$
N80 一组、N80[a]	9～28	$D\times(1.074-0.019\ 4\ D/t)$
L80 一组	9～28	$D\times(1.074-0.019\ 4\ D/t)$
C95[a]	9～28	$D\times(1.080-0.017\ 8\ D/t)$
P110[b]	全部	$D\times(1.086-0.016\ 3\ D/t)$
Q125[b]	全部	$D\times(1.092-0.014\ 0\ D/t)$
D——管子规定外径，mm。 t——管子规定壁厚，mm。		
[a] 如果压扁试样失效于 12 点或 6 点位置，压扁试验应继续进行，直到试样剩余部分在 3 点或 9 点位置失效。12 点或 6 点位置上的早期失效不应作为拒收依据。 [b] 见 A.6(SR11)。压扁应至少为 0.85D。		

表 C.24 标准套管和带 API 圆螺纹、偏梯形螺纹及直连型接头套管的尺寸和质量

代号[a]		外径 D mm	单位长度名义质量(带螺纹和接箍)[b,c] kg/m	壁厚 t mm	内径 d mm	通径直径 mm	计算质量[c]						
							平端 W_{pe} kg/m	因端部加工而增减的质量[d], e_m kg					
								圆螺纹		偏梯形螺纹		直连型	
1	2							短	长	标准	特殊间隙	标准	选用
1	2	3	4	5	6	7	8	9	10	11	12	13	14
4-1/2	9.50	114.30	14.14	5.21	103.88	100.70	14.02	1.91	—	—	—	—	—
4-1/2	10.50	114.30	15.63	5.69	102.92	99.74	15.24	1.72	—	2.27	1.16	—	—
4-1/2	11.60	114.30	17.26	6.35	101.60	98.42	16.91	1.54	1.72	2.09	0.98	—	—
4-1/2	13.50	114.30	20.09	7.37	99.56	96.38	19.44	—	1.45	1.81	0.71	—	—
4-1/2	15.10	114.30	22.47	8.56	97.18	94.00	22.32	—	1.27	1.45	0.34	—	—
5	11.50	127.00	17.11	5.59	115.82	112.64	16.74	2.45	—	—	—	—	—
5	13.00	127.00	19.35	6.43	114.14	110.96	19.12	2.18	2.63	2.99	1.10	—	—
5	15.00	127.00	22.32	7.52	111.96	108.78	22.16	1.91	2.36	2.63	0.73	2.09	—
5	18.00	127.00	26.79	9.19	108.62	105.44	26.70	—	1.91	2.00	0.10	0.64	—
5	21.40	127.00	31.85	11.10	104.80	101.62	31.73	—	1.34	1.12	−0.78	—	—
5	23.20	127.00	34.53	12.14	102.72	99.54	34.39	—	1.04	0.93	−0.95	—	—
5	24.10	127.00	35.86	12.70	101.60	98.42	35.80	—	0.88	0.56	−1.33	—	—
5-1/2	14.00	139.70	20.83	6.20	127.30	124.12	20.41	2.45	—	—	—	—	—
5-1/2	15.50	139.70	23.07	6.98	125.74	122.56	22.85	2.18	2.63	2.90	0.95	2.63	1.91
5-1/2	17.00	139.70	25.30	7.72	124.26	121.08	25.13	2.00	2.45	2.63	0.68	2.18	1.45
5-1/2	20.00	139.70	29.76	9.17	121.36	118.18	29.52	—	2.00	2.09	0.14	0.64	−0.09
5-1/2	23.00	139.70	34.23	10.54	118.62	115.44	33.57	—	1.45	1.54	−0.41	0.00	−0.73
5-1/2	26.80	139.70	39.88	12.70	114.30	111.12	39.78	—	—	—	—	—	—
5-1/2	29.70	139.70	44.20	14.27	111.16	107.98	44.14	—	—	—	—	—	—
5-1/2	32.60	139.70	48.51	15.88	107.94	104.76	48.49	—	—	—	—	—	—
5-1/2	35.30	139.70	52.53	17.45	104.80	101.62	52.61	—	—	—	—	—	—
5-1/2	38.00	139.70	56.55	19.05	101.60	98.42	56.68	—	—	—	—	—	—
5-1/2	40.50	139.70	60.27	20.62	98.46	95.28	60.55	—	—	—	—	—	—
5-1/2	43.10	139.70	64.14	22.22	95.25	92.08	64.38	—	—	—	—	—	—
6-5/8	20.00	168.28	29.76	7.32	153.64	150.46	29.06	4.99	6.17	6.53	1.08	—	—
6-5/8	24.00	168.28	35.72	8.94	150.40	147.22	35.13	4.35	5.44	5.72	0.26	1.54	0.82
6-5/8	28.00	168.28	41.67	10.59	147.10	143.92	41.18	—	4.63	4.81	−0.64	0.09	−0.64
6-5/8	32.00	168.28	47.62	12.06	144.16	140.98	46.46	—	3.99	4.08	−1.37	−0.64	−1.36
7	17.00	177.80	25.30	5.87	166.06	162.88	24.89	4.54	—	—	—	—	—
7	20.00	177.80	29.76	6.91	163.98	160.80	29.12	4.26	—	—	—	—	—
7	23.00	177.80	34.23	8.05	161.70	158.75[e]	33.70	3.63	4.72	4.99	0.73	2.72	1.91
7	23.00	177.80	34.23	8.05	161.70	158.52	33.70	3.63	4.72	4.99	0.73	2.72	1.91
7	26.00	177.80	38.69	9.19	159.42	156.24	38.21	3.27	4.26	4.35	0.09	1.27	0.45
7	29.00	177.80	43.16	10.36	157.08	153.90	42.78	—	3.63	3.72	−0.54	0.27	−0.54
7	32.00	177.80	47.62	11.51	154.78	152.40[e]	47.20	—	2.99	3.08	−1.18	−0.27	−1.09
7	32.00	177.80	47.62	11.51	154.78	151.60	47.20	—	2.99	3.08	−1.18	−0.27	−1.09
7	35.00	177.80	52.09	12.65	152.50	149.32	51.52	—	2.54	2.54	−1.72	0.45	−0.82
7	38.00	177.80	56.55	13.72	150.36	147.18	55.52	—	2.00	1.91	−2.36	−0.09	−1.36
7	42.70	177.80	63.54	15.88	146.04	142.86	63.41	—	—	—	—	—	—
7	46.40	177.80	69.05	17.45	142.90	139.72	69.01	—	—	—	—	—	—
7	50.10	177.80	74.56	19.05	139.70	136.52	74.58	—	—	—	—	—	—
7	53.60	177.80	79.77	20.62	136.56	133.38	79.93	—	—	—	—	—	—
7	57.10	177.80	84.97	22.22	133.36	130.18	85.25	—	—	—	—	—	—

表 C.24(续)

代号[a]		外径	单位长度名义质量(带螺纹和接箍)[b,c]	壁厚	内径	通径直径	计算质量[c]						
							平端	因端部加工而增减的质量[d], e_m kg					
								圆螺纹		偏梯形螺纹		直连型	
		D		t	d		W_{pe}						
1	2	mm	kg/m	mm	mm	mm	kg/m	短	长	标准	特殊间隙	标准	选用
1	2	3	4	5	6	7	8	9	10	11	12	13	14
7-5/8	24.00	193.68	35.72	7.62	178.44	175.26	34.96	7.17	—	—	—	—	—
7-5/8	26.40	193.68	39.29	8.33	177.02	173.84	38.08	6.89	8.62	9.34	2.82	2.90	1.81
7-5/8	29.70	193.68	44.20	9.52	174.64	171.46	43.24	—	7.89	8.53	2.00	1.18	0.09
7-5/8	33.70	193.68	50.15	10.92	171.84	168.66	49.22	—	7.17	7.71	1.18	0.00	−1.09
7-5/8	39.00	193.68	58.04	12.70	168.28	165.10	56.68	—	6.17	6.62	0.10	−1.00	−2.09
7-5/8	42.80	193.68	63.69	14.27	165.14	161.96	63.14	—	5.45	5.17	−1.37	—	—
7-5/8	45.30	193.68	67.41	15.11	163.46	160.28	66.54	—	5.01	5.01	−1.52	—	—
7-5/8	47.10	193.68	70.09	15.88	161.92	158.74	69.63	—	4.61	4.19	−2.35	—	—
7-5/8	51.20	193.68	76.19	17.45	158.78	155.60	75.84	—	—	—	—	—	—
7-5/8	55.30	193.68	82.30	19.05	155.58	152.40	82.04	—	—	—	—	—	—
7-3/4	46.10	196.85	68.60	15.11	166.63	165.10[e]	67.72	—	—	—	—	—	—
7-3/4	46.10	196.85	68.60	15.11	166.63	163.45	67.72	—	—	—	—	—	—
8-5/8	24.00	219.08	35.72	6.71	205.66	202.48	35.14	10.70	—	—	—	—	—
8-5/8	28.00	219.08	41.67	7.72	203.64	200.46	40.24	10.07	—	—	—	—	—
8-5/8	32.00	219.08	47.62	8.94	201.20	200.02[e]	46.33	9.43	12.52	12.79	2.74	5.99	3.99
8-5/8	32.00	219.08	47.62	8.94	201.20	198.02	46.33	9.43	12.52	12.79	2.74	5.99	3.99
8-5/8	36.00	219.08	53.57	10.16	198.76	195.58	52.35	8.80	11.61	11.88	1.83	3.45	1.91
8-5/8	40.00	219.08	59.53	11.43	196.22	193.68[e]	58.53	—	10.80	10.98	0.92	1.81	0.27
8-5/8	40.00	219.08	59.53	11.43	196.22	193.04	58.53	—	10.80	10.98	0.92	1.81	0.27
8-5/8	44.00	219.08	65.48	12.70	193.68	190.50	64.64	—	9.89	10.07	0.01	0.73	−0.82
8-5/8	49.00	219.08	72.92	14.15	190.78	187.60	71.51	—	8.89	8.98	−1.08	−0.36	−1.91
9-5/8	32.30	244.48	48.07	7.92	228.60	224.66	46.20	11.07	—	—	—	—	—
9-5/8	36.00	244.48	53.57	8.94	226.60	222.63	51.93	10.43	14.51	14.06	2.94	—	—
9-5/8	40.00	244.48	59.53	10.03	224.40	222.25[e]	57.99	9.71	13.61	13.15	2.03	4.81	3.27
9-5/8	40.00	244.48	59.53	10.03	224.40	220.45	57.99	9.71	13.61	13.15	2.03	4.81	3.27
9-5/8	43.50	244.48	64.74	11.05	222.40	218.41	63.61	—	12.79	12.34	1.22	2.45	0.91
9-5/8	47.00	244.48	69.94	11.99	220.50	216.54	68.75	—	12.07	11.61	0.49	1.00	−0.54
9-5/8	53.50	244.48	79.62	13.84	216.80	215.90[e]	78.72	—	10.61	10.16	−0.96	−0.54	−2.09
9-5/8	53.50	244.48	79.62	13.84	216.80	212.83	78.72	—	10.61	10.16	−0.96	−0.54	−2.09
9-5/8	58.40	244.48	86.91	15.11	214.25	212.72[e]	85.47	—	9.75	9.13	−2.00	—	—
9-5/8	58.40	244.48	86.91	15.11	214.25	210.29	85.47	—	9.75	9.13	−2.00	—	—
9-5/8	59.40	244.48	88.40	15.47	213.50	209.58	87.37	—	—	—	—	—	—
9-5/8	64.90	244.48	96.58	17.07	210.30	206.38	95.73	—	—	—	—	—	—
9-5/8	70.30	244.48	104.62	18.64	207.20	203.23	103.82	—	—	—	—	—	—
9-5/8	75.60	244.48	112.51	20.24	204.00	200.02	111.93	—	—	—	—	—	—

表 C.24（续）

代号[a]		外径 D mm	单位长度名义质量(带螺纹和接箍)[b,c] kg/m	壁厚 t mm	内径 d mm	通径直径 mm	计算质量[c]						
							平端 W_{pe} kg/m	因端部加工而增减的质量[d]，e_m kg					
								圆螺纹		偏梯形螺纹		直连型	
1	2							短	长	标准	特殊间隙	标准	选用
1	2	3	4	5	6	7	8	9	10	11	12	13	14
10-3/4	32.75	273.05	48.74	7.09	258.90	254.91	46.50	13.15	—	—	—	—	—
10-3/4	40.50	273.05	60.27	8.89	255.30	251.31	57.91	11.97	—	15.60	3.27	—	—
10-3/4	45.50	273.05	67.71	10.16	252.70	250.82[e]	65.87	11.07	—	14.42	2.09	9.62	—
10-3/4	45.50	273.05	67.71	10.16	252.70	248.77	65.87	11.07	—	14.42	2.09	9.62	—
10-3/4	51.00	273.05	75.90	11.43	250.20	246.23	73.75	10.25	—	13.34	1.00	8.35	—
10-3/4	55.50	273.05	82.59	12.57	247.90	244.48[e]	80.75	9.43	—	12.25	-0.09	7.17	—
10-3/4	55.50	273.05	82.59	12.57	247.90	243.94	80.75	9.43	—	12.25	-0.09	7.17	—
10-3/4	60.70	273.05	90.33	13.84	245.40	241.40	88.47	8.53	—	11.07	—	5.90	—
10-3/4	65.70	273.05	97.77	15.11	242.80	238.86	96.12	7.62	—	9.98	—	—	—
10-3/4	73.20	273.05	108.93	17.07	238.90	234.95	107.76	—	—	—	—	—	—
10-3/4	79.20	273.05	117.86	18.64	235.80	231.80	116.95	—	—	—	—	—	—
10-3/4	85.30	273.05	126.94	20.24	232.60	228.60	126.19	—	—	—	—	—	—
11-3/4	42.00	298.45	62.50	8.46	281.50	279.40[e]	62.56	13.43	—	—	—	—	—
11-3/4	42.00	298.45	62.50	8.46	281.50	277.50	62.56	13.43	—	—	—	—	—
11-3/4	47.00	298.45	69.94	9.52	279.41	275.44	67.83	12.52	—	16.24	—	—	—
11-3/4	54.00	298.45	80.36	11.05	276.40	272.39	78.32	11.34	—	14.70	—	—	—
11-3/4	60.00	298.45	89.29	12.42	273.60	269.88[e]	87.61	10.25	—	13.43	—	—	—
11-3/4	60.00	298.45	89.29	12.42	273.60	269.65	87.61	10.25	—	13.43	—	—	—
11-3/4	65.00	298.45	96.73	13.56	271.30	269.88[e]	95.27	—	—	—	—	—	—
11-3/4	65.00	298.45	96.73	13.56	271.30	267.36	95.27	—	—	—	—	—	—
11-3/4	71.00	298.45	105.66	14.78	268.90	264.92	103.40	—	—	—	—	—	—
13-3/8	48.00	339.72	71.43	8.38	322.96	318.99	68.48	15.06	—	—	—	—	—
13-3/8	54.50	339.72	81.10	9.65	320.42	316.45	78.55	13.97	—	18.23	—	—	—
13-3/8	61.00	339.72	90.78	10.92	317.88	313.91	88.55	12.88		16.69	—	—	—
13-3/8	68.00	339.72	101.19	12.19	315.34	311.37	98.46	11.70	—	15.24	—	—	—
13-3/8	72.00	339.72	107.15	13.06	313.60	311.15[e]	105.21	10.98	—	14.33	—	—	—
13-3/8	72.00	339.72	107.15	13.06	313.60	309.63	105.21	10.98	—	14.33	—	—	—
16	65.00	406.40	96.73	9.53	387.40	382.57	96.73	19.32	—	—	—	—	—
16	75.00	406.40	111.61	11.13	384.10	379.37	108.49	17.33	—	20.68	—	—	—
16	84.00	406.40	125.01	12.57	381.30	376.48	122.09	15.51	—	17.96	—	—	—
16	109.00	406.40	162.21	16.66	373.10	368.30	160.13	—	—	—	—	—	—
18-5/8	87.50	473.08	130.21	11.05	450.98	446.20	125.91	33.38	—	39.19	—	—	—
20	94.00	508.00	139.89	11.13	485.70	480.97	136.38	21.32	27.76	24.86	—	—	—
20	106.50	508.00	158.49	12.70	482.60	477.82	155.13	18.87	24.86	21.95	—	—	—
20	133.00	508.00	197.93	16.13	475.70	470.97	195.66	13.61	18.42	15.97	—	—	—

见图 D.1、图 D.2、图 D.3 和图 D.8。

[a] 代号供订货时参考。

[b] 所示带螺纹和接箍单位长度名义质量(第 4 栏)仅供参考。

[c] 马氏体铬钢(L80 9Cr 类和 13Cr 类)的密度不同于碳钢。因此，表中给出的质量对马氏体型铬钢来说不是精确值。可采用质量校正系数 0.989。

[d] 因端部加工而增减的质量，见 8.5。

[e] 适于大多数通用钻头尺寸的通径规直径。通径规直径应在订单上作出规定并在管子上作标记。通径要求见 8.10。

表 C.25 标准油管和 API 不加厚、外加厚及整体接头油管的尺寸和质量

代号[a]				外径	单位长度名义质量[b,c]			壁厚	内径	计算质量[c]				
1	2				不加厚带螺纹和接箍	外加厚带螺纹和接箍	整体接头			平端	因端部加工而增减的质量[d],e_m kg			
	不加厚带螺纹和接箍	外加厚带螺纹和接箍	整体接头	D mm	kg/m	kg/m	kg/m	t mm	d mm	W_{pe} kg/m	不加厚	外加厚[e] 标准	外加厚[e] 特殊间隙	整体接头
1	2	3	4	5	6	7	8	9	10	11	12	13	14	15
1.050	1.14	1.20	—	26.67	1.70	1.79	—	2.87	20.93	1.68	0.09	0.64	—	—
1.050	1.48	1.54	—	26.67	2.20	2.29	—	3.91	18.85	2.19	—	0.60	—	—
1.315	1.70	1.80	1.72	33.40	2.53	2.68	2.56	3.38	26.64	2.50	0.18	0.64	—	0.09
1.315	2.19	2.24	—	33.40	3.26	3.33	—	4.55	24.30	3.24	—	0.61	—	—
1.660	2.09	—	2.10	42.16	—	—	3.13	3.18	35.80	3.06	—	—	—	0.09
1.660	2.30	2.40	2.33	42.16	3.42	3.57	3.47	3.56	35.04	3.39	0.36	0.73	—	0.09
1.660	3.03	3.07	—	42.16	4.51	4.57	—	4.85	32.46	4.46	—	0.68	—	—
1.900	2.40	—	2.40	48.26	—	—	3.57	3.18	41.90	3.54	—	—	—	0.09
1.900	2.75	2.90	2.76	48.26	4.09	4.32	4.11	3.68	40.90	4.05	0.27	0.91	—	0.09
1.900	3.65	3.73	—	48.26	5.43	5.55	—	5.08	38.10	5.41	—	0.92	—	—
1.900	4.42	—	—	48.26	6.58	—	—	6.35	35.56	6.56	—	—	—	—
1.900	5.15	—	—	48.26	7.66	—	—	7.62	33.02	7.64	—	—	—	—
2.063	3.24	—	3.25	52.40	—	—	4.84	3.96	44.48	4.73	—	—	—	0.09
2.063	4.50	—	—	52.40	—	—	—	5.72	40.96	6.58	—	—	—	—
2-3/8	4.00	—	—	60.32	5.95	—	—	4.24	51.84	5.86	0.73	—	—	—
2-3/8	4.60	4.70	—	60.32	6.85	6.99	—	4.83	50.66	6.61	0.73	1.81	1.34	—
2-3/8	5.80	5.95	—	60.32	8.63	8.85	—	6.45	47.42	8.57	0.64	1.63	1.16	—
2-3/8	6.60	—	—	60.32	9.82	—	—	7.49	45.34	9.76	—	—	—	—
2-3/8	7.35	7.45	—	60.32	10.94	11.09	—	8.53	43.26	10.89	—	—	—	—
2-7/8	6.40	6.50	—	73.02	9.52	9.67	—	5.51	62.00	9.17	1.45	2.54	1.71	—
2-7/8	7.80	7.90	—	73.02	11.61	11.76	—	7.01	59.00	11.41	1.27	2.63	1.78	—
2-7/8	8.60	8.70	—	73.02	12.80	12.95	—	7.82	57.38	12.57	1.18	2.27	1.43	—
2-7/8	9.35	9.45	—	73.02	13.91	14.06	—	8.64	54.74	13.72	—	—	—	—
2-7/8	10.50	—	—	73.02	15.63	—	—	9.96	53.10	15.49	—	—	—	—
2-7/8	11.50	—	—	73.02	17.11	—	—	11.18	50.66	17.05	—	—	—	—
3-1/2	7.70	—	—	88.90	11.46	—	—	5.49	77.92	11.29	2.45	—	—	—
3-1/2	9.20	9.30	—	88.90	13.69	13.84	—	6.45	76.00	13.12	2.27	4.17	2.45	—
3-1/2	10.20	—	—	88.90	15.18	—	—	7.34	74.22	14.76	2.18	—	—	—
3-1/2	12.70	12.95	—	88.90	18.90	19.27	—	9.52	69.86	18.64	1.81	3.72	2.00	—
3-1/2	14.30	—	—	88.90	21.28	—	—	10.92	67.06	21.00	—	—	—	—
3-1/2	15.50	—	—	88.90	23.07	—	—	12.09	64.72	22.90	—	—	—	—
3-1/2	17.00	—	—	88.90	25.30	—	—	13.46	61.98	25.04	—	—	—	—
4	9.50	—	—	101.60	14.14	—	—	5.74	90.12	13.57	2.81	—	—	—
4	10.70	11.00	—	101.60	—	16.37	—	6.65	88.30	15.57	—	4.81	—	—
4	13.20	—	—	101.60	19.64	—	—	8.38	84.84	19.27	—	—	—	—
4	16.10	—	—	101.60	23.96	—	—	10.54	80.52	23.67	—	—	—	—
4	18.90	—	—	101.60	28.13	—	—	12.70	76.20	27.84	—	—	—	—
4	22.20	—	—	101.60	33.04	—	—	15.49	70.62	32.89	—	—	—	—

表 C.25（续）

代号[a]				外径	单位长度名义质量[b,c]			壁厚	内径	计算质量[c]				
1	2									平端	因端部加工而增减的质量[d]，e_m kg			
	不加厚带螺纹和接箍	外加厚带螺纹和接箍	整体接头	D mm	不加厚带螺纹和接箍 kg/m	外加厚带螺纹和接箍 kg/m	整体接头 kg/m	t mm	d mm	W_{pe} kg/m	不加厚	外加厚[e] 标准	外加厚[e] 特殊间隙	整体接头
1	2	3	4	5	6	7	8	9	10	11	12	13	14	15
4-1/2	12.60	12.75	—	114.30	18.75	18.97	—	6.88	100.54	18.23	2.72	—	—	—
4-1/2	15.20	—	—	114.30	22.62	—	—	8.56	97.18	22.32	—	—	—	—
4-1/2	17.00	—	—	114.30	25.30	—	—	9.65	95.00	24.90	—	—	—	—
4-1/2	18.90	—	—	114.30	28.13	—	—	10.92	92.46	27.84	—	—	—	—
4-1/2	21.50	—	—	114.30	32.00	—	—	12.70	88.90	31.82	—	—	—	—
4-1/2	23.70	—	—	114.30	35.27	—	—	14.22	85.86	35.10	—	—	—	—
4-1/2	26.10		—	114.30	38.84	—		16.00	82.30	38.79	—	—	—	—

见图 D.4、图 D.5 和图 D.7。

[a] 代号供订货时参考。

[b] 所示带螺纹和接箍单位长度名义质量(第 6、7 和 8 栏)仅供参考。

[c] 马氏体铬钢(L80 9Cr 类和 13Cr 类)的密度不同于碳钢。因此，表中给出的质量对马氏体型铬钢来说不是精确值。可采用质量校正系数 0.989。

[d] 因端部加工而增减的质量，见 8.5。

[e] 加厚长度可能使端部加工产生的质量增减有所变化。

表 C.26　API 直连型套管加厚端尺寸

代号		外径	单位长度名义质量(加厚和带螺纹)	成品外螺纹端和内螺纹端尺寸[a]								
				车削后外螺纹端和内螺纹端外径 $^{+0.51}_{-0.25}$ mm		外螺纹端内径(镗孔) ±0.38 mm	内螺纹端内径(镗孔) $^{+0.76}_{0}$ mm	外螺纹和内螺纹上紧(机紧)[b]			加厚段精加工后通径规直径 mm	全长通径通径规直径(最小) mm
				标准	选择	标准和选择	标准和选择	外径 $^{+0.51}_{-0.25}$ mm		内径 $^{+0.25}_{-0.13}$ mm	标准和选择	标准和选择
1	2	D mm	kg/m	M	M	B	D	标准[c]	选择[c]	标准和选择		
1	2	3	4	5	6	7	8	9	10	11	12	13
5	15.00	127.00	22.32	136.14	—	106.88	107.57	136.14	—	106.63	106.25	105.44
5	18.00	127.00	26.79	136.16	—	106.88	107.57	136.14	—	106.63	106.25	105.44
5-1/2	15.50	139.70	23.07	148.84	146.81	120.55	121.23	148.84	146.81	120.29	119.91	118.19
5-1/2	17.00	139.70	25.30	148.84	146.81	119.66	120.35	148.84	146.81	119.41	119.02	118.19
5-1/2	20.00	139.70	29.76	148.84	146.81	119.66	120.35	148.84	146.81	119.41	119.02	118.19
5-1/2	23.00	139.70	34.23	148.84	146.81	117.32	118.03	148.84	146.81	117.09	116.71	115.44

表 C.26(续)

代号		外径	单位长度名义质量(加厚和带螺纹)	成品外螺纹端和内螺纹端尺寸[a]								
				车削后外螺纹端和内螺纹端外径 $^{+0.51}_{-0.25}$ mm		外螺纹端内径(镗孔) ±0.38 mm	内螺纹端内径(镗孔) $^{+0.76}_{0}$ mm	外螺纹和内螺纹上紧(机紧)[b]			加厚段精加工后通径规直径 mm	全长通径通径规直径(最小) mm
				标准	选择	标准和选择	标准和选择	外径 $^{+0.51}_{-0.25}$ mm		内径 $^{+0.25}_{-0.13}$ mm	标准和选择	标准和选择
1	2	D mm	kg/m	M	M	B	D	标准[c]	选择[c]	标准和选择		
1	2	3	4	5	6	7	8	9	10	11	12	13
6-5/8	24.00	168.28	35.72	177.80	176.02	147.12	147.78	177.80	176.02	146.84	146.46	145.54
6-5/8	28.00	168.28	41.67	177.80	176.02	145.82	146.51	177.80	176.02	145.57	145.19	143.92
6-5/8	32.00	168.28	47.62	177.80	176.02	142.85	143.56	177.80	176.02	142.62	142.24	140.97
7	23.00	177.80	34.23	187.71	185.67	157.02	157.68	187.71	185.67	156.74	156.36	156.24
7	26.00	177.80	38.69	187.71	185.67	157.02	157.68	187.71	185.67	156.74	156.36	156.24
7	29.00	177.80	43.16	187.71	185.67	155.80	156.46	187.71	185.67	155.52	155.14	153.90
7	32.00	177.80	47.62	187.71	185.67	153.47	154.15	187.71	185.67	153.21	152.83	151.61
7	35.00	177.80	52.09	191.26	187.71	151.10	151.82	191.26	187.71	150.88	150.50	149.33
7	38.00	177.80	56.55	191.26	187.71	149.07	149.78	191.26	187.71	148.84	148.46	147.19
7-5/8	26.40	193.68	39.29	203.45	201.17	172.26	172.90	203.45	201.17	171.96	171.58	171.45
7-5/8	29.70	193.68	44.20	203.45	201.17	172.26	172.90	203.45	201.17	171.96	171.58	171.45
7-5/8	33.70	193.68	50.15	203.45	201.17	170.59	171.25	203.45	201.17	170.31	169.93	168.66
7-5/8	39.00	193.68	58.04	203.45	201.17	167.00	167.69	203.45	201.17	166.75	166.37	165.10
8-5/8	32.00	219.08	47.62	231.65	229.36	196.52	197.15	231.65	229.36	196.22	195.83	195.58
8-5/8	36.00	219.08	53.57	231.65	229.36	196.52	197.16	231.65	229.36	196.22	195.83	195.58
8-5/8	40.00	219.08	59.53	231.65	229.36	194.92	195.58	231.65	229.36	194.64	194.26	193.04
8-5/8	44.00	219.08	65.48	231.65	229.36	192.40	193.09	231.65	229.36	192.15	191.77	190.50
8-5/8	49.00	219.08	72.92	231.65	229.36	189.48	190.20	231.65	229.36	189.26	188.87	187.60
9-5/8	40.00	244.48	59.53	256.54	254.51	220.40	221.03	256.54	254.51	220.09	219.71	218.41
9-5/8	43.50	244.48	64.73	256.54	254.51	220.40	221.03	256.54	254.51	220.09	219.71	218.41
9-5/8	47.00	244.48	69.94	256.54	254.51	219.28	219.91	256.54	254.51	218.97	218.59	216.54
9-5/8	53.50	244.48	79.62	256.54	254.51	215.52	216.20	256.54	254.51	215.27	214.88	212.83
10-3/4	45.50	273.05	67.71	291.08	—	249.66	250.29	291.08	—	249.40	249.02	248.77
10-3/4	51.00	273.05	75.90	291.08	—	247.12	247.75	291.08	—	246.86	246.48	246.23
10-3/4	55.50	273.05	82.59	291.08	—	244.83	245.47	291.08	—	244.58	244.20	243.94
10-3/4	60.70	273.05	90.33	291.08	—	242.29	242.93	291.08	—	242.04	241.66	241.40

见表 C.24 和图 D.8。

[a] 由于直连型套管的特点,本表中一些尺寸符号和名称与本标准中其他管子类似的项目表示不同。

[b] 供参考。

[c] 上紧接头外径与尺寸 M 的外径相同。

表 C.27 API 接头第 1、2 和 3 组外加厚油管尺寸

代号[a]		外径	单位长度名义质量(带螺纹和接箍)[b]	加厚尺寸			
				外径[c] $^{+1.59}_{0}$	管端到加厚厚度开始减小处长度[d,e] $^{+0}_{-25.4}$	管端到加厚厚度减小终止处长度[e]	管端到加厚消失处长度[e](最大)
1	2	D mm	kg/m	D_4 mm	L_{eu} mm	L_a mm	L_b mm
1	2	3	4	5	6	7	8
1.050	1.20	26.67	1.79	33.40	60.32	—	—
1.050	1.54	26.67	2.29	33.40	60.32	—	—
1.315	1.80	33.40	2.68	37.31	63.50	—	—
1.315	2.24	33.40	3.33	37.31	63.50	—	—
1.660	2.40	42.16	3.57	46.02	66.68	—	—
1.660	3.07	42.16	4.57	46.02	66.68	—	—
1.900	2.90	48.26	4.32	53.19	68.26	—	—
1.900	3.73	48.26	5.55	53.19	68.26	—	—
2-3/8	4.70	60.32	6.99	65.89	101.60	152.40	254.00
2-3/8	5.95	60.32	8.85	65.89	101.60	152.40	254.00
2-3/8	7.45	60.32	11.09	65.89	101.60	152.40	254.00
2-7/8	6.50	73.02	9.67	78.59	107.95	158.75	260.35
2-7/8	7.90	73.02	11.76	78.59	107.95	158.75	260.35
2-7/8	8.70	73.02	12.95	78.59	107.95	158.75	260.35
2-7/8	9.45	73.02	14.06	78.59	107.95	158.75	260.35
3-1/2	9.30	88.90	13.84	95.25	114.30	165.10	266.70
3-1/2	12.95	88.90	19.27	95.25	114.30	165.10	266.70
4	11.00	101.60	16.37	107.95	114.30	165.10	266.70
4-1/2	12.75	114.30	18.97	120.65	120.65	171.45	273.05

见图 D.5 和图 D.6。

[a] 代号供订货时参考。

[b] 马氏体型铬钢(L80 9Cr 和 13Cr 类)的密度不同于碳钢。因此,表中给出的质量对马氏体型铬钢来说,不是精确值。可采用质量校正系数 0.989。

[c] 加厚部分最小外径 D_4 受全顶螺纹最小长度的限制,见 API Spec 5B。

[d] 仅对短节,L_{eu}上的长度公差是$^{+101.6}_{-25.4}$ mm。L_b 上的长度可比规定值长 101.6 mm。

[e] 对于外加厚油管的延长加厚长度,在第 6、7 和 8 栏的尺寸上加上 25.4 mm。

表 C.28 API 接头第 1 和 2 组整体接头油管尺寸

代号		外径	单位长度名义质量（带螺纹和接箍）[a]	加厚尺寸 mm								
				外螺纹端				内螺纹端				
				外径[b] $^{+1.59}_{0}$	内径[c] $^{+0.38}_{0}$	最小长度	最小锥面长度	外径 $^{+0.13}_{-0.64}$	最小长度	锥面长度	镗孔直径	最小承载面宽度
1	2	D mm	kg/m	D_4	d_{iu}	L_{iu}	m_{iu}	W_b	L_{eu}	m_{eu}	Q	b
1	2	3	4	5	6	7	8	9	10	11	12	13
1.315	1.72	33.40	2.56	—	24.64	34.92	6.35	39.37	44.45	25.40	35.00	0.79
1.660	2.10	42.16	3.13	—	33.05	38.10	6.35	47.75	47.62	25.40	43.76	0.79
1.660	2.33	42.16	3.47	—	33.05	38.10	6.35	47.75	47.62	25.40	43.76	0.79
1.900	2.40	48.26	3.57	—	38.89	41.28	6.35	53.59	50.80	25.40	49.86	0.79
1.900	2.76	48.26	4.11	—	38.89	41.28	6.35	53.59	50.80	25.40	49.86	0.79
2.063	3.25	52.40	4.84	53.19	42.47	42.86	6.35	59.06	53.98	25.40	54.76	0.79

见图 D.7。

[a] 所示加厚带螺纹单位长度名义质量仅供参考。

[b] 最小外径 D_4 受全顶螺纹最小长度的限制，见 API Spec 5B。

[c] 最小内径 d_{iu} 受通径试验的限制。

表 C.29 J55 钢级平端衬管尺寸和质量

代号		外径 D mm	平端衬管单位长度名义质量 kg/m	壁厚 t mm	内径 d mm
1	2				
1	2	3	4	5	6
3-1/2	9.92	88.90	14.76	7.34	74.22
4	11.35	101.60	16.89	7.26	87.08
4-1/2	13.05	114.30	19.44	7.37	99.56
5	17.95	127.00	26.70	9.19	108.62
5-1/2	19.83	139.70	29.52	9.17	121.36
6-5/8	27.67	168.28	41.18	10.59	147.10

表 C.30 长度范围

单位为米

	范围 1	范围 2	范围 3
套管和衬管			
总长度范围	4.88～7.62	7.62～10.36	10.36～14.63
95%及更大车载量的长度范围:[a]			
最大允许变化量	1.83	1.52	1.83
最小允许长度	5.49	8.53	10.97
油管和用作油管的套管			
总长度范围[b]	6.10～7.32[b]	8.53～9.75[c]	11.58～12.80[d]
100%车载量长度范围:[a]			
最大允许变化量	0.61	0.61	0.61
整体接头油管(包括 IJ/UF 和 IJ/SF)			
总长度范围	6.10～7.92[b]	8.53～10.36	11.58～13.72
100%车载量长度范围:[a]			
最大允许变化量	0.61	0.61	0.61
短节	长度:0.61、0.91、1.22、1.83、2.44、3.05、3.66[e] 公差:±0.076		

[a] 车载量允差限不适用于管子订货量小于 18 144 kg 的合同项目。对于任一车载量为 18 144 kg 或更多管子如未经中途转运或卸车而直到最终目的地,车载量允差限适用于每一辆车装量。如订货量为 18 144 kg 以上的管子,用火车从工厂发货,但不能直接到达最终目的地,则车载量允差限适用于总订货量,但不适用于单个车皮。

[b] 经购方与制造厂协商,最大长度可增加至 8.53 m。

[c] 经购方与制造厂协商,最大长度可增加至 10.36 m。

[d] 经购方与制造厂协商,最大长度可增加至 13.72 m。

[e] 经购方与制造厂协商,0.61 m 长的短节也可以 0.91 m 长供货。非表列长度可按购方与制造厂协商的尺寸供货。

表 C.31 标准通径规尺寸

单位为毫米

产品和代号 1	标准通径规最小尺寸	
	长 度	直 径
套管[a] 和衬管		
<9-5/8	152	$d-3.18$
≥9-5/8～≤13-3/8	305	$d-3.97$
>13-3/8	305	$d-4.76$
油管[b]		
≤2-7/8	1 067	$d-2.38$
>2-7/8	1 067	$d-3.18$

[a] 直连型套管用通径规的最小直径应按表 C.26 中第 12 和 13 栏规定。

[b] 整体接头油管在加厚前应使用所规定的通径规进行试验;加厚后,应用长度为 1 067 mm、直径为 $d_{iu}-0.38$ mm(d_{iu} 见表 C.28 第 6 栏)的圆柱形通径规对外螺纹端进行通径试验。

表 C.32 替代通径规尺寸

代号		外径 *D* mm	产品单位长度 名义质量 kg/m	替代通径规最小尺寸 mm	
1	2			长度	直径
1	2	3	4	5	6
7	23.00	177.80	34.23	152	158.75
7	32.00	177.80	47.62	152	152.40
7-3/4	46.10	196.85	68.60	152	165.10
8-5/8	32.00	219.08	47.62	152	200.02
8-5/8	40.00	219.08	59.53	152	193.68
9-5/8	40.00	244.48	59.53	305	222.25
9-5/8	53.50	244.48	79.62	305	215.90
9-5/8	58.40	244.48	86.91	305	212.72
10-3/4	45.50	273.05	67.71	305	250.82
10-3/4	55.50	273.05	82.59	305	244.48
11-3/4	42.00	298.45	62.50	305	279.40
11-3/4	60.00	298.45	89.29	305	269.88
11-3/4	65.00	298.45	96.73	305	269.88
13-3/8	72.00	339.72	107.15	305	311.15

表 C.33 线性缺欠的最大允许深度

钢　　级	深度与规定壁厚比	
	外　表　面	内　表　面
符合 A.10(SR16)的 H40、J55、K55、M65、N80 1 类、N80Q、L80、C95、P110	12.5%	12.5%
C90—T95—P110—Q125	5%	5%
符合 A.10(SR16)和 A.3(SR2)的 P110	5%	5%

表 C.34 加厚产品缺欠的最大允许深度

	表面	深度	测量注意事项
A. 直连型套管、整体接头和外加厚油管(见图 D.5、图 D.7 和图 D.8)			
A.1	加厚和加厚过渡区所有表面,下列所述者除外	12.5%*t* 12.5%*t* 5%*t*	非线性缺欠深度与各组管子规定管体壁厚 *t* 的比例 线性缺欠深度与第 1 和 2 组管子(C90 和 T95 钢级除外)规定管体壁厚 *t* 的比例 线性缺欠深度与第 3 和 4 组管子及 C90 和 T95 钢级管子规定管体壁厚 *t* 的比例
A.2　加厚过渡区最小壁厚不得小于规定壁厚的 87.5%,并且在加厚过渡区的任何区域,内外缺欠叠合对有效壁厚减少的最大综合作用也不得使最小壁厚小于规定壁厚的 87.5%。			

表 C.34（续）

	表面	深度	测量注意事项
B. 直连型套管(见图 D.8)			
B.1	内螺纹端外表面	0.25 mm 0.25 mm	规格(代号 1)7-5/8 及较小规格，管端至距端面 120.6 mm 平面 规格(代号 1)大于 7-5/8，管端至距端面 165.1 mm 的平面
B.2	外螺纹端内表面	0.38 mm	管端至外台肩面(镗孔)
B.3 内螺纹端所有机加工表面不应有发裂、折叠和裂纹。内外螺纹上都不应有破坏螺纹或密封连续性的任何缺陷。			
C. 整体接头油管(见图 D.7)			
C.1	内螺纹端外表面	0.25 mm	管端至距端面等于最小规定尺寸 L_{eu} 长度的平面(见图 D.7)
C.2	外螺纹端内表面	0.38 mm	管端至距端面等于最小规定尺寸 L_{iu} 长度的平面(见图 D.7) 对于 C90 和 T95 钢级，线性缺欠的最大允许深度应为规定管体壁厚的 5%
C.3 加厚过渡区的充型不满不应视为缺陷，除非剩余壁厚(充型不满处)小于管体规定壁厚的 87.5%。			

表 C.35 API 圆螺纹套管接箍尺寸、公差和质量

代号 1	规格[a] 外径 D mm	外径 $W^{b,c}$ mm	最小长度 mm 短圆螺纹 N_L	最小长度 mm 长圆螺纹 N_L	镗孔直径 Q^d mm	承载面宽度 b mm	质量 kg 短圆螺纹	质量 kg 长圆螺纹
1	2	3	4	5	6	7	8	9
4-1/2	114.30	127.00	158.75	177.80	116.68	3.97	3.62	4.15
5	127.00	141.30	165.10	196.85	129.38	4.76	4.66	5.75
5-1/2	139.70	153.67	171.45	203.20	142.08	3.18	5.23	6.42
6-5/8	168.28	187.71	184.15	222.25	170.66	6.35	9.12	11.34
7	177.80	194.46	184.15	228.60	180.18	4.76	8.39	10.83
7-5/8	193.70	215.90	190.50	234.95	197.64	5.56	12.30	15.63
8-5/8	219.08	244.48	196.85	254.00	223.04	6.35	16.23	21.67
9-5/8	244.48	269.88	196.85	266.70	248.44	6.35	18.03	25.45
10-3/4	273.05	298.45	203.20	—	277.02	6.35	20.78	—
11-3/4	298.45	323.85	203.20	—	302.42	6.35	22.64	—
13-3/8	339.72	365.12	203.20	—	343.69	5.56	25.66	—
16	406.40	431.80	228.60	—	411.96	5.56	34.91	—
18-5/8	473.08	508.00	228.60	—	478.63	5.56	54.01	—
20	508.00	533.40	228.60	292.10	513.56	5.56	43.42	57.04

见图 D.1 和图 D.2。

[a] 接箍的规格代号和相应的管子规格代号相同。

[b] 对于第 1、2 和 3 组，外径 W 的公差为±1%，但不大于±3.18 mm。

[c] 对于第 4 组，外径 W 的公差为±1%，但不大于$^{+3.18}_{-1.59}$ mm。

[d] 对于所有组，镗孔直径 Q 的公差为$^{+0.79}_{0}$ mm。

表 C.36 API 偏梯形螺纹套管接箍尺寸、公差和质量

代号 1	规格[a]	外径		最小		承载面	质量 kg	
	外径 D mm	标准接箍 $W^{b,c}$ mm	特殊间隙接箍[d] W_C mm	长度 N_L mm	镗孔直径 Q mm	宽度 b mm	标准接箍	特殊间隙接箍
1	2	3	4	5	6	7	8	9
4-1/2	114.30	127.00	123.82	225.42	117.86	3.18	4.55	3.48
5	127.00	141.30	136.52	231.78	130.56	3.97	5.85	4.00
5-1/2	139.70	153.67	149.22	234.95	143.26	3.97	6.36	4.47
6-5/8	168.28	187.71	177.80	244.48	171.83	6.35	11.01	5.65
7	177.80	194.46	187.32	254.00	181.36	5.56	10.54	6.28
7-5/8	193.68	215.90	206.38	263.52	197.23	7.94	15.82	9.29
8-5/8	219.08	244.48	231.78	269.88	222.63	9.52	20.86	10.80
9-5/8	244.48	269.88	257.18	269.88	248.03	9.52	23.16	12.02
10-3/4	273.05	298.45	285.75	269.88	276.61	9.52	25.74	13.39
11-3/4	298.45	323.85	—	269.88	302.01	9.52	28.03	—
13-3/8	339.72	365.12	—	269.88	343.28	9.52	31.77	—
16	406.40	431.80	—	269.88	410.31	9.52	40.28	—
18-5/8	473.08	508.00	—	269.88	476.99	9.52	62.68	—
20	508.00	533.40	—	269.88	511.91	9.52	50.10	—

见图 D.3。

[a] 接箍的规格代号和相应的管子规格代号相同。

[b] 对于第 1、2 和 3 组，外径 W 的公差为±1%，但不大于±3.18 mm。

[c] 对于第 4 组，外径 W 的公差为±1%，但不大于$^{+3.18}_{-1.59}$ mm。

[d] 对于第 1、2 和 3 组，外径 W_C 的公差为$^{+0.79}_{-0.40}$ mm。

表 C.37 API 不加厚油管接箍尺寸、公差和质量

代号 1	规格[a] 外径 D mm	外径 W^b mm	最小长度 N_L mm	镗孔直径 Q mm	承载面宽度 b mm	特殊倒角的最大承载面直径 Bf mm	质量 kg
1	2	3	4	5	6	7	8
1.050	26.67	33.35	80.96	28.27	1.59	30.00	0.23
1.315	33.40	42.16	82.55	35.00	2.38	37.80	0.38
1.660	42.16	52.17	88.90	43.76	3.18	47.17	0.59
1.900	48.26	55.88	95.25	49.86	1.59	52.07	0.56
2-3/8	60.32	73.02	107.95	61.93	4.76	66.68	1.28
2-7/8	73.02	88.90	130.18	74.63	4.76	80.98	2.34
3-1/2	88.90	107.95	142.88	90.50	4.76	98.42	3.71
4	101.60	120.65	146.05	103.20	4.76	111.12	4.35
4-1/2	114.30	132.08	155.58	115.90	4.76	123.19	4.89

见图 D.4。

[a] 接箍的规格代号和相应的管子规格代号相同。

[b] 外径 W 的公差为±1%。

表 C.38　API 外加厚油管接箍尺寸、公差和质量

代号 1	规格[a]	外径		最小长度	镗孔直径	承载面宽度	最大承载面直径 Bf		质量 kg	
	外径 D mm	标准和特殊倒角接箍 W^{b} mm	特殊间隙接箍 W_{C}[c] mm	N_{L} mm	Q mm	b mm	特殊倒角接箍 mm	特殊间隙接箍 mm	标准接箍	特殊间隙接箍
1	2	3	4	5	6	7	8	9	10	11
1.050	26.67	42.16	—	82.55	35.00	2.38	37.80	—	0.38	—
1.315	33.40	48.26	—	88.90	38.89	2.38	42.77	—	0.57	—
1.660	42.16	55.88	—	95.25	47.63	3.18	50.95	—	0.68	—
1.900	48.26	63.50	—	98.42	54.76	3.18	58.34	—	0.84	—
2-3/8	60.32	77.80	73.91	123.82	67.46	3.97	71.83	69.90	1.55	1.07
2-7/8	73.02	93.17	87.88	133.35	80.16	5.56	85.88	83.24	2.40	1.55
3-1/2	88.90	114.30	106.17	146.05	96.85	6.35	104.78	100.71	4.10	2.38
4	101.60	127.00	—	152.40	109.55	6.35	117.48	—	4.82	—
4-1/2	114.30	141.30	—	158.75	122.25	6.35	130.96	—	6.05	—

见图 D.5。

[a] 接箍的规格代号和相应的管子规格代号相同。

[b] 外径 W 的公差为±1%。

[c] 外径 W_{C} 的公差为±0.38 mm。

表 C.39　接箍外表面缺欠允许深度

单位为毫米

接箍代号 1		第 1 组、第 2 组(除 C90 和 T95 钢级外)和第 3 组		第 2 组(C90 和 T95 钢级)和第 4 组
		点坑和圆底凿痕	夹痕和尖底凿痕	点坑和圆底凿痕、尖底凿痕和夹痕
1	2	3	4	5
油管	<3-1/2	0.76	0.64	0.76
	≥3-1/2～≤4-1/2	1.14	0.76	0.89
套管[a]	<6-5/8	0.89	0.76	0.76
	≥6-5/8～≤7-5/8	1.14	1.02	0.89
	>7-5/8	1.52	1.02	0.89

[a] 包括用作油管的套管。

表 C.40 套管和油管的拉伸试验频率

组别	代号 1	一批次中的最多件数	试验数量	
			每批	每炉
1	2	3	4	5
1	<6-5/8	400[a,b]	1	1
	≥6-5/8	200[a,b]	1	1
2	≤4-1/2—M65、L80 1 类、C95 钢级	200[a,b]	2[c]	1
	≤4-1/2—L80 9Cr,L80 13Cr 钢级	200[b,d]	2[c]	—
	≤4-1/2—C90、T95 钢级	200[b,d]	1	—
	>4-1/2—M65、L80 1 类、C95 钢级	100[a,b]	2[c]	1
	>4-1/2—L80 9Cr,L80 13Cr 钢级	100[b,d]	2[c]	—
	>4-1/2—C90、T95 钢级	100[b,d]	1	—
3	<6-5/8	200[a,b]	1	1
	≥6-5/8	100[a,b]	1	1
4	所有规格	—[d]	3[c]	—

对于第 1、2 和 3 组倍尺长无缝管,若管子在切成单根后不再进行热处理,则从倍尺长无缝管截取的所有管段应只当作一根。

注:本表包括用作油管的套管。

[a] 见 10.2.1。

[b] 见 10.4.2。

[c] 见 10.4.3。

[d] 见 10.2.2。

表 C.41 接箍与接箍毛坯拉伸试验频率

组别	接 箍 来 源		一批中的最多件数	试验数量	
	材料	热处理时的条件		每批	每炉
1	2	3	4	5	6
第 1 和 3 组	接箍毛坯	规格(代号 1)≤4-1/2 管子的接箍毛坯	200[a]	1	1[b]
		规格(代号 1)>4-1/2 管子的接箍毛坯	100[a]	1	1[b]
		接箍半成品	400[c]	1	—
	热锻造	接箍半成品	400[c]	1	—
第 2 组 L80 第 1 组和 C95 钢级	接箍毛坯	规格(代号 1)≤4-1/2 管子的接箍毛坯	200[a]	2[d]	2[d]
		规格(代号 1)>4-1/2 管子的接箍毛坯	100[a]	2[d]	2[d]
		接箍半成品	400[c]	2	—
	热锻造	接箍半成品	400[c]	2	—

表 C.41（续）

组别	接箍来源		一批中的最多件数	试验数量	
	材料	热处理时的条件		每批	每炉
1	2	3	4	5	6
第 2 组 L80-9Cr 和 L80-13Cr	接箍毛坯	规格(代号 1)≤4-1/2 管子的接箍毛坯	200[d]	2[d]	—
		规格(代号 1)>4-1/2 管子的接箍毛坯	100[d]	2[d]	—
		接箍半成品	400[c]	2	—
	热锻造	接箍半成品	400[c]	2	—
第 2 组 C90 和 T95 钢级	接箍毛坯	所有规格(代号 1)管子的接箍毛坯	1[b]	1	—
		接箍半成品	规格(代号 1)>9-5/8:50[c] 规格(代号 1)≥9-5/8:30[c]	1	—
	热锻造	接箍半成品	规格(代号 1)>9-5/8:50[c] 规格(代号 1)≥9-5/8:30[c]	1	—
第 4 组	接箍毛坯	所有规格(代号 1)管子的接箍毛坯	1[b]	1	—
		接箍半成品	规格(代号 1)>9-5/8:50[c] 规格(代号 1)≥9-5/8:30[c]	1	—

[a] 见 10.2.1。

[b] 从每端取样约各 50%。

[c] 见 10.2.3。

[d] 见 10.2.2。

表 C.42 短节和附件拉伸试验频率

组别	材料[a]		一批中的最多件数	试验数量	
				每批	每炉
1	2	3	4	5	6
第 1 和 3 组	第 1 组：取自一炉批或多炉批的整根标准油管或套管		规格(代号 1)<6-5/8:400 规格(代号 1)≥6-5/8:200	1	1
	第 3 组：取自一炉批或多炉批的整根标准油管或套管		规格(代号 1)<6-5/8:200 规格(代号 1)≥6-5/8:100	1	1
	取自单个炉批的厚壁机械管或棒坯料		规格(代号 1)≤4-1/2:200 规格(代号 1)>4-1/2:200	1	1
	以半成品或单件或热锻件热处理	分批热处理	100 件短节或 400 件附件	1	—
		连续装料或连续热处理	按 10.2.3 规定	1	—
第 2 组 M65、 L80 1 类、 C95	取自一炉批或多炉批的整根标准油管或套管		规格(代号 1)≤4-1/2:200 规格(代号 1)>4-1/2:100	2[b]	2[b]
	取自单个炉批的厚壁机械管或棒坯料		规格(代号 1)≤4-1/2:200 规格(代号 1)>4-1/2:100	2[b]	2[b]
	以半成品或单件或热锻件热处理	分批热处理	100 件短节或 400 件附件	2	—
		连续装料或连续热处理	按 10.2.3 规定	2	—

表 C.42（续）

组别	材料[a]		一批中的最多件数	试验数量	
				每批	每炉
1	2	3	4	5	6
第 2 组 L80 9Cr、 L80 13Cr	取自一炉批或多炉批的整根标准油管或套管		规格(代号 1)≤4-1/2:200 规格(代号 1)＞4-1/2:100	2[b]	—
	取自单个炉批的厚壁机械管或棒坯料		规格(代号 1)≤4-1/2:200 规格(代号 1)＞4-1/2:100	2[b]	—
	以半成品或单件或热锻件热处理	分批热处理	100 件短节或 400 件附件	2	—
		连续装料或连续热处理	按 10.2.3 规定	2	—
第 2 组 C90 和 T95	取自一炉批或多炉批的整根标准油管或套管		规格(代号 1)≤4-1/2:200 规格(代号 1)＞4-1/2:100	1	—
	取自单个炉批的厚壁机械管或棒坯料		1	1[b]	—
	以半成品或单件或热锻件热处理	分批热处理	规格(代号 1)＜9-5/8:50[c] 规格(代号 1)≥9-5/8:30[c]	1	—
		连续装料或连续热处理	规格(代号 1)＜9-5/8:50[c] 规格(代号 1)≥9-5/8:30[c]	1	—
第 4 组 Q125	取自一炉批或多炉批的整根标准油管或套管		按 10.2.3 规定	3[b]	—
	取自单个炉批的厚壁机械管或棒坯料		1	1[b]	—
	以半成品或单件或热锻件热处理	分批热处理	规格(代号 1)＜9-5/8:50[c] 规格(代号 1)≥9-5/8:30[c]	1	—
		连续装料或连续热处理	规格(代号 1)＜9-5/8:50[c] 规格(代号 1)≥9-5/8:30[c]	1	—

[a] 附件应使用无缝材料或热锻材料制成。

[b] 每端各取样约 50%。

[c] 对于钢级为 L80 9Cr、L80 13Cr、C90、T95 和 Q125 每批应由同一炉批组成，见 10.2.3。

表 C.43　硬度试验频率

钢级	产品		每批试验数	一批中的最多件数	试验类型	位置
1	2		3	4	5	6
M65、 L80 钢级	管子、接箍坯料、厚壁机械管、棒坯料	规格(代号 1)≤4-1/2	2[a]	200[b,c]	全壁厚，1 个象限	油套管或接箍毛坯管体拉伸试验
		规格(代号 1)＞4-1/2	2[a]	100[b,c]	全壁厚，1 个象限	油套管或接箍毛坯管体拉伸试验

表 C.43（续）

<table>
<tr><th>钢级</th><th colspan="2">产品</th><th>每批试验数</th><th>一批中的最多件数</th><th>试验类型</th><th>位置</th></tr>
<tr><td>1</td><td colspan="2">2</td><td>3</td><td>4</td><td>5</td><td>6</td></tr>
<tr><td rowspan="4">M65、L80 钢级</td><td colspan="2">半成品或热锻件</td><td>2[a]</td><td>热处理批或 400 件接箍[b,c]</td><td>全壁厚,1 个象限</td><td>接箍半成品拉伸试验</td></tr>
<tr><td rowspan="3">短节和附件（以半成品或单件热处理）</td><td>分批热处理（10.2.3 方法 a）</td><td>2[a]</td><td>100 件短节或 400 件附件[b,c]</td><td>全壁厚,1 个象限</td><td>短节或附件拉伸试验</td></tr>
<tr><td>连续装料热处理（10.2.3 方法 b）</td><td>2[a]</td><td>批（见 10.2）[b,c]</td><td>全壁厚,1 个象限</td><td>短节或附件拉伸试验</td></tr>
<tr><td>连续热处理（10.2.3 方法 c）</td><td>2[a]</td><td>批（见 10.2）[b,c]</td><td>全壁厚,1 个象限</td><td>短节或附件拉伸试验</td></tr>
<tr><td rowspan="8">C90、T95 钢级</td><td colspan="2">淬火产品</td><td>1</td><td>每一生产流程或热处理作业</td><td>全壁厚,4 个象限</td><td>最大壁厚的设计区域</td></tr>
<tr><td colspan="2">不加厚管</td><td>1</td><td>每根</td><td>全壁厚,1 个象限</td><td>取自每端各约 50%</td></tr>
<tr><td colspan="2" rowspan="3">加厚管</td><td>1</td><td>每根</td><td>表面洛氏 HRC 或布氏 HBW</td><td>管体和一个加厚端[d]</td></tr>
<tr><td>1</td><td>20[c]</td><td>全壁厚,4 个象限</td><td>一加厚端</td></tr>
<tr><td>1</td><td>规格（代号 1）≤4-1/2:200
规格（代号 1）>4-1/2:100</td><td>全壁厚,4 个象限</td><td>管体拉伸试验</td></tr>
<tr><td rowspan="3">接箍、短节和附件</td><td>整根管热处理</td><td>2</td><td>每根</td><td>全壁厚,4 个象限</td><td>从每端各取一个</td></tr>
<tr><td rowspan="2">单件热处理</td><td>1</td><td>每件</td><td>表面洛氏 HRC 或布氏 HBW</td><td>每件</td></tr>
<tr><td>1</td><td>规格（代号 1）<9-5/8:50[c]
规格（代号 1）≥9-5/8:30[c]</td><td>全壁厚,4 个象限</td><td>取自一批中表面硬度最高的一件</td></tr>
<tr><td rowspan="4">Q125 钢级</td><td colspan="2">套管</td><td>3</td><td>批（见 10.2）[b,c]</td><td>全壁厚,1 个象限</td><td>管体</td></tr>
<tr><td rowspan="3">接箍、短节和附件</td><td>整根管热处理</td><td>1</td><td>每根</td><td>全壁厚,1 个象限</td><td>取自每端各约 50%</td></tr>
<tr><td rowspan="2">单件热处理</td><td>1</td><td>每件</td><td>表面洛氏 HRC 或布氏 HBW</td><td>每件</td></tr>
<tr><td>1</td><td>规格（代号 1）<9-5/8:50[c]
规格（代号 1）≥9-5/8:30[c]</td><td>全壁厚,1 个象限</td><td>随机选取的一件</td></tr>
</table>

[a] 由多于一炉批组成的批应对每炉批做两个硬度试验。

[b] 多根试验应随机选取试件并且代表该热处理循环的开始与结束。

[c] 对于 L80 9Cr、L80 13Cr、C90、T95 和 Q125 每批应由同一炉批的钢组成。

[d] 若两端都加厚，取自每一加厚端应各约 50%。

表 C.44 压扁试验频率

<table>
<tr><td colspan="6">套管和油管</td></tr>
<tr><td>组别</td><td colspan="2">热处理类型</td><td colspan="3">试 验 数 量</td></tr>
<tr><td>1</td><td>2</td><td>3</td><td colspan="3">4</td></tr>
<tr><td rowspan="3">1、2 和 3</td><td colspan="2">非整体</td><td colspan="3">如注 a 所述</td></tr>
<tr><td rowspan="2">整体</td><td>规格(代号 1)≤4-1/2</td><td colspan="3">与非整体热处理相同或每批(100 根或少于 100 根)1 次</td></tr>
<tr><td>规格(代号 1)>4-1/2[b]</td><td colspan="3">与非整体热处理相同或每批(20 根或少于 20 根)1 次</td></tr>
<tr><td>4</td><td colspan="2">全部</td><td colspan="3">每根管每端 1 次[见 A.5(SR11)]</td></tr>
<tr><td colspan="6">短节</td></tr>
<tr><td rowspan="2">组别</td><td colspan="2" rowspan="2">短节来源</td><td rowspan="2">一批中的最多件数</td><td colspan="2">试验数量</td></tr>
<tr><td>每批</td><td>每炉批</td></tr>
<tr><td>1</td><td>2</td><td>3</td><td>4</td><td>5</td><td>6</td></tr>
<tr><td rowspan="4">1、2 和 3</td><td rowspan="2">单件热处理</td><td>分批热处理</td><td>100 件短节</td><td rowspan="4">1</td><td rowspan="4">1</td></tr>
<tr><td>连续热处理</td><td>—</td></tr>
<tr><td rowspan="2">由电焊管制造</td><td>规格(代号 1)≤4-1/2</td><td>200 根</td></tr>
<tr><td>规格(代号 1)>4-1/2[a]</td><td>100 根</td></tr>
<tr><td>4</td><td colspan="3">全部</td><td colspan="2">每根管每端 1 次</td></tr>
</table>

[a] 每个板卷制成的第一根管子的前端应取两个试样进行压扁试验:一个在 90°位置,另一个在 0°位置。
每个板卷制成的居中一根管子上应取两个试样进行压扁试验:一个在 90°位置,另一个在 0°位置。
每个板卷制成的最后一根管子的末端应取试样进行压扁试验:一个在 90°位置,另一个在 0°位置。
若在倍尺长管的生产过程中产生停焊,则在停焊处每一侧的切头端截取两个试样,使焊缝分别在 90°位置和 0°位置进行压扁试验,并且可以代替居中一根管的压扁试验。
90°位置:焊缝位于 3 点或 9 点钟位置。0°位置:焊缝位于 6 点或 12 点钟位置。

[b] 包括用作油管的套管。

表 C.45 H40 钢级套管静水压试验压力

<table>
<tr><td colspan="2" rowspan="2">代 号</td><td colspan="3">试验压力
MPa</td></tr>
<tr><td rowspan="2">平端</td><td colspan="2">圆螺纹[a]</td></tr>
<tr><td>1</td><td>2</td><td>短圆螺纹</td><td>长圆螺纹</td></tr>
<tr><td>1</td><td>2</td><td>3</td><td>4</td><td>5</td></tr>
<tr><td>4-1/2</td><td>9.50</td><td>20.0</td><td>20.0</td><td>—</td></tr>
<tr><td>5-1/2</td><td>14.00</td><td>19.5</td><td>19.5</td><td>—</td></tr>
<tr><td>6-5/8</td><td>20.00</td><td>19.0</td><td>19.0</td><td>—</td></tr>
<tr><td>7</td><td>17.00</td><td>14.5</td><td>14.5</td><td>—</td></tr>
<tr><td>7</td><td>20.00</td><td>17.0</td><td>17.0</td><td>—</td></tr>
<tr><td>7-5/8</td><td>24.00</td><td>17.5</td><td>17.5</td><td>—</td></tr>
</table>

表 C.45（续）

代号		试验压力 MPa		
		平端	圆螺纹[a]	
1	2		短圆螺纹	长圆螺纹
1	2	3	4	5
8-5/8	28.00	15.5	15.5	—
8-5/8	32.00	18.0	18.0	—
9-5/8	32.30	14.5	14.5	—
9-5/8	36.00	16.0	16.0	—
10-3/4	32.75	8.5 (11.5)	8.5 (11.5)	— —
10-3/4	40.50	11.0 (14.5)	11.0 (14.5)	— —
11-3/4	42.00	9.5 (12.5)	9.5 (12.5)	— —
13-3/8	48.00	8.0 (11.0)	8.0 (11.0)	— —
16	65.00	8.0 (10.5)	8.0 (10.5)	— —
18-5/8	87.50	7.5 (10.5)	7.5 (10.5)	— —
20	94.00	7.5 (9.5)	7.5 (9.5)	7.5 (9.5)
注：括号内数字表示选用试验压力。				
[a] 所示试验压力为按 H40、J55 或 K55 钢级接箍供货的带螺纹和接箍管子的压力。				

表 C.46　J55 和 K55 钢级套管静水压试验压力

代号		试验压力 MPa							
		平端	圆螺纹		偏梯形螺纹				直连型
			短圆螺纹	长圆螺纹	标准接箍		特殊间隙接箍		
1	2				J55 K55	L80	J55 K55	L80	
1	2	3	4	5	6	7	8	9	10
3-1/2[a]	9.91	50.0	—	—	—	—	—	—	—
4[a]	11.34	43.5	—	—	—	—	—	—	—
4-1/2	9.50	27.5	27.5	—	—	—	—	—	—

表 C.46（续）

代号		试验压力 MPa							
		平端	圆螺纹		偏梯形螺纹				直连型
			短圆螺纹	长圆螺纹	标准接箍		特殊间隙接箍		
1	2				J55 K55	L80	J55 K55	L80	
1	2	3	4	5	6	7	8	9	10
4-1/2	10.50	30.0	30.0	—	30.0	30.0	30.0	30.0	—
4-1/2	11.60	33.5	33.5	33.5	33.5	33.5	30.5	33.5	—
4-1/2[a]	13.04	39.0	—	—	—	—	—	—	—
5	11.50	26.5	26.5	—	—	—	—	—	—
5	13.00	30.5	30.5	30.5	30.5	30.5	28.5	30.5	—
5	15.00	36.0	36.0	36.0	36.0	36.0	28.0	36.0	36.0
5[a]	17.93	44.0	—	—	—	—	—	—	—
5-1/2	14.00	27.0	27.0	—	—	—	—	—	—
5-1/2	15.50	30.5	30.5	30.5	30.5	30.5	26.0	30.5	30.5
5-1/2	17.00	33.5	33.5	33.5	33.5	33.5	26.0	33.5	33.5
5-1/2[a]	19.81	40.0	—	—	—	—	—	—	—
6-5/8	20.00	26.5	26.5	26.5	26.5	26.5	22.5	26.5	—
6-5/8	24.00	32.0	32.0	32.0	32.0	32.0	22.5	32.0	32.0
6-5/8[a]	27.65	38.0	—	—	—	—	—	—	—
7	20.00	23.5	23.5	—	—	—	—	—	—
7	23.00	27.5	27.5	27.5	27.5	27.5	21.5	27.5	27.5
7	26.00	31.5	31.5	31.5	31.5	31.5	21.5	31.5	31.5
7-5/8	26.40	26.0	26.0	26.0	26.0	26.0	25.0	26.0	—
8-5/8	24.00	18.5	18.5	—	—	—	—	—	—
8-5/8	32.00	24.5	24.5	24.5	24.5	24.5	22.5	24.5	24.5
8-5/8	36.00	28.0	28.0	28.0	28.0	28.0	22.5	28.0	28.0
9-5/8	36.00	22.0	22.0	22.0	22.0	22.0	20.0	22.0	—
9-5/8	40.00	25.0	25.0	25.0	25.0	25.0	20.0	25.0	25.0
10-3/4	40.50	15.0 (19.5)	15.0 (19.5)	— —	15.0 (19.5)	15.0 (19.5)	15.0 (18.0)	15.0 (19.5)	— —
10-3/4	45.50	17.0 (22.5)	17.0 (22.5)	— —	17.0 (22.5)	17.0 (22.5)	17.0 (18.0)	17.0 (22.5)	17.0 (22.5)
10-3/4	51.00	19.0 (25.5)	19.0 (25.5)	— —	19.0 (25.5)	19.0 (25.5)	18.0 (18.0)	19.0 (25.5)	19.0 (25.5)

表 C.46（续）

<table>
<tr><th colspan="2" rowspan="3">代　号</th><th colspan="8">试验压力
MPa</th></tr>
<tr><th rowspan="4">平端</th><th colspan="2">圆螺纹</th><th colspan="4">偏梯形螺纹</th><th rowspan="4">直连型</th></tr>
<tr><th rowspan="3">短圆
螺纹</th><th rowspan="3">长圆
螺纹</th><th colspan="2">标准接箍</th><th colspan="2">特殊间隙接箍</th></tr>
<tr><th rowspan="2">1</th><th rowspan="2">2</th><th rowspan="2">J55
K55</th><th rowspan="2">L80</th><th rowspan="2">J55
K55</th><th rowspan="2">L80</th></tr>
<tr></tr>
<tr><td>1</td><td>2</td><td>3</td><td>4</td><td>5</td><td>6</td><td>7</td><td>8</td><td>9</td><td>10</td></tr>
<tr><td>11-3/4</td><td>47.00</td><td>14.5
(19.5)</td><td>14.5
(19.5)</td><td>—
—</td><td>14.5
(19.5)</td><td>14.5
(19.5)</td><td>—
—</td><td>—
—</td><td>—
—</td></tr>
<tr><td>11-3/4</td><td>54.00</td><td>17.0
(22.5)</td><td>17.0
(22.5)</td><td>—
—</td><td>17.0
(22.5)</td><td>17.0
(22.5)</td><td>—
—</td><td>—
—</td><td>—
—</td></tr>
<tr><td>11-3/4</td><td>60.00</td><td>19.0
(25.0)</td><td>19.0
(25.0)</td><td>—
—</td><td>19.0
(25.0)</td><td>19.0
(25.0)</td><td>—
—</td><td>—
—</td><td>—
—</td></tr>
<tr><td>13-3/8</td><td>54.50</td><td>13.0
(17.0)</td><td>13.0
(17.0)</td><td>—
—</td><td>13.0
(17.0)</td><td>13.0
(17.0)</td><td>—
—</td><td>—
—</td><td>—
—</td></tr>
<tr><td>13-3/8</td><td>61.00</td><td>14.5
(19.5)</td><td>14.5
(19.5)</td><td>—
—</td><td>14.5
(19.5)</td><td>14.5
(19.5)</td><td>—
—</td><td>—
—</td><td>—
—</td></tr>
<tr><td>13-3/8</td><td>68.00</td><td>16.5
(22.0)</td><td>16.5
(22.0)</td><td>—
—</td><td>16.5
(22.0)</td><td>16.5
(22.0)</td><td>—
—</td><td>—
—</td><td>—
—</td></tr>
<tr><td>16</td><td>75.00</td><td>12.5
(16.5)</td><td>12.5
(16.5)</td><td>—
—</td><td>12.5
(16.5)</td><td>12.5
(16.5)</td><td>—
—</td><td>—
—</td><td>—
—</td></tr>
<tr><td>16</td><td>84.00</td><td>14.0
(19.0)</td><td>14.0
(19.0)</td><td>—
—</td><td>14.0
(19.0)</td><td>14.0
(19.0)</td><td>—
—</td><td>—
—</td><td>—
—</td></tr>
<tr><td>16</td><td>109.00</td><td>18.5
(25.0)</td><td>—
—</td><td>—
—</td><td>—
—</td><td>—
—</td><td>—
—</td><td>—
—</td><td>—
—</td></tr>
<tr><td>18-5/8</td><td>87.50</td><td>10.5
(14.0)</td><td>10.5
(14.0)</td><td>—
—</td><td>10.5
(14.0)</td><td>10.5
(14.0)</td><td>—
—</td><td>—
—</td><td>—
—</td></tr>
<tr><td>20</td><td>94.00</td><td>10.0
(13.5)</td><td>10.0
(13.5)</td><td>10.0
(13.5)</td><td>10.0
(13.5)</td><td>10.0
(13.5)</td><td>—
—</td><td>—
—</td><td>—
—</td></tr>
<tr><td>20</td><td>106.50</td><td>11.5
(15.0)</td><td>11.5
(15.0)</td><td>11.5
(15.0)</td><td>11.5
(15.0)</td><td>11.5
(15.0)</td><td>—
—</td><td>—
—</td><td>—
—</td></tr>
<tr><td>20</td><td>133.00</td><td>14.5
(19.5)</td><td>14.5
(16.5)</td><td>14.5
(16.5)</td><td>14.5
(16.0)</td><td>14.5
(16.0)</td><td>—
—</td><td>—
—</td><td>—
—</td></tr>
<tr><td colspan="10">**注**：括号内数字表示选用试验压力。</td></tr>
<tr><td colspan="10">[a] 用作平端套管衬管。</td></tr>
</table>

表 C.47 M65 钢级套管静水压试验压力

代号		试验压力 MPa				
		平端	圆螺纹[a]		偏梯形螺纹[a]	
1	2		短圆螺纹	长圆螺纹	标准接箍	特殊间隙接箍
1	2	3	4	5	6	7
4-1/2	9.50	32.5	32.5	—	—	—
4-1/2	10.50	35.5	35.5	—	35.5	35.5
4-1/2	11.60	40.0	—	40.0	40.0	40.0
4-1/2	13.50	46.0	—	46.0	46.0	44.0
5	11.50	31.5	31.5	—	—	—
5	13.00	36.5	36.5	36.5	36.5	36.5
5	15.00	42.5	—	42.5	42.5	41.0
5	18.00	52.0	—	52.0	52.0	41.0
5	21.40	62.5	—	59.5	54.5	41.0
5-1/2	14.00	32.0	32.0	—	—	—
5-1/2	15.50	36.0	36.0	36.0	36.0	36.0
5-1/2	17.00	39.5	—	39.5	39.5	38.0
5-1/2	20.00	47.0	—	47.0	47.0	38.0
5-1/2	23.00	54.0	—	54.0	49.5	38.0
6-5/8	20.00	31.0	31.0	31.0	31.0	31.0
6-5/8	24.00	36.0	—	36.0	36.0	32.5
6-5/8	28.00	45.0	—	45.0	45.0	32.5
7	20.00	28.0	28.0	—	—	—
7	23.00	32.5	—	32.5	32.5	31.5
7	26.00	37.0	—	37.0	37.0	31.5
7	29.00	42.0	—	42.0	42.0	31.5
7	32.00	46.5	—	46.5	46.5	31.5
7-5/8	26.40	31.0	31.0	31.0	31.0	31.0
7-5/8	29.70	35.0	—	35.0	35.0	35.0
7-5/8	33.70	40.5	—	40.5	40.5	36.0
8-5/8	24.00	22.0	22.0	—	—	—
8-5/8	28.00	25.5	25.5	—	—	—
8-5/8	32.00	29.5	29.5	29.5	29.5	29.5
8-5/8	36.00	33.0	33.0	33.0	33.0	32.5
8-5/8	40.00	37.5	—	37.5	37.5	32.5

表 C.47（续）

代号		试验压力 MPa				
		平端	圆螺纹[a]		偏梯形螺纹[a]	
1	2		短圆螺纹	长圆螺纹	标准接箍	特殊间隙接箍
1	2	3	4	5	6	7
9-5/8	36.00	26.0	26.0	26.0	26.0	26.0
9-5/8	40.0	29.5	29.5	29.5	29.5	29.5
9-5/8	43.50	32.5	—	32.5	32.5	29.5
9-5/8	47.00	35.0	—	35.0	35.0	29.5
10-3/4	40.50	23.5	23.5	—	23.5	23.5
10-3/4	45.50	26.5	26.5	—	26.5	26.5
10-3/4	51.00	30.0	30.0	—	30.0	26.5
10-3/4	55.50	33.0	33.0	—	33.0	26.5
11-3/4	47.00	23.0	23.0	—	23.0	—
11-3/4	54.00	26.5	26.5	—	26.5	—
11-3/4	60.00	30.0	30.0	—	30.0	—
13-3/8	54.50	20.5	20.5	—	20.5	—
13-3/8	61.00	23.0	23.0	—	23.0	—
13-3/8	68.00	25.5	25.5	—	25.5	—
16	75.00	19.5	19.5	—	19.5	—
16	84.00	22.0	22.0	—	22.0	—
18-5/8	87.50	16.5	16.5	—	16.5	—
20	94.00	15.5	14.5	15.5	15.5	—
20	106.50	18.0	14.5	16.5	16.0	—

[a] M65 钢级带螺纹和接箍套管应以 L80 钢级 1 类接箍供货。

表 C.48　L80 钢级套管静水压试验压力

代号		试验压力 MPa					
		平端	圆螺纹		偏梯形螺纹		直连型
1	2		短圆螺纹	长圆螺纹	标准接箍	特殊间隙接箍	
1	2	3	4	5	6	7	8
4-1/2	11.60	49.0	—	49.0	49.0	44.0	—
4-1/2	13.50	57.0	—	57.0	54.0	44.0	—
5	15.00	52.5	—	52.5	52.5	41.0	52.5

表 C.48（续）

代号		试验压力 MPa					
		平端	圆螺纹		偏梯形螺纹		直连型
			短圆螺纹	长圆螺纹	标准接箍	特殊间隙接箍	
1	2						
1	2	3	4	5	6	7	8
5	18.00	64.0	—	59.5	54.5	41.0	64.0
5	21.40	69.0	—	59.5	54.5	41.0	—
5	23.20	69.0	—	59.5	54.5	41.0	—
5	24.10	69.0	—	59.5	54.5	41.0	—
5-1/2	17.00	49.0	—	49.0	49.0	38.0	49.0
5-1/2	20.00	58.0	—	54.5	49.5	38.0	58.0
5-1/2	23.00	66.5	—	54.5	49.5	38.0	66.5
6-5/8	24.00	47.0	—	47.0	47.0	32.5	47.0
6-5/8	28.00	55.5	—	55.5	54.0	32.5	55.5
6-5/8	32.00	63.5	—	59.0	54.0	32.5	63.5
7	23.00	40.0	—	40.0	40.0	31.5	40.0
7	26.00	45.5	—	45.5	45.5	31.5	45.5
7	29.00	51.5	—	51.0	46.5	31.5	51.5
7	32.00	57.0	—	51.0	46.5	31.5	57.0
7	35.00	63.0	—	51.0	46.5	31.5	63.0
7	38.00	68.0	—	51.0	46.5	31.5	68.0
7-5/8	26.40	38.0	—	38.0	38.0	36.0	38.0
7-5/8	29.70	43.5	—	43.5	43.5	36.0	43.5
7-5/8	33.70	50.0	—	50.0	50.0	36.0	50.0
7-5/8	39.00	58.0	—	58.0	54.0	36.0	58.0
7-5/8	42.80	65.0	—	58.0	54.0	36.0	—
7-5/8	45.30	69.0	—	58.0	54.0	36.0	—
7-5/8	47.10	69.0	—	58.0	54.0	36.0	—
7-3/4	46.10	68.0	—	—	—	—	—
8-5/8	36.00	41.0	—	41.0	41.0	32.5	41.0
8-5/8	40.00	46.0	—	46.0	46.0	32.5	46.0
8-5/8	44.00	51.0	—	51.0	51.0	32.5	51.0
8-5/8	49.00	57.0	—	57.0	54.0	32.5	57.0

表 C.48（续）

代号		试验压力 MPa					
		平端	圆螺纹		偏梯形螺纹		直连型
			短圆螺纹	长圆螺纹	标准接箍	特殊间隙接箍	
1	2						
1	2	3	4	5	6	7	8
9-5/8	40.00	36.0	—	36.0	36.0	29.5	36.0
9-5/8	43.50	40.0	—	40.0	40.0	29.5	40.0
9-5/8	47.00	43.5	—	43.5	43.5	29.5	43.5
9-5/8	53.50	50.0	—	50.0	49.0	29.5	50.0
9-5/8	58.40	54.5	—	53.0	49.0	29.5	—
10-3/4	51.00	37.0	37.0	—	37.0	26.5	37.0
10-3/4	55.50	40.5	40.5	—	40.5	26.5	40.5
11-3/4	60.00	37.0	37.0	—	37.0	—	—
11-3/4	65.00	40.0	—	—	—	—	—
11-3/4	71.00	43.5	—	—	—	—	—
13-3/8	68.00	31.5	31.5	—	31.5	—	—
13-3/8	72.00	34.0	31.5	—	34.0	—	—
16	109.00	36.0	—	—	—	—	—

表 C.49　N80 钢级 1 类和 N80Q 钢级套管静水压试验压力

代号		试验压力 MPa							
		平端	圆螺纹		偏梯形螺纹				直连型
			短圆螺纹	长圆螺纹	标准接箍		特殊间隙接箍		
1	2				N80	P110	N80	P110	
1	2	3	4	5	6	7	8	9	10
4-1/2	11.60	49.0	—	49.0	49.0	49.0	44.0	49.0	—
4-1/2	13.50	57.0	—	57.0	54.0	57.0	44.0	57.0	—
5	15.00	52.5	—	52.5	52.5	52.5	41.0	52.5	52.5
5	18.00	64.0	—	59.5	54.5	64.0	41.0	56.5	64.0
5	21.40	69.0	—	59.5	54.5	69.0	41.0	56.5	—
5	23.20	69.0	—	59.5	54.5	69.0	41.0	56.5	—
5	24.10	69.0	—	59.5	54.5	69.0	41.0	56.5	—
5-1/2	17.00	49.0	—	49.0	49.0	49.0	38.0	49.0	49.0

表 C.49（续）

代号		试验压力 MPa							
		平端	圆螺纹		偏梯形螺纹				直连型
			短圆螺纹	长圆螺纹	标准接箍		特殊间隙接箍		
1	2				N80	P110	N80	P110	
1	2	3	4	5	6	7	8	9	10
5-1/2	20.00	58.0	—	54.5	49.5	58.0	38.0	52.0	58.0
5-1/2	23.00	66.5	—	54.5	49.5	66.5	38.0	52.0	66.5
6-5/8	24.00	47.0	—	47.0	47.0	47.0	32.5	45.0	47.0
6-5/8	28.00	55.5	—	55.5	54.0	55.5	32.5	45.0	55.5
6-5/8	32.00	63.5	—	59.0	54.0	63.5	32.5	45.0	63.5
7	23.00	40.0	—	40.0	40.0	40.0	31.5	40.0	40.0
7	26.00	45.5	—	45.5	45.5	45.5	31.5	43.5	45.5
7	29.00	51.5	—	51.0	46.5	51.5	31.5	43.5	51.5
7	32.00	57.0	—	51.0	46.5	57.0	31.5	43.5	57.0
7	35.00	63.0	—	51.0	46.5	63.0	31.5	43.5	63.0
7	38.00	68.0	—	51.0	46.5	64.0	31.5	43.5	68.0
7-5/8	26.40	38.0	—	38.0	38.0	38.0	36.0	38.0	38.0
7-5/8	29.70	43.5	—	43.5	43.5	43.5	36.0	43.5	43.5
7-5/8	33.70	50.0	—	50.0	50.0	50.0	36.0	49.5	50.0
7-5/8	39.00	58.0	—	58.0	54.0	58.0	36.0	49.5	58.0
7-5/8	42.80	65.0	—	58.0	54.0	65.0	36.0	49.5	—
7-5/8	45.30	69.0	—	58.0	54.0	69.0	36.0	49.5	—
7-5/8	47.10	69.0	—	58.0	54.0	69.0	36.0	49.5	—
7-3/4	46.10	68.0	—	—	—	—	—	—	—
8-5/8	36.00	41.0	—	41.0	41.0	41.0	32.5	41.0	41.0
8-5/8	40.00	46.0	—	46.0	46.0	46.0	32.5	44.0	46.0
8-5/8	44.00	51.0	—	51.0	51.0	51.0	32.5	44.0	51.0
8-5/8	49.00	57.0	—	57.0	54.0	57.0	32.5	44.0	57.0
9-5/8	40.00	36.0	—	36.0	36.0	36.0	29.5	35.5	36.0
9-5/8	43.50	40.0	—	40.0	40.0	40.0	29.5	35.5	40.0
9-5/8	47.00	43.5	—	43.5	43.5	43.5	29.5	35.5	43.5
9-5/8	53.50	50.0	—	50.0	49.0	50.0	29.5	35.5	50.0
9-5/8	58.40	54.5	—	53.0	49.0	54.5	29.5	35.5	—

表 C.49（续）

代号		试验压力 MPa							
		平端	圆螺纹		偏梯形螺纹				直连型
			短圆螺纹	长圆螺纹	标准接箍		特殊间隙接箍		
1	2				N80	P110	N80	P110	
1	2	3	4	5	6	7	8	9	10
10-3/4	51.00	37.0	37.0	—	37.0	37.0	26.5	28.5	37.0
10-3/4	55.50	40.5	40.5	—	40.5	40.5	26.5	28.5	40.5
11-3/4	60.00	37.0	37.0	—	37.0	37.0	—	—	—
11-3/4	65.00	40.0	—		—	—	—	—	—
11-3/4	71.00	43.5	—	—	—	—	—		—
13-3/8	68.00	31.5	31.5	—	31.5	31.5	—	—	—
13-3/8	72.00	34.0	31.5	—	34.0	34.0	—	—	—
16	109.00	36.0	—	—	—	—	—	—	—

表 C.50　C90 钢级套管静水压试验压力

代号		试验压力 MPa					
		平端	圆螺纹		偏梯形螺纹		直连型
			短圆螺纹	长圆螺纹	标准接箍	特殊间隙接箍	
1	2						
1	2	3	4	5	6	7	8
4-1/2	11.60	55.0	—	55.0	55.0	49.5	—
4-1/2	13.50	64.0	—	64.0	61.0	49.5	—
5	15.00	59.0	—	59.0	59.0	46.5	59.0
5	18.00	69.0	—	67.0	61.5	46.5	69.0
5	21.40	69.0	—	67.0	61.5	46.5	—
5	23.20	69.0	—	67.0	61.5	46.5	—
5	24.10	69.0	—	67.0	61.5	46.5	—
5-1/2	17.00	55.0	—	55.0	55.0	42.5	55.0
5-1/2	20.00	65.0	—	61.5	56.0	42.5	65.0
5-1/2	23.00	69.0	—	61.5	56.0	42.5	69.0
5-1/2	26.80	69.0	—	—	—	—	—
5-1/2	29.70	69.0	—	—	—	—	—
5-1/2	32.60	69.0	—	—	—	—	—

表 C.50（续）

代　号		试验压力 MPa					
		平端	圆螺纹		偏梯形螺纹		直连型
			短圆螺纹	长圆螺纹	标准接箍	特殊间隙接箍	
1	2						
1	2	3	4	5	6	7	8
5-1/2	35.30	69.0	—	—	—	—	—
5-1/2	38.00	69.0	—	—	—	—	—
5-1/2	40.50	69.0	—	—	—	—	—
5-1/2	43.10	69.0	—	—	—	—	—
6-5/8	24.00	53.0	—	53.0	53.0	36.5	53.0
6-5/8	28.00	62.5	—	62.5	61.0	36.5	62.5
6-5/8	32.00	69.0	—	66.5	61.0	36.5	69.0
7	23.00	45.0	—	45.0	45.0	35.5	45.0
7	26.00	51.5	—	51.5	51.5	35.5	51.5
7	29.00	58.0	—	57.5	52.5	35.5	58.0
7	32.00	64.5	—	57.5	52.5	35.5	64.5
7	35.00	69.0	—	57.5	52.5	35.5	69.0
7	38.00	69.0	—	57.5	52.5	35.5	69.0
7	42.70	69.0	—	—	—	—	—
7	46.40	69.0	—	—	—	—	—
7	50.10	69.0	—	—	—	—	—
7	53.60	69.0	—	—	—	—	—
7	57.10	69.0	—	—	—	—	—
7-5/8	26.40	42.5	—	42.5	42.5	40.5	42.5
7-5/8	29.70	49.0	—	49.0	49.0	40.5	49.0
7-5/8	33.70	56.0	—	56.0	56.0	40.5	56.0
7-5/8	39.00	65.0	—	65.0	61.0	40.5	65.0
7-5/8	42.80	69.0	—	65.0	61.0	40.5	—
7-5/8	45.30	69.0	—	65.0	61.0	40.5	—
7-5/8	47.10	69.0	—	65.0	61.0	40.5	—
7-5/8	51.20	69.0	—	—	—	—	—
7-5/8	55.30	69.0	—	—	—	—	—
7-3/4	46.10	69.0	—	—	—	—	—

表 C.50（续）

代号		试验压力 MPa					
		平端	圆螺纹		偏梯形螺纹		直连型
			短圆螺纹	长圆螺纹	标准接箍	特殊间隙接箍	
1	2						
1	2	3	4	5	6	7	8
8-5/8	36.00	46.0	—	46.0	46.0	36.5	46.0
8-5/8	40.00	52.0	—	52.0	52.0	36.5	52.0
8-5/8	44.00	57.5	—	57.5	57.5	36.5	57.5
8-5/8	49.00	64.0	—	64.0	60.5	36.5	64.0
9-5/8	40.00	41.0	—	41.0	41.0	33.0	41.0
9-5/8	43.50	45.0	—	45.0	45.0	33.0	45.0
9-5/8	47.00	48.5	—	48.5	48.5	33.0	48.5
9-5/8	53.50	56.0	—	56.0	55.0	33.0	56.0
9-5/8	58.40	61.5	—	58.5	55.0	33.0	—
9-5/8	59.40	63.0	—	—	—	—	—
9-5/8	64.90	69.0	—	—	—	—	—
9-5/8	70.30	69.0	—	—	—	—	—
9-5/8	75.60	69.0	—	—	—	—	—
10-3/4	51.00	41.5	41.5	—	41.5	28.5	41.5
10-3/4	55.50	45.5	45.5	—	45.5	28.5	45.5
10-3/4	60.70	50.5	47.5	—	49.5	28.5	50.5
10-3/4	65.70	55.0	47.5	—	49.5	28.5	—
10-3/4	73.20	62.0	—	—	—	—	—
10-3/4	79.20	68.0	—	—	—	—	—
10-3/4	85.30	69.0	—	—	—	—	—
11-3/4	60.00	41.5	40.0	—	41.5	—	—
11-3/4	65.00	45.0	—	—	—	—	—
11-3/4	71.00	49.0	—	—	—	—	—
13-3/8	68.00	35.5	31.5	—	34.0	—	—
13-3/8	72.00	38.0	31.5	—	34.0	—	—

表 C.51 C95钢级套管静水压试验压力

代号		试验压力 MPa					
		平端	圆螺纹		偏梯形螺纹		直连型
			短圆螺纹	长圆螺纹	标准接箍	特殊间隙接箍	
1	2						
1	2	3	4	5	6	7	8
4-1/2	11.60	58.0	—	58.0	58.0	52.5	—
4-1/2	13.50	67.5	—	67.5	64.0	52.5	—
5	15.00	62.0	—	62.0	62.0	49.0	62.0
5	18.00	69.0	—	69.0	65.0	49.0	69.0
5	21.40	69.0	—	69.0	65.0	49.0	—
5	23.20	69.0	—	69.0	65.0	49.0	—
5	24.10	69.0	—	69.0	65.0	49.0	—
5-1/2	17.00	58.0	—	58.0	58.0	45.0	58.0
5-1/2	20.00	69.0	—	64.5	59.0	45.0	69.0
5-1/2	23.00	69.0	—	64.5	59.0	45.0	69.0
6-5/8	24.00	55.5	—	55.5	55.5	38.5	55.5
6-5/8	28.00	66.0	—	66.0	64.5	38.5	66.0
6-5/8	32.00	69.0	—	69.0	64.5	38.5	69.0
7	23.00	47.5	—	47.5	47.5	37.5	47.5
7	26.00	54.0	—	54.0	54.0	37.5	54.0
7	29.00	61.0	—	60.5	55.5	37.5	61.0
7	32.00	68.0	—	60.5	55.5	37.5	68.0
7	35.00	69.0	—	60.5	55.5	37.5	69.0
7	38.00	69.0	—	60.5	55.5	37.5	69.0
7-5/8	26.40	45.0	—	45.0	45.0	43.0	45.0
7-5/8	29.70	51.5	—	51.5	51.5	43.0	51.5
7-5/8	33.70	59.0	—	59.0	59.0	43.0	59.0
7-5/8	39.00	68.5	—	68.5	64.0	43.0	68.5
7-5/8	42.80	69.0	—	68.5	64.0	43.0	—
7-5/8	45.30	69.0	—	68.5	64.0	43.0	—
7-5/8	47.10	69.0	—	68.5	64.0	43.0	—
7-3/4	46.10	69.0	—	—	—	—	—
8-5/8	36.00	48.5	—	48.5	48.5	38.5	48.5

表 C.51（续）

代号		试验压力 MPa					
		平端	圆螺纹		偏梯形螺纹		直连型
			短圆螺纹	长圆螺纹	标准接箍	特殊间隙接箍	
1	2						
1	2	3	4	5	6	7	8
8-5/8	40.00	54.5	—	54.5	54.5	38.5	54.5
8-5/8	44.00	61.0	—	61.0	61.0	38.5	61.0
8-5/8	49.00	67.5	—	67.5	64.0	38.5	67.5
9-5/8	40.00	43.0	—	43.0	43.0	35.0	43.0
9-5/8	43.50	47.5	—	47.5	47.5	35.0	47.5
9-5/8	47.00	51.5	—	51.5	51.5	35.0	51.5
9-5/8	53.50	59.5	—	58.5	58.0	35.0	59.5
9-5/8	58.40	65.0	—	58.5	58.0	35.0	—
10-3/4	51.00	44.0	44.0	—	44.0	28.5	44.0
10-3/4	55.50	48.0	47.5	—	48.0	28.5	48.0
11-3/4	60.00	43.5	40.0	—	43.5	—	—
11-3/4	65.00	47.5	—	—	—	—	—
11-3/4	71.00	52.0	—	—	—	—	—
13-3/8	68.00	37.5	31.5	—	34.0	—	—
13-3/8	72.00	40.5	31.5	—	34.0	—	—
16	109.00	43.0	—	—	—	—	—

表 C.52 T95 钢级套管静水压试验压力

代号		试验压力 MPa					
		平端	圆螺纹		偏梯形螺纹		直连型
			短圆螺纹	长圆螺纹	标准接箍	特殊间隙接箍	
1	2						
1	2	3	4	5	6	7	8
4-1/2	11.60	58.0	—	58.0	58.0	52.5	—
4-1/2	13.50	67.5	—	67.5	64.0	52.5	—
5	15.00	62.0	—	62.0	62.0	49.0	62.0
5	18.00	69.0	—	69.0	65.0	49.0	69.0
5	21.40	69.0	—	69.0	65.0	49.0	—

表 C.52（续）

代号		试验压力 MPa					
		平端	圆螺纹		偏梯形螺纹		直连型
			短圆螺纹	长圆螺纹	标准接箍	特殊间隙接箍	
1	2						
1	2	3	4	5	6	7	8
5	23.20	69.0	—	69.0	65.0	49.0	—
5	24.10	69.0	—	69.0	65.0	49.0	—
5-1/2	17.00	58.0	—	58.0	58.0	45.0	58.0
5-1/2	20.00	69.0	—	64.5	59.0	45.0	69.0
5-1/2	23.00	69.0	—	64.5	59.0	45.0	69.0
5-1/2	26.80	69.0	—	—	—	—	—
5-1/2	29.70	69.0	—	—	—	—	—
5-1/2	32.60	69.0	—	—	—	—	—
5-1/2	35.30	69.0	—	—	—	—	—
5-1/2	38.00	69.0	—	—	—	—	—
5-1/2	40.50	69.0	—	—	—	—	—
5-1/2	43.10	69.0	—	—	—	—	—
6-5/8	24.00	55.5	—	55.5	55.5	38.5	55.5
6-5/8	28.00	66.0	—	66.0	64.5	38.5	66.0
6-5/8	32.00	69.0	—	69.0	64.5	38.5	69.0
7	23.00	47.5	—	47.5	47.5	37.5	47.5
7	26.00	54.0	—	54.0	54.0	37.5	54.0
7	29.00	61.0	—	60.5	55.5	37.5	61.0
7	32.00	68.0	—	60.5	55.5	37.5	68.0
7	35.00	69.0	—	60.5	55.5	37.5	69.0
7	38.00	69.0	—	60.5	55.5	37.5	69.0
7	42.70	69.0	—	—	—	—	—
7	46.40	69.0	—	—	—	—	—
7	50.10	69.0	—	—	—	—	—
7	53.60	69.0	—	—	—	—	—
7	57.10	69.0	—	—	—	—	—
7-5/8	26.40	45.0	—	45.0	45.0	43.0	45.0
7-5/8	29.70	51.5	—	51.5	51.5	43.0	51.5
7-5/8	33.70	59.0	—	59.0	59.0	43.0	59.0
7-5/8	39.00	68.5	—	68.5	64.0	43.0	68.5

表 C.52（续）

代号		试验压力 MPa					
		平端	圆螺纹		偏梯形螺纹		直连型
1	2		短圆螺纹	长圆螺纹	标准接箍	特殊间隙接箍	
1	2	3	4	5	6	7	8
7-5/8	42.80	69.0	—	68.5	64.0	43.0	—
7-5/8	45.30	69.0	—	68.5	64.0	43.0	—
7-5/8	47.10	69.0	—	68.5	64.0	43.0	—
7-5/8	51.20	69.0	—	—	—	—	—
7-5/8	55.30	69.0	—	—	—	—	—
7-3/4	46.10	69.0	—	—	—	—	—
8-5/8	36.00	48.5	—	48.5	48.5	38.5	48.5
8-5/8	40.00	54.5	—	54.5	54.5	38.5	54.5
8-5/8	44.00	61.0	—	61.0	61.0	38.5	61.0
8-5/8	49.00	67.5	—	67.5	64.0	38.5	67.5
9-5/8	40.00	43.0	—	43.0	43.0	35.0	43.0
9-5/8	43.50	47.5	—	47.5	47.5	35.0	47.5
9-5/8	47.00	51.5	—	51.5	51.5	35.0	51.5
9-5/8	53.50	59.5	—	58.5	58.0	35.0	59.5
9-5/8	58.40	65.0	—	58.5	58.0	35.0	—
9-5/8	59.40	66.5	—	—	—	—	—
9-5/8	64.90	69.0	—	—	—	—	—
9-5/8	70.30	69.0	—	—	—	—	—
9-5/8	75.60	69.0	—	—	—	—	—
10-3/4	51.00	44.0	44.0	—	44.0	28.5	44.0
10-3/4	55.50	48.0	47.5	—	48.0	28.5	48.0
10-3/4	60.70	53.0	47.5	—	51.5	28.5	53.0
10-3/4	65.70	58.0	47.5	—	51.5	28.5	—
10-3/4	73.20	65.5	—	—	—	—	—
10-3/4	79.20	69.0	—	—	—	—	—
10-3/4	85.30	69.0	—	—	—	—	—
11-3/4	60.00	43.5	40.0	—	43.5	—	—
11-3/4	65.00	47.5	—	—	—	—	—
11-3/4	71.00	52.0	—	—	—	—	—
13-3/8	68.00	37.5	31.5	—	34.0	—	—
13-3/8	72.00	40.5	31.5	—	34.0	—	—

表 C.53 P110钢级套管静水压试验压力

代号		试验压力 MPa							
		平端	圆螺纹		偏梯形螺纹				直连型
			短圆螺纹	长圆螺纹	标准接箍		特殊间隙接箍		
1	2				P110	Q125	P110	Q125	
1	2	3	4	5	6	7	8	9	10
4-1/2	11.60	67.5	—	67.5	67.5	67.5	60.5	67.5	—
4-1/2	13.50	69.0 (78.0)	— —	69.0 (78.0)	69.0 (74.0)	69.0 (78.0)	60.5 (60.5)	69.0 (69.0)	— —
4-1/2	15.10	69.0 (91.0)	— —	69.0 (80.5)	69.0 (74.0)	69.0 (84.5)	60.5 (60.5)	69.0 (69.0)	— —
5	15.00	69.0 (72.0)	— —	69.0 (72.0)	69.0 (72.0)	69.0 (72.0)	56.5 (56.5)	64.5 (64.5)	69.0 (72.0)
5	18.00	69.0 (88.0)	— —	69.0 (82.0)	69.0 (75.0)	69.0 (85.5)	56.5 (56.5)	64.5 (64.5)	69.0 (88.0)
5	21.40	69.0 (106.0)	— —	69.0 (82.0)	69.0 (75.0)	69.0 (85.5)	56.5 (56.5)	64.5 (64.5)	— —
5	23.20	69.0 (116.0)	— —	69.0 (82.0)	69.0 (75.0)	69.0 (85.5)	56.5 (56.5)	64.5 (64.5)	— —
5	24.10	69.0 (121.5)	— —	69.0 (82.0)	69.0 (75.0)	69.0 (85.5)	56.5 (56.5)	64.5 (64.5)	— —
5-1/2	17.00	67.0	—	67.0	67.0	67.0	52.0	59.5	67.0
5-1/2	20.00	69.0 (79.5)	— —	69.0 (75.0)	68.0 (68.0)	69.0 (77.5)	52.0 (52.0)	59.5 (59.5)	69.0 (79.5)
5-1/2	23.00	69.0 (91.5)	— —	69.0 (75.0)	68.0 (68.0)	69.0 (77.5)	52.0 (52.0)	59.5 (59.5)	69.0 (91.5)
6-5/8	24.00	64.5	—	64.5	64.5	64.5	45.0	51.0	64.5
6-5/8	28.00	69.0 (76.5)	— —	69.0 (76.5)	69.0 (74.5)	69.0 (76.5)	45.0 (45.0)	51.0 (51.0)	69.0 (76.5)
6-5/8	32.00	69.0 (87.0)	— —	69.0 (81.0)	69.0 (74.5)	69.0 (84.5)	45.0 (45.0)	51.0 (51.0)	69.0 (87.0)
7	26.00	62.5	—	62.5	62.5	62.5	43.5	49.5	62.5
7	29.00	69.0 (70.5)	— —	65.5 (65.5)	64.0 (64.0)	69.0 (70.5)	43.5 (43.5)	49.5 (49.5)	69.0 (70.5)
7	32.00	69.0 (78.5)	— —	65.5 (65.5)	64.0 (64.0)	69.0 (73.0)	43.5 (43.5)	49.5 (49.5)	69.0 (78.5)
7	35.00	69.0 (86.5)	— —	65.5 (65.5)	64.0 (64.0)	69.0 (73.0)	43.5 (43.5)	49.5 (49.5)	69.0 (86.5)

表 C.53（续）

代号		试验压力 MPa							
		平端	圆螺纹		偏梯形螺纹				直连型
			短圆螺纹	长圆螺纹	标准接箍		特殊间隙接箍		
1	2				P110	Q125	P110	Q125	
1	2	3	4	5	6	7	8	9	10
7	38.00	69.0 (93.5)	— —	65.5 (65.5)	64.0 (64.0)	69.0 (73.0)	43.5 (43.5)	49.5 (49.5)	69.0 (93.5)
7-5/8	29.70	59.5	—	59.5	59.5	59.5	49.5	55.5	59.5
7-5/8	33.70	68.5	—	68.5	68.5	68.5	49.5	55.5	68.5
7-5/8	39.00	69.0 (79.5)	— —	69.0 (79.5)	69.0 (74.0)	69.0 (79.5)	49.5 (49.5)	55.5 (55.5)	69.0 (79.5)
7-5/8	42.80	69.0 (89.5)	— —	69.0 (79.5)	69.0 (74.0)	69.0 (84.5)	49.5 (49.5)	55.5 (55.5)	— —
7-5/8	45.30	69.0 (94.5)	— —	69.0 (79.5)	69.0 (74.0)	69.0 (84.5)	49.5 (49.5)	55.5 (55.5)	— —
7-5/8	47.10	69.0 (99.5)	— —	69.0 (79.5)	69.0 (74.0)	69.0 (84.5)	49.5 (49.5)	55.5 (55.5)	— —
7-3/4	46.10	69.0 (93.0)	— —	— —	— —	— —	— —	— —	— —
8-5/8	40.00	63.5	—	63.5	63.5	63.5	44.0	44.0	63.5
8-5/8	44.00	69.0 (70.5)	— —	69.0 (70.5)	69.0 (70.5)	69.0 (70.5)	44.0 (44.0)	44.0 (44.0)	69.0 (70.5)
8-5/8	49.00	69.0 (78.5)	— —	69.0 (71.5)	69.0 (74.0)	69.0 (77.5)	44.0 (44.0)	44.0 (44.0)	69.0 (78.5)
9-5/8	43.50	55.0	—	55.0	55.0	55.0	35.5	35.5	55.0
9-5/8	47.00	59.5	—	59.5	59.5	59.5	35.5	35.5	59.5
9-5/8	53.50	68.5	—	67.0	63.0	63.0	35.5	35.5	68.5
9-5/8	58.40	69.0 (75.0)	— —	67.0 (67.0)	63.0 (63.0)	63.0 (63.0)	35.5 (35.5)	35.5 (35.5)	— —
10-3/4	51.00	51.0	51.0	—	51.0	51.0	28.5	28.5	51.0
10-3/4	55.50	56.0	54.5	—	51.5	51.5	28.5	28.5	56.0
10-3/4	60.70	61.5	54.5	—	51.5	51.5	28.5	28.5	61.5
10-3/4	65.70	67.0	54.5	—	51.5	51.5	28.5	28.5	
11-3/4	60.00	50.5	46.0	—	43.5	43.5	—	—	—
11-3/4	65.00	55.0	—	—	—	—	—	—	—
11-3/4	71.00	60.0	—	—	—	—	—	—	—
13-3/8	68.00	43.5	36.0	—	34.0	34.0	—	—	—

表 C.53（续）

代号		试验压力 MPa							
		平端	圆螺纹		偏梯形螺纹				直连型
			短圆螺纹	长圆螺纹	标准接箍		特殊间隙接箍		
1	2				P110	Q125	P110	Q125	
1	2	3	4	5	6	7	8	9	10
13-3/8	72.00	46.5	36.0	—	34.0	34.0	—	—	—
16	109.00	49.5	—	—	—	—	—	—	—
注：括号内数字表示选用试验压力。									

表 C.54　Q125 钢级套管静水压试验压力

代号		试验压力 MPa				
		平端	圆螺纹		偏梯形螺纹 标准接箍	直连型
1	2		短圆螺纹	长圆螺纹		
1	2	3	4	5	6	7
4-1/2	15.10	69.0 (103.5)	— —	69.0 (92.0)	69.0 (84.5)	— —
5	18.00	69.0 (100.0)	— —	69.0 (93.5)	69.0 (85.5)	69.0 (100.0)
5	21.40	69.0 (120.5)	— —	69.0 (93.5)	69.0 (85.5)	— —
5	23.20	69.0 (132.0)	— —	69.0 (93.5)	69.0 (85.5)	— —
5	24.10	69.0 (138.0)	— —	69.0 (93.5)	69.0 (85.5)	— —
5-1/2	23.00	69.0 (104.0)	— —	69.0 (85.0)	69.0 (77.5)	69.0 (104.0)
6-5/8	32.00	69.0 (99.0)	— —	69.0 (81.5)	69.0 (84.5)	69.0 (99.0)
7	35.00	69.0 (98.0)	— —	65.5 (65.5)	69.0 (73.0)	69.0 (98.0)
7	38.00	69.0 (106.5)	— —	65.5 (65.5)	69.0 (73.0)	69.0 (106.5)
7-5/8	39.00	69.0 (90.5)	— —	69.0 (81.5)	69.0 (84.5)	69.0 (90.5)
7-5/8	42.80	69.0 (101.5)	— —	69.0 (81.5)	69.0 (84.5)	— —

表 C.54（续）

代号		试验压力 MPa				
		平端	圆螺纹		偏梯形螺纹标准接箍	直连型
1	2		短圆螺纹	长圆螺纹		
1	2	3	4	5	6	7
7-5/8	45.30	69.0 (107.5)	— —	69.0 (81.5)	69.0 (84.5)	— —
7-5/8	47.10	69.0 (113.0)	— —	69.0 (81.5)	69.0 (84.5)	— —
7-3/4	46.10	69.0 (106.0)	— —	— —	— —	— —
8-5/8	49.00	69.0 (89.0)	— —	69.0 (71.5)	69.0 (77.5)	69.0 (89.0)
9-5/8	47.00	67.5	—	67.0	63.0	67.5
9-5/8	53.50	69.0 (78.0)	— —	67.0 (67.0)	63.0 (63.0)	69.0 (78.0)
9-5/8	58.40	69.0 (85.0)	— —	67.0 (67.0)	63.0 (63.0)	— —
10-3/4	60.70	69.0 (70.0)	54.5 (54.5)	— —	51.5 (51.5)	69.0 (70.0)
10-3/4	65.70	69.0 (76.5)	54.5 (54.5)	— —	51.5 (51.5)	— —
11-3/4	60.00	57.5	46.0	—	43.5	—
11-3/4	65.00	62.5	—	—	—	—
11-3/4	71.00	68.5	—	—	—	—
13-3/8	72.00	53.0	36.0	—	34.0	—
16	109.00	56.5	—	—	—	—

注：括号内数字表示选用试验压力。

表 C.55 H40 钢级油管静水压试验压力

代号				试验压力 MPa					
1	2			平端	不加厚带螺纹和接箍	外加厚			整体接头
	不加厚带螺纹和接箍	外加厚带螺纹和接箍	整体接头			标准接箍	特殊间隙接箍		
							H40	J55	
1	2	3	4	5	6	7	8	9	10
1.050	1.14	1.20	—	47.5	47.5	47.5	—	—	—
1.050	1.48	1.54	—	64.5	—	52.0	—	—	—
1.315	1.70	1.80	1.72	44.5	44.5	44.5	—	—	40.0
1.315	2.19	2.24	—	60.0	—	56.5	—	—	—
1.660	2.09	—	2.10	33.5	—	—	—	—	32.0
1.660	2.30	2.40	2.33	37.5	37.5	37.5	—	—	32.0
1.660	3.03	3.07	—	51.0	—	45.0	—	—	—
1.900	2.40	—	2.40	29.0	—	—	—	—	28.5
1.900	2.75	2.90	2.76	33.5	33.5	33.5	—	—	28.5
1.900	3.65	3.73	—	46.5	—	41.5	—	—	—
2.063	3.24	—	3.25	33.5	—	—	—	—	28.0
2.063	4.50	—	—	48.0	—	—	—	—	—
2-3/8	4.00	—	—	31.0	31.0	—	—	—	—
2-3/8	4.60	4.70	—	35.5	35.5	35.5	31.5	35.5	—
2-7/8	6.40	6.50	—	33.5	33.5	33.5	30.5	33.5	—
3-1/2	7.70	—	—	37.5	37.5	—	—	—	—
3-1/2	9.20	9.30	—	32.0	32.0	32.0	29.5	32.0	—
3-1/2	10.20	—	—	36.5	36.5	—	—	—	—
4	9.50	—	—	25.0	25.0	—	—	—	—
4	10.70	11.00	—	29.0	—	29.0	—	—	—
4-1/2	12.60	12.75	—	26.5	26.5	26.5	—	—	—

表 C.56 J55 钢级油管静水压试验压力

代号				试验压力 MPa					
1	2			平端	不加厚带螺纹和接箍	外加厚			整体接头
	不加厚带螺纹和接箍	外加厚带螺纹和接箍	整体接头			标准接箍	特殊间隙接箍		
							J55	L80	
1	2	3	4	5	6	7	8	9	10
1.050	1.14	1.20	—	65.5	65.5	65.5	—	—	—
1.050	1.48	1.54	—	69.0	—	69.0	—	—	—
1.315	1.70	1.80	1.72	61.5	61.5	61.5	—	—	55.0
1.315	2.19	2.24	—	69.0	—	69.0	—	—	—
1.660	2.09	—	2.10	45.5	—	—	—	—	44.0
1.660	2.30	2.40	2.33	51.0	51.0	51.0	—	—	44.0
1.660	3.03	3.07	—	69.0	—	62.0	—	—	—
1.900	2.40	—	2.40	40.0	—	—	—	—	39.0
1.900	2.75	2.90	2.76	46.0	46.0	46.0	—	—	39.0
1.900	3.65	3.73	—	64.0	—	57.0	—	—	—
2.063	3.24	—	3.25	46.0	—	—	—	—	38.5
2.063	4.50	—	—	66.0	—	—	—	—	—
2-3/8	4.00	—	—	42.5	42.5	—	—	—	—
2-3/8	4.60	4.70	—	48.5	48.5	48.5	43.5	48.5	—
2-7/8	6.40	6.50	—	46.0	46.0	46.0	42.0	46.0	—
3-1/2	7.70	—	—	37.5	37.5	—	—	—	—
3-1/2	9.20	9.30	—	44.0	44.0	44.0	40.5	44.0	—
3-1/2	10.20	—	—	50.0	50.0	—	—	—	—
4	9.50	—	—	34.5	34.5	—	—	—	—
4	10.70	11.00	—	39.5	—	39.5	—	—	—
4-1/2	12.60	12.75		36.5	36.5	36.5	—	—	—

表 C.57 N80 钢级 1 类和 N80Q 钢级油管静水压试验压力

<table>
<tr><th colspan="4">代 号</th><th colspan="6">试验压力
MPa</th></tr>
<tr><th rowspan="3">1</th><th colspan="3">2</th><th rowspan="3">平端</th><th rowspan="3">不加厚
带螺纹
和接箍</th><th colspan="3">外加厚</th><th rowspan="3">整体
接头</th></tr>
<tr><th rowspan="2">不加厚
带螺纹
和接箍</th><th rowspan="2">外加厚
带螺纹
和接箍</th><th rowspan="2">整体
接头</th><th rowspan="2">标准
接箍</th><th colspan="2">特殊间隙接箍</th></tr>
<tr><th>N80</th><th>P110</th></tr>
<tr><td>1</td><td>2</td><td>3</td><td>4</td><td>5</td><td>6</td><td>7</td><td>8</td><td>9</td><td>10</td></tr>
<tr><td>1.050</td><td>1.14</td><td>1.20</td><td>—</td><td>69.0</td><td>69.0</td><td>69.0</td><td>—</td><td>—</td><td>—</td></tr>
<tr><td>1.050</td><td>1.48</td><td>1.54</td><td>—</td><td>69.0</td><td>—</td><td>69.0</td><td>—</td><td>—</td><td>—</td></tr>
<tr><td>1.315</td><td>1.70</td><td>1.80</td><td>1.72</td><td>69.0</td><td>69.0</td><td>69.0</td><td>—</td><td>—</td><td>69.0</td></tr>
<tr><td>1.315</td><td>2.19</td><td>2.24</td><td>—</td><td>69.0</td><td>—</td><td>69.0</td><td>—</td><td>—</td><td>—</td></tr>
<tr><td>1.660</td><td>2.30</td><td>2.40</td><td>2.33</td><td>69.0</td><td>69.0</td><td>69.0</td><td>—</td><td>—</td><td>64.0</td></tr>
<tr><td>1.660</td><td>3.03</td><td>3.07</td><td>—</td><td>69.0</td><td>69.0</td><td>69.0</td><td>—</td><td>—</td><td>—</td></tr>
<tr><td>1.900</td><td>2.75</td><td>2.90</td><td>2.76</td><td>67.5</td><td>67.5</td><td>67.5</td><td>—</td><td>—</td><td>56.5</td></tr>
<tr><td>1.900</td><td>3.65</td><td>3.73</td><td>—</td><td>69.0</td><td>—</td><td>69.0</td><td>—</td><td>—</td><td>—</td></tr>
<tr><td>2.063</td><td>3.24</td><td>—</td><td>3.25</td><td>66.5</td><td>—</td><td>—</td><td>—</td><td>—</td><td>56.5</td></tr>
<tr><td>2.063</td><td>4.50</td><td>—</td><td>—</td><td>69.0</td><td>—</td><td>—</td><td>—</td><td>—</td><td>—</td></tr>
<tr><td>2-3/8</td><td>4.00</td><td>—</td><td>—</td><td>62.0</td><td>62.0</td><td>—</td><td>—</td><td>—</td><td>—</td></tr>
<tr><td>2-3/8</td><td>4.60</td><td>4.70</td><td>—</td><td>69.0</td><td>69.0</td><td>69.0</td><td>63.0</td><td>69.0</td><td>—</td></tr>
<tr><td>2-3/8</td><td>5.80</td><td>5.95</td><td>—</td><td>69.0</td><td>69.0</td><td>69.0</td><td>63.0</td><td>69.0</td><td>—</td></tr>
<tr><td>2-7/8</td><td>6.40</td><td>6.50</td><td>—</td><td>66.5</td><td>66.5</td><td>66.5</td><td>61.0</td><td>66.5</td><td>—</td></tr>
<tr><td>2-7/8</td><td>7.80</td><td>7.90</td><td>—</td><td>69.0</td><td>69.0</td><td>69.0</td><td>61.0</td><td>69.0</td><td>—</td></tr>
<tr><td>2-7/8</td><td>8.60</td><td>8.70</td><td>—</td><td>69.0</td><td>69.0</td><td>69.0</td><td>61.0</td><td>69.0</td><td>—</td></tr>
<tr><td>3-1/2</td><td>7.70</td><td>—</td><td>—</td><td>54.5</td><td>54.5</td><td>—</td><td>—</td><td>—</td><td>—</td></tr>
<tr><td>3-1/2</td><td>9.20</td><td>9.30</td><td>—</td><td>64.0</td><td>64.0</td><td>64.0</td><td>59.0</td><td>64.0</td><td>—</td></tr>
<tr><td>3-1/2</td><td>10.20</td><td>—</td><td>—</td><td>69.0</td><td>69.0</td><td>—</td><td>—</td><td>—</td><td>—</td></tr>
<tr><td>3-1/2</td><td>12.70</td><td>12.95</td><td>—</td><td>69.0</td><td>69.0</td><td>69.0</td><td>59.0</td><td>69.0</td><td>—</td></tr>
<tr><td>4</td><td>9.50</td><td>—</td><td>—</td><td>50.0</td><td>50.0</td><td>—</td><td>—</td><td>—</td><td>—</td></tr>
<tr><td>4</td><td>10.70</td><td>11.00</td><td>—</td><td>58.0</td><td>—</td><td>58.0</td><td>—</td><td>—</td><td>—</td></tr>
<tr><td>4-1/2</td><td>12.60</td><td>12.75</td><td>—</td><td>53.0</td><td>53.0</td><td>53.0</td><td>—</td><td>—</td><td>—</td></tr>
</table>

表 C.58 L80 钢级油管静水压试验压力

代号				试验压力 MPa				
1	2			平端	不加厚带螺纹和接箍	外加厚		整体接头
	不加厚带螺纹和接箍	外加厚带螺纹和接箍	整体接头			标准接箍	特殊间隙接箍	
1	2	3	4	5	6	7	8	9
1.050	1.14	1.20	—	69.0	69.0	69.0	—	—
1.050	1.48	1.54	—	69.0	—	69.0	—	—
1.315	1.70	1.80	1.72	69.0	69.0	69.0	—	69.0
1.315	2.19	2.24	—	69.0	—	69.0	—	—
1.660	2.30	2.40	2.33	69.0	69.0	69.0	—	64.0
1.660	3.03	3.07	—	69.0	—	69.0	—	—
1.900	2.75	2.90	2.76	67.5	67.5	67.5	—	56.5
1.900	3.65	3.73	—	69.0	—	69.0	—	—
1.900	4.42	—	—	69.0	—	—	—	—
1.900	5.15	—	—	69.0	—	—	—	—
2.063	3.24	—	3.25	66.5	—	—	—	56.5
2.063	4.50	—	—	69.0	—	—	—	—
2-3/8	4.00	—	—	62.0	62.0	—	—	—
2-3/8	4.60	4.70	—	69.0	69.0	69.0	6.30	—
2-3/8	5.80	5.95	—	69.0	69.0	69.0	63.0	—
2-3/8	6.60	—	—	69.0	—	—	—	—
2-3/8	7.35	7.45	—	69.0	—	69.0	63.0	—
2-7/8	6.40	6.50	—	66.5	66.5	66.5	61.0	—
2-7/8	7.80	7.90	—	69.0	69.0	69.0	61.0	—
2-7/8	8.60	8.70	—	69.0	69.0	69.0	61.0	—
2-7/8	9.35	9.45	—	69.0	—	69.0	61.0	—
2-7/8	10.50	—	—	69.0	—	—	—	—
2-7/8	11.50	—	—	69.0	—	—	—	—
3-1/2	7.70	—	—	54.5	54.5	—	—	—
3-1/2	9.20	9.30	—	64.0	64.0	64.0	59.0	—
3-1/2	10.20	—	—	69.0	69.0	—	—	—
3-1/2	12.70	12.95	—	69.0	69.0	69.0	59.0	—
3-1/2	14.30	—	—	69.0	—	—	—	—

表 C.58（续）

<table>
<tr><th colspan="4">代　号</th><th colspan="5">试验压力
MPa</th></tr>
<tr><th rowspan="2">1</th><th colspan="3">2</th><th rowspan="2">平端</th><th rowspan="2">不加厚带螺纹和接箍</th><th colspan="2">外加厚</th><th rowspan="2">整体接头</th></tr>
<tr><th>不加厚带螺纹和接箍</th><th>外加厚带螺纹和接箍</th><th>整体接头</th><th>标准接箍</th><th>特殊间隙接箍</th></tr>
<tr><td>1</td><td>2</td><td>3</td><td>4</td><td>5</td><td>6</td><td>7</td><td>8</td><td>9</td></tr>
<tr><td>3-1/2</td><td>15.50</td><td>—</td><td>—</td><td>69.0</td><td>—</td><td>69.0</td><td>—</td><td>—</td></tr>
<tr><td>3-1/2</td><td>17.00</td><td>—</td><td>—</td><td>69.0</td><td>—</td><td>—</td><td>—</td><td>—</td></tr>
<tr><td>4</td><td>9.50</td><td>—</td><td>—</td><td>50.0</td><td>50.0</td><td>—</td><td>—</td><td>—</td></tr>
<tr><td>4</td><td>10.70</td><td>11.00</td><td>—</td><td>58.0</td><td>—</td><td>58.0</td><td>—</td><td>—</td></tr>
<tr><td>4</td><td>13.20</td><td>—</td><td>—</td><td>69.0</td><td>—</td><td>—</td><td>—</td><td>—</td></tr>
<tr><td>4</td><td>16.10</td><td>—</td><td>—</td><td>69.0</td><td>—</td><td>—</td><td>—</td><td>—</td></tr>
<tr><td>4</td><td>18.90</td><td>—</td><td>—</td><td>69.0</td><td>—</td><td>—</td><td>—</td><td>—</td></tr>
<tr><td>4</td><td>22.20</td><td>—</td><td>—</td><td>69.0</td><td>—</td><td>—</td><td>—</td><td>—</td></tr>
<tr><td>4-1/2</td><td>12.60</td><td>12.75</td><td>—</td><td>53.0</td><td>53.0</td><td>53.0</td><td>—</td><td>—</td></tr>
<tr><td>4-1/2</td><td>15.20</td><td>—</td><td>—</td><td>66.0</td><td>—</td><td>—</td><td>—</td><td>—</td></tr>
<tr><td>4-1/2</td><td>17.00</td><td>—</td><td>—</td><td>69.0</td><td>—</td><td>—</td><td>—</td><td>—</td></tr>
<tr><td>4-1/2</td><td>18.90</td><td>—</td><td>—</td><td>69.0</td><td>—</td><td>—</td><td>—</td><td>—</td></tr>
<tr><td>4-1/2</td><td>21.50</td><td>—</td><td>—</td><td>69.0</td><td>—</td><td>—</td><td>—</td><td>—</td></tr>
<tr><td>4-1/2</td><td>23.70</td><td>—</td><td>—</td><td>69.0</td><td>—</td><td>—</td><td>—</td><td>—</td></tr>
<tr><td>4-1/2</td><td>26.10</td><td>—</td><td>—</td><td>69.0</td><td>—</td><td>—</td><td>—</td><td>—</td></tr>
</table>

表 C.59　C90 钢级油管静水压试验压力

<table>
<tr><th colspan="4">代　号</th><th colspan="4">试验压力
MPa</th></tr>
<tr><th rowspan="2">1</th><th colspan="3">2</th><th rowspan="2">平端</th><th rowspan="2">不加厚带螺纹和接箍</th><th rowspan="2">外加厚标准接箍</th><th rowspan="2">整体接头</th></tr>
<tr><th>不加厚带螺纹和接箍</th><th>外加厚带螺纹和接箍</th><th>整体接头</th></tr>
<tr><td>1</td><td>2</td><td>3</td><td>4</td><td>5</td><td>6</td><td>7</td><td>8</td></tr>
<tr><td>1.050</td><td>1.14</td><td>1.20</td><td>—</td><td>69.0</td><td>69.0</td><td>69.0</td><td>—</td></tr>
<tr><td>1.050</td><td>1.48</td><td>1.54</td><td>—</td><td>69.0</td><td>—</td><td>69.0</td><td>—</td></tr>
<tr><td>1.315</td><td>1.70</td><td>1.80</td><td>1.72</td><td>69.0</td><td>69.0</td><td>69.0</td><td>69.0</td></tr>
<tr><td>1.315</td><td>2.19</td><td>2.24</td><td>—</td><td>69.0</td><td>—</td><td>69.0</td><td>—</td></tr>
<tr><td>1.660</td><td>2.30</td><td>2.40</td><td>2.33</td><td>69.0</td><td>69.0</td><td>69.0</td><td>69.0</td></tr>
<tr><td>1.660</td><td>3.03</td><td>3.07</td><td>—</td><td>69.0</td><td>—</td><td>69.0</td><td>—</td></tr>
</table>

表 C.59（续）

代号				试验压力 MPa			
1	2			平端	不加厚带螺纹和接箍	外加厚标准接箍	整体接头
	不加厚带螺纹和接箍	外加厚带螺纹和接箍	整体接头				
1	2	3	4	5	6	7	8
1.900	2.75	2.90	2.76	69.0	69.0	69.0	64.0
1.900	3.65	3.73	—	69.0	—	69.0	—
1.900	4.42	—	—	69.0	—	—	—
1.900	5.15	—	—	69.0	—	—	—
2.063	3.24	—	3.25	69.0	—	—	63.5
2.063	4.50	—	—	69.0	—	—	—
2-3/8	4.00	—	—	69.0	69.0	—	—
2-3/8	4.60	4.70	—	69.0	69.0	69.0	—
2-3/8	5.80	5.95	—	69.0	69.0	69.0	—
2-3/8	6.60	—	—	69.0	—	—	—
2-3/8	7.35	7.45	—	69.0	—	69.0	—
2-7/8	6.40	6.50	—	69.0	69.0	69.0	—
2-7/8	7.80	7.90	—	69.0	69.0	69.0	—
2-7/8	8.60	8.70	—	69.0	69.0	69.0	—
2-7/8	9.35	9.45	—	69.0	—	69.0	—
2-7/8	10.50	—	—	69.0	—	—	—
2-7/8	11.50	—	—	69.0	—	—	—
3-1/2	7.70	—	—	61.5	61.5	—	—
3-1/2	9.20	9.30	—	69.0	69.0	69.0	—
3-1/2	10.20	—	—	69.0	69.0	—	—
3-1/2	12.70	12.95	—	69.0	69.0	69.0	—
3-1/2	14.30	—	—	69.0	—	—	—
3-1/2	15.50	—	—	69.0	—	—	—
3-1/2	17.00	—	—	69.0	—	—	—
4	9.50	—		56.0	56.0	—	—
4	10.70	11.00	—	65.0	—	65.0	—
4	13.20	—	—	69.0	—	—	—
4	16.10	—	—	69.0	—	—	—
4	18.90	—	—	69.0	—	—	

表 C.59（续）

代号				试验压力 MPa			
1	2			平端	不加厚带螺纹和接箍	外加厚标准接箍	整体接头
	不加厚带螺纹和接箍	外加厚带螺纹和接箍	整体接头				
1	2	3	4	5	6	7	8
4	22.20	—	—	69.0	—	—	—
4-1/2	12.60	12.75	—	60.0	60.0	60.0	—
4-1/2	15.20	—	—	69.0	—	—	—
4-1/2	17.00	—	—	69.0	—	—	—
4-1/2	18.90	—	—	69.0	—	—	—
4-1/2	21.50	—	—	69.0	—	—	—
4-1/2	23.70	—	—	69.0	—	—	—
4-1/2	26.10	—	—	69.0	—	—	—

表 C.60　T95 钢级油管静水压试验压力

代号				试验压力 MPa			
1	2			平端	不加厚带螺纹和接箍	外加厚标准接箍	整体接头
	不加厚带螺纹和接箍	外加厚带螺纹和接箍	整体接头				
1	2	3	4	5	6	7	8
1.050	1.14	1.20	—	69.0	69.0	69.0	—
1.050	1.48	1.54	—	69.0	—	69.0	—
1.315	1.70	1.80	1.72	69.0	69.0	69.0	69.0
1.315	2.19	2.24	—	69.0	—	69.0	—
1.660	2.30	2.40	2.33	69.0	69.0	69.0	69.0
1.660	3.03	3.07	—	69.0	—	69.0	—
1.900	2.75	2.90	2.76	69.0	69.0	69.0	67.5
1.900	3.65	3.73	—	69.0	—	69.0	—
1.900	4.42	—	—	69.0	—	—	—
1.900	5.15	—	—	69.0	—	—	—
2.063	3.24	—	3.25	69.0	—	—	67.0
2.063	4.50	—	—	69.0	—	—	—
2-3/8	4.00	—	—	69.0	69.0	—	—

表 C.60（续）

代号				试验压力 MPa			
1	2			平端	不加厚带螺纹和接箍	外加厚标准接箍	整体接头
	不加厚带螺纹和接箍	外加厚带螺纹和接箍	整体接头				
1	2	3	4	5	6	7	8
2-3/8	4.60	4.70	—	69.0	69.0	69.0	—
2-3/8	5.80	5.95	—	69.0	69.0	69.0	—
2-3/8	6.60	—	—	69.0	—	—	—
2-3/8	7.35	7.45	—	69.0	—	69.0	—
2-7/8	6.40	6.50	—	69.0	69.0	69.0	—
2-7/8	7.80	7.90	—	69.0	69.0	69.0	—
2-7/8	8.60	8.70	—	69.0	69.0	69.0	—
2-7/8	9.35	9.45	—	69.0	—	69.0	—
2-7/8	10.50	—	—	69.0	—	—	—
2-7/8	11.50	—	—	69.0	—	—	—
3-1/2	7.70	—	—	64.5	64.5	—	—
3-1/2	9.20	9.30	—	69.0	69.0	69.0	—
3-1/2	10.20	—	—	69.0	69.0	—	—
3-1/2	12.70	12.95	—	69.0	69.0	69.0	—
3-1/2	14.30	—	—	69.0	—	—	—
3-1/2	15.50	—	—	69.0	—	—	—
3-1/2	17.00	—	—	69.0	—	—	—
4	9.50	—	—	59.0	59.0	—	—
4	10.70	11.00	—	68.5	—	68.5	—
4	13.20	—	—	69.0	—	—	—
4	16.10	—	—	69.0	—	—	—
4	18.90	—	—	69.0	—	—	—
4	22.20	—	—	69.0	—	—	—
4-1/2	12.60	12.75	—	63.0	63.0	63.0	—
4-1/2	15.20	—	—	69.0	—	—	—
4-1/2	17.00	—	—	69.0	—	—	—
4-1/2	18.90	—	—	69.0	—	—	—
4-1/2	21.50	—	—	69.0	—	—	—
4-1/2	23.70	—	—	69.0	—	—	—
4-1/2	26.10		—	69.0	—	—	—

表 C.61 P110 钢级油管静水压试验压力

代号			试验压力 MPa			
1	2		平端	不加厚带螺纹和接箍	外加厚	
	不加厚带螺纹和接箍	外加厚带螺纹和接箍			标准接箍	特殊间隙接箍
1	2	3	4	5	6	7
1.050	1.48	1.54	69.0 (178.0)	— —	69.0 (142.5)	— —
1.315	2.19	2.24	69.0 (165.0)	— —	69.0 (154.5)	— —
1.660	3.03	3.07	69.0 (139.5)	— —	69.0 (123.5)	— —
1.900	2.75	2.90	69.0 (92.5)	— —	69.0 (92.5)	— —
2.063	4.50	—	69.0 (132.5)	— —	— —	— —
2-3/8	4.60	4.70	69.0 (97.0)	69.0 (97.0)	69.0 (97.0)	69.0 (86.5)
2-3/8	5.80	5.95	69.0 (129.5)	69.0 (121.5)	69.0 (112.5)	69.0 (86.5)
2-7/8	6.40	6.50	69.0 (91.5)	69.0 (91.5)	69.0 (91.5)	69.0 (83.5)
2-7/8	7.80	7.90	69.0 (116.5)	69.0 (116.5)	69.0 (113.5)	69.0 (83.5)
2-7/8	8.60	8.70	69.0 (130.0)	69.0 (126.5)	69.0 (113.5)	69.0 (83.5)
3-1/2	9.20	9.30	69.0 (88.0)	69.0 (88.0)	69.0 (88.0)	69.0 (81.0)
3-1/2	12.70	12.95	69.0 (130.0)	69.0 (124.0)	69.0 (118.0)	69.0 (81.0)
注：括号内数字表示选用试验压力。						

表 C.62 无缝管、接箍毛坯及电焊管管体无损检验方法概要

钢级	外观检验 （见 10.14）	壁厚测定	超声检验	漏磁检验	涡流检验	磁粉检验[a]
1	2	3	4	5	6	7
H40、J55 K55、N80 1 类	R	N	N	N	N	N
N80Q、L80 C95、M65	R	R	A	A	A	A

表 C.62（续）

钢级	外观检验（见 10.14）	壁厚测定	超声检验	漏磁检验	涡流检验	磁粉检验[a]
1	2	3	4	5	6	7
P110	R	R	A	A	A	NA
C90、T95、Q125	R	R	C	B	B	B
接箍坯料 H40、J55、K55、N80 1 类	R	NA	N	N	N	N
接箍坯料 N80Q、L80、C95、P110、C90、T95、Q125	R	R	A	A	A	A

N——不要求；
R——要求检验；
A——应使用一种方法或几种方法结合；
B——除用超声方法检验外表面外，还应至少再补充使用一种方法；
C——应使用超声方法检验内、外表面；
NA——不适用。

[a] 允许用磁粉方法进行端部区域检验。允许用磁粉方法结合其他管体检验方法进行管体外表面检验。允许用磁粉方法进行接箍毛坯外表面检验，全长磁粉方法检验的接箍毛坯不再要求检验全长壁厚，但要求对两端进行机械式壁厚测量。

表 C.63　验收(检验)等级

钢　　级		外表面缺欠		内表面缺欠	
		纵向	横向	纵向	横向
1		2	3	4	5
管体					
N80Q、M65、L80、C95		L4	—	L4	—
符合 A.10(SR16)的 P110		L4	L4	L4	L4
P110		L2	L2	L2	L2
符合 A.10(SR16)和 A.3(SR2)的 P110		L2	L2	L2	L2
C90、T95、Q125	超声检验	L2	L2	L2	L2
	第 2 种方法	L2	L2	—	—
焊缝					
P110、Q125		L2	N	L2	N
所有其他钢级		L3	N	L3	N
接箍毛坯		L2	L2	N	N

N——不要求检验；Lx——验收(检验)等级。

表 C.64 人工参考缺陷

验收(检验)等级	刻槽最大深度[a] %	刻槽全深度处最大长度 mm	最大宽度 mm	径向钻孔直径[b] mm
1	2	3	4	5
L2	5	50	1	1.6
L3	10	50	1	3.2
L4	12.5	50	1	3.2

注：见图 D.17。

[a] 深度值是以规定壁厚的百分数表示的。深度公差应为刻槽深度±15%的计算值，刻槽最小深度为 0.3 mm 时，其公差应为±0.05 mm。

[b] 钻孔(全通壁)直径应根据钻头规格。

表 C.65 锤压印标记尺寸

产品	代号 1	标记高度 mm
管子	<4-1/2 ≥4-1/2	4.8 6.4
接箍	管子规格<4-1/2 管子规格≥4-1/2～<7-5/8 管子规格≥7-5/8	6.4 9.5 12.7

表 C.66 钢级色标

钢级	类型	管子、接箍毛坯和长度 1.8 m 及以上的短节的色带数量及颜色	接箍颜色	
			整个接箍	色带
1	2	3	4	5
H40		由制造厂选择不标记或黑色带	无	与管子同
J55 油管		一条明亮绿色带	明亮的绿色	无
J55 套管		一条明亮绿色带	明亮的绿色	一条白色带
K55		两条明亮绿色带	明亮的绿色	无
M65		一条明亮绿色带、一条蓝色带	M65 钢级管子使用 L80 钢级 1 类接箍	
N80	1	一条红色带	红色	无
N80	Q	一条红色带、一条明亮绿色带	红色	绿色带
L80	1	一条红色带、一条棕色带	红色	一条棕色带
L80	9Cr	一条红色带、一条棕色带、两条黄色带	红色	两条黄色带
L80	13Cr	一条红色带、一条棕色带、一条黄色带	红色	一条黄色带
C90	1	一条紫色带	紫色	无

表 C.66（续）

钢级	类型	管子、接箍毛坯和长度 1.8 m 及以上的短节的色带数量及颜色	接箍颜色	
			整个接箍	色带
1	2	3	4	5
C90	2	一条紫色带、一条黄色带	紫色	一条黄色带
T95	1	一条银色带	银色	无
T95	2	一条银色带、一条黄色带	银色	一条黄色带
C95		一条棕色带	棕色	无
P110		一条白色带	白色	无
Q125	1	一条橙色带	橙色	无
Q125	2	一条橙色带一条黄色带	橙色	一条黄色带
Q125	3	一条橙色带、一条绿色带	橙色	一条绿色带
Q125	4	一条橙色带、一条棕色带	橙色	一条棕色带
特殊间隙接箍应有一条黑色带。				

表 C.67 螺纹类型标记

产品	螺纹类型	标记符号
套管	短圆螺纹 长圆螺纹 偏梯形螺纹 直连型	STC LC BC XC
油管	不加厚 外加厚 整体接头	NU EU IJ

表 C.68 标记要求和顺序

标记顺序		标记或符号[b]	漆模印和/或锤压印标记要求[a]				
			第 1 和 3 组		第 2 和 4 组		所有组
			管子和短节	接箍和附件	管子和短节	接箍和附件	接箍毛坯
1	2	3	4	5	6	7	8
1	制造厂名称或商标	《....》	D 或 P	D 或 P	P	P	P
2	GB/T 19830 由制造厂选择或根据订单规定是否标记 表示 API 5CT 的标记 按 11.1.8 或 11.1.9 中的生产日期	GB/T 19830 API 5CT	D 或 P D 或 P D 或 P	D 或 P D 或 P D 或 P	P P P	P P P	P P P

表 C.68（续）

标记顺序		标记或符号[b]	漆模印和/或锤压印标记要求[a]				
			第1和3组		第2和4组		所有组
			管子和短节	接箍和附件	管子和短节	接箍和附件	接箍毛坯
1	2	3	4	5	6	7	8
3	若适用，不带螺纹管子或特殊端部加工（符号放在规范标记之后）：						
	——加厚或不加厚不带螺纹管子	UF	D或P		P		
	——特殊端部螺纹加工管子	SF	D或P		P		
	——带特殊端部螺纹加工的配套接箍或配套附件	SF		D或P		P	
	——接箍毛坯标识	CS					P
4	规格代号（根据表C.1、表C.2或表C.3中第1栏添入代号1）	《....》	P		P		
	接箍毛坯规定直径						P
5	质量代号（根据表C.1、表C.2或表C.3添入代号2）	《....》	D或P		P		
	接箍毛坯规定直径						P
6	管子钢级						
	——H40	H					
	——J55	J					
	——K55	K					
	——M65	M					
	——N80 1类	N1					
	——N80Q	NQ					
	——L80 1类	L					
	——L80 9Cr类	L9					
	——L80 13Cr类	L13					
	——C90 1类	C90-1					
	——C90 2类	C90-2					
	——C95	C					
	——T95 1类	T95-1					
	——T95 2类	T95-2					
	——P110	P					
	——Q125 1类	Q1					
	——Q125 2类	Q2					
	——Q125 3类	Q3					
	——Q125 4类	Q4					
	所有钢级代号		D或P	D或P	P	P	P
7	若适用，可选的降低冲击试验温度。对于全尺寸试样填入规定试验温度（包括±符号和℃）	《....》C	P	P	P	P	
8	若适用，热处理：						
	——经正火的J55、K55或M65	Z	P	P	P	P	P
	——经淬火加回火的J55、K55或M65	Q	P	P	P	P	P

表 C.68（续）

标记顺序		标记或符号[b]	漆模印和/或锤压印标记要求[a]				
			第1和3组		第2和4组		所有组
			管子和短节	接箍和附件	管子和短节	接箍和附件	接箍毛坯
1	2	3	4	5	6	7	8
9	制造方法 ——无缝 ——电焊 所有代号	 S E 	 D或P		 P		
10	若适用，补充要求： ——A.2(SR1) ——A.3(SR2) ——A.4(SR9)(填入类型) ——A.8(SR13) ——A.10(SR16)(填入以J为单位的全尺寸最小吸收能要求和试验温度，包括±符号和℃) ——A.11(SR22) 附录H(PSL)	 S1 S2 S9Q《....》 S13 S16《..》C S22 L2或L3	 P P P P P	 D或P D P	 P P P P P	 P P D P	 P
11	静水压试验压力[d] (填入实际试验压力，MPa) 所有代号	 P《....》	 P		 P		
12	若适用，螺纹类型： ——对于偏梯形、直连型或圆螺纹套管制造厂、加工厂或螺纹加工厂(根据表C.67填入螺纹类型) ——对于油管螺纹加工厂(根据表C.67填入螺纹类型)	 《....》 《....》	 P P		 P P		
13	若适用，全长通径试验： ——标准(套管或油管) ——可选(套管或油管)，其中“《 》”为可选通径规尺寸 ——对于规定用作油管并按8.10进行通径试验的套管 所有代号	 D DA《....》 DT42 	 P		 P		
14	C90、T95和Q125钢级系列				D[c]或P	D[c]或P	P
15	若适用，接箍镀锡	T		P		P	
16	仅经过外观检验的H40、J55和K55接箍	V		P			

注：强制性色标要求见11.4。

[a] D表示可选择的(模子)锤压印(位置见11.2.3)；P为漆模印(位置见11.3)。允许按11.1.10规定附加标记。

[b] 空格“《....》”表示要填入的内容。

[c] 锤压印标记应符合11.2.5的要求。

[d] 按国际单位制制造的管子可以小于100(MPa)的静水压试验压力来标识，而按美国惯用单位制制造管子的静水压试验压力标记的压力要大于1 000(psi)。采用这一信息是为了清晰地把其单位制与压力标记相同的CVN标记区分开。

表 C.69 记录保存

要 求	参考条款
化学性能	
熔炼分析	10.3.2
成品分析	10.3.3
机械性能	
拉伸试验	7.2、10.4.7
控制试验	10.4.2
冲击试验	7.4、7.5、7.6、10.7
接箍	9.5
硬度试验	7.7、7.8、7.9 和 10.6
淬透性试验(C90 和 T95 钢级)	7.10、10.9
晶粒度(C90、T95 钢级)	7.11、10.8
静水压试验	
试验机记录图	10.12.1
试验	10.12.1
制造厂质量证书	
所有要求试验的结果(第 4 组)	13.3
硫化物应力开裂试验(C90 和 T95 钢级)	7.14、10.10
校验	各种

表 C.70 SR11.1 压扁试验平行板间距

钢级	D/t	平行板间距最大值 mm
P110	全部	$D\times(1.086-0.0163D/t)$
Q125	全部	$D\times(1.092-0.0140D/t)$
D 为管子规定外径,mm。 t 为管子规定壁厚,mm。		

表 C.71 SR12.1 检验批抽样数量与系数 F 的关系

抽样数量	F	抽样数量	F
1	2	3	4
3	13.857	16	4.534
4	9.215	18	4.415
5	7.501	20	4.319
6	6.612	25	4.143
7	6.061	30	4.022
8	5.686	35	3.937
9	5.414	40	3.866
10	5.203	45	3.811
12	4.900	50	3.766
14	4.690	∞	3.090

表 C.72　SR12.2　存在不合格管的概率

一根管不合格的概率	由 100 根管组成的一柱管串中出现一根或多根不合格管的概率
1/10	0.999 97(或 100%)
1/100	0.634(或 63%)
1/1 000	0.095(或 10%)
1/10 000	0.009 95(或 1%)

表 C.73　SR16.1　横向冲击试样尺寸要求

代号 1	加工横向夏比冲击试样所要求的计算壁厚 mm		
	全尺寸	3/4 尺寸	1/2 尺寸
1	2	3	4
3-1/2	20.53	18.03	15.53
4	19.09	16.59	14.09
4-1/2	18.05	15.55	13.05
5	17.26	14.76	12.26
5-1/2	16.64	14.14	11.64
6-5/8	15.62	13.12	10.62
7	15.36	12.86	10.36
7-5/8	14.99	12.49	9.99
7-3/4	14.92	12.42	9.92
8-5/8	14.51	12.01	9.51
9-5/8	14.13	11.63	9.13
10-3/4	13.80	11.30	8.80
11-3/4	13.56	11.06	8.56
13-3/8	13.24	10.74	8.24
16	12.87	10.37	7.87
18-5/8	12.60	10.10	7.60
20	12.49	9.99	7.49
注：第 2、3 和 4 栏中大于 ISO/API 管子最大壁厚的壁厚值仅供参考。内径和外径加工允量均为 0.50 mm。			

表 C.74　SR16.2　纵向冲击试样尺寸要求

代号 1	加工纵向夏比冲击试样所要求的计算壁厚 mm		
	全尺寸	3/4 尺寸	1/2 尺寸
1	2	3	4
1.050	11.97	9.47	6.97
1.315	11.77	9.27	6.77
1.660	11.60	9.10	6.60
1.900	11.52	9.02	6.52
2.063	11.48	8.98	6.48

表 C.74（续）

代号 1	加工纵向夏比冲击试样所要求的计算壁厚 mm		
	全尺寸	3/4 尺寸	1/2 尺寸
1	2	3	4
2-3/8	11.42	8.92	6.42
2-7/8	11.34	8.84	6.34
3-1/2	11.28	8.78	6.28
4	11.25	8.75	6.25
4-1/2	11.22	8.72	6.22
5	11.20	8.70	6.20
5-1/2	11.18	8.68	6.18
6-5/8	11.15	8.65	6.15
7	11.14	8.64	6.14
7-5/8	11.13	8.63	6.13
7-3/4	11.13	8.63	6.13
8-5/8	11.11	8.61	6.11
9-5/8	11.10	8.60	6.10
10-3/4	11.09	8.59	6.09
11-3/4	11.08	8.58	6.08
13-3/8	11.07	8.57	6.07
16	11.06	8.56	6.06
18-5/8	11.05	8.55	6.05
20	11.05	8.55	6.05
注：第 2、3 和 4 栏中大于 ISO/API 管子最大壁厚的壁厚值仅供参考。内径和外径加工允量均为 0.50 mm。			

表 C.75　SR16.3　适用规格冲击试样和吸收能递减系数

试样规格	试样尺寸 mm	递减系数
全尺寸	10.0×10.0	1.00
3/4 尺寸	10.0×7.5	0.80
1/2 尺寸	10.0×7.5	0.55

表 C.76　SR16.4　试样取向和规格序列

选　择	取　向	规　格
第 1	横向	全尺寸
第 2	横向	3/4 尺寸
第 3	横向	1/2 尺寸
第 4	纵向	全尺寸
第 5	纵向	3/4 尺寸
第 6	纵向	1/2 尺寸

表 C.77 SR16.5 横向夏比吸收能要求——N80 钢级 1 类

最大规定壁厚 mm	最小横向吸收能 J
11.59	14
13.12	15
14.66	16
16.19	17
17.73	18
19.26	19
20.80	20
22.33	21
23.87	22
25.40	23
26.94	24
壁厚大于上表所示壁厚时，其要求应按壁厚和钢级的公式计算。 **注**：壁厚大于标准 ISO/API 管子的壁厚，在这里给出供特殊用途时参考。	

表 C.78 SR16.6 纵向夏比吸收能要求——N80 钢级 1 类

最大规定壁厚 mm	最小纵向吸收能 J
10.44	27
11.20	28
11.97	29
12.74	30
13.51	31
14.27	32
15.04	33
15.81	34
16.58	35
17.34	36
18.11	37
18.88	38
19.65	39
20.41	40
21.18	41
21.95	42
22.72	43
23.48	44
24.25	45
25.02	46
25.79	47
壁厚大于上表所示壁厚时，其要求应按壁厚和钢级的公式计算。 **注**：壁厚大于标准 ISO/API 管子的壁厚，在这里给出供特殊用途时参考。	

表 C.79 SR16.7 小尺寸试样试验温度递减——仅对 H40、J55 和 K55 钢级

试样尺寸 mm	规定管子壁厚 mm	温度降低值 ℃
10.0×7.5	>10.0	3
10.0×5.0	>10.0	11
10.0×5.0	7.5~10.0	8
10.0×5.0	6.7~7.4	6
10.0×5.0	6.0~6.6	3

表 C.80 SR22-1

代号 1	代号 2	钢级[a]	外径 D mm	通径 mm	标准接箍外径 W mm	最小上扣圈数 N	长度[b] Lg mm	近似的开始扭矩		推荐螺纹脂用量[c] g
								镀锡 N·m	磷化 N·m	
1	2	3	4	5	6	7	8	9	10	11
4-1/2	11.60	J/K55	114.30	98.42	127.00	3	82.55	176	294	15
4-1/2	11.60	L/N80	114.30	98.42	127.00	3	82.55	168	279	15
4-1/2	13.50	L/N80	114.30	96.38	127.00	3	82.55	184	308	15
4-1/2	11.60	C90	114.30	98.42	127.00	3	82.55	172	—	15
4-1/2	13.50	C90	114.30	96.38	127.00	3	82.55	194	—	15
4-1/2	11.60	C/T95	114.30	98.42	127.00	3	82.55	176	—	15
4-1/2	13.50	C/T95	114.30	96.38	127.00	3	82.55	198	—	15
4-1/2	11.60	P110	114.30	98.42	127.00	3	82.55	176	—	15
4-1/2	13.50	P110	114.30	96.38	127.00	3	82.55	201	—	15
5	13.00	J/K55	127.00	110.96	141.30	3	92.08	157	262	20
5	15.00	J/K55	127.00	108.78	141.30	3	92.08	169	282	20
5	15.00	L/N80	127.00	108.78	141.30	3.5	92.08	222	370	20
5	18.00	L/N80	127.00	105.44	141.30	3.5	92.08	298	498	20
5	15.00	C90	127.00	108.78	141.30	3	92.08	268	—	20
5	18.00	C90	127.00	105.44	141.30	3	92.08	323	—	20
5	15.00	C/T95	127.00	108.78	141.30	3.5	92.08	274	—	20
5	18.00	C/T95	127.00	105.44	141.30	3.5	92.08	329	—	20
5	15.00	P110	127.00	108.78	141.30	3.5	92.08	282	—	20
5	18.00	P110	127.00	105.44	141.30	3.5	92.08	336	—	20
5-1/2	15.50	J/K55	139.70	122.56	153.67	3	95.25	220	366	25
5-1/2	17.00	J/K55	139.70	121.08	153.67	3	95.25	260	434	25
5-1/2	17.00	L/N80	139.70	121.08	153.67	4	95.25	325	542	25
5-1/2	20.00	L/N80	139.70	118.18	153.67	4	95.25	370	618	25

表 C.80（续）

代号 1	代号 2	钢级[a]	外径 D mm	通径 mm	标准接箍外径 W mm	最小上扣圈数 N	长度[b] Lg mm	近似的开始扭矩		推荐螺纹脂用量[c] g
								镀锡 N·m	磷化 N·m	
1	2	3	4	5	6	7	8	9	10	11
5-1/2	17.00	C90	139.70	121.08	153.67	3	95.25	244	—	25
5-1/2	20.00	C90	139.70	118.18	153.67	3	95.25	278	—	25
5-1/2	17.00	C/T95	139.70	121.08	153.67	3.5	95.25	301	—	25
5-1/2	20.00	C/T95	139.70	118.18	153.67	3.5	95.25	340	—	25
5-1/2	17.00	P110	139.70	121.08	153.67	4	95.25	366	—	25
5-1/2	20.00	P110	139.70	118.18	153.67	4	95.25	408	—	25
6-5/8	20.00	J/K55	168.28	150.46	187.71	3	104.78	220	365	30
6-5/8	24.00	J/K55	168.28	147.22	187.71	3	104.78	274	457	30
6-5/8	24.00	L/N80	168.28	147.22	187.71	4	104.78	450	751	30
6-5/8	28.00	L/N80	168.28	143.92	187.71	4	104.78	525	876	30
6-5/8	32.00	L/N80	168.28	140.98	187.71	4	104.78	579	965	30
6-5/8	24.00	C90	168.28	147.22	187.71	4	104.78	476	—	30
6-5/8	28.00	C90	168.28	143.92	187.71	4	104.78	553	—	30
6-5/8	32.00	C90	168.28	140.98	187.71	4	104.78	611	—	30
6-5/8	24.00	C/T95	168.28	147.22	187.71	4	104.78	483	—	30
6-5/8	28.00	C/T95	168.28	143.92	187.71	4	104.78	557	—	30
6-5/8	32.00	C/T95	168.28	140.98	187.71	4	104.78	614	—	30
6-5/8	24.00	P110	168.28	147.22	187.71	4.5	104.78	565	—	30
6-5/8	28.00	P110	168.28	143.92	187.71	4.5	104.78	655	—	30
6-5/8	32.00	P110	168.28	140.98	187.71	4.5	104.78	721	—	30
7	23.00	J/K55	177.80	158.52	194.46	4	107.95	321	536	35
7	26.00	J/K55	177.80	156.24	194.46	4	107.95	370	617	35
7	23.00	L/N80	177.80	158.52	194.46	5.5	107.95	561	936	35
7	26.00	L/N80	177.80	156.24	194.46	5.5	107.95	659	1 098	35
7	29.00	L/N80	177.80	153.90	194.46	5.5	107.95	736	1 226	35
7	32.00	L/N80	177.80	151.61	194.46	5.5	107.95	793	1 322	35
7	23.00	C90	177.80	158.52	194.46	4.5	107.95	480	—	35
7	26.00	C90	177.80	156.24	194.46	4.5	107.95	548	—	35
7	29.00	C90	177.80	153.90	194.46	4.5	107.95	609	—	35
7	32.00	C90	177.80	151.61	194.46	4.5	107.95	663	—	35
7	23.00	C/T95	177.80	158.52	194.46	4.5	107.95	489	—	35

表 C.80（续）

代号 1	代号 2	钢级[a]	外径 D mm	通径 mm	标准接箍外径 W mm	最小上扣圈数 N	长度[b] Lg mm	近似的开始扭矩 镀锡 N·m	磷化 N·m	推荐螺纹脂用量[c] g
1	2	3	4	5	6	7	8	9	10	11
7	26.00	C/T95	177.80	156.24	194.46	4.5	107.95	556	—	35
7	29.00	C/T95	177.80	153.90	194.46	4.5	107.95	617	—	35
7	32.00	C/T95	177.80	151.61	194.46	4.5	107.95	670	—	35
7	26.00	P110	177.80	156.24	194.46	5	107.95	643	—	35
7	29.00	P110	177.80	153.90	194.46	5	107.95	712	—	35
7	32.00	P110	177.80	151.61	194.46	5	107.95	769	—	35
7-5/8	26.40	J/K55	193.68	173.84	215.90	3.5	111.12	331	550	40
7-5/8	26.40	L/N80	193.68	173.84	215.90	5	111.12	654	1 090	40
7-5/8	29.70	L/N80	193.68	171.46	215.90	5	111.12	767	1 279	40
7-5/8	33.70	L/N80	193.68	168.66	215.90	5	111.12	880	1 466	40
7-5/8	39.00	L/N80	193.68	165.10	215.90	5	111.12	999	1 665	40
7-5/8	26.40	C90	193.68	173.84	215.90	4.5	111.12	555	—	40
7-5/8	29.70	C90	193.68	171.46	215.90	4.5	111.12	637	—	40
7-5/8	33.70	C90	193.68	168.66	215.90	4.5	111.12	721	—	40
7-5/8	39.00	C90	193.68	165.10	215.90	4.5	111.12	813	—	40
7-5/8	26.40	C/T95	193.68	173.84	215.90	4.5	111.12	565	—	40
7-5/8	29.70	C/T95	193.68	171.46	215.90	4.5	111.12	645	—	40
7-5/8	33.70	C/T95	193.68	168.66	215.90	4.5	111.12	728	—	40
7-5/8	39.00	C/T95	193.68	165.10	215.90	4.5	111.12	818	—	40
7-5/8	29.70	P110	193.68	171.46	215.90	5	111.12	747	—	40
7-5/8	33.70	P110	193.68	168.66	215.90	5	111.12	841	—	40
7-5/8	39.00	P110	193.68	165.10	215.90	5	111.12	942	—	40
8-5/8	32.00	J/K55	219.08	198.02	244.48	3.5	120.65	415	691	50
8-5/8	36.00	J/K55	219.08	195.58	244.48	3.5	120.65	483	804	50
8-5/8	36.00	L/N80	219.08	195.58	244.48	5.5	120.65	832	1 388	50
8-5/8	40.00	L/N80	219.08	193.04	244.48	5.5	120.65	891	1 485	50
8-5/8	44.00	L/N80	219.08	190.50	244.48	5.5	120.65	999	1 666	50
8-5/8	49.00	L/N80	219.08	187.60	244.48	5.5	120.65	1079	1 798	50
8-5/8	36.00	C90	219.08	195.58	244.48	4.5	120.65	881	—	50
8-5/8	40.00	C90	219.08	193.04	244.48	4.5	120.65	980	—	50
8-5/8	44.00	C90	219.08	190.50	244.48	4.5	120.65	1 070	—	50

表 C.80（续）

代号 1	代号 2	钢级[a]	外径 D mm	通径 mm	标准接箍外径 W mm	最小上扣圈数 N	长度[b] Lg mm	近似的开始扭矩		推荐螺纹脂用量[c] g
								镀锡 N·m	磷化 N·m	
1	2	3	4	5	6	7	8	9	10	11
8-5/8	49.00	C90	219.08	187.60	244.48	4.5	120.65	1 162	—	50
8-5/8	36.00	C/T95	219.08	195.58	244.48	5	120.65	936	—	50
8-5/8	40.00	C/T95	219.08	193.04	244.48	5	120.65	1 047	—	50
8-5/8	44.00	C/T95	219.08	190.50	244.48	5	120.65	1 143	—	50
8-5/8	49.00	C/T95	219.08	187.60	244.48	5	120.65	1 239	—	50
8-5/8	40.00	P110	219.08	193.04	244.48	5.5	120.65	1 083	—	50
8-5/8	44.00	P110	219.08	190.50	244.48	5.5	120.65	1 222	—	50
8-5/8	49.00	P110	219.08	187.60	244.48	5.5	120.65	1 322	—	50
9-5/8	36.00	J/K55	244.48	222.63	269.88	3.5	127.00	533	687	55
9-5/8	40.00	J/K55	244.48	220.45	269.88	3.5	127.00	595	776	55
9-5/8	40.00	L/N80	244.48	220.45	269.88	5.5	127.00	912	1 520	55
9-5/8	43.50	L/N80	244.48	218.41	269.88	5.5	127.00	1 040	1 733	55
9-5/8	47.00	L/N80	244.48	216.54	269.88	5.5	127.00	1 116	1 859	55
9-5/8	53.50	L/N80	244.48	215.90[d]	269.88	5.5	127.00	1 251	2 087	55
9-5/8	40.00	C90	244.48	220.45	269.88	5	127.00	915	—	55
9-5/8	43.50	C90	244.48	218.41	269.88	5	127.00	999	—	55
9-5/8	47.00	C90	244.48	216.54	269.88	5	127.00	1 071	—	55
9-5/8	53.50	C90	244.48	215.90[d]	269.88	5	127.00	1 340	—	55
9-5/8	40.00	C/T95	244.48	220.45	269.88	5.5	127.00	1 033	—	55
9-5/8	43.50	C/T95	244.48	218.41	269.88	5.5	127.00	1 129	—	55
9-5/8	47.00	C/T95	244.48	216.54	269.88	5.5	127.00	1 211	—	55
9-5/8	53.50	C/T95	244.48	215.90[d]	269.88	5.5	127.00	1 318	—	55
9-5/8	43.50	P110	244.48	218.41	269.88	6	127.00	1 239	—	55
9-5/8	47.00	P110	244.48	216.54	269.88	6	127.00	1 326	—	55
9-5/8	53.50	P110	244.48	215.90[d]	269.88	6	127.00	1 481	—	55

[a] L/N80 表示 L80 1 类、N80 1 类和 N80Q。

[b] 管端到三角形顶点。

[c] 本表中给出的推荐螺纹脂用量是适合于一种含金属铅的螺纹脂(即早先的 API Bull 5A2)，其规定比重大约为 2。使用 ISO 13678 规定这类螺纹脂，达到相同体积螺纹脂，质量要轻。使用过量的螺纹脂可能对泄漏抗力有害。

[d] 给出了可选的通径尺寸(见表 C.32)。

注：针对这里给出的目的，API RP 5A3 等同于 ISO 13678。

表 C.81 API 许可证持有者标记要求(见附录 F)

标记顺序		标记或符号[b]	漆模印和/或锤压印标记要求[a]				
			第 1 和 3 组		第 2 和 4 组		所有组
			管子和短节	接箍和附件	管子和短节	接箍和附件	接箍毛坯
1	2	3	4	5	6	7	8
1	持证制造厂名称或商标	《....》	D 或 P	D 或 P	P	P	P
2	GB/T 19830 和/或 API 5CT 标记,根据制造厂选择,或订购协议规定	[c]					
		GB/T 19830	D 或 P	D 或 P	P	P	P
		API 5CT[d]	D 或 P	D 或 P	P	P	P
	API 许可证号码	《....》	D 或 P	D 或 P	P	P	P
	API 会标	《....》	D 或 P	D 或 P	P	P	P
	依据 F.1.8 或 F.1.9,生产日期	《....》	D 或 P	D 或 P	P	P	P
3	若适用,不带螺纹管子或特殊端部加工(符号放在规范标记之后):						
	——加厚或不加厚不带螺纹管子	UF	D 或 P		P		
	——由管厂或加工厂加工螺纹的特殊端部螺纹加工管子	SF	D 或 P		P		
	——带特殊端部螺纹加工的配套接箍或配套附件	SF		D 或 P		P	
	——接箍毛坯标识	CS					P
4	规格代号(根据表 C.1、C.2 或 C.3 中第 1 栏添入代号 1)	《....》	P		P		
	接箍毛坯规定直径						P
5	质量代号(根据表 C.1、C.2 或 C.3 添入代号 2)	《....》	D 或 P		P		
	接箍毛坯规定直径						P
6	管子钢级						
	——H40	H					
	——J55	J					
	——K55	K					
	——M65	M					
	——L80 1 类	L					
	——L80 9Cr 类	L9					
	——L80 13Cr 类	L13					
	——N80 1 类	N1					
	——N80Q	NQ					
	——C90 1 类	C90-1					
	——C90 2 类	C90-2					
	——C95	C					
	——T95 1 类	T95-1					
	——T95 2 类	T95-2					
	——P110	P					
	——Q125 1 类	Q1					
	——Q125 2 类	Q2					
	——Q125 3 类	Q3					
	——Q125 4 类	Q4					
	所有钢级代号		D 或 P	D[c] 或 P	P	P	P

表 C.81（续）

标记顺序		标记或符号[b]	漆模印和/或锤压印标记要求[a]				
			第1和3组		第2和4组		所有组
			管子和短节	接箍和附件	管子和短节	接箍和附件	接箍毛坯
1	2	3	4	5	6	7	8
7	若适用，可选的降低冲击试验温度。对于全尺寸试样填入规定试验温度(包括±符号和℃)	《....》C	P	P	P	P	
8	若适用，热处理： ——经正火的J55、K55或M65 ——经淬火加回火的J55、K55或M65	 Z Q	 P P	 P P	 P P	 P P	 P P
9	制造方法 ——无缝 ——电焊 所有标识	 S E 	 D或P		 P		
10	若适用，补充要求： ——A.2(SR1) ——A.3(SR2) ——A4(SR9)(填入类型) ——A.8(SR13) ——A.10(SR16)(填入以J为单位的全尺寸最小吸收能要求和试验温度，包括±符号和℃) ——A.11(SR22) ——附录H(PSL)	 S1 S2 S9Q《....》 S13 S16《....》C S22 L2或L3	 P P P P P	 D或P D P	 P P P P P	 P P D P	 P
11	静水压试验压力[c] (填入实际试验压力，MPa) 所有代号	 P《....》	 P		 P		
12	若适用，螺纹类型： ——对于偏梯形、直连型或圆螺纹套管制造厂、加工厂或螺纹加工厂(根据表C.67填入螺纹类型) ——对于油管螺纹加工厂(根据表C.67填入螺纹类型)	 《....》 《....》	 P P		 P P		
13	若适用，全长通径试验： ——标准(套管或油管) ——可选(套管或油管)，其中“xx”为可选通径规尺寸 ——对于规定用作油管并按8.10进行通径试验的套管 所有代号	 D DA《....》 DT42 	 P		 P		
14	C90、T95和Q125钢级系列				D[f]或P	D[f]或P	P
15	若适用，接箍镀锡	T		P		P	

表 C.81(续)

标记顺序		标记或符号[b]	漆模印和/或锤压印标记要求[a]				
			第1和3组		第2和4组		所有组
			管子和短节	接箍和附件	管子和短节	接箍和附件	接箍毛坯
1	2	3	4	5	6	7	8
16	仅经过外观检验的H40、J55和K55接箍	V		P			
注:强制性色标要求见11.4。							

[a] D=可选择的(模子)锤压印;P=要求的漆模印(涂漆)。允许按F.1和F.2规定附加标记。

[b] 空格"《....》"表示要填入的内容。

[c] 制造厂可以在"5CT"前加上"API"。

[d] 标准的可选标记为:"5CT"、"API 5CT"、"GB/T 19830 5CT"。

[e] 按国际单位制制造的管子可以小于100(MPa)的静水压试验压力来标识,而按美国惯用单位制制造管子的静水压试验压力标记的压力要大于1 000(psi)。采用这一信息是为了清晰地把其单位制与压力标记相同的CVN标记区分开。

[f] 锤压印标记应符合F.2.5的要求。

附 录 D
（规范性附录）
国际单位制(美国惯用单位制)图

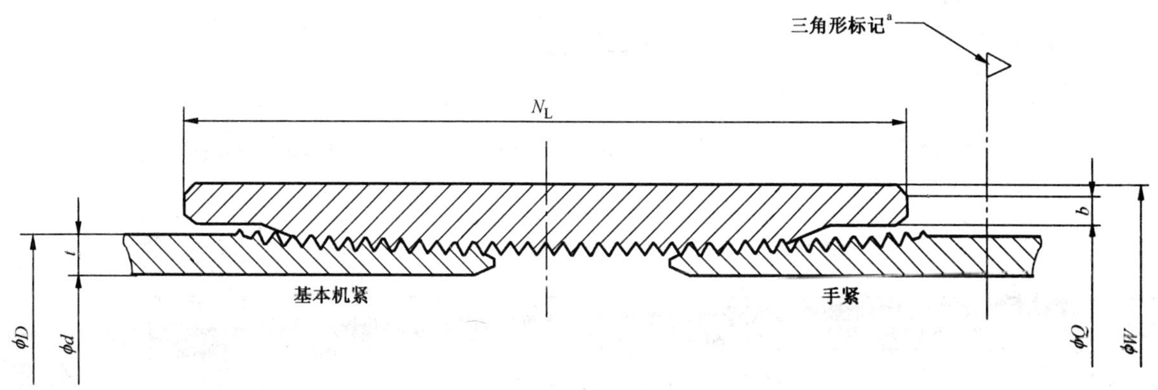

[a] 对于 H40、J55、K55 和 M65 钢级，规格(代号 1)16、18-5/8 和 20 的短圆螺纹套管，应在距每端 L_4 + 1.59 mm(1/16 in)处锤压印一个高为 9.52 mm(3/8 in)的等边三角形印记。管子尺寸见表 C.24 或表 E.24，接箍尺寸见表 C.35 或表 E.35，L_4 见 API Spec 5B。

图 D.1 短圆螺纹套管和接箍

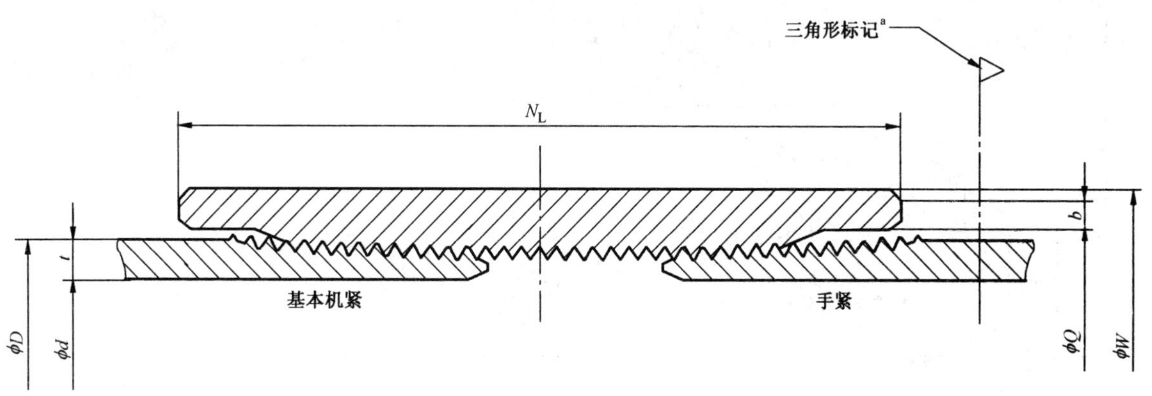

[a] 对于 H40、J55、K55 和 M65 钢级，规格(代号 1)20 的长圆螺纹套管，应在距每端 L_4 + 1.59 mm(1/16 in)处锤压印一个高为 9.52 mm(3/8 in)的等边三角形印记。管子尺寸见表 C.24 或表 E.24，接箍尺寸见表 C.35 或表 E.35，L_4 见 API Spec 5B。

图 D.2 长圆螺纹套管和接箍

单位为毫米(英寸)

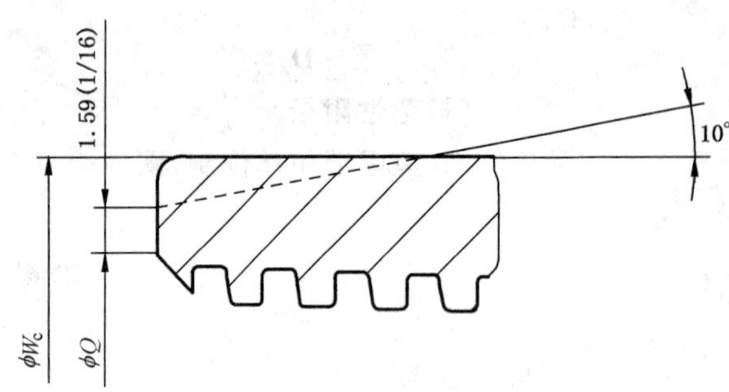

在特殊间隙接箍上，承载面的内外棱角应圆角或倒角，10°斜面(两端)仅在订单上规定时才提供。

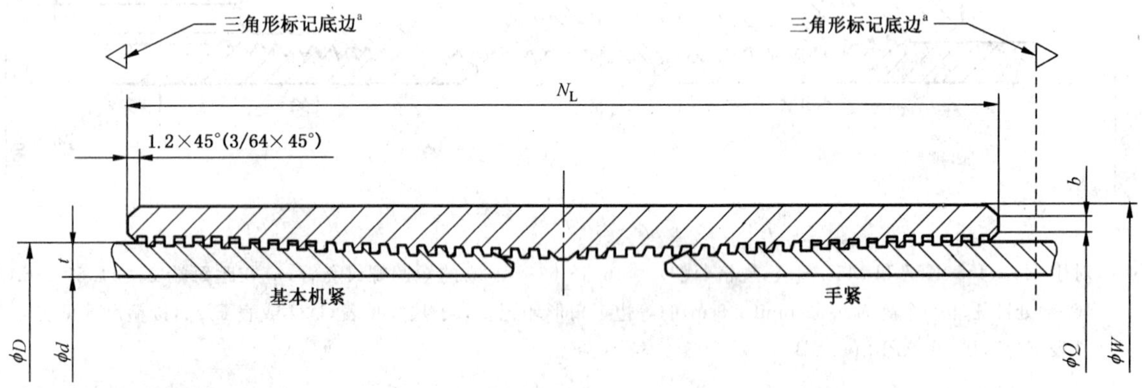

[a] 偏梯形螺纹套管的两端距端部 A1 距离处应锤压印一个高为 9.52 mm(3/8 in)的等边三角形印记或油漆带。管子尺寸见表 C.24 或表 E.24，接箍尺寸见表 C.36 或表 E.36，A1 见 API Spec 5B。

图 D.3 偏梯形螺纹套管和接箍

20°
a
ϕW ϕB_f ϕQ
特殊倒角接箍

N_L
b
t
基本机紧
手紧
ϕD ϕd ϕQ ϕW

注：管子尺寸见表 C.25 或表 E.25，接箍尺寸见表 C.37 或表 E.37，螺纹细节详见 API Spec 5B。

[a] 在特殊倒角接箍上，承载面的内外棱角应圆角或倒角。

图 D.4 不加厚油管和接箍

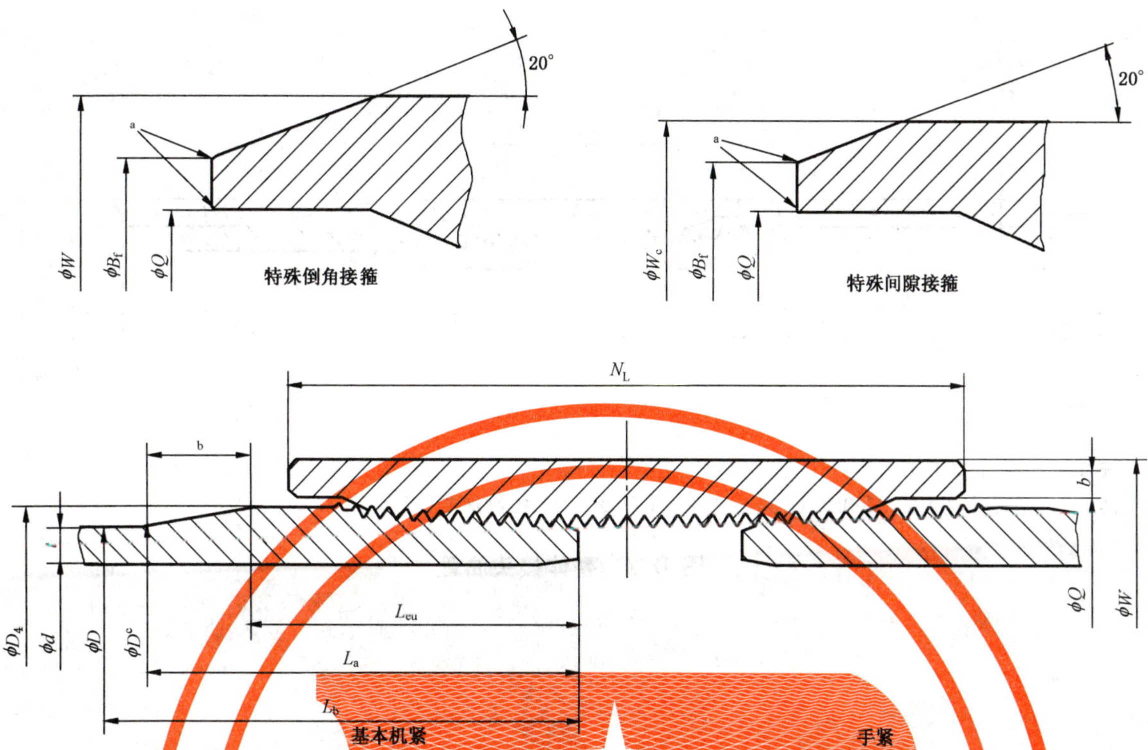

注：管子尺寸见表 C.25 和表 C.27 或表 E.25 和表 E.27，接箍尺寸见表 C.38 或表 E.38，螺纹细节详见 API Spec 5B。

[a] 在特殊倒角和特殊间隙接箍上，承载面的内外棱角应圆角或倒角。

[b] 加厚过渡区，图中左边的小 b 与右边表示接箍承载面尺寸的大 b 不同。

[c] 距管端 L_a 处的外径公差见 8.11.1。

图 D.5　外加厚油管和接箍

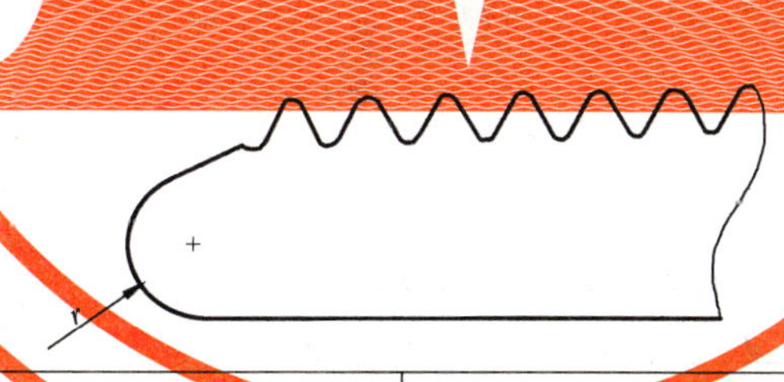

代号 1	半径[a] r mm(in)
2-3/8	2.4(3/32)
2-7/8	2.4(3/32)
3-1/2	3.2(1/8)
4-1/2	3.2(1/8)
[a] 这些尺寸仅供参考，不进行产品验收测量。	

注：产品验收见 API Spec 5B。

图 D.6　外加厚油管端部圆头

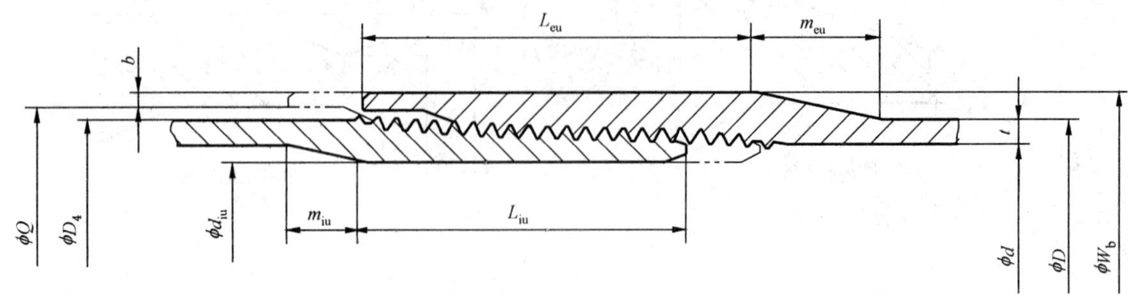

注 1：虚线为机紧位置。

注 2：管子尺寸见表 C.25 和表 C.28 或表 E.25 和表 E.28，螺纹细节详见 API Spec 5B。

图 D.7 整体接头油管

单位为毫米(英寸)

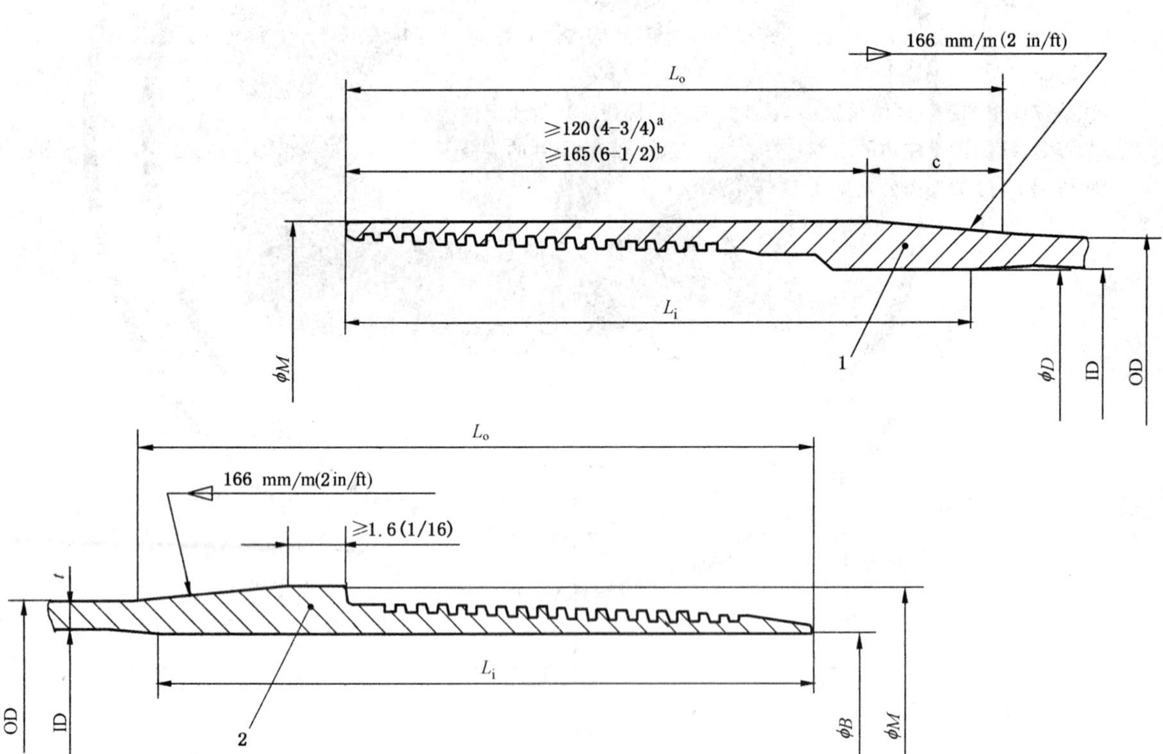

a) 内螺纹与外螺纹部分

图 D.8 直连型套管

单位为毫米(英寸)

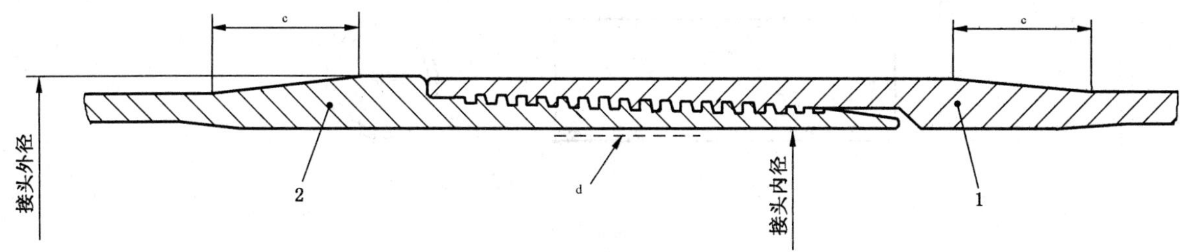

b） 机紧

注解

1 内螺纹

2 外螺纹

[a] 适用于外径小于或等于 193.70(7-5/8)。

[b] 适用于外径大于或等于 219.10(8-5/8)。

[c] 加厚过渡区，包括内加厚和外加厚锥面。

[d] 通径直径。

加厚长度 mm(in)						
代号 1[c]	外螺纹端[a] 最小 L_i		内螺纹端[a] 最小 L_i		外螺纹端或内螺纹端[b] 最大 L_O	
5	168	(6-5/8)	177	(7)	204	(8)
5-1/2	168	(6-5/8)	177	(7)	204	(8)
6-5/8	168	(6-5/8)	177	(7)	204	(8)
7[c]	168	(6-5/8)	177	(7)	204	(8)
7-5/8	168	(6-5/8)	177	(7)	204	(8)
8-5/8	203	(8)	222	(8-3/4)	280	(11)
9-5/8	203	(8)	222	(8-3/4)	280	(11)
10-3/4	203	(8)	222	(8-3/4)	324	(12-3/4)

[a] L_i 是在外螺纹端机加工后的直径 B 管端开始，或在内螺纹端机加工后直径 D 开始加上螺纹长度，到内加厚过渡区起始处的最小长度。

[b] 仅对于短节，L_O 可比规定的外螺纹端或内螺纹端长度长 127 mm(5 in)。

[c] 对于规格(代号 1)7、规格(代号 2)35 和规格(代号 1)7、规格(代号 2)38 的套管，L_O 最大应为 228.6 mm(9 in)。

注：管子尺寸见表 C.26 或表 E.26，螺纹细节详见 API Spec 5B。

图 D.8（续）

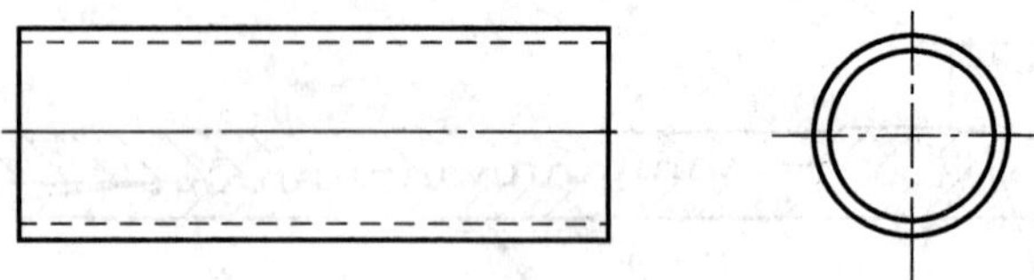

a） 全截面试样

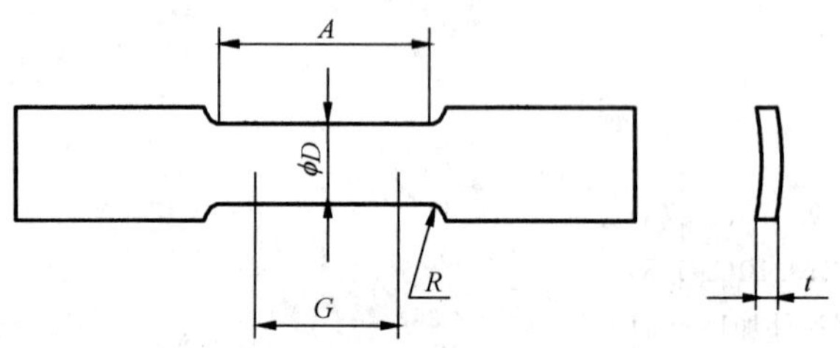

b） 条形试样[a]

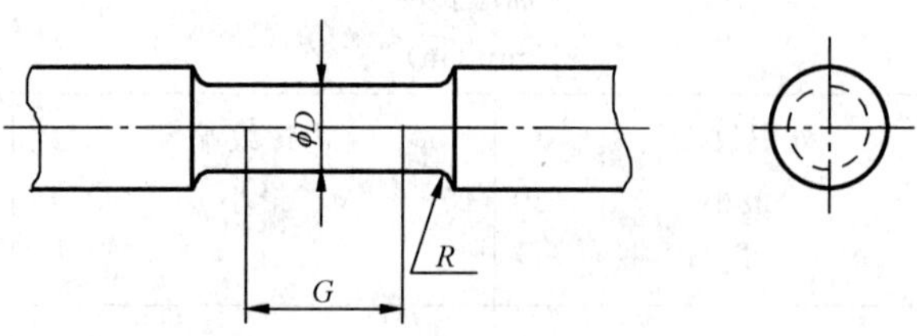

c） 圆棒形试样

[a] 不使用合适曲面试验夹具的试验见 10.4.5。

尺寸	条形试样 mm(in)	圆棒形试样 mm(in)	
		D=12.7(0.500)	D=8.9(0.350)
标距长度，G	50.8±0.13 (2.000±0.005)	50.8±0.13 (2.000±0.005)	35.6±0.13 (1.400±0.005)
直径或宽度，D	38.1 (1.500) 近似	12.7±0.25 (0.500±0.010)	8.9±0.18 (0.350±0.007)
最小过渡圆角半径，R	25.4 (1.000)	9.5 (0.375)	6.4 (0.250)
最小缩减截面长度，A	57.2 (2.250)	57.2 (2.250)	44.5 (1.750)

图 D.9 拉伸试验试样

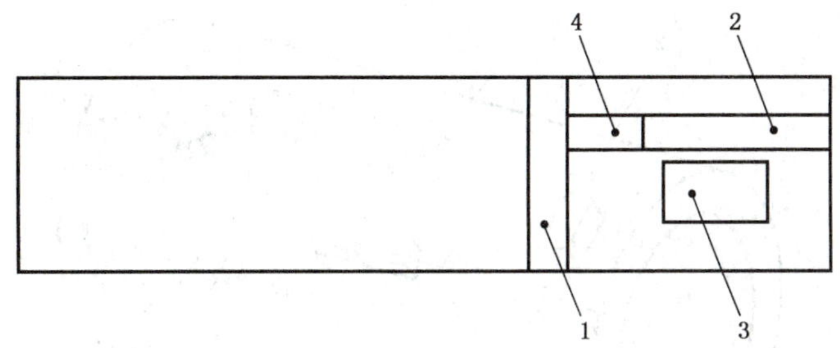

注 1——硬度试验环(详见图 D.11,最小厚度 6.3 mm(0.25 in));

注 2——拉伸试样;

注 3——冲击试验取样(详见图 D.12);

注 4——在制备拉伸试样前,从拉伸试验用样品上截取硬度试样(最小厚度 6.4 mm(0.25 in))。

注:硬度试验环应在单件热处理的接箍半成品长度中间部位截取。

图 D.10 从套管、油管、接箍毛坯、短节和附件材料上取样的典型位置

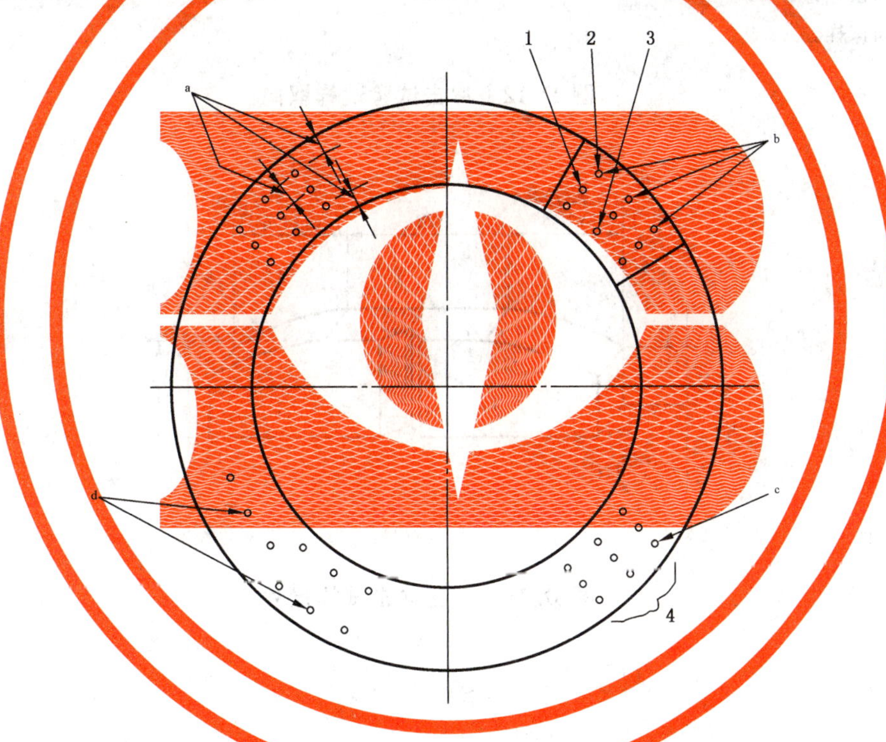

注 1——中径位置压痕;

注 2——外径位置压痕;

注 3——内径位置压痕;

注 4——硬度压痕试验块。

[a] 外径或内径压痕位置应取在距相应表面 2.54 mm(0.10 in)至 3.81 mm(0.15)之间的位置。若硬度压痕中心距试样边缘的距离小于 2.5 倍的压痕直径或两压痕中心的间距小于 3 倍的压痕直径时,试验结果可能有误。

[b] 洛氏硬度读数的平均值为在相同位置上三个洛氏硬度读数的平均值。

[c] 洛氏硬度压痕数据称为洛氏硬度值。

[d] 对于薄壁管,压痕行的位置允许错开排列。

图 D.11 全壁厚硬度试验

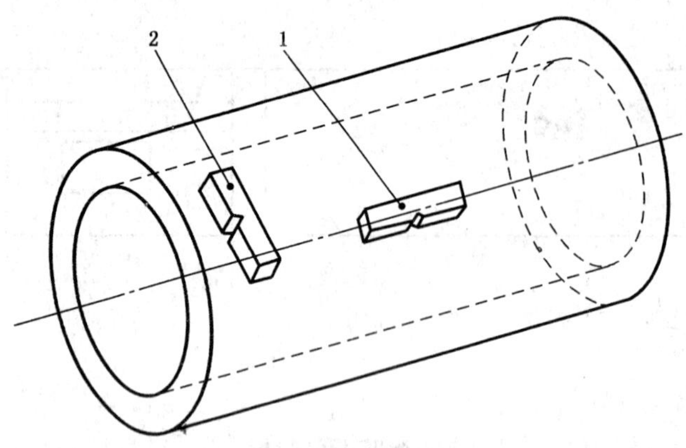

所有冲击试样应尽可能为 10 mm×10 mm。

缺口取向应垂直于管子轴向(垂直于管子表面)。

注：

1——纵向试样；

2——横向试样。

图 D.12 冲击试验试样取向

单位为毫米

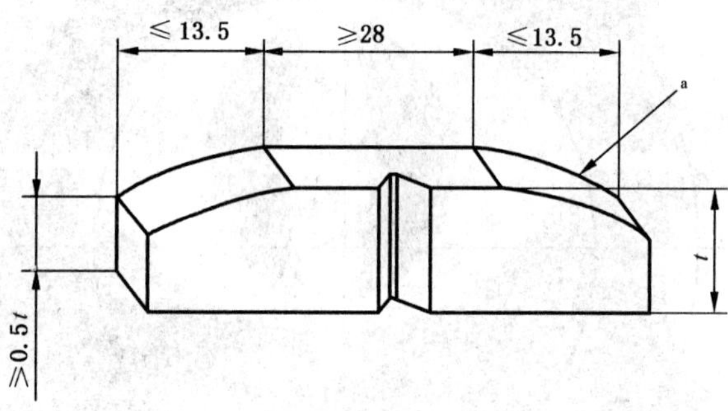

[a] 外径弧面。

图 D.13 夏比冲击试样尺寸

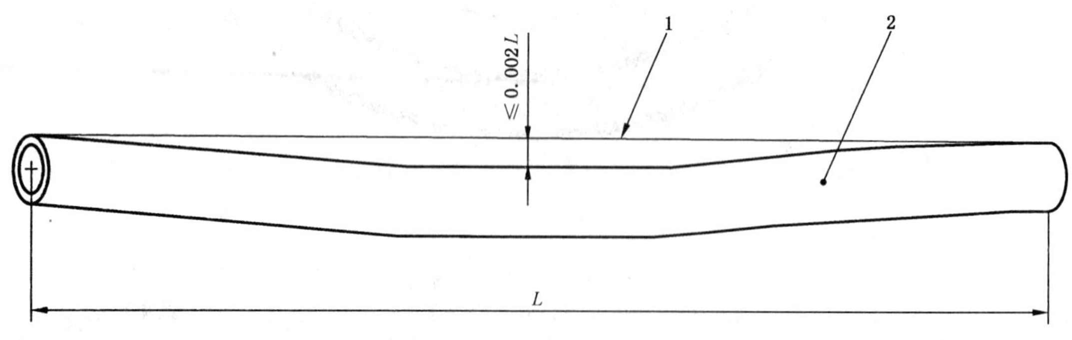

注：

1——绷绳或线；

2——管子。

图 D.14 全长直度测量

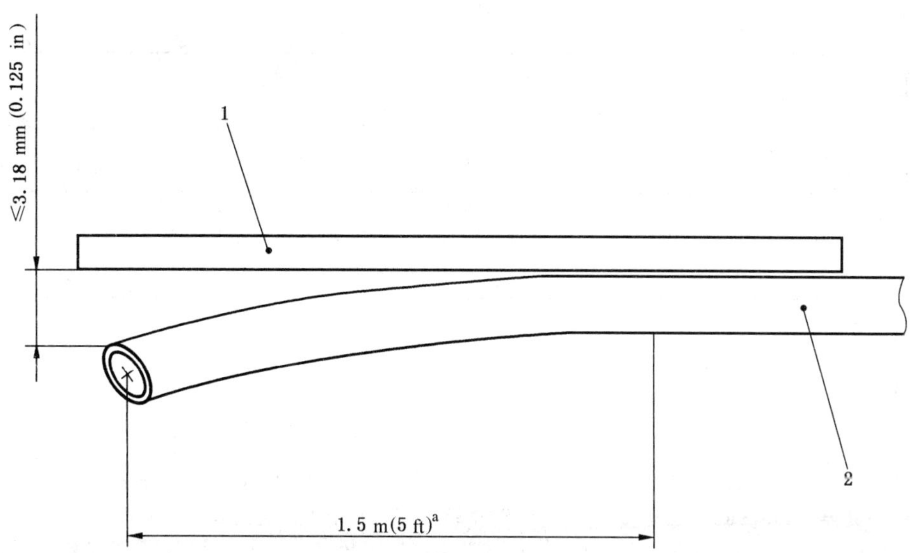

注：

1——长度最小为1.8 m(6 ft)的直尺；

2——管子。

[a] 弯曲端。

图 D.15 端部直度测量

漆模印标记(起始处距任一外螺纹端至少0.6 m(2 ft))

锤压印标记——可选择(距任一外螺纹端大约0.3 m(1 ft))

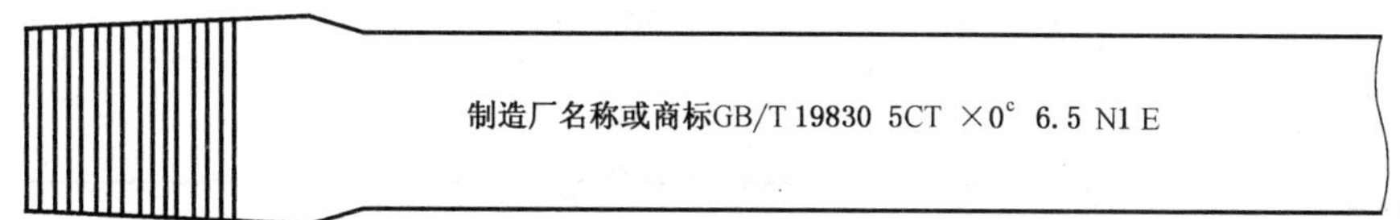

a) 示例1——油管：规格(代号1)2-7/8、规格(代号2)6.5、N80钢级1类，电焊、外加厚、外螺纹-外螺纹(由制造厂加工)、不带接箍

漆模印标记(起始处距任一端至少0.6 m(2 ft))

制造厂名称或商标 GB/T 19830 5CT×0[c] UF 2-7/8 (或2.875) 8.7 L S S2 P[a] D

b) 示例2——油管：规格(代号1)2-7/8、规格(代号2)8.7、L80钢级1类，无缝、外加厚、平端，补充要求包括静水压至94.5 MPa(13 700 psi)并按SR2检验

图 D.16 制造厂和螺纹加工厂采用第11章和表C.68或表E.68的标记要求和顺序示例

漆模印标记(起始处距任一端至少0.6 m(2 ft))

制造厂名称或商标 GB/T 19830 5CT×0[c] UF 7 35 C90-2 S S16[b] P[a] D 201

锤压印标记——可选择(距任一外螺纹端约0.3 m(1 ft))

201

c) 示例3——套管:规格(代号1)7、规格(代号2)35、C90钢级2类,无缝、平端、序号201。补充要求:16(SR16)在-10 ℃(+14 ℉)试验。管子经压力试验至69 MPa(10 000 psi)。

漆模印标记

制造厂名称或商标 GB/T 19830 5CT×0[c] J Z V

锤压印标记——可选择

制造厂名称或商标 GB/T 19830 5CT×0[c] J

注:接箍中心的标记可沿纵向或横向锤压标记。

d) 示例4——油管接箍:规格(代号1)2-7/8、J55钢级,经正火的加厚(或不加厚)油管,仅要求外观检验。

漆模印标记(起始处距接箍不小于0.6 m(2 ft))

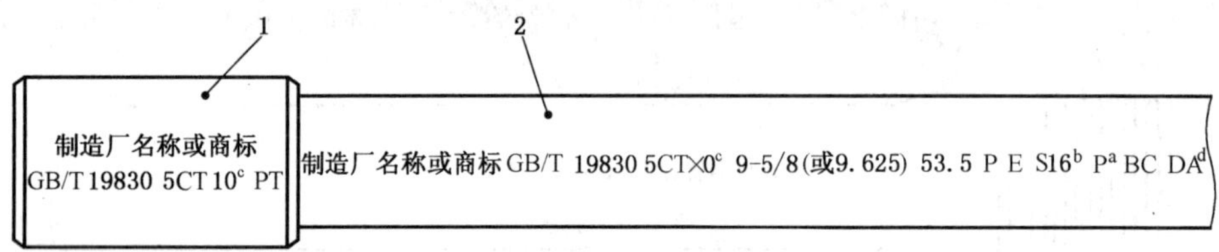

锤压印标记——可选择(距接箍大约0.6 m(2 ft))

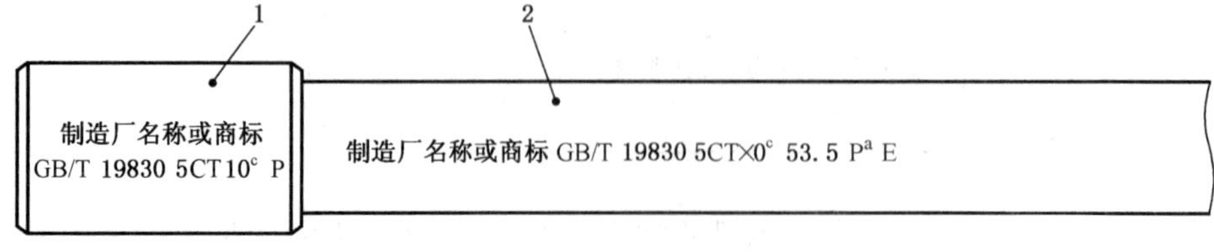

注:接箍中心的标记可沿纵向或横向。

e) 示例5——带接箍偏梯形套管:规格(代号1)9-5/8、规格(代号2)53.5、P110钢级、电焊;补充要求:SR11和SR16在-18 ℃(0 ℉)试验和215.9 mm(8.500 in)通径试验。接箍镀锡。

图 D.16(续)

漆模印标记(靠近螺纹处)

注:螺纹加工厂漆模印标记应位于靠近螺纹处,标记为管子制造厂标记之外的补充标记。

f) 示例6——螺纹加工厂:规格(代号1)2-3/8、规格(代号2)4、J55钢级、不加厚带螺纹,静水压试验至选用试验压力43.5 MPa(6 300 psi)。

注:

1——接箍;

2——管子。

[a] 按国际单位制制造的管子用兆帕(MPa)表示压力;按美国惯用单位制制造的管子用磅每平方英寸(psi)表示压力。

[b] 按国际单位制制造的管子用焦耳(J)表示CVN要求,用摄氏度(℃)表示温度;按美国惯用单位制制造的管子用英尺磅(ft-lb)表示CVN要求,用华氏度(℉)表示温度。

[c] 生产日期:本示例的产品是按本版标准生产的,处于与前一版的交叠期间(见11.1.9)。注意"X"表示生产年分的最后一个数字,这是普适的示例,不会因本标准后续版本而改变。其他生产日期的示例见图D.23。

[d] 对于按国际单位制制造的管子,以毫米为单位表示替代通径规直径;对于按美国惯用单位制制造的管子,以英寸为单位表示替代通径规直径。

图D.16(续)

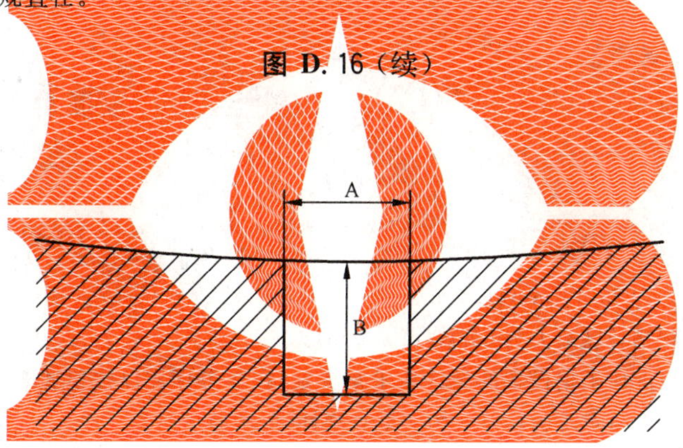

a) L2刻槽——内表面

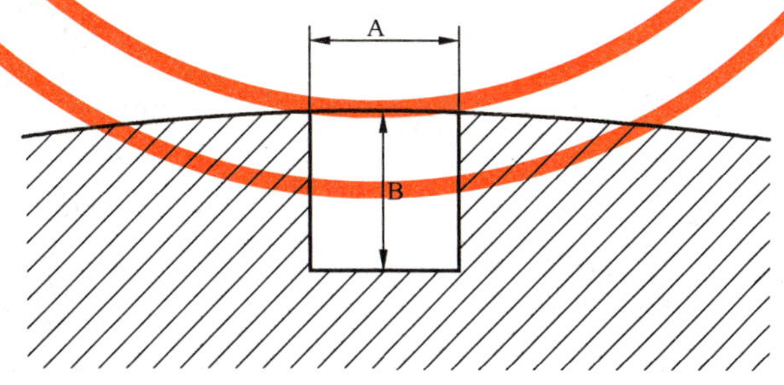

b) L2刻槽——外表面

图D.17 SR11.1 参考标样

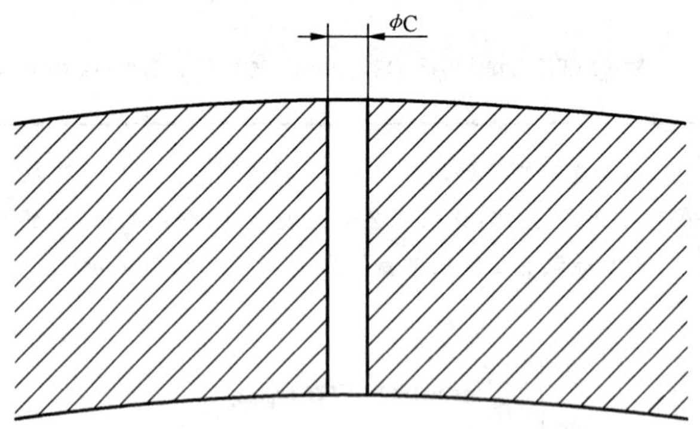

c） 钻孔

注：

A——刻槽宽度；

B——刻槽深度；

C——钻孔直径。

a)和 b)的刻槽长度：

——对于涡流，总长度最大为 38.10 mm(1.5 in)。

——对于超声波，全深度刻槽长度最大为 50.80 mm(2 in)。

——对于磁通变化，刻槽长度应根据设备的设计要求来决定，在参考标样以被检验管子的在线检验速度通过设备时，该设备应能产生一个可重现的信号。为保证重现性，要求通过设备三次。

图 D.17（续）

单位为毫米(英寸)

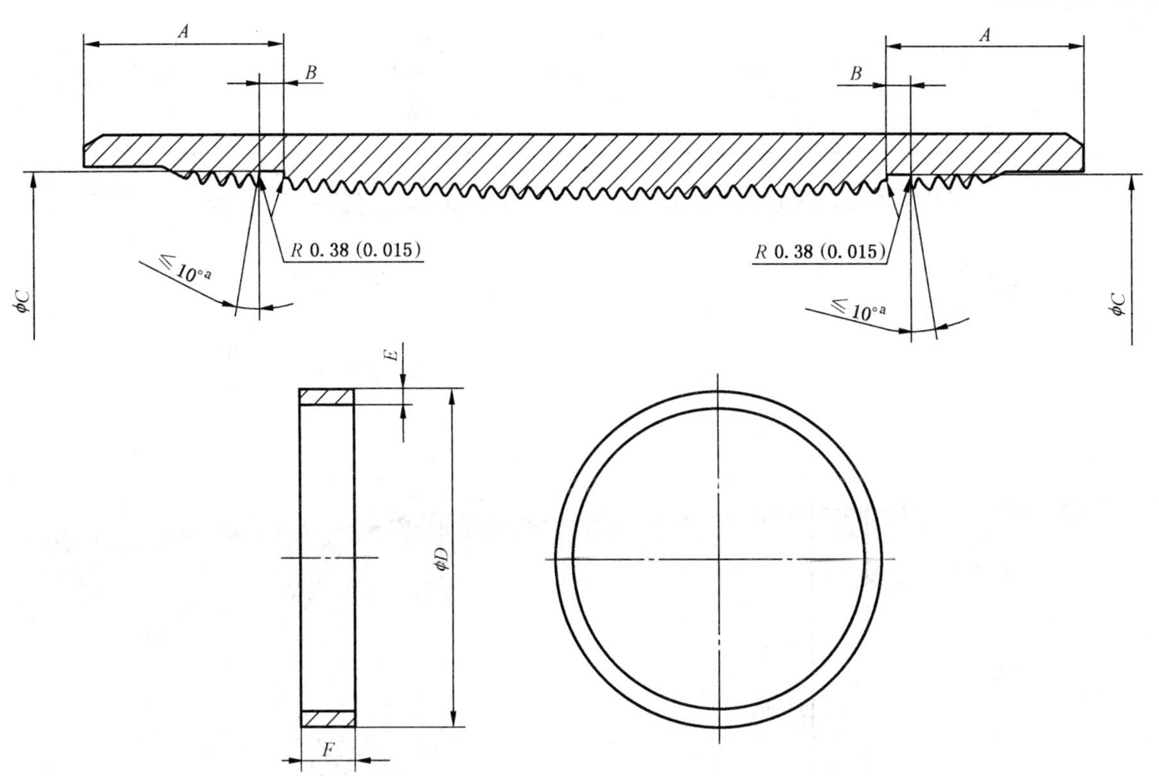

a 可选择角度。密封环槽和所指示过渡螺纹节径的同轴度应小于0.51 mm(0.020 in)。

8牙圆螺纹套管代号1	外径	接箍尺寸 mm(in)			密封环尺寸 mm(in)		
		A ±3.2 (±0.125)	B ±0.13 (±0.005)	C ±0.25 (±0.010)	D ±0.38 (±0.015)	E $^{+0.25}_{0}$ ($^{+0.010}_{0}$)	F $^{+0.38}_{0}$ ($^{+0.015}_{0}$)
1	2	3	4	5	6	7	8
4-1/2	114.30	34.9 (1.375)	4.78 (0.188)	114.63 (4.513)	115.27 (4.538)	2.54 (0.100)	3.96 (0.156)
5	127.00	38.1 (1.500)	4.78 (0.188)	127.13 (5.005)	127.76 (5.030)	2.54 (0.100)	3.96 (0.156)
5-1/2	139.70	38.1 (1.500)	4.78 (0.188)	139.83 (5.505)	140.46 (5.530)	2.54 (0.100)	3.96 (0.156)
6-5/8	168.28	44.5 (1.750)	4.78 (0.188)	168.00 (6.614)	168.63 (6.639)	2.54 (0.100)	3.96 (0.156)
7	177.80	44.5 (1.750)	4.78 (0.188)	177.52 (6.989)	178.16 (7.014)	2.54 (0.100)	3.96 (0.156)
7-5/8	193.68	44.5 (1.750)	4.78 (0.188)	193.29 (7.610)	193.93 (7.635)	2.54 (0.100)	3.96 (0.156)
8-5/8	219.09	47.6 (1.875)	4.78 (0.188)	218.52 (8.603)	219.15 (8.628)	2.54 (0.100)	3.96 (0.156)
9-5/8	244.48	47.6 (1.875)	4.78 (0.188)	243.92 (9.603)	244.55 (9.628)	2.54 (0.100)	3.96 (0.156)
10-3/4	273.05	44.5 (1.750)	4.78 (0.188)	272.67 (10.735)	273.30 (10.760)	2.54 (0.100)	3.96 (0.156)
11-3/4	298.45	47.6 (1.875)	4.78 (0.188)	297.89 (11.728)	298.53 (11.753)	2.54 (0.100)	3.96 (0.156)
13-3/8	339.72	57.2 (2.250)	4.78 (0.188)	338.56 (13.329)	339.19 (13.354)	2.54 (0.100)	3.96 (0.156)
16	406.40	69.9 (2.750)	4.78 (0.188)	404.44 (15.923)	405.08 (15.948)	2.54 (0.100)	3.96 (0.156)
18-5/8	473.08	69.9 (2.750)	4.78 (0.188)	471.12 (18.548)	471.75 (18.573)	2.54 (0.100)	3.96 (0.156)
20	508.00	69.9 (2.750)	4.78 (0.188)	506.04 (19.923)	506.68 (19.948)	2.54 (0.100)	3.96 (0.156)

图 D.18　SR13.1　圆螺纹套管的密封环接箍及非金属密封环

单位为毫米(英寸)

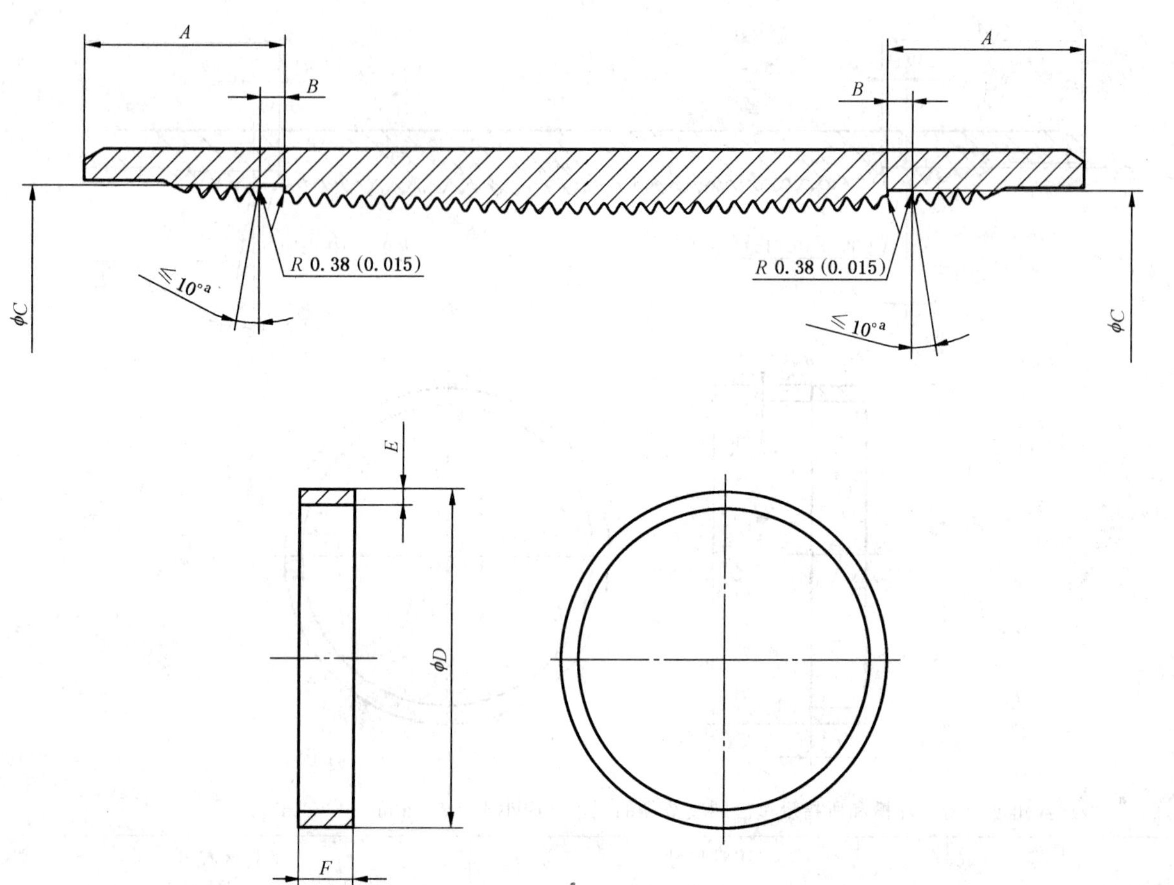

密封环槽和所指示过渡螺纹节径的同轴度应小于 0.51 mm(0.020 in)。

[a] 可选择角度。

偏梯形螺纹套管代号 1	外径	接箍尺寸 mm(in)			密封环尺寸 mm(in)		
		A ±3.2 (±0.125)	B ±0.13 (±0.005)	C ±0.25 (±0.010)	D ±0.38 (±0.015)	E $^{+0.25}_{0}$ ($^{+0.010}_{0}$)	F $^{+0.38}_{0}$ ($^{+0.015}_{0}$)
1	2	3	4	5	6	7	8
4-1/2	114.30	76.2 (3.000)	4.78 (0.188)	115.21 (4.536)	115.85 (4.561)	2.54 (0.100)	3.96 (0.156)
5	127.00	81.0 (3.188)	4.78 (0.188)	127.46 (5.018)	128.09 (5.043)	2.54 (0.100)	3.96 (0.156)
5-1/2	139.70	81.0 (3.188)	4.78 (0.188)	140.16 (5.518)	140.79 (5.543)	2.54 (0.100)	3.96 (0.156)
6-5/8	168.28	81.0 (3.188)	4.78 (0.188)	168.73 (6.643)	169.37 (6.668)	2.54 (0.100)	3.96 (0.156)
7	177.80	82.6 (3.250)	4.78 (0.188)	178.16 (7.014)	178.79 (7.039)	2.54 (0.100)	3.96 (0.156)
7-5/8	193.68	85.7 (3.375)	4.78 (0.188)	193.85 (7.632)	194.49 (7.657)	2.54 (0.100)	3.96 (0.156)
8-5/8	219.09	85.7 (3.375)	4.78 (0.188)	219.25 (8.632)	219.89 (8.657)	2.54 (0.100)	3.96 (0.156)
9-5/8	244.48	85.7 (3.375)	4.78 (0.188)	244.65 (9.632)	245.29 (9.657)	2.54 (0.100)	3.96 (0.156)
10-3/4	273.03	85.7 (3.375)	4.78 (0.188)	273.23 (10.757)	273.86 (10.782)	2.54 (0.100)	3.96 (0.156)
11-3/4	298.45	88.9 (3.500)	4.78 (0.188)	298.42 (11.749)	299.06 (11.774)	2.54 (0.100)	3.96 (0.156)
13-3/8	339.72	95.3 (3.750)	4.78 (0.188)	339.29 (13.358)	339.93 (13.383)	2.54 (0.100)	3.96 (0.156)

图 D.19 SR13.2 偏梯形螺纹套管的密封环接箍及非金属密封环

单位为毫米(英寸)

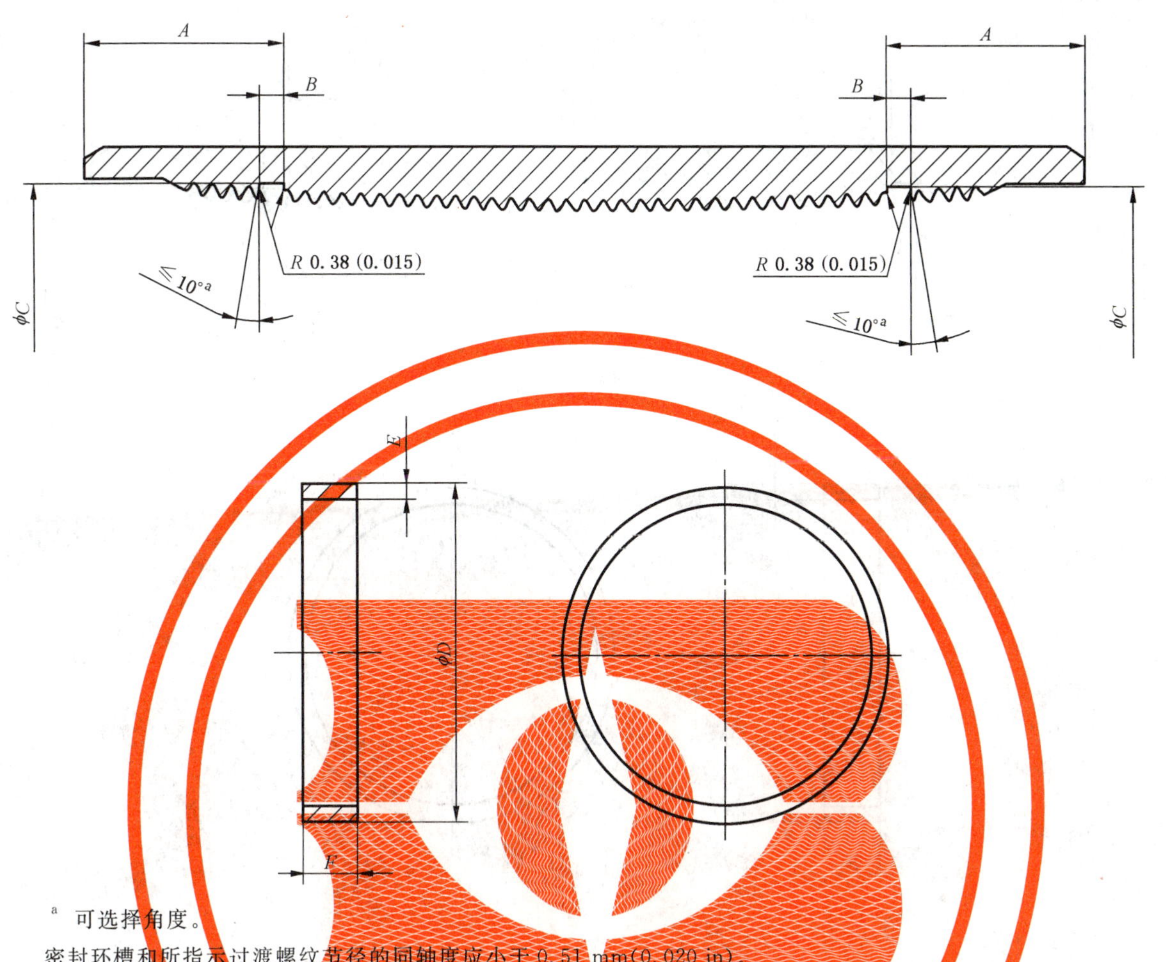

a 可选择角度。

密封环槽和所指示过渡螺纹节径的同轴度应小于0.51 mm(0.020 in)。

不加厚油管代号 1	外径	接箍尺寸 mm(in)			密封环尺寸 mm(in)		
		A ±3.2 (±0.125)	B ±0.13 (±0.005)	C ±0.25 (±0.010)	D ±0.19 (±0.075)	E $^{+0.13}_{0}$ ($^{+0.015}_{0}$)	F $^{+0.38}_{0}$ ($^{+0.005}_{0}$)
1	2	3	4	5	6	7	8
1.050	26.67	20.7 (0.813)	3.96 (0.156)	27.46 (1.081)	27.89 (1.098)	2.03 (0.080)	3.18 (0.125)
1.315	33.40	20.7 (0.813)	3.96 (0.156)	34.19 (1.346)	34.62 (1.363)	2.03 (0.080)	3.18 (0.125)
1.660	42.16	20.7 (0.813)	3.96 (0.156)	42.95 (1.691)	43.38 (1.708)	2.03 (0.080)	3.18 (0.125)
1.900	48.26	25.4 (1.000)	4.78 (0.188)	48.74 (1.919)	49.20 (1.937)	2.03 (0.080)	3.96 (0.156)
2-3/8	60.32	25.4 (1.000)	4.78 (0.188)	60.81 (2.394)	61.26 (2.412)	2.03 (0.080)	3.96 (0.156)
2-7/8	73.02	25.4 (1.000)	4.78 (0.188)	73.51 (2.894)	73.96 (2.912)	2.03 (0.080)	3.96 (0.156)
3-1/2	88.90	25.4 (1.000)	4.78 (0.188)	89.38 (3.519)	89.84 (3.537)	2.03 (0.080)	3.96 (0.156)
4	101.60	28.6 (1.125)	4.78 (0.188)	102.31 (4.028)	102.77 (4.046)	2.54 (0.100)	3.96 (0.156)
4-1/2	114.30	28.6 (1.125)	4.78 (0.188)	115.01 (4.258)	115.47 (4.546)	2.54 (0.100)	3.96 (0.156)

图 D.20 SR13.3 不加厚油管的密封环接箍及非金属密封环

单位为毫米(英寸)

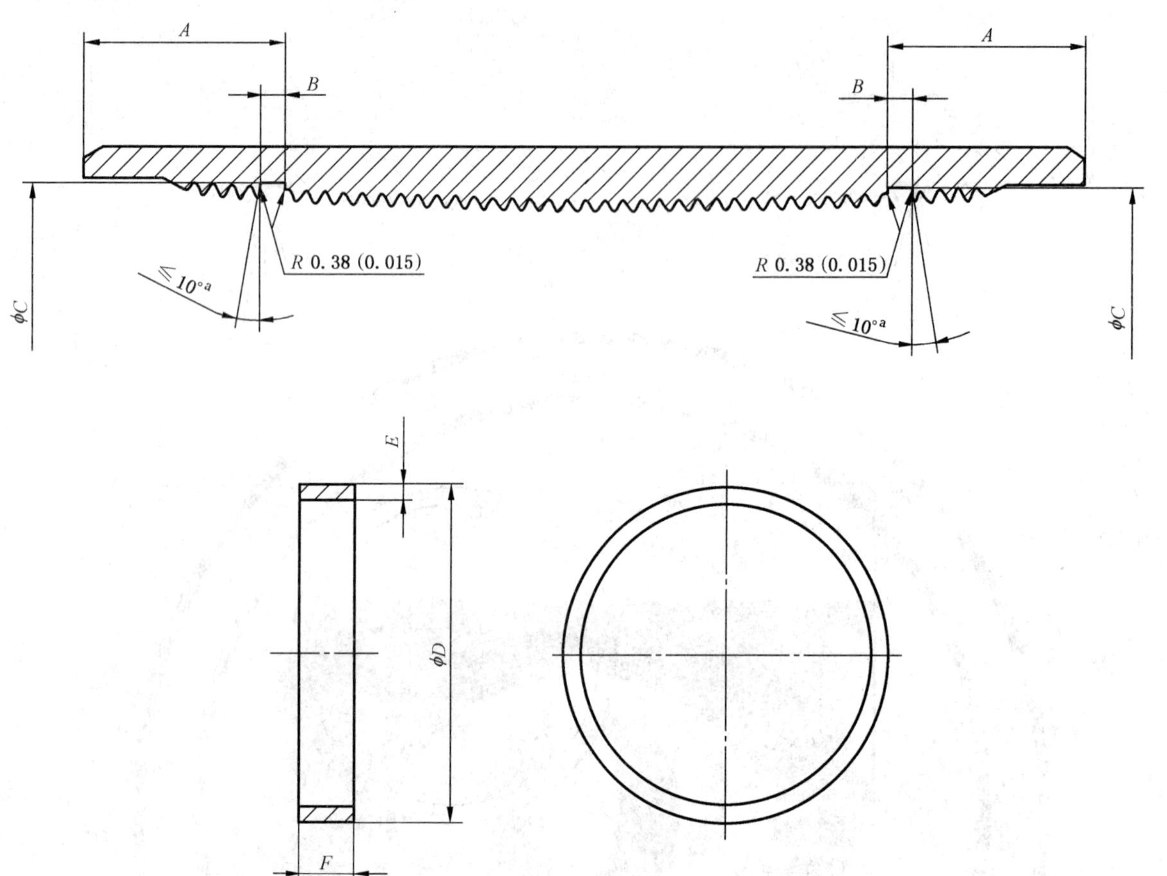

[a] 可选择角度。

密封环槽和所指示过渡螺纹节径的同轴度应小于 0.51 mm(0.020 in)。

外加厚油管代号 1	外径	接箍尺寸 mm(in)			密封环尺寸 mm(in)		
		A ±3.2 (±0.125)	B ±0.13 (±0.005)	C ±0.25 (±0.010)	D ±0.19 (±0.075)	E $^{+0.13}_{0}$ ($^{+0.005}_{0}$)	F $^{+0.38}_{0}$ ($^{+0.015}_{0}$)
1	2	3	4	5	6	7	8
1.050	26.67	22.2 (0.875)	3.96 (0.156)	34.09 (1.342)	34.54 (1.360)	2.03 (0.080)	3.18 (0.125)
1.315	33.40	22.2 (0.875)	3.96 (0.156)	38.00 (1.496)	38.43 (1.513)	2.03 (0.080)	3.18 (0.125)
1.660	42.16	22.2 (0.875)	4.78 (0.188)	46.74 (1.840)	47.17 (1.857)	2.03 (0.080)	3.96 (0.156)
1.900	48.26	22.2 (0.875)	4.78 (0.188)	53.87 (2.121)	54.31 (2.138)	2.03 (0.080)	3.96 (0.156)
2-3/8	60.32	28.6 (1.125)	4.78 (0.188)	66.60 (2.622)	67.06 (2.640)	2.54 (0.100)	3.96 (0.156)
2-7/8	73.02	28.6 (1.125)	4.78 (0.188)	79.30 (3.122)	79.76 (3.140)	2.54 (0.100)	3.96 (0.156)
3-1/2	88.90	28.6 (1.125)	4.78 (0.188)	95.96 (3.778)	96.42 (3.796)	2.54 (0.100)	3.96 (0.156)
4	101.60	28.6 (1.125)	4.78 (0.188)	108.66 (4.278)	109.12 (4.296)	2.54 (0.100)	3.96 (0.156)
4-1/2	114.30	28.6 (1.125)	4.78 (0.188)	121.36 (4.778)	121.82 (4.796)	2.54 (0.100)	3.96 (0.156)

图 D.21　SR13.4　加厚油管的密封环接箍及非金属密封环

单位为毫米

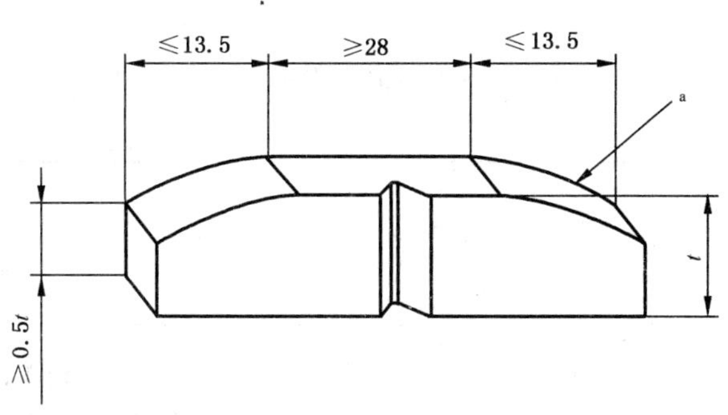

a 外径弧面。

图 D.22 SR16.1

漆模印标记(起始处距任一外螺纹端至少 0.6 m(2 ft))

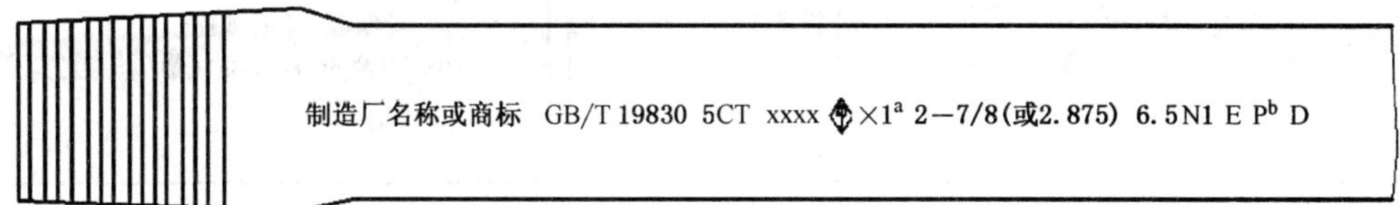

锤压印标记——可选择(距任一外螺纹端大约 0.3 m(1 ft))

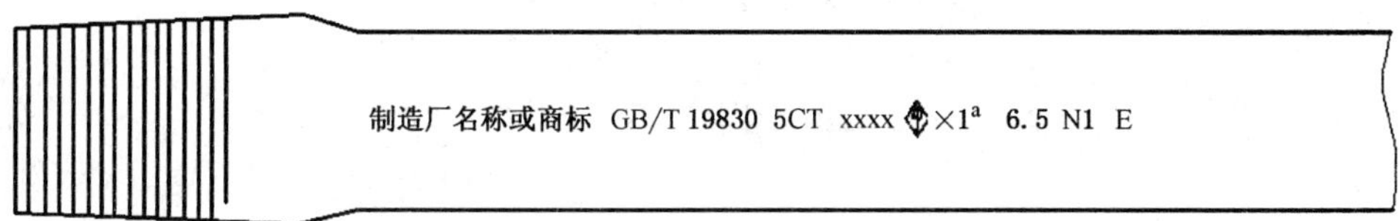

a) 示例 1——油管:规格(代号 1)2-7/8、规格(代号 2)6.5、N80 钢级 1 类,电焊、外加厚、外螺纹-外螺纹(由制造厂加工),不带接箍,1999 年 1 月生产。

漆模印标记(起始处距任一端至少 0.6 m(2 ft))

制造厂名称或商标 GB/T 19830 5CT xxxx ◈×1[a]UF2—7/8(或2.875) 8.7L S S2 P[b] D

b) 示例 2——油管:规格(代号 1)2-7/8、规格(代号 2)8.7、L80 钢级 1 类,无缝、外加厚、平端。补充要求包括静水压至 94.5 MPa(13 700 psi)并按 SR2 检验,1999 年 1 月生产。

漆模印标记(起始处距任一端至少 0.6 m(2 ft))

制造厂名称或商标 GB/T 19830 5CT xxxx◈×1[a] 2—7/8(或2.875) 6.5 N1 E P[a] D

图 D.23 使用 API 会标的制造厂和螺纹加工厂标记要求和顺序示例(见附录 F 和表 C.81 或表 E.81)

锤压印标记——可选择(距任一外螺纹端约 0.3 m(1 ft))

201

c) 示例 3——套管:规格(代号 1)7、规格(代号 2)35、C90 钢级 2 类,无缝、平端,序号 201。
补充要求:16(SR16)在 -10 ℃(+14 ℉)试验。管子经压力试验至 69 MPa(10 000 psi),2000 年 2 月生产。

漆模印标记

制造厂名称或商标
GB/T 19830 5CT xxxx◈ 02[a] J Z V

锤压印标记——可选择

制造厂名称或商标
GB/T 19830 5CT xxxx◈ 02[a] J

注:接箍中心的标记可沿纵向或横向锤压标记。

d) 示例 4——油管接箍:规格(代号 1)2-7/8、J55 钢级,经正火的加厚(或不加厚)油管,仅要求外观检验。2000 年 4 月生产。

漆模印标记(起始处距接箍不小于 0.6 m(2 ft))

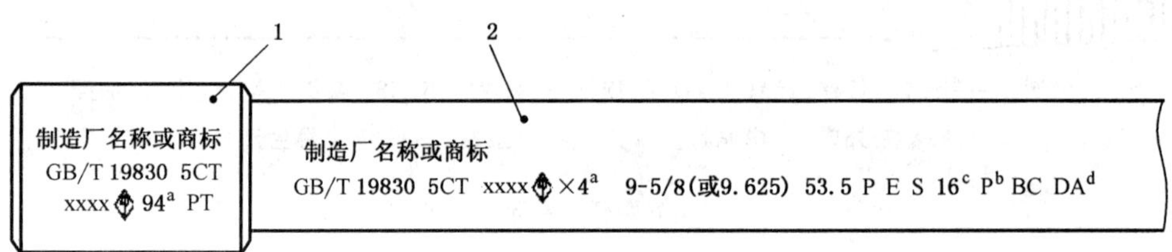

锤压印标记——可选择(距接箍大约 0.6 m(2 ft))

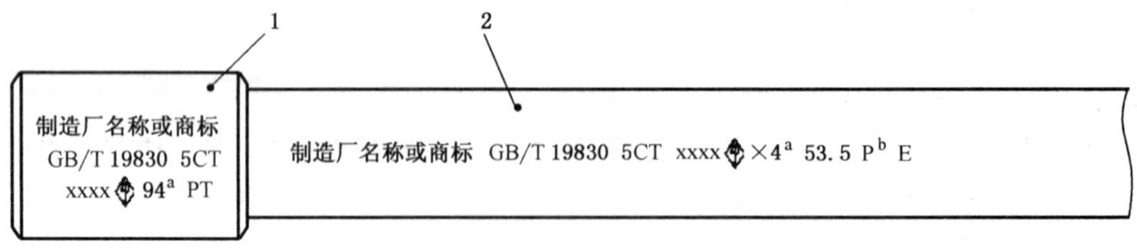

注:接箍中心的标记可沿纵向或横向。

e) 示例 5——带接箍偏梯形套管:规格(代号 1)9-5/8、规格(代号 2)53.5、P110 钢级,电焊;
补充要求:SR11 和 SR16 在 -18 ℃(0 ℉)试验和 215.9 mm(8.500 in)通径试验。接箍镀锡,1999 年 12 月生产。

图 D.23(续)

漆模印标记(靠近螺纹处)

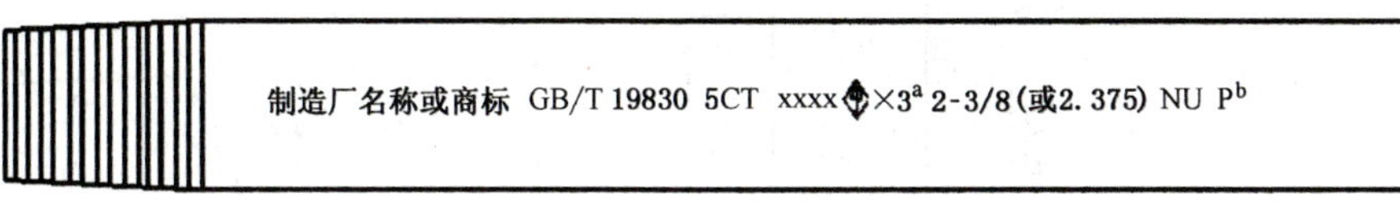

注:螺纹加工厂漆模印标记应位于靠近螺纹处,标记为管子制造厂标记之外的补充标记。

f) 示例 6——螺纹加工厂:规格(代号 1)2-3/8、规格(代号 2)4、J55 钢级,不加厚带螺纹,静水压试验至选用试验压力 43.5 MPa(6 300 psi),1999 年 7 月生产。

注 1:接箍;

注 2:管子。

[a] API 许可证编号、API 会标、生产日期(见附录 F)。

[b] 按国际单位制制造的管子用兆帕(MPa)表示压力;按美国惯用单位制制造的管子用磅每平方英寸(psi)表示压力。

[c] 按国际单位制制造的管子用焦耳(J)表示 CVN 要求,用摄氏度(℃)表示温度;按美国惯用单位制制造的管子用英尺磅(ft-lb)表示 CVN 要求,用华氏度(℉)表示温度。

[d] 对于按国际单位制制造的管子,以毫米为单位表示替代通径规直径;对于按美国惯用单位制制造的管子,以英寸为单位表示替代通径规直径。

图 D.23(续)

单位为毫米

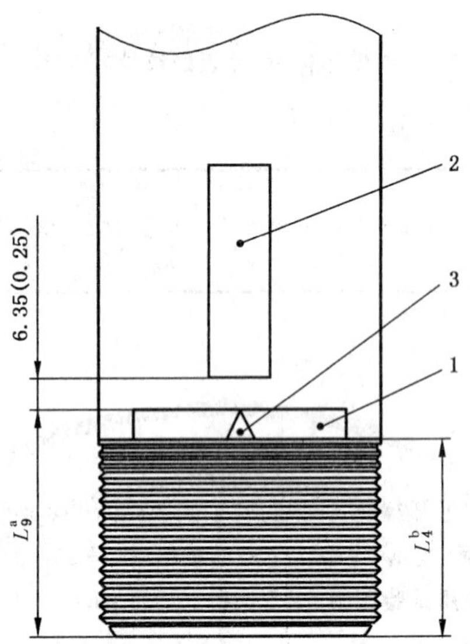

注 1——喷印标记，高亮绿色。

注 2——喷印带，对公端大约 25 mm(1 in)宽及 0.6 m(2 ft)长，但由制造厂上紧节箍时，长度不小于 100 mm(4 in)。

注 3——三角标记。

[a] 最大上扣长度：管端到三角顶点。

[b] 总长：管端到消失点。

三角标记位置		
代号 1	L_4	L_9 $^{0}_{-1.59}$ mm ($^{0}_{-1/16}$ in)
1	2	3
4-1/2	76.20 (3.000)	82.55 (3.250)
5	85.73 (3.375)	92.11 (3.625)
5-1/2	88.90 (3.500)	95.25 (3.750)
6-5/8	98.43 (3.875)	104.78 (4.125)
7	101.60 (4.000)	107.95 (4.250)
7-5/8	104.78 (4.125)	111.13 (4.375)
8-5/8	114.30 (4.500)	120.65 (4.750)
9-5/8	120.65 (4.750)	127.00 (5.000)

图 D.24 SR22-1 现场端喷印印标记和三角标记(工厂和现场端模印)

单位为毫米

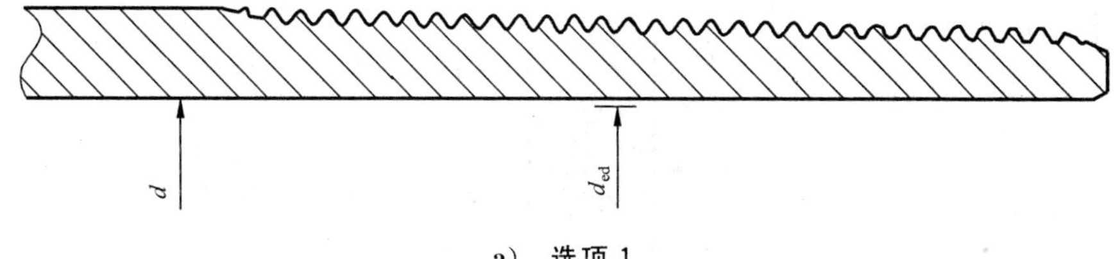

a） 选项 1

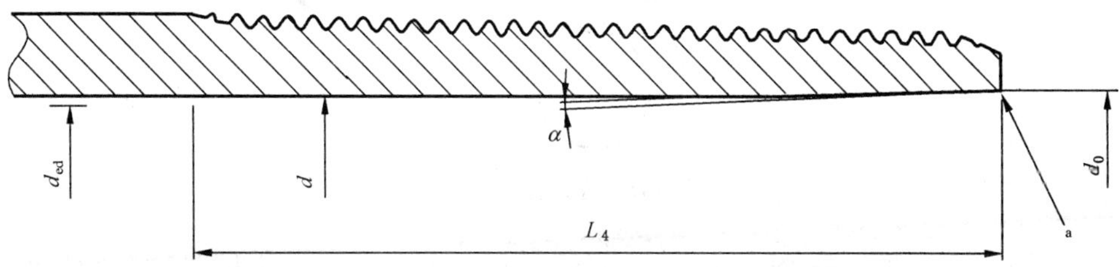

b） 选项 2

[a] 坡口。

选项 1				选项 2						
不镗孔内径				镗孔内径						
代号 1	代号 2	特殊端部通径直径 d_{ed} ±0.13 (±0.005)	内径 d	代号 1	代号 2	特殊端部通径直径 d_{ed} ±0.13 (±0.005)	内径 d	坡口深度 L_4 max	坡口直径 d_0 ±0.38 (±0.015)	坡口角 α
1	2	3	4	1	2	3	4	5	6	7
7	23.00	160.68 (6.326)	161.70 (6.366)	7	23.00	158.75 (6.250)	161.70 (6.366)	101.60 (4.000)	162.56 (6.400)	2°～15°
7	32.00	154.18 (6.070)	154.79 (6.094)	7	32.00	152.40 (6.000)	154.79 (6.094)	101.60 (4.000)	157.48 (6.200)	2°～15°
8-5/8	32.00	201.96 (7.951)	201.19 (7.921)	8-5/8	32.00	200.02 (7.875)	201.19 (7.921)	114.30 (4.500)	204.47 (8.050)	2°～15°
8-5/8	40.00	195.61 (7.701)	196.22 (7.725)	8-5/8	40.00	193.68 (7.625)	196.22 (7.725)	114.30 (4.500)	198.12 (7.800)	2°～15°
9-5/8	40.00	224.18 (8.826)	224.41 (8.835)	9-5/8	40.00	222.25 (8.750)	224.41 (8.835)	120.65 (4.750)	227.33 (8.950)	2°～15°
9-5/8	47.00	221.01 (8.701)	220.50 (8.681)	9-5/8	47.00	219.08 (8.625)	220.50 (8.681)	120.65 (4.750)	223.52 (8.800)	2°～15°
9-5/8	53.50	217.83 (8.576)	216.79 (8.535)	9-5/8	53.50	215.90 (8.500)	216.79 (8.535)	120.65 (4.750)	220.98 (8.700)	2°～15°

图 D.25　SR22-2　沿内径规定可选择的锥度

单位为毫米

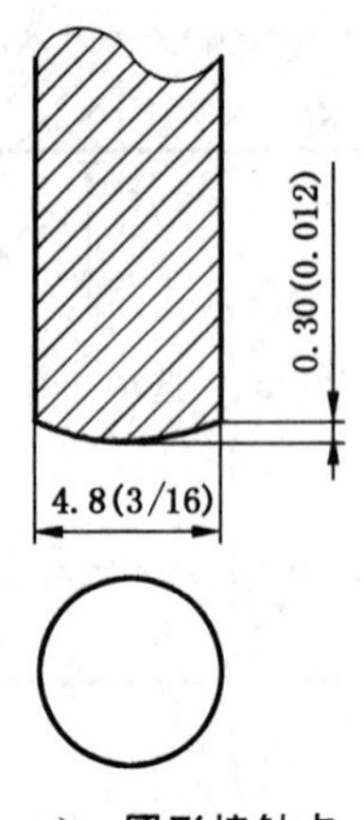

a） 圆形接触点

b） 俯视图

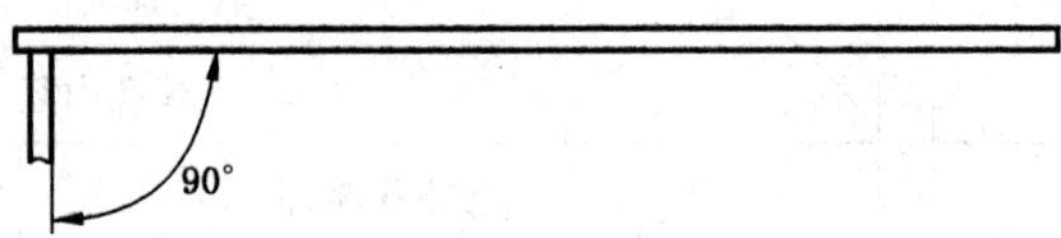

c） 侧视图

图 D.26 典型的90°钩形工具示例

单位为毫米

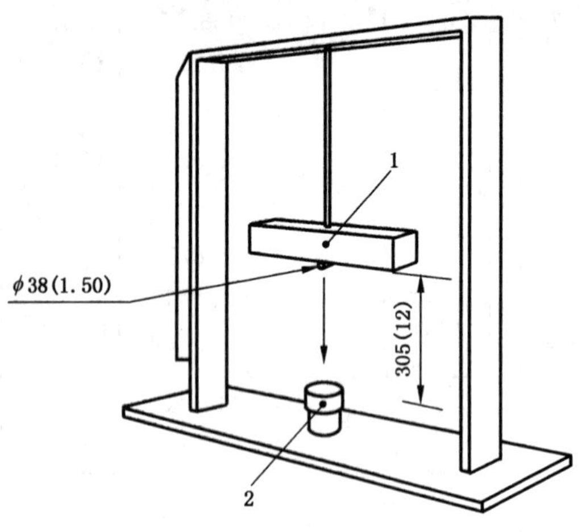

注：

1——钢棒；

2——试样。

图 D.27 轴向冲击试验设备

单位为毫米

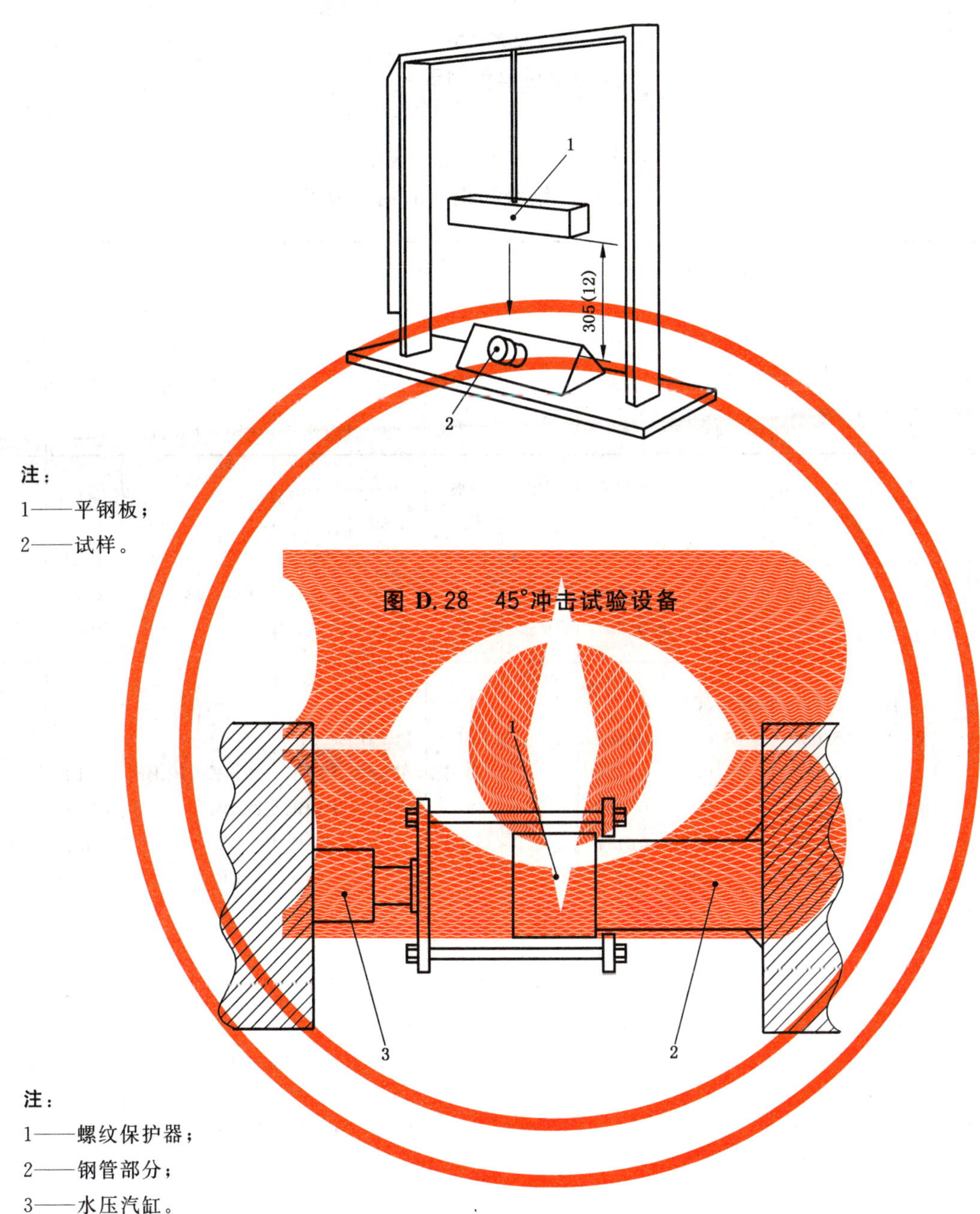

注：

1——平钢板；

2——试样。

图 D.28　45°冲击试验设备

注：

1——螺纹保护器；

2——钢管部分；

3——水压汽缸。

图 D.29　拉脱试验装置

附 录 E
（规范性附录）
美国惯用单位制表

表 E.1 ISO/API 套管一览表
规格、质量、壁厚、钢级和相应的端部加工

代号[a]		外径 D in	带螺纹和接箍名义质量[b,c] lb/ft	壁厚 t in	端部加工形式							
1	2				H40	J55 K55	M65	L80 C95	N80 1、Q类	C90 T95	P110	Q125
1	2	3	4	5	6	7	8	9	10	11	12	13
04-1/2	9.50	4.500	9.50	0.205	PS	PS	PS	—	—	—	—	—
4-1/2	10.50	4.500	10.50	0.224	—	PSB	PSB	—	—	—	—	—
4-1/2	11.60	4.500	11.60	0.250	—	PSLB	PLB	PLB	PLB	PLB	PLB	—
4-1/2	13.50	4.500	13.50	0.290	—	—	PLB	PLB	PLB	PLB	PLB	—
4-1/2	15.10	4.500	15.10	0.337	—	—	—	—	—	—	PLB	PLB
5	11.50	5.000	11.50	0.220	—	PS	PS	—	—	—	—	—
5	13.00	5.000	13.00	0.253	—	PSLB	PSLB	—	—	—	—	—
5	15.00	5.000	15.00	0.296	—	PSLBE	PLB	PLBE	PLBE	PLBE	PLBE	—
5	18.00	5.000	18.00	0.362	—	—	PLB	PLBE	PLBE	PLBE	PLBE	PLBE
5	21.40	5.000	21.40	0.437	—	—	PLB	PLB	PLB	PLB	PLB	PLB
5	23.20	5.000	23.20	0.478	—	—	—	PLB	PLB	PLB	PLB	PLB
5	24.10	5.000	24.10	0.500	—	—	—	PLB	PLB	PLB	PLB	PLB
5-1/2	14.00	5.500	14.00	0.244	PS	PS	PS	—	—	—	—	—
5-1/2	15.50	5.500	15.50	0.275	—	PSLBE	PSLB	—	—	—	—	—
5-1/2	17.00	5.500	17.00	0.304	—	PSLBE	PLB	PLBE	PLBE	PLBE	PLBE	—
5-1/2	20.00	5.500	20.00	0.361	—	—	PLB	PLBE	PLBE	PLBE	PLBE	—
5-1/2	23.00	5.500	23.00	0.415	—	—	PLB	PLBE	PLBE	PLBE	PLBE	PLBE
5-1/2	26.80	5.500	26.80	0.500	—	—	—	—	—	P	—	—
5-1/2	29.70	5.500	29.70	0.562	—	—	—	—	—	P	—	—
5-1/2	32.60	5.500	32.60	0.625	—	—	—	—	—	P	—	—
5-1/2	35.30	5.500	35.30	0.687	—	—	—	—	—	P	—	—
5-1/2	38.00	5.500	38.00	0.750	—	—	—	—	—	P	—	—
5-1/2	40.50	5.500	40.50	0.812	—	—	—	—	—	P	—	—
5-1/2	43.10	5.500	43.10	0.875	—	—	—	—	—	P	—	—
6-5/8	20.00	6.625	20.00	0.288	PS	PSLB	PSLB	—	—	—	—	—
6-5/8	24.00	6.625	24.00	0.352	—	PSLBE	PLB	PLBE	PLBE	PLBE	PLBE	—
6-5/8	28.00	6.625	28.00	0.417	—	—	PLB	PLBE	PLBE	PLBE	PLBE	—
6-5/8	32.00	6.625	32.00	0.475	—	—	—	PLBE	PLBE	PLBE	PLBE	PLBE

表 E.1（续）

代号[a]		外径 D in	带螺纹和接箍名义质量[b,c] lb/ft	壁厚 t in	端部加工形式							
1	2				H40	J55 K55	M65	L80 C95	N80 1、Q类	C90 T95	P110	Q125
1	2	3	4	5	6	7	8	9	10	11	12	13
7	17.00	7.000	17.00	0.231	PS	—	—	—	—	—	—	—
7	20.00	7.000	20.00	0.272	PS	PS	PS	—	—	—	—	—
7	23.00	7.000	23.00	0.317	—	PSLBE	PLB	PLBE	PLBE	PLBE	—	—
7	26.00	7.000	26.00	0.362	—	PSLBE	PLB	PLBE	PLBE	PLBE	PLBE	—
7	29.00	7.000	29.00	0.408	—	—	PLB	PLBE	PLBE	PLBE	PLBE	—
7	32.00	7.000	32.00	0.453	—	—	PLB	PLBE	PLBE	PLBE	PLBE	—
7	35.00	7.000	35.00	0.498	—	—	—	PLBE	PLBE	PLBE	PLBE	PLBE
7	38.00	7.000	38.00	0.540	—	—	—	PLBE	PLBE	PLBE	PLBE	PLBE
7	42.70	7.000	42.70	0.625	—	—	—	—	—	P	—	—
7	46.40	7.000	46.40	0.687	—	—	—	—	—	P	—	—
7	50.10	7.000	50.10	0.750	—	—	—	—	—	P	—	—
7	53.60	7.000	53.60	0.812	—	—	—	—	—	P	—	—
7	57.10	7.000	57.10	0.875	—	—	—	—	—	P	—	—
7-5/8	24.00	7.625	24.00	0.300	PS	—	—	—	—	—	—	—
7-5/8	26.20	7.625	26.40	0.328	—	PSLBE	PSLB	PLBE	PLBE	PLBE	—	—
7-5/8	29.70	7.625	29.70	0.375	—	—	PLB	PLBE	PLBE	PLBE	PLBE	—
7-5/8	33.70	7.625	33.70	0.430	—	—	PLB	PLBE	PLBE	PLBE	PLBE	—
7-5/8	39.00	7.625	39.00	0.500	—	—	—	PLBE	PLBE	PLBE	PLBE	PLBE
7-5/8	42.80	7.625	42.80	0.562	—	—	—	PLB	PLB	PLB	PLB	PLB
7-5/8	45.30	7.625	45.30	0.595	—	—	—	PLB	PLB	PLB	PLB	PLB
7-5/8	47.10	7.625	47.10	0.625	—	—	—	PLB	PLB	PLB	PLB	PLB
7-5/8	51.20	7.625	51.20	0.687	—	—	—	—	—	P	—	—
7-5/8	55.30	7.625	55.30	0.750	—	—	—	—	—	P	—	—
7-3/4	46.10	7.750	46.10	0.595	—	—	—	P	P	P	P	P
8-5/8	24.00	8.625	24.00	0.264	—	PS	PS	—	—	—	—	—
8-5/8	28.00	8.625	28.00	0.304	PS	—	PS	—	—	—	—	—
8-5/8	32.00	8.625	32.00	0.352	PS	PSLBE	PSLB	—	—	—	—	—
8-5/8	36.00	8.625	36.00	0.400	—	PSLBE	PSLB	PLBE	PLBE	PLBE	—	—
8-5/8	40.00	8.625	40.00	0.450	—	—	PLB	PLBE	PLBE	PLBE	PLBE	—
8-5/8	44.00	8.625	44.00	0.500	—	—	—	PLBE	PLBE	PLBE	PLBE	
8-5/8	49.00	8.625	49.00	0.557	—	—	—	PLBE	PLBE	PLBE	PLBE	PLBE
9-5/8	32.30	9.625	32.30	0.312	PS	—	—	—	—	—	—	—
9-5/8	36.00	9.625	36.00	0.352	PS	PSLB	PSLB	—	—	—	—	—
9-5/8	40.00	9.625	40.00	0.395	—	PSLBE	PSLB	PLBE	PLBE	PLBE	—	—
9-5/8	43.50	9.625	43.50	0.435	—	—	PLB	PLBE	PLBE	PLBE	PLBE	—
9-5/8	47.00	9.625	47.00	0.472	—	—	PLB	PLBE	PLBE	PLBE	PLBE	PLBE
9-5/8	53.50	9.625	53.50	0.545	—	—	—	PLBE	PLBE	PLBE	PLBE	PLBE

表 E.1(续)

代号[a]		外径 D in	带螺纹和接箍名义质量[b,c] lb/ft	壁厚 t in	端部加工形式							
1	2				H40	J55 K55	M65	L80 C95	N80 1、Q 类	C90 T95	P110	Q125
1	2	3	4	5	6	7	8	9	10	11	12	13
9-5/8	58.40	9.625	58.40	0.595	—	—	—	PLB	PLB	PLB	PLB	PLB
9-5/8	59.40	9.625	59.40	0.609	—	—	—	—	—	P	—	—
9-5/8	64.90	9.625	64.90	0.672	—	—		—	—	P	—	—
9-5/8	70.30	9.625	70.30	0.734	—	—	—	—	—	P	—	—
9-5/8	75.60	9.625	75.60	0.797	—	—	—	—	—	P	—	—
10-3/4	32.75	10.750	32.75	0.279	PS	—	—	—	—	—	—	—
10-3/4	40.50	10.750	40.50	0.350	PS	PSB	PSB	—	—	—	—	—
10-3/4	45.50	10.750	45.50	0.400	—	PSBE	PSB	—	—	—	—	—
10-3/4	51.00	10.750	51.00	0.450	—	PSBE	PSB	PSBE	PSBE	PSBE	PSBE	—
10-3/4	55.50	10.750	55.50	0.495	—	—	PSB	PSBE	PSBE	PSBE	PSBE	—
10-3/4	60.70	10.750	60.70	0.545	—	—	—	—	—	PSBE	PSBE	PSBE
10-3/4	65.70	10.750	65.70	0.595	—	—	—	—	—	PSB	PSB	PSB
10-3/4	73.20	10.750	73.20	0.672	—	—	—	—	—	P	—	—
10-3/4	79.20	10.750	79.20	0.734	—	—	—	—	—	P	—	—
10-3/4	85.30	10.750	85.30	0.797	—	—	—	—	—	P	—	—
11-3/4	42.00	11.750	42.00	0.333	PS	—	—	—	—	—	—	—
11-3/4	47.00	11.750	47.00	0.375	—	PSB	PSB	—	—	—	—	—
11-3/4	54.00	11.750	54.00	0.435	—	PSB	PSB	—	—	—	—	—
11-3/4	60.00	11.750	60.00	0.489	—	PSB	PSB	PSB	PSB	PSB	PSB	PSB
11-3/4	65.00	11.750	65.00	0.534	—	—	—	P	P	P	P	P
11-3/4	71.00	11.750	71.00	0.582	—	—	—	P	P	P	P	P
13-3/8	48.00	13.375	48.00	0.330	PS	—	—	—	—	—	—	—
13-3/8	54.50	13.375	54.50	0.380	—	PSB	PSB	—	—	—	—	—
13-3/8	61.00	13.375	61.00	0.430	—	PSB	PSB	—	—	—	—	—
13-3/8	68.00	13.375	68.00	0.480	—	PSB	PSB	PSB	PSB	PSB	PSB	—
13-3/8	72.00	13.375	72.00	0.514	—	—	—	PSB	PSB	PSB	PSB	PSB
16	65.00	16.000	65.00	0.375	PS	—	—	—	—	—	—	—
16	75.00	16.000	75.00	0.438	—	PSB	PSB	—	—	—	—	—
16	84.00	16.000	84.00	0.495	—	PSB	PSB	—	—	—	—	—
16	109.00	16.000	109.00	0.656	—	P	—	P	P	P	P	P
18-5/8	87.50	18.625	87.50	0.435	PS	PSB	PSB	—	—	—	—	—
20	94.00	20.000	94.00	0.438	PSL	PSLB	PSLB	—	—	—	—	—
20	106.50	20.000	106.50	0.500	—	PSLB	PSLB	—	—	—	—	—
20	133.00	20.000	133.00	0.635	—	PSLB	—	—	—	—	—	—

P——平端;S——短圆螺纹;L——长圆螺纹;B——偏梯形螺纹;E——直连型。

[a] 代号供订货时参考。

[b] 所示带螺纹和接箍单位长度名义质量(第2栏)仅供参考。

[c] 马氏体铬钢(L80 9Cr 和 13Cr)的密度不同于碳钢。因此,所示质量对马氏体铬钢来说不是精确值。可采用质量校正系数0.989。

表 E.2 ISO/API 平端套管衬管一览表——J55 钢级

代号		外径 D in	平端衬管 单位长度质量 lb/ft	壁厚 t in
1	2			
3-1/2	9.91	3.500	9.91	0.289
4	11.34	4.000	11.34	0.286
4-1/2	13.04	4.500	13.04	0.290
5	17.93	5.000	17.93	0.362
5-1/2	19.81	5.500	19.81	0.361
6-5/8	27.65	6.625	27.65	0.417

表 E.3 ISO/API 油管一览表
规格、质量、壁厚、钢级和相应的端部加工

代号				外径 D in	单位长度名义质量[a,b]			壁厚 t in	端部加工形式[c]						
1	2				不加厚带螺纹和接箍 lb/ft	外加厚带螺纹和接箍 lb/ft	整体接头 lb/ft		H40	J55	L80	N80 1、Q 类	C90	T95	P110
	不加厚带螺纹和接箍	外加厚带螺纹和接箍	整体接头												
1	2	3	4	5	6	7	8	9	10	11	12	13	14	15	16
1.050	1.14	1.20	—	1.050	1.14	1.20	—	0.113	PNU	PNU	PNU	PNU	PNU	PNU	—
1.050	1.48	1.54	—	1.050	1.48	1.54	—	0.154	PU	PU	PU	PU	PU	PU	PU
1.315	1.70	1.80	1.72	1.315	1.70	1.80	1.72	0.133	PNUI	PNUI	PNUI	PNUI	PNUI	PNUI	—
1.315	2.19	2.24	—	1.315	2.19	2.24	—	0.179	PU	PU	PU	PU	PU	PU	PU
1.660	2.09	—	2.10	1.660	—	—	2.10	0.125	PI	PI	—	—	—	—	—
1.660	2.30	2.40	2.33	1.660	2.30	2.40	2.33	0.140	PNUI	PNUI	PNUI	PNUI	PNUI	PNUI	—
1.660	3.03	3.07	—	1.660	3.03	3.07		0.191	PU	PU	PU	PU	PU	PU	PU
1.900	2.40	—	2.40	1.900	—	—	2.40	0.125	PI	PI	—	—	—	—	—
1.900	2.75	2.90	2.76	1.900	2.75	2.90	2.76	0.145	PNUI	PNUI	PNUI	PNUI	PNUI	PNUI	—
1.900	3.65	3.73	—	1.900	3.65	3.73	—	0.200	PU	PU	PU	PU	PU	PU	PU
1.900	4.42	—	—	1.900	4.42	—	—	0.250	—	—	P	—	P	P	—
1.900	5.15	—	—	1.900	5.15	—	—	0.300	—	—	P	—	P	P	—
2.063	3.24	—	3.25	2.063	—	—	3.25	0.156	PI	PI	PI	PI	PI	PI	—
2.063	4.50	—	—	2.063	4.50	—	—	0.225	P	P	P	P	P	P	P
2-3/8	4.00	—	—	2.375	4.00	—	—	0.167	PN	PN	PN	PN	PN	PN	—
2-3/8	4.60	4.70	—	2.375	4.60	4.70	—	0.190	PNU	PNU	PNU	PNU	PNU	PNU	PNU
2-3/8	5.80	5.95	—	2.375	5.80	5.95	—	0.254	—	—	PNU	PNU	PNU	PNU	PNU
2-3/8	6.60	—	—	2.375	6.60	—	—	0.295	—	—	P	—	P	P	—
2-3/8	7.35	7.45	—	2.375	7.35	7.45	—	0.336	—	—	PU	—	PU	PU	—

表 E.3（续）

代号				外径	单位长度名义质量[a,b]			壁厚	端部加工形式[c]						
1	2				不加厚带螺纹和接箍	外加厚带螺纹和接箍	整体接头								
	不加厚带螺纹和接箍	外加厚带螺纹和接箍	整体接头	D in	lb/ft	lb/ft	lb/ft	t in	H40	J55	L80	N80 1、Q类	C90	T95	P110
1	2	3	4	5	6	7	8	9	10	11	12	13	14	15	16
2-7/8	6.40	6.50	—	2.875	6.40	6.50	—	0.217	PNU	PNU	PNU	PNU	PNU	PNU	PNU
2-7/8	7.80	7.90	—	2.875	7.80	7.90	—	0.276	—	—	PNU	PNU	PNU	PNU	PNU
2-7/8	8.60	8.70	—	2.875	8.60	8.70	—	0.308	—	—	PNU	PNU	PNU	PNU	PNU
2-7/8	9.35	9.45	—	2.875	9.35	9.45	—	0.340	—	—	PU	—	PU	PU	—
2-7/8	10.50	—	—	2.875	10.50	—	—	0.392	—	—	P	—	P	P	—
2-7/8	11.50	—	—	2.875	11.50	—	—	0.440	—	—	P	—	P	P	—
3-1/2	7.70	—	—	3.500	7.70	—	—	0.216	PN	PN	PN	PN	PN	PN	—
3-1/2	9.20	9.30	—	3.500	9.20	9.30	—	0.254	PNU	PNU	PNU	PNU	PNU	PNU	PNU
3-1/2	10.20	—	—	3.500	10.20	—	—	0.289	PN	PN	PN	PN	PN	PN	—
3-1/2	12.70	12.95	—	3.500	12.70	12.95	—	0.375	—	—	PNU	PNU	PNU	PNU	PNU
3-1/2	14.30	—	—	3.500	14.30	—	—	0.430	—	—	P	—	P	P	—
3-1/2	15.50	—	—	3.500	15.50	—	—	0.476	—	—	P	—	P	P	—
3-1/2	17.00	—	—	3.500	17.00	—	—	0.530	—	—	P	—	P	P	—
4	9.50	—	—	4.000	9.50	—	—	0.226	PN	PN	PN	PN	PN	PN	PN
4	10.70	11.00	—	4.000	—	11.00	—	0.262	PU	PU	PU	PU	PU	PU	PU
4	13.20	—	—	4.000	13.20	—	—	0.330	—	—	P	—	P	P	—
4	16.10	—	—	4.000	16.10	—	—	0.415	—	—	P	—	P	P	—
4	18.90	—	—	4.000	18.90	—	—	0.500	—	—	P	—	P	P	—
4	22.20	—	—	4.000	22.20	—	—	0.610	—	—	P	—	P	P	—
4-1/2	12.60	12.75	—	4.500	12.60	12.75	—	0.271	PNU	PNU	PNU	PNU	PNU	PNU	PNU
4-1/2	15.20	—	—	4.500	15.20	—	—	0.337	—	—	P	—	P	P	—
4-1/2	17.00	—	—	4.500	17.00	—	—	0.380	—	—	P	—	P	P	—
4-1/2	18.90	—	—	4.500	18.90	—	—	0.430	—	—	P	—	P	P	—
4-1/2	21.50	—	—	4.500	21.50	—	—	0.500	—	—	P	—	P	P	—
4-1/2	23.70	—	—	4.500	23.70	—	—	0.560	—	—	P	—	P	P	—
4-1/2	26.10	—	—	4.500	26.10	—	—	0.630	—	—	P	—	P	P	—

P——平端；N——不加厚带螺纹和接箍；U——外加厚带螺纹和接箍；I——整体接头。

[a] 所示带螺纹和接箍的单位长度名义质量(第 2～4 栏)仅供参考。

[b] 马氏体铬钢(L80 9Cr 和 13Cr)的密度不同于碳钢。因此，表中给出的质量对马氏体铬钢来说不是精确值。可采用质量校正系数 0.989。

[c] 不加厚油管供货时带标准接箍或特殊倒角接箍。外加厚油管供货时带标准接箍、特殊倒角接箍或特殊间隙接箍。

表 E.4 制造方法及热处理工艺

组别	钢级	类型	制造方法[a]	热处理	最低回火温度 ℉
1	2	3	4	5	6
1	H40	—	S或EW	无规定	—
	J55	—	S或EW	无规定[b]	—
	K55	—	S或EW	无规定[b]	—
	N80	1	S或EW	[c]	—
	N80	Q	S或EW	Q&T	—
2	M65	—	S或EW	[d]	—
	L80	1	S或EW	Q&T	1050
	L80	9Cr	S	Q&T[e]	1100
	L80	13Cr	S	Q&T[e]	1100
	C90	1	S	Q&T	1150
	C90	2	S	Q&T	1150
	C95	—	S或EW	Q&T	1000
	T95	1	S	Q&T	1200
	T95	2	S	Q&T	1200
3	P110	—	S或EW[f,g]	Q&T	—
4	Q125	1	S或EW[g]	Q&T	—
	Q125	2	S或EW[g]	Q&T	—
	Q125	3	S或EW[g]	Q&T	—
	Q125	4	S或EW[g]	Q&T	—

[a] S——无缝工艺;EW——电焊工艺。

[b] 由制造厂选择,或者根据订单规定进行全长正火(N)、正火+回火(N&T)或者淬火+回火(Q&T)。

[c] 由制造厂选择进行全长正火或正火+回火。

[d] 所有管子应进行整体热处理。由制造厂选择,或者根据订单规定进行全长正火(N)、正火+回火(N&T)或淬火+回火(Q&T)。

[e] 类型为9Cr和13Cr钢级的管可采用空气淬火。

[f] 对P110钢级电焊套管化学成分的特殊要求见表C.5规定。

[g] 仅对P110和Q125钢级电焊管才有的特殊要求见A.6(SR11)规定。

表 E.5 化学成分要求(质量分数)

组别	钢级	类型	碳		锰		钼		铬		镍	铜	磷	硫	硅
			min	max	min	max	min	max	min	max	max	max	max	max	max
1	2	3	4	5	6	7	8	9	10	11	12	13	14	15	16
1	H40	—	—	—	—	—	—	—	—	—	—	—	0.030	0.030	—
	J55	—	—	—	—	—	—	—	—	—	—	—	0.030	0.030	—
	K55	—	—	—	—	—	—	—	—	—	—	—	0.030	0.030	—
	N80	1	—	—	—	—	—	—	—	—	—	—	0.030	0.030	—
	N80	Q	—	—	—	—				—	—	—	0.030	0.030	—

表 E.5（续）

组别	钢级	类型	碳		锰		钼		铬		镍	铜	磷	硫	硅
			min	max	min	max	min	max	min	max	max	max	max	max	max
1	2	3	4	5	6	7	8	9	10	11	12	13	14	15	16
2	M65	—	—	—	—	—	—	—	—	—	—	—	0.030	0.030	—
	L80	1	—	0.43[a]	—	1.90	—	—	—	—	0.25	0.35	0.030	0.030	0.45
	L80	9Cr	—	0.15	0.30	0.60	0.90	1.10	8.00	10.0	0.50	0.25	0.020	0.010	1.00
	L80	13Cr	0.15	0.22	0.25	1.00	—	—	12.0	14.0	0.50	0.25	0.020	0.010	1.00
	C90	1	—	0.35	—	1.20	0.25[b]	0.85	—	1.50	0.99	—	0.020	0.010	—
	C90	2	—	0.50	—	1.90	—	NL	—	NL	0.99	—	0.030	0.010	—
	C95	—	—	0.45[c]	—	1.90	—	—	—	—	—	—	0.030	0.030	0.45
	T95	1	—	0.35	—	1.20	0.25[d]	0.85	0.40	1.50	0.99	—	0.020	0.010	—
	T95	2	—	0.50	—	1.90	—	—	—	—	0.99	—	0.030	0.010	—
3	P110	[e]	—	—	—	—	—	—	—	—	—	—	0.030[e]	0.030[e]	—
4	Q125	1	—	0.35	—	1.35	—	0.85	—	1.50	0.99	—	0.020	0.010	—
	Q125	2	—	0.35	—	1.00	—	NL	—	NL	0.99	—	0.020	0.020	—
	Q125	3	—	0.50	—	1.90	—	NL	—	NL	0.99	—	0.030	0.010	—
	Q125	4	—	0.50	—	1.90	—	NL	—	NL	0.99	—	0.030	0.020	—

[a] 若产品采用油淬，则 L80 钢级的碳含量上限可增加到 0.50%。
[b] 若壁厚小于 17.78 mm，则 C90 钢级 1 类的钼含量无下限规定。
[c] 若产品采用油淬，则 C95 钢级的碳含量上限可增加到 0.55%。
[d] 若壁厚小于 17.78 mm，则 T95 钢级 1 类的钼含量下限可减少到 0.15%。
[e] 对于 P110 钢级的电焊管，磷的含量最大值是 0.020%；硫的含量最大值是 0.010%。
NL——不限制，但所示元素含量在产品分析时应报告。

表 E.6 拉伸性能和硬度要求

组别	钢级	类型	加载下的总伸长率 %	屈服强度 ksi		抗拉强度 min ksi	硬度[a] max		规定壁厚 in	允许硬度变化[b] HRC
				min	max		HRC	HBW/HBS		
1	2	3	4	5	6	7	8	9	10	11
1	H40	—	0.5	40	80	60	—	—	—	—
	J55	—	0.5	55	80	75	—	—	—	—
	K55	—	0.5	55	80	95	—	—	—	—
	N80	1	0.5	80	110	100	—	—	—	—
	N80	Q	0.5	80	110	100	—	—	—	—

表 E.6（续）

组别	钢级	类型	加载下的总伸长率 %	屈服强度 ksi		抗拉强度 min ksi	硬度[a] max		规定壁厚 in	允许硬度变化[b] HRC
				min	max		HRC	HBW/HBS		
1	2	3	4	5	6	7	8	9	10	11
2	M65	—	0.5	65	85	85	22	235	—	—
	L80	1	0.5	80	95	95	23	241	—	—
	L80	9Cr	0.5	80	95	95	23	241	—	—
	L80	13Cr	0.5	80	95	95	23	241	—	—
	C90	1,2	0.5	90	105	100	25.4	255	≤0.500	3.0
	C90	1,2	0.5	90	105	100	25.4	255	0.501～0.749	4.0
	C90	1,2	0.5	90	105	100	25.4	255	0.750～0.999	5.0
	C90	1,2	0.5	90	105	100	25.4	255	≥1.000	6.0
	C95	—	0.5	95	110	105	—	—	—	—
	T95	1,2	0.5	95	110	105	25.4	255	≤0.500	3.0
	T95	1,2	0.5	95	110	105	25.4	255	0.501～0.749	4.0
	T95	1,2	0.5	95	110	105	25.4	255	0.750～0.999	5.0
	T95	1,2	0.5	95	110	105	25.4	255	≥1.000	6.0
3	P110	—	0.6	110	140	125	—	—	—	—
4	Q125	—	0.65	125	150	135	b	—	≤0.500	3.0
	Q125	—	0.65	125	150	135	b	—	0.501～0.749	4.0
	Q125	—	0.65	125	150	135	b	—	≥0.750	5.0

[a] 若有争议时，应采用试验室的洛氏硬度作为仲裁方法。

[b] 未规定硬度极限，但按 7.8 和 7.9 规定限制最大变化量可作为生产控制。

表 E.7 伸长率表

拉伸试样				2.0 in 标距内最小伸长率 %							
				钢级							
				H40	J55	M65	K55 L80	N80 1类 N80Q C90	C95 T95	P110	Q125
试样面积 in²	规定壁厚 in			规定最低抗拉强度 ksi							
	3/4 in 宽试样	1 in 宽试样	1-1/2 in 宽试样	60	75	85	95	100	105	125	135
1	2	3	4	5	6	7	8	9	10	11	12
0.750	≥0.994	≥0.746	≥0.497	30	24	22	20	19	18	15	14
0.740	0.980～0.993	0.735～0.745	0.490～0.496	29	24	22	19	19	18	15	14
0.730	0.967～0.979	0.726～0.734	0.484～0.489	29	24	21	19	19	18	15	14
0.720	0.954～0.966	0.715～0.725	0.477～0.483	29	24	21	19	19	18	15	14

表 E.7（续）

拉伸试样				2.0 in 标距内最小伸长率 %							
				钢级							
				H40	J55	M65	K55 L80	N80 1类 N80Q C90	C95 T95	P110	Q125
试样面积 in²	规定壁厚 in			规定最低抗拉强度 ksi							
	3/4 in 宽试样	1 in 宽试样	1-1/2 in 宽试样	60	75	85	95	100	105	125	135
1	2	3	4	5	6	7	8	9	10	11	12
0.710	0.941～0.953	0.706～0.714	0.471～0.476	29	24	21	19	18	18	15	14
0.700	0.927～0.940	0.695～0.705	0.464～0.470	29	24	21	19	18	18	15	14
0.690	0.914～0.926	0.686～0.694	0.457～0.463	29	24	21	19	18	18	15	14
0.680	0.900～0.913	0.675～0.685	0.450～0.456	29	24	21	19	18	18	15	14
0.670	0.887～0.899	0.666～0.674	0.444～0.449	29	24	21	19	18	17	15	14
0.660	0.874～0.886	0.655～0.665	0.437～0.443	29	24	21	19	18	17	15	14
0.650	0.861～0.873	0.646～0.654	0.431～0.436	29	23	21	19	18	17	15	14
0.640	0.847～0.860	0.635～0.645	0.424～0.430	29	23	21	19	18	17	15	14
0.630	0.834～0.846	0.626～0.634	0.417～0.423	29	23	21	19	18	17	15	14
0.620	0.820～0.833	0.615～0.625	0.410～0.416	28	23	21	19	18	17	15	14
0.610	0.807～0.819	0.606～0.614	0.404～0.409	28	23	21	19	18	17	15	14
0.600	0.794～0.806	0.595～0.605	0.397～0.403	28	23	21	19	18	17	15	14
0.590	0.781～0.793	0.586～0.594	0.391～0.396	28	23	21	19	18	17	15	14
0.580	0.767～0.780	0.575～0.585	0.384～0.390	28	23	21	19	18	17	14	14
0.570	0.754～0.766	0.566～0.574	0.377～0.383	28	23	20	18	18	17	14	13
0.560	0.740～0.753	0.555～0.565	0.370～0.376	28	23	20	18	18	17	14	13
0.550	0.727～0.739	0.546～0.554	0.364～0.369	28	23	20	18	18	17	14	13
0.540	0.714～0.726	0.535～0.545	0.357～0.363	28	23	20	18	17	17	14	13
0.530	0.701～0.713	0.526～0.534	0.351～0.356	28	23	20	18	17	17	14	13
0.520	0.687～0.700	0.515～0.525	0.344～0.350	27	22	20	18	17	17	14	13
0.510	0.674～0.686	0.506～0.514	0.337～0.343	27	22	20	18	17	17	14	13
0.500	0.660～0.673	0.495～0.505	0.330～0.336	27	22	20	18	17	16	14	13
0.490	0.647～0.659	0.486～0.494	0.324～0.329	27	22	20	18	17	16	14	13
0.480	0.634～0.646	0.475～0.485	0.317～0.323	27	22	20	18	17	16	14	13
0.470	0.621～0.633	0.466～0.474	0.311～0.316	27	22	20	18	17	16	14	13
0.460	0.607～0.620	0.455～0.465	0.304～0.310	27	22	20	18	17	16	14	13

表 E.7(续)

拉伸试样				2.0 in标距内最小伸长率 %							
				钢级							
				H40	J55	M65	K55 L80	N80 1类 N80Q C90	C95 T95	P110	Q125
试样面积 in^2	规定壁厚 in			规定最低抗拉强度 ksi							
	3/4 in宽试样	1 in宽试样	1-1/2 in宽试样	60	75	85	95	100	105	125	135
1	2	3	4	5	6	7	8	9	10	11	12
0.450	0.594～0.606	0.446～0.454	0.297～0.303	27	22	20	18	17	16	14	13
0.440	0.580～0.593	0.435～0.445	0.290～0.296	27	22	19	18	17	16	14	13
0.430	0.567～0.579	0.426～0.434	0.284～0.289	26	22	19	17	17	16	14	13
0.420	0.554～0.566	0.415～0.425	0.277～0.283	26	22	19	17	17	16	14	13
0.410	0.541～0.553	0.406～0.414	0.271～0.276	26	21	19	17	17	16	14	13
0.400	0.527～0.540	0.395～0.405	0.264～0.270	26	21	19	17	16	16	13	13
0.390	0.514～0.526	0.386～0.394	0.257～0.263	26	21	19	17	16	16	13	12
0.380	0.500～0.513	0.375～0.385	0.250～0.256	26	21	19	17	16	16	13	12
0.370	0.487～0.499	0.366～0.374	0.244～0.249	26	21	19	17	16	16	13	12
0.360	0.474～0.486	0.355～0.365	0.237～0.243	26	21	19	17	16	15	13	12
0.350	0.461～0.473	0.346～0.354	0.231～0.236	25	21	19	17	16	15	13	12
0.340	0.447～0.460	0.335～0.345	0.224～0.230	25	21	18	17	16	15	13	12
0.330	0.434～0.446	0.326～0.334	0.217～0.223	25	21	18	17	16	15	13	12
0.320	0.420～0.433	0.315～0.325	0.210～0.216	25	20	18	16	16	15	13	12
0.310	0.407～0.419	0.306～0.314	0.204～0.209	25	20	18	16	16	15	13	12
0.300	0.394～0.406	0.295～0.305	0.197～0.203	25	20	18	16	16	15	13	12
0.290	0.381～0.393	0.286～0.294	0.191～0.196	24	20	18	16	15	15	13	12
0.280	0.367～0.380	0.275～0.285	0.184～0.190	24	20	18	16	15	15	13	12
0.270	0.354～0.366	0.266～0.274	0.177～0.183	24	20	18	16	15	15	12	12
0.260	0.340～0.353	0.255～0.265	0.170～0.176	24	20	17	16	15	14	12	12
0.250	0.327～0.339	0.246～0.254	0.164～0.169	24	19	17	16	15	14	12	11
0.240	0.314～0.326	0.235～0.245	0.157～0.163	24	19	17	16	15	14	12	11
0.230	0.301～0.313	0.226～0.234	0.151～0.156	23	19	17	15	15	14	12	11
0.220	0.287～0.300	0.215～0.225	0.144～0.150	23	19	17	15	15	14	12	11
0.210	0.274～0.286	0.206～0.214	0.137～0.143	23	19	17	15	14	14	12	11
0.200	0.260～0.273	0.195～0.205	0.130～0.136	23	19	17	15	14	14	12	11

表 E.7（续）

拉伸试样				2.0 in 标距内最小伸长率 %							
				钢级							
				H40	J55	M65	K55 L80	N80 1类 N80Q C90	C95 T95	P110	Q125
试样面积 in²	规定壁厚 in			规定最低抗拉强度 ksi							
	3/4 in 宽试样	1 in 宽试样	1-1/2 in 宽试样	60	75	85	95	100	105	125	135
1	2	3	4	5	6	7	8	9	10	11	12
0.190	0.247～0.259	0.186～0.194	0.124～0.129	22	18	16	15	14	14	12	11
0.180	0.234～0.246	0.175～0.185	0.117～0.123	22	18	16	15	14	13	11	11
0.170	0.221～0.233	0.166～0.174	0.111～0.116	22	18	16	15	14	13	11	11
0.160	0.207～0.220	0.155～0.165	0.104～0.110	22	18	16	14	14	13	11	10
0.150	0.194～0.206	0.146～0.154	0.097～0.103	21	18	16	14	14	13	11	10
0.140	0.180～0.193	0.135～0.145	0.090～0.096	21	17	15	14	13	13	11	10
0.130	0.167～0.179	0.126～0.134	0.084～0.089	21	17	15	14	13	13	11	10
0.120	0.154～0.166	0.115～0.125	0.077～0.083	20	17	15	14	13	12	11	10
0.110	0.141～0.153	0.106～0.114	0.071～0.076	20	16	15	13	13	12	10	9.5
0.100	0.127～0.140	0.095～0.105	0.064～0.070	20	16	14	13	12	12	10	9.5
0.090	0.114～0.126	0.086～0.094	0.057～0.063	19	16	14	13	12	12	10	9.5
0.080	0.100～0.113	0.075～0.085	0.050～0.056	19	15	14	12	12	11	10	9

表 E.8　具有 API 螺纹的接箍的临界厚度

单位为英寸

代号 1	接箍的临界厚度						
	NU	EU	特殊间隙		BC	LC	STC
			EU	BC			
1	2	3	4	5	6	7	8
1.050	0.169	0.211	—	—	—	—	—
1.315	0.211	0.258 *	—	—	—	—	—
1.660	0.239	0.240	—	—	—	—	—
1.900	0.196 *	0.251 *	—	—	—	—	—
2-3/8	0.304	0.300	0.224	—	—	—	—
2-7/8	0.380 *	0.358 *	0.254	—	—	—	—
3-1/2	0.451	0.454	0.294	—	—	—	—
4	0.454	0.458	—	—	—	—	—
4-1/2	0.435	0.493	—	0.259	0.322	0.349 *	0.337 *
5	—	—	—	0.266	0.360	0.392	0.372

表 E.8（续）

单位为英寸

代号 1	接箍的临界厚度						
	NU	EU	特殊间隙		BC	LC	STC
			EU	BC			
1	2	3	4	5	6	7	8
5-1/2		—	—	0.268	0.356	0.389	0.370
6-5/8	—	—	—	0.274	0.469	0.508	0.485
7	—	—	—	0.280	0.420	0.458	0.430
7-5/8	—	—	—	0.348	0.536	0.573	0.546
8-5/8	—	—	—	0.352	0.602	0.647	0.612
9-5/8	—	—	—	0.352	0.602	0.657	0.614
10-3/4	—	—	—	0.352	0.602	—	0.618
11-3/4	—	—	—	—	0.602	—	0.618
13-3/8	—	—	—	—	0.602	—	0.618
16	—	—	—	—	0.667	—	0.632
18-5/8	—	—	—	—	0.854	—	0.819
20	—	—	—	—	0.667	0.673	0.634
注：由于螺纹高度和为避免黑顶扣的加工裕量，所以接箍半成品厚度大于上述规定值。							
* 表中规定的接箍的临界厚度与表 E.11～表 E.16 规定的纵向 CVN 试样尺寸有冲突，取不出规定尺寸的试样——译者注。							

表 E.9　适用规格冲击试样和吸收能递减系数

试样规格	试样尺寸 mm	递减系数
全尺寸	10.0×10.0	1.00
3/4 尺寸	10.0×7.5	0.80
1/2 尺寸	10.0×5.0	0.55

表 E.10　试样取向和规格序列

选择顺序	方向	规格
第 1	横向	全尺寸
第 2	横向	3/4 尺寸
第 3	横向	1/2 尺寸
第 4	纵向	全尺寸
第 5	纵向	3/4 尺寸
第 6	纵向	1/2 尺寸

表 E.11　J55 和 K55 钢级接箍夏比冲击试样要求

代号 1	API 接头类型和 CVN 试样的取向、尺寸、吸收能及温度递减(见注)						
	NU	EU	特殊间隙[b]		BC	LC	STC
			EU	BC			
1	2	3	4	5	6	7	8
1.050	[a]	L-5-11-A	—	—	—	—	—
1.315	L-5-11-A	L-7-16-A	—	—	—	—	—
1.660	L-5-11-B	L-5-11-B	—	—	—	—	—
1.900	L-5-11-A	L-7-16-B	—	—	—	—	—
2-3/8	L-7-16-A	L-7-16-A	L-7-16-A	—	—	—	—
2-7/8	L-10-20-A	L-10-20-A	L-10-20-A	—	—	—	—
3-1/2	T-5-8-E	T-5-8-E	T-5-8-D	—	—	—	—
4	T-7-12-B	T-7-12-B	—	L-7-16-A	—	—	—
4-1/2	T-7-12-B	T-7-12-B	—	T-5-8-C	L-7-16-A	L-10-20-A	L-10-20-A
5	—	—	—	T-5-8-C	T-5-8-D	T-5-8-D	T-5-8-D
5-1/2	—	—	—	T-10-15-C	T-5-8-D	T-5-8-D	T-5-8-D
6-5/8	—	—	—	T-7-12-A	T-10-15-A	T-10-15-A	T-10-15-A
7	—	—	—	T-10-15-A	T-7-12-A	T-10-15-A	T-7-12-B
7-5/8	—	—	—	T-10-15-A	T-10-15-A	T-10-15-A	T-10-15-A
8-5/8	—	—	—	T-10-15-A	T-10-15-A	T-10-15-A	T-10-15-A
9-5/8	—	—	—	T-10-15-A	T-10-15-A	T-10-15-A	T-10-15-A
10-3/4	—	—	—	T-10-15-A	T-10-15-A	—	T-10-15-A
11-3/4	—	—	—	—	T-10-15-A	—	T-10-15-A
13-3/8	—	—	—	—	T-10-15-A	—	T-10-15-A
16	—	—	—	—	T-10-15-A	—	T-10-15-A
18-5/8	—	—	—	—	T-10-15-A	—	T-10-15-A
20	—	—	—	—	T-10-15-A	T-10-15-A	T-10-15-A

注：本表中，表示试验要求的排列顺序为：试样取向(T 或 L)、最小试样尺寸(10、7 或 5)、最低吸收能要求(J)和温度递减(A、B、C、D 或 E)，吸收能要求和试验温度递减要求根据上述试样尺寸进行调整。其中：

T 为横向试样(见图 D.12)；

L 为纵向试样(见图 D.12)；

10——全尺寸试样(10 mm×10 mm)；

7——3/4 尺寸试样(10 mm×7.5 mm)；

5——1/2 尺寸试样(10 mm×5 mm)；

A——无温度递减

B——降低 3 ℃；

C——降低 6 ℃；

D——降低 8 ℃；

E——降低 11 ℃。

[a] 壁厚不足，无法试验。

[b] 上述要求是假定特殊间隙接箍是由标准接箍加工的。

表 E.12 L80 钢级所有类型接箍夏比冲击试样要求

代号 1	API 接头类型和 CVN 试样的取向、尺寸及吸收能(见注)						
	NU	EU	特殊间隙[b]		BC	LC	STC
			EU	BC			
1	2	3	4	5	6	7	8
1.050	[a]	L-5-16	—	—	—	—	—
1.315	L-5-16	L-7-24	—	—	—	—	—
1.660	L-5-16	L-5-16	—	—	—	—	—
1.900	L-5-16	L-7-24	—	—	—	—	—
2-3/8	L-7-24	L-7-24	L-7-24	—	—	—	—
2-7/8	L-10-30	L-10-30	L-10-30	—	—	—	—
3-1/2	T-5-8	T-5-8	T-5-8	—	—	—	—
4	T-7-12	T-7-12	—	—	—	—	—
4-1/2	T-7-12	T-7-12	—	L-7-24	L-7-24	L-10-30	—
5	—	—	—	T-5-8	T-5-8	T-5-8	—
5-1/2	—	—	—	T-5-8	T-5-8	T-5-8	—
6-5/8	—	—	—	T-10-15	T-10-15	T-10-15	—
7	—	—	—	T-7-12	T-7-12	T-10-15	—
7-5/8	—	—	—	T-10-15	T-10-15	T-10-15	—
8-5/8	—	—	—	T-10-15	T-10-15	T-10-15	—
9-5/8	—	—	—	T-10-15	T-10-15	T-10-16	—
10-3/4	—	—	—	T-10-15	T-10-15	—	T-10-15
11-3/4	—	—	—	—	T-10-15	—	T-10-15
13-3/8	—	—	—	—	T-10-15	—	T-10-15
16	—	—	—	—	T-10-16	—	T-10-15
18-5/8	—	—	—	—	T-10-18	—	T-10-18
20	—	—	—	—	T-10-16	T-10-16	T-10-15

注:本表中,表示试验要求的排列顺序为:试样取向(T 或 L)、最小试样尺寸(10、7 或 5)、最低吸收能要求(J)和温度递减(A、B、C、D 或 E),吸收能要求和试验温度递减要求根据试样尺寸进行调整。其中:

T 为横向试样(见图 D.12);

L 为纵向试样(见图 D.12);

10——全尺寸试样(10 mm×10 mm);

7——3/4 尺寸试样(10 mm×7.5 mm);

5——1/2 尺寸试样(10 mm×5 mm)。

[a] 壁厚不足,无法试验。

[b] 上述要求是假定特殊间隙接箍是由标准接箍加工的。

表 E.13　C90 钢级接箍夏比冲击试样要求

代号 1	API 接头类型和 CVN 试样的取向、尺寸及吸收能(见注)						
	NU	EU	特殊间隙[b]		BC	LC	STC
			EU	BC			
1	2	3	4	5	6	7	8
1.050	[a]	L-5-16	—	—	—	—	—
1.315	L-5-16	L-7-24	—	—	—	—	—
1.660	L-5-16	L-5-16	—	—	—	—	—
1.900	L-5-16	L-7-24	—	—	—	—	—
2-3/8	L-7-24	L-7-24	L-7-24	—	—	—	—
2-7/8	L-10-30	L-10-30	L-10-30	—	—	—	—
3-1/2	T-5-8	T-5-8	T-5-8	—	—	—	—
4	T-7-12	T-7-12	—	—	—	—	—
4-1/2	T-7-12	T-7-12	—	L-7-24	L-7-24	L-10-30	—
5	—	—	—	T-5-8	T-5-8	T-5-8	—
5-1/2	—	—	—	T-5-8	T-5-8	T-5-8	—
6-5/8	—	—	—	T-10-15	T-10-15	T-10-15	—
7	—	—	—	T-7-12	T-7-12	T-10-15	—
7-5/8	—	—	—	T-10-15	T-10-15	T-10-16	—
8-5/8	—	—	—	T-10-15	T-10-16	T-10-17	—
9-5/8	—	—	—	T-10-15	T-10-16	T-10-17	—
10-3/4	—	—	—	T-10-15	T-10-16	—	T-10-17
11-3/4	—	—	—	—	T-10-16	—	T-10-17
13-3/8	—	—	—	—	T-10-16	—	T-10-17
16	—	—	—	—	—	—	—
18-5/8	—	—	—	—	—	—	—
20	—	—	—	—	—	—	—

注：本表中，表示试验要求的排列顺序为：试样取向(T 或 L)、最小试样尺寸(10、7 或 5)、最低吸收能要求(ft-lb)，吸收能要求和试验温度递减要求根据试样尺寸进行调整。其中：

T 为横向试样(见图 D.12)；

L 为纵向试样(见图 D.12)；

10——全尺寸试样(10 mm×10 mm)；

7——3/4 尺寸试样(10 mm×7.5 mm)；

5——1/2 尺寸试样(10 mm×5 mm)。

[a] 壁厚不足，无法试验。

[b] 上述要求是假定特殊间隙接箍是由标准接箍加工的。

表 E.14 N80 钢级 1 类、N80Q、C95 和 T95 钢级接箍夏比冲击试样要求

代号 1	API 接头类型和 CVN 试样的取向、尺寸及吸收能						
	NU	EU	特殊间隙[b]		BC	LC	STC
			EU	BC			
1	2	3	4	5	6	7	8
1.050	[a]	L-5-16	—	—	—	—	—
1.315	L-5-16	L-7-24	—	—	—	—	—
1.660	L-5-16	L-5-16	—	—	—	—	—
1.900	L-5-16	L-7-24	—	—	—	—	—
2-3/8	L-7-24	L-7-24	L-7-24	—	—	—	—
2-7/8	L-10-30	L-10-30	L-10-30	—	—	—	—
3-1/2	T-5-8	T-5-8	T-5-8	—	—	—	—
4	T-7-12	T-7-12	—	—	—	—	—
4-1/2	T-7-12	T-10-15	—	L-7-24	L-7-24	L-10-30	—
5	—	—	—	T-5-8	T-5-8	T-5-8	—
5-1/2	—	—	—	T-5-8	T-5-8	T-5-8	—
6-5/8	—	—	—	T-10-15	T-10-15	T-10-16	—
7	—	—	—	T-7-12	T-7-12	T-10-15	—
7-5/8	—	—	—	T-10-15	T-10-16	T-10-17	—
8-5/8	—	—	—	T-10-15	T-10-17	T-10-18	—
9-5/8	—	—	—	T-10-15	T-10-17	T-10-18	—
10-3/4	—	—	—	T-10-15	T-10-17	—	T-10-17
11-3/4	—	—	—	—	T-10-17	—	T-10-17
13-3/8	—	—	—	—	T-10-17	—	T-10-17
16	—	—	—	—	—	—	—
18-5/8	—	—	—	—	—	—	—
20	—	—	—	—	—	—	—

注：本表中，表示试验要求的排列顺序为：试样取向(T 或 L)、最小试样尺寸(10、7 或 5)、最低吸收能要求(ft-lb)，其中：

T 为横向试样(见图 D.12)；

L 为纵向试样(见图 D.12)；

10——全尺寸试样(10 mm×10 mm)；

7——3/4 尺寸试样(10 mm×7.5 mm)；

5——1/2 尺寸试样(10 mm×5 mm)。

吸收能要求和试验温度递减要求根据上述试样尺寸进行调整。

[a] 壁厚不足，无法试验。

[b] 上述要求是假定特殊间隙接箍是由标准接箍加工的。

表 E.15 P110 钢级接箍夏比冲击试样要求

代号 1	API 接头类型和 CVN 试样的取向、尺寸及吸收能						
	NU	EU	特殊间隙[b]		BC	LC	STC
			EU	BC			
1	2	3	4	5	6	7	8
1.050	[a]	L-5-16	—	—	—	—	—
1.315	L-5-16	L-7-24	—	—	—	—	—
1.660	L-5-16	L-5-16	—	—	—	—	—
1.900	L-5-16	L-7-24	—	—	—	—	—
2-3/8	L-7-25	L-7-25	L-7-24	—	—	—	—
2-7/8	L-10-34	L-10-33	L-10-30	—	—	—	—
3-1/2	T-5-10	T-5-10	T-5-8	—	—	—	—
4	T-7-15	T-7-15	—	—	—	—	—
4-1/2	T-7-14	T-7-15	—	L-7-24	L-7-26	L-10-33	—
5	—	—	—	T-5-8	T-5-9	T-5-9	—
5-1/2	—	—	—	T-5-8	T-5-9	T-5-9	—
6-5/8	—	—	—	T-10-15	T-10-19	T-10-20	—
7	—	—	—	T-7-12	T-7-14	T-10-19	—
7-5/8	—	—	—	T-10-16	T-10-20	T-10-21	—
8-5/8	—	—	—	T-10-16	T-10-22	T-10-23	—
9-5/8	—	—	—	T-10-16	T-10-22	T-10-23	—
10-3/4	—	—	—	T-10-16	T-10-22	—	T-10-22
11-3/4	—	—	—	—	T-10-22	—	T-10-22
13-3/8	—	—	—	—	T-10-22	—	T-10-22
16	—	—	—	—	—	—	—
18-5/8	—	—	—	—	—	—	—
20	—	—	—	—	—	—	—

注：本表中，表示试验要求的排列顺序为：试样取向（T 或 L）、最小试样尺寸（10、7 或 5）、最低吸收能要求（ft-lb），其中：

T 为横向试样（见图 D.12）；

L 为纵向试样（见图 D.12）；

10——全尺寸试样（10 mm×10 mm）；

7——3/4 尺寸试样（10 mm×7.5 mm）；

5——1/2 尺寸试样（10 mm×5 mm）。

吸收能要求和试验温度递减要求根据上述试样尺寸进行调整。

[a] 壁厚不足，无法试验。

[b] 上述要求是假定特殊间隙接箍是由标准接箍加工的。

表 E.16　Q125 钢级接箍夏比冲击试样要求

代号 1	API 接头类型和 CVN 试样的取向、尺寸及吸收能			
	特殊间隙[a] BC	BC	LC	STC
1	2	3	4	5
4-1/2	L-7-25	L-7-27	L-10-35	—
5	T-5-9	T-5-10	T-5-10	—
5-1/2	T-5-9	T-5-10	T-5-10	—
6-5/8	T-10-16	T-10-20	T-10-21	—
7	T-7-13	T-7-15	T-10-19	—
7-5/8	T-10-18	T-10-22	T-10-23	—
8-5/8	T-10-18	T-10-23	T-10-24	—
9-5/8	T-10-18	T-10-23	T-10-25	—
10-3/4	T-10-18	T-10-23	—	T-10-24
11-3/4	—	T-10-23	—	T-10-24
13-3/8	—	T-10-23	—	T-10-24
16	—	—	—	—
18-5/8	—	—	—	—
20	—	—	—	—

注：本表中，表示试验要求的排列顺序为：试样取向（T 或 L）、最小试样尺寸（10、7 或 5）、最低吸收能要求（ft-lb），其中：

T 为横向试样（见图 D.12）；

L 为纵向试样（见图 D.12）；

10——全尺寸试样（10 mm×10 mm）；

7——3/4 尺寸试样（10 mm×7.5 mm）；

5——1/2 尺寸试样（10 mm×5 mm）。

吸收能要求和试验温度递减要求根据上述试样尺寸进行调整。

[a] 上述要求是假定特殊间隙接箍是由标准接箍加工的。

表 E.17　接箍横向夏比吸收能要求

各种钢级最大临界厚度 in					横向最小吸收能 ft-lb
L80	C90	N80Q、C95、T95	P110	Q125	
1	2	3	4	5	6
0.625	0.550	0.505	0.307	0.258	15
0.721	0.612	0.565	0.354	0.302	16
0.790	0.675	0.625	0.401	0.346	17
0.860	0.738	0.685	0.448	0.390	18
0.929	0.800	0.745	0.495	0.434	19
0.998	0.863	0.805	0.542	0.478	20

表 E.17（续）

各种钢级最大临界厚度 in					横向最小吸收能 ft-lb
L80	C90	N80Q、C95、T95	P110	Q125	
1	2	3	4	5	6
1.067	0.926	0.864	0.589	0.521	21
—	0.988	0.924	0.636	0.565	22
—	1.051	0.984	0.683	0.609	23
—	—	1.044	0.730	0.653	24
—	—	—	0.777	0.697	25
—	—	—	0.824	0.741	26
—	—	—	0.871	0.785	27
—	—	—	0.918	0.828	28
—	—	—	0.965	0.872	29
—	—	—	1.012	0.916	30
—	—	—	—	0.960	31
—	—	—	—	1.004	32

大于上表所示壁厚的要求，应根据特定壁厚和钢级的公式确定。

注 1：临界壁厚大于表 E.8 所示不适用于 API 接箍，仅供特殊用途参考。

注 2：由于 M65 钢级是按 L80 钢级接箍供货，因此本表未包括此钢级。

表 E.18 接箍纵向夏比吸收能要求

最大临界厚度 in					纵向最小吸收能 ft-lb
L80	C90	N80Q、C95、T95	P110	Q125	
1	2	3	4	5	6
0.635	0.534	0.491	0.295	0.247	30
0.669	0.565	0.520	0.319	0.269	31
0.704	0.597	0.550	0.342	0.291	32
0.738	0.628	0.580	0.366	0.313	33
0.773	0.659	0.610	0.389	0.335	34
0.808	0.691	0.640	0.413	0.357	35
0.842	0.722	0.670	0.436	0.379	36
0.877	0.753	0.700	0.460	0.401	37
0.912	0.785	0.730	0.483	0.423	38
0.946	0.816	0.760	0.507	0.445	39

表 E.18（续）

最大临界厚度 in					纵向最小吸收能 ft-lb
L80	C90	N80Q、C95、T95	P110	Q125	
1	2	3	4	5	6
0.981	0.847	0.790	0.530	0.467	40
1.015	0.879	0.819	0.554	0.489	41
—	0.910	0.849	0.577	0.510	42
—	0.941	0.879	0.601	0.532	43
—	0.973	0.909	0.624	0.554	44
—	1.004	0.939	0.648	0.576	45
—	—	0.969	0.671	0.598	46
—	—	0.999	0.695	0.620	47
—	—	1.029	0.718	0.642	48
—	—	—	0.742	0.664	49
—	—	—	0.765	0.686	50

大于上表所示壁厚时，相应的要求应根据特定壁厚和钢级的公式确定。

注 1：临界壁厚大于表 E.8 所示不适用于 API 螺纹接箍，仅供特殊用途参考。

注 2：由于 M65 钢级是按 L80 钢级 1 类接箍供货，因此本表未包括此钢级。

表 E.19 管子横向夏比吸收能要求

最大规定壁厚 in					横向最小吸收能 ft-lb
N80Q、L80	C90	C95、T95	P110	Q125	
1	2	3	4	5	6
0.442	0.346	0.306	—	—	10
0.524	0.419	0.375	—	—	11
0.606	0.492	0.444	—	—	12
0.689	0.565	0.513	—	—	13
0.771	0.638	0.583	—	—	14
0.853	0.711	0.652	0.505	0.258	15
0.935	0.785	0.721	0.565	0.302	16
1.018	0.858	0.790	0.625	0.346	17
—	0.931	0.860	0.685	0.390	18
—	1.004	0.929	0.745	0.434	19
—	—	0.998	0.805	0.478	20

表 E.19（续）

最大规定壁厚 in					横向最小吸收能 ft-lb
N80Q、L80	C90	C95、T95	P110	Q125	
1	2	3	4	5	6
—	—	—	0.864	0.521	21
—	—	—	0.924	0.565	22
—	—	—	0.984	0.609	23
—	—	—	1.044	0.653	24
—	—	—	—	0.697	25
—	—	—	—	0.741	26
—	—	—	—	0.785	27
—	—	—	—	0.828	28
—	—	—	—	0.872	29
—	—	—	—	0.916	30
—	—	—	—	0.960	31
—	—	—	—	1.004	32
大于上表所示壁厚时，相应的要求应根据特定壁厚和钢级的公式确定。 **注**：此处所示大于标准 ISO/API 管子的壁厚，仅供特殊用途参考。					

表 E.20　管子纵向夏比吸收能要求

最大规定壁厚 in					纵向最小吸收能 ft-lb
N80Q、L80	C90	C95、T95	P110	Q125	
1	2	3	4	5	6
0.421	0.328	0.288	—	—	20
0.462	0.364	0.323	—	—	21
0.504	0.401	0.358	—	—	22
0.545	0.437	0.392	—	—	23
0.586	0.474	0.427	—	—	24
0.627	0.510	0.461	—	—	25
0.668	0.547	0.496	—	—	26
0.709	0.584	0.531	—	—	27
0.750	0.620	0.565	—	—	28
0.791	0.657	0.600	—	—	29
0.833	0.693	0.635	0.491	0.247	30

表 E.20（续）

最大规定壁厚 in					纵向最小吸收能 ft-lb
N80Q、L80	C90	C95、T95	P110	Q125	
1	2	3	4	5	6
0.874	0.730	0.669	0.520	0.269	31
0.915	0.766	0.704	0.550	0.291	32
0.956	0.803	0.738	0.580	0.313	33
0.997	0.839	0.773	0.610	0.335	34
1.038	0.876	0.808	0.640	0.357	35
—	0.913	0.842	0.670	0.379	36
—	0.949	0.877	0.700	0.401	37
—	0.986	0.912	0.730	0.423	38
—	1.022	0.946	0.760	0.445	39
—	—	0.981	0.790	0.467	40
—	—	1.015	0.819	0.489	41
—	—	—	0.849	0.510	42
—	—	—	0.879	0.532	43
—	—	—	0.909	0.554	44
—	—	—	0.939	0.576	45
—	—	—	0.969	0.598	46
—	—	—	0.999	0.620	47
—	—	—	1.029	0.642	48
—	—			0.664	49
—	—	—	—	0.686	50
大于上表所示壁厚时，相应的要求应根据特定壁厚和钢级的公式确定。 注：此处所示大于标准 ISO/API 管子的壁厚，仅供特殊用途参考。					

表 E.21 淬火＋回火钢级管子横向冲击试样尺寸要求

代号 1	加工横向夏比冲击试样所需计算壁厚 in		
	全尺寸	3/4 尺寸	1/2 尺寸
1	2	3	4
3-1/2	0.809	0.711	0.612
4	0.752	0.654	0.555
4-1/2	0.712	0.614	0.515
5	0.681	0.583	0.484

表 E.21（续）

代号 1	加工横向夏比冲击试样所需计算壁厚 in		
	全尺寸	3/4 尺寸	1/2 尺寸
1	2	3	4
5-1/2	0.656	0.558	0.459
6-5/8	0.616	0.518	0.419
7	0.606	0.508	0.409
7-5/8	0.591	0.493	0.394
7-3/4	0.588	0.490	0.391
8-5/8	0.572	0.474	0.375
9-5/8	0.557	0.459	0.360
10-3/4	0.544	0.446	0.347
11-3/4	0.535	0.437	0.338
13-3/8	0.522	0.424	0.325
16	0.508	0.410	0.311
18-5/8	0.497	0.399	0.300
20	0.493	0.395	0.296

注：第 2、3 和 4 栏中的壁厚已超过 ISO/API 管最大壁厚，仅供参考。上表提供的机加工裕量为内径 0.020 in，外径 0.020 in。

表 E.22 淬火＋回火钢级管子纵向冲击试样尺寸要求

代号 1	加工纵向夏比冲击试样所需计算壁厚 in		
	全尺寸	3/4 尺寸	1/2 尺寸
1	2	3	4
1.050	0.472	0.374	0.275
1.315	0.464	0.366	0.267
1.660	0.458	0.360	0.261
1.900	0.455	0.357	0.258
2.063	0.453	0.355	0.256
2-3/8	0.450	0.352	0.253
2-7/8	0.448	0.350	0.251
3-1/2	0.445	0.347	0.248
4	0.444	0.346	0.247
4-1/2	0.443	0.345	0.246
5	0.442	0.344	0.245
5-1/2	0.441	0.343	0.244
6-5/8	0.440	0.342	0.243
7	0.440	0.342	0.243
7-5/8	0.439	0.341	0.242
7-3/4	0.439	0.341	0.242

表 E.22（续）

代号 1	加工纵向夏比冲击试样所需计算壁厚 in		
	全尺寸	3/4 尺寸	1/2 尺寸
1	2	3	4
8-5/8	0.439	0.341	0.242
9-5/8	0.438	0.340	0.241
10-3/4	0.438	0.340	0.241
11-3/4	0.437	0.339	0.240
13-3/8	0.437	0.339	0.240
16	0.436	0.338	0.239
18-5/8	0.436	0.338	0.239
20	0.436	0.338	0.239

注：第 2、3 和 4 栏中的壁厚已超过 ISO/API 管的最大壁厚，仅供参考。上表提供的机加工裕量为内径 0.50 mm，外径 0.50 mm。

表 E.23　电焊管压扁试验平行板间距

钢级	D/t	最大板间距离 in
1	2	3
H40	≥16 <16	$0.5D$ $D\times(0.830-0.0206D/t)$
J55、K55	≥16 3.93～16 <3.93	$0.65D$ $D\times(0.980-0.0206D/t)$ $D\times(1.104-0.0518D/t)$
M65	全部	$D\times(1.074-0.0194D/t)$
N80 1 类、N80Q[a]	9～28	$D\times(1.074-0.0194D/t)$
L80 1 类 C95[a] P110[b] Q125[b]	9～28 9～28 全部 全部	$D\times(1.074-0.0194D/t)$ $D\times(1.080-0.0178D/t)$ $D\times(1.086-0.0163D/t)$ $D\times(1.092-0.0140D/t)$

D——管子规定外径，in。
t——管子规定壁厚，in。

[a] 如果压扁试样失效于 12 或 6 点位置，压扁试验应继续进行，直到剩余试样在 3 或 9 点位置失效。12 或 6 点位置上的早期失效不应作为拒收依据。

[b] 见 A.6(SR11)。压扁应至少为 $0.85\times D$。

表 E.24 标准套管和带 API 圆螺纹、偏梯形螺纹及直连型接头套管的尺寸和质量

代号[a]		外径	单位长度名义质量(带螺纹和接箍)[b,c]	壁厚	内径	通径直径	计算质量[c]						
							平端	因端部加工而增减的质量[d], e_m lb					
								圆螺纹		偏梯形螺纹		直连型	
1	2	D in	lb/ft	t in	d in	in	W_{pe} lb/ft	短	长	标准	特殊间隙	标准	选用
1	2	3	4	5	6	7	8	9	10	11	12	13	14
4-1/2	9.50	4.500	9.50	0.205	4.090	3.965	9.41	4.20	—	—	—	—	—
4-1/2	10.50	4.500	10.50	0.224	4.052	3.927	10.24	3.80	—	5.00	2.56	—	—
4-1/2	11.60	4.500	11.60	0.250	4.000	3.875	11.36	3.40	3.80	4.60	2.16	—	—
4-1/2	13.50	4.500	13.50	0.290	3.920	3.795	13.05	—	3.20	4.00	1.56	—	—
4-1/2	15.10	4.500	15.10	0.337	3.826	3.701	15.00	—	2.80	3.20	0.76	—	—
5	11.50	5.000	11.50	0.220	4.560	4.435	11.24	5.40	—	—	—	—	—
5	13.00	5.000	13.00	0.253	4.494	4.369	12.84	4.80	5.80	6.60	2.42	—	—
5	15.00	5.000	15.00	0.296	4.408	4.283	14.88	4.20	5.20	5.80	1.62	4.60	—
5	18.00	5.000	18.00	0.362	4.276	4.151	17.95	—	4.20	4.40	0.22	1.40	—
5	21.40	5.000	21.40	0.437	4.126	4.001	21.32	—	2.95	2.46	−1.72	—	—
5	23.20	5.000	23.20	0.478	4.044	3.919	23.11	—	2.30	2.05	−2.09	—	—
5	24.10	5.000	24.10	0.500	4.000	3.875	24.05	—	1.95	1.24	−2.94	—	—
5-1/2	14.00	5.500	14.00	0.244	5.012	4.887	13.71	5.40	—	—	—	—	—
5-1/2	15.50	5.500	15.50	0.275	4.950	4.825	15.36	4.80	5.80	6.40	2.10	5.80	4.20
5-1/2	17.00	5.500	17.00	0.304	4.892	4.767	16.89	4.40	5.40	5.80	1.50	4.80	3.20
5-1/2	20.00	5.500	20.00	0.361	4.778	4.653	19.83	—	4.40	4.60	0.30	1.40	−0.20
5-1/2	23.00	5.500	23.00	0.415	4.670	4.545	22.56	—	3.20	3.40	−0.90	0.00	−1.60
5-1/2	26.80	5.500	26.80	0.500	4.500	4.375	26.72	—	—	—	—	—	—
5-1/2	29.70	5.500	29.70	0.562	4.376	4.251	29.67	—	—	—	—		—
5-1/2	32.60	5.500	32.60	0.625	4.250	4.125	32.57	—	—	—	—	—	—
5-1/2	35.30	5.500	35.30	0.687	4.126	4.001	35.35	—	—	—	—	—	—
5-1/2	38.00	5.500	38.00	0.750	4.000	3.875	38.08	—	—	—	—	—	—
5-1/2	40.50	5.500	40.50	0.812	3.876	3.751	40.69	—	—	—	—	—	—
5-1/2	43.10	5.500	43.10	0.875	3.750	3.625	43.26	—	—	—	—	—	—
6-5/8	20.00	6.625	20.00	0.288	6.049	5.924	19.51	11.00	13.60	14.40	2.38	—	—
6-5/8	24.00	6.625	24.00	0.352	5.921	5.796	23.60	9.60	12.00	12.60	0.58	3.40	1.80
6-5/8	28.00	6.625	28.00	0.417	5.791	5.666	27.67	—	10.20	10.60	−1.42	0.20	−1.40
6-5/8	32.00	6.625	32.00	0.475	5.675	5.550	31.23	—	8.80	9.00	−3.02	−1.40	−3.00
7	17.00	7.000	17.00	0.231	6.538	6.413	16.72	10.00	—	—	—	—	—
7	20.00	7.000	20.00	0.272	6.456	6.331	19.56	9.40	—	—	—	—	—
7	23.00	7.000	23.00	0.317	6.366	6.250[e]	22.65	8.00	10.40	11.00	1.60	6.00	4.20
7	23.00	7.000	23.00	0.317	6.366	6.241	22.65	8.00	10.40	11.00	1.60	6.00	4.20
7	26.00	7.000	26.00	0.362	6.276	6.151	25.69	7.20	9.40	9.60	0.20	2.80	1.00
7	29.00	7.000	29.00	0.408	6.184	6.059	28.75	—	8.00	8.20	−1.20	0.60	−1.20
7	32.00	7.000	32.00	0.453	6.094	6.000[e]	31.70	—	6.60	6.80	−2.60	−0.60	−2.40

表 E.24（续）

代号[a]		外径	单位长度名义质量（带螺纹和接箍）[b,c]	壁厚	内径	通径直径	计算质量[c]						
							平端	因端部加工而增减的质量[d]，e_m lb					
								圆螺纹		偏梯形螺纹		直连型	
1	2	D in	lb/ft	t in	d in	in	W_{pe} lb/ft	短	长	标准	特殊间隙	标准	选用
1	2	3	4	5	6	7	8	9	10	11	12	13	14
7	32.00	7.000	32.00	0.453	6.094	5.969	31.70	—	6.60	6.80	−2.60	−0.60	−2.40
7	35.00	7.000	35.00	0.498	6.004	5.879	34.61	—	5.60	5.60	−3.80	1.00	−1.80
7	38.00	7.000	38.00	0.540	5.920	5.795	37.29	—	4.40	4.20	−5.20	−0.20	−3.00
7	42.70	7.000	42.70	0.625	5.750	5.625	42.65	—	—	—	—	—	—
7	46.40	7.000	46.40	0.687	5.625	5.500	46.36	—	—	—	—	—	—
7	50.10	7.000	50.10	0.750	5.500	5.375	50.11	—	—	—	—	—	—
7	53.60	7.000	53.60	0.812	5.376	5.251	53.71	—	—	—	—	—	—
7	57.10	7.000	57.10	0.875	5.250	5.125	57.29	—	—	—	—	—	—
7-5/8	24.00	7.625	24.00	0.300	7.025	6.900	23.49	15.80	—	—	—	—	—
7-5/8	26.20	7.625	26.40	0.328	6.969	6.844	25.59	15.20	19.00	20.60	6.21	6.40	4.00
7-5/8	29.70	7.625	29.70	0.375	6.875	6.750	29.06	—	17.40	18.80	4.41	2.60	0.20
7-5/8	33.70	7.625	33.70	0.430	6.765	6.640	33.07	—	15.80	17.00	2.61	0.00	−2.40
7-5/8	39.00	7.625	39.00	0.500	6.625	6.500	38.08	—	13.60	14.60	0.21	−2.20	−4.60
7-5/8	42.80	7.625	42.80	0.562	6.501	6.376	42.43	—	12.01	11.39	−3.01	—	—
7-5/8	45.30	7.625	45.30	0.595	6.435	6.310	44.71	—	11.04	11.04	−3.36	—	—
7-5/8	47.10	7.625	47.10	0.625	6.375	6.250	46.77	—	10.16	9.23	−5.17	—	—
7-5/8	51.20	7.625	51.20	0.687	6.251	6.126	50.95	—	—	—	—	—	—
7-5/8	55.30	7.625	55.30	0.750	6.125	6.000	55.12	—	—	—	—	—	—
7-3/4	46.10	7.750	46.10	0.595	6.560	6.500[e]	45.51	—	—	—	—	—	—
7-3/4	46.10	7.750	46.10	0.595	6.560	6.435	45.51	—	—	—	—	—	—
8-5/8	24.00	8.625	24.00	0.264	8.097	7.972	23.60	23.60	—	—	—	—	—
8-5/8	28.00	8.625	28.00	0.304	8.017	7.892	27.04	22.20	—	—	—	—	—
8-5/8	32.00	8.625	32.00	0.352	7.921	7.875[e]	31.13	20.80	27.60	28.30	6.03	13.20	8.80
8-5/8	32.00	8.625	32.00	0.352	7.921	7.796	31.13	20.80	27.60	28.20	6.03	13.20	8.80
8-5/8	36.00	8.625	36.00	0.400	7.825	7.700	35.17	19.40	25.60	26.20	4.03	7.60	4.20
8-5/8	40.00	8.625	40.00	0.450	7.725	7.625[e]	39.33	—	23.80	24.20	2.03	4.00	0.60
8-5/8	40.00	8.625	40.00	0.450	7.725	7.600	39.33	—	23.80	24.20	2.03	4.00	0.60
8-5/8	44.00	8.625	44.00	0.500	7.625	7.500	43.43	—	21.80	22.20	0.03	1.60	−1.80
8-5/8	49.00	8.625	49.00	0.557	7.511	7.286	48.04	—	19.60	19.80	−2.37	−0.80	−4.20

表 E.24（续）

代号[a]		外径	单位长度名义质量（带螺纹和接箍）[b,c]	壁厚	内径	通径直径	计算质量[c]						
							平端	因端部加工而增减的质量[d]，e_m lb					
								圆螺纹		偏梯形螺纹		直连型	
1	2	D in	lb/ft	t in	d in	in	W_{pe} lb/ft	短	长	标准	特殊间隙	标准	选用
1	2	3	4	5	6	7	8	9	10	11	12	13	14
9-5/8	32.30	9.625	32.30	0.312	9.001	8.845	31.06	24.40	—	—	—	—	—
9-5/8	36.00	9.625	36.00	0.352	8.921	8.765	34.89	23.00	32.00	31.00	6.48	—	—
9-5/8	40.00	9.625	40.00	0.395	8.835	8.750[e]	38.97	21.40	30.00	29.00	4.48	10.60	7.20
9-5/8	40.00	9.625	40.00	0.395	8.835	8.679	38.97	21.40	30.00	29.00	4.48	10.60	7.20
9-5/8	43.50	9.625	43.50	0.435	8.755	8.599	42.73	—	28.20	27.20	2.68	5.40	2.00
9-5/8	47.00	9.625	47.00	0.472	8.681	8.525	46.18	—	26.60	25.60	1.08	2.20	−1.20
9-5/8	53.50	9.625	53.50	0.545	8.535	8.500[e]	52.90	—	23.40	22.40	−2.12	−1.20	−4.60
9-5/8	53.50	9.625	53.50	0.545	8.535	8.379	52.90	—	23.40	22.40	−2.12	−1.20	−4.60
9-5/8	58.40	9.625	58.40	0.595	8.435	8.375[e]	57.44	—	21.50	20.13	−4.40	—	—
9-5/8	58.40	9.625	58.40	0.595	8.435	8.279	57.44	—	21.50	20.13	−4.40	—	—
9-5/8	59.40	9.625	59.40	0.609	8.407	8.251	58.70	—	—	—		—	—
9-5/8	64.90	9.625	64.90	0.672	8.281	8.125	64.32	—	—	—	—	—	—
9-5/8	70.30	9.625	70.30	0.734	8.157	8.001	69.76	—	—	—	—	—	—
9-5/8	75.60	9.625	75.60	0.797	8.031	7.875	75.21	—	—	—	—	—	—
10-3/4	32.75	10.750	32.75	0.279	10.192	10.036	31.23	29.00	—	—	—	—	—
10-3/4	40.50	10.750	40.50	0.350	10.050	9.894	38.91	26.40	—	34.40	7.21	—	—
10-3/4	45.50	10.750	45.50	0.400	9.950	9.875[e]	44.26	24.40	—	31.80	4.61	21.20	—
10-3/4	45.50	10.750	45.50	0.400	9.950	9.794	44.26	24.40	—	31.80	4.61	21.20	—
10-3/4	51.00	10.750	51.00	0.450	9.850	9.694	49.55	22.60	—	29.40	2.21	18.40	—
10-3/4	55.50	10.750	55.50	0.495	9.760	9.625[e]	54.26	20.80	—	27.00	−0.19	15.80	—
10-3/4	55.50	10.750	55.50	0.495	9.760	9.604	54.26	20.80	—	27.00	−0.19	15.80	—
10-3/4	60.70	10.750	60.70	0.545	9.660	9.504	59.45	18.80	—	24.40	—	13.00	—
10-3/4	65.70	10.750	65.70	0.595	9.560	9.404	64.59	16.80	—	22.00	—	—	—
10-3/4	73.20	10.750	73.20	0.672	9.406	9.250	72.40	—	—	—	—	—	—
10-3/4	79.20	10.750	79.20	0.734	9.282	9.126	78.59	—	—	—	—	—	—
10-3/4	85.30	10.750	85.30	0.797	9.156	9.000	84.80	—	—	—	—	—	—
11-3/4	42.00	11.750	42.00	0.333	11.084	11.000[e]	40.64	29.60	—	—	—	—	—
11-3/4	42.00	11.750	42.00	0.333	11.084	10.928	40.64	29.60	—	—	—	—	—
11-3/4	47.00	11.750	47.00	0.375	11.000	10.844	45.60	27.60	—	35.80	—	—	—
11-3/4	54.00	11.750	54.00	0.435	10.880	10.724	52.62	25.00	—	32.40	—	—	—
11-3/4	60.00	11.750	60.00	0.489	10.772	10.625[e]	58.87	22.60	—	29.60	—	—	—
11-3/4	60.00	11.750	60.00	0.489	10.772	10.616	58.87	22.60	—	29.60	—	—	—
11-3/4	65.00	11.750	65.00	0.534	10.682	10.625[e]	64.03	—	—	—	—	—	—
11-3/4	65.00	11.750	65.00	0.534	10.682	10.526	64.03	—	—	—	—	—	—
11-3/4	71.00	11.750	71.00	0.582	10.586	10.430	69.48	—	—	—	—	—	—

表 E.24（续）

代号[a]		外径	单位长度名义质量（带螺纹和接箍）[b,c]	壁厚	内径	通径直径	计算质量[c]						
							平端	因端部加工而增减的质量[d]，e_m lb					
								圆螺纹		偏梯形螺纹		直连型	
1	2	D in	lb/ft	t in	d in	in	W_{pe} lb/ft	短	长	标准	特殊间隙	标准	选用
1	2	3	4	5	6	7	8	9	10	11	12	13	14
13-3/8	48.00	13.375	48.00	0.330	12.715	12.559	46.02	33.20	—	—	—	—	—
13-3/8	54.50	13.375	54.50	0.380	12.615	12.459	52.79	30.80	—	40.20	—	—	—
13-3/8	61.00	13.375	61.00	0.430	12.515	12.359	59.50	28.40	—	36.80	—	—	—
13-3/8	68.00	13.375	68.00	0.480	12.415	12.259	66.17	25.80	—	33.60	—	—	—
13-3/8	72.00	13.375	72.00	0.514	12.347	12.250[e]	70.67	24.20	—	31.60	—	—	—
13-3/8	72.00	13.375	72.00	0.514	12.347	12.191	70.67	24.20	—	31.60	—	—	—
16	65.00	16.000	65.00	0.375	15.250	15.062	62.64	42.60	—	—	—	—	—
16	75.00	16.000	75.00	0.438	15.124	14.936	72.86	38.20	—	45.60	—	—	—
16	84.00	16.000	84.00	0.495	15.010	14.822	82.05	34.20	—	39.60	—	—	—
16	109.00	16.000	109.00	0.656	14.688	14.500	107.60	—	—	—	—	—	—
18-5/8	87.50	18.625	87.50	0.435	17.755	17.567	84.59	73.60	—	86.40	—	—	—
20	94.00	20.000	94.00	0.438	19.124	18.936	91.59	47.00	61.20	54.80	—	—	—
20	106.50	20.000	106.50	0.500	19.000	18.812	104.23	41.60	54.80	48.40	—	—	—
20	133.00	20.000	133.00	0.635	18.730	18.542	131.45	30.00	40.60	35.20	—	—	—

见图 D.1、图 D.2、图 D.3 和图 D.8。

[a] 代号供订货时参考。

[b] 所示带螺纹和接箍单位长度名义质量（第 4 栏）仅供参考。

[c] 马氏体铬钢（L80-9Cr 类和 13Cr 类）的密度不同于碳钢。因此，表中给出的质量对马氏体型铬钢来说不是精确值。可采用质量校正系数 0.989。

[d] 因端部加工而增减的质量，见 8.5。

[e] 适于大多数通用钻头尺寸的通径规直径。通径规直径应在订单上作出规定并在管子上作标记。通径要求见 8.10。

表 E.25　标准油管和 API 不加厚、外加厚及整体接头油管的尺寸和质量

代号[a]				外径	单位长度名义质量[b,c]			壁厚	内径	计算质量[c]				
1	2				不加厚带螺纹和接箍	外加厚带螺纹和接箍	整体接头			平端	因端部加工而增减的质量[d]，e_m lb			
	不加厚带螺纹和接箍	外加厚带螺纹和接箍	整体接头	D in	lb/ft	lb/ft	lb/ft	t in	d in	W_{pe} lb/ft	不加厚	外加厚[e] 标准	外加厚[e] 特殊间隙	整体接头
1	2	3	4	5	6	7	8	9	10	11	12	13	14	15
1.050	1.14	1.20	—	1.050	1.14	1.20	—	0.113	0.824	1.13	0.20	1.40	—	—
1.050	1.48	1.54	—	1.050	1.48	1.54	—	0.154	0.742	1.48	—	1.32	—	—

表 E.25（续）

代号[a]				外径	单位长度名义质量[b,c]			壁厚	内径	计算质量[c]				
1	2				不加厚带螺纹和接箍	外加厚带螺纹和接箍	整体接头			平端	因端部加工而增减的质量[d]，e_m lb			
	不加厚带螺纹和接箍	外加厚带螺纹和接箍	整体接头	D in	lb/ft	lb/ft	lb/ft	t in	d in	W_{pe} lb/ft	不加厚	外加厚[e] 标准	外加厚[e] 特殊间隙	整体接头
1	2	3	4	5	6	7	8	9	10	11	12	13	14	15
1.315	1.70	1.80	1.72	1.315	1.70	1.80	1.72	0.133	1.049	1.68	0.40	1.40	—	0.20
1.315	2.19	2.24	—	1.315	2.19	2.24	—	0.179	0.957	2.17	—	1.35	—	—
1.660	2.09	—	2.10	1.660	—	—	2.10	0.125	1.410	2.05	—	—	—	0.20
1.660	2.30	2.40	2.33	1.660	2.30	2.40	2.33	0.140	1.380	2.27	0.80	1.60	—	0.20
1.660	3.03	3.07	—	1.660	3.03	3.07	—	0.191	1.278	3.00	—	1.50	0.20	—
1.900	2.40	—	2.40	1.900	—	—	2.40	0.125	1.650	2.37	—	—	—	0.20
1.900	2.75	2.90	2.76	1.900	2.75	2.90	2.76	0.145	1.610	2.72	0.60	2.00	—	0.20
1.900	3.65	3.73	—	1.900	3.65	3.73	—	0.200	1.500	3.63	—	2.03	—	—
1.900	4.42	—	—	1.900	4.42	—	—	0.250	1.400	4.41	—	—	—	—
1.900	5.15	—	—	1.900	5.15	—	—	0.300	1.300	5.13	—	—	—	—
2.063	3.24	—	3.25	2.063	—	—	3.25	0.156	1.751	3.18	—	—	—	0.20
2.063	4.50	—	—	2.063	—	—	—	0.225	1.613	4.42	—	—	—	—
2-3/8	4.00	—	—	2.375	4.00	—	—	0.167	2.041	3.94	1.60	—	—	—
2-3/8	4.60	4.70	—	2.375	4.60	4.70	—	0.190	1.995	4.44	1.60	4.00	2.96	—
2-3/8	5.80	5.95	—	2.375	5.80	5.95	—	0.254	1.867	5.76	1.40	3.60	2.56	—
2-3/8	6.60	—	—	2.375	6.60	—	—	0.295	1.785	6.56	—	—	—	—
2-3/8	7.35	7.45	—	2.375	7.35	7.45	—	0.336	1.703	7.32	—	—	—	—
2-7/8	6.40	6.50	—	2.875	6.40	6.50	—	0.217	2.441	6.17	3.20	5.60	3.76	—
2-7/8	7.80	7.90	—	2.875	7.80	7.90	—	0.276	2.323	7.67	2.80	5.80	3.92	—
2-7/8	8.60	8.70	—	2.875	8.60	8.70	—	0.308	2.259	8.45	2.60	5.00	3.16	—
2-7/8	9.35	9.45	—	2.875	9.35	9.45	—	0.340	2.195	9.21	—	—	—	—
2-7/8	10.50	—	—	2.875	10.50	—	—	0.392	2.091	10.40	—	—	—	—
2-7/8	11.50	—	—	2.875	11.50	—	—	0.440	1.995	11.45	—	—	—	—
3-1/2	7.70	—	—	3.500	7.70	—	—	0.216	3.068	7.58	5.40	—	—	—
3-1/2	9.20	9.30	—	3.500	9.20	9.30	—	0.254	2.992	8.81	5.00	9.20	5.40	—
3-1/2	10.20	—	—	3.500	10.20	—	—	0.289	2.992	9.92	4.80	—	—	—
3-1/2	12.70	12.95	—	3.500	12.70	12.95	—	0.375	2.750	12.53	4.00	8.20	4.40	—
3-1/2	14.30	—	—	3.500	14.30	—	—	0.430	2.640	14.11	—	—	—	—
3-1/2	15.50	—	—	3.500	15.50	—	—	0.476	2.548	15.39	—	—	—	—
3-1/2	17.00	—	—	3.500	17.00	—	—	0.530	2.440	16.83	—	—	—	—
4	9.50	—	—	4.000	9.50	—	—	0.226	3.548	9.12	6.20	—	—	—
4	10.70	11.00	—	4.000	—	11.00	—	0.262	3.476	10.47	—	10.60	—	—
4	13.20	—	—	4.000	13.20	—	—	0.330	3.340	12.95	—	—	—	—
4	16.10	—	—	4.000	16.10	—	—	0.415	3.170	15.90	—	—	—	—
4	18.90	—	—	4.000	18.90	—	—	0.500	3.000	18.71	—	—	—	—
4	22.20	—	—	4.000	22.20	—	—	0.610	2.780	22.11	—	—	—	—

表 E.25（续）

代号[a]				外径	单位长度名义质量[b,c]			壁厚	内径	计算质量[c]				
1	2				不加厚带螺纹和接箍	外加厚带螺纹和接箍	整体接头			平端	因端部加工而增减的质量[d]，e_m lb			
	不加厚带螺纹和接箍	外加厚带螺纹和接箍	整体接头	D in	lb/ft	lb/ft	lb/ft	t in	d in	W_{pe} lb/ft	不加厚	外加厚[e] 标准	外加厚[e] 特殊间隙	整体接头
1	2	3	4	5	6	7	8	9	10	11	12	13	14	15
4-1/2	12.60	12.75	—	4.500	12.60	12.75	—	0.271	3.958	12.25	6.00	13.20	—	—
4-1/2	15.20	—	—	4.500	15.20	—	—	0.337	3.826	15.00	—	—	—	—
4 1/2	17.00	—	—	4.500	17.00	—	—	0.380	3.740	16.77	—	—	—	—
4-1/2	18.90	—	—	4.500	18.90	—	—	0.430	3.640	18.71	—	—	—	—
4-1/2	21.50	—	—	4.500	21.50	—	—	0.500	3.500	21.38	—	—	—	—
4-1/2	23.70	—	—	4.500	23.70	—	—	0.560	3.380	23.59	—	—	—	—
4-1/2	26.10	—	—	4.500	26.10	—	—	0.630	3.240	26.06	—	—	—	—

见图 D.4、图 D.5 和图 D.7。

[a] 代号供订货时参考。

[b] 所示带螺纹和接箍单位长度名义质量（第 6、7 和 8 栏）仅供参考。

[c] 马氏体铬钢（L80 9Cr 类和 13Cr 类）的密度不同于碳钢。因此，表中给出的质量对马氏体型铬钢来说不是精确值。可采用质量校正系数 0.989。

[d] 因端部加工而增减的质量，见 8.5。

[e] 加厚长度可能使端部加工产生的质量增减有所变化。

表 E.26 API 直连型套管加厚端尺寸

代号		外径	单位长度名义质量（加厚和带螺纹）	成品外螺纹端和内螺纹端尺寸[a]								
				车削后外螺纹端和内螺纹端外径 $^{+0.020}_{-0.010}$ in		外螺纹端内径（镗孔）±0.015 in	内螺纹端内径（镗孔）$^{+0.030}_{0}$ in	外螺纹和内螺纹上紧（机紧）[b]			加厚段精加工后通径规直径 in	全长通径通径规直径（最小） in
				标准	选择	标准和选择	标准和选择	外径 $^{+0.020}_{-0.010}$ in		内径 $^{+0.010}_{-0.005}$ in	标准和选择	标准和选择
1	2	D in	lb/ft	M	M	B	D	标准[c]	选择[c]	标准和选择		
1	2	3	4	5	6	7	8	9	10	11	12	13
5	15.00	5.000	15.00	5.360	—	4.208	4.235	5.360	—	4.198	4.183	4.151
5	18.00	5.000	18.00	5.360	—	4.208	4.235	5.360	—	4.198	4.183	4.151
5-1/2	15.50	5.500	15.50	5.860	5.780	4.746	4.773	5.860	5.780	4.736	4.721	4.653
5-1/2	17.00	5.500	17.00	5.860	5.780	4.711	4.738	5.860	5.780	4.701	4.686	4.650
5-1/2	20.00	5.500	20.00	5.860	5.780	4.711	4.738	5.860	5.780	4.701	4.686	4.653
5-1/2	23.00	5.500	23.00	5.860	5.780	4.619	4.647	5.860	5.780	4.610	4.595	4.545

表 E.26（续）

代号		外径	单位长度名义质量(加厚和带螺纹)	成品外螺纹端和内螺纹端尺寸[a]								
				车削后外螺纹端和内螺纹端外径 $^{+0.020}_{-0.010}$ in		外螺纹端内径(镗孔) ±0.015 in	内螺纹端内径(镗孔) $^{+0.030}_{0}$ in	外螺纹和内螺纹上紧(机紧)[b]			加厚段精加工后通径规直径 in	全长通径通径规直径(最小) in
				标准	选择	标准和选择	标准和选择	外径 $^{+0.020}_{-0.010}$ in		内径 $^{+0.010}_{-0.005}$ in	标准和选择	标准和选择
								标准[c]	选择[c]	标准和选择		
1	2	D in	lb/ft	M	M	B	D					
1	2	3	4	5	6	7	8	9	10	11	12	13
6-5/8	24.00	6.625	24.00	7.000	6.930	5.792	5.818	7.000	6.930	5.781	5.766	5.730
6-5/8	28.00	6.625	28.00	7.000	6.930	5.741	5.768	7.000	6.930	5.731	5.716	5.666
6-5/8	32.00	6.625	32.00	7.000	6.930	5.624	5.652	7.000	6.930	5.615	5.600	5.550
7	23.00	7.000	23.00	7.390	7.310	6.182	6.208	7.390	7.310	6.171	6.156	6.151
7	26.00	7.000	26.00	7.390	7.310	6.182	6.208	7.390	7.310	6.171	6.156	6.151
7	29.00	7.000	29.00	7.390	7.310	6.134	6.160	7.390	7.310	6.123	6.108	6.059
7	32.00	7.000	32.00	7.390	7.310	6.042	6.069	7.390	7.310	6.032	6.017	5.969
7	35.00	7.000	35.00	7.530	7.390	5.959	5.977	7.530	7.390	5.940	5.925	5.879
7	38.00	7.000	38.00	7.530	7.390	5.869	5.897	7.530	7.390	5.860	5.845	5.795
7-5/8	26.40	7.625	26.40	8.010	7.920	6.782	6.807	8.010	7.920	6.770	6.755	6.750
7-5/8	29.70	7.625	29.70	8.010	7.920	6.782	6.807	8.010	7.920	6.770	6.755	6.750
7-5/8	33.70	7.625	33.70	8.010	7.920	6.716	6.742	8.010	7.920	6.705	6.690	6.640
7-5/8	39.00	7.625	39.00	8.010	7.920	6.575	6.602	8.010	7.920	6.565	6.550	6.500
8-5/8	32.00	8.625	32.00	9.120	9.030	7.737	7.762	9.120	9.030	7.725	7.710	7.700
8-5/8	36.00	8.625	36.00	9.120	9.030	7.737	7.762	9.120	9.030	7.725	7.710	7.700
8-5/8	40.00	8.625	40.00	9.120	9.030	7.674	7.700	9.120	9.030	7.663	7.648	7.600
8-5/8	44.00	8.625	44.00	9.120	9.030	7.575	7.602	9.120	9.030	7.565	7.550	7.500
8-5/8	49.00	8.625	49.00	9.120	9.030	7.460	7.488	9.120	9.030	7.451	7.436	7.386
9-5/8	40.00	9.625	40.00	10.100	10.020	8.677	8.702	10.100	10.020	8.665	8.650	8.599
9-5/8	43.50	9.625	43.50	10.100	10.020	8.677	8.702	10.100	10.020	8.665	8.650	8.599
9-5/8	47.00	9.625	47.00	10.100	10.020	8.633	8.658	10.100	10.020	8.621	8.606	8.525
9-5/8	53.50	9.625	53.50	10.100	10.020	8.485	8.512	10.100	10.020	8.475	8.460	8.379
10-3/4	45.50	10.750	45.50	11.460	—	9.829	9.854	11.460	—	9.819	9.804	9.794
10-3/4	51.00	10.750	51.00	11.460	—	9.729	9.754	11.460	—	9.719	9.704	9.694
10-3/4	55.50	10.750	55.50	11.460	—	9.639	9.664	11.460	—	9.629	9.614	9.604
10-3/4	60.70	10.750	60.70	11.460	—	9.539	9.564	11.460	—	9.529	9.514	9.504

见表 C.24 和图 D.8。

[a] 由于直连型套管的特点，本表中一些尺寸符号和名称与本标准中其他管子类似的项目表示不同。

[b] 供参考。

[c] 上紧接头外径 D 与尺寸 M 的外径相同。

表 E.27 第 1、2 和 3 组 API 接头外加厚油管尺寸

代号[a]		外径	单位长度名义质量(带螺纹和接箍)[b]	加厚尺寸			
				外径[c] $^{+0.0625}_{0}$	管端到加厚厚度开始减小处[d,e] $^{0}_{-1}$	管端到加厚厚度减小终止处[e]	管端到加厚消失处长度[e](最大)
1	2	D in	lb/ft	D_4 in	L_{eu} in	L_a in	L_b in
1	2	3	4	5	6	7	8
1.050	1.20	1.050	1.20	1.315	2-3/8	—	—
1.050	1.54	1.050	1.54	1.315	2-3/8	—	—
1.315	1.80	1.315	1.80	1.469	2-1/2	—	—
1.315	2.24	1.315	2.24	1.469	2-1/2	—	—
1.660	2.40	1.660	2.40	1.812	2-5/8	—	—
1.660	3.07	1.660	3.07	1.812	2-5/8	—	—
1.900	2.90	1.900	2.90	2.094	2-11/16	—	—
1.900	3.73	1.900	3.73	2.094	2-11/16	—	—
2-3/8	4.70	2.375	4.70	2.594	4.00	6.00	10.00
2-3/8	5.95	2.375	5.95	2.594	4.00	6.00	10.00
2-3/8	7.45	2.375	7.45	2.594	4.00	6.00	10.00
2-7/8	6.50	2.875	6.50	3.094	4-1/4	6-1/4	10-1/4
2-7/8	7.90	2.875	7.90	3.094	4-1/4	6-1/4	10-1/4
2-7/8	8.70	2.875	8.70	3.094	4-1/4	6-1/4	10-1/4
2-7/8	9.45	2.875	9.45	3.094	4-1/4	6-1/4	10-1/4
3-1/2	9.30	3.500	9.30	3.750	4-1/2	6-1/2	10-1/2
3-1/2	12.95	3.500	12.95	3.750	4-1/2	6-1/2	10-1/2
4	11.00	4.000	11.00	4.250	4-1/2	6-1/2	10-1/2
4-1/2	12.75	4.500	12.75	4.750	4-3/4	6-3/4	10-3/4

见图 D.5 和图 D.6。

[a] 代号供订货时参考。

[b] 马氏体型铬钢(L80 9Cr 和 13Cr 类)的密度不同于碳钢。因此，表中给出的质量对马氏体型铬钢来说，不是精确值。可采用质量校正系数 0.989。

[c] 加厚部分最小外径 D_4 受全顶螺纹最小长度的限制，见 API Spec 5B。

[d] 仅对短节，L_{eu}上的长度公差是$^{+4}_{-1}$ mm。L_b 上的长度可比规定值长 4 in。

[e] 对于外加厚油管的延长加厚长度，在第 6、7 和 8 栏的尺寸上加上 1 in。

表 E.28 第1和2组API接头整体接头油管尺寸

代号		外径	单位长度名义质量（带螺纹和接箍）	加厚尺寸 in								
				外螺纹端				内螺纹端				
1	2	D in	lb/ft	外径[b] $^{+0.0625}_{0}$ D_4	内径[c] $^{+0.015}_{0}$ d_{iu}	最小长度 L_{iu}	最小锥面长度 m_{iu}	外径 $^{+0.005}_{-0.025}$ W_b	最小长度 L_{eu}	锥面长度 m_{eu}	镗孔直径 Q	承载面最小宽度 b
1	2	3	4	5	6	7	8	9	10	11	12	13
1.315	1.72	1.315	1.72	—	0.970	1-3/8	1/4	1.550	1.750	1	1.378	1/32
1.660	2.10	1.660	2.10	—	1.301	1-1/2	1/4	1.880	1.875	1	1.723	1/32
1.660	2.33	1.660	2.33	—	1.301	1-1/2	1/4	1.880	1.875	1	1.723	1/32
1.900	2.40	1.900	2.40	—	1.531	1-5/8	1/4	2.110	2.000	1	1.963	1/32
1.900	2.76	1.900	2.76	—	1.531	1-5/8	1/4	2.110	2.000	1	1.963	1/32
2.063	3.25	2.063	3.25	2.094	1.672	1-11/16	1/4	2.325	2.125	1	2.156	1/32

见图 D.7。

[a] 所示加厚和带螺纹单位长度名义质量仅供参考。

[b] 最小外径 D_4 受全顶螺纹最小长度的限制，见 API Spec 5B。

[c] 最小内径 d_{iu} 受通径试验的限制。

表 E.29 J55钢级平端衬管尺寸和质量

代号		外径 D in	平端衬管单位长度名义质量 lb/ft	壁厚 t in	内径 d in
1	2				
1	2	3	4	5	6
3-1/2	9.91	3.500	9.91	0.289	2.922
4	11.34	4.000	11.34	0.286	3.428
4-1/2	13.04	4.500	13.04	0.290	3.920
5	17.93	5.000	17.93	0.362	4.276
5-1/2	19.81	5.500	19.81	0.361	4.778
6-5/8	27.65	6.625	27.65	0.417	5.791

表 E.30 长度范围

单位为英尺

	范围 1	范围 2	范围 3
套管和衬管			
总长度范围，包括	16.0～25.0	25.0～34.0	34.0～48.0
95%及更大车载量的长度范围：[a]			
最大允许变化量	6.0	5.0	6.0
最小允许长度	18.0	28.0	36.0

表 E.30(续)

单位为英尺

	范围 1	范围 2	范围 3
带螺纹和接箍的油管和用作油管的套管 总长度范围,包括 100%车载量长度范围:[a] 最大允许变化量	20.0~24.0[b] 2.0	28.0~32.0[c] 2.0	38.0~42.0[d] 2.0
整体接头油管(包括 IJ/UF 和 IJ/SF) 总长度范围,包括 100%车载量长度范围:[a] 最大允许变化量	20.0~26.0[b] 2.0	28.0~34.0 2.0	38.0~45.0 2.0
短节	长度:2、3、4、6、8、10、12[e] 公差:±3 in		

[a] 车载量允差限不适用于订货量小于 40 000 lb 的合同项目。对于任一车载量为 40 000 lb 或更多管子如不经中途转运或卸车而直到最终目的地,车载量允差限适用于每一辆车装量。如订货量为 40 000 lb 以上的管子,用火车从工厂发货,但不能直接到达最终目的地,则车载量允差限适用于总订货量,但不适用于单个车皮。

[b] 经购方与制造厂协商,最大长度可增加至 28.0 ft。

[c] 经购方与制造厂协商,最大长度可增加至 34.0 ft。

[d] 经购方与制造厂协商,最大长度可增加至 45.0 ft。

[e] 经购方与制造厂协商,2 ft 长的短节也可以 3 ft 长供货。非表列长度可按购方与制造厂协商的尺寸供货。

表 E.31 标准通径规尺寸

单位为英寸

产品和代号 1	标准通径规最小尺寸	
	长度	直径
套管[a] 和衬管		
<9-5/8	6	d-1/8
≥9-5/8~≤13-3/8	12	d-5/32
>13-3/8	12	d-3/16
油管[b]		
≤2-7/8	42	d-3/32
>2-7/8	42	d-1/8

[a] 直连型套管用通径规的最小直径应按表 E.26 中第 12 和 13 栏规定。

[b] 整体接头油管在加厚前应使用所规定的通径规进行试验;加厚后,应用长度为 42 in、直径为 d_{iu}-0.015 in(d_{iu} 见表 E.28 第 6 栏)的圆柱形通径规对外螺纹端进行通径试验。

表 E.32 替代通径规尺寸

代号		外径 D in	产品单位长度名义质量 lb/ft	替代通径规最小尺寸 in	
1	2			长度	直径
1	2	3	4	5	6
7	23.00	7.000	23.0	6	6.250
7	32.00	7.000	32.0	6	6.000
7-3/4	46.10	7.750	46.1	6	6.500
8-5/8	32.00	8.625	32.0	6	7.875
8-5/8	40.00	8.625	40.0	6	7.625
9-5/8	40.00	9.625	40.0	12	8.750
9-5/8	53.50	9.625	53.5	12	8.500
9-5/8	58.40	9.625	58.4	12	8.375
10-3/4	45.50	10.750	45.5	12	9.875
10-3/4	55.50	10.750	55.5	12	9.625
11-3/4	42.00	11.750	42.0	12	11.000
11-3/4	60.00	11.750	60.0	12	10.625
11-3/4	65.00	11.750	65.0	12	10.625
13-3/8	72.00	13.375	72.0	12	12.250

表 E.33 线性缺欠的最大允许深度

钢 级	深度与规定壁厚比	
	外表面	内表面
符合 A.9(SR16)的 H40、J55、K55、M65、N80 1 类、N80Q、L80、C95、P110	12.5%	12.5%
C90、T95、P110、Q125	5%	5%
符合 A.9(SR16)和 A.2(SR2)的 P110	5%	5%

表 E.34 加厚产品缺欠的最大允许深度

	表面	深度	测量注意事项
A.直连型套管、整体接头和外加厚油管(见图 D.5、图 D.7 和图 D.8)			
A.1	加厚和加厚过渡区所有表面,下列所述者除外	12.5% t 12.5% t 5% t	非线性缺欠深度与各组管子规定管体壁厚 t 的百分比。 线性缺欠深度与第 1 和 2 组管子(C90 和 T95 钢级除外)规定管体壁厚 t 的百分比。 线性缺欠深度与第 3 和 4 组管子及 C90 和 T95 钢级管子规定管体壁厚 t 的百分比。
A.2 加厚过渡区最小壁厚不得小于规定壁厚的 87.5%,并且在加厚过渡区的任何区域,内外缺欠叠合对有效壁厚减少的最大综合作用也不得使最小壁厚小于规定壁厚的 87.5%。			

表 E.34（续）

	表面	深度	测量注意事项
B. 直连型套管（见图 D.8）			
B.1	内螺纹端外表面	0.010 in	规格（代号 1）：7-5/8 及较小规格，管端至距端面 4-3/4 in 的平面。
		0.010 in	规格（代号 1）：大于 7-5/8，管端至距端面 6-1/2 in 的平面。
B.2	外螺纹端内表面	0.015 in	管端至外台肩面（镗孔）。
B.3 内螺纹端所有机加工表面不应有发裂、折叠和裂纹。内外螺纹上都不应有破坏螺纹或密封连续性的任何缺欠。			
C. 整体接头油管（见图 D.7）			
C.1	内螺纹端外表面	0.010 in	管端至距端面等于最小规定尺寸 L_{eu} 长度的平面（见图 D.7）。
C.3	外螺纹端内表面	0.015 in	管端至距端面等于最小规定尺寸 L_{iu} 长度的平面（见图 D.7）。对于 C90 和 T95 钢级，线性缺欠的最大允许深度应为规定管体壁厚的 5%。
C.3 加厚过渡区的充型不满不应视为缺陷，除非剩余壁厚（充型不满处）小于管体规定壁厚的 87.5%。			

表 E.35 API 圆螺纹套管接箍尺寸、公差和质量

代号 1	规格[a] 外径 D in	外径 $W^{b,c}$ In	最小长度 in 短圆螺纹 N_L	最小长度 in 长圆螺纹 N_L	镗孔直径 Q^d in	承载面宽度 b in	质量 lb 短圆螺纹	质量 lb 长圆螺纹
1	2	3	4	5	6	7	8	9
4-1/2	4.500	5.000	6-1/4	7	4-19/32	5/32	7.98	9.16
5	5.000	5.563	6-1/2	7-3/4	5-3/32	3/16	10.27	12.68
5-1/2	5.500	6.050	6-3/4	8	5-19/32	1/8	11.54	14.15
6-5/8	6.625	7.390	7-1/4	8-3/4	6-23/32	1/4	20.11	25.01
7	7.000	7.656	7-1/4	9	7-3/32	3/16	18.49	23.87
7-5/8	7.625	8.500	7-1/2	9-1/4	7-25/32	7/32	27.11	34.46
8-5/8	8.625	9.625	7-3/4	10	8-25/32	1/4	35.79	47.77
9-5/8	9.625	10.625	7-3/4	10-1/2	9-25/32	1/4	39.75	56.11
10-3/4	10.750	11.750	8	—	10-29/32	1/4	45.81	—
11-3/4	11.750	12.750	8	—	11-29/32	1/4	49.91	—
13-3/8	13.375	14.375	8	—	13-17/32	7/32	56.57	—
16	16.000	17.000	9	—	16-7/32	7/32	76.96	—
18-5/8	18.625	20.000	9	—	18-27/32	7/32	119.07	—
20	20.000	21.000	9	11-1/2	20-7/32	7/32	95.73	126.87

见图 D.1 和图 D.2。

[a] 接箍的规格代号和相应的管子规格代号相同。

[b] 对于第 1、2 和 3 组，外径 W 的公差为±1%，但不大于±1/8 in。

[c] 对于第 4 组，外径 W 的公差为±1%，但不大于 $^{+1/8}_{-1/16}$ in。

[d] 对于所有组，镗孔直径 Q 的公差为 $^{+0.031}_{0}$ in。

表 E.36 API 偏梯形螺纹套管接箍尺寸、公差和质量

代号 1	规格[a] 外径 D in	外径 标准接箍 $W^{b,c}$ in	外径 特殊间隙接箍 $W_C{}^d$ in	最小长度 N_L in	镗孔直径 Q in	承载面宽度 b in	质量 lb 标准接箍	质量 lb 特殊间隙接箍
1	2	3	4	5	6	7	8	9
4-1/2	4.500	5.000	4.875	8-7/8	4.640	1/8	10.12	7.68
5	5.000	5.563	5.375	9-1/8	5.140	5/32	13.00	8.82
5-1/2	5.500	6.050	5.875	9-1/4	5.640	5/32	14.15	9.85
6-5/8	6.625	7.390	7.000	9-5/8	6.765	1/4	24.49	12.46
7	7.000	7.656	7.375	10	7.140	7/32	23.24	13.84
7-5/8	7.625	8.500	8.125	10-3/8	7.765	5/16	34.88	20.47
8-5/8	8.625	9.625	9.125	10-5/8	8.765	3/8	45.99	23.80
9-5/8	9.625	10.625	10.125	10-5/8	9.765	3/8	51.05	26.49
10-3/4	10.750	11.750	11.250	10-5/8	10.890	3/8	56.74	29.52
11-3/4	11.750	12.750	—	10-5/8	11.890	3/8	61.80	—
13-3/8	13.375	14.375	—	10-5/8	13.515	3/8	70.03	—
16	16.000	17.000	—	10-5/8	16.154	3/8	88.81	—
18-5/8	18.625	20.000	—	10-5/8	18.779	3/8	138.18	—
20	20.000	21.000	—	10-5/8	20.154	3/8	110.45	—

见图 D.3。

[a] 接箍的规格代号和相应的管子规格代号相同。

[b] 对于第 1、2 和 3 组，外径 W 的公差为±1%，但不大于±1/8 in。

[c] 对于第 4 组，外径 W 的公差为±1%，但不大于$^{+1/8}_{-1/16}$ in。

[d] 对于第 1、2 和 3 组，外径 W_c的公差为$^{-1/64}_{+1/32}$ in。

表 E.37 API 不加厚油管接箍尺寸、公差和质量

代号 1	规格[a] 外径 D in	外径 W^b in	最小长度 N_L in	镗孔直径 Q in	承载面宽度 b in	特殊倒角的承载面最大直径 Bf in	质量 lb
1	2	3	4	5	6	7	8
1.050	1.050	1.313	3-3/16	1.113	1/16	1.181	0.51
1.315	1.315	1.660	3-1/4	1.378	3/32	1.488	0.84
1.660	1.660	2.054	3-1/2	1.723	1/8	1.857	1.29
1.900	1.900	2.200	3-3/4	1.963	1/16	2.050	1.23
2-3/8	2.375	2.875	4-1/4	2.438	3/16	2.625	2.82
2-7/8	2.875	3.500	5-1/8	2.938	3/16	3.188	5.15
3-1/2	3.500	4.250	5-5/8	3.563	3/16	3.875	8.17
4	4.000	4.750	5-3/4	4.063	3/16	4.375	9.58
4-1/2	4.500	5.200	6-1/8	4.563	3/16	4.850	10.77

见图 D.4。

[a] 接箍的规格代号和相应的管子规格代号相同。

[b] 外径 W 的公差为±1%。

表 E.38 API 外加厚油管接箍尺寸、公差和质量

代号 1	规格[a]	外径		最小长度	镗孔直径	承载面宽度标准接箍	承载面最大直径 Bf		质量 lb	
	外径 D in	标准和特殊倒角接箍 W^b in	特殊间隙接箍 $W_C{}^c$ in	N_L in	Q in	b in	特殊倒角接箍 in	特殊间隙接箍 in	标准接箍	特殊间隙接箍
1	2	3	4	5	6	7	8	9	10	11
1.050	1.050	1.660	—	3-1/4	1.378	3/32	1.488	—	0.84	—
1.315	1.315	1.900	—	3-1/2	1.531	3/32	1.684	—	1.26	—
1.660	1.660	2.200	—	3-3/4	1.875	1/8	2.006	—	1.49	—
1.900	1.900	2.500	—	3-7/8	2.156	1/8	2.297	—	1.85	—
2-3/8	2.375	3.063	2.910	4-7/8	2.656	5/32	2.828	2.752	3.43	2.35
2-7/8	2.875	3.668	3.460	5-1/4	3.156	7/32	3.381	3.277	5.30	3.42
3-1/2	3.500	4.500	4.180	5-3/4	3.813	1/4	4.125	3.965	9.03	5.24
4	4.000	5.000	—	6	4.313	1/4	4.625	—	10.63	—
4-1/2	4.500	5.563	—	6-1/4	4.813	1/4	5.156	—	13.33	—

见图 D.5。

[a] 接箍的规格代号和相应的管子规格代号相同。

[b] 外径 W 的公差为±1%。

[c] 外径 W_C 的公差为±0.015 in。

表 E.39 接箍外表面缺欠允许深度

单位为英寸

接箍代号 1		第 1 组、第 2 组(除 C90 和 T95 钢级外)和第 3 组		第 2 组(C90 和 T95 钢级)和第 4 组
		点坑和圆底凿痕	夹痕和尖底凿痕	点坑和圆底凿痕、尖底凿痕和夹痕
1	2	3	4	5
油管	<3-1/2	0.030	0.025	0.030
	≥3-1/2～≤4-1/2	0.045	0.030	0.035
套管[a]	<6-5/8	0.035	0.030	0.030
	≥6-5/8～≤7-5/8	0.045	0.040	0.035
	>7-5/8	0.060	0.040	0.035

[a] 包括用作油管的套管。

表 E.40　套管和油管的拉伸试验频率

组别	代号 1	一批中的最多件数	试验数量	
			每批	每炉
1	2	3	4	5
1	<6-5/8	400[a,b]	1	1
	≥6-5/8	200[a,b]	1	1
2	≤4-1/2—M65、L80 1 类、C95 钢级	200[a,b]	2[c]	1
	≤4-1/2—L80 9Cr,L80 13Cr	200[b,d]	2[c]	—
	≤4-1/2—C90、T95 钢级	200[b,d]	1	—
	>4-1/2—M65、L80 1 类、C95 钢级	100[a,b]	2[c]	1
	>4-1/2—L80 9Cr,L80 13Cr	100[b,d]	2[c]	—
	>4-1/2—C90、T95 钢级	100[b,d]	1	—
3	<6-5/8	200[a,b]	1	1
	≥6-5/8	100[a,b]	1	1
4	所有规格	—[d]	3[c]	—

对于第 1、2 和 3 组倍尺长无缝管，若管子在切成单根后不再进行热处理，则从倍尺长无缝管截取的所有管段应只当作一根。

注：本表包括用作油管的套管。

[a] 见 10.2.1。
[b] 见 10.4.2。
[c] 见 10.4.3。
[d] 见 10.2.2。

表 E.41　接箍毛坯和接箍拉伸试验频率

组别	接箍来源		一批中的最多件数	试验数量	
	材料	热处理时的条件		每批	每炉
1	2	3	4	5	6
第 1 和 3 组	接箍毛坯	规格(代号 1)≤4-1/2 管子的接箍毛坯	200[a]	1	1[b]
		规格(代号 1)>4-1/2 管子的接箍毛坯	100[a]	1	1[b]
		接箍半成品	400[c]	1	—
	热锻造	接箍半成品	400[c]	1	—
第 2 组 L80 1 类和 C95 钢级	接箍毛坯	规格(代号 1)≤4-1/2 管子的接箍毛坯[a]	200[a]	2[d]	2[d]
		规格(代号 1)>4-1/2 管子的接箍毛坯	100[a]	2[d]	2[d]
		接箍半成品	400[c]	2	—
	热锻造	接箍半成品	400[c]	2	—

表 E.41（续）

组别	接箍来源		一批中的最多件数	试验数量	
	材料	热处理时的条件		每批	每炉
1	2	3	4	5	6
第 2 组 L80 9Cr 和 L80 13Cr	接箍毛坯	规格(代号 1)≤4-1/2 管子的接箍毛坯[a]	200[d]	2[d]	—
		规格(代号 1)>4-1/2 管子的接箍毛坯	100[d]	2[d]	—
		接箍半成品	400[c]	2	—
	热锻造	接箍半成品	400[c]	2	—
第 2 组 C90 和 T95 钢级	接箍毛坯	所有规格(代号 1)管子的接箍毛坯	1[b]	1	—
		接箍半成品	规格(代号 1)>9-5/8:50[c] 规格(代号 1)≥9-5/8:30[c]	1	—
	热锻造	接箍半成品	规格(代号 1)>9-5/8:50[c] 规格(代号 1)≥9-5/8:30[c]	1	—
第 4 组	接箍毛坯	所有规格(代号 1)管子的接箍毛坯	1[b]	1	—
		接箍半成品	规格(代号 1)≥9-5/8:50[c] 规格(代号 1)≥9-5/8:30[c]	1	—

[a] 见 10.2.1。
[b] 从每端取样约各 50%。
[c] 见 10.2.3。
[d] 见 10.2.2。

表 E.42 短节和附件拉伸试验频率

组别	材料[a]		一批中的最多件数	试验数量	
				每批	每炉
1	2	3	4	5	6
第 1 和 3 组	第 1 组:取自一炉批或多炉批的整根标准油管或套管		规格(代号 1)<6-5/8:400 规格(代号 1)≥6-5/8:200	1	1
	第 3 组:取自一炉批或多炉批的整根标准油管或套管		规格(代号 1)<6-5/8:200 规格(代号 1)≥6-5/8:100	1	1
	取自单个炉批的厚壁机械管或棒坯料		规格(代号 1)≤4-1/2:200 规格(代号 1)>4-1/2:200	1	1
	以半成品或单件或热锻件热处理	分批热处理	100 件短节或 400 件附件	1	—
		连续装料或连续热处理	按 10.2.3 规定	1	—

表 E.42（续）

组别	材料[a]		一批中的最多件数	试验数量	
				每批	每炉
1	2	3	4	5	6
第 2 组 M65 钢级 L80 1 类、C95	取自一炉批或多炉批的整根标准油管或套管		规格(代号 1)≤4-1/2:200 规格(代号 1)>4-1/2:100	2[b]	2[b]
	取自单个炉批的厚壁机械管或棒坯料		规格(代号 1)≤4-1/2:200 规格(代号 1)>4-1/2:100	2[b]	2[b]
	以半成品或单件或热锻件热处理	分批热处理	100 件短节或 400 件附件	2	—
		连续装料或连续热处理	按 10.2.3 规定	2	—
第 2 组 L80 9Cr L80 13Cr	取自一炉批或多炉批的整根标准油管或套管		规格(代号 1)≤4-1/2:200 规格(代号 1)>4-1/2:100	2[b]	—
	取自单个炉批的厚壁机械管或棒坯料		规格(代号 1)≤4-1/2:200 规格(代号 1)>4-1/2:100	2[b]	—
	以半成品或单件或热锻件热处理	分批热处理	100 件短节或 400 件附件	2	—
		连续装料或连续热处理	按 10.2.3 规定	2	—
第 2 组 C90 和 T95	取自一炉批或多炉批的整根标准油管或套管		规格(代号 1)≤4-1/2:200 规格(代号 1)>4-1/2:100	1	—
	取自单个炉批的厚壁机械管或棒坯料		1	1[b]	—
	以半成品或单件或热锻件热处理	分批热处理	规格(代号 1)<9-5/8:50[c] 规格(代号 1)≥9-5/8:30[c]	1	—
		连续装料或连续热处理	规格(代号 1)<9-5/8:50[c] 规格(代号 1)≥9-5/8:30[c]	1	—
第 4 组 Q125 钢级	取自一炉批或多炉批的整根标准油管或套管		按 10.2.3 规定	3[b]	—
	取自单个炉批的厚壁机械管或棒坯料		1	1[b]	—
	以半成品或单件或热锻件热处理	分批热处理	规格(代号 1)<9-5/8:50[c] 规格(代号 1)≥9-5/8:30[c]	1	—
		连续装料或连续热处理	规格(代号 1)<9-5/8:50[c] 规格(代号 1)≥9-5/8:30[c]	1	—

[a] 附件应使用无缝材料或热锻材料制成。

[b] 每端各取样约 50%。

[c] 对于钢级为 L80 9Cr、L80 13Cr、C90、T95 和 Q125 每批应由同一炉批组成，见 10.2.3。

表 E.43 硬度试验频率

钢级	产品		每批试验数	一批中的最多件数	试验类型	位置
1	2		3	4	5	6
M65、L80钢级	管子、接箍坯料、厚壁机械管、棒坯料	规格(代号 1)≤4-1/2	2[a]	200[b,c]	全壁厚 1 个象限	油套管或接箍毛坯管体拉伸试验
		规格(代号 1)>4-1/2	2[a]	100[b,c]	全壁厚 1 个象限	油套管或接箍毛坯管体拉伸试验
	半成品或热锻件		2[a]	热处理批或400 件接箍[b,c]	全壁厚 1 个象限	接箍半成品拉伸试验
	短节和附件(以半成品或单件热处理)	分批热处理(10.2.3 方法 a)	2[a]	100 件短节或400 件附件[b,c]	全壁厚 1 个象限	短节或附件拉伸试验
		连续装料热处理(10.2.3 方法 b)	2[a]	批(见 10.2)[b,c]	全壁厚 1 个象限	短节或附件拉伸试验
		连续热处理(10.2.3 方法 c)	2[a]	批(见 10.2)[b,c]	全壁厚 1 个象限	短节或附件拉伸试验
C90、T95钢级	淬火产品		1	每一生产流程或热处理作业	全壁厚 4 个象限	最大壁厚的设计区域
	不加厚管		1	每根	全壁厚 1 个象限	取自每端各约 50%
	加厚管		1	每根	表面洛氏 HRC或布氏 HBW	管体和一个加厚端[d]
			1	20[c]	全壁厚 4 个象限	一加厚端
			1	规格(代号 1)≤4-1/2:200 规格(代号 1)>4-1/2:100	全壁厚 4 个象限	管体拉伸试验
	接箍、短节和附件	整根管热处理	2	每根	全壁厚 4 个象限	从每端各取一个
		单件热处理	1	每件	表面洛氏 HRC或布氏 HBW	每件
			1	规格(代号 1)<9-5/8:50[c] 规格(代号 1)≥9-5/8:30[c]	全壁厚 4 个象限	取自一批中表面硬度最高的一件
Q125 钢级	套管		3	批(见 10.2)[b,c]	全壁厚 1 个象限	管体
	接箍、短节和附件	整根管热处理	1	每根	全壁厚 1 个象限	取自每端各约 50%
		单件热处理	1	每件	表面洛氏 HRC或布氏 HBW	每件
			1	规格(代号 1)<9-5/8:50[c] 规格(代号 1)≥9-5/8:30[c]	全壁厚 1 个象限	随机选取的一件

[a] 由多于一炉批组成的批应对每炉批做两个硬度试验。

[b] 多根试验应随机选取试件并且代表该热处理循环的开始与结束。

[c] 对于 L80-9Cr、L80-13Cr、C90、T95 和 Q125 每批应由同一炉批的钢组成。

[d] 若两端都加厚，取自每一加厚端应各约 50%。

表 E.44　压扁试验频率

<table>
<tr><td colspan="6">套管和油管</td></tr>
<tr><td>组别</td><td colspan="2">热处理类型</td><td colspan="3">试验数量</td></tr>
<tr><td>1</td><td>2</td><td>3</td><td colspan="3">4</td></tr>
<tr><td rowspan="3">1、2 和 3</td><td colspan="2">非整体</td><td colspan="3">如注 a 所述</td></tr>
<tr><td rowspan="2">整体</td><td>规格(代号 1)≤4-1/2</td><td colspan="3">与非整体热处理相同或每批(100 根或少于 100 根)1 次</td></tr>
<tr><td>规格(代号 1)>4-1/2[b]</td><td colspan="3">与非整体热处理相同或每批(20 根或少于 20 根)1 次</td></tr>
<tr><td>4</td><td colspan="2">全部</td><td colspan="3">每根管每端 1 次(见 A.5(SR11))</td></tr>
<tr><td colspan="6">短节</td></tr>
<tr><td rowspan="2">组别</td><td colspan="2" rowspan="2">短 节 来 源</td><td rowspan="2">一批中的最多件数</td><td colspan="2">试验数量</td></tr>
<tr><td>每批</td><td>每炉批</td></tr>
<tr><td>1</td><td>2</td><td>3</td><td>4</td><td>5</td><td>6</td></tr>
<tr><td rowspan="4">1、2 和 3</td><td rowspan="2">单件热处理</td><td>分批热处理</td><td>100 件短节</td><td rowspan="4">1</td><td rowspan="4">1</td></tr>
<tr><td>连续热处理</td><td>—</td></tr>
<tr><td rowspan="2">由电焊管制造</td><td>规格(代号 1)≤4-1/2</td><td>200 根</td></tr>
<tr><td>规格(代号 1)>4-1/2[b]</td><td>100 根</td></tr>
<tr><td>4</td><td colspan="3">全部</td><td colspan="2">每根管每端 1 次</td></tr>
</table>

[a] 每个板卷制成的第一根管子的前端应取两个试样进行压扁试验:一个在 90°位置,另一个在 0°位置。
每个板卷制成的居中一根管子上应取两个试样进行压扁试验:一个在 90°位置,另一个在 0°位置。
每个板卷制成的最后一根管子的末端应取试样进行压扁试验:一个在 90°位置,另一个在 0°位置。
若在倍尺长管的生产过程中产生停焊,则在停焊处每一侧的切头端截取两个试样,使焊缝分别在 90°和 0°位置进行压扁试验,并且可以代替居中一根管的压扁试验。
90°位置:焊缝位于 3 点或 9 点钟位置。0°位置:焊缝位于 6 点或 12 点钟位置。

[b] 包括用作油管的套管。

表 E.45　H40 钢级套管静水压试验压力

代　号		试验压力 psi		
		平端	圆螺纹[a]	
1	2		短圆螺纹	长圆螺纹
1	2	3	4	5
4-1/2	9.50	2 900	2 900	—
5-1/2	14.00	2 800	2 800	—
6-5/8	20.00	2 800	2 800	—
7	17.00	2 100	2 100	—
7	20.00	2 500	2 500	—
7-5/8	24.00	2 500	2 500	—

表 E.45（续）

代号		试验压力 psi		
		平端	圆螺纹[a]	
1	2		短圆螺纹	长圆螺纹
1	2	3	4	5
8-5/8	28.00	2 300	2 300	—
8-5/8	32.00	2 600	2 600	—
9-5/8	32.30	2 100	2 100	—
9-5/8	36.00	2 300	2 300	—
10-3/4	32.75	1 200 (1 700)	1 200 (1 700)	— —
10-3/4	40.50	1 600 (2 100)	1 600 (2 100)	— —
11-3/4	42.00	1 400 (1 800)	1 400 (1 800)	— —
13-3/8	48.00	1 200 (1 600)	1 200 (1 600)	— —
16	65.00	1 100 (1 500)	1 100 (1 500)	— —
18-5/8	87.50	1 100 (1 500)	1 100 (1 500)	— —
20	94.00	1 100 (1 400)	1 100 (1 400)	1 100 (1 400)

注：括号内数字表示选用试验压力。

[a] 所示试验压力为按 H40、J55 或 K55 钢级接箍供货的带螺纹和接箍管子的压力。

表 E.46　J55 和 K55 钢级套管静水压试验压力

代号		试验压力 psi							
		平端	圆螺纹		偏梯形螺纹				直连型
			短圆螺纹	长圆螺纹	标准接箍		特殊间隙接箍		
1	2				J55 K55	L80	J55 K55	L80	
1	2	3	4	5	6	7	8	9	10
3-1/2[a]	9.92	7 300	—	—	—	—	—	—	—
4[a]	11.25	6 300	—	—	—	—	—	—	—
4-1/2	9.50	4 000	4 000	—	—	—	—	—	—

表 E.46（续）

代号		试验压力 psi							
		平端	圆螺纹		偏梯形螺纹				直连型
			短圆螺纹	长圆螺纹	标准接箍		特殊间隙接箍		
1	2				J55 K55	L80	J55 K55	L80	
1	2	3	4	5	6	7	8	9	10
4-1/2	10.50	4 400	4 400	—	4 400	4 400	4 400	4 400	—
4-1/2	11.60	4 900	4 900	4 900	4 900	4 900	4 400	4 900	—
4-1/2[a]	13.05	5 700	—	—	—	—	—	—	—
5	11.50	3 900	3 900	—	—	—	—	—	—
5	13.00	4 500	4 500	4 500	4 500	4 500	4 100	4 500	—
5	15.00	5 200	5 200	5 200	5 200	5 200	4 100	5 200	5 200
5[a]	17.95	6 400	—	—	—	—	—	—	—
5-1/2	14.00	3 900	3 900	—	—	—	—	—	—
5-1/2	15.50	4 400	4 400	4 400	4 400	4 400	3 800	4 400	4 400
5-1/2	17.00	4 900	4 900	4 900	4 900	4 900	3 800	4 900	4 900
5-1/2[a]	19.83	5 800	—	—	—	—	—	—	—
6-5/8	20.00	3 800	3 800	3 800	3 800	3 800	3 200	3 800	—
6-5/8	24.00	4 700	4 700	4 700	4 700	4 700	3 200	4 700	4 700
6-5/8[a]	27.67	5 500	—	—	—	—	—	—	—
7	20.00	3 400	3 400	—	—	—	—	—	—
7	23.00	4 000	4 000	4 000	4 000	4 000	3 200	4 000	4 000
7	26.00	4 600	4 600	4 600	4 600	4 600	3 200	4 600	4 600
7-5/8	26.40	3 800	3 800	3 800	3 800	3 800	3 600	3 800	3 800
8-5/8	24.00	2 700	2 700	—	—	—	—	—	—
8-5/8	32.00	3 600	3 600	3 600	3 600	3 600	3 200	3 600	3 600
8-5/8	36.00	4 100	4 100	4 100	4 100	4 100	3 200	4 100	4 100
9-5/8	36.00	3 200	3 200	3 200	3 200	3 200	2 900	3 200	—
9-5/8	40.00	3 600	3 600	3 600	3 600	3 600	2 900	3 600	3 600
10-3/4	40.50	2 100 (2 900)	2 100 (2 900)	— —	2 100 (2 900)	2 100 (2 900)	2 100 (2 600)	2 100 (2 900)	— —
10-3/4	45.50	2 500 (3 300)	2 500 (3 300)	— —	2 500 (3 300)	2 500 (3 300)	2 500 (2 600)	2 500 (3 300)	2 500 (3 300)

表 E.46（续）

代号		试验压力 psi							
		平端	圆螺纹		偏梯形螺纹				直连型
			短圆螺纹	长圆螺纹	标准接箍		特殊间隙接箍		
1	2				J55 K55	L80	J55 K55	L80	
1	2	3	4	5	6	7	8	9	10
10-3/4	51.00	2 800 (3 700)	2 800 (3 700)	— —	2 800 (3 700)	2 800 (3 700)	2 600 (2 600)	2 800 (3 700)	2 800 (3 700)
11-3/4	47.00	2 100 (2 800)	2 100 (2 800)	— —	2 100 (2 800)	2 100 (2 800)	— —	— —	— —
11-3/4	54.00	2 400 (3 300)	2 400 (3 300)	— —	2 400 (3 300)	2 400 (3 300)	— —	— —	— —
11-3/4	60.00	2 700 (3 700)	2 700 (3 700)	— —	2 700 (3 700)	2 700 (3 700)	— —	— —	— —
13-3/8	54.50	1 900 (2 500)	1 900 (2 500)	— —	1 900 (2 500)	1 900 (2 500)	— —	— —	— —
13-3/8	61.00	2 100 (2 800)	2 100 (2 800)	— —	2 100 (2 800)	2 100 (2 800)	— —	— —	— —
13-3/8	68.00	2 400 (3 200)	2 400 (3 200)	— —	2 400 (3 200)	2 400 (3 200)	— —	— —	— —
16	75.00	1 800 (2 400)	1 800 (2 400)	— —	1 800 (2 400)	1 800 (2 400)	— —	— —	— —
16	84.00	2 000 (2 700)	2 000 (2 700)	— —	2 000 (2 700)	2 000 (2 700)	— —	— —	— —
16	109.00	2 700 (3 600)	— —	— —	— —	— —	— —	— —	— —
18-5/8	87.50	1 500 (2 100)	1 500 (2 100)	— —	1 500 (2 100)	1 500 (2 100)	— —	— —	— —
20	94.00	1 400 (1 900)	1 400 (1 900)	1 400 (1 900)	1 400 (1 900)	1 400 (1 900)	— —	— —	— —
20	106.50	1 600 (2 200)	1 600 (2 200)	1 600 (2 200)	1 600 (2 200)	1 600 (2 200)	— —	— —	— —
20	133.00	2 100 (2 800)	2 100 (2 400)	2 100 (2 400)	2 100 (2 300)	2 100 (2 300)	— —	— —	— —

注：括号内数字表示选用试验压力。

[a] 用作平端套管衬管。

表 E.47 M65 钢级套管静水压试验压力

代号		试验压力 psi				
		平端	圆螺纹[a]		偏梯形螺纹[a]	
1	2		短圆螺纹	长圆螺纹	标准接箍	特殊间隙接箍
1	2	3	4	5	6	7
4-1/2	9.50	4 700	4 700	—	—	—
4-1/2	10.50	5 200	5 200	—	5 200	5 200
4-1/2	11.60	5 800	5 800	5 800	5 800	5 800
4-1/2	13.50	6 700	—	6 700	6 700	6 400
5	11.50	4 600	4 600	—	—	—
5	13.00	5 300	5 300	5 300	5 300	5 300
5	15.00	6 200	—	6 200	6 200	6 000
5	18.00	7 500	—	7 500	7 500	6 000
5	21.40	9 100	—	8 700	7 900	6 000
5-1/2	14.00	4 600	4 600	—	—	—
5-1/2	15.50	5 200	5 200	5 200	5 200	5 200
5-1/2	17.00	5 700	—	5 700	5 700	5 500
5-1/2	20.00	6 800	—	6 800	6 800	5 500
5-1/2	23.00	7 800	—	7 800	7 200	5 500
6-5/8	20.00	4 500	4 500	4 500	4 500	4 500
6-5/8	24.00	5 500	—	5 500	5 500	4 700
6-5/8	28.00	6 500	—	6 500	6 500	4 700
7	20.00	4 000	4 000	—	—	—
7	23.00	4 700	—	4 700	4 700	4 600
7	26.00	5 400	—	5 400	5 400	4 600
7	29.00	6 100	—	6 100	6 100	4 600
7	32.00	6 700	—	6 700	6 700	4 600
7-5/8	26.40	4 500	4 500	4 500	4 500	4 500
7-5/8	29.70	5 100	—	5 100	5 100	5 100
7-5/8	33.70	5 900	—	5 900	5 900	5 200
8-5/8	24.00	3 200	3 200	—	—	—
8-5/8	28.00	3 700	3 700	—	—	—
8-5/8	32.00	4 200	4 200	4 200	4 200	4 200
8-5/8	36.00	4 800	4 800	4 800	4 800	4 700
8-5/8	40.00	5 400	—	5 400	5 400	4 700

表 E.47（续）

代号		试验压力 psi				
		平端	圆螺纹[a]		偏梯形螺纹[a]	
1	2		短圆螺纹	长圆螺纹	标准接箍	特殊间隙接箍
1	2	3	4	5	6	7
9-5/8	36.00	3 800	3 800	3 800	3 800	3 800
9-5/8	40.0	4 300	4 300	4 300	4 300	4 300
9-5/8	43.50	4 700	—	4 700	4 700	4 300
9-5/8	47.00	5 100	—	5 100	5 100	4 300
10-3/4	40.50	3 400	3 400	—	3 400	3 400
10-3/4	45.50	3 900	3 900	—	3 900	3 800
10-3/4	51.00	4 400	4 400	—	4 400	3 800
10-3/4	55.50	4 800	4 800	—	4 800	3 800
11-3/4	47.00	3 300	3 300	—	3 300	—
11-3/4	54.00	3 900	3 900	—	3 900	—
11-3/4	60.00	4 300	4 300	—	4 300	—
13-3/8	54.50	3 000	3 000	—	3 000	—
13-3/8	61.00	3 300	3 300	—	3 300	—
13-3/8	68.00	3 700	3 700	—	3 700	—
16	75.00	2 800	2 800	—	2 800	—
16	84.00	3 200	3 200	—	3 200	—
18-5/8	87.50	2 400	2 400	—	2 400	—
20	94.00	2 300	2 100	2 100	2 300	—
20	106.50	2 600	2 100	2 100	2 300	—

[a] M65 钢级带螺纹和接箍套管应按 L80 钢级 1 类接箍供货。

表 E.48 L80 钢级套管静水压试验压力

代号		试验压力 psi					
		平端	圆螺纹		偏梯形螺纹		直连型
1	2		短圆螺纹	长圆螺纹	标准接箍	特殊间隙接箍	
1	2	3	4	5	6	7	8
4-1/2	11.60	7 100	—	7 100	7 100	6 400	—
4-1/2	13.50	8 200	—	8 200	7 800	6 400	—

表 E.48（续）

代号		试验压力 psi					
		平端	圆螺纹		偏梯形螺纹		直连型
			短圆螺纹	长圆螺纹	标准接箍	特殊间隙接箍	
1	2						
1	2	3	4	5	6	7	8
5	15.00	7 600	—	7 600	7 600	6 000	7 600
5	18.00	9 300	—	8 700	7 900	6 000	9 300
5	21.40	10 000	—	8 700	7 900	6 000	—
5	23.20	10 000	—	8 700	7 900	6 000	—
5	24.10	10 000	—	8 700	7 900	6 000	—
5-1/2	17.00	7 100	—	7 100	7 100	5 500	7 100
5-1/2	20.00	8 400	—	7 900	7 200	5 500	8 400
5-1/2	23.00	9 700	—	7 900	7 200	5 500	9 700
6-5/8	24.00	6 800	—	6 800	6 800	4 700	6 800
6-5/8	28.00	8 100	—	8 100	7 900	4 700	8 100
6-5/8	32.00	9 200	—	8 500	7 900	4 700	9 200
7	23.00	5 800	—	5 800	5 800	4 600	5 800
7	26.00	6 600	—	6 600	6 600	4 600	6 600
7	29.00	7 500	—	7 400	6 800	4 600	7 500
7	32.00	8 300	—	7 400	6 800	4 600	8 300
7	35.00	9 100	—	7 400	6 800	4 600	9 100
7	38.00	9 900	—	7 400	6 800	4 600	9 900
7-5/8	26.40	5 500	—	5 500	5 500	5 200	5 500
7-5/8	29.70	6 300	—	6 300	6 300	5 200	6 300
7-5/8	33.70	7 200	—	7 200	7 200	5 200	7 200
7-5/8	39.00	8 400	—	8 400	7 800	5 200	8 400
7-5/8	42.80	9 400	—	8 400	7 800	5 200	—
7-5/8	45.30	10 000	—	8 400	7 800	5 200	—
7-5/8	47.10	10 000	—	8 400	7 800	5 200	—
7-3/4	46.10	9 800	—	—	—	—	—
8-5/8	36.00	5 900	—	5 900	5 900	4 700	5 900
8-5/8	40.00	6 700	—	6 700	6 700	4 700	6 700
8-5/8	44.00	7 400	—	7 400	7 400	4 700	7 400
8-5/8	49.00	8 300	—	8 300	7 800	4 700	8 300

表 E.48（续）

代号		试验压力 psi					
		平端	圆螺纹		偏梯形螺纹		直连型
			短圆螺纹	长圆螺纹	标准接箍	特殊间隙接箍	
1	2						
1	2	3	4	5	6	7	8
9-5/8	40.00	5 300	—	5 300	5 300	4 300	5 300
9-5/8	43.50	5 800	—	5 800	5 800	4 300	5 800
9-5/8	47.00	6 300	—	6 300	6 300	4 300	6 300
9-5/8	53.50	7 200	—	7 200	7 100	4 300	7 200
9-5/8	58.40	7 900	—	7 700	7 100	4 300	—
10-3/4	51.00	5 400	5 400	—	5 400	3 800	5 400
10-3/4	55.50	5 900	5 900	—	5 900	3 800	5 900
11-3/4	60.00	5 300	5 300	—	5 300	—	—
11-3/4	65.00	5 800	—	—	—	—	—
11-3/4	71.00	6 300	—	—	—	—	—
13-3/8	68.00	4 600	4 600	—	4 600	—	—
13-3/8	72.00	4 900	4 600	—	4 900	—	—
16	109.00	5 200	—	—	—	—	—

表 E.49 N80 钢级 1 类和 N80Q 钢级套管静水压试验压力

代号		试验压力 psi							
		平端	圆螺纹		偏梯形螺纹				直连型
			短圆螺纹	长圆螺纹	标准接箍		特殊间隙接箍		
1	2				N80	P110	N80	P110	
1	2	3	4	5	6	7	8	9	10
4-1/2	11.60	7 100	—	7 100	7 100	7 100	6 400	7 100	—
4-1/2	13.50	8 200	—	8 200	7 800	8 200	6 400	8 200	—
5	15.00	7 600	—	7 600	7 600	7 600	6 000	7 600	7 600
5	18.00	9 300		8 700	7 900	9 300	6 000	8 200	9 300
5	21.40	10 000	—	8 700	7 900	10 000	6 000	8 200	—
5	23.20	10 000	—	8 700	7 900	10 000	6 000	8 200	—
5	24.10	10 000	—	8 700	7 900	10 000	6 000	8 200	—
5-1/2	17.00	7 100	—	7 100	7 100	7 100	5 500	7 100	7 100

表 E.49（续）

代号		试验压力 psi							
		平端	圆螺纹		偏梯形螺纹				直连型
			短圆螺纹	长圆螺纹	标准接箍		特殊间隙接箍		
1	2				N80	P110	N80	P110	
1	2	3	4	5	6	7	8	9	10
5-1/2	20.00	8 400	—	7 900	7 200	8 400	5 500	7 600	8 400
5-1/2	23.00	9 700	—	7 900	7 200	9 700	5 500	7 600	9 700
6-5/8	24.00	6 800	—	6 800	6 800	6 800	4 700	6 500	6 800
6-5/8	28.00	8 100	—	8 100	7 900	8 100	4 700	6 500	8 100
6-5/8	32.00	9 200	—	8 500	7 900	9 200	4 700	6 500	9 200
7	23.00	5 800	—	5 800	5 800	5 800	4 600	5 800	5 800
7	26.00	6 600	—	6 600	6 600	6 600	4 600	6 300	6 600
7	29.00	7 500	—	7 400	6 800	7 500	4 600	6 300	7 500
7	32.00	8 300	—	7 400	6 800	8 300	4 600	6 300	8 300
7	35.00	9 100	—	7 400	6 800	9 100	4 600	6 300	9 100
7	38.00	9 900	—	7 400	6 800	9 300	4 600	6 300	9 900
7-5/8	26.40	5 500	—	5 500	5 500	5 500	5 200	5 500	5 500
7-5/8	29.70	6 300	—	6 300	6 300	6 300	5 200	6 300	6 300
7-5/8	33.70	7 200	—	7 200	7 200	7 200	5 200	7 200	7 200
7-5/8	39.00	8 400	—	8 400	7 800	8 400	5 200	7 200	8 400
7-5/8	42.80	9 400	—	8 400	7 800	9 400	5 200	7 200	—
7-5/8	45.30	10 000	—	8 400	7 800	10 000	5 200	7 200	—
7-5/8	47.10	10 000	—	8 400	7 800	10 000	5 200	7 200	—
7-3/4	46.10	9 800	—	—	—	—	—	—	—
8-5/8	36.00	5 900	—	5 900	5 900	5 900	4 700	5 900	5 900
8-5/8	40.00	6 700	—	6 700	6 700	6 700	4 700	6 300	6 700
8-5/8	44.00	7 400	—	7 400	7 400	7 400	4 700	6 300	7 400
8-5/8	49.00	8 300	—	8 300	7 800	8 300	4 700	6 300	8 300
9-5/8	40.00	5 300	—	5 300	5 300	5 300	4 300	5 100	5 300
9-5/8	43.50	5 800	—	5 800	5 800	5 800	4 300	5 100	5 800
9-5/8	47.00	6 300	—	6 300	6 300	6 300	4 300	5 100	6 300
9-5/8	53.50	7 200	—	7 200	7 100	7 200	4 300	5 100	7 200
9-5/8	58.40	7 900	—	7 700	7 100	7 900	4 300	5 100	—
10-3/4	51.00	5 400	5 400	—	5 400	5 400	3 800	4 100	5 400

表 E.49（续）

代号		试验压力 psi							
		平端	圆螺纹		偏梯形螺纹				直连型
			短圆螺纹	长圆螺纹	标准接箍		特殊间隙接箍		
1	2				N80	P110	N80	P110	
1	2	3	4	5	6	7	8	9	10
10-3/4	55.50	5 900	5 900	—	5 900	5 900	3 800	4 100	5 900
11-3/4	60.00	5 300	5 300	—	5 300	5 300	—	—	—
11-3/4	65.00	5 800	—	—	—	—	—	—	—
11-3/4	71.00	6 300	—	—	—	—	—	—	—
13-3/8	68.00	4 600	4 600	—	4 600	4 600	—	—	—
13-3/8	72.00	4 900	4 600	—	4 900	4 900	—	—	—
16	109.00	5 200	—	—	—	—	—	—	—

表 E.50 C90 钢级套管静水压试验压力

代号		试验压力 psi					
		平端	圆螺纹		偏梯形螺纹		直连型
1	2		短圆螺纹	长圆螺纹	标准接箍	特殊间隙接箍	
1	2	3	4	5	6	7	8
4-1/2	11.60	8 000	—	8 000	8 000	7 200	—
4-1/2	13.50	9 300	—	9 300	8 800	7 200	—
5	15.00	8 500	—	8 500	8 500	6 700	8 500
5	18.00	10 000	—	9 700	8 900	6 700	10 000
5	21.40	10 000	—	9 700	8 900	6 700	—
5	23.20	10 000	—	9 700	8 900	6 700	—
5	24.10	10 000	—	9 700	8 900	6 700	—
5-1/2	17.00	8 000	—	8 000	8 000	6 200	8 000
5-1/2	20.00	9 500	—	8 900	8 100	6 200	9 500
5-1/2	23.00	10 000	—	8 900	8 100	6 200	10 000
5-1/2	26.80	10 000	—	—	—	—	—
5-1/2	29.70	10 000	—	—	—	—	—
5-1/2	32.60	10 000	—	—	—	—	—

表 E.50（续）

代号		试验压力 psi					
		平端	圆螺纹		偏梯形螺纹		直连型
			短圆螺纹	长圆螺纹	标准接箍	特殊间隙接箍	
1	2						
1	2	3	4	5	6	7	8
5-1/2	35.30	10 000	—	—	—	—	—
5-1/2	38.00	10 000	—	—	—	—	—
5-1/2	40.50	10 000	—	—	—	—	—
5-1/2	43.10	10 000	—	—	—	—	—
6-5/8	24.00	7 700	—	7 700	7 700	5 300	7 700
6-5/8	28.00	9 100	—	9 100	8 800	5 300	9 100
6-5/8	32.00	10 000	—	9 600	8 800	5 300	10 000
7	23.00	6 500	—	6 500	6 500	5 200	6 500
7	26.00	7 400	—	7 400	7 400	5 200	7 400
7	29.00	8 400	—	8 300	7 600	5 200	8 400
7	32.00	9 300	—	8 300	7 600	5 200	9 300
7	35.00	10 000	—	8 300	7 600	5 200	10 000
7	38.00	10 000	—	8 300	7 600	5 200	10 000
7	42.70	10 000	—	—	—	—	—
7	46.40	10 000	—	—	—	—	—
7	50.10	10 000	—	—	—	—	—
7	53.60	10 000	—	—	—	—	—
7	57.10	10 000	—	—	—	—	—
7-5/8	26.40	6 200	—	6 200	6 200	5 900	6 200
7-5/8	29.70	7 100	—	7 100	7 100	5 900	7 100
7-5/8	33.70	8 100	—	8 100	8 100	5 900	8 100
7-5/8	39.00	9 400	—	9 400	8 800	5 900	9 400
7-5/8	42.80	10 000	—	9 400	8 800	5 900	—
7-5/8	45.30	10 000	—	9 400	8 800	5 900	—
7-5/8	47.10	10 000	—	9 400	8 800	5 900	—
7-5/8	51.20	10 000	—	—	—	—	—
7-5/8	55.30	10 000	—	—	—	—	—
7-3/4	46.10	10 000	—	—	—	—	—

表 E.50（续）

代号		试验压力 psi					
		平端	圆螺纹		偏梯形螺纹		直连型
			短圆螺纹	长圆螺纹	标准接箍	特殊间隙接箍	
1	2						
1	2	3	4	5	6	7	8
8-5/8	36.00	6 700	—	6 700	6 700	5 300	6 700
8-5/8	40.00	7 500	—	7 500	7 500	5 300	7 500
8-5/8	44.00	8 300	—	8 300	8 300	5 300	8 300
8-5/8	49.00	9 300	—	9 300	8 800	5 300	9 300
9-5/8	40.00	5 900	—	5 900	5 900	4 800	5 900
9-5/8	43.50	6 500	—	6 500	6 500	4 800	6 500
9-5/8	47.00	7 100	—	7 100	7 100	4 800	7 100
9-5/8	53.50	8 200	—	8 200	7 900	4 800	8 200
9-5/8	58.40	8 900	—	8 500	7 900	4 800	—
9-5/8	59.40	9 100	—	—	—	—	—
9-5/8	64.90	10 000	—	—	—	—	—
9-5/8	70.30	10 000	—	—	—	—	—
9-5/8	75.60	10 000	—	—	—	—	—
10-3/4	51.00	6 000	6 000	—	6 000	4 100	6 000
10-3/4	55.50	6 600	6 600	—	6 600	4 100	6 600
10 3/4	60.70	7 300	6 900	—	7 200	4 100	7 300
10-3/4	65.70	8 000	6 900	—	7 200	4 100	—
10-3/4	73.20	9 000	—	—	—	—	—
10-3/4	79.20	9 800	—	—	—	—	—
10-3/4	85.30	10 000	—	—	—	—	—
11-3/4	60.00	6 000	5 800	—	6 000	—	—
11-3/4	65.00	6 500	—	—	—	—	—
11-3/4	71.00	7 100	—	—	—	—	—
13-3/8	68.00	5 200	4 600	—	4 900	—	—
13-3/8	72.00	5 500	4 600	—	4 900	—	—

表 E.51 C95 钢级套管静水压试验压力

代号		试验压力 psi					
		平端	圆螺纹		偏梯形螺纹		直连型
			短圆螺纹	长圆螺纹	标准接箍	特殊间隙接箍	
1	2						
1	2	3	4	5	6	7	8
4-1/2	11.60	8 400	—	8 400	8 400	7 600	—
4-1/2	13.50	9 800	—	9 800	9 300	7 600	—
5	15.00	9 000	—	9 000	9 000	7 100	9 000
5	18.00	10 000	—	10 000	9 400	7 100	10 000
5	21.40	10 000	—	10 000	9 400	7 100	—
5	23.20	10 000	—	10 000	9 400	7 100	—
5	24.10	10 000	—	10 000	9 400	7 100	—
5-1/2	17.00	8 400	—	8 400	8 400	6 500	8 400
5-1/2	20.00	10 000	—	9 400	8 500	6 500	10 000
5-1/2	23.00	10 000	—	9 400	8 500	6 500	10 000
6-5/8	24.00	8 100	—	8 100	8 100	5 600	8 100
6-5/8	28.00	9 600	—	9 600	9 300	5 600	9 600
6-5/8	32.00	10 000	—	10 000	9 300	5 600	10 000
7	23.00	6 900	—	6 900	6 900	5 500	6 900
7	26.00	7 900	—	7 900	7 900	5 500	7 900
7	29.00	8 900	—	8 800	8 000	5 500	8 900
7	32.00	9 800	—	8 800	8 000	5 500	9 800
7	35.00	10 000	—	8 800	8 000	5 500	10 000
7	38.00	10 000	—	8 800	8 000	5 500	10 000
7-5/8	26.40	6 500	—	6 500	6 500	6 200	6 500
7-5/8	29.70	7 500	—	7 500	7 500	6 200	7 500
7-5/8	33.70	8 600	—	8 600	8 600	6 200	8 600
7-5/8	39.00	10 000	—	10 000	9 300	6 200	10 000
7-5/8	42.80	10 000	—	10 000	9 300	6 200	—
7-5/8	45.30	10 000	—	10 000	9 300	6 200	—
7-5/8	47.10	10 000	—	10 000	9 300	6 200	—
7-3/4	46.10	10 000	—	—	—	—	—
8-5/8	36.00	7 000	—	7 000	7 000	5 600	7 000
8-5/8	40.00	7 900	—	7 900	7 900	5 600	7 900

表 E.51（续）

代号		试验压力 psi					
		平端	圆螺纹		偏梯形螺纹		直连型
			短圆螺纹	长圆螺纹	标准接箍	特殊间隙接箍	
1	2						
1	2	3	4	5	6	7	8
8-5/8	44.00	8 800	—	8 800	8 800	5 600	8 800
8-5/8	49.00	9 800	—	9 800	9 300	5 600	9 800
9-5/8	40.00	6 200	—	6 200	6 200	5 100	6 200
9-5/8	43.50	6 900	—	6 900	6 900	5 100	6 900
9-5/8	47.00	7 500	—	7 500	7 500	5 100	7 500
9-5/8	53.50	8 600	—	8 500	8 400	5 100	8 600
9-5/8	58.40	9 400	—	8 500	8 400	5 100	—
10-3/4	51.00	6 400	6 400	—	6 400	4 100	6 400
10-3/4	55.50	7 000	6 900	—	7 000	4 100	7 000
11-3/4	60.00	6 300	5 800	—	6 300	—	—
11-3/4	65.00	6 900	—	—	—	—	—
11-3/4	71.00	7 500	—	—	—	—	—
13-3/8	68.00	5 500	4 600	—	4 900	—	—
13-3/8	72.00	5 800	4 600	—	4 900	—	—
16	109.00	6 200	—	—	—	—	—

表 E.52 T95 钢级套管静水压试验压力

代号		试验压力 psi					
		平端	圆螺纹		偏梯形螺纹		直连型
			短圆螺纹	长圆螺纹	标准接箍	特殊间隙接箍	
1	2						
1	2	3	4	5	6	7	8
4-1/2	11.60	8 400	—	8 400	8 400	7 600	—
4-1/2	13.50	9 800	—	9 800	9 300	7 600	—
5	15.00	9 000	—	9 000	9 000	7 100	9 000
5	18.00	10 000	—	10 000	9 400	7 100	10 000
5	21.40	10 000	—	10 000	9 400	7 100	—
5	23.20	10 000	—	10 000	9 400	7 100	—
5	24.10	10 000	—	10 000	9 400	7 100	—

表 E.52（续）

代号		试验压力 psi					
		平端	圆螺纹		偏梯形螺纹		直连型
			短圆螺纹	长圆螺纹	标准接箍	特殊间隙接箍	
1	2						
1	2	3	4	5	6	7	8
5-1/2	17.00	8 400	—	8 400	8 400	6 500	8 400
5-1/2	20.00	10 000	—	9 400	8 500	6 500	10 000
5-1/2	23.00	10 000	—	9 400	8 500	6 500	10 000
5-1/2	26.80	10 000	—	—	—	—	—
5-1/2	29.70	10 000	—	—	—	—	—
5-1/2	32.60	10 000	—	—	—	—	—
5-1/2	35.30	10 000	—	—	—	—	—
5-1/2	38.00	10 000	—	—	—	—	—
5-1/2	40.50	10 000	—	—	—	—	—
5-1/2	43.10	10 000	—	—	—	—	—
6-5/8	24.00	8 100	—	8 100	8 100	5 600	8 100
6-5/8	28.00	9 600	—	9 600	9 300	5 600	9 600
6-5/8	32.00	10 000	—	10 000	9 300	5 600	10 000
7	23.00	6 900	—	6 900	6 900	5 500	6 900
7	26.00	7 900	—	7 900	7 900	5 500	7 900
7	29.00	8 900	—	8 800	8 000	5 500	8 800
7	32.00	9 800	—	8 800	8 000	5 500	9 800
7	35.00	10 000	—	8 800	8 000	5 500	10 000
7	38.00	10 000	—	8 800	8 000	5 500	10 000
7	42.70	10 000	—	—	—	—	—
7	46.40	10 000	—	—	—	—	—
7	50.10	10 000	—	—	—	—	—
7	53.60	10 000	—	—	—	—	—
7	57.10	10 000	—	—	—	—	—
7-5/8	26.40	6 500	—	6 500	6 500	6 200	6 500
7-5/8	29.70	7 500	—	7 500	7 500	6 200	7 500
7-5/8	33.70	8 600	—	8 600	8 600	6 200	8 600
7-5/8	39.00	10 000	—	10 000	9 300	6 200	10 000
7-5/8	42.80	10 000	—	10 000	9 300	6 200	—

表 E.52（续）

代号		试验压力 psi					
		平端	圆螺纹		偏梯形螺纹		直连型
			短圆螺纹	长圆螺纹	标准接箍	特殊间隙接箍	
1	2						
1	2	3	4	5	6	7	8
7-5/8	45.30	10 000	—	10 000	9 300	6 200	—
7-5/8	47.10	10 000	—	10 000	9 300	6 200	—
7-5/8	51.20	10 000	—	—	—	—	—
7-5/8	55.30	10 000	—	—	—	—	—
7-3/4	46.10	10 000	—	—	—	—	—
8-5/8	36.00	7 000		7 000	7 000	5 600	7 000
8-5/8	40.00	7 900	—	7 900	7 900	5 600	7 900
8-5/8	44.00	8 800	—	8 800	8 800	5 600	8 800
8-5/8	49.00	9 800	—	9 800	9 300	5 600	9 800
9-5/8	40.00	6 200		6 200	6 200	5 100	6 200
9-5/8	43.50	6 900		6 900	6 900	5 100	6 900
9-5/8	47.00	7 500		7 500	7 500	5 100	7 500
9-5/8	53.50	8 600	—	8 500	8 400	5 100	8 600
9-5/8	58.40	9 400	—	8 500	8 400	5 100	—
9-5/8	59.40	9 600	—	—	—	—	—
9-5/8	64.90	10 000	—	—	—	—	—
9-5/8	70.30	10 000	—	—	—	—	—
9-5/8	75.60	10 000	—	—	—	—	—
10-3/4	51.00	6 400	6 400	—	6 400	4 100	6 400
10-3/4	55.50	7 000	6 900	—	7 000	4 100	7 000
10-3/4	60.70	7 700	6 900	—	7 500	4 100	7 600
10 3/4	65.70	8 400	6 900	—	7 500	4 100	—
10-3/4	73.20	9 500	—	—	—	—	—
10-3/4	79.20	10 000	—	—	—	—	—
10-3/4	85.30	10 000	—	—	—	—	—
11-3/4	60.00	6 300	5 800	—	6 300	—	—
11-3/4	65.00	6 900	—	—	—	—	—
11-3/4	71.00	7 500	—	—	—	—	—
13-3/8	68.00	5 500	4 600	—	4 900	—	—
13-3/8	72.00	5 800	4 600	—	4 900	—	—

表 E.53 P110 钢级套管静水压试验压力

代号		试验压力 psi							
		平端	圆螺纹		偏梯形螺纹				直连型
			短圆螺纹	长圆螺纹	标准接箍		特殊间隙接箍		
1	2				P110	Q125	P110	Q125	
1	2	3	4	5	6	7	8	9	10
4-1/2	11.60	9 800	—	9 800	9 800	9 800	9 800	9 800	—
4-1/2	13.50	10 000 (11 300)	— —	10 000 (11 300)	10 000 (10 800)	10 000 (11 300)	8 800 (8 800)	10 000 (10 000)	— —
4-1/2	15.10	10 000 (13 200)	— —	10 000 (11 700)	10 000 (10 800)	10 000 (12 200)	8 800 (8 800)	10 000 (10 000)	— —
5	15.00	10 000 (10 400)	— —	10 000 (10 400)	10 000 (10 400)	10 000 (10 400)	8 200 (8 200)	9 300 (9 300)	10 000 (10 400)
5	18.00	10 000 (12 700)	— —	10 000 (11 900)	10 000 (10 900)	10 000 (12 400)	8 200 (8 200)	9 300 (9 300)	10 000 (12 700)
5	21.40	10 000 (15 400)	— —	10 000 (11 900)	10 000 (10 900)	10 000 (12 400)	8 200 (8 200)	9 300 (9 300)	— —
5	23.20	10 000 (16 800)	— —	10 000 (11 900)	10 000 (10 900)	10 000 (12 400)	8 200 (8 200)	9 300 (9 300)	— —
5	24.10	10 000 (17 600)	— —	10 000 (11 900)	10 000 (10 900)	10 000 (12 400)	8 200 (8 200)	9 300 (9 300)	— —
5-1/2	17.00	9 700	—	9 700	9 700	9 700	7 600	8 600	9 700
5-1/2	20.00	10 000 (11 600)	— —	10 000 (10 900)	9 900 (9 900)	10 000 (11 200)	7 600 (7 600)	8 600 (8 600)	10 000 (11 600)
5-1/2	23.00	10 000 (13 300)	— —	10 000 (10 900)	9 900 (9 900)	10 000 (11 200)	7 600 (7 600)	8 600 (8 600)	10 000 (13 300)
6-5/8	24.00	9 400	—	9 400	9 400	9 400	6 500	7 400	9 400
6-5/8	28.00	10 000 (11 100)	— —	10 000 (11 100)	10 000 (10 800)	10 000 (11 100)	6 500 (6 500)	7 400 (7 400)	10 000 (11 100)
6-5/8	32.00	10 000 (12 600)	— —	10 000 (11 700)	10 000 (10 800)	10 000 (12 300)	6 500 (6 500)	7 400 (7 400)	10 000 (12 600)
7	26.00	9 100	—	9 100	9 100	9 100	6 300	7 200	9 100
7	29.00	10 000 (10 300)	— —	9 500 (9 500)	9 300 (9 300)	10 000 (10 300)	6 300 (6 300)	7 200 (7 200)	10 000 (10 300)
7	32.00	10 000 (11 400)	— —	9 500 (9 500)	9 300 (9 300)	10 000 (10 600)	6 300 (6 300)	7 200 (7 200)	10 000 (11 400)
7	35.00	10 000 (12 500)	— —	9 500 (9 500)	9 300 (9 300)	10 000 (10 600)	6 300 (6 300)	7 200 (7 200)	10 000 (12 500)
7	38.00	10 000 (13 600)	— —	9 500 (9 500)	9 300 (9 300)	10 000 (10 600)	6 300 (6 300)	7 200 (7 200)	10 000 (13 600)

表 E.53（续）

代号		试验压力 psi							
		平端	圆螺纹		偏梯形螺纹				直连型
			短圆螺纹	长圆螺纹	标准接箍		特殊间隙接箍		
1	2				P110	Q125	P110	Q125	
1	2	3	4	5	6	7	8	9	10
7-5/8	29.70	8 700	—	8 700	8 700	8 700	7 200	8 000	8 700
7-5/8	33.70	9 900	—	9 900	9 900	9 900	7 200	8 000	9 900
7-5/8	39.00	10 000 (11 500)	— —	10 000 (11 500)	10 000 (10 800)	10 000 (11 500)	7 200 (7 200)	8 000 (8 000)	10 000 (11 500)
7-5/8	42.80	10 000 (13 000)	— —	10 000 (11 500)	10 000 (10 800)	10 000 (12 200)	7 200 (7 200)	8 000 (8 000)	— —
7-5/8	45.30	10 000 (13 700)	— —	10 000 (11 500)	10 000 (10 800)	10 000 (12 200)	7 200 (7 200)	8 000 (8 000)	— —
7-5/8	47.10	10 000 (14 400)	— —	10 000 (11 500)	10 000 (10 800)	10 000 (12 200)	7 200 (7 200)	8 000 (8 000)	— —
7-3/4	46.10	10 000 (13 500)	— —	— —	— —	— —	— —	— —	— —
8-5/8	40.00	9 200	—	9 200	9 200	9 200	6 300	6 300	9 200
8-5/8	44.00	10 000 (10 200)	— —	10 000 (10 200)	10 000 (10 200)	10 000 (10 200)	6 300 (6 300)	6 300 (6 300)	10 000 (10 200)
8-5/8	49.00	10 000 (11 400)	— —	10 000 (10 400)	10 000 (10 700)	10 000 (11 200)	6 300 (6 300)	6 300 (6 300)	10 000 (11 400)
9-5/8	43.50	8 000	—	8 000	8 000	8 000	5 100	5 100	8 000
9-5/8	47.00	8 600	—	8 600	8 600	8 600	5 100	5 100	8 600
9-5/8	53.50	10 000	—	9 700	9 200	9 200	5 100	5 100	10 000
9-5/8	58.40	10 000 (10 900)	— —	9 700 (9 700)	9 200 (9 200)	9 200 (9 200)	5 100 (5 100)	5 100 (5 100)	— —
10-3/4	51.00	7 400	7 400	—	7 400	7 400	4 200	4 200	7 400
10-3/4	55.50	8 100	7 900	—	7 400	7 400	4 200	4 200	8 100
10-3/4	60.70	8 900	7 900	—	7 400	7 400	4 200	4 200	8 900
10-3/4	65.70	9 700	7 900	—	7 400	7 400	4 200	4 200	—
11-3/4	60.00	7 300	6 700	—	6 300	6 300	—	—	—
11-3/4	65.00	8 000	—	—	—	—	—	—	—
11-3/4	71.00	8 700	—	—	—	—	—	—	—
13-3/8	68.00	6 300	5 200	—	4 900	4 900	—	—	—
13-3/8	72.00	6 800	5 200	—	4 900	4 900	—	—	—
16	109.00	7 200	—	—	—	—	—	—	—

注：括号内数字表示选用试验压力。

表 E.54 Q125 钢级套管静水压试验压力

代号		试验压力 psi				
		平端	圆螺纹		偏梯形螺纹 标准接箍	直连型
1	2		短圆螺纹	长圆螺纹		
1	2	3	4	5	6	7
4-1/2	15.10	10 000 (15 000)	— —	10 000 (13 300)	10 000 (12 200)	— —
5	18.00	10 000 (14 500)	— —	10 000 (13 500)	10 000 (12 400)	10 000 (14 500)
5	21.40	10 000 (17 500)	— —	10 000 (13 500)	10 000 (12 400)	— —
5	23.20	10 000 (19 100)	— —	10 000 (13 500)	10 000 (12 400)	— —
5	24.10	10 000 (20 000)	— —	10 000 (13 500)	10 000 (12 400)	— —
5-1/2	23.00	10 000 (15 100)	— —	10 000 (12 300)	10 000 (11 200)	10 000 (15 100)
6-5/8	32.00	10 000 (14 300)	— —	10 000 (11 800)	10 000 (12 300)	10 000 (14 300)
7	35.00	10 000 (14 200)	— —	9 500 (9 500)	10 000 (10 600)	10 000 (14 200)
7	38.00	10 000 (15 400)	— —	9 500 (9 500)	10 000 (10 600)	10 000 (15 400)
7-5/8	39.00	10 000 (13 100)	— —	10 000 (11 800)	10 000 (12 200)	10 000 (13 100)
7-5/8	42.80	10 000 (14 700)	— —	10 000 (11 800)	10 000 (12 200)	— —
7-5/8	45.30	10 000 (15 600)	— —	10 000 (11 800)	10 000 (12 200)	— —
7-5/8	47.10	10 000 (16 400)	— —	10 000 (11 800)	10 000 (12 200)	— —
7-3/4	46.10	10 000 (15 400)	— —	— —	— —	— —
8-5/8	49.00	10 000 (12 900)	— —	10 000 (10 400)	10 000 (11 200)	10 000 (12 900)
9-5/8	47.00	9 800	—	9 700	9 200	9 800
9-5/8	53.50	10 000 (11 300)	— —	9 700 (9 700)	9 200 (9 200)	10 000 (11 300)
9-5/8	58.40	10 000 (12 400)	— —	9 700 (9 700)	9 200 (9 200)	— —

表 E.54（续）

代号		试验压力 psi				
		平端	圆螺纹		偏梯形螺纹标准接箍	直连型
1	2		短圆螺纹	长圆螺纹		
1	2	3	4	5	6	7
10-3/4	60.70	10 000 (10 100)	7 900 (7 900)	— —	7 400 (7 400)	10 000 (11 100)
10-3/4	65.70	10 000 (11 100)	7 900 (7 900)	— —	7 400 (7 400)	— —
11-3/4	60.0	8 300	6 700	—	6 300	—
11-3/4	65.00	9 100	—	—	—	—
11-3/4	71.00	9 900	—	—	—	—
13-3/8	72.00	7 700	5 200	—	4 900	—
16	109.00	8 200	—	—	—	—
注：括号内数字表示选用试验压力。						

表 E.55 H40 钢级油管静水压试验压力

代号				试验压力 psi					
1	2			平端	不加厚带螺纹和接箍	外加厚			整体接头
	不加厚带螺纹和接箍	外加厚带螺纹和接箍	整体接头			标准接箍	特殊间隙接箍		
							H40	J55	
1	2	3	4	5	6	7	8	9	10
1.050	1.14	1.20	—	6 900	6 900	6 900	—	—	—
1.050	1.48	1.54	—	9 400	—	7 500	—	—	—
1.315	1.70	1.80	1.72	6 500	6 500	6 500	—	—	5 800
1.315	2.19	2.24	—	8 700	—	8 200	—	—	—
1.660	2.09	—	2.10	4 800	—	—	—	—	4 600
1.660	2.30	2.40	2.33	5 400	5 400	5 400	—	—	4 600
1.660	3.03	3.07	—	7 400	—	6 500	—	—	—
1.900	2.40	—	2.40	4 200	—	—	—	—	4 100
1.900	2.75	2.90	2.76	4 900	4 900	4 900	—	—	4 100
1.900	3.65	3.73	—	6 700	—	6 000	—	—	—
2.063	3.24	—	3.25	4 800	—	—	—	—	4 100
2.063	4.50	—	—	7 000	—	—	—	—	—

表 E.55（续）

代号				试验压力 psi					
1	2			平端	不加厚带螺纹和接箍	外加厚			整体接头
	不加厚带螺纹和接箍	外加厚带螺纹和接箍	整体接头			标准接箍	特殊间隙接箍		
							H40	J55	
1	2	3	4	5	6	7	8	9	10
2-3/8	4.00	—	—	4 500	4 500	—	—	—	—
2-3/8	4.60	4.70	—	5 100	5 100	5 100	4 600	5 100	—
2-7/8	6.40	6.50	—	4 800	4 800	4 800	4 400	4 800	—
3-1/2	7.70	—	—	3 900	3 900	—	—	—	—
3-1/2	9.20	9.30	—	4 600	4 600	4 600	4 300	4 600	—
3-1/2	10.20	—	—	5 300	5 300	—	—	—	—
4	9.50	—	—	3 600	3 600	—	—	—	—
4	10.70	11.00	—	4 200	—	4 200	—	—	—
4-1/2	12.60	12.75	—	3 900	3 900	3 900	—	—	—

表 E.56 J55 钢级油管静水压试验压力

代号				试验压力 psi					
1	2			平端	不加厚带螺纹和接箍	外加厚			整体接头
	不加厚带螺纹和接箍	外加厚带螺纹和接箍	整体接头			标准接箍	特殊间隙接箍		
							J55	L80	
1	2	3	4	5	6	7	8	9	10
1.050	1.14	1.20	—	9 500	9 500	9 500	—	—	—
1.050	1.48	1.54	—	10 000	—	10 000	—	—	—
1.315	1.70	1.80	1.72	8 900	8 900	8 900	—	—	8 000
1.315	2.19	2.24	—	10 000	—	10 000	—	—	—
1.660	2.09	—	2.10	6 600	—	—	—	—	6 400
1.660	2.30	2.40	2.33	7 400	7 400	7 400	—	—	6 400
1.660	3.03	3.07	—	10 000	—	9 000	—	—	—
1.900	2.40	—	2.40	5 800	—	—	—	—	5 700
1.900	2.75	2.90	2.76	6 700	6 700	6 700	—	—	5 700
1.900	3.65	3.73	—	9 300	—	8 300	—	—	—

表 E.56（续）

代号				试验压力 psi					
1	2			平端	不加厚 带螺纹 和接箍	外加厚			整体 接头
	不加厚 带螺纹 和接箍	外加厚 带螺纹 和接箍	整体 接头			标准 接箍	特殊间隙接箍		
							J55	L80	
1	2	3	4	5	6	7	8	9	10
2.063	3.24	—	3.25	6 700	—	—	—	—	5 600
2.063	4.50	—	—	9 600	—	—	—	—	—
2-3/8	4.00	—	—	6 200	6 200	—	—	—	—
2-3/8	4.60	4.70	—	7 000	7 000	7 000	6 300	7 000	—
2-7/8	6.40	6.50	—	6 600	6 600	6 600	6 100	6 600	—
3-1/2	7.70	—	—	5 400	5 400	—	—	—	—
3-1/2	9.20	9.30	—	6 400	6 400	6 400	5 900	6 400	—
3-1/2	10.20	—	—	7 300	7 300	—	—	—	—
4	9.50	—	—	5 000	5 000	—	—	—	—
4	10.70	11.00	—	5 800	—	5 800	—	—	—
4-1/2	12.60	12.75	—	5 300	5 300	5 300	—	—	—

表 E.57　N80 钢级 1 类和 N80Q 钢级油管静水压试验压力

代号				试验压力 psi					
1	2			平端	不加厚 带螺纹 和接箍	外加厚			整体 接头
	不加厚 带螺纹 和接箍	外加厚 带螺纹 和接箍	整体 接头			标准 接箍	特殊间隙接箍		
							N80	P110	
1	2	3	4	5	6	7	8	9	10
1.050	1.14	1.20	—	10 000	10 000	10 000	—	—	—
1.050	1.48	1.54	—	10 000	—	10 000	—	—	—
1.315	1.70	1.80	1.72	10 000	10 000	10 000	—	—	10 000
1.315	2.19	2.24		10 000	—	10 000	—	—	—
1.660	2.30	2.40	2.33	10 000	10 000	10 000	—	—	9 300
1.660	3.03	3.07	—	10 000	—	10 000	—	—	—
1.900	2.75	2.90	2.76	9 800	9 800	9 800	—	—	8 200
1.900	3.65	3.73	—	10 000	—	10 000	—	—	—

表 E.57（续）

代号				试验压力 psi					
1	2			平端	不加厚带螺纹和接箍	外加厚			整体接头
	不加厚带螺纹和接箍	外加厚带螺纹和接箍	整体接头			标准接箍	特殊间隙接箍		
							N80	P110	
1	2	3	4	5	6	7	8	9	10
2.063	3.24	—	3.25	9 700	—	—	—	—	8 100
2.063	4.50	—	—	10 000	—	—	—	—	—
2-3/8	4.00	—	—	9 000	9 000	—	—	—	—
2-3/8	4.60	4.70	—	10 000	10 000	10 000	9 100	10 000	—
2-3/8	5.80	5.95	—	10 000	10 000	10 000	9 100	10 000	—
2-7/8	6.40	6.50	—	9 700	9 700	9 700	8 800	9 700	—
2-7/8	7.80	7.90	—	10 000	10 000	10 000	8 800	10 000	—
2-7/8	8.60	8.70	—	10 000	10 000	10 000	8 800	10 000	—
3-1/2	7.70	—	—	7 900	7 900	—	—	—	—
3-1/2	9.20	9.30	—	9 300	9 300	9 300	8 500	9 300	—
3-1/2	10.20	—	—	10 000	10 000	—	—	—	—
3-1/2	12.70	12.95	—	10 000	10 000	10 000	8 500	10 000	
4	9.50	—	—	7 200	7 200	—	—	—	—
4	10.70	11.00	—	8 400	—	8 400	—	—	—
4-1/2	12.60	12.75	—	7 700	7 700	7 700	—	—	—

表 E.58　L80 钢级油管静水压试验压力

代号				试验压力 psi				
1	2			平端	不加厚带螺纹和接箍	外加厚		整体接头
	不加厚带螺纹和接箍	外加厚带螺纹和接箍	整体接头			标准接箍	特殊间隙接箍	
1	2	3	4	5	6	7	8	9
1.050	1.14	1.20	—	10 000	10 000	10 000	—	—
1.050	1.48	1.54	—	10 000	—	10 000	—	—
1.315	1.70	1.80	1.72	10 000	10 000	10 000	—	10 000
1.315	2.19	2.24	—	10 000	—	10 000	—	—
1.660	2.30	2.40	2.33	10 000	10 000	10 000	—	9 300

表 E.58(续)

代号				试验压力 psi				
1	2			平端	不加厚带螺纹和接箍	外加厚		整体接头
	不加厚带螺纹和接箍	外加厚带螺纹和接箍	整体接头			标准接箍	特殊间隙接箍	
1	2	3	4	5	6	7	8	9
1.660	3.03	3.07	—	10 000	—	10 000	—	—
1.900	2.75	2.90	2.76	9 800	9 800	9 800	—	8 200
1.900	3.65	3.73	—	10 000	—	10 000	—	—
1.900	4.42	—	—	10 000	—	—	—	—
1.900	5.15	—	—	10 000	—	—	—	—
2.063	3.24	—	3.25	9 700	—	—	—	8 100
2.063	4.50	—	—	10 000	—	—	—	—
2-3/8	4.00	—	—	9 000	9 000	—	—	—
2-3/8	4.60	4.70	—	10 000	10 000	10 000	9 100	—
2-3/8	5.80	5.95	—	10 000	10 000	10 000	9 100	—
2-3/8	6.60	—	—	10 000	—	—	—	—
2-3/8	7.35	7.45	—	10 000	—	10 000	9 100	—
2-7/8	6.40	6.50	—	9 700	9 700	9 700	8 800	—
2-7/8	7.80	7.90	—	10 000	10 000	10 000	8 800	—
2-7/8	8.60	8.70	—	10 000	10 000	10 000	8 800	—
2-7/8	9.35	9.45	—	10 000	—	10 000	8 800	—
2-7/8	10.50	—	—	10 000	—	—	—	—
2-7/8	11.50	—	—	10 000	—	—	—	—
3-1/2	7.70	—	—	7 900	7 900	—	—	—
3-1/2	9.20	9.30	—	9 300	9 300	9 300	8 500	—
3-1/2	10.20	—	—	10 000	10 000	—	—	—
3-1/2	12.70	12.95	—	10 000	10 000	10 000	8 500	—
3-1/2	14.30	—	—	10.000	—	—	—	—
3-1/2	15.50	—	—	10 000	—	—	—	—
3-1/2	17.00	—	—	10 000	—	—	—	—
4	9.50	—	—	7 200	7 200	—	—	—
4	10.70	11.00	—	8 400	—	8 400	—	—
4	13.20	—	—	10 000	—	—	—	—
4	16.10	—	—	10 000	—	—	—	—

表 E.58（续）

代号				试验压力 psi				
1	2			平端	不加厚带螺纹和接箍	外加厚		整体接头
	不加厚带螺纹和接箍	外加厚带螺纹和接箍	整体接头			标准接箍	特殊间隙接箍	
1	2	3	4	5	6	7	8	9
4	18.90	—	—	10 000	—	—	—	—
4	22.20	—	—	10 000	—	—	—	—
4-1/2	12.60	12.75	—	7 700	7 700	7 700	—	—
4-1/2	15.20	—	—	9 600	—	—	—	—
4-1/2	17.00	—	—	10 000	—	—	—	—
4-1/2	18.90	—	—	10 000	—	—	—	—
4-1/2	21.50	—	—	10 000	—	—	—	—
4-1/2	23.70	—	—	10 000	—	—	—	—
4-1/2	26.10	—	—	10 000	—	—	—	—

表 E.59　C90 钢级油管静水压试验压力

代号				试验压力 psi			
1	2			平端	不加厚带螺纹和接箍	外加厚标准接箍	整体接头
	不加厚带螺纹和接箍	外加厚带螺纹和接箍	整体接头				
1	2	3	4	5	6	7	8
1.050	1.14	1.20	—	10 000	10 000	10 000	—
1.050	1.48	1.54	—	10 000	—	10 000	—
1.315	1.70	1.80	1.72	10 000	10 000	10 000	10 000
1.315	2.19	2.24	—	10 000	—	10 000	—
1.660	2.30	2.40	2.33	10 000	10 000	10 000	10 000
1.660	3.03	3.07	—	10 000	—	10 000	—
1.900	2.75	2.90	2.76	10 000	10 000	10 000	9 200
1.900	3.65	3.73	—	10 000	—	10 000	—
1.900	4.42	—	—	10 000	—	—	—
1.900	5.15	—	—	10 000	—	—	—
2.063	3.24	—	3.25	10 000	—	—	9 200
2.063	4.50	—	—	10 000	—	—	—

表 E.59（续）

代号				试验压力 psi			
1	2			平端	不加厚 带螺纹 和接箍	外加厚 标准接箍	整体接头
	不加厚 带螺纹 和接箍	外加厚 带螺纹 和接箍	整体接头				
1	2	3	4	5	6	7	8
2-3/8	4.00	—	—	10 000	10 000	—	—
2-3/8	4.60	4.70	—	10 000	10 000	10 000	—
2-3/8	5.80	5.95	—	10 000	10 000	10 000	—
2-3/8	6.60	—	—	10 000	—	—	—
2-3/8	7.35	7.45	—	10 000	—	10 000	—
2-7/8	6.40	6.50	—	10 000	10 000	10 000	—
2-7/8	7.80	7.90	—	10 000	10 000	10 000	—
2-7/8	8.60	8.70	—	10 000	10 000	10 000	—
2-7/8	9.35	9.45	—	10 000	—	10 000	—
2-7/8	10.50	—	—	10 000	—	—	—
2-7/8	11.50	—	—	10 000	—	—	—
3-1/2	7.70	—	—	8 900	8 900	—	—
3-1/2	9.20	9.30	—	10 000	10 000	10 000	—
3-1/2	10.20	—	—	10 000	10 000	—	—
3-1/2	12.70	12.95	—	10 000	10 000	10 000	—
3-1/2	14.30	—	—	10 000	—	—	—
3-1/2	15.50	—	—	10 000	—	—	—
3-1/2	17.00	—	—	10 000	—	—	—
4	9.50	—	—	8 100	8 100	—	—
4	10.70	11.00	—	9 400	—	9 400	—
4	13.20	—	—	10 000	—	—	—
4	16.10	—	—	10 000	—	—	—
4	18.90	—	—	10 000	—	—	—
4	22.20	—	—	10 000	—	—	—
4-1/2	12.60	12.75	—	8 700	8 700	8 700	—
4-1/2	15.20	—	—	10 000	—	—	—
4-1/2	17.00	—	—	10 000		—	—
4-1/2	18.90	—	—	10 000	—	—	—
4-1/2	21.50	—	—	10 000	—	—	—
4-1/2	23.70	—	—	10 000	—	—	—
4-1/2	26.10	—	—	10 000	—	—	—

表 E.60 T95 钢级油管静水压试验压力

<table>
<tr><th colspan="4">代 号</th><th colspan="4">试验压力
psi</th></tr>
<tr><th rowspan="2">1</th><th colspan="3">2</th><th rowspan="2">平端</th><th rowspan="2">不加厚
带螺纹
和接箍</th><th rowspan="2">外加厚
标准接箍</th><th rowspan="2">整体接头</th></tr>
<tr><th>不加厚
带螺纹
和接箍</th><th>外加厚
带螺纹
和接箍</th><th>整体接头</th></tr>
<tr><td>1</td><td>2</td><td>3</td><td>4</td><td>5</td><td>6</td><td>7</td><td>8</td></tr>
<tr><td>1.050</td><td>1.14</td><td>1.20</td><td>—</td><td>10 000</td><td>10 000</td><td>10 000</td><td>—</td></tr>
<tr><td>1.050</td><td>1.48</td><td>1.54</td><td>—</td><td>10 000</td><td>—</td><td>10 000</td><td>—</td></tr>
<tr><td>1.315</td><td>1.70</td><td>1.80</td><td>1.72</td><td>10 000</td><td>10 000</td><td>10 000</td><td>10 000</td></tr>
<tr><td>1.315</td><td>2.19</td><td>2.24</td><td>—</td><td>10 000</td><td>—</td><td>10 000</td><td>—</td></tr>
<tr><td>1.660</td><td>2.30</td><td>2.40</td><td>2.33</td><td>10 000</td><td>10 000</td><td>10 000</td><td>10 000</td></tr>
<tr><td>1.660</td><td>3.03</td><td>3.07</td><td>—</td><td>10 000</td><td>—</td><td>10 000</td><td>—</td></tr>
<tr><td>1.900</td><td>2.75</td><td>2.90</td><td>2.76</td><td>10 000</td><td>10 000</td><td>10 000</td><td>9 800</td></tr>
<tr><td>1.900</td><td>3.65</td><td>3.73</td><td>—</td><td>10 000</td><td>—</td><td>10 000</td><td>—</td></tr>
<tr><td>1.900</td><td>4.42</td><td>—</td><td>—</td><td>10 000</td><td>—</td><td>—</td><td>—</td></tr>
<tr><td>1.900</td><td>5.15</td><td>—</td><td>—</td><td>10 000</td><td>—</td><td>—</td><td>—</td></tr>
<tr><td>2.063</td><td>3.24</td><td>—</td><td>3.25</td><td>10 000</td><td>—</td><td>—</td><td>9 700</td></tr>
<tr><td>2.063</td><td>4.50</td><td>—</td><td>—</td><td>10 000</td><td>—</td><td>—</td><td>—</td></tr>
<tr><td>2-3/8</td><td>4.00</td><td>—</td><td>—</td><td>10 000</td><td>10 000</td><td>—</td><td>—</td></tr>
<tr><td>2-3/8</td><td>4.60</td><td>4.70</td><td>—</td><td>10 000</td><td>10 000</td><td>10 000</td><td>—</td></tr>
<tr><td>2-3/8</td><td>5.80</td><td>5.95</td><td>—</td><td>10 000</td><td>10 000</td><td>10 000</td><td>—</td></tr>
<tr><td>2-3/8</td><td>6.60</td><td>—</td><td>—</td><td>10 000</td><td>—</td><td>—</td><td>—</td></tr>
<tr><td>2-3/8</td><td>7.35</td><td>7.45</td><td>—</td><td>10 000</td><td>—</td><td>10 000</td><td>—</td></tr>
<tr><td>2-7/8</td><td>6.40</td><td>6.50</td><td>—</td><td>10 000</td><td>10 000</td><td>10 000</td><td>—</td></tr>
<tr><td>2-7/8</td><td>7.80</td><td>7.90</td><td>—</td><td>10 000</td><td>10 000</td><td>10 000</td><td>—</td></tr>
<tr><td>2-7/8</td><td>8.60</td><td>8.70</td><td>—</td><td>10 000</td><td>10 000</td><td>10 000</td><td>—</td></tr>
<tr><td>2-7/8</td><td>9.35</td><td>9.45</td><td>—</td><td>10 000</td><td>—</td><td>10 000</td><td>—</td></tr>
<tr><td>2-7/8</td><td>10.50</td><td>—</td><td>—</td><td>10 000</td><td>—</td><td>—</td><td>—</td></tr>
<tr><td>2-7/8</td><td>11.50</td><td>—</td><td>—</td><td>10 000</td><td>—</td><td>—</td><td>—</td></tr>
<tr><td>3-1/2</td><td>7.70</td><td>—</td><td>—</td><td>9 400</td><td>9 400</td><td>—</td><td>—</td></tr>
<tr><td>3-1/2</td><td>9.20</td><td>9.30</td><td>—</td><td>10 000</td><td>10 000</td><td>10 000</td><td>—</td></tr>
<tr><td>3-1/2</td><td>10.20</td><td>—</td><td>—</td><td>10 000</td><td>10 000</td><td>—</td><td>—</td></tr>
<tr><td>3-1/2</td><td>12.70</td><td>12.95</td><td>—</td><td>10 000</td><td>10 000</td><td>10 000</td><td>—</td></tr>
<tr><td>3-1/2</td><td>14.30</td><td>—</td><td>—</td><td>10 000</td><td>—</td><td>—</td><td>—</td></tr>
<tr><td>3-1/2</td><td>15.50</td><td>—</td><td>—</td><td>10 000</td><td>—</td><td>—</td><td>—</td></tr>
</table>

表 E.60（续）

代　号				试验压力 psi			
1	2			平端	不加厚带螺纹和接箍	外加厚标准接箍	整体接头
	不加厚带螺纹和接箍	外加厚带螺纹和接箍	整体接头				
1	2	3	4	5	6	7	8
3-1/2	17.00	—	—	10 000	—	—	—
4	9.50	—	—	8 600	8 600	—	—
4	10.70	11.00	—	10 000	—	10 000	—
4	13.20	—	—	10 000	—	—	—
4	16.10	—	—	10 000	—	—	—
4	18.90	—	—	10 000	—	—	—
4	22.20	—	—	10 000	—	—	—
4-1/2	12.60	12.75	—	9 200	9 200	9 200	—
4-1/2	16.20	—	—	10 000	—	—	—
4-1/2	17.00	—	—	10 000	—	—	—
4-1/2	18.90	—	—	10 000	—	—	—
4-1/2	21.50	—	—	10 000	—	—	—
4-1/2	23.70	—	—	10 000	—	—	—
4-1/2	26.10	—	—	10 000	—	—	—

表 E.61　P110 钢级油管静水压试验压力

代　号			试验压力 psi			
1	2		平端	不加厚带螺纹和接箍	外加厚	
	不加厚带螺纹和接箍	外加厚带螺纹和接箍			标准接箍	特殊间隙接箍
1	2	3	4	5	6	7
1.050	1.48	1.54	10 000 (25 800)	— —	10 000 (20 700)	— —
1.315	2.19	2.24	10 000 (24 000)	— —	10 000 (22 500)	—
1.660	3.03	3.07	10 000 (20 300)	— —	10 000 (18 000)	— —
1.900	3.65	3.73	10 000 (18 500)	— —	10 000 (16 600)	— —

表 E.61（续）

代号			试验压力 psi			
1	2		平端	不加厚带螺纹和接箍	外加厚	
	不加厚带螺纹和接箍	外加厚带螺纹和接箍			标准接箍	特殊间隙接箍
1	2	3	4	5	6	7
2.063	4.50	—	10 000 (19 200)	— —	— —	— —
2-3/8	4.60	4.70	10 000 (14 100)	10 000 (14 100)	10 000 (14 100)	10 000 (12 600)
2-3/8	5.80	5.95	10 000 (18 800)	10 000 (17 700)	10 000 (16 300)	10 000 (12 600)
2-7/8	6.40	6.50	10 000 (13 300)	10 000 (13 300)	10 000 (13 300)	10 000 (12 100)
2-7/8	7.80	7.90	10 000 (16 900)	10 000 (16 900)	10 000 (16 400)	10 000 (12 100)
2-7/8	8.60	8.70	10 000 (18 900)	10 000 (18 300)	10 000 (16 400)	10 000 (12 100)
3-1/2	9.20	9.30	10 000 (12 800)	10 000 (12 800)	10 000 (12 800)	10 000 (11 700)
3-1/2	12.70	12.95	10 000 (18 900)	10 000 (18 000)	10 000 (17 200)	10 000 (11 700)
注：括号内数字表示选用试验压力。						

表 E.62　无缝管、接箍毛坯及电焊管管体无损检验方法概要

钢级	外观检验 (见 10.14)	壁厚测定	超声检验	漏磁检验	涡流检验	磁粉检验[a]
1	2	3	4	5	6	7
H40、J55 K55、N80 1类	R	N	N	N	N	N
N80Q、L80 C95、M65	R	R	A	A	A	A
P110	R	R	A	A	A	NA
C90、T95、Q125	R	R	C	B	B	B
接箍坯料 H40、J55、 K55、N80 1类	R	NA	N	N	N	N

表 E.62（续）

钢级	外观检验（见 10.14）	壁厚测定	超声检验	漏磁检验	涡流检验	磁粉检验[a]
1	2	3	4	5	6	7
接箍坯料 N80Q、L80、C95、P110、C90、T95、Q125	R	R	A	A	A	A

N ——不要求
R ——要求检验
A ——应使用一种方法或几种方法结合
B ——除用超声方法外，还应至少再补充使用一种方法检验外表面
C ——应使用超声方法检验内、外表面
NA ——不适用

[a] 允许用磁粉方法进行端部区域检验。允许用磁粉方法结合其他管体检验方法进行管体外表面检验。允许用磁粉方法进行接箍毛坯外表面检验，全长磁粉方法检验的接箍毛坯不再要求检验全长壁厚，但要求对两端进行机械式壁厚测量。

表 E.63 验收（检验）等级

<table>
<tr><th colspan="2" rowspan="2">钢 级</th><th colspan="2">外表面缺欠</th><th colspan="2">内表面缺欠</th></tr>
<tr><th>纵向</th><th>横向</th><th>纵向</th><th>横向</th></tr>
<tr><td colspan="2">1</td><td>2</td><td>3</td><td>4</td><td>5</td></tr>
<tr><td colspan="6">管 体</td></tr>
<tr><td colspan="2">N80Q、M65、L80、C95</td><td>L4</td><td>—</td><td>L4</td><td>—</td></tr>
<tr><td colspan="2">符合 A.10(SR16)的 P110</td><td>L4</td><td>L4</td><td>L4</td><td>L4</td></tr>
<tr><td colspan="2">P110</td><td>L2</td><td>L2</td><td>L2</td><td>L2</td></tr>
<tr><td colspan="2">符合 A.10(SR16)和 A.3(SR2)的 P110</td><td>L2</td><td>L2</td><td>L2</td><td>L2</td></tr>
<tr><td rowspan="2">C90、T95、Q125</td><td>超声检验</td><td>L2</td><td>L2</td><td>L2</td><td>L2</td></tr>
<tr><td>第 2 种方法</td><td>L2</td><td>L2</td><td>—</td><td>—</td></tr>
<tr><td colspan="6">焊 缝</td></tr>
<tr><td colspan="2">P110、Q125</td><td>L2</td><td>N</td><td>L2</td><td>N</td></tr>
<tr><td colspan="2">所有其他钢级</td><td>L3</td><td>N</td><td>L3</td><td>N</td></tr>
<tr><td colspan="2">接箍毛坯</td><td>L2</td><td>L2</td><td>N</td><td>N</td></tr>
<tr><td colspan="6">N——不要求检验；Lx——验收(检验)等级。</td></tr>
</table>

表 E.64 人工参考缺陷

验收(检验)等级	刻槽最大深度[a] %	刻槽全深度处最大长度 in	最大宽度 in	径向钻孔直径[b] in
1	2	3	4	5
L2	5	2.0	0.040	1/16
L3	10	2.0	0.040	1/8
L4	12.5	2.0	0.040	1/8

注：见图 D.17。

[a] 深度值是以规定壁厚的百分数表示的。深度公差应为刻槽深度±15%的计算值，刻槽最小深度为 0.012 in 时，其偏差应为±0.002 in。

[b] 钻孔(全通壁)直径应根据钻头规格。

表 E.65 锤压印标记尺寸

产品	代号 1	标记高度 in
管子	<4-1/2 ≥4-1/2	3/16 1/4
接箍	管子规格<4-1/2 管子规格≥4-1/2～<7-5/8 管子规格≥7-5/8	1/4 3/8 1/2

表 E.66 钢级色标

钢级	类型	管子、接箍毛坯和长度 6.0 ft 及以上的短节的色带数量及颜色	接箍颜色	
			整个接箍	色带[a]
1	2	3	4	5
H40		由制造厂选择不标记或黑色带	无	与管子同
J55 油管		一条明亮绿色带	明亮的绿色	无
J55 套管		一条明亮绿色带	明亮的绿色	一条白色带
K55		两条明亮绿色带	明亮的绿色	无
M65		一条明亮绿色带、一条蓝色带	M65 钢级管子使用 L80 钢级 1 类接箍	
N80	1	一条红色带	红色	无
N80	Q	一条红色带、一条明亮绿色带	红色	绿色带
L80	1	一条红色带、一条棕色带	红色	一条棕色带
L80	9Cr	一条红色带、一条棕色带、两条黄色带	红色	两条黄色带
L80	13Cr	一条红色带、一条棕色带、一条黄色带	红色	一条黄色带
C90	1	一条紫色带	紫色	无

表 E.66（续）

钢级	类型	管子、接箍毛坯和长度 6.0 ft 及以上的短节的色带数量及颜色	接箍颜色	
			整个接箍	色带[a]
1	2	3	4	5
C90	2	一条紫色带、一条黄色带	紫色	一条黄色带
T95	1	一条银色带	银色	无
T95	2	一条银色带、一条黄色带	银色	一条黄色带
C95		一条棕色带	棕色	无
P110		一条白色带	白色	无
Q125	1	一条橙色带	橙色	无
Q125	2	一条橙色带一条黄色带	橙色	一条黄色带
Q125	3	条橙色带、一条绿色带	橙色	一条绿色带
Q125	4	一条橙色带、一条棕色带	橙色	一条棕色带

[a] 特殊间隙接箍应有一条黑色带。

表 E.67 螺纹类型标记

产　　品	螺 纹 类 型	标 记 符 号
套管	短圆螺纹 长圆螺纹 偏梯形螺纹 直连型	STC LC BC XC
油管	不加厚 外加厚 整体接头	NU EU IJ

表 E.68 标记要求和顺序

标 记 顺 序		标记或符号[b]	漆模印和/或锤压印标记要求[a]				
			第 1 和 3 组		第 2 和 4 组		所有组
			管子和短节	接箍和附件	管子和短节	接箍和附件	接箍毛坯
1	2	3	4	5	6	7	8
1	制造厂名称或商标	《....》	D 或 P	D 或 P	P	P	P
2	GB/T 19830 标记 API 5CT，根据制造厂或用户协议规定 生产日期，依据 11.1.8 或 11.1.9	GB/T 19830 5CT[c] 《....》	D 或 P D 或 P D 或 P	D 或 P D 或 P D 或 P	P P P	P P P	P P P

表 E.68（续）

标记顺序		标记或符号[b]	漆模印和/或锤压印标记要求[a]				
			第1和3组		第2和4组		所有组
			管子和短节	接箍和附件	管子和短节	接箍和附件	接箍毛坯
1	2	3	4	5	6	7	8
3	若适用，不带螺纹管子或特殊端部加工（符号放在规范标记之后）： ——加厚或不加厚不带螺纹管子 ——特殊端部螺纹加工管子 ——带特殊端部螺纹加工的配套接箍或配套附件 ——接箍毛坯标识	UF SF SF CS	D或P D或P	D或P	P P	P	P
4	规格代号（根据表C.1、C.2或C.3中第1栏添入代号1） 接箍毛坯规定直径	《....》	P		P		P
5	质量代号（根据表C.1、C.2或C.3添入代号2） 接箍毛坯规定直径	《....》	D或P		P		P
6	管子钢级 ——H40 ——J55 ——K55 ——M65 ——N80 1类 ——N80Q ——L80 1类 ——L80-9Cr类 ——L80-13Cr类 ——C90 1类 ——C90 2类 ——C95 ——T95 1类	H J K M N1 NQ L L9 L13 C90-1 C90-2 C T95-1					
6	——T95 2类 ——P110 ——Q125 1类 ——Q125 2类 ——Q125 3类 ——Q125 4类 所有钢级代号	T95-2 P Q1 Q2 Q3 Q4	D或P	D或P	P	P	P
7	若适用，可选的降低冲击试验温度。对于全尺寸试样填入规定试验温度（包括±符号和℉）	《....》F	P	P	P	P	P

表 E.68（续）

标记顺序		标记或符号[b]	漆模印和/或锤压印标记要求[a]				
			第1和3组		第2和4组		所有组
			管子和短节	接箍和附件	管子和短节	接箍和附件	接箍毛坯
1	2	3	4	5	6	7	8
8	若适用，热处理：						
	——经正火的 J55、K55 或 M65	Z	P	P	P	P	P
	——经淬火加回火的 J55、K55 或 M65	Q	P	P	P	P	P
9	制造方法						
	——无缝	S					
	——电焊	E					
	所有代号		D 或 P		P		
10	若适用，补充要求：						
	——A.2(SR1)	S1	P		P		
	——A.3(SR2)	S2	P		P		
	——A.4(SR9)（填入类型）	S9Q《....》				P	
	——A.8(SR13)	S13		D 或 P		P	
	——A.10(SR16)（填入以 ft-lb 为单位的全尺寸最小吸收能要求和试验温度，包括±符号和℉）	S16《..》C	P		P		
	——A.11(SR22)	S22	P	D	P	D	
	附录 H(PSL)	L2 或 L3	P	P	P	P	P
11	静水压试验压力[e] （填入实际试验压力，psi）						
	所有代号	P《....》	P		P		
12	若适用，螺纹类型：						
	——对于偏梯形、直连型或圆螺纹套管制造厂、加工厂或螺纹加工厂（根据表 C.67 填入螺纹类型）	《....》	P		P		
	——对于油管螺纹加工厂（根据表 C.67 填入螺纹类型）	《....》	P		P		
13	若适用，全长通径试验：						
	——标准（套管或油管）	D					
	——可选（套管或油管），其中《...》为可选通径规尺寸	DA《....》					
	——对于规定用作油管并按 8.10 进行通径试验的套管	DT42					
	所有代号		P		P		

表 E.68（续）

标记顺序		标记或符号[b]	漆模印和/或锤压印标记要求[a]				
			第1和3组		第2和4组		所有组
			管子和短节	接箍和附件	管子和短节	接箍和附件	接箍毛坯
1	2	3	4	5	6	7	8
14	C90、T95 和 Q125 钢级系列				D[d] 或 P	D[d] 或 P	P
15	若适用，接箍镀锡	T		P		P	
16	仅经过外观检验的 H40、J55 和 K55 接箍	V		P			

注：强制性色标要求见 11.4。

[a] D 表示可选择的（模子）锤压印（位置见 11.2.3）；P 为漆模印（位置见 11.3）。允许按 11.1.10 规定附加标记。

[b] 空格“《....》”表示要填入的内容。

[c] 制造厂可以在“5CT”之前标记“API”。

[d] 锤压印标记应符合 11.2.5 的要求。

[e] 按国际单位制制造的管子可以小于 100（MPa）的静水压试验压力来标识，而按美国惯用单位制制造管子的静水压试验压力标记的压力要大于 1 000（psi）。采用这一信息是为了清晰地把其单位制与压力标记相同的 CVN 标记区分开。

表 E.69 记录保存

要求	参考条款
化学性能	
熔炼分析	10.3.2
成品分析	10.3.3
机械性能	
拉伸试验	7.2、10.4.7
控制试验	10.4.2
冲击试验	7.4、7.5、7.6、10.7
接箍	9.5
硬度试验	7.7、7.8、7.9 和 10.6
淬透性试验（C90 和 T95 钢级）	7.10、10.9
晶粒度（C90 和 T95 钢级）	7.11、10.8
静水压试验	
试验机记录图	10.12.1
试验	10.12.1
制造厂质量证书	
所有要求的试验结果（第4组）	13.3
硫化物应力开裂试验（C90 和 T95 钢级）	7.14、10.10
校验	各种

表 E.70 SR11.1 压扁试验平行板间距

钢 级	D/t	板间最大距离 in
P110	全部	$D\times(1.086-0.0163\ D/t)$
Q125	全部	$D\times(1.092-0.0140\ D/t)$
D 为管子规定外径,in。 t 为管子规定壁厚,in。		

表 E.71 SR12.1 检验批抽样数量与系数 F 的关系

抽样数量	F	抽样数量	F
1	2	3	4
3	13.857	16	4.534
4	9.215	18	4.415
5	7.501	20	4.319
6	6.612	25	4.143
7	6.061	30	4.022
8	5.686	35	3.937
9	5.414	40	3.866
10	5.203	45	3.811
12	4.900	50	3.766
14	4.690	∞	3.090

表 E.72 SR12.2 存在不合格管的概率

一根管不合格的概率	由 100 根管组成的一捆管子出现一根或多根不合格管的概率
1/10	0.999 97(或 100%)
1/100	0.634(或 63%)
1/1 000	0.095(或 10%)
1/10 000	0.009 95(或 1%)

表 E.73 SR16.1 横向冲击试样尺寸要求

代号 1	加工横向夏比冲击试样所要求的计算壁厚 in		
	全尺寸	3/4 尺寸	1/2 尺寸
1	2	3	4
3-1/2	0.809	0.711	0.612
4	0.752	0.654	0.555
4-1/2	0.712	0.614	0.515
5	0.681	0.583	0.484
5-1/2	0.656	0.558	0.459
6-5/8	0.616	0.518	0.419
7	0.606	0.508	0.409

表 E.73（续）

代号 1	加工横向夏比冲击试样所要求的计算壁厚 in		
	全尺寸	3/4 尺寸	1/2 尺寸
1	2	3	4
7-5/8	0.591	0.493	0.394
7-3/4	0.588	0.490	0.391
8-5/8	0.572	0.474	0.375
9-5/8	0.557	0.459	0.360
10-3/4	0.544	0.446	0.347
11-3/4	0.535	0.437	0.338
13-3/8	0.522	0.424	0.325
16	0.508	0.410	0.311
18-5/8	0.497	0.399	0.300
20	0.493	0.395	0.296
注：第 2、3 和 4 栏中大于 ISO/API 管子最大壁厚的壁厚值仅供参考。内径和外径加工允量均为 0.020 in。			

表 E.74　SR16.2　纵向冲击试样尺寸要求

代号 1	加工纵向夏比冲击试样所要求的计算壁厚 in		
	全尺寸	3/4 尺寸	1/2 尺寸
1	2	3	4
1.050	0.472	0.374	0.275
1.315	0.464	0.366	0.267
1.660	0.458	0.360	0.261
1.900	0.455	0.357	0.258
2.063	0.453	0.355	0.256
2-3/8	0.450	0.352	0.253
2-7/8	0.448	0.350	0.251
3-1/2	0.445	0.347	0.248
4	0.444	0.346	0.247
4-1/2	0.443	0.345	0.246
5	0.442	0.344	0.245
5-1/2	0.441	0.343	0.244
6-5/8	0.440	0.342	0.243
7	0.440	0.342	0.243
7-5/8	0.439	0.341	0.242
7-3/4	0.439	0.341	0.242
8-5/8	0.439	0.341	0.242
9-5/8	0.438	0.340	0.241
10-3/4	0.438	0.340	0.241
11-3/4	0.437	0.339	0.240
13-3/8	0.437	0.339	0.240
16	0.436	0.338	0.239
18-5/8	0.436	0.338	0.239
20	0.436	0.338	0.239
注：第 2、3 和 4 栏中大于 ISO/API 管子最大壁厚的壁厚值仅供参考。内径和外径加工允量均为 0.020 in。			

表 E.75　SR16.3　适用规格冲击试样和吸收能递减系数

试样规格	试样尺寸 mm	递减系数
全尺寸	10.0×10.0	1.00
3/4 尺寸	10.0×7.5	0.80
1/2 尺寸	10.0×5.0	0.55

表 E.76　SR16.4　试样取向和规格序列

选择	取向	规格
第 1	横向	全尺寸
第 2	横向	3/4 尺寸
第 3	横向	1/2 尺寸
第 4	纵向	全尺寸
第 5	纵向	3/4 尺寸
第 6	纵向	1/2 尺寸

表 E.77　SR16.5　横向夏比吸收能要求——N80 钢级 1 类

最大规定壁厚 in	最小横向吸收能 ft-lb
0.442	10
0.524	11
0.606	12
0.689	13
0.771	14
0.853	15
0.935	16
1.018	17
壁厚大于上表所示壁厚时，其要求应按特定壁厚和钢级的公式计算。 注：壁厚大于标准 ISO/API 管子的这些的壁厚，在这里给出供特殊用途时参考。	

表 E.78　SR16.6　纵向夏比吸收能要求——N80 钢级 1 类

最大规定壁厚 in	最小纵向吸收能 ft-lb
0.421	20
0.462	21
0.504	22
0.545	23
0.586	24
0.627	25
0.668	26

表 E.78(续)

最大规定壁厚 in	最小纵向吸收能 ft-lb
0.709	27
0.750	28
0.791	29
0.833	30
0.874	31
0.915	32
0.956	33
0.997	34
1.038	35
壁厚大于上表所示壁厚时,其要求应按特定壁厚和钢级的公式计算。 **注**:壁厚大于标准 ISO/API 管子的这些的壁厚,在这里给出供特殊用途时参考。	

表 E.79 SR16.7 小尺寸试样试验温度递减——仅对 H40、J55 和 K55 钢级

试样尺寸 mm	规定管子壁厚 in	温度降低值 ℉
10.0×7.5	>0.394	5
10.0×5.0	>0.394	20
10.0×5.0	0.295~0.394	15
10.0×5.0	0.264~0.291	10
10.0×5.0	0.236~0.260	5

表 E.80 SR22-1

代号 1	代号 2	钢级[a]	外径 D in	通径 in	标准接箍外径 W in	最小上扣圈数 N	长度[b] Lg in	近似的开始扭矩		推荐螺纹脂用量[c] g
								镀锡 ft·lb	磷化 ft·lb	
1	2	3	4	5	6	7	8	9	10	11
4 1/2	11.60	J/K55	4.500	3.875	5.000	3	3.250	130	217	15
4 1/2	11.60	L/N80	4.500	3.875	5.000	3	3.250	124	206	15
4 1/2	13.50	L/N80	4.500	3.795	5.000	3	3.250	136	227	15
4 1/2	11.60	C90	4.500	3.875	5.000	3	3.250	127	—	15
4 1/2	13.50	C90	4.500	3.795	5.000	3	3.250	143	—	15
4 1/2	11.60	C/T95	4.500	3.875	5.000	3	3.250	130	—	15
4 1/2	13.50	C/T95	4.500	3.795	5.000	3	3.250	146	—	15
4 1/2	11.60	P110	4.500	3.875	5.000	3	3.250	130	—	15
4 1/2	13.50	P110	4.500	3.795	5.000	3	3.250	148	—	15

表 E.80（续）

代号 1	代号 2	钢级[a]	外径 D in	通径 in	标准接箍外径 W in	最小上扣圈数 N	长度[b] Lg in	近似的开始扭矩		推荐螺纹脂用量[c] g
								镀锡 ft·lb	磷化 ft·lb	
1	2	3	4	5	6	7	8	9	10	11
5	13.00	J/K55	5.000	4.369	5.563	3	3.625	116	193	20
5	15.00	J/K55	5.000	4.283	5.563	3	3.625	125	208	20
5	15.00	L/N80	5.000	4.283	5.563	3.5	3.625	164	273	20
5	18.00	L/N80	5.000	4.151	5.563	3.5	3.625	220	367	20
5	15.00	C90	5.000	4.283	5.563	3	3.625	198	—	20
5	18.00	C90	5.000	4.151	5.563	3	3.625	238	—	20
5	15.00	C/T95	5.000	4.283	5.563	3.5	3.625	202	—	20
5	18.00	C/T95	5.000	4.151	5.563	3.5	3.625	243	—	20
5	15.00	P110	5.000	4.283	5.563	3.5	3.625	208	—	20
5	18.00	P110	5.000	4.151	5.563	3.5	3.625	248	—	20
5 1/2	15.50	J/K55	5.500	4.825	6.050	3	3.750	162	270	25
5 1/2	17.00	J/K55	5.500	4.767	6.050	3	3.750	192	320	25
5 1/2	17.00	L/N80	5.500	4.767	6.050	4	3.750	240	400	25
5 1/2	20.00	L/N80	5.500	4.653	6.050	4	3.750	273	456	25
5 1/2	17.00	C90	5.500	4.767	6.050	3	3.750	180	—	25
5 1/2	20.00	C90	5.500	4.653	6.050	3	3.750	205	—	25
5 1/2	17.00	C/T95	5.500	4.767	6.050	3.5	3.750	222	—	25
5 1/2	20.00	C/T95	5.500	4.653	6.050	3.5	3.750	251	—	25
5 1/2	17.00	P110	5.500	4.767	6.050	4	3.750	270	—	25
5 1/2	20.00	P110	5.500	4.653	6.050	4	3.750	301	—	25
6 5/8	20.00	J/K55	6.625	5.924	7.390	3	4.125	162	269	30
6 5/8	24.00	J/K55	6.625	5.796	7.390	3	4.125	202	337	30
6 5/8	24.00	L/N80	6.625	5.796	7.390	4	4.125	332	554	30
6 5/8	28.00	L/N80	6.625	5.666	7.390	4	4.125	387	646	30
6 5/8	32.00	L/N80	6.625	5.550	7.390	4	4.125	427	712	30
6 5/8	24.00	C90	6.625	5.796	7.390	4	4.125	351	—	30
6 5/8	28.00	C90	6.625	5.666	7.390	4	4.125	408	—	30
6 5/8	32.00	C90	6.625	5.550	7.390	4	4.125	451	—	30
6 5/8	24.00	C/T95	6.625	5.796	7.390	4	4.125	356	—	30
6 5/8	28.00	C/T95	6.625	5.666	7.390	4	4.125	411	—	30
6 5/8	32.00	C/T95	6.625	5.550	7.390	4	4.125	453	—	30

表 E.80(续)

代号 1	代号 2	钢级[a]	外径 D in	通径 in	标准接箍外径 W in	最小上扣圈数 N	长度[b] Lg in	近似的开始扭矩		推荐螺纹脂用量[c] g
								镀锡 ft・lb	磷化 ft・lb	
1	2	3	4	5	6	7	8	9	10	11
6 5/8	24.00	P110	6.625	5.796	7.390	4.5	4.125	417	—	30
6 5/8	28.00	P110	6.625	5.666	7.390	4.5	4.125	483	—	30
6 5/8	32.00	P110	6.625	5.550	7.390	4.5	4.125	532	—	30
7	23.00	J/K55	7.000	6.241	7.656	4	4.250	237	395	35
7	26.00	J/K55	7.000	6.151	7.656	4	4.250	273	455	35
7	23.00	L/N80	7.000	6.241	7.656	5.5	4.250	414	690	35
7	26.00	L/N80	7.000	6.151	7.656	5.5	4.250	486	810	35
7	29.00	L/N80	7.000	6.059	7.656	5.5	4.250	543	904	35
7	32.00	L/N80	7.000	5.969	7.656	5.5	4.250	585	975	35
7	23.00	C90	7.000	6.241	7.656	4.5	4.250	354	—	35
7	26.00	C90	7.000	6.151	7.656	4.5	4.250	404	—	35
7	29.00	C90	7.000	6.059	7.656	4.5	4.250	449	—	35
7	32.00	C90	7.000	5.969	7.656	4.5	4.250	489	—	35
7	23.00	C/T95	7.000	6.241	7.656	4.5	4.250	361	—	35
7	26.00	C/T95	7.000	6.151	7.656	4.5	4.250	410	—	35
7	29.00	C/T95	7.000	6.059	7.656	4.5	4.250	455	—	35
7	32.00	C/T95	7.000	5.969	7.656	4.5	4.250	494	—	35
7	26.00	P110	7.000	6.151	7.656	5	4.250	474	—	35
7	29.00	P110	7.000	6.059	7.656	5	4.250	525	—	35
7	32.00	P110	7.000	5.969	7.656	5	4.250	567	—	35
7 5/8	26.40	J/K55	7.625	6.844	8.500	3.5	4.375	244	406	40
7 5/8	26.40	L/N80	7.625	6.844	8.500	5	4.375	482	804	40
7 5/8	29.70	L/N80	7.625	6.750	8.500	5	4.375	566	943	40
7 5/8	33.70	L/N80	7.625	6.640	8.500	5	4.375	649	1 081	40
7 5/8	39.00	L/N80	7.625	6.500	8.500	5	4.375	737	1 228	40
7 5/8	26.40	C90	7.625	6.844	8.500	4.5	4.375	409	—	40
7 5/8	29.70	C90	7.625	6.750	8.500	4.5	4.375	470	—	40
7 5/8	33.70	C90	7.625	6.640	8.500	4.5	4.375	532	—	40
7 5/8	39.00	C90	7.625	6.500	8.500	4.5	4.375	600	—	40
7 5/8	26.40	C/T95	7.625	6.844	8.500	4.5	4.375	417	—	40
7 5/8	29.70	C/T95	7.625	6.750	8.500	4.5	4.375	476	—	40

表 E.80（续）

代号1	代号2	钢级[a]	外径 D in	通径 in	标准接箍外径 W in	最小上扣圈数 N	长度[b] Lg in	近似的开始扭矩		推荐螺纹脂用量[c] g
								镀锡 ft·lb	磷化 ft·lb	
1	2	3	4	5	6	7	8	9	10	11
7 5/8	33.70	C/T95	7.625	6.640	8.500	4.5	4.375	537	—	40
7 5/8	39.00	C/T95	7.625	6.500	8.500	4.5	4.375	603	—	40
7 5/8	29.70	P110	7.625	6.750	8.500	5	4.375	551	—	40
7 5/8	33.70	P110	7.625	6.640	8.500	5	4.375	620	—	40
7 5/8	39.00	P110	7.625	6.500	8.500	5	4.375	695	—	40
8 5/8	32.00	J/K55	8.625	7.796	9.625	3.5	4.750	306	510	50
8 5/8	36.00	J/K55	8.625	7.700	9.625	3.5	4.750	356	593	50
8 5/8	36.00	L/N80	8.625	7.700	9.625	5.5	4.750	614	1 024	50
8 5/8	40.00	L/N80	8.625	7.600	9.625	5.5	4.750	657	1 095	50
8 5/8	44.00	L/N80	8.625	7.500	9.625	5.5	4.750	737	1 229	50
8 5/8	49.00	L/N80	8.625	7.386	9.625	5.5	4.750	796	1 326	50
8 5/8	36.00	C90	8.625	7.700	9.625	4.5	4.750	650	—	50
8 5/8	40.00	C90	8.625	7.600	9.625	4.5	4.750	723	—	50
8 5/8	44.00	C90	8.625	7.500	9.625	4.5	4.750	789	—	50
8 5/8	49.00	C90	8.625	7.386	9.625	4.5	4.750	857	—	50
8 5/8	36.00	C/T95	8.625	7.700	9.625	5	4.750	690	—	50
8 5/8	40.00	C/T95	8.625	7.600	9.625	5	4.750	772	—	50
8 5/8	44.00	C/T95	8.625	7.500	9.625	5	4.750	843	—	50
8 5/8	49.00	C/T95	8.625	7.386	9.625	5	4.750	914	—	50
9 5/8	36.00	J/K55	9.625	8.765	10.625	3.5	5.000	393	507	55
9 5/8	40.00	J/K55	9.625	8.679	10.625	3.5	5.000	439	572	55
9 5/8	40.00	L/N80	9.625	8.679	10.625	5.5	5.000	673	1 121	55
9 5/8	43.50	L/N80	9.625	8.599	10.625	5.5	5.000	767	1 278	55
9 5/8	47.00	L/N80	9.625	8.525	10.625	5.5	5.000	823	1 371	55
9 5/8	53.50	L/N80	9.625	8.500[d]	10.625	5.5	5.000	923	1 539	55
9 5/8	40.00	C90	9.625	8.679	10.625	5	5.000	675	—	55
9 5/8	43.50	C90	9.625	8.599	10.625	5	5.000	737	—	55
9 5/8	47.00	C90	9.625	8.525	10.625	5	5.000	790	—	55
9 5/8	53.50	C90	9.625	8.500[d]	10.625	5	5.000	988	—	55
9 5/8	40.00	C/T95	9.625	8.679	10.625	5.5	5.000	762	—	55
9 5/8	43.50	C/T95	9.625	8.599	10.625	5.5	5.000	833	—	55

表 E.80（续）

代号 1	代号 2	钢级[a]	外径 D in	通径 in	标准接箍外径 W in	最小上扣圈数 N	长度[b] Lg in	近似的开始扭矩		推荐螺纹脂用量[c] g
								镀锡 ft・lb	磷化 ft・lb	
1	2	3	4	5	6	7	8	9	10	11
9 5/8	47.00	C/T95	9.625	8.525	10.625	5.5	5.000	893	—	55
9 5/8	53.50	C/T95	9.625	8.500[d]	10.625	5.5	5.000	972	—	55
9 5/8	43.50	P110	9.625	8.599	10.625	6	5.000	914	—	55
9 5/8	47.00	P110	9.625	8.525	10.625	6	5.000	978	—	55
9 5/8	53.50	P110	9.625	8.500[d]	10.625	6	5.000	1 092	—	55

[a] L/N80 表示 L80 1 类、N80 1 类和 N80Q。

[b] 管端到三角形顶点。

[c] 本表中给出的推荐螺纹脂用量是适合于一种含金属铅的螺纹脂(即早先的 API Bull 5A2)，其规定比重大约为 2。使用 ISO 13678 规定这类螺纹脂，达到相同体积螺纹脂，质量要轻。使用过量的螺纹脂可能对泄漏抗力有害。

[d] 给出了可选的通径尺寸(见表 C.32)。

注：针对这里给出的目的，API RP 5A3 等同于 ISO 13678。

表 E.81　API 许可证持有者标记要求(见附录 F)

标记顺序		标记或符号[b]	漆模印和/或锤压印标记要求[a]				
			第 1 和 3 组		第 2 和 4 组		所有组
			管子和短节	接箍和附件	管子和短节	接箍和附件	接箍毛坯
1	2	3	4	5	6	7	8
1	持证制造厂名称或商标	《....》	D 或 P	D 或 P	P	P	P
2	GB/T 19830 和/或 API 5CT 标记，根据制造厂选择或订购协议规定	[c]					
		GB/T 19830	D 或 P	D 或 P	P	P	P
		API 5CT[d]	D 或 P	D 或 P	P	P	P
	制造厂选择：						
	API 许可证号码	《....》	D 或 P	D 或 P	P	P	P
	API 会标	《....》	D 或 P	D 或 P	P	P	P
	依据 F.1.8 或 F.1.9，生产日期	《....》	D 或 P	D 或 P	P	P	P
3	若适用，不带螺纹管子或特殊端部加工(符号放在规范标记之后)：						
	——加厚或不加厚不带螺纹管子	UF	D 或 P		P		
	——由管厂或加工厂加工螺纹的特殊端部螺纹加工管子	SF	D 或 P	D 或 P	P	P	
	——带特殊端部螺纹加工的配套接箍或配套附件	SF					
	——接箍毛坯标识	CS					P

表 E.81（续）

<table>
<tr><td colspan="2" rowspan="3">标记顺序</td><td rowspan="3">标记或符号[b]</td><td colspan="5">漆模印和/或锤压印标记要求[a]</td></tr>
<tr><td colspan="2">第1和3组</td><td colspan="2">第2和4组</td><td>所有组</td></tr>
<tr><td>管子和短节</td><td>接箍和附件</td><td>管子和短节</td><td>接箍和附件</td><td>接箍毛坯</td></tr>
<tr><td>1</td><td>2</td><td>3</td><td>4</td><td>5</td><td>6</td><td>7</td><td>8</td></tr>
<tr><td>4</td><td>规格代号(根据表 E.1、表 E.2 或表 E.3 中第 1 栏添入代号 1)
接箍毛坯规定直径</td><td>《....》</td><td>P</td><td></td><td>P</td><td></td><td>
P</td></tr>
<tr><td>5</td><td>质量代号(根据表 E.1、表 E.2 或表 E.3 添入代号 2)
接箍毛坯规定直径</td><td>《....》</td><td>D或P</td><td></td><td>P</td><td></td><td>
P</td></tr>
<tr><td>6</td><td>管子钢级
——H40
——J55
——K55
——M65
——L80 1类
——L80 9Cr类
——L80 13Cr类
——N80 1类
——N80Q
——C90 1类
——C90 2类
——C95
——T95 1类
——T95 2类
——P110
——Q125 1类
——Q125 2类
——Q125 3类
——Q125 4类
所有钢级代号</td><td>
H
J
K
M
L
L9
L13
N1
NQ
C90-1
C90-2
C
T95-1
T95-2
P
Q1
Q2
Q3
Q4
</td><td>D或P</td><td>D或P</td><td>P</td><td>P</td><td>P</td></tr>
<tr><td>7</td><td>若适用,可选的降低冲击试验温度。对于全尺寸试样填入规定试验温度(包括±符号和℉)</td><td>《....》F</td><td>P</td><td>P</td><td>P</td><td></td><td>P</td></tr>
<tr><td>8</td><td>若适用,热处理:
——经正火的 J55、K55 或 M65
——经淬火加回火的 J55、K55 或 M65</td><td>
Z
Q</td><td>
P
P</td><td>
P
P</td><td>
P
P</td><td>
P
P</td><td>
P
P</td></tr>
<tr><td>9</td><td>制造方法
——无缝
——电焊
所有标识</td><td>
S
E
</td><td>D或P</td><td></td><td>P</td><td></td><td></td></tr>
</table>

表 E.81（续）

标记顺序		标记或符号[b]	漆模印和/或锤压印标记要求[a]				
			第 1 和 3 组		第 2 和 4 组		所有组
			管子和短节	接箍和附件	管子和短节	接箍和附件	接箍毛坯
1	2	3	4	5	6	7	8
10	若适用，补充要求：						
	——A.2(SR1)	S1	P		P		
	——A.3(SR2)	S2	P		P		
	——A4(SR9)(填入类型)	S9Q《....》				P	
	——A.8(SR13)	S13		D 或 P		P	
	——A.10(SR16)(填入以 ft-lb 为单位的全尺寸最小吸收能要求和试验温度，包括±符号和℉)	S16《...》F	P		P		
	——A.11(SR22)	S22	P	D	P	D	
	——附录 H(PSL)	L2 或 L3	P	P	P	P	P
11	静水压试验压力[e] (填入实际试验压力，psi) 所有代号	P《....》	P		P		
12	若适用，螺纹类型：						
	——对于偏梯形、直连型或圆螺纹套管制造厂、加工厂或螺纹加工厂(根据表 E.67 填入螺纹类型)	《....》	P		P		
	——对于油管螺纹加工厂(根据表 E.67 填入螺纹类型)	《....》	P		P		
13	若适用，全长通径试验：						
	——标准(套管或油管)	D					
	——可选(套管或油管)，其中“《　》”为可选通径规尺寸	DA《....》					
	——对于规定用作油管并按 8.10 进行通径试验的套管	DT42					
	所有代号		P		P		
14	C90、T95 和 Q125 钢级系列				D[f] 或 P	D[f] 或 P	P
15	若适用，接箍镀锡	T		P		P	
16	仅经过外观检验的 H40、J55 和 K55 接箍	V		P			

[a] D 为可选择的(模子)锤压印；P 为要求的漆模印(涂漆)。允许按 F.1 和 F.2 规定附加标记。

[b] 空格“《....》”表示要填入的内容。

[c] 制造厂可以在“5CT”前加上“API”。

[d] 标准的可选标记为：“5CT”、“API 5CT”、“GB/T 19830 5CT”。

[e] 按国际单位制制造的管子可以小于 100(MPa)的静水压试验压力来标识，而按美国惯用单位制制造管子的静水压试验压力标记的压力要大于 1 000(psi)。采用这一信息是为了清晰地把其单位制与压力标记相同的 CVN 标记区分开。

[f] 锤压印标记应符合 F.2.5 的要求。

附 录 F
（资料性附录）
取得API许可证者使用标记须知

F.1 通则

F.1.1 按本标准制造的产品，取得API许可证者可按第11章或本附录规定进行标记。对使用API会标的产品应按本附录标记。

F.1.2 除螺纹加工厂外，对所有制造厂，本附录中除F.6以外的标记说明均适用。对于螺纹加工厂，F.5、F.6和表C.81或表E.81中的标记说明是适用的。加工厂应除去不能显示出热处理后产品新状态的任何标识（如原来的钢级标识和原管子制造厂名称或徽标）。

F.1.3 产品应按F.4规定标记色标。

F.1.4 由制造厂选择，产品应采用漆模印标记，或同时采用漆模印和锤压印标记。但下列两种情况除外：

——经购方与制造厂协议要求采用锤压印标记，在这种情况下应同时采用锤压印和漆模印标记；

——由制造厂选择，管子和接箍上可用热滚压印或热锤压印标记代替模压印标记，并允许沿管子全长每隔一段作出标记。

F.1.5 可选择的锤压印标记要求在F.2中规定，漆模印标记要求在F.3中规定。标记说明和标记顺序在表C.81或表E.81中规定，表中只包括产品标识用锤压印或漆模印标记的项目。若选择模压印标记，则不需要用漆模印标记这些内容。图D.23所示为标记示例。标记不应重叠，且用这种方法标记不应损伤管子。

F.1.6 在下述要求的标记顺序后允许增加适合标准的其他标记。这些标记可按制造厂的选择或购方的要求。

F.1.7 在必须将原来的标记信息重新标记在产品的情况下，对管子重新标记的工厂应负责转印标记的正确性和可追溯性。转印标记应有“由《 》转印”字样，负责转印标记的工厂的名称应填在《 》中间。

F.1.8 完整的会标包括以下各项：“5CT”、工厂生产许可证编号、API会标及生产日期。作为标记用途的生产日期按下述规定之一标记：

a) 由代表生产年的最后一位数字和缀在其后代表第11章的标记完成时的日历季度的一位数字组成的两位数；

b) 由代表生产年的最后一位数字和缀在其后代表第11章的标记完成时的月份的二位数字组成的三位数。

F.1.9 按本版标准生产的产品在与前一版适用的交叠期内（见11.1.9），可用“0”作为交叠期代号而不用代表季度的数字来标识，或“00”作为交叠期代号而不用代表月份的数字来标识。交叠期代号“0”或“00”适用于管体特征的标识，而不适用于API Spec 5B的变更。

F.2 锤压印标记要求

F.2.1 方法

允许的锤压印标记方法如下：

序　号	方　法
1	热滚压印或热锤压印标记
2	使用标准模具的冷模压印
3	使用断续的点面模具的冷模压印
4	使用圆面模具的冷模压印
5	振动法

第2组和第4组产品锤压印标记后，可要求按F.2.5规定随后热处理。这种热处理应按6.2规定进行。锤压印标记顺序如表C.81或表E.81所示。

F.2.2 尺寸

锤压印标记尺寸应如表C.65或表E.65所示。

F.2.3 位置

规格(代号1)1.660和更大规格的套管、衬管和油管上的标记应打在每根管子的外表面上，且位于距接箍端或内螺纹端、或平端管任一端、或外螺纹－外螺纹管的任一端300 mm(12 in)范围内。在规格(代号1)小于1.660管子上，可选择将锤压印标记打印在扎附于每根管的金属标签上，或打印于成捆管子上的打捆金属箍上。

F.2.4 第1和3组

若订单上有规定，则由制造厂选择，产品应采用F.2.1中的一种或多种方法锤压印标记。

F.2.5 第2和4组

若订单上有规定，则由制造厂选择，产品应采用F.2.1中的一种或多种方法锤压印标记。此外，下列规定适用：

第2组(除C90和T95钢级外)在采用F.2.1中的第2种方法标记后，应进行热处理。

第2组(仅对C90和T95钢级)和第4组产品在采用F.2.1中的第2种和第4种方法标记后，应进行热处理，但下列情况除外：

——上紧三角形标记；

——当因切头、磨削、机加工或螺纹加工而去除锤压印标记的深度不小于锤压印标记深度的两倍时；

——由购方与制造厂协商，锤压印标记可留在产品上。

F.2.6 上紧三角形标记

对于所有规格和钢级的偏梯形螺纹套管及H40、J55、K55和M65钢级规格(代号1)16和更大规格的圆螺纹套管，上紧三角形标记应打印在每根管两端部的外表面上。经购方与制造厂协商，三角形标记可用一10 mm(3/8 in)宽、76 mm(3 in)长的横向白色油漆带代替。为帮助偏梯形螺纹套管在上紧的三角形或横向白色带定位，在现场端靠近三角形或横向油漆带处应设置一个25 mm(1 in)宽、610 mm(24 in)长的纵向白色油漆标记；另外，在工厂端靠近三角形或横向油漆带处应设置一个25 mm(1 in)宽、100 mm(4 in)长的纵向白色油漆标记。

对于第1和3组，三角形标记应仅用第2种或第4种方法锤压。

对于第2组(仅对C90和T95钢级)，三角形标记应仅用第3种方法锤压。

对于第2组(除C90和T95钢级外)和第4组,三角形标记应仅用第3种或第4种方法锤压。

F.3 漆模印标记要求

漆模印标记应印在每根管子的外表面上,且在距接箍端或内螺纹端、或平端管任一端、或“外螺纹—外螺纹”管的任一端不小于0.6 m(24 in)处开始。对长度小于1.8 m(6 ft)的附件和短节,所要求的漆模印标记可以移画法贴印到距管端0.3 m(12 in)范围内的外表面上。这些标记应用短横线隔开,或留有适当的间距。

除螺纹标记应在制造厂认为方便的位置外,漆模印标记顺序应按表C.81或表E.81中的规定。

F.4 色标

F.4.1 方法

除订单上另有规定外,每个产品都应按F.4.2～F.4.6标记色标。

F.4.2 1.8 m(6 ft)或更长的产品

应使用下列一种或多种方法:

a) 对于螺纹管、短节和附件:在距接箍或内螺纹端不大于0.6 m(24 in)的距离,环绕产品涂一条漆印色带;
b) 对于平端管或“外螺纹—外螺纹”管产品:在距任一端不大于0.6 m(24 in)的距离,环绕产品涂一条漆印色带;
c) 接箍:在接箍的整个外表面上涂漆,包括相应的接箍色带;
d) 若管子与特殊间隙接箍一起供货或管子与接箍钢级不同(除9.2.1允许使用的H40、J55和K55钢级外),应按上述a)、b)和c)规定对管子和接箍涂漆。

F.4.3 卸开的接箍

在接箍的整个外表面上涂漆,包括相应的色带。

F.4.4 特殊间隙接箍

在接箍上漆印表示制造接箍用钢的钢级颜色,而且也在接箍的中心部位沿圆周涂一个黑色条带。

F.4.5 长度小于1.8 m (6 ft)的短节和附件

除螺纹外,在整个外表面上涂漆,包括相应的色带。

F.4.6 钢级色标

每种钢级色带的颜色和数量如表C.66或表E.66所示。

F.5 螺纹和端部加工标记——所有组

F.5.1 API螺纹标记

对于制造厂,螺纹标识应漆模印在圆螺纹、偏梯形螺纹套管或直连型套管上。对于螺纹加工厂,对套管和油管要求有螺纹标识。螺纹标识应如表C.67或表E.67所示。

F.5.2 半成品和特殊端部加工标记

对以下产品要求有不同的标记：

a) 加厚或不加厚的平端管；

b) 具有本标准未作规定的特殊端部加工、但其管体是按此处规定要求制造的管子；

c) 以本标准未作规定的特殊端部加工供货的、但满足本标准对产品规定的除尺寸外的所有其他要求的配套接箍和附件。

标记应按表 C.81 或表 E.81 所示。

F.6 管子螺纹加工厂标记要求——所有组

由原管子制造厂以外的工厂加工螺纹的管子应在靠近螺纹处按 F.1、F.2 和 F.3 规定，锤压印或漆模印标记螺纹加工厂名称或商标、规范标记及 F.5 及表 C.67 或表 E.67 所列螺纹尺寸和类型。

螺纹加工厂应在管体上标记实际的静水压试验压力，除非管子已按对表 C.45～表 C.61 或表 E.45～表 E.61 所示螺纹要求的压力进行了试验，并按表 C.81 或表 E.81 规定进行了标记。

示例：对规格(代号 1)7、单位长度质量(代号 2)29.00 的 C95 钢级长螺纹接箍

1) 如果管子制造厂生产的是半成品(UF)管，并依据文件化的试验机设计基础对 177.8 mm (7 in)管子进行 34.5 MPa(5 000 psi)的静水压试验(见 10.12.3)，并标记 P34.5(P5 000)，则螺纹加工厂应对管子进行压力试验至 60.5 MPa(8 800 psi)，并按图 D.16 对管子标记。

2) 如果管子制造厂生产的是半成品管，并经静水压试验至 61.0 MPa(8 900 psi)，并标记 P61.0(P8 900)，则不要求螺纹加工厂对管子进行压力试验或标记试验压力。

由原管子制造厂在管体上作的标记不应去除或更改。

不允许使用字母“API”来标识或证明管材上的螺纹符合 API Spec 5B。

附 录 G
（资料性附录）
美国惯用单位制转换为国际单位制的方法

G.1 背景

关于美国惯用单位制(USC)转换为国际单位制(SI)，本标准采用下列方法进行转换单位的换算。

G.2 通则

G.2.1 圆整

某一数值中，所保留的最后一位数之后的那位数若小于5，则保留的最后一位数不变；若那位数大于5，则保留的最后一位数加1。

若所保留的最后一位数后紧接着是5，其后均为0，则保留的最后一位数如果是偶数，则不变；如果是奇数，则加1。

G.2.2 分数

将USC单位的分数或代分数，转换为完全小数的等量值而不经圆整。采用下列公式可将USC单位的完全小数的等量值转换为SI值：

$$N_m = 25.4 \times N$$

式中：

N_m ——USC分数或代分数(in)的SI等量值，单位为毫米(mm)；

N ——USC分数或代分数的未经圆整的完全小数等量值，单位为英寸(in)。

对于USC分数或代分数的等量值换算的SI值(mm)，将其圆整为不同应用场合下的适当位数。

G.2.3 公差

所用的公式与G.2.2中的相同。

根据适当的换算系数，可将除角公差外的公差的USC值转换为SI值。

将换算的除角公差外的SI公差值圆整为与不同场合应用的SI值同样的小数位数。

G.3 管子尺寸

G.3.1 外径

采用下列公式可将管子和接箍外径的USC值转换为SI值：

$$D_m = 25.4 \times D$$

式中：

D_m ——外径，单位为毫米(mm)；

D ——外径，单位为英寸(in)。

将换算的管子和接箍外径的 SI 值圆整至最接近的 0.01 mm。

G.3.2 壁厚

采用下列公式可将壁厚的 USC 值转换为 SI 值：

$$t_m = 25.4 \times t$$

式中：

t_m ——壁厚，单位为毫米(mm)；

t ——壁厚，单位为英寸(in)。

将换算的壁厚的 SI 值圆整至最接近的 0.01 mm。

G.3.3 内径

采用下列公式可计算管子内径的 SI 值(不需换算)：

$$d_m = D_m - (2 \times t_m)$$

式中：

d_m ——内径，单位为毫米(mm)；

D_m ——外径，单位为毫米(mm)；

t_m ——壁厚，单位为毫米(mm)。

将计算的管子内径的 SI 值圆整至最接近的 0.01 mm。

G.3.4 加厚部分直径和长度

采用下列公式可将加厚部分直径和长度的 USC 值转换为 SI 值：

$$U_m = 25.4 \times U$$

式中：

U_m ——加厚部分尺寸，单位为毫米(mm)；

U ——加厚部分尺寸，单位为英寸(in)。

将换算的加厚部分直径和长度的 SI 值圆整至最接近的 0.01 mm。

G.4 通径规直径

G.4.1 通径规直径，标准通径规尺寸、表 C.31

采用下列公式可计算管子标准通径规直径的 SI 值：

$$dd_m = d_m - dc_m$$

式中：

dd_m ——通径规直径，单位为毫米(mm)；

d_m ——内径，单位为毫米(mm)；

dc_m ——通径常数，单位为毫米(mm)。

所用的通径常数如下：

产　品	代号1	dc_m mm
套管和衬管	<9-5/8	3.18
	9-5/8～13-3/8	3.97
	>13-3/8	4.76
油管	≤2-7/8	2.38
	>2-7/8	3.18
购方规定用作油管规格(代号1)大于4-1/2小于10-3/4的套管	>4-1/2～8-5/8	2.38
	>8-5/8～10-3/4	3.18

将计算的标准通径规直径的SI值圆整至最接近的0.01 mm。

G.4.2　通径规直径，替代通径规尺寸、表C.32

采用下列公式可将替代通径规直径的USC值转换为SI值：

$$dd_{a,m}=25.4\times dd_a$$

式中：

$dd_{a,m}$——替代通径规直径，单位为毫米(mm)；

dd_a——替代通径规直径，单位为英寸(in)。

将换算的替代通径规直径的SI值圆整至最接近的0.01 mm。

G.4.3　通径规直径，直连型套管精镗孔的加厚部分、表C.26的第12栏

采用下列公式可将直连型套管精镗孔的加厚部分的USC值转换为SI值：

$$dd_{e,m}=25.4\times dd_e$$

式中：

$dd_{e,m}$——直连型套管精镗孔端部通径规直径，单位为毫米(mm)；

dd_e——直连型套管精镗孔端部通径规直径，单位为英寸(in)。

将换算的直连型套管精镗孔端部通径规直径的SI值圆整至最接近的0.01 mm。

G.4.4　通径规直径，直连型套管全长、表C.26的第13栏

按照USC单位的惯例，直连型套管全长通径规直径的SI值等于平端套管标准通径规直径(见G.4.1)，但下列由于内加厚量大而使用较小直径通径规的产品除外。

G.5　接箍尺寸

G.5.1　接箍长度

将接箍长度的USC值(in)和分数(in)转换为不经圆整的USC单位小数等量值。采用下列公式可将接箍长度的完全小数的USC等量值转换为SI值：

$$N_{L,m}=25.4\times N_L$$

式中：

$N_{L,m}$——接箍长度，单位为毫米(mm)；

N_L——未经圆整的接箍长度，单位为英寸(in)。

将换算的接箍长度的 SI 值圆整至最接近的 0.01 mm。

由于内加厚量大而要求较小全长通径规直径的产品		用第 3 和 4 栏中对应产品用标准通径规对第 1 和 2 栏中的产品进行全长通径	
代号 1	代号 2	代号 1	代号 2
1	2	3	4
5	15.00	5	≥18.00
5-1/2	15.50	5-1/2	≥20.00
5-1/2	17.00	—	—
6-5/8	24.00	6-5/8	≥28.00
7	23.00	7	≥26.00
7-5/8	26.40	7-5/8	≥29.70
8-5/8	32.00	8-5/8	≥36.00
9-5/8	40.00	9-5/8	≥40.50

G.5.2 接箍镗孔直径

采用下列公式可将接箍镗孔直径的 USC 值转换为 SI 值：

$$Q_m = 25.4 \times Q$$

式中：

Q_m ——接箍镗孔直径，单位为毫米(mm)；

Q ——接箍镗孔直径，单位为英寸(in)。

将换算的接箍镗孔直径的 SI 值圆整至最接近的 0.01 mm。

G.5.3 接箍承载面宽度

采用下列公式可将接箍承载面宽度的 USC 值转换为 SI 值：

$$b_m = 25.4 \times b$$

式中：

b_m ——接箍承载面宽度，单位为毫米(mm)；

b ——接箍承载面宽度，单位为英寸(in)。

将换算的接箍承载面宽度的 SI 值圆整至最接近的 0.01 mm。

G.5.4 机紧位置管端处接箍螺纹根部直径

不经圆整计算出机紧位置管端处接箍螺纹根部直径的 USC 值，然后采用下列公式将其转换为 SI 值：

$$d_{1m} = 25.4 \times d_1$$

式中：

d_{1m} ——机紧位置管端处接箍螺纹根部直径，单位为毫米(mm)；

d_1 ——未经圆整的机紧位置管端处接箍螺纹根部直径，单位为英寸(in)。

将换算的机紧位置管端处接箍螺纹根部直径的 SI 值圆整至最接近的 0.01 mm。

G.6 单位长度质量

G.6.1 带螺纹和接箍的单位长度名义质量

采用下列公式可将带螺纹和接箍的单位长度名义质量的USC值转换为SI值：

$$w_{m}=1.488\ 16\times w$$

式中：

w_{m} ——单位长度质量，单位为千克每米(kg/m)；

w ——单位长度质量，单位为磅每英尺(lb/ft)。

将换算的带螺纹和接箍单位长度质量的SI值圆整至最接近的0.01 kg/m。

G.6.2 平端管单位长度质量

采用下列公式计算(不转换)平端管单位长度质量的SI值：

$$w_{pe,m}=0.024\ 661\ 5\times(D_{m}-t_{m})\times t_{m}$$

式中：

$w_{pe,m}$——平端管单位长度质量，单位为千克每米(kg/m)；

D_{m} ——外径，单位为毫米(mm)；

t_{m} ——壁厚，单位为毫米(mm)。

将计算的平端管单位长度质量的SI值圆整至最接近的0.01 kg/m。

G.6.3 接箍质量

采用下列公式将接箍计算质量的USC值转换为SI值：

$$m_{c,m}=0.453\ 592\times m_{c}$$

式中：

$m_{c,m}$——接箍质量，单位为千克(kg)；

m_{c} ——接箍质量，单位为磅(lb)。

将换算的接箍计算质量的SI值圆整至最接近的0.01 kg。

G.6.4 由于端部加工而增减的质量

采用下列公式可将由于端部加工而增减的质量的USC值转换为SI值：

$$e_{e,m}=0.453\ 592\times e_{e}$$

式中：

$e_{e,m}$——由于端部加工而增减的质量，单位为千克(kg)；

e_{e} ——由于端部加工而增减的质量，单位为磅(lb)。

将换算的由于端部加工而增减的质量的SI值圆整至最接近的0.01 kg。

G.7 拉伸和压扁试验

G.7.1 屈服强度

采用下列公式将屈服强度的USC值转换为SI值：

$$YS_{m}=0.006\ 894\ 76\times YS$$

式中：

YS_m ——屈服强度，单位为兆帕(MPa)；

YS ——屈服强度，单位为磅每平方英寸(psi)。

将换算的屈服强度的SI值圆整至最接近的兆帕。

G.7.2 抗拉强度

采用下列公式将抗拉强度的USC值转换为SI值：

$$TS_m = 0.006\ 894\ 76 \times TS$$

式中：

TS_m ——抗拉强度，单位为兆帕(MPa)；

TS ——抗拉强度，单位为磅每平方英寸(psi)。

将换算的抗拉强度的SI值圆整至最接近的兆帕。

G.7.3 伸长率

采用下列公式计算(不转换)伸长率的SI值：

$$e_m = 1\ 944 \times A_m^{0.2} / U_m^{0.9}$$

式中：

e_m ——最小伸长率，%；

A_m——拉伸试样横截面积，单位为平方毫米(mm^2)；

U_m——规定的抗拉强度，单位为兆帕(MPa)。

将计算的伸长率的SI值，大于等于10%时，圆整至最接近的1.0%；小于10%时，圆整至最接近的0.5%。

G.7.4 压扁试验公式

用于确定压扁试验过程中平行板间距最大值的公式具有下列形式：

$$D_f = D \times [Z_1 - (Z_2 \times D/t)]$$

式中：

D_f ——压扁试验过程中平行板间距最大值，单位为英寸(in)或毫米(mm)，取决于D和t的单位；

Z_1 ——常数；

Z_2 ——常数；

D ——管子规定外径，单位为英寸(in)或毫米(mm)；

t ——管子规定壁厚，单位为英寸(in)或毫米(mm)。

只要D和t的单位是相同的，无论D和t的单位是英寸还是毫米，都使用相同的常数Z_1和Z_2。

G.8 夏比冲击能要求

G.8.1 具有API螺纹的接箍临界厚度，表C.8

采用下列公式可将具有API螺纹的接箍临界厚度的USC值转换为SI值：

$$t_{c,m} = 25.4 \times t_c$$

式中：

$t_{c,m}$——临界厚度，单位为毫米(mm)；

t_c ——临界厚度，单位为英寸(in)。

将换算的SI值圆整至最接近的0.01 mm。

G.8.2 夏比冲击能

不是由方程式确定的标准 CVN 冲击能要求(如表 C.11 中用的值及其他最低要求)的 USC 值,采用下列公式将其转换为 SI 值:

$$C_m = 1.355\ 82 \times C$$

式中:

C_m ——标准夏比冲击能,单位为焦耳(J);

C ——标准夏比冲击能,单位为英尺磅(ft-lb)(如 8、15、20、30 ft-lb)。

将换算的标准能量的 SI 值圆整至最接近的焦耳(J)。

G.8.3 接箍最小吸收能要求,表 C.12～表 C.18

采用下列公式计算 API 螺纹接箍最小吸收能要求的 SI 值:

对于 N80 钢级 1 类、N80Q、L80、C90、C95、T95、P110 和 Q125 钢级:

接箍横向夏比吸收能要求:

$$C_{ctm} = f_c \times YS_{max} \times [(0.001\ 18 \times t_c) + 0.012\ 59]$$

接箍纵向夏比吸收能要求:

$$C_{clm} = f_c \times YS_{max} \times [(0.002\ 36 \times t_c) + 0.025\ 18]$$

式中:

C_{ctm} ——接箍横向夏比吸收能最小值,单位为焦耳(J);

C_{clm} ——接箍纵向夏比吸收能最小值,单位为焦耳(J);

YS_{max} ——接箍规定最高屈服强度,单位为兆帕(MPa);

t_c ——表 C.8 所示 API 螺纹接箍临界厚度,单位为毫米(mm);

f_c ——取决于夏比冲击试样规格的系数:

全尺寸试样(10 mm×10 mm)为 1.00;

3/4 尺寸试样(10 mm×7.5 mm)为 0.80;

1/2 尺寸试样(10 mm×5 mm)为 0.55。

将计算的 SI 值圆整全最接近的焦耳(J)。

注 1:API 螺纹接箍的完全加工横向和纵向夏比冲击试样的最大尺寸能从 API Bul 5C3 查找。表 C.12～表 C.16 包括这些尺寸,并用来计算表中所示的夏比冲击能要求。

注 2:表 C.17 和表 C.18 中的吸收能要求是对全尺寸试样而言的,系数 f 为 1.00。

G.8.4 管子吸收能要求

各种钢级管子的全尺寸试样的最小吸收能值对应的最大规定壁厚 SI 值可根据下列 a)和 b)中所给公式计算。式中:

$C_{pt,m}$ ——管子横向夏比吸收能最小值,单位为焦耳(J);

$C_{pl,m}$ ——管子纵向夏比吸收能最小值,单位为焦耳(J);

YS_{max} ——管子规定最高屈服强度,单位为兆帕(MPa);

YS_{min} ——管子规定最低屈服强度,单位为兆帕(MPa)。

应遵循 ISO 31-0 或 ASTM E29 中的圆整方法。例如,当计算时,作为 $C_{pt,m}$或 $C_{pl,m}$的 27.499 999 99 宜采用 27 J 的要求(因为圆整至 27)。类似的,当计算时,28.500 000 00 的 $C_{pt,m}$或 $C_{pl,m}$宜采用 28 J 的要求(因为圆整至 28)。计算得出的壁厚应圆整至两位小数。

a) N80Q、L80、C90、C95、T95 和 P110 钢级

管子横向夏比吸收能要求，表 C.19：

$$t=[(C_{pt,m}/YS_{min})-0.01259]/0.00118$$

管子纵向夏比吸收能要求，表 C.20：

$$t=[(C_{pl,m}/YS_{min})-0.02518]/0.00236$$

b) Q125 钢级

管子横向夏比吸收能要求，表 C.19：

$$t=[(C_{pt,m}/YS_{max})-0.01259]/0.00118$$

管子纵向夏比吸收能要求，表 C.20：

$$t=[(C_{pl,m}/YS_{max})-0.02518]/0.00236$$

G.8.5 由管子和接箍加工横向和纵向夏比冲击试样所需的计算壁厚，表 C.21 和表 C.22

由管子和接箍加工横向和纵向夏比冲击试样所需计算壁厚的 SI 值采用下列公式计算：

横向夏比冲击试样，表 C.21：

$$t_t=(D_m/2)-[(D_m/2)^2-756.25]^{0.5}+1.00+w_{Cs}$$

纵向夏比冲击试样，表 C.22：

$$t_l=(D_m/2)-[(D_m/2)^2-25]^{0.5}+1.00+w_{Cs}$$

式中：

t_t ——由管子和接箍加工横向夏比冲击试样所需壁厚计算值，单位为毫米(mm)；

t_l ——由管子和接箍加工纵向夏比冲击试样所需壁厚计算值，单位为毫米(mm)；

D_m ——管子或接箍的规定外径，单位为毫米(mm)；

w_{Cs} ——夏比冲击试样宽度，单位为毫米(mm)：

全尺寸试样为 10.0 mm；

3/4 尺寸试样为 7.5 mm；

1/2 尺寸试样为 5.0 mm。

上述公式中包括了 1.00 mm 的加工裕量(USC 公式允许加工裕量为管子内表面 0.020 in，外表面 0.020 in；或者按这种计算用的总加工裕量 1.00 mm)。

将计算的由管子和接箍加工横向和纵向夏比冲击试样所需壁厚的 SI 值圆整至最接近的 0.01 mm。

G.9 静水压试验

G.9.1 平端管静水压试验压力

平端管静水压试验压力的 SI 值可使用 SI 值的外径、壁厚和屈服强度由下式计算(不转换)：

$$p_m=2\times f\times YS_m\times t_m/D_m$$

式中：

p_m ——静水压试验压力，单位为兆帕(MPa)；

D_m ——外径，单位为毫米(mm)；

YS_m ——屈服强度，单位为兆帕(MPa)；

t_m ——壁厚，单位为毫米(mm)；

f ——取决于管子的规格和钢级的系数，如下所示：

钢　级	代号1	标准试验		替代试验	
		f	最大压力 MPa	f	最大压力 MPa
H40、J55、K55	<10-3/4	0.8	69.0	—	—
	≥10-3/4	0.6	69.0	0.8	69.0
M65、N80 1类、N80Q、L80、C95、T95	所有规格	0.8	69.0	—	—
P110、Q125	所有规格	0.8	69.0	0.8	无最大值

将计算的平端管静水压试验压力的SI值圆整至最接近的0.5 MPa，且最大值为69.0 MPa。

G.9.2 接箍静水压试验压力

接箍最大静水压试验压力的SI值采用来自API Bul 5C3的下列公式计算(不转换)：

$$p_{m}=0.8\times YS_{m}\times(W_{m}-d_{1m})/W_{m}$$

式中：

p_m ——静水压试验压力，单位为兆帕(MPa)；

W_m ——接箍外径，单位为毫米(mm)；

YS_m——屈服强度，单位为兆帕(MPa)；

d_{1m} ——机紧位置管端平面处接箍螺纹根部直径，单位为毫米(mm)。

将计算的接箍最大静水压试验压力的SI值圆整至最接近的0.5 MPa。

G.9.3 E1或E7平面处内压泄漏抗力

圆螺纹接头E1平面处和偏梯形螺纹套管E7平面处内压泄漏抗力的SI值采用来自API Bul 5C3的下列公式计算(不转换)：

$$p_{LRm}=E\times T\times N\times P\times[W_{m}^{2}-E_{s}^{2}]/[2\times E_{s}\times W_{m}^{2}]$$

式中：

p_{LRm}——E1或E7平面处内压泄漏抗力，单位为兆帕(MPa)；

W_m ——接箍外径，单位为毫米(mm)；

E ——弹性模量，207 000 MPa；

E_s ——密封处中径，单位为毫米(mm)：

圆螺纹为E1；

偏梯形螺纹为E7；

N ——机紧圈数；

P ——螺纹螺距，单位为英寸每螺纹牙(in/螺纹牙)；

T ——螺纹锥度，英寸每英寸(in/in)。

将计算的内压泄漏抗力极限的SI值圆整至最接近的0.5 MPa。

G.9.4 带螺纹和接箍管子的静水压试验压力

带螺纹和接箍管子的静水压试验压力为下列各项的最低压力：

——平端管静水压试验压力；

——接箍最大静水压试验压力；

——内压泄漏抗力。

G.10 其他

G.10.1 温度

采用下列公式将USC温度(℉)转换为SI温度(℃):

$$℃ = (℉ - 32) \times 5/9$$

式中:

℃——温度,单位为摄氏度(℃);

℉——温度,单位为华氏度(℉)。

将转换的温度SI值圆整至最接近的摄氏度。

当被转换的温度大于600 ℉时,将其换算SI值圆整至最合理的值,即圆整至最接近的5 ℃。例如,750 ℉可换算为399 ℃,但合理的转换值为400 ℃。

G.10.2 扭矩

上扣扭矩的USC值采用下列公式转换为SI值:

$$T_m = 1.355\ 82 \times T$$

式中:

T_m——扭矩,单位为牛顿米(N·m);

T——扭矩,单位为英尺磅(ft-lb)。

将转换的上扣扭矩的SI值圆整至最接近的牛顿米。

注:本标准不包括扭矩要求。但是,因本标准是套管和油管的主标准,这里涉及扭矩的换算方法是为了方便使用者。

附 录 H
（规范性附录）
产品规范等级

H.1 总则

本附录叙述了除 H40 和 L80 9Cr 以外的所有钢级 PSL-2 和 PSL-3 产品规范等级的要求，H40 和 L80 9Cr 的产品规范等级可由购方规定。制造厂可以选择按较高的 PSL 要求供货。PSL-2 和 PSL-3 的要求是对 PSL-l 要求的补充，PSL-1 要求是本标准的基础。除了 PSL-3 要求所表示的其他要求外，PSL-3 的所有要求是对 PSL-2 要求的补充。因此这个标准的主体上，给出附加的 PSL-3 要求的条款和分条款仅以 PSL-3 加以识别。给出附加的 PSL-2 要求的条款和分条款则同时以 PSL-2 和 PSL-3 加以识别的。

在本附录结尾的表 H.1 是 PSL-2 和 PSL-3 要求的参照表。

注：在本附录的条款和分条款标题后面括号内数字的编号是本标准的主体中被 PSL 要求修正的条款编号。

H.2 热处理

H.2.1 J55 和 K55 钢级，PSL-2(6.2.2)

产品应整体正火或正火加回火，若加厚，应在加厚之后正火或正火加回火。

H.2.2 N80Q 钢级，PSL-3(6.2.2)

仅 N80Q 钢级以 PSL-3 供货。

H.3 矫直，PSL-2

H.3.1 C90 和 T95 钢级(6.3.4)

必要时，产品应在比规定的最终回火温度低 30 ℃～50 ℃(50 ℉～100 ℉)的温度下进行冷旋转矫直及随后的消除应力处理，或在出口温度不超过低于规定的最终回火温度 165 ℃(300 ℉)的条件下热旋转矫直。必要时，轻微的压力校直应是允许的。

H.3.2 C95 和 P110 钢级(6.3.1、6.3.3)

压力机压力校直或热旋转矫直[旋转矫直的最低终了温度为 400 ℃(750 ℉)，或采用购方协议上规定的更高的旋转矫直最低终了温度]是可接受的。如果热旋转矫直是不可能的，管子也可以冷旋转矫直，只要随后在 510 ℃(950 ℉)或较高温度下进行消除应力处理。

H.4 化学成分(7.1)

H.4.1 C90，T95 和 Q125 钢级，PSL-2

化学成分应为 1 类。

H.4.2 C90 和 T95 钢级，PSL-3

在购方询问有意加入到每一炉批的所有元素(不管其加入的目的如何)的最低和最高比例时，制造厂应报告。

H.5 屈服强度——Q125 钢级，PSL-3(7.2.3)

最高屈服强度应为 965 MPa(140 ksi)。

H.6 夏比 V 型缺口试验

H.6.1 夏比 V 型缺口试验性能——总的要求，N80 1 类、N80Q、L80 1 类、C90、C95、T95、P110 和 Q125，PSL-2(7.3.1)

根据 ASTM E23，为了满足试验要求，要求最小剪切面积百分比为 75%。

H.6.2 夏比 V 型缺口——钢管的吸收能要求，PSL-2

H.6.2.1 除了 M65 和 Q125 外的所有钢级(7.5.1 和 7.5.3)

冲击试验应根据 A.10(SR16)进行。试验温度，对于 J55 和 K55 钢级应为 21 ℃(70 ℉)，对于所有其他钢级应为 0 ℃(32 ℉)，或为购方和制造厂之间协商的更低温度。

H.6.2.2 Q125 钢级(7.5.4)

是否要求统计冲击试验应符合 A.7(SR12)。

H.7 淬透性——对于淬火加回火产品，要求的最低马氏体百分数

H.7.1 L80 1 类，PSL-2(7.10.2)

整体淬火态试样应根据程序性文件，确认每种规格、质量、化学成分以及奥氏体化和淬火组合有足够的硬化程度。为了符合本标准，按文件化程序验证时获得的平均硬度值(见 10.6.10)应等于或大于按下述公式确定的最低为 90%马氏体时对应的硬度：

$$HRC_{min} = 58 \times (\%C) + 27$$

H.7.2 C90 和 T95 钢级，PSL-3(7.10.1)

按 7.10.1 规定获得的平均硬度值应等于或大于按下式确定的最低 95%马氏体时对应的硬度：

$$HRC_{min} = 59 \times (\%C) + 29$$

对于壁厚 30 mm(1.181 in)或 30 mm 以上的钢管，可以采用制造厂和购方之间商定的替换要求。

H.8 内表面处理——L80 钢级 13Cr 类，PSL-2(7.12)

管子内表面性能应符合 ISO 8501-1 Sa2-1/2 的要求。在表面处理时不应使用可能会造成表面铁污染的抛丸介质。

H.9 硫化物应力开裂(SSC)试验——PSL-3

H.9.1 C90 和 T95 钢级(7.14)

如果规定按方法 A 进行 SSC 试验(根据 ANSI-NACE TM0177-1996),制造厂应对每炉批证明共三个试样的门坎值应满足或超过 90%YS_{min},试样各来自该炉批/热处理批流程开始、中间、末尾选取的三根不同管子,从每根管子端部各取一个试样。如果最初三个试样仅有一个不符合要求,可以在相同位置再取一个试样进行复验。如果复验试样不符合要求,则该批应被拒收。

根据购方和制造厂间的协议,在实施足以保证产品符合或超过 90%YS_{min}门坎值的某一过程控制计划时,每炉批/热处理批所要求的试样数可以减少,但不少于一个。

H.9.2 L80 钢级 13Cr 类钢级

如果购方要求,制造厂应对每炉批证明其产品按 ANSI-NACE TM0177-96 方法 A,符合或超过 80%SMYS 门坎值。试验溶液应为 pH 值 3.5,H_2S 分压为 10 kPa(1.5 psi)。

H.10 外螺纹端的处理——所有钢级,PSL-2(8.12.7)

外螺纹端螺纹应喷砂处理,除非经由购方与制造厂协商确定用包括机械加工在内的任何适当的工艺技术进行处理,而这种处理能满足在上紧时避免出现材料对卸扣的敏感性或导致粘结。

H.11 带密封环接箍——所有钢级,PSL-2(9.11)

密封环槽应与接箍螺纹机加工用同一装置一次装夹进行加工。密封环槽偏心距应不大于 0.13 mm (0.005 in)并且每一次机加工装夹都应检验。密封环槽偏心距是从该密封槽根部至接箍螺纹较小锥面在一个平面内沿圆周任何位置的距离之差。

H.12 接箍端的处理——所有钢级,PSL-2(9.13.1)

接箍螺纹应喷砂处理,除非经由购方与制造厂协商确定用包括机械加工在内的任何适当的工艺技术进行处理,而这种处理能满足在上紧时避免出现材料对卸扣的敏感性或导致粘结。

H.13 拉伸试验频次——套管和油管,N80 1 类和 N80Q 钢级,PSL-2(10.4.3)

拉伸试验频次应与 L80 1 类相同。

H.14 硬度试验,PSL-3

H.14.1 硬度试验——N80Q、L80 1 类、C95、P110 和 Q125 钢级(10.6.1、10.6.4 和 10.6.8)

制造厂应实施经验证,令购方满意的,且足以保证每根钢管管体、每一加厚端、每一接箍具有符合本标准要求的机械性能的工艺过程控制计划。如果这种条件不被满足,则每一钢管管体、每一加厚端、每一接箍均应进行表面硬度试验。硬度的最小值和最大值,当本标准没有规定时,应符合制造厂的标准或由购方与制造厂商定。

H.14.2 取样和试样位置——非加厚管,C90 和 T95 钢级(10.6.5)

试验环应自每一根钢管的两端切取。

H.15 电焊钢管的金相检验评价——J55、K55、M65、N80 1 类、N80Q、L80 1 类和 C95 钢级,PSL-2(10.11)

对于每一规格的管子在焊接工艺过程的开始,以及在焊接时至少每 4h 和焊接工艺过程任何实质中断后都应进行金相检验评价。试样的截取应在热处理之前。

H.16 静水压试验——J55 和 K55 钢级,PSL-2(10.12.2)

凡规格大于代号 1 为 9-5/8 的应采用替代的试验压力。

H.17 壁厚(10.13.4)

H.17.1 所有钢级,PSL-2

壁厚测量和记录应对全长进行,自动系统检测覆盖的表面积最小应达到 25%。

H.17.2 所有钢级,PSL-3

壁厚测量和记录应对全长进行,自动系统检测覆盖的表面积应达到 100%。每根管子测量的壁厚最小值均应报告。不要求每根管子可追溯。

H.18 无损检测

H.18.1 全管体无损检验——套管和油管

H.18.1.1 J55 和 K55 钢级,PSL-2(10.15.5)

所有钢管应采用 10.15.5 所规定的一种或多种方法进行检验,以发现钢管外表面和内表面可接收水平 L4 的纵向缺欠。

H.18.1.2 M65、N80 钢级 1 类和 N80Q,PSL-2(10.15.5 和 10.15.6)

所有钢管应按照 A.2(SR1)进行超声波或电磁(EMI)检验,以发现钢管外表面和内表面可接收水平 L3 的纵向和横向缺欠。

H.18.1.3 L80 1 类、L80 钢级 13Cr 类和 C95 钢级,PSL-2(10.15.6)

所有钢管应采用 10.15.8 所规定的一种或多种方法进行检验,以发现钢管外表面和内表面可接收水平 L2 的纵向和横向缺欠。磁粉检验仅允许作为二次全长检验方法。

H.18.1.4 J55、K55 和 M65,PSL-3(10.15.5 和 10.15.6)

所有钢管应采用 10.15.6 a)、b)或 c)所规定的一种或多种方法进行检验,以发现钢管外表面和内表面可接收水平 L2 的纵向和横向缺欠。磁粉检验只允许作为二次全长检验方法。

H. 18. 1. 5 N80Q、L80 钢级 1 类、L80 钢级 13Cr 类、C95、P110 和 P110 钢级 A. 10(SR16)、PSL-3(10. 15. 6、10. 15. 7 和 10. 15. 8)

所有钢管应按照 ISO 9303 或 ASTM E213(纵向的)和 IS0 9305 或 ASTM E213(横向的)进行检验,以发现钢管外表面和内表面可接收水平 L2 的纵向和横向缺欠。

此外,所有钢管应采用 10. 15. 9 所规定的方法之一进行检验,以发现钢管外表面缺欠。

H. 18. 2 焊接钢管焊缝的无损检测——K55 和 M65 钢级,PSL-2(10. 15. 10)

本标准要求的焊缝检验应在静水压试验后采用超声波方法进行。

H. 18. 3 管端无损检测——所有组,PSL-3(10. 15. 12)

管端应按 10. 15. 12 a)或 c)处理,或在管端终加工后(及带螺纹和接箍管在安装接箍前)采用湿磁粉方法或购方与制造厂协商的某种方法进行检验。

H. 18. 4 接箍坯料的无损检验——第 2、3 和 4 组,PSL-2(10. 15. 11)

H. 18. 4. 1 机加工前允许存在的缺欠

整体机加工而成的接箍,其坯料在未加工表面可以有缺欠,但是终加工表面应符合 9. 14(A. 4. 3 SR9. 3)几何尺寸和表面检验准则的规定。

H. 18. 4. 2 进一步评价

除了 8. 13. 1c)所规定的非表面开裂缺欠的最大面积应低至 32 mm^2(0. 05 in^2)之外,接箍坯料包含的缺陷可以根据 10. 15. 14 进一步评价。含缺陷的接箍坯料应或者按 10. 15. 17 予以处置或者切除含缺陷的接箍坯料的部分并且切除后其长度应在与接箍坯料购方商定的规定长度要求的限制范围内。

H. 18. 4. 3 超声波检验——全壁厚

接箍坯料应对整个全壁厚用外径(OD)表面至平底孔(FBH)的对比标样由制造厂采用超声波压缩波技术方法进行全长检验,以发现并识别缺欠。

对比标样	金属间距[a]	检验覆盖最小面积[b]
6. 4 mm(1/4 in)内径表面平底孔(FBH)(仅一个)	90%	25%

[a] 金属间距,从 OD 表面到 FBH 底部的距离,以规定最小壁厚的百分比表示。金属间距的公差应为计算金属间距的±1. 5%。

[b] 根据 10. 15. 4a)确定覆盖面积。

H. 18. 4. 4 超声波检验——内表面

接箍坯料应采用可接受水平 L4 的超声波剪切波技术方法检查内表面纵向和横向缺陷。根据购方和制造厂协商,证明其具有检出对比标样人工缺陷能力的无损检测替代方法也可采用。

H. 18. 5 接箍坯料的无损检验——第 2、3 和 4 组,PSL-3(10. 15. 11)

H. 18. 5. 1 最小检验覆盖面积

除了最小检验覆盖面积应为 100%外,接箍坯料应按照 H. 18. 4. 3 进行检验。

H.18.5.2 可接受水平

除可接受水平应为具有最大缺口长度 25 mm(1 in)的 L3 外，接箍坯料应按照 H.18.4.4 进行检验。

H.19 螺纹保护器——所有钢级，PSL-2(12.2.1)

螺纹保护器应符合附录 I 的要求或按与购方商定的要求规定。

H.20 质量证明书要求——第 1、2 和 3 组，PSL-2(13.2)

对于装运的所有产品应由制造厂提供质量质证明书。A.9(SR15)的要求应适用。

H.21 非金属密封环——所有组，PSL-2(A.8.2)

现场端接箍螺纹用密封环应装在一个标明数量、接头描述、接头制造厂、检验日期和包装日期的密封包装内分开装运。

表 H.1 PSL-2 和 PSL-3 要求对照表

附录 H	GB/T 19830	钢级											
		J55	K55	M65	N80	N80	L80	L80	C90	C95	T95	P110	Q125
					1类	Q	1类	13Cr					
1	2	3	4	5	6	7	8	9	10	11	12	13	14
H.2.1	6.2.2	2	2										
H.2.2	6.2.2					3							
H.3.1	6.3.4								2		2		
H.3.2	6.3.1 6.3.3									2		2	
H.4.1	7.1								2		2		2
H.4.2	7.1								3		3		
H.5	7.2.3												3
H.6.1	7.3.1				2	2	2		2	2	2	2	2
H.6.2.1	7.5.1 7.5.3 A.10	2	2		2	2	2	2	2	2	2	2	
H.6.2.2	7.5.4 A.7												2
H.7.1	7.10.2						2						
H.7.2	7.10.1								3		3		
H.8	7.12							2					
H.9.1	7.14.1								3		3		

表 H.1(续)

附录 H	GB/T 19830	钢级											
		J55	K55	M65	N80	N80	L80	L80	C90	C95	T95	P110	Q125
					1类	Q	1类	13Cr					
1	2	3	4	5	6	7	8	9	10	11	12	13	14
H.9.2	7.14.1							3					
H.10	8.12.7	2	2	2	2	2	2	2	2	2	2	2	2
H.11	9.11	2	2		2	2	2	2	2	2	2	2	2
H.12	9.13.1	2	2		2	2	2	2	2	2	2	2	2
H.13	10.4.3				2	2							
H.14.1	10.6.1 10.6.4 10.6.8					3	3			3		3	3
H.14.2	10.6.5								3		3		
H.15	10.11	2	2	2	2	2	2			2			
H.16	10.12.2	2	2										
H.17.1	10.13.4	2	2	2	2	2	2	2	2	2	2	2	2
H.17.2	10.13.4	3	3	3		3	3	3	3	3	3	3	3
H.18.1.1	10.15.5	2	2										
H.18.1.2	10.15.5 10.15.6			2	2	2							
H.18.1.3	10.15.6						2	2		2			
H.18.1.4	10.15.5 10.15.6	3	3	3									
H.18.4	10.15.11						2	2	2	2	2	2	2
H.18.1.5	10.15.6 10.15.7 10.15.8					3	3	3		3		3	
H.18.2	10.15.10		2	2									
H.18.3	10.15.12	3	3	3		3	3	3	3	3	3	3	3
H.18.5	10.15.11						3	3	3	3	3	3	3
H.19	12.2.1	2	2	2	2	2	2	2	2	2	2	2	2
H.20	13.2	2	2	2	2	2	2	2	2	2	2	2	
H.21	A8.2	2	2		2	2	2	2	2	2	2	2	2

附 录 I
（规范性附录）
螺纹保护器设计验证要求

I.1 总则

I.1.1 这个附录给出的设计验证要求适于本标准对于带 API 或 SF 螺纹接头的 PSL-2 和 PSL-3 钢管产品要求的螺纹保护器。代表性的保护器是钢塑、塑料复合型或全塑结构；其塑料型螺纹应防止粘结，并有增强的外壳以抗载荷冲击。螺纹保护器的设计应满足 12.2 和本附录规定的试验要求。

I.1.2 螺纹保护器的制造厂应提供设计准则文件、评价资料和安装程序以证实符合这些要求。这些信息在螺纹保护器购方和/或管子使用者双方需要时应可以获取。

I.1.3 螺纹保护器制造厂的设计应使该保护器适用于 API 和/或 SF 螺纹型式接头。螺纹保护器的设计应有助于减少由于潮湿气侵入或进入可能造成的腐蚀。如适用时，保护器应具有与外螺纹端或接箍面紧密配合（无间隙）的能力。根据制造厂和购方的协商在外螺纹端—保护器端部使用衬垫是可接受的。

I.1.4 保护器应设计成可以在−46 ℃（−50 ℉）至 66 ℃（150 ℉）操作温度范围内使用。所有试验温度的公差应为±6 ℃（±10 ℉）。

I.1.5 螺纹型面应用防止和外螺纹及接箍的螺纹粘结的材料制成，应有足够的螺纹接触以保证使用特性。接头的螺纹外形或金属—金属密封表面不应有金属对金属接触。

I.1.6 全塑或钢塑螺纹保护器应防止紫外线照射发生变质老化，老化期不小于 1 年。减少暴露在这种类型的照射条件下，可以通过在塑料中加入化学添加剂或者用机械的方法实现。

I.1.7 该保护器应不受溶剂（诸如柴油、丙酮、油漆溶剂油、三氯乙烯）、贮存或螺纹上扣用螺纹脂的影响。

I.1.8 应通过对加工工艺的控制，使塑模成型塑料材料中滞留的空气最少。若任何螺纹上存在气泡，则 90% 的螺纹应保持完整，密封区或完整螺纹区不应存在连续的破损螺纹。

I.1.9 如果规定螺纹保护器为可钩挂/可提升保护器时，该保护器应制成可避免吊钩与管端或接箍的螺纹部分接触的型式。

I.2 验证程序

下述验证程序用于确定螺纹保护器的使用性能。保护器制造厂应最少对两种规格的油管和两种规格的套管进行试验，确定验证试验适用规格范围，适用规格范围由制造厂按照每一设计类型提出。制造厂应提供其所试验管子规格对其设计是最苛刻情况的客观证据。应提供将试验结果外推至未试验规格的理由。

I.3 试样标识

以下保护器/接头组合被简称为“试验件组合”。每一保护器和接头组合应用唯一的名称（护帽和保护套）标识。

I.4 几何尺寸稳定性试验

I.4.1 在 21 ℃(70 ℉)对试验件组进行测量,并记录螺纹直径和密封直径(如适用时)。不符合制造厂设计准则的试验件组合应被拒收。

I.4.2 将试验件组合浸入−46 ℃(−50 ℉)、66 ℃(150 ℉)和 21 ℃(70 ℉)的适当环境箱 1 h 后,将试验件组合取出,并立即测量记录其螺纹直径和密封直径(如适用时)。

I.4.3 使试验件组合在 21 ℃(70 ℉)下稳定化。测量并记录保护器和接头的螺纹直径和密封直径(如适用时)。在全设计温度范围内,螺纹直径的改变量不应使螺纹啮合少于规定的每侧螺纹高度的 1/2。

I.5 扭矩和振动试验

I.5.1 螺纹保护器应能自锁紧,并能抵抗在运输中产生的振动。保护器上扣和卸扣的扭矩要求宜参照制造厂的程序。

I.5.2 采用保护器制造厂推荐的作法把保护器旋合到接头,即上紧试验件组合(用贮存脂和/或螺纹脂涂敷到接头的机加工螺纹区),并记录上紧扭矩。

I.5.3 将上紧的试验件组合在−46 ℃(−50 ℉)、66 ℃(150 ℉)和 21 ℃(70 ℉)温度下稳定化。把保护器从接头上卸开并记录扭矩。

I.5.4 上扣扭矩不符合制造厂要求的保护器(或拉脱、不啮合和不能压紧的保护器螺纹),不应使用。

I.5.5 按制造厂的安装程序上紧的试验件组合应进行振动试验。

I.5.6 经过 1×10^6 循环试验,保护器不应脱落或松开。试验频率至少应为 900 r/min,同时以最小垂直位移 8.4 mm(0.33 in)和最小 4 倍重力加速度进行振动试验。

I.6 轴向冲击试验

I.6.1 采用保护器制造厂推荐的作法把保护器装到接头上,即上紧试验件组合(用贮存脂和/或螺纹脂),并记录上紧扭矩。

I.6.2 将上紧的试验件组合在−46 ℃(−50 ℉)、66 ℃(150 ℉)和 21 ℃(70 ℉)温度下稳定化。

I.6.3 在稳定化温度条件下,用一个直径 38 mm(1.5 in)的钢棒从最小高度为 0.3 m(12 in)自由落下,对试验件组合进行轴向冲击试验(见图 D.27)。螺纹保护器应在经受表 I.1 所列轴向冲击载荷的情况下,不损伤管子的外螺蚊端和接箍螺纹的机加工表面。

I.7 倾斜冲击试验

I.7.1 采用保护器制造厂推荐的作法把保护器装到接头上,即上紧试验件组合(用贮存脂和/或螺纹脂),并记录上紧扭矩。

表 I.1 使用直径 38 mm(1.5 in)钢棒的轴向冲击试验

试验温度/℃(℉)	最低冲击能量 J/(ft-lb)		
	$D\leqslant$3-1/2	3-1/2<$D\leqslant$8-3/4	D>8-3/4
1	2	3	4
66(150)	407(300)	1 627(1 200)	2 034(1 500)
21(70)	407(300)	1 627(1 200)	2 034(1 500)
−46(−50)	230(170)	814(600)	1 085(800)

I.7.2 将上紧的试验件组合在−46 ℃(−50 ℉)、66 ℃(150 ℉)和21 ℃(70 ℉)温度下稳定化。

I.7.3 在稳定化温度下，用一个平钢板以最小高度为0.3 m(12 in)自由落下，对试验件组合施加一个45°的倾斜冲击载荷(见图D.28)。螺纹保护器应在经受表I.2所列倾斜冲击载荷情况下，不损伤管子的外螺蚊端和接箍螺纹的机加工表面。

表 I.2 使用平钢板的倾斜(45°)冲击试验

试验温度/℃(℉)	最低冲击能量 J/(ft-lb)		
	$D \leqslant 3\text{-}1/2$	$3\text{-}1/2 < D \leqslant 8\text{-}3/4$	$D > 8\text{-}3/4$
1	2	3	4
66(150)	203(150)	814(600)	1 017(750)
21(70)	203(150)	814(600)	1 017(750)
−46(−50)	115(85)	407(300)	542(400)

I.8 腐蚀试验

I.8.1 保护器应有助于防止螺纹和密封表面的腐蚀。采用特有的密封、排气和采用缓蚀剂是使腐蚀减至最低的基本方法。正常的贮存期应为1年，如12.2.1所述。

I.8.2 符合ASTM B117的盐水喷雾试验经论证被作为确定为供对比之用腐蚀抗力试验。由于螺纹保护器特性之外的因素，盐雾试验也许不能用于重现油田实际使用条件。

I.8.3 采用保护器制造厂推荐的作法把保护器装到接头上，即上紧试验件组合(用贮存脂和/或螺纹脂)，并记录上紧扭矩。

I.8.4 截取的接头切口端部应被密封，并开一个孔，以允许容器内气体循环。

I.8.5 按照ASTM B117，在35 ℃(95 ℉)温度下至少进行1 000 h的盐雾试验。

I.8.6 试验件组合在试验容器中的取向应模拟管架贮存的状态。

I.8.7 如果试验后，密封和完整螺纹区无腐蚀损伤或腐蚀损伤很轻微，并且腐蚀损伤小于10%的螺纹表面，则认为该保护器通过试验。

I.9 拉脱试验(仅对外螺纹保护器)

I.9.1 采用保护器制造厂推荐的作法把保护器装到接头上，即上紧试验件组合(用贮存脂和/或螺纹脂)，并记录上紧扭矩。

I.9.2 将上紧的试验件组合在−46 ℃(−50 ℉)、66 ℃(150 ℉)和21 ℃(70 ℉)温度下稳定化。

I.9.3 根据IADC/SPE 11396，在要求的稳定化温度下，对外螺纹保护器施加等于或大于F_{ax}的轴向载荷进行拉脱试验(见图D.29)：

$$F_{ax} = 0.18 \times w_m$$

式中：

F_{ax}——轴向拉脱力，单位为千牛(kN)；

w_m——管子的单位长度质量，单位为千克每米(kg/m)。

或

$$F_{ax} = 60 \times w$$

式中：

F_{ax}——轴向拉脱力，单位为磅(lbf)；

w ——管子的单位长度质量，单位为磅每英尺(lb/ft)。

I.9.4 卸下该保护器并检查破损的螺纹。保护器螺纹可能显示出受应力的痕迹，但不应被撕裂。

I.10 可钩挂(可提升)试验

当螺纹保护器为可钩挂(可提升)保护器时，制造厂应证实其设计的可钩挂(可提升)性。可钩挂性(可提升性)评价应以不损伤接头的外螺纹端和接箍端为前堤。应提供试验使用的吊钩类型文件。

附 录 J
（资料性附录）
产品规范等级(PSL)要求概要

J.1 总则

J.1.1 当产品按照 PSL-2 或 PSL-3 订货时，这个附录是为本标准的使用者提供方便，并识别附加的要求。

J.1.2 要求在每个分条款后面的方括号内标明。

J.2 PSL-2 要求

J.2.1 除 H40 外所有钢级

J.2.1.1 强制性的 CVN 冲击试验和要求(根据 SR16)[H.6.2.1]。

注：这是 M65 和 Q125 钢级的 PSL-1 要求。

J.2.1.2 上紧时，产品对金属粘结不敏感(适当的处理或喷磨处理)[H.10 和 H.12]。

J.2.1.3 密封环槽加工和尺寸偏差[H.11]。

J.2.1.4 焊缝区的金相检验[H.15]。

注：这是 M65 和 Q125 钢级以及非电焊管的 L80 13Cr、C90 或 T95 的 PSL-1 要求。

J.2.1.5 壁厚测量(检验覆盖面积 25%)[H.17.1]。

J.2.1.6 螺纹保护器应按附录 I 要求进行合格评定[H.19]。

J.2.1.7 按 SR15 的质量证明书(具有炉号和批的可追溯性)[H.20]。

J.2.1.8 密封环分开装运[H.21]。

J.2.2 J55 和 K55 钢级

J.2.2.1 整体热处理(加厚后，如适用时)[H.2.1]。

J.2.2.2 规格大于 9-5/8 的静水压试验替换压力[H.16]。

J.2.2.3 用 12.5%刻槽的纵向内外缺陷的无损检测[H.18.1.1]。

J.2.2.4 仅对 K55：静水压试验后焊缝的 UT 检验[H.18.2]。

J.2.3 M65 钢级

J.2.3.1 用 10%刻槽的纵向内外缺陷的无损检测(不进行 MPI)[H.18.1.2]。

J.2.3.2 静水压试验后的焊缝 UT 检验[H.18.2]。

J.2.4 N80 1 类和 N80Q

J.2.4.1 75%CVN 冲击剪切面积要求[H.6.1]。

J.2.4.2 拉伸试验频次按 L80 钢级规定[H.13]。

J.2.4.3 用 10%刻槽的纵向和横向内外缺陷的无损检测(不进行 MPI)[H.18.1.2]。

J.2.5 L80 钢级 1 类

J.2.5.1 75%CVN 冲击剪切面积要求[H.6.1]。

J.2.5.2 最低马氏体含量90%(基于一个试样淬火后HRC最小值)[H.7.1]。

J.2.5.3 用5%刻槽对管子的纵向和横向内外缺陷的无损检测[H.18.1.3]。

J.2.5.4 对接箍坯料的无损检测[H.18.4]。

J.2.6 L80 13Cr 钢级

J.2.6.1 内表面制备[H.8]。

J.2.6.2 用5%刻槽对管子的纵向和横向内外缺陷的无损检测[H.18.1.3]。

J.2.6.3 对接箍坯料的无损检测[H.18.4]。

J.2.7 C90 和 T95 钢级

J.2.7.1 以热矫直的最低温度或冷矫直后消除应力处理作为热矫直要求[H.3.1]。

J.2.7.2 要求1类的化学成分[H.4.1]。

J.2.7.3 75%的CVN冲击剪切面积要求[H.6.1]。

J.2.7.4 对接箍坯料的无损检测[H.18.4]。

J.2.8 C95 钢级

J.2.8.1 以热矫直的最低温度或冷矫直后消除应力处理作为热矫直要求[H.3.2]。

J.2.8.2 75%的CVN冲击剪切面积要求[H.6.1]。

J.2.8.3 用5%刻槽对管子的纵向和横向内外缺陷的无损检测[H.18.1.3]。

J.2.8.4 对接箍坯料的无损检测[H.18.4]。

J.2.9 P110 钢级

J.2.9.1 以热矫直的最低温度或冷矫直后消除应力处理作为热矫直要求[H.3.2]。

J.2.9.2 75%的CVN冲击剪切面积要求[H.6.1]。

J.2.9.3 对接箍坯料的无损检测[H.18.4]。

J.2.10 Q125 钢级

J.2.10.1 要求1类的化学成分[H.4.1]。

J.2.10.2 75%的CVN冲击剪切面积要求[H.6.1]。

J.2.10.3 根据SR12进行统计冲击试验[H.6.2.2]。

J.2.10.4 对接箍坯料的无损检测[H.18.4]。

J.3 PSL-3 要求

J.3.1 总则

除了对PSL-2的要求外,对PSL-3还有如下条款所叙述的进一步要求:

J.3.2 除 H40 和 N80 1 类以外的所有钢级

J.3.2.1 壁厚测量覆盖面积100%,报告最小壁厚[H.17.2]。

J.3.2.2 在上紧前,螺纹端要求进行湿磁粉检查(MPI)[H.18.3]。

J.3.3 除第 1 组外的所有钢级

对接箍坯料的无损检测[H.18.5]。

J.3.4 J55、K55 和 M65

用 5%刻槽对纵向和横向内外缺陷的无损检测(不进行 MPI)[H.18.1.4]。

J.3.5 N80Q、L80 1 类、C95 和 P110 钢级

J.3.5.1 每根钢管管体、加厚端和接箍的表面硬度试验[H.14.1]。
J.3.5.2 无损检测:强制性的 UT 加一种其他方法[H.18.1.5]。

J.3.6 L80 13Cr 钢级

J.3.6.1 SSC 试验:采用 ANSI-NACE TM0177:1996 方法 A,证明在 pH 值为 3.5 和 H_2S 分压10 kPa (1.5 psi)的试验溶液中,门坎应力为 80%的规定最低屈服应力[H.9.2]。
J.3.6.2 无损检测:强制性的 UT 加外表面的 EMI[H.18.1.5]。

J.3.7 C90 和 T95 钢级

J.3.7.1 化学成分协商[H.4.2]。
J.3.7.2 最低马氏体含量 95%(基于一个试样淬火后的 HRC 最小值)[H.7.2]。
J.3.7.3 SSC 试验:采用 ANSI-NACE TM0177:1996 方法 A,施加应力为 90%的规定最低屈服应力,每炉批试验 3 根管子[H.9.1]。
J.3.7.4 每根管子两端硬度试验[H.14.2]。

J.3.8 Q125 钢级

J.3.8.1 规定最高屈服强度为 965 MPa(140 ksi)[H.5]。
J.3.8.2 每根钢管管体、加厚端和接箍的表面硬度试验[H.14.1]。

参考文献

[1] 失效分析及预防,ASM 金属手册,Vol. 11,第 9 版,1986

[2] J. M. HODGE 和 M. A. OREHOSKI,某些低合金钢中淬透性和马氏体百分含量的关系,Trans. AIME,167,1946:627-642

[3] API Bull 5A2,套管、油管和管线管螺纹脂公报,第 6 版,1988

[4] API Spec 5CT,套管和油管规范,第 7 版,2001

[5] 美国国家标准局,手册 91,商业与试验统计部

[6] API RP 5A3,套管、油管和管线管螺纹脂推荐作法

[7] API RP 5C1,套管和油管的维护与使用推荐作法

ICS 25.040.01
N 10

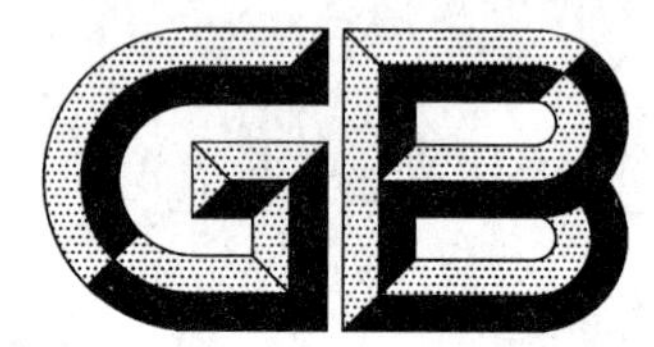

中华人民共和国国家标准

GB/T 19902.5—2011/ISO 16100-5:2009

工业自动化系统与集成　制造软件互操作性能力建规　第5部分:基于多能力类结构进行专规匹配的方法学

Industrial automation systems and integration—Manufacturing software capability profiling for interoperability—Part 5:Methodology for profile matching using multiple capability classes structures

(ISO 16100-5:2009,IDT)

2011-12-30 发布　　2012-05-01 实施

中华人民共和国国家质量监督检验检疫总局
中国国家标准化管理委员会　发布

前　言

GB/T 19902《工业自动化系统与集成　制造软件互操作性能力建规》已经或计划发布以下部分：

——第1部分：框架；

——第2部分：建规方法论；

——第3部分：接口服务、协议与能力模板；

——第4部分：一致性测试方法、判则及报告；

——第5部分：基于多能力类结构进行专规匹配的方法学；

——第6部分：基于多能力类结构进行专规匹配的接口服务和协议。

本部分为GB/T 19902的第5部分。

本部分按照GB/T 1.1—2009给出的规则起草。

本部分使用翻译法等同采用ISO 16100-5:2009《工业自动化系统与集成　制造软件互操作性能力建规　第5部分：基于多能力类结构进行专规匹配的方法学》(英文版)

与本部分中规范性引用的国际文件有一致性对应关系的我国文件如下：

GB/T 19902.2—2005　工业自动化系统与集成　制造软件互操作性能力建规　第2部分：建规方法论(ISO 16100-2:2003,IDT)

GB/T 19902.3—2006　工业自动化系统与集成　制造软件互操作性能力建规　第3部分：接口服务、协议及能力模板(ISO 16100-3:2005,IDT)

GB/T 19902.4—2010　工业自动化系统与集成　制造软件互操作性能力建规　第4部分：一致性测试方法、判则及报告(ISO 16100-4:2006,IDT)

本部分的技术内容和组成结构与ISO 16100-5:2009《工业自动化系统与集成　制造软件互操作性能力建规　第5部分：基于多能力类结构进行专规匹配的方法学》(英文版)相一致，只在需要的地方，做了个别编辑性修改：

a) 大写的英文缩写保留英文原名，去掉ISO前言。

b) 将"本国际标准"和ISO 16100改为"GB/T 19902"。将ISO 16100-5改为GB/T 19902的第5部分或GB/T 19902.5。

c) 将规范性引用文件中已转化为国家标准的国际标准编号改为国家标准编号，未转化的国际标准保留。

d) 删去了原文中不符合我国标准编写的字句。

本部分由中国机械工业联合会提出。

本部分由全国自动化系统与集成标准化技术委员会(SAC/TC 159)归口。

本部分负责起草单位：北京机械工业自动化研究所、东南大学。

本部分主要起草人：王茜、黎晓东、杨书评、高雪芹、远铮。

引 言

本国家标准编写的动机源于ISO/TC 184/SC 5的战略计划讨论中描述的工业和经济环境，特别是：

a） 日益增长的供应商特有的解决方案；

b） 应用标准时用户遇到的困难；

c） 需要向系统集成工具模块集迁移；

d） 认识到应用软件及使用该软件的专业知识乃是企业的资产。

GB/T 19902是用于对软件能力进行规范化描述的国家标准，这种描述是计算机可解释的并且是人可读的。它的目标是提供一个用于描述制造软件能力的方法，这些能力与其在整个制造业应用生命周期中的任务相关，不依赖于特定的系统体系结构或实现平台。这可以降低制造应用程序用户和供应商/提供商的生产和信息管理成本。

GB/T 19902中本部分的某些图表是根据UML的约定构造的。因为并不是图表中包含的所有概念在文中都有解释，故假定读者对UML有一定的了解。

附录A描述了产生制造领域模型（MDM）和制造领域数据（MDD）的过程。

附录B给出了多能力类专规匹配的例子。

工业自动化系统与集成　制造软件互操作性能力建规　第5部分:基于多能力类结构进行专规匹配的方法学

1　范围

GB/T 19902 的本部分描述了源自多个能力类结构的已有 MSU 能力专规和所需的能力专规匹配的方法和规则。这些方法和规则可以用来评估制造应用中的 MSUs 的互操作性以及某些情况下的互换性。

以下内容不属于 GB/T 19902 本部分的范围:

——创建、注册和访问参考制造领域模型、制造领域数据以及能力类结构的各种模板的服务;

——GB/T 19902.3 中定义和指定的类型 1 服务的一致性测试表;

——在数据库或等同的对象库中管理这些模板所需要的其他服务。

2　规范性引用文件

下列文件对于本文件的应用是必不可少的。凡是注日期的引用文件,仅注日期的版本适用于本文件。凡是不注日期的引用文件,其最新版本(包括所有的修改单)适用于本文件。

GB/T 19902.2—2005　工业自动化系统与集成　制造软件互操作性能力建规　第 2 部分:建规方法论(ISO 16100-2:2003,IDT)

GB/T 19902.3—2006　工业自动化系统与集成　制造软件互操作性能力建规　第 3 部分:接口服务、协议及能力模板(ISO 16100-3:2005,IDT)

GB/T 19902.4—2010　工业自动化系统与集成　制造软件互操作性能力建规　第 4 部分:一致性测试方法、判则及报告(ISO 16100-4:2006,IDT)

ISO 16100-1　工业自动化系统与集成　制造软件互操作性能力建规　第 1 部分:框架(Industrial automation systems and integration—Manufacturing software capability profiling for interoperability—Part 1:Framework)

3　术语和定义

ISO 16100-1、GB/T 19902.2、GB/T 19902.3 和 GB/T 19902.4 中界定的以及下列术语和定义适用于本文件。

3.1

能力类　capability class

能力专规方法中的元素,描述了制造活动中与软件单元的任务相关的功能和行为。在能力继承结构中表示并且在能力聚集结构中部署。

注 1:在用于不同的制造活动中时 MSU 的角色会改变,然而 MSU 对应的能力类在继承结构中的位置是唯一的,但是可以认为在聚合结构中处于不同的位置。

注 2:在本部分中,能力类模板等同于能力模板(见 GB/T 19902.2—2005 中 6.3 能力模板的要求)。

[根据 GB/T 19902.2—2005 中 3.3 改编]

3.2

能力类结构模板 capability class structure template

表示能力类层次结构的 XML 模式。

3.3

制造领域数据 manufacturing domain data

UML 类表示的信息，这些信息包括：特定制造领域中的制造资源、制造活动或制造资源间交换的内容。

3.4

制造领域数据模板 manufacturing domain data template

表示制造领域数据的 XML 模式。

3.5

制造领域模型 manufacturing domain model

制造领域的一种特殊视图，由制造领域数据及它们之间的关系组成，并与该领域的应用相对应。

3.6

制造领域模型模板 manufacturing domain model template

表示制造领域模型的 XML 模式。

4 缩略语

下列缩略语适用于本文件。

CCS：能力类结构(Capability Class Structure)

CSI：实现的一致性声明(Conformance Statement for the Implementation)

MDD：制造领域数据(Manufacturing Domain Data)

MDM：制造领域模型(Manufacturing Domain Model)

MSU：制造软件单元(Manufacturing Software Unit)

UML：统一建模语言(Unified Modeling Language)

XML：可扩展标记语言(eXtensible Markup Language)

5 在 MSU 和制造应用中涉及到的多个 CCS

5.1 专规匹配的概念

图 1 说明了基于多能力类结构来进行专规匹配的概念。

注 1：提供的 MSU 的能力类结构(图左)被认为是基于存在的通用的能力类继承树的。

注 2：实际的专规匹配过程使用和 XML 模式匹配相同的算法。

5.2 MSU 的重用

为了提高制造应用开发的效率，已部署到类似的制造应用中的 MSU 应当能够被重用。MSU 的用户只需考虑把如下的 MSU 做为候选：即那些其能力专规(见图 1 的左边)能满足用户定义的能力专规(见图 1 的右边)匹配准则的 MSU。本部分说明了当被匹配的能力类结构不同时的专规匹配的过程，因而带来更多的可供重用的 MSU。

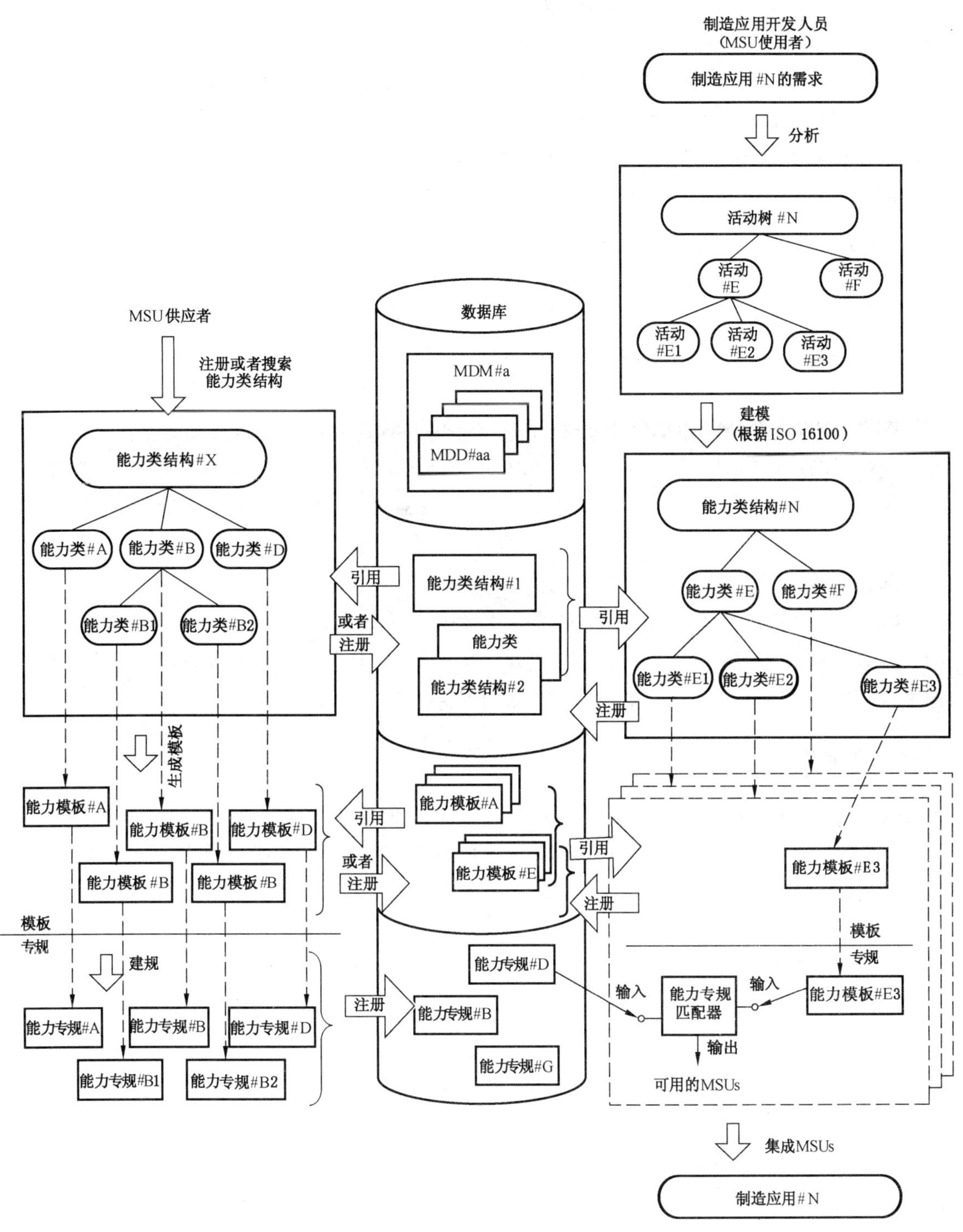

图 1 基于多能力类结构进行专规匹配的概念

5.3 MSU 的注册

MSU 提供方注册 MSU 以使得它们能够被众多的潜在用户获得。MSU 提供方应该遵循以下步骤来准备和注册 MSU：

a) 分析 MSU 适用的活动。MSU 可以适用于一个或多个活动。

b) 确定与每一个活动对应的能力类并且搜索相关联的能力类所属的 CCS。如果一个 MSU 能适用于两个或多个活动,那么那些活动可以属于相同的 CCS 或者不同的 CCS。

c) 为每一个已确定的能力类选择能力模板。

d) 如果没有合适的 CCS,就构建合适的 CCS 并且使用适当的数据库管理方法来注册它。然后,产生相应的模板并类似地注册它。

e) 通过填写步骤 c)中选中的模板或者步骤 d)中新建的模板来创建 MSU 能力专规,并使用适当的数据库管理方法来注册模板。

5.4 使用可重用的 MSU 来满足新的制造应用的需求

当开发一个新的制造应用时,MSU 的用户应当遵循以下步骤:

a) 分析制造应用的功能上的能力需求并且创建一棵活动树。

b) 使用现有的或新的能力类来创建一个 CCS,以匹配步骤 a)中创建的活动树,或者使用 GB/T 19902.2 中的方法学来选择一个已有的 CCS。

c) 对创建的或选择的 CSS 中的每一个能力类,填写相应的能力类模板以创建所需的能力专规。

d) 使用在 GB/T 19902 中描述的 2 型能力专规匹配器,比较可用的 MSU 的能力专规和所需的能力专规,以寻找匹配所需的能力专规的那些现有的 MSU。

e) 选择能满足新的制造应用需求的现有的 MSU。

f) 如果没有找到满足需求的 MSU,就开发这些缺少的 MSU。

g) 结合步骤 e)中重用的 MSU 和任何步骤 f)中开发的 MSU 来满足新的制造应用的需求。

图 2 说明了应用图 1 中的概念来开发一个新的制造应用。

5.5 制造领域数据

图 3 说明了 MDD,MDM,CCS,能力类以及它们与其他制造领域元素的关联。

MDD 代表不同类型的制造信息,包括那些一个应用内或应用间的资源间所交换的信息。

图 4 给出了一个有多个 MDD 的 MDM 的结构示例,在附录 A 中叙述了 MDM 创建者创建 MDM 和 MDD 需遵循的流程。

在特定的制造领域内,MDM 创建者可以把一个制造应用描绘成一组 MDD。MDD 提供关于制造应用诸多方面的信息,例如:

a) 制造资源(例如,MSU,设备,自动化装置,人员,材料,在制品清单);

b) 制造过程(例如,操作,活动);

c) 交换的制造信息(例如,产品数据,配方,制造数据,质量数据);

d) 资源、过程以及交换的信息之间的关系(例如,数据流,网络配置,工作流)。

图 5 中每一个特定制造领域内的 MDD 都由属性和一组与域中其他的 MDD 关联的关联类组成。关联类中的关联约束和关联类型属性描述了特定 MDM 中 MDD 之间可能的关联。MDM 创建者应当描述性地为制造功能或制造活动间交换的 MDD 命名,以使得每一个 MDD 在目标制造领域内是唯一的。

图 5 说明了 MDM 与特定的制造领域内至少 2 个 MDD 之间的关系。这些 MDD 能够典型地组成树形结构,而且它们之间有关联,关联受到图 5 中关联类的约束。还有这种可能性,那就是把特殊的类定义指定为外部的类,这些外部类来自于某些相关的标准、可应用于一个特殊制造领域。

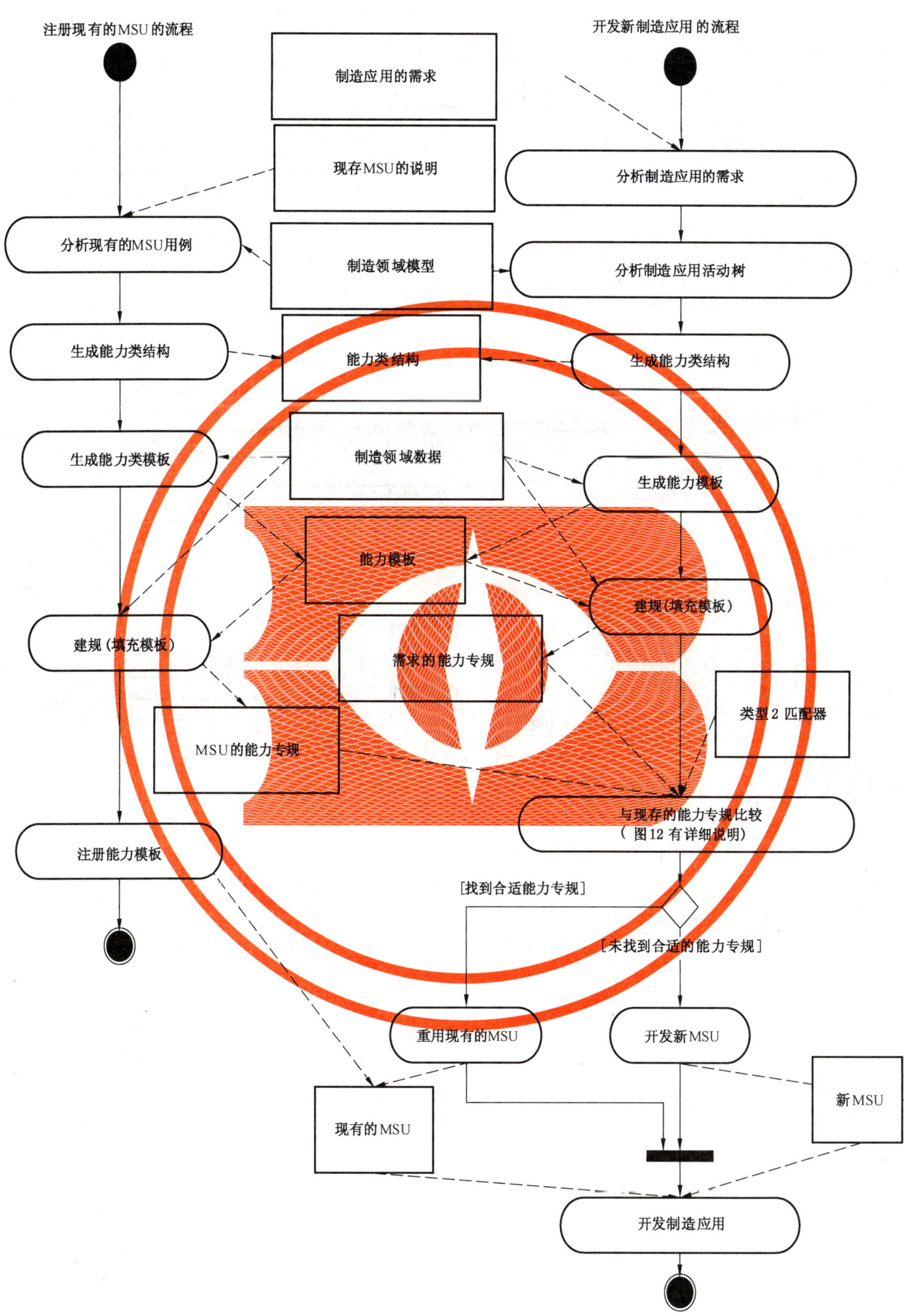

图2 使用能力模板,能力专规和CCS开发应用的流程

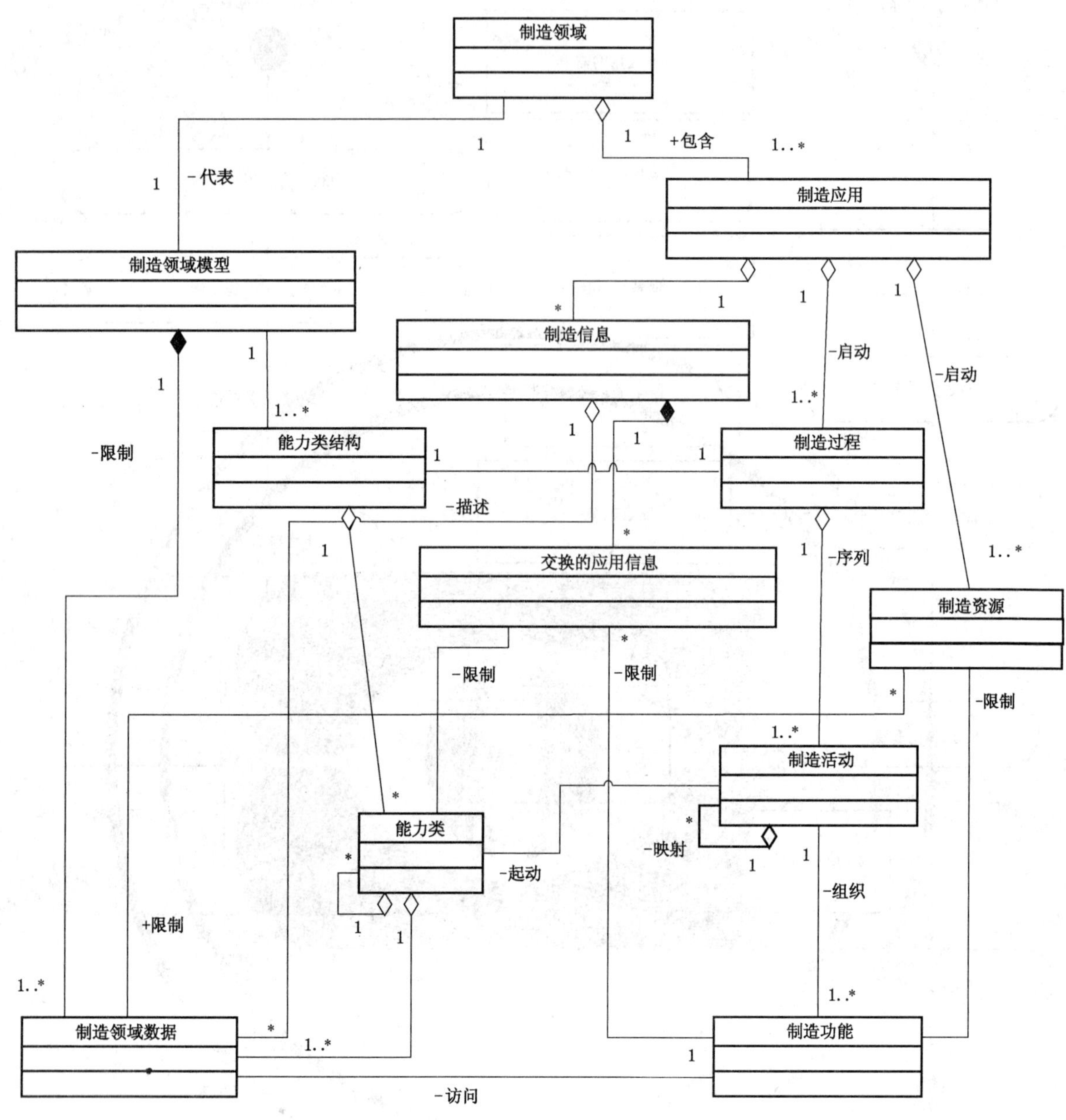

图 3　制造领域和制造应用间的关系

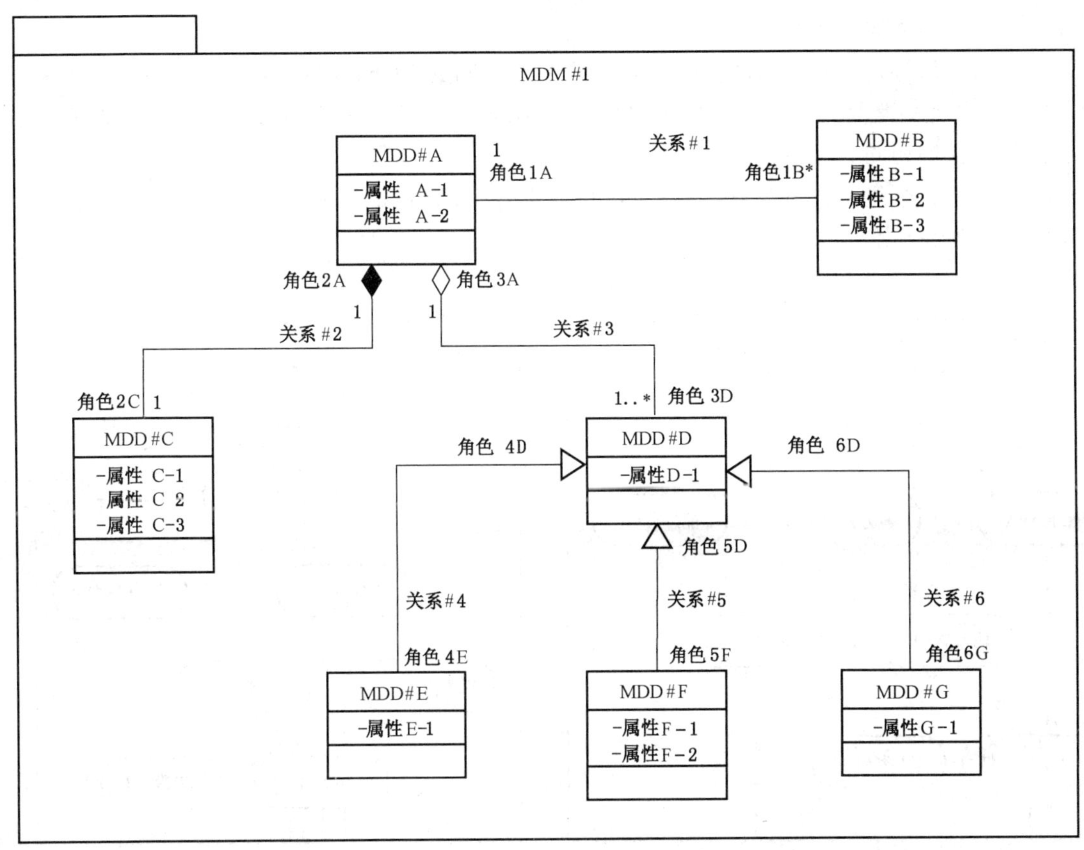

图 4 **MDM 结构样例**

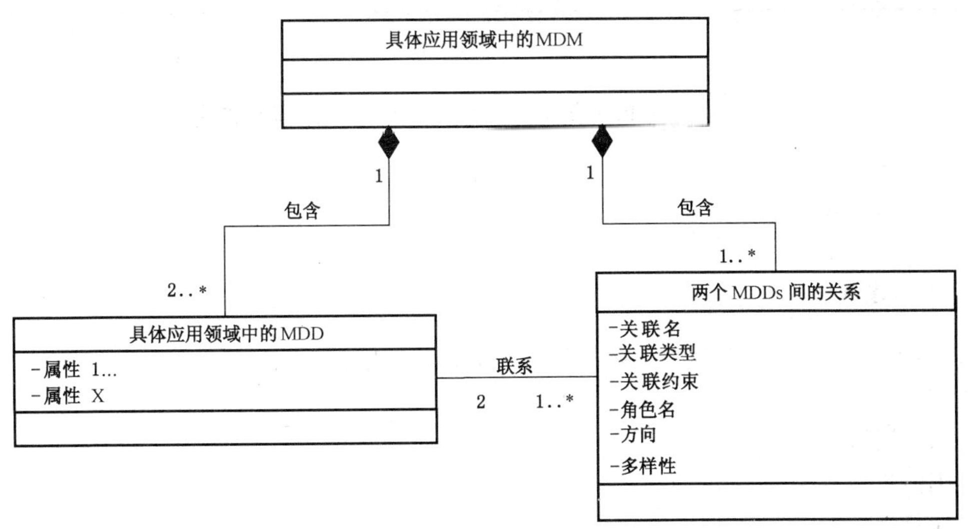

图 5 **MDD 和 MDM 间的关系**

5.6 把能力类映射到 MDD

MSU 提供方或者 MSU 用户基于从制造应用的需求得到的 MDM 来对他的活动树建模。为了在一棵活动树中区分一个特定的活动，MSU 提供方或者 MSU 用户应当用明确的、唯一的名字来标记一个活动，同时以一系列的MDD来赋予其语义信息。活动树中的活动形成了CCS。MSU提供方和制造应用开发人员使用共同的MDD集来描述CCS。

图6说明了从各自的制造活动树映射得到的两个不同的CCS。CCS ＃1和CCS ＃2具有不同的结构，但有部分能力类是相同的。当使用源自相同MDM的MDD来描述与能力类对应的能力专规时，就能够识别出这些相同的能力类。

结构中的每一个能力类由MDM中的MDD或组合MDD组成。能力类的规范表示包括属性、方法和资源的专有列表。

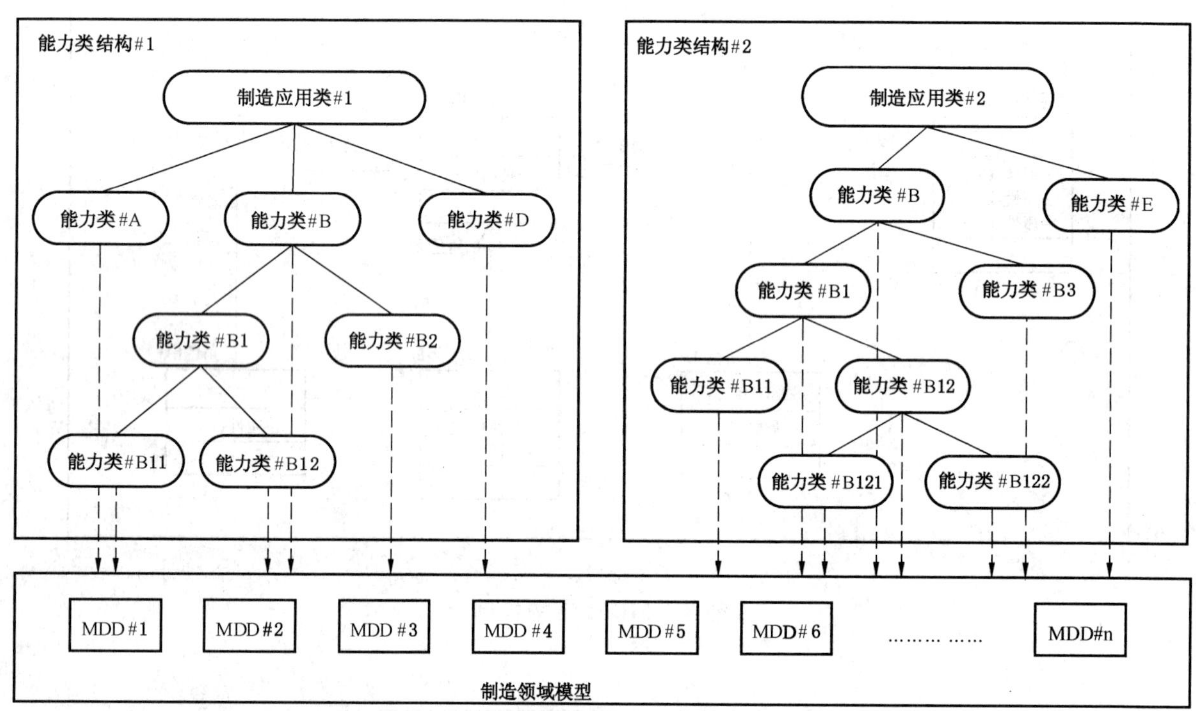

图6 使用源自相同MDM的MDD来描述多个能力类

6 能力建规的方法和规则

6.1 MSU能力建规模板

当存在多个能力类结构时，以下4种模板被用于MSU能力建规：

a) CCS模板；

b) 能力模板；

c) MDM模板；

d) MDD模板。

6.2 CCS模板

6.2.1 概念结构

CCS模板至少应当包含以下元素：

a) CCS创建者的名字(Name)；

b) CCS ID;

c) 每个能力类的 ID;

d) 每一个能力类的父节点 ID(根结点的父节点 ID 值为空);

e) 每个能力类的子节点 ID(s)。

图 7 说明了 CSS 模板的概念结构。

```
CCS Creator Name
CCS ID
CCS Root Node ID
Capability Class ID
        Parent Node ID(s)
        Child Node ID(s)
```

图 7 CCS 模板的概念结构

6.2.2 形式化结构

MSU 提供方或 MSU 用户应当使用 XML 模式来描述 CCS 模板。CCS 模板的形式化结构应当如下:

```
<? xml version = "1.0" encoding = "UTF-8"?>
<xs:schema xmlns:xs = "http://www.w3.org/2001/XMLSchema">
    <xs:element name = "CapabilityClassStructure">
        <xs:complexType>
            <xs:sequence>
                <xs:element name = "CCS_Creator_Name">
                    <xs:complexType>
                        <xs:attribute name = "name" type = "xs:string" form = "unqualified"/>
                    </xs:complexType>
                </xs:element>
                <xs:element name = "CCS_ID">
                    <xs:complexType>
                        <xs:attribute name = "id" type = "xs:string" form = "unqualified"/>
                    </xs:complexType>
                </xs:element>
                <xs:element name = "CCS_Root_Node_ID">
                    <xs:complexType>
                        <xs:attribute name = "id" type = "xs:ID" form = "unqualified"/>
                    </xs:complexType>
                </xs:element>
                <xs:element name = "Capability_Class" typc - "RecursionType"/>
            </xs:sequence>
        </xs:complexType>
    </xs:element>
    <xs:complexType name = "RecursionType">
        <xs:sequence>
```

```
        <xs:element name = "Capability_Class_ID">
            <xs:complexType>
                <xs:attribute name = "id" type = "xs:string" form = "unqualified"/>
            </xs:complexType>
        </xs:element>
        <xs:sequence maxOccurs = "unbounded">
            <xs:element name = "Parent_Node_ID">
                <xs:complexType>
                    <xs:attribute name = "id" type = "xs:string" form = "unqualified"/>
                </xs:complexType>
            </xs:element>
        </xs:sequence>
        <xs:sequence minOccurs = "0" maxOccurs = "unbounded">
            <xs:element name = "Child_Node_ID">
                <xs:complexType>
                    <xs:sequence>
                          <! --the follwing sentence shows the recurdion definition of
capability_class-->
                         <xs:element name = "Capability_Class" type = "RecursionType"/>
                    </xs:sequence>
                </xs:complexType>
            </xs:element>
        </xs:sequence>
    </xs:sequence>
  </xs:complexType>
</xs:schema>
```

6.3 能力专规模板

6.3.1 概念结构

能力专规模板应当包含与 GB/T 19902.2 中 6.3 和 GB/T 19902.3 中 7.2.2 一致的通用部分，以及与 GB/T 19902.2 中 6.3 一致的特有部分。特有部分至少应当包含 GB/T 19902.2 中明确的元素，以及以下的额外元素：

a） 参考的 MDM 名；

b） MDD 描述格式(例如，MDD 对象列表)；

c） MDD 描述(例如，对 MDD 对象的时序访问)。

图 8 给出了能力专规模板的概念结构。

- Common Part
  - Template ID
  - Capability Class Name and Reference CCS
  - Software Unit ID
    - Vendor Name
    - Version Number & History
    - Computing Facilities Required
      - Processor
      - OperatingSystem&Options
      - Language
      - RuntimeMemory
      - DiskSpace
      - MultiUserSupport
      - RemoteAccess
      - AddOns&PlugIns
    - Measured Performance of the Unit
      - ElapsedTime
      - NumberOfTransactionsPerUnitTime
    - Reliability Data of the Unit
      - UsageHistory
      - NumberOfShipments
      - IntendedSafetyIntegrityLevel
      - CertificationBody
    - Support Policy
    - Price Data
  - Capability Class Reference Dictionary Name
  - Number Of Profile Attributes
  - Number Of Methods
  - Number Of Resources
  - Number Of Constraints
  - Number Of Extensions
  - Number Of LowerLevels
  - Number Of Subtemplates At Next Lower Level
- Specific Part for Capability Class
  - Reference MDM Name
  - MDD Description Format
  - MDD_Description
    - Set Of MDD Object
    - List Of MDD Object
    - Time Ordered MDD Object
    - Event Ordered MDD Object
  - List of Capability Class Attributes
  - List Of Capability Class Methods
  - List Of Capability Class Resources
  - List Of Capability Class Constraints
  - List Of Capability Class Extensions
  - List Of Capability Class Lower Levels
  - List Of Capability Class Subtemplates

图 8 能力专规模板的概念结构

6.3.2 形式化结构

MSU 提供方或者 MSU 用户应当使用 XML 模式来描述能力专规模板。能力专规模板的形式化结构应当如下:

```
<?xml version="1.0" encoding="UTF-8"?>
<xs:schema xmlns:xs="http://www.w3.org/2001/XMLSchema">
    <xs:element name="CapabilityProfiling">
        <xs:complexType>
            <xs:sequence maxOccurs="unbounded">
                <xs:element name="Type">
                    <xs:complexType>
                        <xs:attribute name="id" type="xs:string" use="required"/>
```

```
                    </xs:complexType>
                </xs:element>
                <xs:element name="CapabilityProfile">
                    <xs:complexType>
                        <xs:sequence>
                            <xs:element name="Pkgtype">
                                <xs:complexType>
                                        <xs:attribute name="version" type="xs:string"
form="unqualified"/>
                                </xs:complexType>
                            </xs:element>
                            <xs:element name="Common" type="CommonPartType"/>
                            <xs:element name="Specific" type="SpecificPartType"/>
                        </xs:sequence>
                        <xs:attribute name="date" type="xs:string" form="unqualified"/>
                    </xs:complexType>
                </xs:element>
            </xs:sequence>
        </xs:complexType>
    </xs:element>
    <xs:complexType name="CommonPartType">
        <xs:sequence>
            <xs:choice>
                <xs:element name="Requirement">
                    <xs:complexType>
                        <xs:sequence>
                            <xs:element name="ID" type="xs:string"/>
                        </xs:sequence>
                        <xs:attribute name="id" type="xs:string" form="unqualified"/>
                    </xs:complexType>
                </xs:element>
                <xs:element name="MSU_Capability">
                    <xs:complexType>
                        <xs:sequence>
                            <xs:element name="ID" type="xs:string"/>
                        </xs:sequence>
                        <xs:attribute name="id" type="xs:string" form="unqualified"/>
                    </xs:complexType>
                </xs:element>
            </xs:choice>
            <xs:sequence maxOccurs="unbounded">
                <xs:element name="ReferenceCapabilityClassStructure">
                    <xs:complexType>
```

```
            <xs:attribute name="id" type="xs:string" form="unqualified"/>
            <xs:attribute name="name" type="xs:string" form="unqualified"/>
            <xs:attribute name="version" type="xs:string" form="unqualified"/>
            <xs:attribute name="url" type="xs:string" form="unqualified"/>
        </xs:complexType>
    </xs:element>
    <xs:element name="TemplateID">
        <xs:complexType>
            <xs:attribute name="id" type="xs:string" form="unqualified"/>
        </xs:complexType>
    </xs:element>
</xs:sequence>
<xs:element name="Capability_Class_Name">
    <xs:complexType>
        <xs:attribute name="name" type="xs:string" form="unqualified"/>
    </xs:complexType>
</xs:element>
<xs:element name="Reference_Capability_Class_Structure_Name">
    <xs:complexType>
        <xs:attribute name="name" type="xs:string" form="unqualified"/>
    </xs:complexType>
</xs:element>
<xs:element name="Version">
    <xs:complexType>
        <xs:attribute name="major" type="xs:string" form="unqualified"/>
        <xs:attribute name="minor" type="xs:string" form="unqualified"/>
    </xs:complexType>
</xs:element>
<xs:element name="Owner">
    <xs:complexType>
        <xs:sequence>
            <xs:element name="Name" type="xs:string" minOccurs="0"/>
            <xs:element name="Street" type="xs:string" minOccurs="0"/>
            <xs:element name="City" type="xs:string" minOccurs="0"/>
            <xs:element name="Zip" type="xs:string" minOccurs="0"/>
            <xs:element name="State" type="xs:string" minOccurs="0"/>
            <xs:element name="Country" type="xs:string" minOccurs="0"/>
            <xs:element name="Comment" type="xs:string" minOccurs="0"/>
        </xs:sequence>
    </xs:complexType>
</xs:element>
<xs:element name="ComputingFacilities" minOccurs="0" maxOccurs="unbounded">
```

```
                〈xs:complexType〉
                    〈xs:sequence〉
                        〈xs:element name="Processor" minOccurs="0" maxOccurs="unbounded"〉
                            〈xs:complexType〉
                                〈xs:attribute name="type" type="xs:string" form="unqualified"/〉
                            〈/xs:complexType〉
                        〈/xs:element〉
                        〈xs:element name="OperatingSystem" minOccurs="0" maxOccurs="unbounded"〉
                            〈xs:complexType〉
                                〈xs:attribute name="type" type="xs:string" form="unqualified"/〉
                            〈/xs:complexType〉
                        〈/xs:element〉
                        〈xs:element name="Language" minOccurs="0" maxOccurs="unbounded"〉
                            〈xs:complexType〉
                                〈xs:attribute name="name" type="xs:string" form="unqualified"/〉
                            〈/xs:complexType〉
                        〈/xs:element〉
                        〈xs:element name="Memory" minOccurs="0" maxOccurs="unbounded"〉
                            〈xs:complexType〉
                                〈xs:attribute name="size" type="xs:string" form="unqualified"/〉
                                〈xs:attribute name="unit" type="xs:string" form="unqualified"/〉
                            〈/xs:complexType〉
                        〈/xs:element〉
                        〈xs:element name="DiskSpace" minOccurs="0" maxOccurs="unbounded"〉
                            〈xs:complexType〉
                                〈xs:attribute name="size" type="xs:string" form="unqualified"/〉
                                〈xs:attribute name="unit" type="xs:string" form="unqualified"/〉
                            〈/xs:complexType〉
                        〈/xs:element〉
                    〈/xs:sequence〉
                    〈xs:attribute name="type" type="xs:string" form="unqualified"/〉
                〈/xs:complexType〉
            〈/xs:element〉
```

```
〈xs:element name = "Performance" minOccurs = "0" maxOccurs = "unbounded"〉
    〈xs:complexType〉
        〈xs:attribute name = "elapsedTime" type = "xs:string" form = "unqualified"/〉
        〈xs:attribute name = "transactionsPerUnitTime" type = "xs:string" form = "unqualified"/〉
    〈/xs:complexType〉
〈/xs:element〉
〈xs:element name = "ReliabilityData" minOccurs = "0" maxOccurs = "unbounded"〉
    〈xs:complexType〉
        〈xs:sequence〉
            〈xs:element name = "UsageHistory" type = "xs:string" minOccurs = "0"/〉
            〈xs:element name = "Shipments" minOccurs = "0" maxOccurs = "unbounded"〉
                〈xs:complexType〉
                    〈xs:attribute name = "number" type = "xs:string" form = "unqualified"/〉
                〈/xs:complexType〉
            〈/xs:element〉
            〈xs:element name = "IntendedSafetyIntegrity" minOccurs = "0" maxOccurs = "unbounded"〉
                〈xs:complexType〉
                    〈xs:attribute name = "level" type = "xs:string" form = "unqualified"/〉
                〈/xs:complexType〉
            〈/xs:element〉
            〈xs:element name = "Certification" minOccurs = "0" maxOccurs = "unbounded"〉
                〈xs:complexType〉
                    〈xs:attribute name = "number" type = "xs:string" form = "unqualified"/〉
                〈/xs:complexType〉
            〈/xs:element〉
        〈/xs:sequence〉
    〈/xs:complexType〉
〈/xs:element〉
〈xs:element name = "SupportPolicy" minOccurs = "0" maxOccurs = "unbounded"〉
    〈xs:complexType〉
        〈xs:attribute name = "index" type = "xs:string" form = "unqualified"/〉
    〈/xs:complexType〉
〈/xs:element〉
〈xs:element name = "PriceData" minOccurs = "0" maxOccurs = "unbounded"〉
```

```
        <xs:complexType>
            <xs:attribute name="invest" type="xs:string" form="unqualified"/>
            <xs:attribute name="annualSupport" type="xs:string" form="unquali-
fied"/>
            <xs:attribute name="unit" type="xs:string" form="unqualified"/>
        </xs:complexType>
    </xs:element>
    <xs:element name="ReferenceDictionaryName">
        <xs:complexType>
            <xs:attribute name="name" type="xs:string" form="unqualified"/>
        </xs:complexType>
    </xs:element>
    <xs:element name="NumberOfProfileAttributes" minOccurs="0" maxOccurs="un-
bounded">
        <xs:complexType>
            <xs:attribute name="number" type="xs:string" form="unqualified"/>
        </xs:complexType>
    </xs:element>
    <xs:element name="NumberOfMethods" minOccurs="0" maxOccurs="unbounded">
        <xs:complexType>
            <xs:attribute name="number" type="xs:string" form="unqualified"/>
        </xs:complexType>
    </xs:element>
    <xs:element name="NumberOfResources" minOccurs="0" maxOccurs="unbounded">
        <xs:complexType>
            <xs:attribute name="number" type="xs:string" form="unqualified"/>
        </xs:complexType>
    </xs:element>
    <xs:element name="NumberOfConstraints" minOccurs="0" maxOccurs="unbounded">
        <xs:complexType>
            <xs:attribute name="number" type="xs:string" form="unqualified"/>
        </xs:complexType>
    </xs:element>
    <xs:element name="NumberOfExtensions" minOccurs="0" maxOccurs="unbounded">
        <xs:complexType>
            <xs:attribute name="number" type="xs:string" form="unqualified"/>
        </xs:complexType>
    </xs:element>
    <xs:element name="NumberOfLowerLevels" minOccurs="0" maxOccurs="unbounded">
        <xs:complexType>
            <xs:attribute name="number" type="xs:string" form="unqualified"/>
        </xs:complexType>
    </xs:element>
```

```
        <xs:element name="NumberOfSubtemplatesAtNextLowerLevel" minOccurs="0" maxOccurs="unbounded">
            <xs:complexType>
                <xs:attribute name="number" type="xs:string" form="unqualified"/>
            </xs:complexType>
        </xs:element>
    </xs:sequence>
</xs:complexType>
<xs:complexType name="SpecificPartType">
    <xs:sequence>
        <xs:element name="Reference_MDM_Name">
            <xs:complexType>
                <xs:attribute name="domain_name" type="xs:string" form="unqualified"/>
            </xs:complexType>
        </xs:element>
        <xs:element name="MDD_Description_Format">
            <xs:complexType>
                <xs:attribute name="format_name" type="xs:string" form="unqualified"/>
            </xs:complexType>
        </xs:element>
        <xs:element name="MDD_Description">
            <xs:complexType>
                <xs:sequence>
                    <xs:choice>
                        <xs:element name="Set_Of_MDD_Objects">
                            <xs:complexType>
                                <xs:sequence minOccurs="0" maxOccurs="unbounded">
                                    <xs:element name="MDD_Name">
                                        <xs:complexType>
                                            <xs:attribute name="name" type="xs:string" form="unqualified"/>
                                            <xs:attribute name="action" type="xs:string" form="unqualified"/>
                                        </xs:complexType>
                                    </xs:element>
                                </xs:sequence>
                            </xs:complexType>
                        </xs:element>
                        <xs:element name="List_Of_MDD_Objects">
                            <xs:complexType>
                                <xs:sequence minOccurs="0" maxOccurs="unbounded">
```

```
                <xs:element name="MDD_Name">
                    <xs:complexType>
                        <xs:attribute name="name" type="xs:string" form="unqualified"/>
                        <xs:attribute name="action" type="xs:string" form="unqualified"/>
                    </xs:complexType>
                </xs:element>
            </xs:sequence>
        </xs:complexType>
    </xs:element>
    <xs:element name="Time_Ordered_MDD_Objects">
        <xs:complexType>
            <xs:sequence minOccurs="0" maxOccurs="unbounded">
                <xs:element name="Time_Occurrence_Of_MDD_Object">
                    <xs:complexType>
                        <xs:sequence>
                            <xs:element name="MDD_Name">
                                <xs:complexType>
                                    <xs:attribute name="name" type="xs:string" form="unqualified"/>
                                    <xs:attribute name="action" type="xs:string" form="unqualified"/>
                                </xs:complexType>
                            </xs:element>
                            <xs:element name="MDD_Qualifiers">
                                <xs:complexType>
                                    <xs:sequence minOccurs="0" maxOccurs="unbounded">
                                        <xs:element name="Qualifier_Name">
                                            <xs:complexType>
                                                <xs:attribute name="name" type="xs:string" form="unqualified"/>
                                            </xs:complexType>
                                        </xs:element>
                                    </xs:sequence>
                                </xs:complexType>
                            </xs:element>
                        </xs:sequence>
                    </xs:complexType>
                </xs:element>
```

```
                        〈/xs:sequence〉
                    〈/xs:complexType〉
                〈/xs:element〉
                〈xs:element name = "Event_Ordered_MDD_Objects"〉
                    〈xs:complexType〉
                        〈xs:sequence minOccurs = "0" maxOccurs = "unbounded"〉
                            〈xs:element name = "Event_Occurrence_Of_MDD_Object"〉
                                〈xs:complexType〉
                                    〈xs:sequence〉
                                        〈xs:element name = "MDD_Name"〉
                                            〈xs:complexType〉
                                                〈xs:attribute name = "name" type = "xs:string" form = "unqualified"/〉
                                                〈xs:attribute name = "action" type = "xs:string" form = "unqualified"/〉
                                            〈/xs:complexType〉
                                        〈/xs:element〉
                                        〈xs:element name = "MDD_Qualifiers"〉
                                            〈xs:complexType〉
                                                〈xs:sequence minOccurs = "0" maxOccurs = "unbounded"〉
                                                    〈xs:element name = "Qualifier_Name"〉
                                                        〈xs:complexType〉
                                                            〈xs:attribute name = "name" type = "xs:string" form = "unqualified"/〉
                                                        〈/xs:complexType〉
                                                    〈/xs:element〉
                                                〈/xs:sequence〉
                                            〈/xs:complexType〉
                                        〈/xs:element〉
                                    〈/xs:sequence〉
                                〈/xs:complexType〉
                            〈/xs:element〉
                        〈/xs:sequence〉
                    〈/xs:complexType〉
                〈/xs:element〉
            〈/xs:choice〉
        〈/xs:sequence〉
    〈/xs:complexType〉
〈/xs:element〉
〈xs:element name = "List_Of_CC_Attributes" minOccurs = "0" maxOccurs = "unbounded"/〉
```

```
        <xs:element name="List_Of_CC_Methods" minOccurs="0" maxOccurs="unbounded"/>
        <xs:element name="List_Of_CC_Resources" minOccurs="0" maxOccurs="unbounded"/>
        <xs:element name="List_Of_CC_Constraints" minOccurs="0" maxOccurs="unbounded"/>
        <xs:element name="List_Of_CC_Extensions" minOccurs="0" maxOccurs="unbounded"/>
        <xs:element name="List_Of_CC_Lower_Levels" minOccurs="0" maxOccurs="unbounded"/>
        <xs:element name="List_Of_CC_Subtemplates" minOccurs="0" maxOccurs="unbounded"/>
      </xs:sequence>
    </xs:complexType>
</xs:schema>
```

6.4 MDM 模板

6.4.1 概念结构

MDM 模板应当包含一个基本部分和一个扩展部分。基本部分应当包含以下元素：

a) MDM 名；

b) 领域参考字典名；

注：领域参考字典由特定的一个制造领域的定义组成。制造领域的边界由企业的一个功能层或者企业的一个功能层内的一组活动来限定。

c) MDD 名——对 MDM 内的每一个 MDD ；

d) 关联的类型——对每一个 MDD,用一个有序表来描述与目标 MDD(s)间的连接；

e) 目标 MDD 名——对每一个 MDD,用一个有序表来描述关联中其他的 MDD(s)的名称；

f) 连接点方向——对每一个 MDD,用一个有序表来描述关联中 MDD(s)的连接点方向；

g) 角色名——对每一个 MDD,用一个有序表来描述关联中 MDD 角色的名称；

h) 多重性——对每一个 MDD,用一个有序表来描述关联中实例的多重数值；

扩展部分包含那些特定于工业领域,工业组织或者是企业功能领域的元素。

图 9 说明了 MDM 模板的概念结构。

```
MDM Name
Domain Reference Dictionary Name
List of MDD Packages
    MDD Package
        MDD Name
        List of Relationships
            Relationship
Relationship Type
    Relationship Name
    Destination MDD Name
    Direction
    Role Name for MDD
    Role Name for Destination MDDs
    Multiplicity
    Type
```

图 9 MDM 模板的概念结构

6.4.2 形式化结构

MDM 创建者应当用 XML 模式来描述 MDM 模板。MDM 模板的形式化结构应当如下：

```
<?xml version="1.0" encoding="UTF-8"?>
<xs:schema xmlns:xs="http://www.w3.org/2001/XMLSchema">
  <xs:element name="MDM">
```

```
        〈xs:complexType〉
            〈xs:sequence〉
                〈xs:element name = "MDM_Name"〉
                    〈xs:complexType〉
                        〈xs:attribute name = "domain_name" type = "xs:string" form = "unqual-
ified"/〉
                    〈/xs:complexType〉
                〈/xs:element〉
                〈xs:element name = "Domain_Reference_Dictionary_Name"〉
                    〈xs:complexType〉
                        〈xs:attribute name = "dictionary_name" type = "xs:string" form = "un-
qualified"/〉
                    〈/xs:complexType〉
                〈/xs:element〉
                〈xs:element name = "List_Of_MDD_Packages"〉
                    〈xs:complexType〉
                        〈xs:sequence maxOccurs = "unbounded"〉
                            〈xs:element name = "MDD_Package"〉
                                〈xs:complexType〉
                                    〈xs:sequence〉
                                        〈xs:element name = "MDD_Name"〉
                                            〈xs:complexType〉
                                                〈xs:attribute name = "name" type = "xs:
string" form = "unqualified"/〉
                                            〈/xs:complexType〉
                                        〈/xs:element〉
                                        〈xs:element name = "List_Of_Relationships"〉
                                            〈xs:complexType〉
                                                〈xs:sequence〉
                                                    〈xs:element name = "Relationship" type
= "Relationship_Type"/〉
                                                〈/xs:sequence〉
                                            〈/xs:complexType〉
                                        〈/xs:element〉
                                    〈/xs:sequence〉
                                    〈xs:attribute name = "id" type = "xs:string" form = "un-
qualified"/〉
                                〈/xs:complexType〉
                            〈/xs:element〉
                        〈/xs:sequence〉
                    〈/xs:complexType〉
                〈/xs:element〉
            〈/xs:sequence〉
        〈/xs:complexType〉
```

```
    </xs:element>
    <xs:complexType name="Relationship_Type">
        <xs:sequence>
            <xs:element name="Relationship_Name">
                <xs:complexType>
                    <xs:attribute name="name" type="xs:string" form="unqualified"/>
                </xs:complexType>
            </xs:element>
            <xs:element name="Destination_MDD_Name">
                <xs:complexType>
                    <xs:attribute name="name" type="xs:string" form="unqualified"/>
                </xs:complexType>
            </xs:element>
            <xs:element name="Direction">
                <xs:complexType>
                    <xs:attribute name="direction" type="xs:string" form="unquali-
fied"/>
                </xs:complexType>
            </xs:element>
            <xs:element name="Role_Name_For_MDD">
                <xs:complexType>
                    <xs:attribute name="name" type="xs:string" form="unqualified"/>
                </xs:complexType>
            </xs:element>
            <xs:element name="Role_Name_For_Destination_MDD">
                <xs:complexType>
                    <xs:attribute name="name" type="xs:string" form="unqualified"/>
                </xs:complexType>
            </xs:element>
            <xs:element name="Multiplicity">
                <xs:complexType>
                    <xs:attribute name="multiplicity" type="xs:string" form="unquali-
fied"/>
                </xs:complexType>
            </xs:element>
            <xs:element name="Type">
                <xs:complexType>
                    <xs:attribute name="type" type="xs:string" form="unqualified"/>
                </xs:complexType>
            </xs:element>
        </xs:sequence>
        <xs:attribute name="id" type="xs:string" form="unqualified"/>
    </xs:complexType>
</xs:schema>
```

6.5 MDD 模板

6.5.1 概念结构

MDD 模板应当包含一个基本部分和一个扩展部分。基本部分应当包括以下元素：

a) MDD 名；

b) 参考的 MDM 名；

c) MDD 类型；

注：MDD 类型能用来区分 MDD 所代表的制造资源，制造功能，或者是制造信息条目。

d) 属性名——对一个 MDD 的每一个属性；

e) 属性类型——对一个 MDD 的每一个属性。

MDD 模板的扩展部分包含支持那些特定工业领域，工业组织，或者工业应用的 MDD 类型的其他属性。

图 10 说明了 MDD 模板的概念结构。

```
MDD Name
Reference MDM Name
List of Attributes
        Attribute Name
        Attribute Type
```

图 10 MDD 模板的概念结构

6.5.2 形式化结构

MDM 创建者应当用 XML 模式来描述 MDD 模板。MDD 的形式化模板结构如下：

```
<?xml version="1.0" encoding="UTF-8"?>
<xs:schema xmlns:xs="http://www.w3.org/2001/XMLSchema">
    <xs:element name="MDD">
        <xs:complexType>
            <xs:sequence>
                <xs:element name="MDD_Name">
                    <xs:complexType>
                        <xs:attribute name="name" type="xs:string" form="unqualified"/>
                    </xs:complexType>
                </xs:element>
                <xs:element name="Reference_MDM_Name">
                    <xs:complexType>
                        <xs:attribute name="name" type="xs:string" form="unqualified"/>
                    </xs:complexType>
                </xs:element>
                <xs:element name="List_Of_Attributes">
                    <xs:complexType>
                        <xs:sequence minOccurs="0" maxOccurs="unbounded">
                            <xs:element name="Attribute">
                                <xs:complexType>
                                    <xs:sequence>
```

```
                                        <xs:element name="Attribute_Name">
                                            <xs:complexType>
                                                <xs:attribute name="name" type="xs:
string" form="unqualified"/>
                                            </xs:complexType>
                                        </xs:element>
                                        <xs:element name="Attribute_Type">
                                            <xs:complexType>
                                                <xs:attribute name="type" type="xs:
string" form="unqualified"/>
                                            </xs:complexType>
                                        </xs:element>
                                    </xs:sequence>
                                    <xs:attribute name="id" type="xs:string" form="un-
qualified"/>
                                </xs:complexType>
                            </xs:element>
                        </xs:sequence>
                    </xs:complexType>
                </xs:element>
            </xs:sequence>
        </xs:complexType>
    </xs:element>
</xs:schema>
```

7 基于多能力类结构的专规匹配

7.1 能力专规匹配过程

如图 11 所示，使用 2 型匹配器来判断两个能力专规之间是否存在功能等同。2 型匹配器比较需求能力专规和 MSU 能力专规中给出的制造功能的特征。甚至当能力模板是基于同一个制造领域的不同能力类结构时，MSU 提供方或制造应用开发人员仍能够评估这些专规之间是否存在功能等同。

2 型匹配器应当根据图 12 中描述的匹配过程来匹配所需的能力专规和 MSU 能力专规。2 型匹配器应当利用源自两个输入能力专规的参考 CSS 名和相关的信息，以便判断这些描述是否基于一个共同的 MDM 和共同的 MDD 集。当这些专规是基于一个共同的 MDM 和共同的 MDDs 集时，2 型匹配器应当能够评估这些专规之间是否存在功能等同。

使用 2 型匹配器的能力专规匹配过程始于：从输入的能力专规中提取能力类参考字典 ID 并比较这些 ID。如果这些 ID 相同，那么 2 型匹配器遵循在 GB/T 19902.2 中为 1 型匹配器定义的过程。如果这些不同，那么匹配器从输入能力专规中提取参考 MDM ID 并比较这些 MDM ID。如果这些 MDM ID 不同，那么 2 型匹配器报告不能在输入的专规间进行比较。如果这些 MDM ID 相同，那么 2 型匹配器从输入专规中提取能力定义格式并比较这些格式。如果这些格式不同，使用 2 型匹配器外部的方法把能力定义中的 MDD 转换为一个单一的能力定义格式，如果这些格式相同，则无需转换。然后 2 型匹配器提取出包含在这些专规的能力定义中的 MDD 并比较它们，以判断这些专规之间是否存在功能等同。然后 2 型匹配器报告 MSU 专规相对于所需的专规的匹配度。

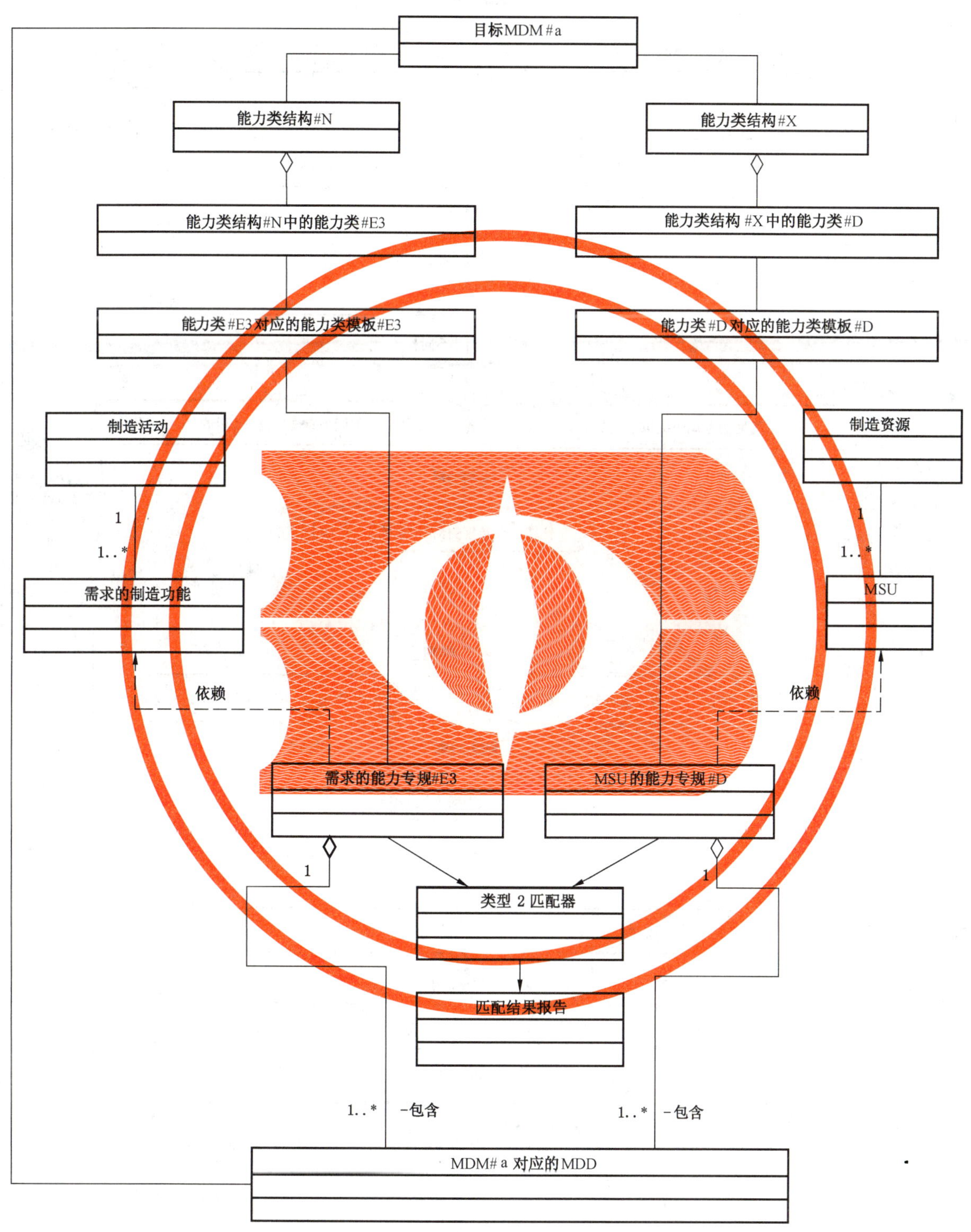

图 11 使用 2 型匹配器来匹配能力专规

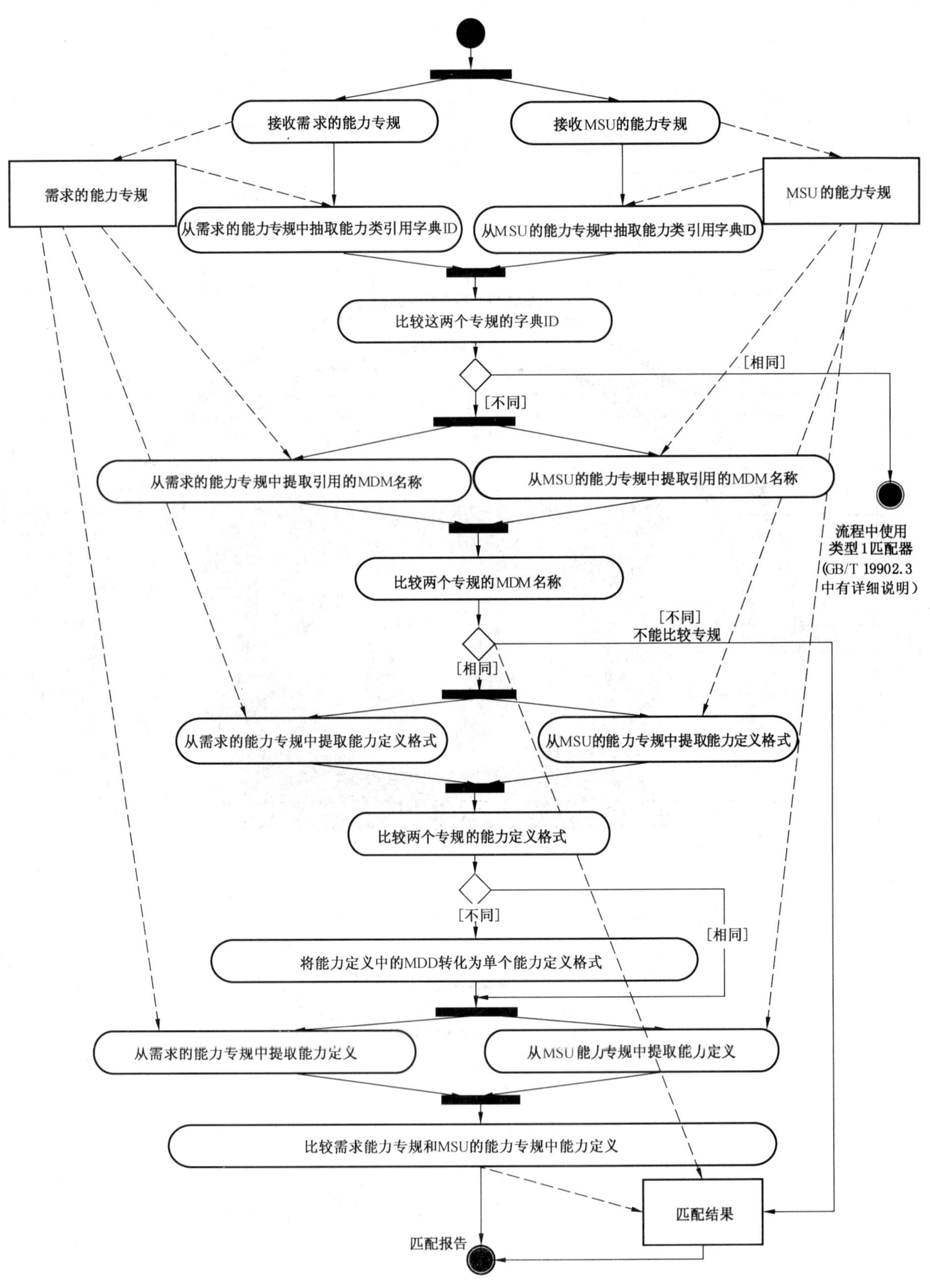

图 12　能力专规匹配过程

7.2 匹配报告

当比较两个目标能力专规的内容时，由2型匹配器产生的匹配度应当取下列值之一：

a) 完全匹配——需求能力专规中涉及到的所有制造功能都与MSU能力专规中涉及到的所有相应功能完全匹配。这意味着两个制造功能集是完全等同的，即MDD对象相同并且这些对象的时间序也相同。

b) 完全必须匹配——需求能力专规中所有的必须功能都与MSU能力专规中涉及到的相应的制造功能集完全匹配。匹配度报告包括与对应集合中的MSU功能细节有关的信息。

c) 部分必须匹配——需求能力专规与MSU能力专规的部分匹配。匹配度报告包括与需求能力专规中涉及到的功能相匹配的MSU功能细节的信息。

d) 无必须匹配——没有任何一个需求能力专规中涉及到的必须功能与MSU能力专规中涉及到的功能相匹配。

8 一致性

在GB/T 19902.4中描述的一致性方法学适用于本部分。本章为CCS模板(见表1)、MDM模板(见表3)和MDD模板(见表4)添加了如GB/T 19902.4—2010中6.1.3所定义的CSI。此外，本章为在GB/T 19902.4中没有提到的能力专规模板的元素添加了CSI(见表2)。本章中的表格内出现的一致性测试点的类型定义在GB/T 19902.4—2010的表5中。

表1 CCS模板的CSI

一致性测试点/集的编号	一致性测试点描述	描述参考	一致性测试点类型	抽象测试判则
Index_1	XML format	本部分的6.2.2	A	CCS符合XML模式的格式要求
index_2	CCS_Creator_Name	本部分的6.2.2	A	属性“名”存在且唯一
index_3	CCS_ID	本部分的6.2.2	A	属性“id”存在且唯一
index_4	CCS_Root_Node_ID	本部分的6.2.2	A	属性“id”存在且唯一
Index_5	Capability_Class	本部分的6.2.2	A	属性“id”和所有的Parent_ Node(s)及Child_Node(s)存在且唯一
index_5.1	Parent_Node_ID	本部分的6.2.2	A	存在具有属性“id”(s)的直接Parent_Node(s)
index_5.2	Child_Node_ID	本部分的6.2.2	A	存在具有capability_class类型的Child_Node(s)

表2 能力专规模板的CSI

一致性测试点/集的编号	一致性测试点描述	描述参考	一致性测试点类型	抽象测试判则
Index_1	XML format	本部分的6.3.2	A	能力模板符合XML模式的格式要求
Index_2	CapabilityProfiling	本部分的6.3.2	A	存在该模式组件

表 2（续）

一致性测试点/集的编号	一致性测试点描述	描述参考	一致性测试点类型	抽象测试判则
index_2.1	Type	本部分的 6.3.2	A	存在该模式组件
Index_2.2	CapabilityProfile	本部分的 6.3.2	A	存在该模式组件
Index_2.2.1	Pkgtype and version	本部分的 6.3.2	A	存在该模式组件
Index_2.2.2	CommonPartType and SpecificPartType	本部分的 6.3.2	A	存在该模式组件
Index _3	CommonPartType	本部分的 6.3.2		
Index_3.1	Choice of capability profile type	本部分的 6.3.2	A	存在"Requirement" ID 或者"MSU_Capability"ID(两者取一)
Index_3.2	ReferenceCapability ClassStructure	本部分的 6.3.2	A	存在属性"id","name","version"和"url"
Index_3.3	Capability_Class_Name	本部分的 6.3.2	A	Capability_Class_Name 存在
Index_3.4	TemplateID	本部分的 6.3.2	A	存在该模式组件
Index_3.5	Version	本部分的 6.3.2	C	存在该模式组件
Index_3.6	Owner	本部分的 6.3.2	C	存在模式组件"Street","city","zip","state","county","comments"
Index_3.7	ComputingFacilities	本部分的 6.3.2	C	存在下列非限制组件"Processor0","OperatingSystem0","Language","Memory","DiskSpace"
Index_3.8	Additional Computing-Facilities elements	本部分的 6.3.2	C	存在符合 index_4.7 中准则的模式组件
Index_3.9	Performance	本部分的 6.3.2	C	存在属性"ElapsedTime"和"TransactionsPerUnitTime"
Index_3.10	Additional Performance elements	本部分的 6.3.2	C	存在符合 index_4.9 中准则的模式组件
Index_3.11	ReliabilityData	本部分的 6.3.2	C	存在模式组件"UsageHistory","Shipments","IntendedSafetyIntegrity"和"Certification"
Index_3.12	Additional Reliability-Data elements	本部分的 6.3.2	C	存在符合 index_4.9 中准则的模式组件
Index_3.13	SupportPolicy	本部分的 6.3.2	D	存在属性"index"
Index_3.14	Additional Support-Policy elements	本部分的 6.3.2	D	存在符合 index_4.13 中准则的模式组件

表 2（续）

一致性测试点/集的编号	一致性测试点描述	描述参考	一致性测试点类型	抽象测试判则
Index_3.15	PriceData	本部分的 6.3.2	D	存在属性“invest”,“annualSupport”和“unit”
Index_3.16	Additional Price-Data elements	本部分的 6.3.2	D	存在符合 index_4.13 中准则的模式组件
Index_3.17	CapabilityClass ReferenceDictionaryName	本部分的 6.3.2	A	存在属性“name”
Index_3.18	NumberOfProfile Attributes	本部分的 6.3.2	A	存在属性“number”
Index_3.19	NumberOfMethods	本部分的 6.3.2	A	存在属性“number”
Index_3.20	NumberOfResources	本部分的 6.3.2	A	存在属性“number”
Index_3.21	NumberOfConstraints	本部分的 6.3.2	A	存在属性“number”
Index_3.22	NumberOfExtentions	本部分的 6.3.2	A	存在属性“number”
Index_3.23	NumberOfLowerLevels	本部分的 6.3.2	A	存在属性“numbe”
Index_3.24	NumberOfSubtemplates-AtNextLowerLevel	本部分的 6.3.2	A	存在属性“number”
Index_4	SpecificPartType	本部分的 6.3.2		
Index_4.1	Reference_MDM_Name	本部分的 6.3.2	A	存在属性“Domain_Name”
Index_4.2	Capability_Definition_Format	本部分的 6.3.2	A	存在属性“Format_Name”,其值为下列之一:“Set_of_MDD_objects”或者“List_of_MDD_Objects”或者“Time_Ordered_MDD_Objects”或者“Event_Ordered_MDD_Objects”
Index_4.3	Capability_Definition	本部分的 6.3.2	A	存在该模式组件
Index_4.3.1	Set_of_MDD_objects	本部分的 6.3.2	C	存在该模式组件
Index_4.3.1.1	MDD_Name	本部分的 6.3.2	C	存在该模式组件
Index_4.3.1.2	Additional MDD_Name elements	本部分的 6.3.2	C	存在该模式组件
Index_4.3.2	List_of_MDD_Objects	本部分的 6.3.2	C	存在该模式组件
Index_4.3.2.1	MDD_Name	本部分的 6.3.2	C	存在属性“name”和“action”
Index_4.3.2.2	Additional MDD_Name elements	本部分的 6.3.2	C	存在该模式组件
Index_4.3.3	Time_Ordered_MDD_Objects	本部分的 6.3.2	C	存在该模式组件

表 2（续）

一致性测试点/集的编号	一致性测试点描述	描述参考	一致性测试点类型	抽象测试判则
Index_4.3.3.1	Time_Occurrence_of_MDD_Objects	本部分的6.3.2	C	存在该模式组件
Index _4.3.3.1.1	MDD_Name	本部分的6.3.2	C	存在属性“name”和“action”
Index _4.3.3.1.2	MDD_Qualifiers	本部分的6.3.2	C	存在该模式组件
Index _4.3.3.1.2.1	Qualifier_Name	本部分的6.3.2	C	存在属性“name”
Index _4.3.3.1.2.2	Additional Qualifier_Name elements	本部分的6.3.2	C	存在该模式组件
Index_4.3.4	Event_Ordered_MDD_Objects	本部分的6.3.2	C	存在该模式组件
Index_4.3.4.1	Event_Occurrence_of_MDD_Object	本部分的6.3.2	C	存在该模式组件
Index _4.3.4.1.1	MDD_Name	本部分的6.3.2	C	存在属性“name”和 “action”
Index _4.3.4.1.2	MDD_Qualifiers	本部分的6.3.2	C	存在该模式组件
Index _4.3.4.1.2.1	Qualifier_Name	本部分的6.3.2	C	存在属性“name”
Index _4.3.4.1.2.2	Additional Qualifier_Name elements	本部分的6.3.2	C	存在该模式组件
Index_4.4	List_Of_CC_Attributes	本部分的6.3.2	C	存在该模式组件
Index_4.4.1	Additional List_Of_CC_Attributes elements	本部分的6.3.2	C	存在该模式组件
Index_4.5	List_Of_CC_Methods	本部分的6.3.2	C	存在该模式组件
Index_4.5.1	Additional List_Of_CC_Methods elements	本部分的6.3.2	C	存在该模式组件
Index_4.6	List_Of_CC_ Resources	本部分的6.3.2	C	存在该模式组件
Index_4.6.1	Additional List_Of_CC_Resources elements	本部分的6.3.2	C	存在该模式组件
Index_4.7	List_Of_Constraints	本部分的6.3.2	C	存在该模式组件
Index_4.7.1	Additional List_Of_CC_Constraints elements	本部分的6.3.2	C	存在该模式组件
Index_4.8	List_Of_CC_ Extensions	本部分的6.3.2	C	存在该模式组件
Index_4.8.1	Additional List_Of_CC_Extensions elements	本部分的6.3.2	C	存在该模式组件
Index_4.9	List_Of_CC_Lower_Levels	本部分的6.3.2	C	存在该模式组件

表 2（续）

一致性测试点/集的编号	一致性测试点描述	描述参考	一致性测试点类型	抽象测试判则
Index_4.9.1	Additional List_Of_CC_Lower_ Levels elements	本部分的 6.3.2	C	存在该模式组件
Index_4.10	List_Of_CC_Subtemplates	本部分的 6.3.2	C	存在该模式组件
Index_4.10.1	Additional List_Of_CC_Subtemplates elements	本部分的 6.3.2	C	存在该模式组件

为了引用能力专规中的一个明确的并且唯一的 MDM ID，MDM 创建者应当使用 6.4.2 中定义的模板并基于表 3 把 MDM 注册到数据库中。

表 3 MDM 模板的 CSI

一致性测试点/集的编号	一致性测试点描述	描述参考	一致性测试点类型	抽象测试判则
index_1	XML format	本部分的 6.4.2	A	MDM 模板符合 XML 格式
Index_2	MDM_Name	本部分的 6.4.2	A	存在属性 "Domain_Name"
Index_3	Domain_Reference_Dictionary_Name	本部分的 6.4.2	A	存在属性"Dictionary_Name"
Index_4	List_of_MDD_ Packages	本部分的 6.4.2	A	存在该模式组件
Index_4.1	MDD_Package	本部分的 6.4.2	A	存在非限制属性"id"
Index_4.1.1	MDD_Name	本部分的 6.4.2	A	存在属性"name"
Index_4.1.2	List_of_ Relationships	本部分的 6.4.2	A	存在该模式组件
Index_4.1.2.1	Relationship	本部分的 6.4.2	A	存在类型为 "Relationship_Type"的无限制属性"Relationship_Name"
Index_4.1.2.2	Additional Relationship elements	本部分的 6.4.2	A	存在类型为"Relationship_Type"的无限制属性"Relationship_Name"
Index_5	Relationship_Type	本部分的 6.4.2	A	存在该模式组件
Index_5.1	Relationship_Name	本部分的 6.4.2	A	存在属性"name"
Index_5.2	Destination_MDD_ Name	本部分的 6.4.2	A	存在属性"name"
Index_5.3	Direction	本部分的 6.4.2	A	存在属性"direction"
Index_5.4	Role_Name_for_Destination_MDD	本部分的 6.4.2	A	存在属性"name"
Index_5.5	Multiplicity	本部分的 6.4.2	A	存在属性 "multiplicity"
Index_5.6	Type	本部分的 6.4.2	A	存在属性"type"

表 4 MDD 模板的 CSI

一致性测试点/集的编号	一致性测试点描述	描述参考	一致性测试点类型	抽象测试判则
index_1	XML format	本部分的 6.5.2	A	MDM 模板符合 XML 格式
Index_2	MDD_Name	本部分的 6.5.2	A	存在属性"name"
Index_3	Reference_MDM_Name	本部分的 6.5.2	A	存在属性"name"
Index_4	List_of_Attributes	本部分的 6.5.2	A	存在该模式组件
Index_4.1	Attribute	本部分的 6.5.2	A	存在属性"id"
Index_4.1.1	Additional Attribute elements	本部分的 6.5.2	A	存在属性"id"
Index_4.1.2	Attribute_Name	本部分的 6.5.2	A	存在属性"name"
Index_4.1.3	Attribute_Type	本部分的 6.5.2	A	存在属性"type"

附　录　A
（资料性附录）
生成 MDM 和 MDD 的过程

图 A.1 说明了一个典型的过程，建模师将遵循该过程产生 MDM 和 MDD。首先，建模师确定目标制造领域，MDM 和 MDD 将以该领域为基础。基于他过去的经验并参考国际标准中包含的合适的已有模型或其他出版物，建模师搜集许多与目标制造领域相关的典型制造应用。然后，建模师从这些制造应用中提取出制造功能，并且分析这些功能以确定这些功能间所共享的和交换的制造信息和制造资源。最后，基于所确定的制造信息和制造资源，建模师生成 MDM 和相关的 MDD。

实际上，建模师也将验证所产生的 MDM 和 MDD，以便用户，如 CCS 设计师，能够信任地应用它们来创建能力专规模板和能力专规。

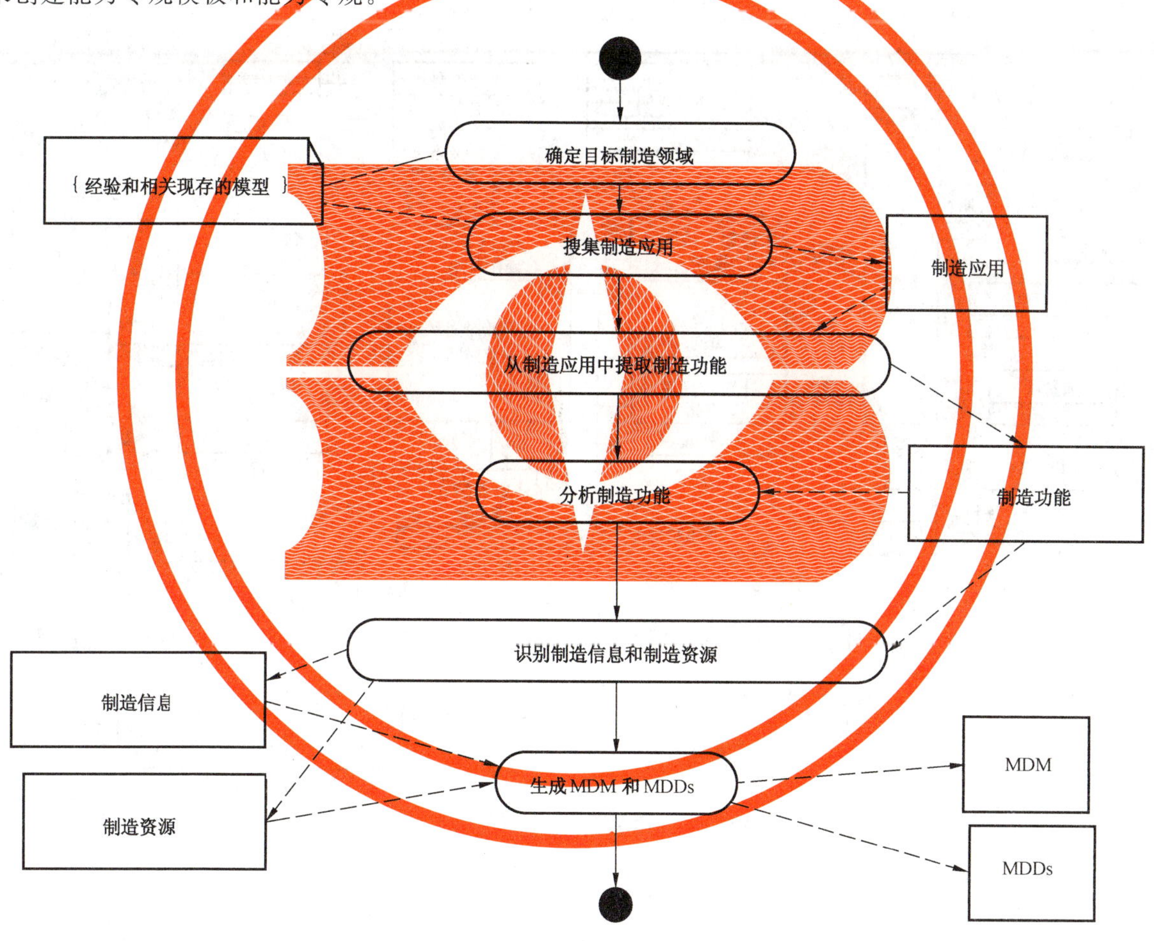

图 A.1　MDD 和 MDM 的生成过程

附 录 B
（资料性附录）
基于多能力类进行专规匹配的样例

B.1 制造领域模型样例

图 B.1 给出了 MES[1] 领域中的一个 MDM 的示例。

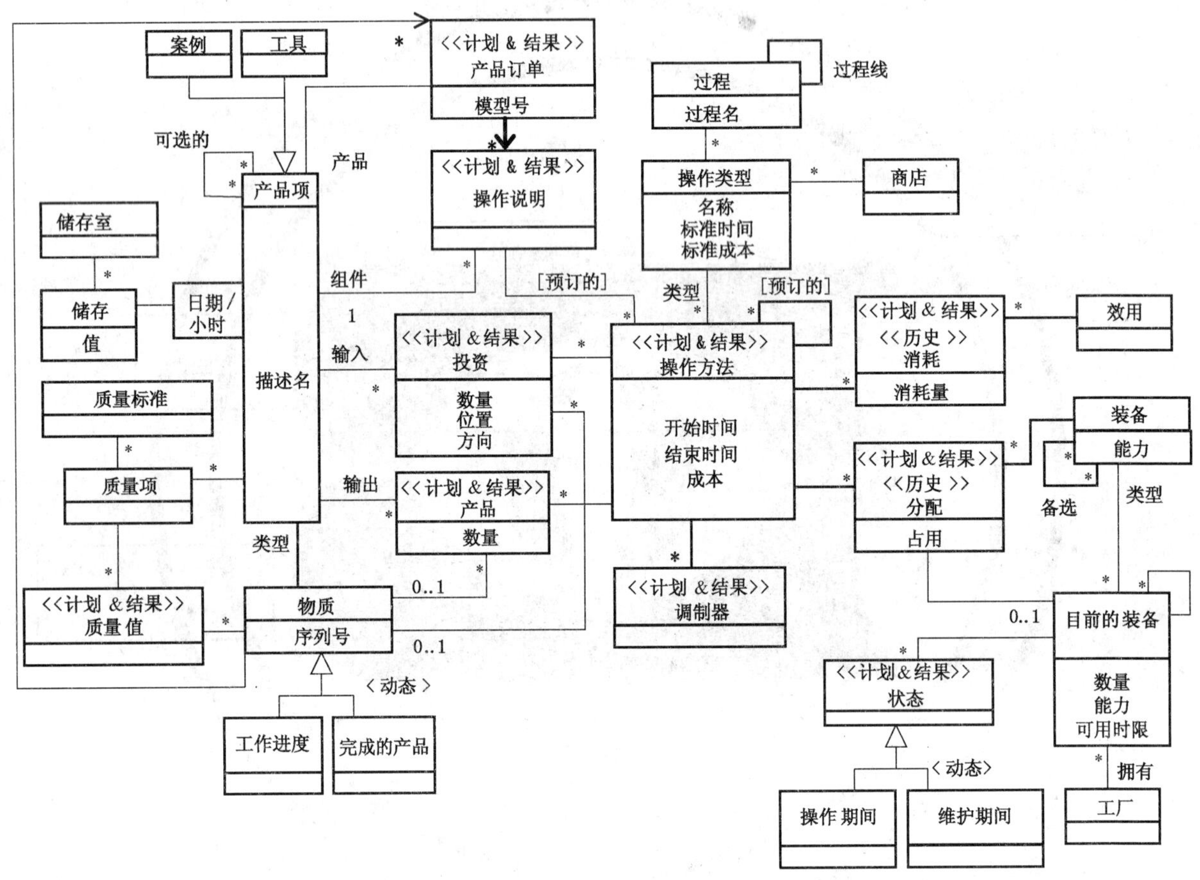

图 B.1 MES 领域中的 MDM 的样例

1 MES，制造执行系统（Manufacturing Execution System），是 IEC 62264-3:2007 中定义的制造运行管理的一部分。

图 1 中出现的 MDD 元素的含义如下：

a) 物品——通用术语，包括原材料，部件，在制品（见下面 f)），物质（见下面 e)）和成品（见下面 g)）；
b) 质量条款——产品验收时所考量属性的名称；
c) 质量标准——产品验收时所考量属性的指定值；
d) 质量值——产品验收时所考量属性的实际值；
e) 物质——生产活动中使用的物品（如上面 a)所定义）；
f) 在制品——活动已经开始但还未完成的物品（如上面 a)所定义）；
g) 成品——所有生产活动都已完成的物品（如上面 a)所定义）；
h) 配方——指定给设备的某个操作方法（见如下 i)）的操作参数集；

i) 操作方法——生产成品(见上面 g))或在制品(见上面 f))的活动;

j) 操作类型——相关操作的一般描述;例如:对应于车削,钻孔和研磨操作的操作类型是“加工”;

k) 过程——生产物品时所采用的一组有序的操作方法;

l) 库存——在任何给定时间一个物品的剩余数量;

m) 库房——用以存放物品的地方;

n) 车间——进行生产的地方;

o) 公用设施——例如水,空气,电力,燃料;

p) 设备——包括机器,工具和工人的手工劳动力在内的一般术语;

q) 实际设备——在制造活动中用到的设备(如 p)所定义);

r) 工具——和设备一起使用的附属的或者分离的装置,如金属模型;

s) 投入——MDD 的名称,该 MDD 列出操作方法(见上面 i))输入的物品(见上面 a))及其数量;

t) 产出——MDD 的名称,该 MDD 列出操作方法(见上面 i))输出的物品(见上面 a))及其数量;

u) 消耗——MDD 的名称,该 MDD 列出操作方法(见上面 i))所消耗的公用设施及其数量;

v) 分配——MDD 的名称,该 MDD 列出操作方法用到的实际设备(如分配给一个操作方法的设备;见上面 p)和 q))及该设备的数量和能力。

图 B.1 包含两个典型类,《计划 & 结果》和《历史》。图 B.2 说明了《计划 & 结果》这个典型类的结构。图 B.3 说明了《历史》这个典型类的结构。

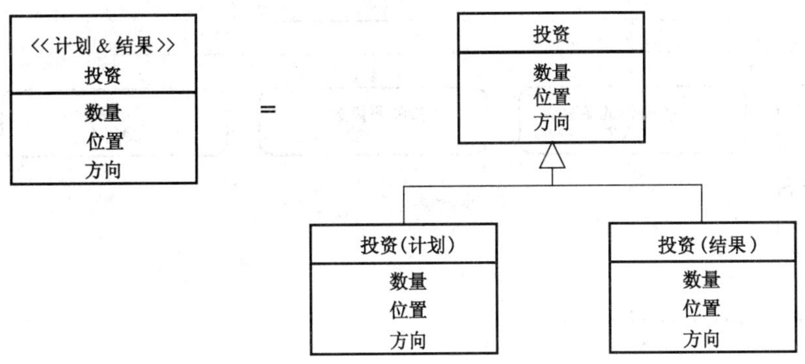

图 B.2 典型类《计划 & 结果》的含义

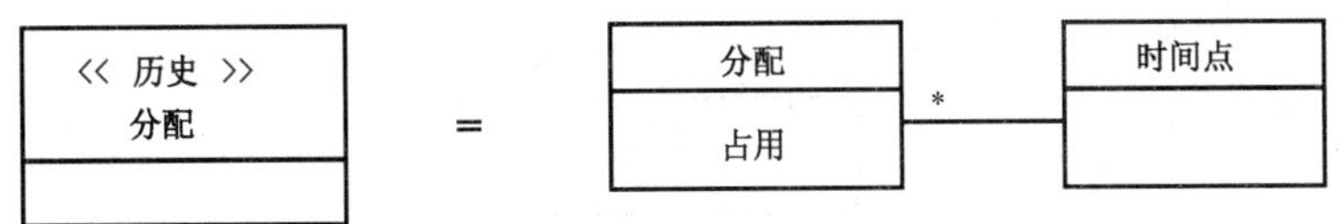

图 B.3 典型类《历史》的含义

B.2 MSU 能力专规样例

B.2.1 MES 包的活动树样例

图 B.4 给出了一个由软件提供商开发的 MES 包的制造活动树的示例。通过应用图 B.1 中所给出的 MDM,该 MES 包被分解为一个生产运行管理活动模型的 7 个活动。通过分析每一个活动的功能,这 7 个活动被进一步分解为子活动。表 B.1 列出了这些活动和子活动,以及每一个子活动的 MDD 和行为。

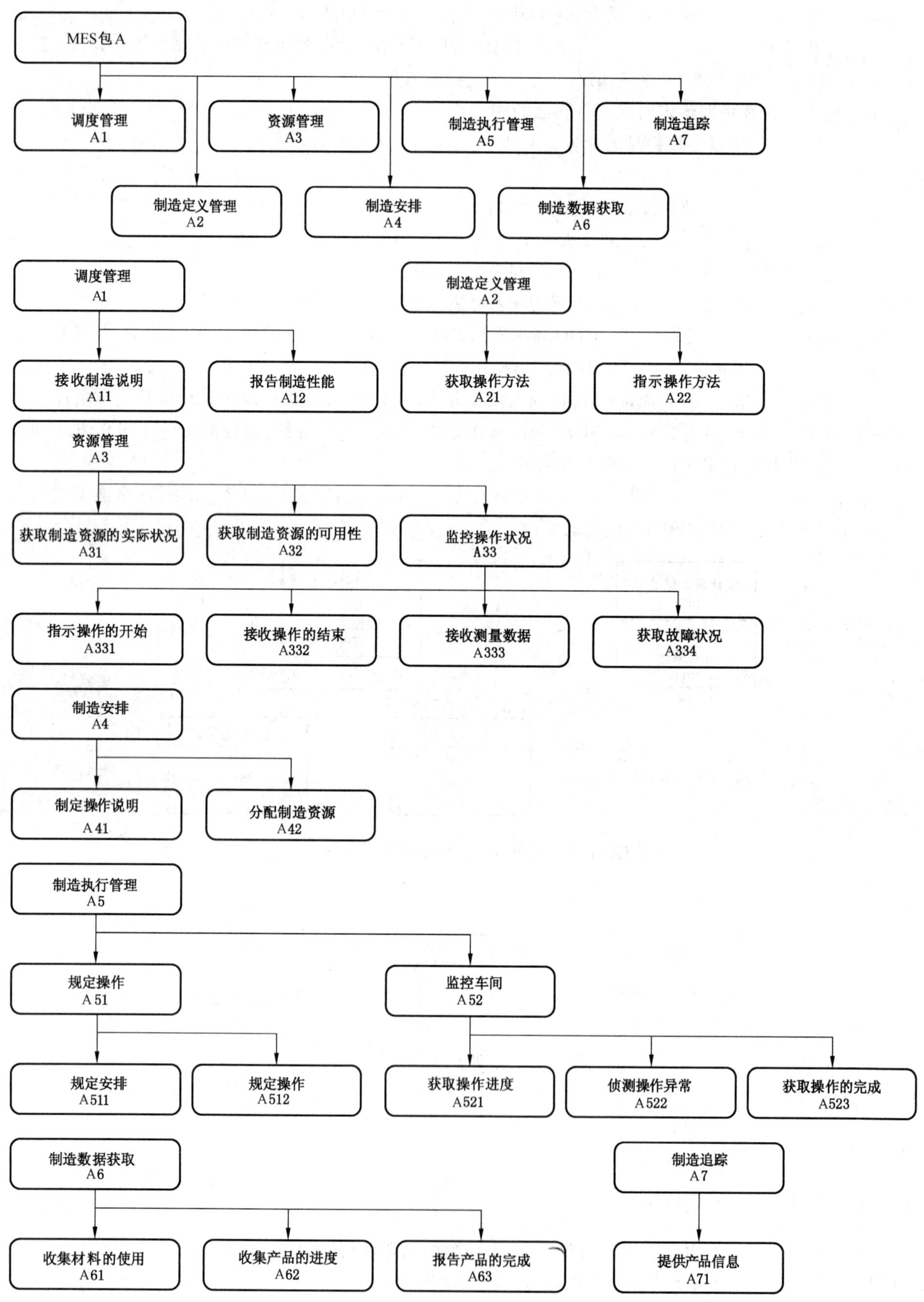

图 B.4　MES 包 A 的活动树

表 B.1 MES 包 A(见图 B.4)的分解

ID	活动名	关联的 MDD	行为
A1	调度管理		
A11	接收制造说明	产品订单(计划)	Get
		操作说明(计划)	Get
		物品	Get
A12	报告制造性能	产品订单(结果)	Set
		操作说明(结果)	Set
		投入(结果)	Set
		产出(结果)	Set
		物质	Set
A2	制造定义管理		
A21	获取操作方法	操作类型	Set
		操作方法(计划)	Get
		配方(计划)	Get
A22	指示操作方法	操作类型	Set
		操作方法(计划)	Set
		配方(计划)	Set
A3	资源管理		
A31	获取制造资源的实际状况	公用设施	Get
		实际设备	Get
		工厂	Get
A32	获取制造资源的可用性	实际设备	Set
		状态(计划)	Get
A33	监控操作状况	实际设备	Set
		状态(结果)	Get
A331	指示操作的开始	操作方法(结果)	Set
		分配(结果)	Set
		实际设备	Set
A332	接收操作的结束	操作方法(结果)	Get
		分配(结果)	Get
		实际设备	Get
		状态(结果)	Get
A333	接收测量数据	操作方法(结果)	Get
		产出(结果)	Get
		物质	Get
		质量值(结果)	Get

表 B.1(续)

ID	活动名	关联的 MDD	行为
A334	获取故障状况	操作方法(结果)	Get
		分配(结果)	Get
		实际设备	Get
A4	制造安排		
A41	制定操作说明	操作说明(计划)	Set
		操作方法(计划)	Set
		物品	Set
		投入(计划)	Set
		产出(计划)	Set
A42	分配制造资源	操作说明(计划)	Set
		操作方法(计划)	Set
		分配(计划)	Set
		设备	Set
		实际设备	Set
A5	制造执行管理		
A51	规定操作	操作说明(结果)	Set
		操作方法(结果)	Set
		投入(结果)	Set
		产出(结果)	Set
		物质	Set
A511	规定安排	操作说明(结果)	Set
		操作方法(结果)	Set
		配方(结果)	Set
A512	规定操作	操作说明(结果)	Set
		操作方法(结果)	Set
A52	监控车间	车间	Get
A521	获取操作的进度	操作方法(计划)	Get
		操作方法(结果)	Get
		投入(计划)	Get
		产出(计划)	Get
		物品	Get
		投入(结果)	Get
		产出(结果)	Get
		物质	Get

表 B.1（续）

ID	活动名	关联的 MDD	行为
A522	侦测操作异常	操作方法（结果）	Get
A523	获取操作的完成	操作方法（计划）	Get
		操作方法（结果）	Get
		产出（计划）	Get
		物品	Get
		产出（结果）	Get
		成品	Get
A6	制造数据获取		
A61	收集材料的使用	操作说明（结果）	Set
		投入（结果）	Get
		物质	Get
		库存	Get
A62	收集产品的进度	操作说明（结果）	Set
		产出（结果）	Get
		物质	Get
		在制品	Get
A63	报告产品的完成	产品订单（结果）	Set
		操作说明（结果）	Set
		投入（结果）	Get
		产出（结果）	Get
		物质	Get
		质量值	Get
		成品	Get
A7	制造追踪		
A71	提供产品信息	物质	Get
		物品	Get
		质量值	Get

B.2.2 MSU 能力专规的 XML 描述样例

以下 XML 描述给出了表 B.1 中活动 A11 的能力专规。

```
〈?xml version="1.0" encoding="UTF-8"?〉
〈CapabilityProfiling xmlns:xsi="http://www.w3.org/2001/XMLSchema-instance"xsi:noNaMESpac-
eSchemaLocation="C:\ISO16100\Capability_Template.xsd"〉
    〈type id="MES SW-A011"/〉
    〈CapabilityProfile date="2006-02-01"〉
        〈pkgtype version="1.0.0"/〉
```

```
        〈Common〉
            〈MSU_Capability ID = "MSU81-0001"〉
                〈id = "pilot_only"/〉
            〈/MSU_Capability〉
            〈ReferenceCapabilityClassStructure/〉
            〈TemplateID id = "A11"/〉
            〈Capability_Class_Name name = "A11_ReceiveOrder_Activity"/〉
            〈Reference_Capability_Class_Structure_Name name = "MESSW_Structure"/〉
            〈Version major = "1" minor = "1"/〉
            〈Owner〉
                〈name〉MES Product Inc.〈/name〉
                〈city〉Tokyo〈/city〉
                〈country〉Japan〈/country〉
            〈/Owner〉
            〈ReferenceDictionaryName/〉
            〈NumberOfProfileAttributes/〉
            〈NumberOfMethods/〉
            〈NumberOfResources/〉
            〈NumberOfConstraints/〉
            〈NumberOfExtensions/〉
            〈NumberOfLowerLevels/〉
            〈NumberOfSubtemplatesAtNextLowerLevel/〉
        〈/Common〉
        〈Specific〉
            〈Reference_MDM_Name domain_name = "MESX Domain Conceptual Model"/〉
            〈 MDD_Description_Format format_name = "List_Of_MDD_Objects"/〉
            〈 MDD Description〉
                〈List_Of_MDD_Objects〉
                    〈MDD_Name name = "product order (plan)" action = "Get"/〉
                    〈MDD_Name name = "operating instruction (plan)" action = "Get"/〉
                    〈MDD_Name name = "item" action = "Get"/〉
                〈/List_of_MDD_Objects〉
            〈/ MDD Description 〉
        〈/Specific〉
    〈/CapabilityProfile〉
〈/CapabilityProfiling〉
```


B.3 需求能力专规样例

B.3.1 系统请求说明的活动树样例

图B.5给出了系统集成师所需的MES包的制造活动树的一个示例。提供应用图B.1中的MDM模型，这个所需的MES包被分解为生产操作管理活动模型的6个活动。通过分析每一个活动的功能，这6个活动被进一步分解为子活动。表B.2列出了这些活动和子活动，以及每一个子活动的MDD和行为。

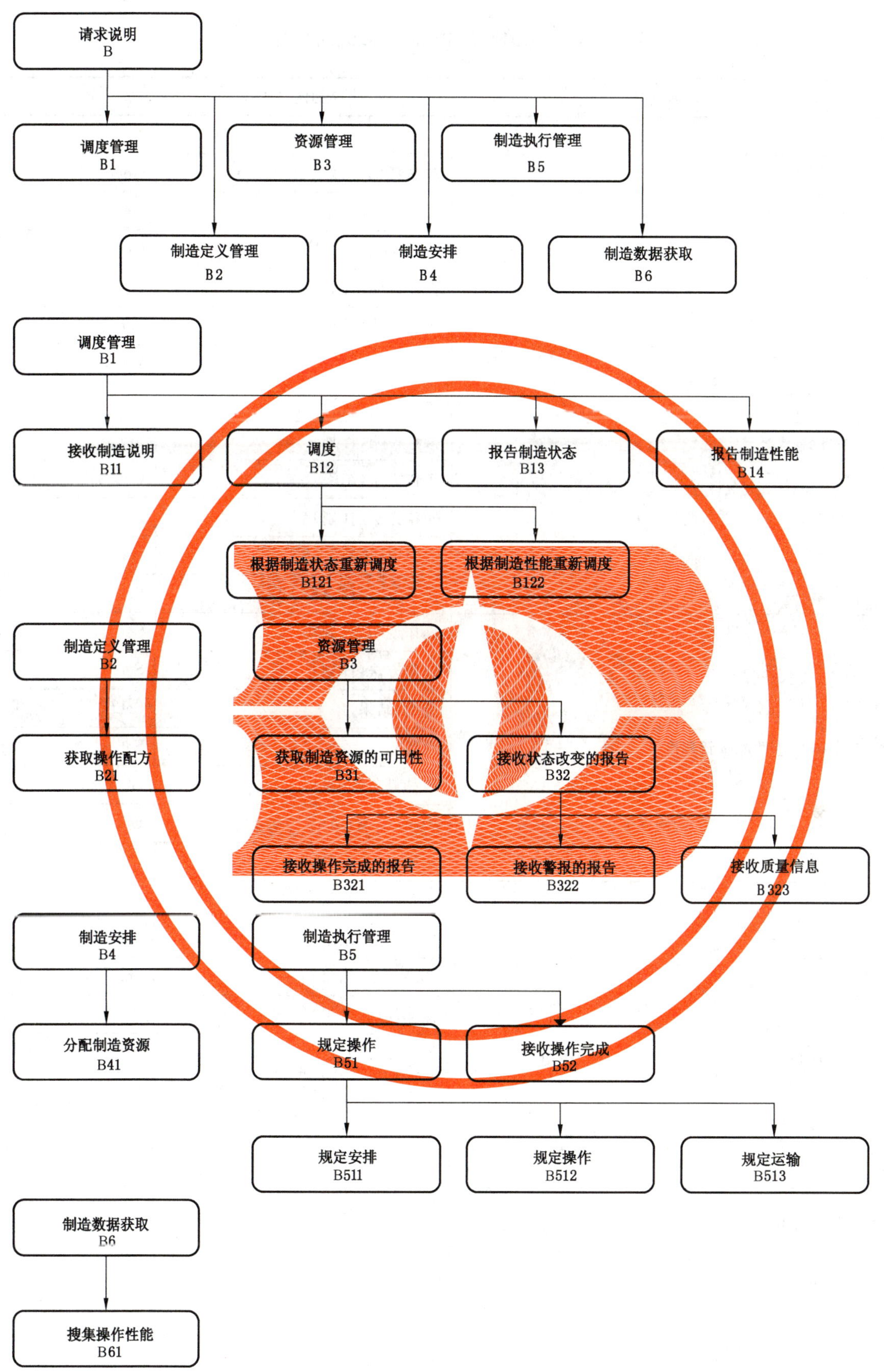

图 B.5 MES 包 B 的活动树

表 B.2 MES 包 B(见图 B.5)的分解

ID	活动名	涉及到的 MDD	行为
B1	调度管理		
B11	接收制造说明	产品订单(计划)	Get
		操作说明(计划)	Get
		物品	Get
B12	调度	操作说明(计划)	Set
		操作方法(计划)	Set
		分配(计划)	Set
		设备	Set
B121	根据制造状态重新调度	操作说明(计划)	Set
		操作方法(结果)	Get
		操作方法(计划)	Set
		分配(结果)	Set
		设备	Set
B122	根据制造性能重新调度	操作说明(计划)	Set
		操作方法(计划)	Set
		分配(结果)	Set
		设备	Set
		产品订单(结果)	Get
		产出(结果)	Get
		物质	Get
B13	报告制造状态	操作说明(结果)	Set
		操作方法(结果)	Set
B14	报告制造性能	产品订单(结果)	Set
		操作说明(结果)	Set
		投入(结果)	Set
		产出(结果)	Set
		物质	Set
B2	制造定义管理		
B21	获取操作配方	操作方法(计划)	Set
		配方(计划)	Get
B3	资源管理		
B31	获取制造资源的可用性	实际设备	Set
		状态(计划)	Get

表 B.2(续)

ID	活动名	涉及到的 MDD	行为
B32	接收状态改变的报告	实际设备	Get
		状态(结果)	Get
B321	接收操作完成的报告	操作方法(结果)	Get
		分配(结果)	Get
		实际设备	Get
		状态(结果)	Get
B322	接收警报的报告	实际设备	Get
		状态(结果)	Get
B323	接收质量信息	产品订单(结果)	Get
		操作说明(结果)	Get
		操作方法(结果)	Get
		产出(结果)	Get
		物质	Get
		质量值(结果)	Get
B4	制造安排		
B41	分配制造资源	操作方法(计划)	Get
		分配(计划)	Set
		实际设备	Set
		配方(计划)	Set
B5	制造执行管理		
B51	规定操作	操作说明(计划)	Get
		操作方法(计划)	Set
		投入(计划)	Set
		产出 (计划)	Set
		物品	Set
B511	规定安排	操作方法(计划)	Get
		投入(计划)	Set
		物品	Set
B512	规定操作	操作方法(计划)	Get
		投入(结果)	Set
		产出 (结果)	Set
		物质	Set

表 B.2(续)

ID	活动名	涉及到的 MDD	行为
B513	规定运输	操作方法(计划)	Get
		分配(结果)	Set
		实际设备	Set
		物质	Set
B52	接收操作完成	产品订单(结果)	Get
		操作说明 (结果)	Get
		操作方法 (结果)	Get
B6	制造数据获取		
B61	收集操作性能	产品订单(结果)	Set
		操作说明 (结果)	Set
		操作方法 (结果)	Get
		产出 (结果)	Get
		成品	Get

B.3.2 请求能力专规样例

以下 XML 描述给出了表 B.2 中活动 B11 的能力专规。

```
〈? xml version = "1.0" encoding = "UTF-8"?〉
〈CapabilityProfiling xmlns:xsi = "http://www.w3.org/2001/XMLSchema-instance"xsi:noNaMESpac-
eSchemaLocation = "C:\ISO16100\Capability_Template.xsd"〉
    〈type id = "Requirement Profile"/〉
        〈CapabilityProfile date = "2006-02-10"〉
            〈pkgtype version = "V01.01.03"/〉
            〈Common〉
            〈Requirement ID = "SYS-Req2006-0001"〉
                〈id = "production_ready"/〉
            〈/Requirement〉
            〈ReferenceCapabilityClassStructure/〉
            〈Template_ID id = "B11"/〉
            〈Capability_Class_Name name = "B11_ReceiveOrder_Activity"/〉
            〈Reference_Capability_Class_Structure_Name name = "REQ_Structure"/〉
            〈Version major = "1" minor = "1"/〉
            〈Owner〉
                〈name〉MES User Inc.〈/name〉
                〈city〉SoftCity〈/city〉
```

```
                〈state〉Alabama〈/state〉
                〈country〉USA〈/country〉
            〈/Owner〉
            〈ReferenceDictionaryName/〉
            〈NumberOfProfileAttributes/〉
            〈NumberOfMethods/〉
            〈NumberOfResources/〉
            〈NumberOfConstraints/〉
            〈NumberOfExtensions/〉
            〈NumberOfLowerLevels/〉
            〈NumberOfSubtemplatesAtNextLowerLevel/〉
        〈/Common〉
        〈Specific〉
            〈Reference_MDM_Name domain_name = "MESX Domain Conceptual Model"/〉
            〈MDD_Description_Format format_name = "List_of_MDD_Objects"/〉
            〈 MDD Description 〉
                〈List_of_MDD_Objects〉
                    〈MDD_Name name = "product order (plan)" action = "Get"/〉
                    〈MDD_Name name = "operating instruction (plan)" action = "Get"/〉
                    〈MDD_Name name = "item" action = "Get"/〉
                〈/List_of_MDD_Objects〉
            〈/ MDD Description 〉
        〈/Specific〉
    〈/CapabilityProfile〉
〈/CapabilityProfiling〉
```

B.4 使用 2 型匹配器来匹配的样例

系统集成师基于第 7 章详述的过程来比较他所需的能力专规(见 B.3 中的示例)和现有的 MSU 能力专规(见 B.2 中的示例)。2 型比较器比较 MDD 名称以及同每一个子活动相关联的行为。然后,对每一个匹配的子活动,2 型匹配器评估击中率,即需求专规中的名称和行为与 MSU 的专规中的名称和行为相匹配的百分比。

图 B.6 和表 B.3 给出了 2 型匹配器评估的一个示例。在图 B.6 中,2 型匹配器已匹配了活动 B61 和活动 A63,两者都有 MDD 名"产品订单(结果)"和行为名"Set"。2 型匹配器计算出击中率为 80%,因为活动 B61 的 5 个 MDD 名称和行为名称中的 4 个也在需求能力专规中。匹配器计算出需求能力专规中与 MSU 描述的一个活动相匹配的所有活动的击中率,并且生成如表 B.3 所示的一个报告。匹配器也计算出需求能力专规中活动的匹配度(见 7.2),并且通过给报告单元格加底纹来指明得到了一个"完全必须匹配"。在活动 B61 的示例中,尽管只有 80%的击中率,但是这 4 个 MDD 名称和行为名称与必须功能相关。因此,匹配器给表 B.3 中的 B61-A63 单元格加了底纹。

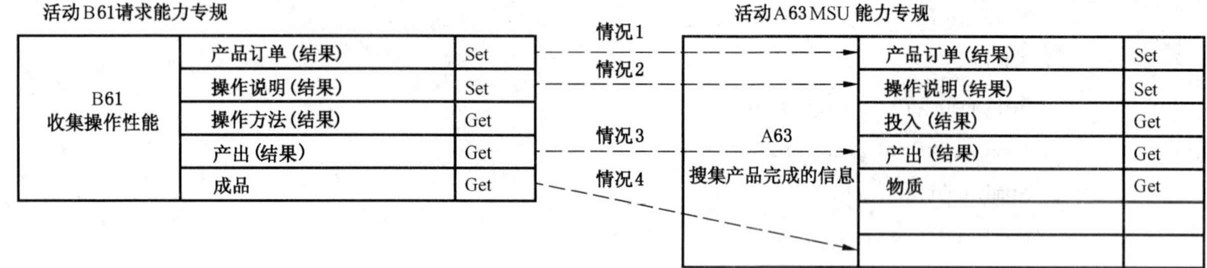

图 B.6　基于 2 型匹配器进行专规述匹配的样例

表 B.3　基于 2 型匹配器进行专规匹配的结果样例

与 MSU 活动相匹配的所需活动	MSU 活动(MES 包 A)														
	A11	A12	A21	A22	A31	A32	A33	A41	A42	A51	A511	A512	A61	A62	A63
B11	100	0	—	—	—	—	—	—	—	—	—	—	—	—	—
B12	0	0	—	—	0	0	0	50	100	—	—	—	—	—	—
B121	—	—	—	—	—	—	—	40	40	—	—	—	—	—	—
B122	—	—	—	—	—	—	—	28	42	—	—	—	—	—	—
B13	0	50	—	—	—	—	—	—	—	—	—	—	—	—	—
B14	0	100	—	—	—	—	—	—	—	—	—	—	—	—	—
B21	—	—	100	50	—	—	—	—	—	—	—	—	—	—	—
B31	—	—	—	—	0	100	50	—	—	—	—	—	—	—	—
B32	—	—	—	—	50	50	50	—	—	—	—	—	—	—	—
B321	—	—	—	—	25	0	50	—	—	—	—	—	—	—	—
B322	—	—	—	—	50	50	50	—	—	—	—	—	—	—	—
B323	—	—	—	—	0	0	0	—	—	—	—	—	—	—	—
B41	—	—	—	—	—	—	—	25	50	—	—	—	—	—	—
B51	—	—	—	—	—	—	—	—	—	0	0	0	—	—	—
B511	—	—	—	—	—	—	—	—	—	0	0	0	—	—	—
B512	—	—	—	—	—	—	—	—	—	75	0	0	—	—	—
B513	—	—	—	—	—	—	—	—	—	50	0	0	—	—	—
B52	—	—	—	—	—	—	—	—	—	0	0	0	—	—	—
B61	—	—	—	—	—	—	—	—	—	—	—	—	20	40	80

当系统集成师分析表 B.3 时,他将从加有底纹的报告单元格看出 7 个 MSU 已经达到了“完全必须匹配”的程度。因此,这 7 个 MSU 可作为被系统集成师使用(可能是重用)以实现其需求的候选,例如用于 B.3 中的 MES 包 B。

图 B.7 给出了一个 MES 包 B 的制造活动树,该包用到了表 B.3 中给出的可用的 MSU。

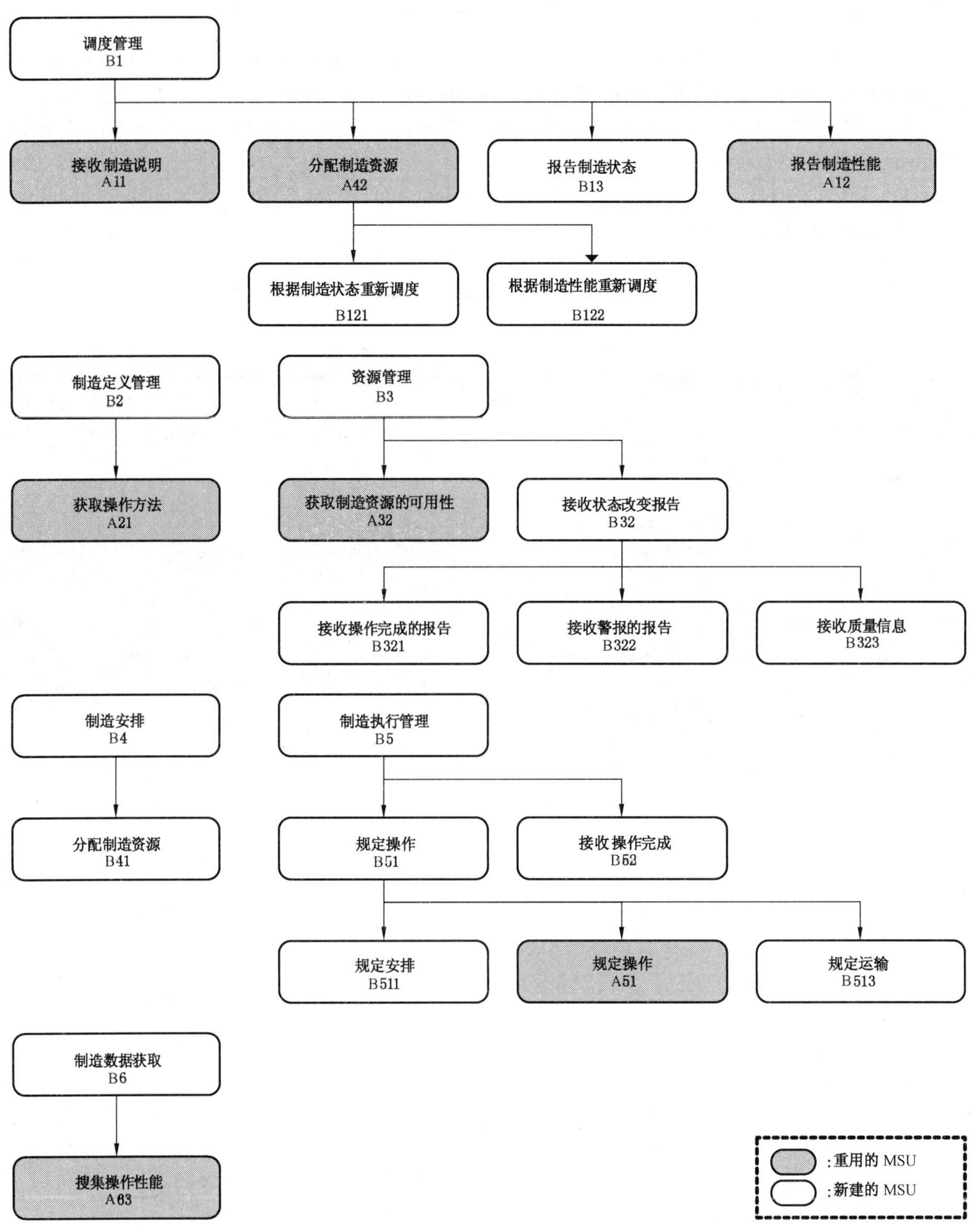

图 B.7 标明了“重用的”和“新的”MSU 的系统请求说明的活动树样例

参 考 文 献

[1] ISO 15745-1 Industrial automation systems and integration—Open systems application integration framework—Part 1:Generic reference description

[2] ISO/IEC 19501 Information technology—Open Distributed Processing—Unified Modeling Language (UML) Version 1.4.2

[3] IEC 62264-3 Enterprise-control system integration—Part 3:Activity models of manufacturing operations management

ICS 27.180
F 11

中华人民共和国国家标准

GB/T 19963—2011
代替 GB/Z 19963—2005

风电场接入电力系统技术规定

Technical rule for connecting wind farm to power system

2011-12-30 发布

2012-06-01 实施

中华人民共和国国家质量监督检验检疫总局
中国国家标准化管理委员会 发布

前　言

本标准与能源行业标准NB/T 31003—2011《大型风电场并网设计技术规范》共同规定了风电场并网的相关技术要求，NB/T 31003—2011规定了大型风电场并网的设计技术要求，本标准规定了风电场并网的通用技术要求。

本标准按照GB/T 1.1—2009给出的规则起草。

本标准代替GB/Z 19963—2005《风电场接入电力系统的技术规定》。

本标准由国家电力监管委员会提出。

本标准由全国电力监管标准化技术委员会(SAC/TC 296)归口。

本标准负责起草单位：中国电力科学研究院。

本标准参加起草单位：龙源电力集团股份有限公司、南方电网科学研究院有限责任公司、中国电力工程顾问集团公司。

本标准主要起草人：王伟胜、迟永宁、戴慧珠、赵海翔、石文辉、李琰、李庆、张博、范子超、陆志刚、胡玉峰、陈建斌、张琳、韩小琪。

本标准所代替标准的历次版本发布情况为：

——GB/Z 19963—2005。

风电场接入电力系统技术规定

1 范围

本标准规定了风电场接入电力系统的技术要求。

本标准适用于通过110(66) kV及以上电压等级线路与电力系统连接的新建或扩建风电场。

对于通过其他电压等级与电力系统连接的风电场,可参照执行。

2 规范性引用文件

下列文件对于本标准的应用是必不可少的。凡是注日期的引用文件,仅注日期的版本适用于本标准。凡是不注日期的引用文件,其最新版本(包括所有的修改单)适用于本标准。

GB/T 12325 电能质量 供电电压偏差

GB/T 12326 电能质量 电压波动和闪变

GB/T 14549 电能质量 公用电网谐波

GB/T 15945 电能质量 电力系统频率偏差

GB/T 15543 电能质量 三相电压不平衡

DL/T 1040 电网运行准则

国家电力监管委员会令第5号 电力二次系统安全防护规定

3 术语和定义

下列术语和定义适用于本文件。

3.1

风电场 wind farm; wind power plant

由一批风电机组或风电机组群(包括机组单元变压器)、汇集线路、主升压变压器及其他设备组成的发电站。

3.2

风电场并网点 point of connection of wind farm

风电场升压站高压侧母线或节点。

3.3

风电场送出线路 transmission line of wind farm

从风电场并网点至公共电网的输电线路。

3.4

风电场有功功率 active power of wind farm

风电场输入到并网点的有功功率。

3.5

风电场无功功率 reactive power of wind farm

风电场输入到并网点的无功功率。

3.6

有功功率变化　active power change

一定时间间隔内，风电场有功功率最大值与最小值之差。

3.7

风电机组/风电场低电压穿越　low voltage ride through of wind turbine/wind farm

当电力系统事故或扰动引起并网点电压跌落时，在一定的电压跌落范围和时间间隔内，风电机组/风电场能够保证不脱网连续运行。

4　风电场送出线路

为便于风电场的运行管理与控制，简化系统接线，风电场可采用一回线路接入电力系统。

5　风电场有功功率

5.1　基本要求

5.1.1　风电场应符合 DL/T 1040 的规定，具备参与电力系统调频、调峰和备用的能力。

5.1.2　风电场应配置有功功率控制系统，具备有功功率调节能力。

5.1.3　当风电场有功功率在总额定出力的 20%以上时，场内所有运行机组应能够实现有功功率的连续平滑调节，并能够参与系统有功功率控制。

5.1.4　风电场应能够接收并自动执行电力系统调度机构下达的有功功率及有功功率变化的控制指令，风电场有功功率及有功功率变化应与电力系统调度机构下达的给定值一致。

5.2　正常运行情况下有功功率变化

5.2.1　风电场有功功率变化包括 1 min 有功功率变化和 10 min 有功功率变化。在风电场并网以及风速增长过程中，风电场有功功率变化应当满足电力系统安全稳定运行的要求，其限值应根据所接入电力系统的频率调节特性，由电力系统调度机构确定。

5.2.2　风电场有功功率变化限值的推荐值见表 1，该要求也适用于风电场的正常停机。允许出现因风速降低或风速超出切出风速而引起的风电场有功功率变化超出有功功率变化最大限值的情况。

表 1　正常运行情况下风电场有功功率变化最大限值

风电场装机容量/MW	10 min 有功功率变化最大限值/MW	1 min 有功功率变化最大限值/MW
＜30	10	3
30～150	装机容量/3	装机容量/10
＞150	50	15

5.3　紧急控制

5.3.1　在电力系统事故或紧急情况下，风电场应根据电力系统调度机构的指令快速控制其输出的有功功率，必要时可通过安全自动装置快速自动降低风电场有功功率或切除风电场；此时风电场有功功率变化可超出电力系统调度机构规定的有功功率变化最大限值。

a) 电力系统事故或特殊运行方式下要求降低风电场有功功率,以防止输电设备过载,确保电力系统稳定运行。

b) 当电力系统频率高于50.2 Hz时,按照电力系统调度机构指令降低风电场有功功率,严重情况下切除整个风电场。

c) 在电力系统事故或紧急情况下,若风电场的运行危及电力系统安全稳定,电力系统调度机构应按规定暂时将风电场切除。

5.3.2 事故处理完毕,电力系统恢复正常运行状态后,风电场应按调度指令并网运行。

6 风电场功率预测

6.1 基本要求

风电场应配置风电功率预测系统,系统具有0~72 h短期风电功率预测以及15 min~4 h超短期风电功率预测功能。

6.2 预测曲线上报

风电场每15 min自动向电力系统调度机构滚动上报未来15 min~4 h的风电场发电功率预测曲线,预测值的时间分辨率为15 min。

风电场每天按照电力系统调度机构规定的时间上报次日0~24时风电场发电功率预测曲线,预测值的时间分辨率为15 min。

7 风电场无功容量

7.1 无功电源

7.1.1 风电场的无功电源包括风电机组及风电场无功补偿装置。风电场安装的风电机组应满足功率因数在超前0.95到滞后0.95的范围内动态可调。

7.1.2 风电场要充分利用风电机组的无功容量及其调节能力;当风电机组的无功容量不能满足系统电压调节需要时,应在风电场集中加装适当容量的无功补偿装置,必要时加装动态无功补偿装置。

7.2 无功容量配置

7.2.1 风电场的无功容量应按照分(电压)层和分(电)区基本平衡的原则进行配置,并满足检修备用要求。

7.2.2 对于直接接入公共电网的风电场,其配置的容性无功容量能够补偿风电场满发时场内汇集线路、主变压器的感性无功及风电场送出线路的一半感性无功之和,其配置的感性无功容量能够补偿风电场自身的容性充电无功功率及风电场送出线路的一半充电无功功率。

7.2.3 对于通过220 kV(或330 kV)风电汇集系统升压至500 kV(或750 kV)电压等级接入公共电网的风电场群中的风电场,其配置的容性无功容量能够补偿风电场满发时场内汇集线路、主变压器的感性无功及风电场送出线路的全部感性无功之和,其配置的感性无功容量能够补偿风电场自身的容性充电无功功率及风电场送出线路的全部充电无功功率。

7.2.4 风电场配置的无功装置类型及其容量范围应结合风电场实际接入情况,通过风电场接入电力系统无功电压专题研究来确定。

8 风电场电压控制

8.1 基本要求

风电场应配置无功电压控制系统，具备无功功率调节及电压控制能力。根据电力系统调度机构指令，风电场自动调节其发出（或吸收）的无功功率，实现对风电场并网点电压的控制，其调节速度和控制精度应能满足电力系统电压调节的要求。

8.2 控制目标

当公共电网电压处于正常范围内时，风电场应当能够控制风电场并网点电压在标称电压的97%～107%范围内。

8.3 主变选择

风电场变电站的主变压器宜采用有载调压变压器，通过主变压器分接头调节风电场内电压，确保场内风电机组正常运行。

9 风电场低电压穿越

9.1 基本要求

图1为风电场的低电压穿越要求。

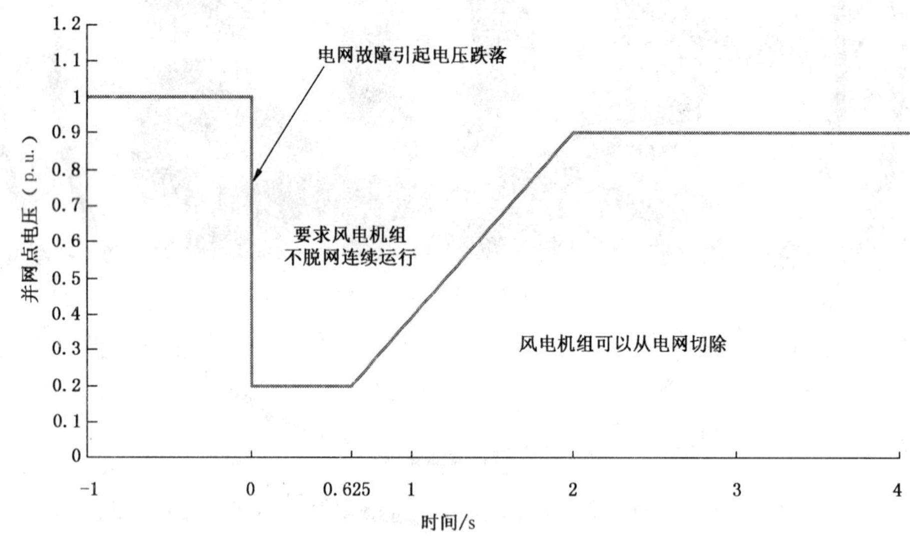

图1 风电场低电压穿越要求

a) 风电场并网点电压跌至20%标称电压时，风电场内的风电机组应保证不脱网连续运行625 ms。

b) 风电场并网点电压在发生跌落后2 s内能够恢复到标称电压的90%时，风电场内的风电机组应保证不脱网连续运行。

9.2 故障类型及考核电压

电力系统发生不同类型故障时，若风电场并网点考核电压全部在图1中电压轮廓线及以上的区域内，风电机组必须保证不脱网连续运行；否则，允许风电机组切除。

针对不同故障类型的考核电压如表2所示。

表 2 风电场低电压穿越考核电压

故障类型	考核电压
三相短路故障	风电场并网点线电压
两相短路故障	风电场并网点线电压
单相接地短路故障	风电场并网点相电压

9.3 有功恢复

对电力系统故障期间没有切除的风电场，其有功功率在故障清除后应快速恢复，自故障清除时刻开始，以至少10%额定功率/秒的功率变化率恢复至故障前的值。

9.4 动态无功支撑能力

总装机容量在百万千瓦级规模及以上的风电场群，当电力系统发生三相短路故障引起电压跌落时，每个风电场在低电压穿越过程中应具有以下动态无功支撑能力：

a) 当风电场并网点电压处于标称电压的20%～90%区间内时，风电场应能够通过注入无功电流支撑电压恢复；自并网点电压跌落出现的时刻起，动态无功电流控制的响应时间不大于75 ms，持续时间应不少于550 ms。

b) 风电场注入电力系统的动态无功电流 $I_T \geqslant 1.5\times(0.9-U_T)I_N$，$(0.2\leqslant U_T\leqslant 0.9)$

式中：

U_T ——风电场并网点电压标幺值；

I_N ——风电场额定电流。

10 风电场运行适应性

10.1 电压范围

10.1.1 当风电场并网点电压在标称电压的90%～110%之间时，风电机组应能正常运行；当风电场并网点电压超过标称电压的110%时，风电场的运行状态由风电机组的性能确定。

10.1.2 当风电场并网点的闪变值满足GB/T 12326、谐波值满足GB/T 14549、三相电压不平衡度满足GB/T 15543的规定时，风电场内的风电机组应能正常运行。

10.2 频率范围

风电场应在表3所示电力系统频率范围内按规定运行。

表 3 风电场在不同电力系统频率范围内的运行规定

电力系统频率范围	要　求
低于48 Hz	根据风电场内风电机组允许运行的最低频率而定
48 Hz～49.5 Hz	每次频率低于49.5 Hz时要求风电场具有至少运行30 min的能力
49.5 Hz～50.2 Hz	连续运行
高于50.2 Hz	每次频率高于50.2 Hz时，要求风电场具有至少运行5 min的能力，并执行电力系统调度机构下达的降低出力或高周切机策略，不允许停机状态的风电机组并网

11 风电场电能质量

11.1 电压偏差

风电场并网点电压正、负偏差绝对值之和不超过标称电压的10%，正常运行方式下，其电压偏差应在标称电压的－3%～＋7%范围内。

11.2 闪变

风电场所接入公共连接点的闪变干扰值应满足GB/T 12326的要求，其中风电场引起的长时间闪变值P_{lt}的限值应按照风电场装机容量与公共连接点上的干扰源总容量之比进行分配。

11.3 谐波

风电场所接入公共连接点的谐波注入电流应满足GB/T 14549的要求，其中风电场向电力系统注入的谐波电流允许值应按照风电场装机容量与公共连接点上具有谐波源的发/供电设备总容量之比进行分配。

11.4 监测与治理

风电场应配置电能质量监测设备，以实时监测风电场电能质量指标是否满足要求；若不满足要求，风电场需安装电能质量治理设备，以确保风电场合格的电能质量。

12 风电场仿真模型和参数

12.1 风电场仿真模型

风电场开发商应提供可用于电力系统仿真计算的风电机组、风电场汇集线路及风电机组/风电场控制系统模型及参数，用于风电场接入电力系统的规划设计及调度运行。

12.2 参数变化

风电场应跟踪其各个元件模型和参数的变化情况，并随时将最新情况反馈给电力系统调度机构。

13 风电场二次系统

13.1 基本要求

13.1.1 风电场的二次设备及系统应符合电力二次系统技术规范、电力二次系统安全防护要求及相关设计规程。

13.1.2 风电场与电力系统调度机构之间的通信方式、传输通道和信息传输由电力系统调度机构作出规定，包括提供遥测信号、遥信信号、遥控信号、遥调信号以及其他安全自动装置的信号，提供信号的方式和实时性要求等。

13.1.3 风电场二次系统安全防护应满足国家电力监管委员会令第5号的有关要求。

13.2 正常运行信号

风电场向电力系统调度机构提供的信号至少应当包括以下方面：

a） 单个风电机组运行状态；

b） 风电场实际运行机组数量和型号；

c） 风电场并网点电压；

d) 风电场高压侧出线的有功功率、无功功率、电流；

e) 高压断路器和隔离开关的位置；

f) 风电场测风塔的实时风速和风向。

13.3 风电场继电保护及安全自动装置

13.3.1 风电场继电保护、安全自动装置以及二次回路的设计、安装应满足电力系统有关规定和反事故措施的要求。

13.3.2 对风电场送出线路，一般情况下在系统侧配置分段式相间、接地故障保护，有特殊要求时，可配置纵联电流差动保护。

13.3.3 风电场变电站应配备故障录波设备，该设备应具有足够的记录通道并能够记录故障前 10 s 到故障后 60 s 的情况，并配备至电力系统调度机构的数据传输通道。

13.4 风电场调度自动化

13.4.1 风电场应配备计算机监控系统、电能量远方终端设备、二次系统安全防护设备、调度数据网络接入设备等，并满足电力二次系统设备技术管理规范要求。

13.4.2 风电场调度自动化系统远动信息采集范围按电网调度自动化能量管理系统(EMS)远动信息接入规定的要求接入信息量。

13.4.3 风电场电能计量点(关口)应设在风电场与电网的产权分界处，产权分界处按国家有关规定确定。计量装置配置应符合电力系统关口电能计量装置技术管理规范要求。

13.4.4 风电场调度自动化、电能量信息传输宜采用主/备信道的通信方式，直送电力系统调度机构。

13.4.5 风电场调度管辖设备供电电源应采用不间断电源装置(UPS)或站内直流电源系统供电，在交流供电电源消失后，不间断电源装置带负荷运行时间应大于 40 min。

13.4.6 对于接入 220 kV 及以上电压等级的风电场应配置相角测量系统(PMU)。

13.5 风电场通信

13.5.1 风电场应具备两条路由通道，其中至少有一条光缆通道。

13.5.2 风电场与电力系统直接连接的通信设备(如光纤传输设备、脉码调制终端设备(PCM)、调度程控交换机、数据通信网、通信监测等)需具有与系统接入端设备一致的接口与协议。

13.5.3 风电场内的通信设备配置按相关的设计规程执行。

14 风电场接入系统测试

14.1 基本要求

14.1.1 当接入同一并网点的风电场装机容量超过 40 MW 时，需要向电力系统调度机构提供风电场接入电力系统测试报告；累计新增装机容量超过 40 MW，需要重新提交测试报告。

14.1.2 风电场在申请接入电力系统测试前需向电力系统调度机构提供风电机组及风电场的模型、参数和控制系统特性等资料。

14.1.3 风电场接入电力系统测试由具备相应资质的机构进行，并在测试前 30 日将测试方案报所接入地区的电力系统调度机构备案。

14.1.4 风电场应当在全部机组并网调试运行后 6 个月内向电力系统调度机构提供有关风电场运行特性的测试报告。

14.2 测试内容

a） 风电场有功/无功控制能力测试。

b） 风电场电能质量测试，包含闪变与谐波。

c） 风电机组低电压穿越能力测试；风电场低电压穿越能力验证。

d） 风电机组电压、频率适应性测试；风电场电压、频率适应能力验证。

参 考 文 献

[1] GB/T 20320—2006 风力发电机组 电能质量测量和评估方法
[2] DL 755—2001 电力系统安全稳定导则
[3] SD 325—1989 电力系统电压和无功电力技术导则
[4] 国办发[2007]53 号 节能发电调度办法(试行)
[5] 发改能源[2006]13 号 可再生能源发电有关管理规定

ICS 27.070
K 82

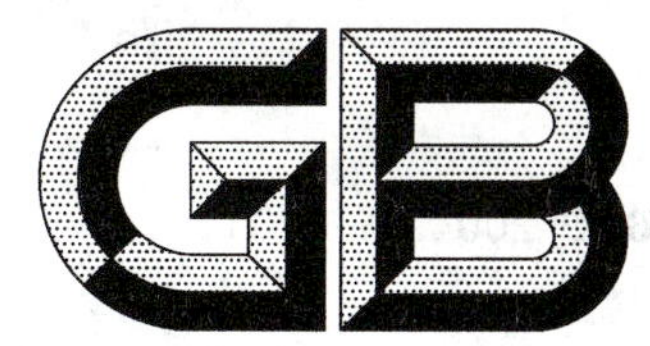

中华人民共和国国家标准

GB/T 20042.6—2011

质子交换膜燃料电池 第6部分:双极板特性测试方法

Proton exchange membrane fuel cell—Part 6:Test method of bipolar plate properties

2011-12-30 发布　　2012-05-01 实施

中华人民共和国国家质量监督检验检疫总局
中国国家标准化管理委员会 发布

前　言

GB/T 20042《质子交换膜燃料电池》分为如下几个部分：

——GB/T 20042.1—2005　术语；

——GB/T 20042.2—2008　电池堆通用技术条件；

——GB/T 20042.3—2009　质子交换膜测试方法；

——GB/T 20042.4—2009　电催化剂测试方法；

——GB/T 20042.5—2009　膜电极测试方法；

——GB/T 20042.6—2011　双极板特性测试方法。

本部分为 GB/T 20042 的第 6 部分。

本部分按照 GB/T 1.1—2009 给出的规则起草。

本部分由中国电器工业协会提出。

本部分由全国燃料电池标准化技术委员会(SAC/TC 342)归口。

本部分起草单位：中国科学院大连化学物理研究所、机械工业北京电工技术经济研究所。

本部分主要起草人：钟和香、张华民、王美日、衣宝廉、李晶晶、邱艳玲、侯明、卢琛钰。

质子交换膜燃料电池 第6部分：双极板特性测试方法

1 范围

GB/T 20046的本部分规定了质子交换膜燃料电池双极板特性测试方法的术语和定义、双极板材料的气体致密性测试、抗弯强度测试、密度测试、电阻测试和腐蚀电流密度测试等；双极板部件的气体致密性测试、阻力降测试、面积利用率测试、厚度均匀性测试、平面度测试、重量测试和电阻测试等。

本部分适用于各种类型的质子交换膜燃料电池用双极板材料和部件。本标准主要分为双极板材料特性测试和双极板部件特性测试两部分。

2 规范性引用文件

下列文件对于本文件的应用是必不可少的。凡是注日期的引用文件，仅注日期的版本适用于本文件。凡是不注日期的引用文件，其最新版本(包括所有的修改单)适用于本文件。

GB/T 7962.20—1987　无色光学玻璃测试方法　密度测试方法

GB/T 13465.2—2002　不透性石墨材料抗弯强度试验方法

GB/T 19922—2005　硅片局部平整度非接触式标准测试方法

GB/T 20042.1　质子交换膜燃料电池　术语

JJG 508—2004　四探针电阻率测试仪

3 术语和定义

GB/T 20042.1界定的以及下列术语和定义适用于本部分。

3.1

腐蚀电流密度　corrosion current density

单位面积的双极板材料在燃料电池运行环境中，在腐蚀电位下由于化学或电化学作用引起的破坏产生的电流值，单位为$\mu A/cm^2$。

注：腐蚀电流密度值大小反映了双极板腐蚀速率的快慢，是表征双极板材料及部件在燃料电池运行环境下耐腐蚀性能的物理量。

3.2

接触电阻　interfacial contact resistance

两种材料之间的接触部分产生的电阻，单位是$m\Omega \cdot cm^2$。

注：双极板的接触电阻主要指双极板与炭纸之间的接触电阻。

3.3

体电阻率　bulk resistance

双极板材料本体的电阻率值，单位是$m\Omega \cdot cm$。

3.4

透气率　gas permeability

在试验条件下，在单位时间内透过单位面积样品的气体量，单位为$cm^3/cm^2 \cdot min$或$mL/cm^2 \cdot min$。

3.5

抗弯强度　flexural strength

在规定条件下，双极板在弯曲过程中所能承受的最大弯曲应力，单位为 MPa。

3.6

平面度　flatness

双极板的脊背部分具有的宏观凹凸高度相对理想平面的偏差。

注：双极板的平面度直接影响双极板与炭纸之间的接触电阻，从而影响电池性能。

3.7

阻力降　resistance drop

气体流经双极板的进出口压力差。

3.8

面积利用率　area utilization

双极板的有效面积比，即双极板的有效面积(流场部分的面积)与双极板总面积的比值。

4　双极板材料气体致密性测试

4.1　测试仪器及设备

测试仪器及设备包括：

——气相色谱仪。

——渗透池。

4.2　样品制备

4.2.1　样品形状为正方形(5 cm×5 cm)，面积为 25 cm^2；样品形状和尺寸也可由测试双方协商决定。

4.2.2　样品数量为 5 个(保证得到 3 个有效值)，应无褶皱、划痕和破损。

4.2.3　对于不同批次的双极板材料，应分别抽样；单一材料随机抽样，不同材料分别抽样。

4.3　测试方法

4.3.1　将样品夹在两块均具有气体进口和出口的不锈钢夹具之间，使两侧形成气室，作为试验渗透池。

4.3.2　将渗透池按照图 1 所示的试验装置示意图安装在试验装置上。

4.3.3　室温下分别在气室的两侧通入氧气或氢气和惰性气体，使气室两侧保持一定的压力差。压力通过两侧精密压力表来控制。

注：压力差可在 0 MPa～0.2 MPa 之间。

4.3.4　在室温和一定压力差下稳定至少 2 h，将惰性气体的出口通入气相色谱仪测量被测气体的浓度，并记录色谱图。

4.4　数据处理

4.4.1　用式(1)计算双极板材料单位时间、单位面积的气体透过率：

$$C = q/S \qquad (1)$$

式中：

C ——双极板材料单位时间、单位面积的气体透过率，单位为立方厘米每平方厘米每秒($cm^3/cm^2 \cdot s$)；

q ——单位时间的气体渗透量，单位为立方厘米每秒(cm^3/s)；

S ——渗透池的有效测试面积，单位为平方厘米(cm^2)。

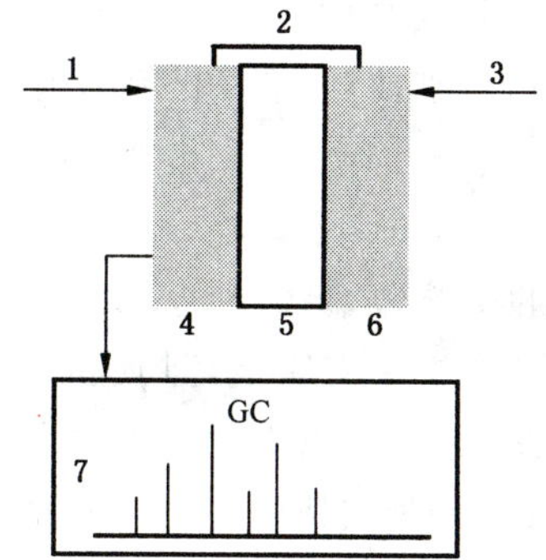

说明：
1——氦气/氮气；
2——渗透池；
3——氧气/氢气；
4——夹具；
5——样品；
6——夹具；
7——气相色谱。

注：渗透池由两块具有气体进口和出口的不锈钢板夹具组成，样品放置在两夹具中间。夹具与样品之间采用线密封，两侧形成气室。氧气/氢气和惰性气体进入渗透池在样品的两侧流动，从而可以维持双极板两侧保持一定的压力差。两侧的压力主要通过精密压力表控制。被测气体渗透的推动力是样品两侧的气体浓度差，这样从渗透池流出的惰性气体中就含有从双极板的另一侧渗透过来的被测气体；气相色谱仪用于检测渗透池出口被测气体的浓度。

图 1　双极板材料透气率测试的试验装置示意图

4.4.2　测试不同压力差(ΔP)下的透气率，绘制 ΔP 与透气率的关系曲线。

取 3 个有效样品为一组，计算出平均值作为试验结果。

5　双极板材料抗弯强度测试

5.1　测试仪器

5.1.1　试验机

任何能满足本标准试验要求的试验机均可。

5.1.2　试验夹具

试验夹具不应引起试样在夹具处断裂。施加负荷时，应满足试样的纵轴与通过夹具中心线的拉伸方向重合。

5.1.3　测厚仪和卡尺

测厚仪和卡尺的要求如下：

——测厚仪：精度为 1 μm，用于测试双极板的厚度；

——卡尺：精度为 0.01 mm，用于测试双极板的长度和宽度。

5.2　样品制备

5.2.1　按测试要求截取一定尺寸的送试材料作为样品。

注：样品的长度应不小于支座跨距。推荐支座跨距可为 60 mm。

5.2.2 样品数量为5个(保证得到3个有效值),应无褶皱、划痕和破损。

5.2.3 对于不同批次的双极板材料,应分别抽样;单一材料随机抽样,不同材料分别抽样。

5.3 测试方法

5.3.1 测量样品的宽度和厚度,精确度为±0.5%。

5.3.2 调整支座跨距,将制备好的样品放在支座上,且使试验机压头、支座轴向垂直于试样,参照GB/T 13465.2—2002应用三点弯曲法对双极板材料抗弯强度进行测试。

5.3.3 压头以1 mm/min~10 mm/min的加载速度均匀且无冲击地施加负荷,直至试样断裂,读取断裂负荷值。

5.4 数据处理

按式(2)计算抗弯强度:

$$\sigma=(3P\times L)/(2b\times h^2) \qquad (2)$$

式中:

σ ——抗弯强度,单位为兆帕(MPa);

P ——断裂负荷值,单位为牛(N);

L ——支座跨距,单位为毫米(mm);

b ——试样的宽度,单位为毫米(mm);

h ——试样厚度,单位为毫米(mm)。

取3个有效样品为一组,计算出平均值作为试验结果。

6 双极板材料密度测试

6.1 测试仪器和器具

测试仪器和器具包括:

——分析天平:精度为0.1 mg;

——温度计:用于测定空气温度和水温,精度为0.5 ℃;

——金属丝:镍铬铁或铂合金丝,直径小于0.2 mm,用于吊挂试样。

6.2 样品准备

6.2.1 样品形状为正方形(5 cm×5 cm),面积为25 cm^2;样品形状和尺寸也可由测试双方协商决定。

6.2.2 样品数量为5个(保证得到3个有效值),应无褶皱、划痕和破损。

6.2.3 对于不同批次的双极板材料,应分别抽样;单一材料随机抽样,不同材料分别抽样。

6.2.4 将样品用无水乙醇清洗,晾干,放入干燥器内待用。

6.2.5 除去镍铬丝和铂丝上的油脂,待用。

6.3 测试方法

6.3.1 在温度为25 ℃条件下分别称量样品的质量 m_1 和金属丝的质量 m_3。

6.3.2 将由该金属丝悬挂着的样品浸入到温度为25 ℃的蒸馏水中。样品浸没于水中但要保持其悬浮于烧杯中,不接触烧杯壁,见图2所示。用一根细金属丝尽快地除去粘附在样品上的气泡后,称量水中样品质量 m_2。参照GB/T 7962.20—1987进行测试。

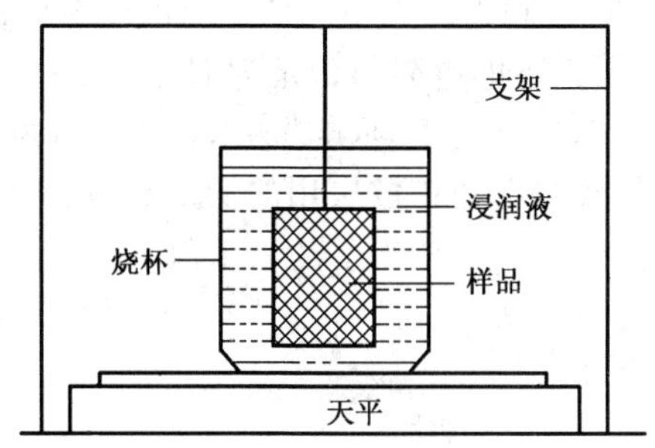

图 2　双极板密度测试装置示意图

6.4　数据处理

按式(3)计算样品在 25 ℃时的密度：

$$\rho=(m_1\times\rho_t)/(m_1+m_3-m_2) \qquad \cdots\cdots(3)$$

式中：

ρ ——样品在 25 ℃时的密度，单位为克每立方厘米(g/cm^3)；

m_1——样品在空气中的质量，单位为克(g)；

m_2——样品悬挂在水中的质量，单位为克(g)；

m_3——金属丝的质量，单位为克(g)；

ρ_t ——水在 25 ℃时的密度。

取 3 个有效样品为一组，计算出平均值作为试验结果。

7　双极板材料电阻测试

7.1　测试仪器

——四探针低阻测量仪：精度为 0.1 mΩ·cm；

——低电阻测量仪：精度为 0.1 mΩ。

7.2　样品准备

7.2.1　样品形状为正方形(5 cm×5 cm)，面积为 25 cm^2，样品形状和尺寸也可由测试双方协商决定。

7.2.2　样品数量为 5 个(保证得到 3 个有效值)，应无褶皱、划痕和破损。

7.2.3　对于不同批次的双极板材料，应分别抽样；单一材料随机抽样，不同材料分别抽样。

7.3　测试方法

7.3.1　体电阻率测试

7.3.1.1　每次测量前应校准测试仪的零点。测量时应避免样品变形、样品表面灰尘等因素的影响。

7.3.1.2　用四探针低阻测量仪分别在样品的靠近边缘和中心的至少 5 个部位测量，记录不同部位体电阻值。

7.3.2　接触电阻测试

7.3.2.1　按图 3 所示将样品装在测试装置上。用低阻测量仪测量电阻值，测量电极为镀金的铜电极。测量时将样品两侧放置燃料电池扩散层用的炭纸作为支撑物，以进一步改善接触状况。测试过程中，压力每增加 0.1 MPa 记录一个电阻值，直到当前电阻测试值与前一电阻测试值的变化率≤5%，则认为达到电阻的最小值，停止测试。不同压力下的电阻值记录为 R_1。

注：测量压力范围一般为 0.1 MPa～3.0 MPa，可选取压力为 1.5 MPa 时的电阻值。

7.3.2.2 按照相同方法，将一张作燃料电池扩散层用的炭纸放置在两铜电极间并施加一定压力，记录按照 7.3.2.1 中所述的同样方法测试的不同压力下的电阻值 R_2。

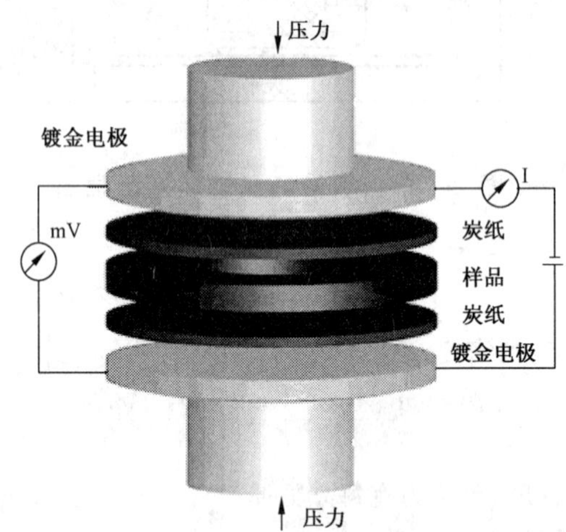

说明：样品以在其两侧的燃料电池扩散层用炭纸作为支撑物，放置在两块镀金铜电极之间。在铜电极两侧施加一定的压力，通过记录不同压力下的电流和电压值，得到不同施加压力下的电阻值。支撑层采用燃料电池扩散层用的炭纸；电极采用镀金金属电极，一般为镀金铜电极。

图 3 垂直方向面电阻测试装置示意图

7.4 数据处理

7.4.1 按式(4)计算体电阻率：

$$\rho_{\text{bulk}} = \sum_{i=1}^{n} (\rho_i \times G \times D)/n \quad \cdots\cdots(4)$$

式中：

ρ_{bulk}——试样体电阻率，单位为毫欧厘米(mΩ·cm)；

ρ_i ——不同部位电阻率测量值，单位为毫欧厘米(mΩ·cm)；

G ——试样厚度校正系数；

D ——试样形状校正系数；

n ——测试的数据点数。

注：G 和 D 的取值可以参照 JJG 508—2004 中所述的方法进行计算，一般也可从仪器使用说明附表中查到。

7.4.2 按式(5)计算接触电阻：

$$R = (R_1 - R_2 - R_{\text{BP}} - R_{\text{CP}})/2 \quad \cdots\cdots(5)$$

式中：

R ——双极板与炭纸间的接触电阻，单位为毫欧(mΩ)；

R_1 ——双极板材料本体电阻、炭纸本体电阻、两个双极板与炭纸间接触电阻、两个铜电极本体电阻及两个炭纸与铜电极间的接触电阻的总和，单位为毫欧(mΩ)；

R_2 ——两个铜电极本体电阻、炭纸本体电阻及两个炭纸与铜电极间的接触电阻总和，单位为欧(Ω)；

R_{BP} ——双极板材料本体电阻，单位为毫欧(mΩ)；

R_{CP} ——炭纸本体电阻，单位为毫欧(mΩ)。

取 3 个样品为一组，计算出平均值作为试验结果。

8 双极板材料腐蚀电流密度测试

8.1 测试仪器

——电化学恒电位测试仪。

——电化学测试池：采用五口烧瓶，主要用于盛放电解质溶液，电解池材料为玻璃或塑料等耐腐蚀性材料。五口烧瓶的一个瓶口用于放置和参比电极相连的盐桥，一瓶口用于放置对电极，一瓶口用于放置通气管，中间一瓶口用于放置测试样品制备的工作电极，另一瓶口用于置换溶液。

8.2 样品制备

8.2.1 按测试要求截取一定尺寸(可以为 2 cm×2 cm)有效面积为 1 cm^2 的送试材料作为样品。

8.2.2 样品数量为 5 个(保证得到 3 个有效值)，应无褶皱、划痕和破损。

8.2.3 对于不同批次的双极板材料，应分别抽样；单一材料随机抽样，不同材料分别抽样。

8.2.4 用乙醇等溶剂清洗样品表面，并在氮气气氛下 80 ℃干燥 10 min。

8.2.5 将电极与样品表面连接，除有效测试面积为 1 cm^2 的测试表面外，其余表面予以绝缘密封。

注：绝缘密封材料一般采用环氧树脂或者硅胶等。

8.3 测试过程

8.3.1 以样品为工作电极，以饱和甘汞电极(SCE)为参比电极，以铂片或铂丝为辅助电极进行测试。

8.3.2 向温度为 80 ℃、含 5×10^{-6} F^- 的 0.5 M 的 H_2SO_4 电解质溶液中以 20 mL/min 的流速通入氧气或氢气。

8.3.3 对样品进行线性电位扫描。扫描速率为 2 mV/s，电位扫描范围为 −0.5 V～0.9 V(vs. SCE)。

8.3.4 对测得的极化曲线进行塔菲尔(Tafel)拟合，塔菲尔直线的交点所对应的电流即为样品的腐蚀电流。

8.4 数据处理

按式(6)计算：

$$I_{corr}=I/S \qquad (6)$$

式中：

I_{corr}——腐蚀电流密度，单位为微安每平方厘米($\mu A/cm^2$)；

I ——腐蚀电流，单位为微安(μA)；

S ——试样的有效测试面积，单位为平方厘米(cm^2)。

取 3 个有效样品为一组，计算出平均值作为试验结果。

9 双极板部件气体致密性测试

9.1 测试仪器

——气相色谱仪；

——渗透池。

9.2 样品制备

9.2.1 样品的形状和尺寸应由测试方和样品供应方协商确定。样品供应方同时提供双极板及与其配套的不锈钢夹具和密封线。

9.2.2 样品数量为 5 个(保证得到 3 个有效值)，应无褶皱、划痕和破损。

9.2.3 对于不同批次的双极板,应分别抽样;单一材料随机抽样,不同材料分别抽样。

9.3 测试方法

9.3.1 将样品夹在两块均具有气体进口和出口的不锈钢夹具之间,使两侧形成气室,组装假电池。

9.3.2 堵住电池阴极的入口、出口以及阳极的出口,向阳极的入口通入一定压力的测试气体(如 H_2,空气或 O_2)。待气体流量稳定后,将电池完全浸没于水中,使用目测法,检查水中是否有气泡冒出,并根据气泡冒出的部位来判断假电池是否密封较好,是否有外漏。

注:推荐测试气体压力≤0.1 MPa。

9.3.3 将没有外漏的假电池按照图1所示的试验装置示意图安装在试验装置上。

9.3.4 室温下分别在气室的两侧通入氧气或氢气和惰性气体,使气室两侧保持一定的压力差。压力通过两侧精密压力表来控制。

注:压力差可在 0 MPa~0.2 MPa 之间。

9.3.5 在室温和一定的压力差下稳定至少 2 h,将惰性气体的出口通入气相色谱仪测量被测气体的浓度,并记录色谱图。

9.4 数据处理

9.4.1 用式(7)计算双极板单位时间、单位面积的气体透过率:

$$C = q/S \tag{7}$$

式中:

C ——双极板单位时间、单位面积的气体透过率,单位为立方厘米每平方厘米每秒($cm^3/cm^2 \cdot s$);

q ——单位时间的气体渗透量,单位为立方厘米每秒(cm^3/s);

S ——渗透池的有效测试面积,单位为平方厘米(cm^2)。

9.4.2 测试不同压力差(ΔP)下的透气率,绘制 ΔP 与透气率的关系曲线。

取3个有效样品为一组,计算出平均值作为试验结果。

10 双极板部件阻力降测试

10.1 测试仪器

——精密压力控制器。

——不锈钢夹具。

10.2 样品制备

10.2.1 样品供应方向测试方同时提供双极板及与其配套的夹具和密封线。

10.2.2 样品数量为5个(保证得到3个有效值),应无褶皱、划痕和破损。

10.2.3 对于不同批次的双极板,应分别抽样;单一材料随机抽样,不同材料分别抽样。

10.3 测试方法

10.3.1 按照图4中所示将双极板组装到具有密封胶线和气体进口和出口的夹具之间,组装燃料电池假电池。

10.3.2 堵住双极板的氧化剂腔的气体出入口,在燃料气腔单腔进气,在一定入口气体流量和入口压力下,测量气体流经双极板的进出口压差即燃料气腔的阻力降。每次测量时必须保证气体流动平稳。

注:气体的入口压力范围可以为:0.01 MPa~0.2 MPa。入口气体流量可以为 0.5 slpm~2 slpm (slpm 为标准公升每分钟)。

10.3.3 堵住双极板的燃料气腔的气体出入口，在氧化剂腔单腔进气，在一定入口气体流量和入口压力下，测量气体流经双极板的进出口压差即氧化剂腔的阻力降。每次测量时必须保证气体流动平稳。

说明：阻力降测试装置包括气体压力差测试器件、气体进出气控制器和两片具有密封胶线的不锈钢夹具。双极板放在两块具有密封元件和气体进出口的不锈钢板夹具之间，组装假电池。夹具与样品之间采用线密封。进出口气体的压力降较小时可以通过U型管或压力传感器测试压力降，压力降较大时可以通过精密压力表测试进出口压力降。

图4 双极板的压力降测试装置图

10.4 数据处理

10.4.1 按式(8)计算阻力降：

$$\Delta P = P_1 - P_2 \quad \cdots\cdots (8)$$

式中：

ΔP ——阻力降，单位为兆帕(MPa)；

P_1 ——入口压力，单位为兆帕(MPa)；

P_2 ——出口压力，单位为兆帕(MPa)。

取3个有效样品为一组，计算出平均值作为试验结果。

10.4.2 测试不同流速下的 ΔP 值，绘制 ΔP 与流速 V 的关系曲线。

11 双极板部件面积利用率测试

11.1 测试仪器

卡尺的精度为0.01 mm，用于测试双极板的长度和宽度。

11.2 样品准备

11.2.1 样品的流场部分有效面积至少为25 cm^2(5 cm×5 cm)，样品的尺寸也可由测试双方协商决定。

11.2.2 样品数量为5个(保证得到3个有效值)，应无褶皱、划痕和破损。

11.2.3 对于不同批次的双极板，应分别抽样；单一材料随机抽样，不同材料分别抽样。

11.3 测试方法

11.3.1 测试双极板的总长度和总宽度。

11.3.2 测试流场部分的面积。

11.4 数据处理

双极板的面积利用率按式(9)计算：

$$U = S/(L \times D) \times 100\% \quad \cdots\cdots(9)$$

式中：

U ——双极板的面积利用率，用百分数表示(%)；

S ——双极板流场部分的面积，单位为平方厘米(cm^2)；

L ——双极板的总长度，单位为厘米(cm)；

D ——双极板的总宽度，单位为厘米(cm)。

取 3 个有效样品为一组，计算出平均值作为试验结果。

12 双极板部件厚度均匀性测试

12.1 测试仪器

测试仪器包括：

——测厚仪：精度为 1 μm，用于测试双极板的厚度；

——卡尺：精度为 0.01 mm，用于测试双极板的长度和宽度。

12.2 样品准备

12.2.1 样品有效面积为 25 cm^2(5 cm×5 cm)，样品形状和尺寸也可由测试双方协商决定。

12.2.2 样品数量为 5 个(保证得到 3 个有效值)，应无褶皱、划痕和破损。

12.2.3 对于不同批次的双极板，应分别抽样；单一材料随机抽样，不同材料分别抽样。

12.3 测试方法

12.3.1 每次测量前应校准测试仪的零点，且在每组试样测量后应重新检查其零点。

12.3.2 测量时将测量头平缓放下，避免样品变形和破损。测试在室温条件下进行。

12.3.3 每 25 cm^2 样品的测试点不少于 9 个，且均匀分布。

注：双极板的流场部分，主要测试双极板脊背部分的厚度，沟槽部分的厚度不考虑在内。

12.4 数据处理

12.4.1 样品的厚度均匀性用厚度最大值与最小值之差以及厚度相对偏差表示。

12.4.2 最大值与最小值之差按式(10)计算：

$$\Delta d = d_{max} - d_{min} \quad \cdots\cdots(10)$$

式中：

Δd ——双极板的最大值与最小值之差，单位为毫米(mm)；

d_{max} ——双极板的厚度最大值，单位为毫米(mm)；

d_{min} ——双极板的厚度最小值，单位为毫米(mm)。

12.4.3 平均厚度按式(11)计算：

$$d = \sum_{i=1}^{n} d_i / n \quad \cdots\cdots(11)$$

式中：

d ——双极板的平均厚度，单位为毫米(mm)；

d_i ——某一点双极板的厚度测量值，单位为毫米(mm)；

n ——测量数据点数。

12.4.4 厚度相对偏差按式(12)计算：

$$S=(d_i-d)/d\times 100\% \qquad (12)$$

式中：

S ——双极板的相对厚度偏差；

d ——双极板的平均厚度，单位为毫米(mm)；

d_i——某一点双极板的厚度测量值，单位为毫米(mm)。

取3个有效样品为一组，计算出平均值作为试验结果。

13 双极板部件平面度测试

13.1 测试仪器

测试仪器包括：

——平面度测试仪，精度为1 μm；

——测试台(平整、稳定)。

13.2 样品准备

13.2.1 样品有效面积为25 cm^2(5 cm×5 cm)，样品形状和尺寸也可由测试双方协商决定。

注：样品的有效面积为流场部分的面积。

13.2.2 样品数量为5个(保证得到3个有效值)，应无褶皱、划痕和破损。

13.2.3 对于不同批次的双极板，应分别抽样；单一材料随机抽样，不同材料分别抽样。

13.3 测试方法

13.3.1 每次测量前应校准平面度测试仪，且在每组试样测量后应重新校准。

13.3.2 按照GB/T 19922—2005中所述的方法，确定样品测试区域尺寸和最佳参照平面。

注：推荐采用最小二乘法计算出参照平面。一般仪器具有自动进行局部平面度参考面构建及结果计算的能力。

13.3.3 测试双极板的平面度。

注：双极板的流场部分主要测试双极板的脊背部分，双极板的沟槽部分不考虑在内。

13.4 数据处理

样品最高的"凸出"值与最深的"凹下"值之差按式(13)计算：

$$\Delta d=d_{max}-d_{min} \qquad (13)$$

式中：

Δd ——样品的最高"凸出"值与最深"凹下"值之差，单位为微米(μm)；

d_{max}——样品的最高"凸出"值，单位为微米(μm)；

d_{min} ——样品的厚度最深"凹下"值，单位为微米(μm)。

取3个有效样品为一组，计算出平均值作为试验结果。

14 双极板部件重量测试

14.1 测试仪器

——分析天平：精度为0.1 mg；

——卡尺:精度为 0.01 mm。

14.2 试样准备

14.2.1 样品有效面积为 25 cm^2(5 cm×5 cm),样品形状和尺寸也可由测试双方协商决定。

注:样品的面积为双极板部件的总体面积,即为双极板的总长度与总宽度的乘积,不考虑流场沟槽的面积。

14.2.2 样品数量为 5 个(保证得到 3 个有效值),应无褶皱、划痕和破损。

14.2.3 对于不同批次的双极板,应分别抽样;单一材料随机抽样,不同材料分别抽样。

14.3 测试方法

用分析天平称取样品的质量,精确度为±0.5%。

14.4 数据处理

按式(14)计算:

$$m = \sum_{i=1}^{n} \frac{m_i}{n \cdot s} \qquad \cdots\cdots(14)$$

式中:

m ——双极板比重量,单位为克每平方厘米(g/cm^2);

m_i——样品质量,单位为克(g);

n ——样品数;

s ——样品的有效面积,单位为平方厘米(cm^2)。

取 3 个样品为一组,计算出平均值作为试验结果。

15 双极板部件电阻测试

15.1 测试仪器

——低电阻测量仪:精度为 0.01 mΩ;

——拉力机。

15.2 样品准备

15.2.1 从完整双极板的流场部分截取有效面积为 25 cm^2(5 cm×5 cm)的正方形作为样品,样品形状和尺寸也可由测试双方协商决定。

15.2.2 样品数量为 5 个(保证得到 3 个有效值),应无褶皱、划痕和破损。

15.2.3 对于不同批次的双极板,应分别抽样;单一材料随机抽样,不同材料分别抽样。

15.3 测试方法

15.3.1 接触电阻测试

15.3.1.1 按图 3 所示将样品装在测试装置上。用低阻测量仪测量电阻值,测量电极为镀金的铜电极。测量时将样品两侧放置燃料电池扩散层的炭纸作为支撑物,以进一步改善接触状况。测试过程中,压力每增加 0.1 MPa 记录一个电阻值,直到当前电阻测试值与前一电阻测试值的变化率≤5%,则认为达到电阻的最小值,停止测试。不同压力下的电阻值记录为 R_1。

注:测量压力范围一般为 0.1 MPa~3.0 MPa,可选取压力为 1.5 MPa 时的电阻值。

15.3.1.2 按照相同方法,将一张炭纸放置在两铜电极间并施加一定压力,记录不同压力下的电阻值 R_2。

15.3.2 数据处理

按式(15)计算接触电阻：

$$R=(R_1-R_2-R_{BP}-R_{CP})/2 \qquad \cdots\cdots(15)$$

式中：

R ——双极板与炭纸间的接触电阻，单位为毫欧(mΩ)；

R_1 ——双极板材料本体电阻、炭纸本体电阻、两个双极板与炭纸间接触电阻、两个铜电极本体电阻及两个炭纸与铜电极间的接触电阻的总和，单位为毫欧(mΩ)；

R_2 ——两个铜电极本体电阻、炭纸本体电阻及两个炭纸与铜电极间的接触电阻的总和，单位为毫欧(mΩ)；

R_{BP} ——双极板的本体电阻，单位为毫欧(mΩ)；

R_{CP} ——炭纸本体电阻，单位为毫欧(mΩ)。

注：双极板的本体电阻相对于 R_1，数值比较小，因而可以忽略。

取 3 个有效样品为一组，计算出平均值作为试验结果。

16 试验准备及试验报告

试验准备参见附录 A，试验报告参见附录 B。

附　录　A
（资料性附录）
测试准备

A.1　概述

本附录描述在进行测试之前应该考虑的典型项目。对于每项试验来说，应选择高精度的检测仪器及设备，以便将不确定因素减到最少。应准备一个书面的测试计划，下列各项应该列入测试计划：

a）目的；
b）测试规范；
c）测试人员资格；
d）质量保证标准（符合 ISO 9000 和相关标准）；
e）结果不确定度（符合 IEC/ISO 检测值不确定度的表述指南）；
f）对测量仪器及设备的要求；
g）测试参数范围的估计；
h）数据采集计划；
i）必要时，列出以氢气作为燃料的最低安全要求事项（由最终产品制造商提供说明文件）。

A.2　数据采集和记录

为满足目标误差要求，数据采集系统和数据记录设备应满足采集频次与采集速度的需要，其性能应优于性能试验设备。

附 录 B
（资料性附录）
试 验 报 告

B.1 概述

根据所做试验，试验报告应提供足够多的正确、清晰和客观的数据用来进行分析和参考。报告应包含各章中所有的数据。报告有三种形式，摘要式、详细式和完整式。每个类型的报告都应包含相同的标题页和内容目录。

B.2 报告内容

B.2.1 标题页

标题页应介绍下列各项信息：

——国家标准代号；

——样品名称、材料组成，规格；

——试样状态调节及测试标准环境；

——试验机型号；

——每次测试的结果以及结果的平均值；

——试验日期、人员。

标题页应包括下列内容：

——报告编号；（可选择）

——报告的类型；（摘要式、详细式和完整式）

——报告的作者；

——试验者；

——报告日期；

——试验的场所；

——试验的名称；

——试验日期和时间；

——试验申请单位。

B.2.2 内容目录

每种类型的报告都应提供一个目录。

B.3 报告类型

B.3.1 摘要式报告

摘要式报告应包括下列各项数据：

——试验的目的；

——试验的种类，仪器和设备；

——所有的试验结果；
——每个试验结果的不确定因素和确定因素；
——摘要性结论。

B.3.2 详细式报告

详细式报告除包含摘要式报告的内容外，还应包括下列各项数据：
——试验操作方式和试验流程图；
——仪器和设备的安排、布置和操作条件的描述；
——仪器设备校准情况；
——用图或表的形式说明试验结果；
——试验结果的讨论分析。

B.3.3 完整式报告

完整式报告除了包含详细内容，还应有原始数据的副本，此外还应包括下列各项：
——试验进行时间；
——用于试验的测量设备的精度；
——试验的环境条件；
——试验者的姓名和资格；
——完整和详细的不确定度分析。

ICS 21.100.20
J 11

中华人民共和国国家标准

GB/T 20060—2011/ISO 246:2007
代替 GB/T 20060—2006

滚动轴承 圆柱滚子轴承 可分离斜挡圈外形尺寸

Rolling bearings—Cylindrical roller bearings, separate thrust collars—Boundary dimensions

(ISO 246:2007,IDT)

2011-11-21 发布　　2012-06-01 实施

中华人民共和国国家质量监督检验检疫总局
中国国家标准化管理委员会　发布

前　言

本标准按照 GB/T 1.1—2009 给出的规则起草。

本标准代替 GB/T 20060—2006《滚动轴承　圆柱滚子轴承　可分离斜挡圈　外形尺寸》，与 GB/T 20060—2006 相比，主要技术变化如下：

——增加了直径系列 0 斜挡圈的外形尺寸(见表 1)；

——修改了直径系列 2 部分斜挡圈的 d_1 的最大值(见表 1,2006 年版的表 1)；

——修改了直径系列 4 部分斜挡圈的 d_1 的最大值(见表 1,2006 年版的表 1)；

——增加了加强型(E-加强型设计)斜挡圈的外形尺寸(见表 2)。

本标准使用翻译法等同采用 ISO 246:2007《滚动轴承　圆柱滚子轴承　可分离斜挡圈　外形尺寸》。

与本标准中规范性引用的国际文件有一致性对应关系的我国文件如下：

——GB/T 273.3—1999　滚动轴承　向心轴承　外形尺寸总方案(eqv ISO 15:1998)

——GB/T 274—2000　滚动轴承　倒角尺寸最大值(idt ISO 582:1995)

——GB/T 6930—2002　滚动轴承　词汇(ISO 5593:1997,IDT)

——GB/T 7811—2007　滚动轴承　参数符号(ISO 15241:2001,IDT)

本标准做了下列编辑性修改：

——小数点符号用“.”代替符号“,”；

——删除了国际标准的前言。

本标准由中国机械工业联合会提出。

本标准由全国滚动轴承标准化技术委员会(SAC/TC 98)归口。

本标准起草单位：洛阳轴承研究所有限公司、台州优特轴承有限公司。

本标准主要起草人：徐振宇、郑子勋。

本标准所代替标准的历次版本发布情况为：

——GB/T 4665—1984；

——GB/T 20060—2006。

滚动轴承　圆柱滚子轴承　可分离斜挡圈 外形尺寸

1　范围

本标准规定了符合 ISO 15 的直径系列 0、2、3 和 4 的圆柱滚子轴承用可分离斜挡圈的宽度、最大外径、内径和内孔最小倒角尺寸。

鉴于总宽度和其他几何特征尺寸取决于轴承内部结构，因此，本标准未予以规定。

2　规范性引用文件

下列文件对于本文件的应用是必不可少的。凡是注日期的引用文件，仅注日期的版本适用于本文件。凡是不注日期的引用文件，其最新版本(包括所有的修改单)适用于本文件。

ISO 15　滚动轴承　向心轴承　外形尺寸总方案(Rolling bearings—Radial bearings—Boundary dimensions, general plan)

ISO 582　滚动轴承　倒角尺寸　最大值(Rolling bearings—Chamfer dimensions—Maximum values)

ISO 5593　滚动轴承　词汇(Rolling bearings—Vocabulary)

ISO 15241　滚动轴承　参数符号(Rolling bearings—Symbols for quantities)

3　术语和定义

ISO 5593 界定的术语和定义适用于本文件。

4　符号

ISO 15241 给出的以及下列符号适用于本文件。

除另有说明外，图 1 中所示符号和表 1、表 2 中所示数值均表示公称尺寸。

B_1：斜挡圈超出内圈端面的宽度

d：内径

d_1：外径

r_1：倒角尺寸

r_{1smin}：最小单一倒角尺寸

5　尺寸

直径系列(标准设计)0、2、3 和 4 以及直径系列 2E 和 3E(E-加强型设计)圆柱滚子轴承用可分离斜挡圈的尺寸分别按表 1 和表 2 的规定。

注：对于直径系列 2E、3E 的圆柱滚子轴承，代号“E”表示轴承具有加强型滚子和保持架组件结构，并具有较高的径向承载能力。

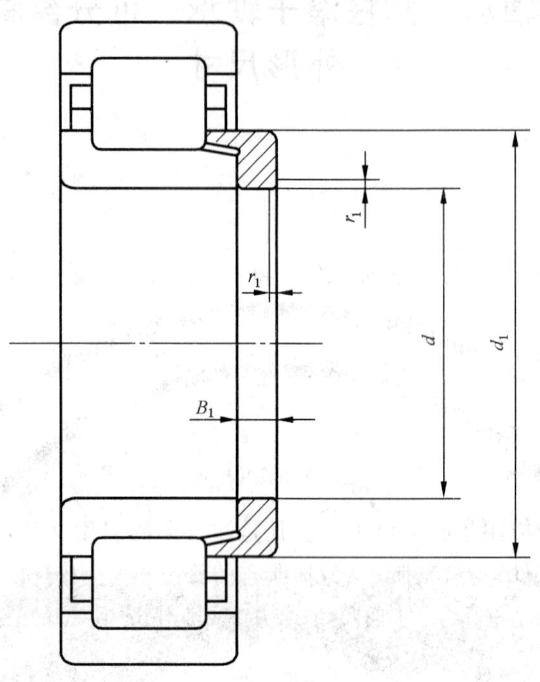

图 1 圆柱滚子轴承带可分离斜挡圈

表 1 标准设计的圆柱滚子轴承用可分离斜挡圈

单位为毫米

d	直径系列 0			直径系列 2			直径系列 3			直径系列 4		
	B_1	d_1 max	r_{1smin} [a]	B_1	d_1 max	r_{1smin} [a]	B_1	d_1 max	r_{1smin} [a]	B_1	d_1 max	r_{1smin} [a]
15	—	—	—	2.5	22	0.3	—	—	—	—	—	—
17	—	—	—	3	26	0.3	3	31	0.6	—	—	—
20	—	—	—	3	31	0.6	4	35	0.6	—	—	—
25	3	33	0.3	3	36	0.6	4	41	1.1	6	51	1.5
30	3	39	0.6	4	43	0.6	5	49	1.1	7	51	1.5
35	4	45	0.6	4	49	0.6	6	55	1.1	8	59.5	1.5
40	4	50	0.6	5	55	1.1	7	61	1.5	8	65	2
45	4	56	0.6	5	60	1.1	7	69	1.5	8	72	2
50	4	61	0.6	5	65	1.1	8	74	2	9	79	2.1
55	5	68	1	6	72	1.1	9	82	2	10	85.5	2.1
60	5	73	1	6	79	1.5	9	91	2.1	10	92	2.1
65	5	78	1	6	87	1.5	10	96	2.1	11	99	2.1
70	5	84.5	1	7	91	1.5	10	107	2.1	12	111	3
75	5	89.5	1	7	96	1.5	11	110	2.1	13	116.5	3
80	6	96	1	8	105	2	11	121	2.1	13	123	3

表 1（续）

单位为毫米

d	直径系列 0			直径系列 2			直径系列 3			直径系列 4		
	B_1	d_1 max	r_{1smin} [a]	B_1	d_1 max	r_{1smin} [a]	B_1	d_1 max	r_{1smin} [a]	B_1	d_1 max	r_{1smin} [a]
85	6	101	1	8	110	2	12	127	3	14	126.5	4
90	6	108	1.1	9	116	2	12	133	3	14	137.5	4
95	6	113	1.1	9	123	2.1	13	141	3	15	147.5	4
100	6	118	1.1	10	130	2.1	13	147	3	16	154	4
105	7	125	1.1	10	136	2.1	13	154	3	16	160	4
110	7	131.5	1.1	11	144	2.1	14	163	3	17	171.5	4
120	7	141.5	1.1	11	155	2.1	14	175	3	17	188.5	5
130	8	155	1.1	11	170	3	14	185	4	18	208	5
140	8	165	1.1	11	182	3	15	204	4	18	226	5
150	9.5	177	1.5	12	195	3	15	214	4	20	236	5
160	10	189	1.5	12	208	3	15	227	4	20	249	5
170	11	202	2.1	12	225	4	16	246	4	20	269	5
180	12	215.5	2.1	12	236	4	17	256	4	23	281	6
190	12	225	2.1	13	246	4	18	268	5	23	294	6
200	13	240	2.1	14	260	4	18	283	5	24	305	6
220	14	262	3	15	287	4	20	311	5	26	340	6
240	14	282.5	3	16	316	4	22	337	5	28	370	6
260	16	310	4	18	343	5	24	365	6	—	—	—
280	16	330	4	—	—	—	—	—	—	—	—	—
300	19	357	4	—	—	—	—	—	—	—	—	—
320	19	377	4	—	—	—	—	—	—	—	—	—
340	21	404	5	—	—	—	—	—	—	—	—	—
360	21	424	5	—	—	—	—	—	—	—	—	—
380	21	444	5	—	—	—	—	—	—	—	—	—
400	23	471	5	—	—	—	—	—	—	—	—	—
420	23	491	5	—	—	—	—	—	—	—	—	—
440	24	515	6	—	—	—	—	—	—	—	—	—
460	25	539	6	—	—	—	—	—	—	—	—	—
480	25	559	6	—	—	—	—	—	—	—	—	—
500	25	579	6	—	—	—	—	—	—	—	—	—

[a] 最大倒角尺寸规定在 ISO 582 中。

表 2 E-加强型设计的圆柱滚子轴承用可分离斜挡圈

单位为毫米

d	直径系列 2E			直径系列 3E		
	B_1	d_1 max	r_{1smin} [a]	B_1	d_1 max	r_{1smin} [a]
15	2.5	22	0.3	—	—	—
17	3	25.5	0.3	3	28	0.6
20	3	30.5	0.6	4	32	0.6
25	3	35.5	0.6	4	39	1.1
30	4	42	0.6	5	45.5	1.1
35	4	48.5	0.6	6	51.5	1.1
40	5	54.5	1.1	7	58	1.5
45	5	59.5	1.1	7	65	1.5
50	5	65	1.1	8	71.5	2
55	6	71	1.1	9	78	2
60	6	78	1.5	9	84.5	2.1
65	6	85	1.5	10	91	2.1
70	7	90	1.5	10	97.5	2.1
75	7	94.5	1.5	11	105	2.1
80	8	102	2	11	111	2.1
85	8	108	2	12	119	3
90	9	115	2	12	125	3
95	9	122	2.1	13	133	3
100	10	128	2.1	13	140	3
105	—	—	—	13	147	3
110	11	142	2.1	14	156	3
120	11	154	2.1	14	169	3
130	11	165	3	14	183	4
140	11	180	3	15	196	4
150	12	194	3	15	211	4
160	12	209	3	15	223	4
170	12	221	4	16	238	4
180	12	233	4	17	252	4
190	13	245	4	18	266	5
200	14	259	4	18	280	5
220	15	286	4	20	306	5
240	16	313	4	22	332	5
260	18	339	5	24	364	6
280	18	359	5	26	391	6

[a] 最大倒角尺寸规定在 ISO 582 中。

ICS 19.040
A 21

中华人民共和国国家标准

GB/T 20159.3—2011/IEC/TR 60721-4-3:2003

环境条件分类 环境条件分类与环境试验之间的关系及转换指南 有气候防护场所固定使用

Classification of environmental conditions—Guidance for the correlation and transformation of environmental condition classes to the environmental tests—Stationary use at weatherprotected locations

(IEC/TR 60721-4-3:2003,Classification of environmental conditions—Part 4-3:Guidance for the correlation and transformation of environmental condition classes of IEC 60721-3 to the environmental tests of IEC 60068—Stationary use at weatherprotected locations,IDT)

2011-12-30 发布　　2012-05-01 实施

中华人民共和国国家质量监督检验检疫总局
中国国家标准化管理委员会　发布

前　言

GB/T 20159《环境条件分类　环境条件分类与环境试验之间的关系及转换指南》分为以下几个部分：

——贮存；

——运输；

——有气候防护场所固定使用；

——无气候防护场所固定使用；

——地面车辆使用；

——船用；

——携带和非固定使用；

——导言。

本部分为 GB/T 20159 的第 3 部分。

本部分按照 GB/T 1.1—2009 给出的规则起草。

本部分等同采用 IEC/TR 60721-4-3:2003《环境条件分类　第 4-3 部分：IEC 60721-3 中环境条件分类与 IEC 60068-2 中环境试验之间的关系及转换指南　有气候防护场所固定使用》(英文版)。

考虑到我国实际情况，本部分对 IEC 60721-4-3 做了以下编辑性修改：

——"IEC 60721 本部分"修改为"GB/T 20159 本部分"；

——"本技术报告"修改为"本部分"；

——引用了采用国际标准的我国标准，并调整了排列顺序，以适合我国国情；

——删除了 IEC 60721-4-3 的前言和引言；

——增加了国家标准的前言；

——对标准中的图表做了编辑性修改。

本部分由中国电器工业协会提出。

本部分由全国电工电子产品环境条件与环境试验标准化技术委员会(SAC/TC 8)归口。

本部分起草单位：机械工业广州电器科学研究院。

本部分主要起草人：颜景莲、王玲。

环境条件分类　环境条件分类与环境试验之间的关系及转换指南　有气候防护场所固定使用

1　范围和目的

GB/T 20159 的本部分规定了在 GB/T 4798.3 环境条件与 GB/T 2423 环境试验之间的关系及转换指南。

环境可以由若干环境条件组成，诸如机械的、气候的、生物的以及由于化学活性物质和机械活性物质产生的其他效应。本部分中仅考虑机械条件和气候条件。

本部分的目的是提供一套便于应用的表格，使这些条件相互关联及转换。

2　规范性引用文件

下列文件对于本文件的应用是必不可少的。凡是注日期的引用文件，仅注日期的版本适用于本文件。凡是不注日期的引用文件，其最新版本(包括所有的修改单)适用于本文件。

GB/T 2421.1—2008　电工电子产品环境试验　概述和指南(IEC 60068-1:1988,IDT)

GB/T 2423.1—2008　电工电子产品环境试验　第 2 部分:试验方法　试验 A:低温(IEC 60068-2-1:2007,IDT)

GB/T 2423.2—2008　电工电子产品环境试验　第 2 部分:试验方法　试验 B:高温(IEC 68-2-2:74,IEC 60068-2-2:2007,IDT)

GB/T 2423.3—2006　电工电子产品环境试验　第 2 部分:试验方法　方法 Cab:恒定湿热试验(IEC 60068-2-78:2001,IDT)

GB/T 2423.4—2008　电工电子产品环境试验　第 2 部分:试验方法　试验 Db:交变湿热(12 h+12 h 循环)(IEC 60068-2-30:2005,IDT)

GB/T 2423.5—1995　电工电子产品环境试验　第 2 部分:试验方法　试验 Ea 和导则:冲击(IEC 60068-2-27:1987,IDT)

GB/T 2423.6—1995　电工电子产品环境试验　第 2 部分:试验方法　试验 Eb 和导则:碰撞(IEC 60068-2-29:1987,IDT)

GB/T 2423.10—2008　电工电子产品环境试验　第 2 部分:试验方法　试验 Fc:振动(正弦)(IEC 60068-2-6:1995,IDT)

GB/T 2423.21—2008　电工电子产品环境试验　第 2 部分:试验方法　试验 M:低气压(IEC 60068-2-13:1983,IDT)

GB/T 2423.22—2002　电工电子产品环境试验　第 2 部分:试验方法　试验 N:温度变化(IEC 60068-2-14:1984,IDT)

GB/T 2423.24—1995　电工电子产品环境试验　第 2 部分:试验方法　试验 Sa:模拟地面上的太阳辐射(IEC 60068-2-5:1975,IDT)

GB/T 2423.38—1989　电工电子产品环境试验　第 2 部分:试验方法　试验 R:水试验方法和导则(IEC 60068-2-18:2000,IDT)

GB/T 4798.2—2005 电工电子产品自然环境条件 第2部分:海拔与气压、水深与水压(IEC 60721-2-3:1987,MOD)

GB/T 4798.3—2007 电工电子产品应用环境条件 第3部分:有气候防护场所固定使用(IEC 60721-3-3:2002,MOD)

GB/T 20159.8—2008 环境条件分类 环境条件分类与环境试验之间的关系及转换指南 导言(IEC 60721-4-0,IDT)

ISO 554:1976 条件试验和(或)检验用的标准大气 规范

ISO 2533:1975 标准大气 附录1(1985),附录2(1997)

3 概述

3.1 对 GB/T 4798.3 的一般说明

GB/T 4798.3 将产品在使用过程中可能暴露于其中的环境参数进行了分级。这些等级中的参数是分别给出的,但产品可能同时暴露于其中。其中一些参数是互相独立的,而另一些参数则是密切相关的,例如太阳辐射和温度。

3.2 对 GB/T 2423 的一般说明

GB/T 2423 建立了一系列的环境试验规程和适当的试验严酷等级。试验严酷等级的选择取决于产品的失效后果。两种类型的产品可以放置于同一环境等级的各种场所中,但由于不同的失效后果,产品可能要在不同的严酷等级下进行试验。本部分只给出常规的失效后果;对于更严重的失效后果,则必须根据专家对产品的了解增加试验严酷等级。

3.3 严酷等级

GB/T 4798 建立了包括产品可能暴露于其中的短期极端条件在内的环境条件等级,超过这些等级的概率较低。在本部分各表格中给出的推荐性试验严酷等级考虑到了这一点,更多的信息请参见 GB/T 20159.8,即 GB/T 20159 的引言。

3.4 推荐的试验

下面的表格中有两类试验。第一类试验列举了 GB/T 2423 试验,使用最接近于推荐试验的严酷等级。第二类试验就是本部分推荐的试验方法和严酷等级,一般认为更适用于大多数电工电子产品。

3.5 现用的环境试验

现用的等级制定了产品在使用、装配、非工作状态、维护以及修理等过程中所暴露的环境条件。不包括由堆放产品引起的环境条件。

相关规定应当详细指出,在环境试验程序中产品何时处于非工作状态,以及何种性能要求在试验前、中、后测量,以及失效标准。

3.6 试验持续时间

表1~表10 中推荐的试验持续时间是在经验基础上选择的,经验证明这些持续时间足以说明该环境条件对大多数产品的影响。但如果经过特定的用验证,用户可以改变这些数值。为了便于用户理解,本部分中表格的相关注解解释了为什么选择该推荐持续时间。

3.7 周围环境

某些推荐试验使用的术语“周围环境”是指在GB/T 2421.1—2008的5.3.1中规定的标准大气条件。即：温度15 ℃～35 ℃，相对湿度25%～75%，最大绝对湿度为22 g/m³，气压86 kPa～106 kPa。ISO 2533及其附录中提供了标准大气的详细情况，GB/T 4797.2仅提供了概要。ISO 554中规定了试验用“基准条件”。

4 气候条件

见表1～表5。

表 1　对 GB/T 4798.3 等级 3K2 推荐的试验
（连续控制温度，不控制湿度的密闭场所）

GB/T 4798.3—环境条件		GB/T 2423—环境试验				
环境参数	等级	最接近的 GB/T 2423 试验		推荐试验		注释序号
	3K2	试验方法	严酷等级	试验方法	严酷等级	
等级 3K2 气候图				x）高温 GB/T 2423.2:Bb/Bd y）低温 GB/T 2423.1:Ab/Ad z）湿热 GB/T 2423.3:Cab	+30 ℃,16 h 无 无	1),2) 3) 3)
a）低气温	+15 ℃	同推荐试验		同上		
b）高气温	+30 ℃	同推荐试验		同上		
c）低相对湿度	10%	同推荐试验		同上		
d）高相对湿度	75%	同推荐试验		同上		
e）低绝对湿度	2 g/m³	同推荐试验		同上		
f）高绝对湿度	22 g/m³	同推荐试验		同上		
g）气温变化率	0.5 ℃/min	GB/T 2423.22:Nb	+5 ℃到环境温度 2 个循环 1 ℃/min,t_1=3 h	一般不要求试验，见注 4)		4)
h）低气压	70 kPa	GB/T 2423.21:M	70 kPa,30 min	一般不要求试验，见注 5)		5)
i）高气压	106 kPa	GB/T 2423 无此试验		一般不要求试验，见注 6)		6)
j）太阳辐射	700 W/m²	GB/T 2423.24:Sa 方法 C	1 120 W/m²,72 h,40 ℃	增加高温试验温度 10 ℃并评价材料的光化学反应		7)

表 1（续）

GB/T 4798.3—环境条件		GB/T 2423—环境试验				
环境参数	等级	最接近的 GB/T 2423 试验		推荐试验		注释序号
	3K2	试验方法	严酷等级	试验方法	严酷等级	
k） 热辐射 用户从 3Z1、3Z2 或 3Z3 中选择		GB/T 2423 无此试验		一般不要求试验，见注 8）		8）
l） 周围大气运动 1 m/s 或者用户从 3Z4、3Z5 或 3Z6 中选择		GB/T 2423 无此试验		一般不要求试验，见注 9）		9）
m） 凝露	无					
n） 风致降水（雨、雪、冰雹等）	无					
o） 非降雨水源	无					
p） 结冰	无					
注：等级栏内的“无”表示 GB/T 4798 没有规定该条件。						

表 1 的解释性注释—等级 3K2：

1） 为了测试产品耐受气候图中各条件的性能，通常只使用以下三种试验：

——高温试验，其中相对湿度不应超过 50%，但不做准确控制；

——低温试验，不控制湿度；

——恒定湿热试验，控制温度和湿度。

在气候图中这些试验表示为试验 x）、y）和 z）。该等级的温度和湿度条件在 GB/T 2421 规定的标准大气条件内，因此，对大多数产品来说是温和的，一般没有推荐试验。气候图中的其他边界条件不要求试验，而且 GB/T 2423 中没有适用的试验。

2） 试验温度与 GB/T 4798.3 中该等级的环境参数相等。选择持续时间为 16 h，对于大多数产品来说能够充分表明它的设计足以耐受住该温度。

3） 这些温度和湿度条件在 GB/T 2421 规定的标准大气条件内，因此没有推荐试验。

4） 该等级温度范围在 GB/T 2421 规定的标准大气条件内，因此，对大多数产品来说是温和的，一般没有推荐试验。

5） 对于密封产品或者贮存/处理液体的产品，推荐 GB/T 2423.21 中试验 M。对于正式应用，当在元件级评价气压的影响时，没有推荐试验。

6） GB/T 2423 中没有该条件下的试验方法，该条件在 GB/T 2421 中定义的标准大气条件范围内，因此对大多数产品来说是温和的，没有推荐试验。

7） 选择 GB/T 2423.24 中的方法 C 是因为它产生连续辐射，因此允许评价光降解影响。尽管该等级的严酷等级为 700 W/m^2，但是 GB/T 2423.24 中的试验 Sa 条件是太阳辐射值为 1 120 W/m^2。

由于难以重现实际承受的真实辐射，因而太阳辐射试验不太理想。建议用提高高温试验的温度 10 ℃来评价该条件，并且评价材料和元件的光化学反应。更多的信息请参见 IEC 60741-4-0。

产品可能具备太阳辐射防护装置，例如，安装高效防热罩，此时温度升高试验可以省略，或者根据防护效率降低试验严酷等级。为了使产品有能力抵抗太阳辐射的影响，正常情况下应当采取防护措施。

8） 没有推荐试验。GB/T 4798.3 中没有现成的热辐射值，该效应通常包括在高温试验中。对于安装在高热辐射源附近的产品，可能要求具备特殊防护措施诸如热防护罩、绝热层或者要求附加高温试验，温度升高的程度取决于热源的严酷等级。

9） 没有推荐试验。没有可用的 GB/T 2423 试验，该条件对大多数产品来说是温和的。如果选用特殊的条件（3Z4、3Z5 或者 3Z6），应当采取防护措施，特别是大产品。如果要评价此条件，则用户必须制定自己的评价方法。

表 2　对 GB/T 4798.3 等级 3K3 推荐的试验

（控制温度，不控制湿度的密闭场所）

GB/T 4798.3—环境条件		GB/T 2423—环境试验				
环境参数	等级 3K3	最接近的 GB/T 2423 试验		推荐试验		注释序号
		试验方法	严酷等级	试验方法	严酷等级	
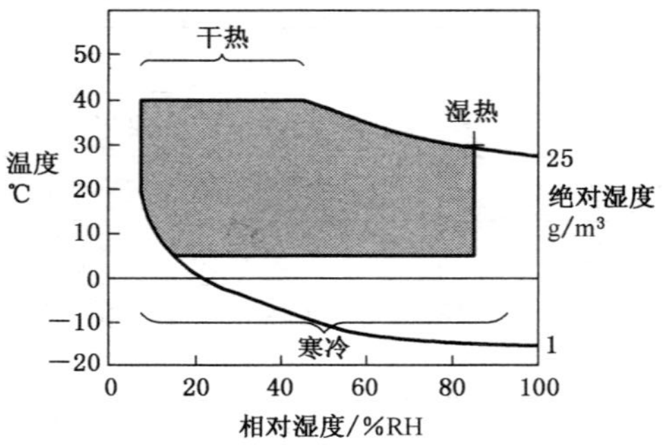 干热 湿热 寒冷 温度 ℃ 绝对湿度 g/m³ 相对湿度/%RH 等级 3K3 气候图				x） 高温 GB/T 2423.2:Bb/Bd y） 低温 GB/T 2423.1:Ab/Ad z） 湿热 GB/T 2423.3:Cab	+40 ℃，16 h +5 ℃，16 h +30 ℃，85%RH，96 h	1)，2) 1)，2) 1)，3)
a） 低气温	+5 ℃	同推荐试验		同上		
b） 高气温	+40 ℃	同推荐试验		同上		
c） 低相对湿度	5%	同推荐试验		同上		
d） 高相对湿度	85%	同推荐试验		同上		
e） 低绝对湿度	1 g/m³	同推荐试验		同上		

表 2（续）

GB/T 4798.3—环境条件		GB/T 2423—环境试验				
环境参数	等级 3K3	最接近的 GB/T 2423 试验		推荐试验		注释序号
		试验方法	严酷等级	试验方法	严酷等级	
f） 高绝对湿度	25 g/m³	同推荐试验		同上		
g） 气温变化率	0.5 ℃/min	GB/T 2423.22：Nb	+5 ℃到环境温度 2 个循环 1 ℃/min，t_1＝3 h	一般不要求试验，见注 4）		4）
h） 低气压	70 kPa	GB/T 2423.21：M	70 kPa，30 min	一般不要求试验，见注 5）		5）
i） 高气压	106 kPa	GB/T 2423 无此试验		一般不要求试验，见注 6）		6）
j） 太阳辐射	700 W/m²	GB/T 2423.24：Sa 方法 C	1 120 W/m²，72 h，40 ℃	增加高温试验温度 10 ℃并评价材料的光化学反应		7）
k） 热辐射 用户从 3Z1、3Z2 或者 3Z3 中选择		GB/T 2423 无此试验		一般不要求试验，见注 8）		8）
l） 周围大气运动 1 m/s 或者用户从 3Z4、3Z5 或者 3Z6 中选择		GB/T 2423 无此试验		一般不要求试验，见注 9）		9）
m） 凝露	无					
n） 风致降水（雨、雪、冰雹等）	无					
o） 非降雨水源	无					
p） 结冰	无					
注：等级栏中的“无”表示 GB/T 4798 没有规定此条件。						

表 2 的解释性注释—等级 3K3：

1） 为了测试产品耐受气候图中各种条件的性能，通常只使用以下三种试验：

——高温试验，其中相对湿度不应超过 50%，但不做准确控制；

——低温试验，不控制湿度；

——恒定湿热试验，控制温度和湿度。

在气候图中这些试验表示为试验 x）、y）和 z）。气候图中的其他边界条件不要求试验，而且 GB/T 2423 中没有适用的试验。

2） 试验温度等于该等级的环境参数值。选择持续时间为 16 h，对于大多数产品来说能够充分表明它的设计足以耐受住该温度。

3） 这些严酷等级最接近于 GB/T 2423 的优选值，温度和湿度条件与 GB/T 4798 等级参数的微小差别不显著，在正常的测量容差范围内。持续时间 96 h，对于大多数产品来说能够充分表明它的设计足以耐受该湿度。

4） 温度变化试验经常用来测试设计容差，范围并不重要。然而在该等级中，温度范围较小，不可能出现凝露，因此除了密封产品以外，应当省略该试验。

5） 对于密封产品或者贮存/处理液体的产品，推荐进行 GB/T 2423.21 试验 M。对于正式的应用，当在元件级评价气压的影响时，没有推荐试验。

6） GB/T 2423 中没有该条件下的试验方法，该条件在 GB/T 2421 中定义的标准大气条件范围内，因此对大多数产品来说是温和的。没有推荐试验。

7） 选择 GB/T 2423.24 中的方法 C 是因为它产生连续辐射，因此可以评价光降解影响。尽管该等级的严酷等级为 700 W/m^2，GB/T 2423.24 中试验 Sa 条件是太阳辐射值为 1 120 W/m^2。

由于难以重现实际承受的真实辐射，太阳辐射试验不太理想。建议通过提高高温试验的温度 10 ℃来评价这个条件，并且评价材料和元件的光化学反应。更多的信息参见 IEC 60741-4-0。

产品可能具备太阳辐射防护装置，例如，安装高效防热罩，此时温度升高试验可以省略，或者根据防护效率降低试验严酷等级。为了使产品有能力抵抗太阳辐射的影响，正常情况下应当采取防护措施。

8） 没有推荐试验。GB/T 4798.3 中没有热辐射数值，其影响通常包括在高温试验中。对于安装在高热辐射源附近的产品，可能要求具备特殊防护措施诸如热防护罩、绝热层或者要求附加高温试验，温度升高的程度取决于热源的严酷等级。

9） 没有推荐试验。没有合适的 GB/T 2423 试验，该条件对大多数产品来说是温和的。如果选用特殊的条件（3Z4、3Z5 或者 3Z6），应当采取防护措施，特别是大产品。如果要评价此条件，则用户必须制定自己的评价方法。

表 3　对 GB/T 4798.3 等级 3K4 推荐的试验

（控制温度，不控制湿度，相对湿度范围较大的密闭场所）

GB/T 4798.3—环境条件		GB/T 2423—环境试验				
环境参数	等级	最接近的 GB/T 2423 试验		推荐试验		注释序号
	3K4	试验方法	严酷等级	试验方法	严酷等级	
干热 湿热 寒冷 温度 ℃ 29 绝对湿度 g/m³ 1 相对湿度/%RH 等级 3K4 气候图				x） 高温 GB/T 2423.2：Bb/Bd	+40 ℃，16 h	1），2）
				y） 低温 GB/T 2423.1：Ab/Ad	+5 ℃，16 h	1），2）
				z） 湿热 GB/T 2423.3：Cab	+30 ℃，93%RH，16 h	1），3）

表 3（续）

GB/T 4798.3—环境条件		GB/T 2423—环境试验				
环境参数	等级 3K4	最接近的 GB/T 2423 试验		推荐试验		注释序号
		试验方法	严酷等级	试验方法	严酷等级	
a) 低气温	+5 ℃	同推荐试验		同上		
b) 高气温	+40 ℃	同推荐试验		同上		
c) 低相对湿度	5%	同推荐试验		同上		
d) 高相对湿度	95%	同推荐试验		同上		
e) 低绝对湿度	1 g/m^3	同推荐试验		同上		
f) 高绝对湿度	29 g/m^3	同推荐试验		同上		
g) 气温变化率	0.5 ℃/min	GB/T 2423.22:Nb	+5 ℃到环境温度 2 个循环 1 ℃/min,t_1=3 h	一般不要求试验,见注 4)		4)
h) 低气压	70 kPa	GB/T 2423.21:M	70 kPa,30 min	一般不要求试验,见注 5)		5)
i) 高气压	106 kPa	GB/T 2423 无此试验		一般不要求试验,见注 6)		6)
j) 太阳辐射	700 W/m^2	GB/T 2423.24:Sa 方法 C	1 120 W/m^2,72 h,40 ℃	增加高温试验温度 10 ℃并评价材料的光化学反应		7)
k) 热辐射 用户从 3Z1、3Z2 或者 3Z3 中选择		GB/T 2423 无此试验		一般不要求试验,见注 8)		8)
l) 周围大气运动 1 m/s 或者用户从 3Z4、3Z5 或者 3Z6 中选择		GB/T 2423 无此试验		一般不要求试验,见注 9)		9)
m) 凝露	有	GB/T 2423.4:Db 方法 2	+40 ℃,90%～100% RH,2 个循环	GB/T 2423.4:Db 方法 2	+30 ℃,90%～100% RH,2 个循环	10)
n) 风致降水(雨、雪、冰雹等)	无					
q) 非降雨水源 用户从 3Z7、3Z8、3Z9 或者 3Z10 中选择		GB/T 2423 无此试验		GB/T 2423.38:Ra,Rb	见注 11)	11)
r) 结冰	无					

注：等级栏中的"无"表示 GB/T 4798 没有规定此条件。

表 3 的解释性注释—等级 3K4：

1） 为了测试产品耐受气候图中各种条件的性能，通常只使用以下三种试验：

——高温试验，其中相对湿度不应超过 50%，但不做准确控制；

——低温试验，不控制湿度；

——恒定湿热试验，控制温度和湿度。

在气候图中这些试验表示为试验 x)、y)和 z)。气候图中的其他边界条件不要求试验，而且 GB/T 2423 中没有适合的试验。

2） 试验温度与 GB/T 4798.3 中该等级的环境参数相等。选择持续时间 16 h，对于大多数散热性产品来说能够充分表明它的设计足以耐受住该温度。GB/T 4798 中包含一个该等级种可能出现的特殊的条件＋55 ℃。如果产品可能在该温度下使用，推荐＋55 ℃下试验 16 h 作为该试验的可替代试验。

3） 这些严酷等级最接近于 GB/T 2423 中的严酷等级，温度和湿度条件的微小差别不显著，在正常的测量容差范围内。持续时间 96 h，对于大多数产品来说能够充分表明它的设计足以耐受住该湿度。

4） 温度变化试验经常用来测试设计容差，范围并不重要。然而在该等级中，温度范围较小，不可能出现凝露，因此除了密封产品以外，应当省略该试验。

5） 对于密封产品或者贮存/处理液体的产品，推荐进行 GB/T 2423.21 试验 M。对于正式的应用，当在元件级评价气压的影响时，没有推荐试验。

6） GB/T 2423 中没有该条件下的试验方法，该条件在 GB/T 2421 中定义的标准大气条件范围内，因此对大多数产品来说是温和的。没有推荐试验。

7） 选择 GB/T 2423.24 中的方法 C 是因为它产生连续辐射，因此可以评价光降解影响。该等级的严酷等级为 700 W/m^2，而 GB/T 2423.24 中包含的试验 Sa 中的太阳辐射为 1 120 W/m^2。

由于难以重现实际承受的真实辐射，太阳辐射试验不太理想。建议通过提高高温试验的温度 10 ℃，且评价材料和元件的光化学反应来评价该条件。更多的信息参见 IEC 60741-4-0。

产品可能具备太阳辐射防护装置，例如，安装高效防热罩，此时温度升高试验可以省略，或者根据防护效率降低试验严酷等级。为了使产品有能力抵抗太阳辐射的影响，正常情况下应当采取防护措施。

8） 没有推荐试验。GB/T 4798.3 中没有热辐射数值，其影响通常包括在高温试验中。对于安装在高热辐射源附近的产品，可能要求具备特殊防护措施诸如热防护罩、绝热层或者要求附加高温试验，温度升高的程度取决于热源的严酷等级。

9） 没有推荐试验。没有合适的 GB/T 2423 试验，该条件对大多数产品来说是温和的。如果选用特殊的条件(3Z4、3Z5 或者 3Z6)，应当采取防护措施，特别是大产品。如果要评价此条件，则用户必须自行制定评价方法。

10） 试验温度与气候图中的典型严酷等级不符，是 GB/T 2423 中提出的第二高的优选值。但是，强烈推荐试验温度降至 30 ℃以便在气候图中规定的限制范围内进行试验。持续时间为 2 个循环(48 h)，对大多数产品来说已经足够了。对于高散热性产品，由于自热效应阻止了凝露的产生并且高湿度的影响包括在方法 Cab(试验 z))中，因此省略该试验。选择试验 Db 的方法 2，是因为它足以检测该条件，并且比方法 1 操作简单。

11） 除了对四种水源的描述之外(表 3，3Z7～3Z10)，GB/T 4798.3 中没有具体数据：

a） 滴水：如果产品通常有防雨措施，但是有可能暴露于降落的凝露水滴或者上面的渗漏水滴中，则 GB/T 2423.38 试验 Ra 2—滴水试验是优选的试验方法，滴落高度 2 m、倾斜角 0°、持续时间 1 h。

b） 溅水：如果产品有可能暴露于洒水系统或者水轮车喷溅环境中时，则 GB/T 2423.38 试验 Rb 2.1—摆动管法或者 Rb 2.2—

手持洒水法，1 min/m²，最多 30 min 是优选的方法。

c) 水浪：如果产品有可能暴露于冲洗或冲刷中，则 GB/T 2423.38 试验 Rb 3—软管法是优选的方法。

d) 射水：如果喷射水有可能冲击产品，选择 GB/T 2423.38 试验 Ra 或者试验 Rb 来表明该产品是为了在这些条件下运行而设计的。

表 4 对 GB/T 4798.3 等级 3K5 推荐的试验

（既不控制温度也不控制湿度的密闭场所）

GB/T 4798.3—环境条件		GB/T 2423—环境试验				
环境参数	等级	最接近的 GB/T 2423 试验		推荐试验		注释序号
	3K5	试验方法	严酷等级	试验方法	严酷等级	
等级 3K5 气候图				x） 高温 GB/T 2423.2：Bb/Bd y） 低温 GB/T 2423.1：Ab/Ad z） 湿热 GB/T 2423.3：Cab	+45 ℃，16 h −5 ℃，16 h +30 ℃，93%RH，96 h	1），2） 1），2） 1），3）
a） 低气温	−5 ℃	同推荐试验		同上		
b） 高气温	+45 ℃	同推荐试验		同上		
c） 低相对湿度	5%	同推荐试验		同上		
d） 高相对湿度	95%	同推荐试验		同上		
e） 低绝对湿度	1 g/m³	同推荐试验		同上		
f） 高绝对湿度	29 g/m³	同推荐试验		同上		
g） 气温变化率	0.5 ℃/min	GB/T 2423.22：Nb	−5 ℃到环境温度 2 个循环 1 ℃/min，t_1=3 h	GB/T 2423.22：Nb	−5 ℃到环境温度 2 个循环 1 ℃/min，t_1=3 h	4）

表 4（续）

GB/T 4798.3—环境条件		GB/T 2423—环境试验				
环境参数	等级 3K5	最接近的 GB/T 2423 试验		推荐试验		注释序号
		试验方法	严酷等级	试验方法	严酷等级	
h）低气压	70 kPa	GB/T 2423.21：M	70 kPa，30 min	一般不要求试验，见注 5）		5）
i）高气压	106 kPa	GB/T 2423 无此试验		一般不要求试验，见注 6）		6）
j）太阳辐射	700 W/m²	GB/T 2423.24：Sa 方法 C	1 120 W/m²，72 h，40 ℃	增加高温试验温度 10 ℃并评价材料的光化学反应		7）
k）热辐射 用户从 3Z1、3Z2 或者 3Z3 中选择		GB/T 2423 无此试验		一般不要求试验，见注 8）		8）
l）周围大气运动 1 m/s 或者用户从 3Z4、3Z5 或者 3Z6 中选择		GB/T 2423 无此试验		一般不要求试验，见注 9）		9）
m）凝露	有	GB/T 2423.4：Db 方法 2	+40 ℃，90%～100% RH，2 个循环	GB/T 2423.4：Db 方法 2	+30 ℃，90%～100% RH，一个循环	10）
n）风致降水（雨、雪、冰雹等）	无					
o）非降雨水源 用户从 3Z7、3Z8、3Z9 或者 3Z10 中选择		GB/T 2423 无此试验		GB/T 2423.38：Rb	见注 11）	11）
p）结冰	有	GB/T 2423 无此试验		一般不要求试验，见注 12）		12）

注：等级栏中的"无"表示 GB/T 4798 没有规定此条件。

表 4 的解释性注释—等级 3K5：

1） 为了测试产品耐受气候图中各种条件的性能，通常只使用以下三种试验：

——高温试验，其中相对湿度不应超过 50%，但不做准确控制；

——低温试验，不控制湿度；

——恒定湿热试验，控制温度和湿度。

在气候图中这些试验表示为试验 x）、y）和 z）。气候图中的其他边界条件不要求试验，而且 GB/T 2423 中没有适合的试验。

2） 试验温度与 GB/T 4798.3 中该等级的环境参数相等。由于材料一旦达到低温稳定状态就很少发生物理和化学变化，选择持续时间为 16 h，对于大多数散热性产品来说能够充分表明它的设计足以耐受住该温度。GB/T 4798 中包含一个该等级中可能出现的特殊的条件+55 ℃。如果产品可能在该温度下使用，推荐+55 ℃下试验 16 h 代替该试验。

3) 这些严酷等级最接近 GB/T 2423 中的严酷等级，温度和湿度条件的微小差别不显著，在正常的测量容差范围内。持续时间 96 h，对于大多数产品来说能够充分表明它的设计足以耐受住该湿度。

4) 温度变化试验经常用来测试设计容差，范围并不重要。该等级中可能会出现凝露，因此提出一个跨越 0 ℃的温度范围以使低散热性产品形成凝露。GB/T 4798 中规定的温度变化速率为 0.5 ℃/min，但是 GB/T 2423.22 试验 Nb 中最小的优先值为 1 ℃/min。建议使用 0.5 ℃/min，尤其是对发热的大产品。

5) 对于密封产品或者贮存/处理液体的产品，推荐进行 GB/T 2423.21 试验 M。对于正式的应用，当在元件级评价气压的影响时，没有推荐试验。

6) GB/T 2423 中没有该条件下的试验方法，该条件在 GB/T 2421 中定义的标准大气条件范围内，因此对大多数产品来说是温和的。没有推荐试验。

7) 选择 GB/T 2423.23 中的方法 C 是因为它产生连续辐射，因此可以评价光降解影响。该等级的严酷等级为 700 W/m^2，而 GB/T 2423.23 中包含的试验 Sa 中的太阳辐射为 1 120 W/m^2。

由于难以重现实际承受的真实辐射，太阳辐射试验不太理想。建议通过提高高温试验的温度 10 ℃来评价该条件，并且评价材料和元件的光化学反应。更多的信息参见 IEC 60741-4-0。

产品可能具备太阳辐射防护装置，例如，安装高效防热罩，此时温度升高试验可以省略，或者根据防护效率降低试验严酷等级。为了使产品有能力抵抗太阳辐射的影响，正常情况下应当采取防护措施。

8) 没有推荐试验。GB/T 4798.3 中没有热辐射数值，其影响通常包括在高温试验中。对于安装在高热辐射源附近的产品，可能要求具备特殊防护措施诸如热防护罩、绝热层或者要求附加高温试验，温度升高的程度取决于热源的严酷等级。

9) 没有推荐试验。没有合适的 GB/T 2423 试验，该条件对大多数产品来说是温和的。如果选用特殊的条件(3Z4、3Z5 或者 3Z6)，应当采取防护措施，特别是大产品。如果要评价此条件，则用户必须制定自己的评价方法。

10) 试验温度与气候图中的典型严酷等级不符，是 GB/T 2423 中提出的第二高的优选值。但是，强烈推荐试验温度降至 30 ℃以便在气候图中规定的限制范围内进行试验。持续时间为 2 个循环(48 h)，对大多数产品来说已经足够了。对于高散热性产品，由于自热效应阻止了凝露的产生并且高湿度的影响包括在方法 Cab(试验 z))中，因此省略该试验。选择试验 Db 的方法 2，是因为它足以检测该条件，并且比方法 1 操作简单。

11) 除了对四种水源的描述之外(表 3，3Z7～3Z10)，GB/T 4798.3 中没有具体数据：

a) 滴水：如果产品通常有防雨措施，但是有可能暴露于降落的凝露水滴或者上面的渗漏水滴中，则 GB/T 2423.38 试验 Ra 2—滴水试验是优选的试验方法，滴落高度 2 m、倾斜角 0°、持续时间 1 h。

b) 溅水：如果产品有可能暴露于洒水系统或者水轮车喷溅环境中时，则 GB/T 2423.38 试验 Rb 2.1—摆动管法或者 Rb 2.2—手持洒水法，1 min/m^2，最多 30 min 是优选的方法。

c) 水浪：如果产品有可能暴露于冲洗或冲刷中，则 GB/T 2423.38 试验 Rb 3—软管法是优选的方法。

d) 射水：如果喷射水有可能冲击产品，选择 GB/T 2423.38 试验 Ra 或者试验 Rb 来表明该产品是为了在这些条件下运行而设计的。

12) GB/T 2423 除了低温试验(试验 y))没有其他合适的试验；但是，如果产品包含活动部件应当采取防护措施。

表 5　对 GB/T 4798.3 等级 3K6 推荐的试验

（不控制温度和湿度，可能有直接通向户外的通气孔—部分气候防护场所）

GB/T 4798.3—环境条件		GB/T 2423—环境试验				
环境参数	等级 3K6	最接近的 GB/T 2423 试验		推荐试验		注释序号
		试验方法	严酷等级	试验方法	严酷等级	
等级 3K6 气候图（温度 ℃：−40～60；相对湿度/%RH：0～100；干热；湿热；寒冷；绝对湿度 g/m³：29，0.5）				x） 高温 GB/T 2423.2:Bb/Bd y） 低温 GB/T 2423.1:Ab/Ad z） 湿热 GB/T 2423.3:Cab	+55 ℃,16 h −25 ℃,16 h +30 ℃,93%RH,96 h	1),2) 1),2) 1),3)
a） 低气温	−25 ℃	同推荐试验		同上		
b） 高气温	+55 ℃	同推荐试验		同上		
c） 低相对湿度	10%	同推荐试验		同上		
d） 高相对湿度	100%	同推荐试验		同上		
e） 低绝对湿度	0.5 g/m³	同推荐试验		同上		
f） 高绝对湿度	29 g/m³	同推荐试验		同上		
g） 气温变化率	0.5 ℃/min	GB/T 2423.22:Nb	−25 ℃到环境温度 2 个循环 1 ℃/min, t_1 = 3 h	GB/T 2423.22:Nb	−25 ℃到环境温度， 2 个循环， 0.5 ℃/min, t_1 = 3 h	4)
h） 低气压	70 kPa	GB/T 2423.21:M	70 kPa,30 min	一般不要求试验，见注 5)		5)

表 5（续）

GB/T 4798.3—环境条件		GB/T 2423—环境试验				
环境参数	等级 3K6	最接近的 GB/T 2423 试验		推荐试验		注释序号
		试验方法	严酷等级	试验方法	严酷等级	
i) 高气压	106 kPa	GB/T 2423 无此试验		一般不要求试验，见注 6)		6)
j) 太阳辐射	1 120 W/m²	GB/T 2423.24：Sa 方法 C	1 120 W/m²，72 h，40 ℃	增加高温试验温度 15 ℃并评价材料的光化学反应		7)
k) 热辐射 用户从 3Z1、3Z2 或者 3Z3 中选择		GB/T 2423 无此试验		一般不要求试验，见注 8)		8)
l) 周围大气运动 1 m/s 或者用户从 3Z4、3Z5 或者 3Z6 中选择		GB/T 2423 无此试验		一般不要求试验，见注 9)		9)
m) 凝露	有	GB/T 2423.4：Db 方法 2	+40 ℃，90%～100% RH，2 个循环	GB/T 2423.4：Db 方法 2	+30 ℃，90%～100% RH，一个循环	10)
n) 风致降水（雨、雪、冰雹等）	有	GB/T 2423 无此试验		一般不要求试验，见注 11)		11)
o) 非降雨水源 用户从 3Z7、3Z8、3Z9 或者 3Z10 中选择		GB/T 2423 无此试验		GB/T 2423.38：Ra、Rb	见注 12)	12)
p) 结冰	有	GB/T 2423 无此试验		一般不要求试验，见注 13)		13)

表 5 的解释性注释—等级 3K6：

1) 为了测试产品耐受气候图中各种条件的性能，通常只使用以下三种试验：

——高温试验，其中相对湿度不应超过 50%，但不做准确控制。

——低温试验，不控制湿度。

——恒定湿热试验，控制温度和湿度。

在气候图中这些试验表示为试验 x)、y)和 z)。气候图中的其他边界条件不要求试验，而且 GB/T 2423 中没有适合的试验。

2) 试验温度与 GB/T 4798.3 中该等级的环境参数相等。选择持续时间为 16 h，对于大多数散热性产品来说能够充分表明它的设计足以耐受住该温度。

3) 这些严酷等级最接近 GB/T 2423 中的严酷等级，温度和湿度条件的微小差别不显著，在正常的测量容差范围内。持续时间 96 h，对于大多数产品来说能够充分表明它的设计足以耐受住该湿度。

4） 温度变化试验经常用来测试设计容差，范围并不重要。该等级中可能会出现凝露，因此提出一个跨越 0 ℃的温度范围以使低散热性产品形成凝露。GB/T 4798 中规定的温度变化速率为 0.5 ℃/min，但是 GB/T 2423.22 试验 Nb 中最小的优先值为 1 ℃/min。建议使用 0.5 ℃/min，尤其是对发热的大产品。

5） 对于密封产品或者贮存/处理液体的产品，推荐进行 GB/T 2423.21 试验 M。对于正式的应用，当在元件级评价气压的影响时，没有推荐试验。

6） GB/T 2423 中没有该条件下的试验方法，该条件在 GB/T 2421 中定义的标准大气条件范围内，因此对大多数产品来说是温和的。没有推荐试验。

7） 选择 GB/T 2423.24 中的方法 C 是因为它产生连续辐射，因此可以评价光降解影响。该等级的严酷等级为 1 120 W/m^2，与 GB/T 2423.24 中的试验 Sa 中的太阳辐射条件一致。

由于难以重现实际承受的真实辐射，太阳辐射试验不太理想。建议通过提高高温试验的温度 15 ℃来评价该条件，并且评价材料和元件的光化学反应。更多的信息参见 IEC 60741-4-0。

产品可能具备太阳辐射防护装置，例如，安装高效防热罩，此时温度升高试验可以省略，或者根据防护效率降低试验严酷等级。为了使产品有能力抵抗太阳辐射的影响，正常情况下应当采取防护措施。

8） 没有推荐试验。GB/T 4798.3 中没有热辐射数值，其影响通常包括在高温试验中。对于安装在高热辐射源附近的产品，可能要求具备特殊防护措施诸如热防护罩、绝热层或者要求附加高温试验，温度升高的程度取决于热源的严酷等级。

9） 没有推荐试验。没有合适的 GB/T 2423 试验，该条件对大多数产品来说是温和的。如果选用特殊的条件（3Z4、3Z5 或者 3Z6），应当采取防护措施，特别是大产品。如果要评价此条件，则用户必须制定自己的评价方法。

10） 试验温度与气候图中的典型严酷等级不符，是 GB/T 2423 中提出的第二高的优选值。但是，强烈推荐试验温度降至 30 ℃以便在气候图中规定的限制范围内进行试验。持续时间为 2 个循环(48 h)，对大多数产品来说已经足够了。对于高散热性产品，由于自热效应阻止了凝露的产生并且高湿度的影响包括在方法 Cab（试验 z））中，因此省略该试验。选择试验 Db 的方法 2，是因为它足以检测该条件，并且比方法 1 操作简单。

11） GB/T 4798 中没有风致降水的数据，因此也没有推荐试验。对于安装在气候防护场所，但是靠近建筑的出口处的产品，应当采取防护措施，或者要进行水试验（GB/T 2423.38）。

12） 除了对四种水源的描述之外（表 3，3Z7～3Z10），GB/T 4798.3 中没有具体数据：

a） 滴水：如果产品通常有防雨措施，但是有可能暴露于降落的凝露水滴或者上面的渗漏水滴中，则 GB/T 2423.38 试验 Ra 2—滴水试验是优选的试验方法，滴落高度 2 m、倾斜角 0°、持续时间 1 h。

b） 溅水：如果产品有可能暴露于洒水系统或者水轮车喷溅环境中时，则 GB/T 2423.38 试验 Rb 2.1—摆动管法或者 Rb 2.2—手持洒水法，1 min/m^2，最多 30 min 是优选的方法。

c） 水浪：如果产品有可能暴露于冲洗或冲刷中，则 GB/T 2423.38 试验 Rb 3—软管法是优选的方法。

d） 射水：如果喷射水有可能冲击产品，选择 GB/T 2423.38 试验 Ra 或者试验 Rb 来表明该产品是为了在这些条件下运行而设计的。

13） GB/T 2423 除了低温试验（试验 y））没有其他合适的试验；但是，如果产品包含活动部件应当采取防护措施。

5 机械条件

见表 6～表 10。

表 6 对 GB/T 4798.3 等级 3M1 推荐的试验
（不显著振动和冲击场所）

GB/T 4798.3—机械条件				GB/T 2423—机械试验				
环境参数	单位	等级 3M1		最接近的 GB/T 2423 试验		推荐试验		注释序号
				试验方法	严酷等级	试验方法	严酷等级	
a） 稳态正弦振动 位移 加速度 频率范围 轴线个数 扫频循环个数	 mm m/s² Hz	 0.3 2～9	 1.0 9～200	GB/T 2423.10 Fc：振动 正弦	 0.35 1.0 1～150 3 10	没有推荐试验，见注 1）		1） 2）
b） 冲击 冲击响应谱图 峰值加速度 持续时间 冲击的次数/方向 冲击的方向	 m/s² ms	 L 型 40 22		GB/T 2423.5 Ea：冲击 （半正弦）	 50 30 3 6	没有推荐试验，见注 3）		3）

表 6 的解释性注释—等级 3M1：

1） 对于大多数产品来说，该条件是温和的，试验可以省略。建议仅对正弦振动特别敏感的产品进行试验。

2） 已知产品在 10 Hz 以下不会发生共振时，允许将 GB/T 2423.10 中给定的较低频率由 1 Hz 调整到 5 Hz 以便于使用标准试验设备。但是由于采用了防震装置，必须从 1 Hz 开始试验。对于那些小巧、紧凑的产品，有必要将频率范围扩大到 200 Hz。

3） 该等级适用于有防护的显著振动和冲击的场所。GB/T 4798.3 中给定的值以及 GB/T 2423.5 中的最低严酷等级均过于严酷，因此没有推荐试验。

表 7　对 GB/T 4798.3 等级 3M2 推荐的试验
（低显著性振动场所）

GB/T 4798.3—机械条件				GB/T 2423—机械试验				
环境参数	单位	等级 3M2		最接近的 GB/T 2423 试验		推荐试验		注释序号
				试验方法	严酷等级	试验方法	严酷等级	
a）稳态正弦振动				GB/T 2423.10 Fc:振动 正弦		GB/T 2423.10 Fc:振动 正弦		
位移	mm	1.5			1.5		0.75	1）
加速度	m/s^2		5.0		5.0		2.0	
频率范围	Hz	2～9	9～200		1～150		1～150	2）
轴线个数					3		3	
扫频循环个数					5		5	
b）冲击				GB/T 2423.5 Ea:冲击（半正弦）		没有推荐试验，见注 3）		3）
冲击响应谱图		L 型						
峰值加速度	m/s^2	40			50			
持续时间	ms	22			30			
冲击的次数/方向					3			
冲击的方向					6			

表 7 的解释性注释—等级 3M2：

1）该等级描述为“低显著性振动”，GB/T 4798.3 中的数值对该等级来说过于严酷。因此，提出一项供选择的试验。对于质量大的产品，低频率下的严酷等级仍然偏高，应当根据现场数据进一步降低。

2）已知产品在 10 Hz 以下不会发生共振时，允许将 GB/T 2423.10 中给定的较低频率由 1 Hz 调整到 5 Hz 以便于使用标准试验设备。但是由于采用了防振装置，必须从 1 Hz 开始试验。对于那些小巧、紧凑的产品，有必要将频率范围扩大到 200 Hz。

3）该等级描述为“低显著性振动”，GB/T 4798.3 中的数值对该等级来说过于严酷。因此，没有推荐试验。

表 8 对 GB/T 4798.3 等级 3M3 推荐的试验

（振动和低显著冲击场所）

GB/T 4798.3—机械条件		GB/T 2423—机械试验						
环境参数	单位	等级 3M3		最接近的 GB/T 2423 试验		推荐试验		注释序号
				试验方法	严酷等级	试验方法	严酷等级	
a） 稳态正弦振动 位移 加速度 频率范围 轴线个数 扫频循环个数	 mm m/s^2 Hz	 1.5 2～9	 5.0 9～200	GB/T 2423.10 Fc：振动 正弦	 1.5 5.0 1～150 3 5	GB/T 2423.10 Fc：振动 正弦	 0.75 2.0 1～150 3 5	 1） 2）
b） 冲击 冲击响应谱图 峰值加速度 持续时间 冲击的次数/方向 冲击的方向	 m/s^2 ms	 L 型 70 22		GB/T 2423.5 Ea：冲击 （半正弦）	 50 30 3 6	GB/T 2423.5 Ea：冲击 （半正弦）	 50 6.0 3 6	3）

表 8 的解释性注释—等级 3M3：

1） 该等级描述为“低显著性振动”，GB/T 4798.3 中的数值对该等级来说过于严酷。因此，提出一项供选择的试验。对于质量大的产品，低频率下的严酷等级仍然偏高，应当根据现场数据进一步降低。

2） 已知产品在 10 Hz 以下不会发生共振时，允许将 GB/T 2423.10 中给定的较低频率由 1 Hz 调整到 5 Hz 以便于使用标准试验设备。但是由于采用了防震装置，必须从 1 Hz 开始试验。对于那些小巧、紧凑的产品，有必要将频率范围扩大到 200 Hz。

3） 该等级描述为“低显著性冲击”，GB/T 4798.3 中的数值对该等级来说过于严酷。因此，推荐试验一个可替换的试验。

表 9　对 GB/T 4798.3 等级 3M4 推荐的试验
（显著振动和冲击场所）

GB/T 4798.3—机械条件				GB/T 2423—机械试验				
环境参数	单位	等级 3M4		最接近的 GB/T 2423 试验		推荐试验		注释序号
				试验方法	严酷等级	试验方法	严酷等级	
a）稳态正弦振动				同推荐试验		GB/T 2423.10 Fc:振动 正弦		
位移	mm	3.0					3.5	1）
加速度	m/s²		10				10	
频率范围	Hz	2～9	9～200				1～150	
轴线个数							3	
扫频循环个数							10	
b）冲击								
冲击响应谱图		Ⅰ型		GB/T 2423.5 Ea:冲击 （半正弦）		GB/T 2423.6: Eb:碰撞		
峰值加速度	m/s²	100			150		150	2）
持续时间	ms	11			11		6	
冲击/碰撞的次数					每个方向 3 个		每个方向上 100 个	3）
冲击/碰撞的方向					6		6	

表 9 的解释性注释—等级 3M4：

1） 这些严酷等级最接近于 GB/T 2423.10:Fc 中的优选值，认为频率和位移微小改变不显著。已知产品在 10 Hz 以下不会发生共振时，允许将 GB/T 2423.10 中给定的较低频率由 1 Hz 调整到 5 Hz 以便于使用标准试验设备。但是由于采用了防震装置，必须从 1 Hz 开始试验。对于那些小巧、紧凑的产品，有必要将频率范围扩大到 200 Hz。

2） 在该环境下，预期有重复性冲击。GB/T 4798.3 规定为“显著振动和冲击，例如机器、路过的车辆附近等”。推荐进行 GB/T 2423.6:Eb，碰撞试验。根据他们产生的速度变化最接近于 GB/T 4798 冲击条件，选择严酷等级最接近于 GB/T 2423.6:Eb 的推荐值。

3） 如果已知一个产品对一个特定方向的冲击敏感，而对 3 个主轴方向不敏感，宜将该方向作为一个附加试验方向。

表 10　对 GB/T 4798.3 等级 3M6 推荐的试验
（剧烈振动场所）

GB/T 4798.3—机械条件		GB/T 2423—机械试验						
环境参数	单位	等级 3M6		最接近的 GB/T 2423 试验		推荐试验		注释序号
				试验方法	严酷等级	试验方法	严酷等级	
a）稳态正弦振动								
位移	mm	7.0		同推荐试验		GB/T 2423.10 Fc：振动 正弦	7.5	1）
加速度	m/s²		20				20	
频率范围	Hz	2～9	9～200				1～150	
轴线个数							3	
扫频循环个数							10	
b）冲击								
冲击响应谱图		Ⅱ型						
峰值加速度	m/s²	250		GB/T 2423.5 Ea：冲击（半正弦）	300	GB/T 2423.6：Eb：碰撞	250	2）
持续时间	ms	6			6		6	
冲击/碰撞的次数					每个方向 3 个		每个方向上 100 个	3）
冲击/碰撞的方向					6		6	

表 10 的解释性注释—等级 3M6：

1） 这些严酷等级最接近于 GB/T 2423.10：Fc 中的优选值，认为频率和位移微小改变不显著。已知产品在 10 Hz 以下不会发生共振时，允许将 GB/T 2423.10 中给定的较低频率由 1 Hz 调整到 5 Hz 以便于使用标准试验设备。但是由于采用了防震装置，必须从 1 Hz 开始试验。对于那些小巧、紧凑的产品，有必要将频率范围扩大到 200 Hz。

2） 在该环境下，预期有重复性冲击。GB/T 4798.3 规定为“剧烈振动和冲击，例如重型机器附近”。推荐进行 GB/T 2423.6：Eb，碰撞试验。根据他们产生的速度变化与 GB/T 4798.3 冲击条件一致，选择严酷等级最接近于 GB/T 2423.6：Eb 的推荐值。

3） 如果已知一个产品对一个特定方向的冲击敏感，而对 3 个主轴方向不敏感，宜将该方向作为一个附加试验方向。

附　录　A
（资料性附录）
有气候防护场所固定使用——气候条件

见表 A.1～表 A.8。

表 A.1　对 GB/T 4798.3 等级 3K1 推荐的试验
（完全空调密闭场所）

GB/T 4798.3—环境条件		GB/T 2423—环境试验				
环境参数	等级	最接近的 GB/T 2423 试验		推荐试验		注释序号
	3K1	试验方法	严酷等级	试验方法	严酷等级	
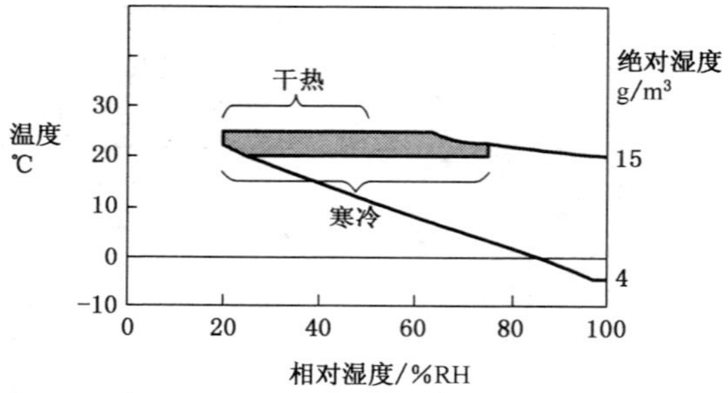 等级 3K1 气候图				x）高温 GB/T 2423.2:Bb/Bd y）低温 GB/T 2423.1:Ab/Ad z）湿热 GB/T 2423.3:Cab	无 无 无	1）
a）低气温	+20 ℃	同推荐试验		同上		
b）高气温	+25 ℃	同推荐试验		同上		
c）低相对湿度	20%	同推荐试验		同上		
d）高相对湿度	75%	同推荐试验		同上		
e）低绝对湿度	4 g/m³	同推荐试验		同上		
f）高绝对湿度	15 g/m³	同推荐试验		同上		

表 A.1（续）

GB/T 4798.3—环境条件		GB/T 2423—环境试验				
环境参数	等级 3K1	最接近的 GB/T 2423 试验		推荐试验		注释序号
		试验方法	严酷等级	试验方法	严酷等级	
g） 气温变化率	0.1 ℃/min	周围环境条件		一般不要求试验，见注 1)		1）
h） 低气压	70 kPa	GB/T 2423.21：M	70 kPa，30 min	一般不要求试验，见注 2)		2）
i） 高气压	106 kPa	GB/T 2423 中无此试验		一般不要求试验，见注 1)		1）
j） 太阳辐射	500 W/m^2	GB/T 2423.24：Sa 方法 C	1 120 W/m^2，72 h，40 ℃	一般不要求试验，见注 6)		3）
k） 热辐射	无[a]	GB/T 2423 中无此试验		一般不要求试验，见注 1)		1）
l） 周围大气运动 0.5 m/s 或者用户从 3Z4、3Z5 或 3Z6 中选择		GB/T 2423 中无此试验		一般不要求试验，见注 1)		1）
m） 凝露	无					
n） 风致降水（雨、雪、冰雹等）	无					
o） 非降雨水源	无					
p） 结冰	无					

[a] 等级栏中的“无”表示 IEC 60721-3-1 没有规定此条件。

表 A.1 的解释性注释—等级 3K1：

1） 在该等级，除了低气压和太阳辐射条件外，其他条件都在 GB/T 2421 中定义的标准大气条件范围内，因此没有推荐试验。

2） 对于密封产品或者贮存/处理液体的产品，推荐进行 GB/T 2423.21 中的试验 M。对于正式的应用，当在元件级评价气压的影响时，没有推荐试验。

3） 选择 GB/T 2423.24 中的方法 C 是因为它产生连续辐射，因此可以评价光降解影响。尽管该等级的严酷等级为 500 W/m^2，但在 GB/T 2423.24 中包含的试验 Sa 条件是太阳辐射值为 1 120 W/m^2。

由于难以重现实际承受的真实辐射，太阳辐射试验不太理想。该等级下太阳辐射的热效应估计在 5 ℃以内。如果把这个温度加在高温试验中，仍然是在 GB/T 2421 中定义的标准大气条件范围内，因此没有推荐试验。

表 A.2 对 GB/T 4798.3 等级 3K7 推荐的试验
（不控制温度和湿度）

GB/T 4798.3—环境条件		GB/T 2423—环境试验				
环境参数	等级 3K7	最接近的 GB/T 2423 试验		推荐试验		注释序号
		试验方法	严酷等级	试验方法	严酷等级	
等级 3K7 气候图				x） 高温 GB/T 2423.2:Bb/Bd y） 低温 GB/T 2423.1:Ab/Ad z） 湿热 GB/T 2423.3:Cab	+70 ℃,16 h −40 ℃,16 h +40 ℃,93%RH,96 h	1),2) 1),2) 1),3)
a） 低气温	−40 ℃	同推荐试验		同上		
b） 高气温	+70 ℃	同推荐试验		同上		
c） 低相对湿度	10%	同推荐试验		同上		
d） 高相对湿度	100%	同推荐试验		同上		
e） 低绝对湿度	0.1 g/m^3	同推荐试验		同上		
f） 高绝对湿度	35 g/m^3	同推荐试验		同上		
g） 气温变化率	1.0 ℃/min	同推荐试验		GB/T 2423.22:Nb	−40 ℃到环境温度 2 个循环 1 ℃/min,t_1=3 h	4)

表 A.2（续）

GB/T 4798.3—环境条件		GB/T 2423—环境试验				
环境参数	等级 3K7	最接近的 GB/T 2423 试验		推荐试验		注释序号
		试验方法	严酷等级	试验方法	严酷等级	
h） 低气压	70 kPa	GB/T 2423.21:M	70 kPa,30 min	一般不要求试验，见注 5）		5）
i） 高气压	106 kPa	GB/T 2423 中无此试验		一般不要求试验，见注 6）		6）
j） 太阳辐射	1 120 W/m²	GB/T 2423.24:Sa 方法 C	1 120 W/m²,72 h,40 ℃	进行高温试验并评价材料的光化学反应		7）
k） 热辐射 用户从 3Z1、3Z2 或者 3Z3 中选择		GB/T 2423 中无此试验		一般不要求试验，见注 8）		8）
l） 周围大气运动 5 m/s 或者用户从 3Z4、3Z5 或 3Z6 中选择		GB/T 2423 中无此试验		一般不要求试验，见注 9）		9）
m） 凝露	有	同推荐试验		GB/T 2423.4:Db 方法 2	+40 ℃，90%～100% RH，2 个循环	10）
n） 风致降水（雨、雪、冰雹等）	有	GB/T 4798 中没有数值		一般不要求试验，见注 11）		11）
o） 非降雨水源 用户从 3Z7、3Z8、3Z9 或者 3Z10 中选择		GB/T 2423 中无此试验		GB/T 2423.38:Ra,Rb	见注 12）	12）
p） 结冰	有	GB/T 2423 中无此试验		一般不要求试验，见注 13）		13）

表 A.2 的解释性注释—等级 3K7：

1） 为了测试产品耐受气候图中各种条件的性能，通常只使用以下三种试验：

——高温试验，其中相对湿度不应超过 50%，但不做准确控制；

——低温试验，不控制湿度；

——恒定湿热试验，控制温度和湿度。

在气候图中这些试验表示为试验 x）、y）和 z）。气候图中的其他边界条件不要求试验，而且 GB/T 2423 中没有适合的试验。

2） 试验温度与 GB/T 4798.3 中该等级的环境参数相等。选择持续时间为 16 h，对于大多数散热性产品来说能够充分表明它的设计在该温度下足以维持其正常功能。

3） 这些严酷等级最接近 GB/T 2423 的严酷等级，温度和湿度条件的微小差别不显著，在正常的测量容差范围内。持续时间 96 h，对于大多数产品来说能够充分表明它的设计足以耐受住该湿度。

4) 温度变化试验经常用来测试设计容差，范围并不重要。该等级中可能会出现凝露，因此提出一个跨越 0 ℃的温度范围使低散热性产品形成凝露。

5) 对于密封产品或者贮存/处理液体的产品，推荐进行 GB/T 2423.21 试验 M。对于正式的应用，当在元件级评价气压的影响时，没有推荐试验。

6) GB/T 2423 中没有该条件下的试验方法，该条件在 GB/T 2421 中定义的标准大气条件范围内，因此对大多数产品来说是温和的。没有推荐试验。

7) 选择 GB/T 2423.24 中的方法 C 是因为它产生连续辐射，因此可以评价光降解影响。该等级的严酷等级为 1 120 W/m²，与 GB/T 2423.24 中包含的试验 Sa 条件一致。

由于难以重现实际承受的真实辐射，太阳辐射试验不太理想。建议通过高温试验评价该条件并且评价材料和元件的光化学反应。更多的信息参见 IEC 60741-4-0。

产品可能具备太阳辐射防护装置，例如，安装高效防热罩，此时温度升高试验可以省略，或者根据防护效率降低试验严酷等级。为了使产品有能力抵抗太阳辐射的影响，正常情况下应当采取防护措施。

8) 没有推荐试验。GB/T 4798.3 中没有热辐射数值，其影响通常包括在高温试验中。对于安装在高热辐射源附近的产品，可能要求具备特殊防护措施诸如热防护罩、绝热层或者要求附加高温试验，温度升高的程度取决于热源的严酷等级。

9) 没有推荐试验。没有合适的 GB/T 2423 试验，该条件对大多数产品来说是温和的。如果选用特殊的条件(3Z4、3Z5 或者 3Z6)，应当采取防护措施，特别是大产品。如果要评价此条件，则用户必须制定自己的评价方法。

10) 试验温度是气候图中的典型严酷等级的优选值。持续时间为 2 个循环(48 h)，对大多数产品来说已经足够了。对于持续高散热性产品，由于自热效应阻止了凝露的产生并且高湿度的影响包括在方法 Cab(试验 z))中，因此省略该试验。选择试验 Db 的方法 2，是因为它足以检测该条件，并且比方法 1 操作简单。

11) GB/T 4798 中没有风致降水的数据，因此没有推荐试验。对于在有防护场所，但是靠近建筑出口安装的设备，应当采取防护措施或者要求进行水试验(GB/T 2423.38)。

12) 除了对四种水源的描述之外(表 3，3Z7～3Z10)，GB/T 4798.3 中没有具体数据：

a) 滴水：如果产品通常有防雨措施，但是有可能暴露于降落的凝露水滴或者上面的渗漏水滴中，则 GB/T 2423.38 试验 Ra 2—滴水试验是优选的试验方法，滴落高度 2 m、倾斜角 0°、持续时间 1 h。

b) 溅水：如果产品有可能暴露于洒水系统或者水轮车喷溅环境中时，则 GB/T 2423.38 试验 Rb 2.1—摆动管法或者 Rb 2.2—手持洒水法，1 min/m²，最多 30 min 是优选的方法。

c) 水浪：如果产品有可能暴露于冲洗或冲刷中，则 GB/T 2423.38 试验 Rb 3—软管法是优选的方法。

d) 射水：如果喷射水有可能冲击产品，选择 GB/T 2423.38 试验 Ra 或者试验 Rb 来表明该产品是为了在这些条件下运行而设计的。

13) 除了低温试验(试验 y))之外，GB/T 2423 中没有合适的试验，但是如果设备包含活动部件，应当采取特殊防护措施。

表 A.3 对 GB/T 4798.3 等级 3K7L 推荐的试验
（不控制温度和湿度）

GB/T 4798.3—环境条件		GB/T 2423—环境试验				
环境参数	等级 3K7L	最接近的 GB/T 2423 试验		推荐试验		注释序号
		试验方法	严酷等级	试验方法	严酷等级	
等级 3K7L 气候图				x) 高温 GB/T 2423.2:Bb/Bd	+40 ℃,16 h	1),2)
				y) 低温 GB/T 2423.1:Ab/Ad	−40 ℃,16 h	1);2)
				z) 湿热 GB/T 2423.3:Cab	+40 ℃,93%RH,96 h	1),3)
a) 低气温	−40 ℃	同推荐试验		同上		
b) 高气温	+40 ℃	同推荐试验		同上		
c) 低相对湿度	10%	同推荐试验		同上		
d) 高相对湿度	100%	同推荐试验		同上		
e) 低绝对湿度	0.1 g/m³	同推荐试验		同上		
f) 高绝对湿度	35 g/m³	同推荐试验		同上		
g) 气温变化率	1.0 ℃/min	同推荐试验		GB/T 2423.22:Nb	−40 ℃到环境温度 2 个循环 1 ℃/min,t_1=3 h	4)
h) 低气压	70 kPa	GE/T 2423.21:M	70 kPa,30 min	一般不要求试验,见注 5)		5)
i) 高气压	106 kPa	GB/T 2423 中无此试验		一般不要求试验,见注 6)		6)
j) 太阳辐射	无					

表 A.3(续)

GB/T 4798.3—环境条件		GB/T 2423—环境试验				
环境参数	等级 3K7L	最接近的 GB/T 2423 试验		推荐试验		注释序号
		试验方法	严酷等级	试验方法	严酷等级	
k) 热辐射 用户从 3Z1、3Z2 或者 3Z3 中选择		GB/T 2423 中无此试验		一般不要求试验，见注 7)		7)
l) 周围大气运动 5 m/s 或者用户从 3Z4、3Z5 或 3Z6 中选择		GB/T 2423 中无此试验		一般不要求试验，见注 8)		8)
m) 凝露	有	同推荐试验		GB/T 2423.4:Db 方法 2	+40 ℃，90%～100% RH，一个循环	9)
n) 风致降水(雨、雪、冰雹等)	有	GB/T 4798 中没有数值		一般不要求试验，见注 10)		10)
o) 非降雨水源 用户从 3Z7、3Z8、3Z9 或者 3Z10 中选择		GB/T 2423 中无此试验		GB/T 2423.38:Ra，Rb	见注 11)	11)
p) 结冰	有	GB/T 2423 中无此试验		一般不要求试验，见注 12)		12)

表 A.3 的解释性注释—等级 3K7L：

1) 为了测试产品耐该气候图中各种条件的性能，通常只使用以下三种试验：

——高温试验，其中相对湿度不应超过 50%，但不做准确控制；

——低温试验，不控制湿度；

——恒定湿热试验，控制温度和湿度。

在气候图中这些试验表示为试验 x)、y)和 z)。气候图中的其他边界条件不要求试验，而且 GB/T 2423 中没有适合的试验。

2) 试验温度与 GB/T 4798.3 中该等级的环境参数相等。选择持续时间为 16 h，对于大多数散热性产品来说能够充分表明它的设计在该温度下足以维持其正常功能。

3) 这些严酷等级最接近 GB/T 2423 的严酷等级，温度和湿度条件的微小差别不显著，在正常的测量容差范围内。持续时间 96 h，对于大多数产品来说能够充分表明它的设计足以耐受住该湿度。

4) 温度变化试验经常用来测试设计容差，范围并不重要。该等级中可能会出现凝露，因此提出一个跨越 0 ℃的温度范围使低散热性产品形成凝露。

5) 对于密封产品或者贮存/处理液体的产品，推荐进行 GB/T 2423.21 试验 M。对于正式的应用，当在元件级评价气压的影响时，没有推荐试验。

6) GB/T 2423 中没有该条件下的试验方法，该条件在 GB/T 2421 中定义的标准大气条件范围内，因此对大多数产品来说是温和的。没有推荐试验。

7) 没有推荐试验。GB/T 4798.3 中没有热辐射数值，其影响通常包括在高温试验中。对于安装在高热辐射源附近的产品，可能要求具备特殊防护措施诸如热防护罩、绝热层或者要求附加高温试验，温度升高的程度取决于热源的严酷等级。

8) 没有推荐试验。没有合适的 GB/T 2423 试验，该条件对大多数产品来说是温和的。如果选用特殊的条件(3Z4、3Z5 或者 3Z6),应当采取防护措施,特别是大产品。如果要评价此条件,则用户必须制定自己的评价方法。

9) 试验温度是气候图中的典型严酷等级的优选值。持续时间为 2 个循环(48 h),对大多数产品来说已经足够了。对于持续高散热性产品,由于自热效应阻止了凝露的产生并且高湿度的影响包括在方法 Cab(试验 z))中,因此省略该试验。选择试验 Db 的方法 2,是因为它足以检测该条件,并且比方法 1 操作简单。

10) GB/T 4798 中没有风致降水的数据,因此没有推荐试验。对于在有防护场所,但是靠近建筑出口安装的设备,应当采取防护措施或者要求进行水试验(GB/T 2423.38)。

11) 除了对四种水源的描述之外(表 3,3Z7～3Z10),GB/T 4798.3 中没有具体数据:

a) 滴水:如果产品通常有防雨措施,但是有可能暴露于降落的凝露水滴或者上面的渗漏水滴中,则 GB/T 2423.38 试验 Ra 2—滴水试验是优选的试验方法,滴落高度 2 m、倾斜角 0°、持续时间 1 h。

b) 溅水:如果产品有可能暴露于洒水系统或者水轮车喷溅环境中时,则 GB/T 2423.38 试验 Rb 2.1—摆动管法或者 Rb 2.2—手持洒水法,1 min/m²,最多 30 min 是优选的方法。

c) 水浪:如果产品有可能暴露于冲洗或冲刷中,则 GB/T 2423.38 试验 Rb 3—软管法是优选的方法。

d) 射水:如果喷射水有可能冲击产品,选择 GB/T 2423.38 试验 Ra 或者试验 Rb 来表明该产品是为了在这些条件下运行而设计的。

12) 除了低温试验(试验 y))之外,GB/T 2423 中没有合适的试验,但是如果设备包含活动部件,应当采取特殊防护措施。

表 A.4 对 GB/T 4798.3 等级 3K8 推荐的试验
(不控制温度和湿度)

GB/T 4798.3—环境条件		GB/T 2423—环境试验				
环境参数	等级	最接近的 GB/T 2423 试验		推荐试验		注释序号
		试验方法	严酷等级	试验方法	严酷等级	
等级 3K8 气候图	3K8			x) 高温 GB/T 2423.2:Bb/Bd	+70 ℃,16 h	1),2)
				y) 低温 GB/T 2423.1:Ab/Ad	−55 ℃,16 h	1),2)
				z) 湿热 GB/T 2423.3:Cab	+40 ℃,93%RH,96 h	1),3)

表 A.4(续)

GB/T 4798.3—环境条件		GB/T 2423—环境试验				
环境参数	等级	最接近的 GB/T 2423 试验		推荐试验		注释序号
	3K8	试验方法	严酷等级	试验方法	严酷等级	
a) 低气温	−55 ℃	同推荐实验		同上		
b) 高气温	+70 ℃	同推荐试验		同上		
c) 低相对湿度	10%	同推荐试验		同上		
d) 高相对湿度	100%	同推荐试验		同上		
e) 低绝对湿度	0.02 g/m³	同推荐试验		同上		
f) 高绝对湿度	35 g/m³	同推荐试验		同上		
g) 气温变化率	1.0 ℃/min	同推荐试验		GB/T 2423.22:Nb	−55 ℃到环境温度 2 个循环 1 ℃/min,t_1=3 h	4)
h) 低气压	70 kPa	GB/T 2423.21:M	70 kPa,30 min	一般不要求试验,见注 5)		5)
i) 高气压	106 kPa	GB/T 2423 中无此试验		一般不要求试验,见注 6)		6)
j) 太阳辐射	1 120 W/m²	GB/T 2423.24:Sa 方法 C	1 120 W/m²,72 h,40 ℃	进行高温试验并评价材料的光化学反应		7)
k) 热辐射 用户从 3Z1、3Z2 或者 3Z3 中选择		GB/T 2423 中无此试验		一般不要求试验,见注 8)		8)
l) 周围大气运动 5 m/s 或者用户从 3Z4、3Z5 或 3Z6 中选择		GB/T 2423 中无此试验		一般不要求试验,见注 9)		9)
m) 凝露	有	同推荐试验		GB/T 2423.4:Db 方法 2	+40 ℃,90%~100% RH,2 个循环	10)
n) 风致降水(雨、雪、冰雹等)	有	GB/T 4798 中没有数值		一般不要求试验,见注 12)		11)
q) 非降雨水源 用户从 3Z7、3Z8、3Z9 或者 3Z10 中选择		GB/T 2423 中无此试验		GB/T 2423.38:Ra,Rb	见注 15)	12)
r) 结冰	有	GB/T 2423 中无此试验		一般不要求试验,见注 16)		13)

表 A.4 的解释性注释—等级 3K8：

1） 为了测试产品耐受气候图中各种条件的性能，通常只使用以下三种试验：

——高温试验，其中相对湿度不应超过 50%，但不做准确控制；

——低温试验，不控制湿度；

——恒定湿热试验，控制温度和湿度。

在气候图中这些试验表示为试验 x)、y)和 z)。气候图中的其他边界条件不要求试验，而且 GB/T 2423 中没有适合的试验。

2） 试验温度与 GB/T 4798.3 中该等级的环境参数相等。选择持续时间为 16 h，对于大多数散热性产品来说能够充分表明它的设计在该温度下足以维持其正常功能。

3） 这些严酷等级最接近 GB/T 2423 的严酷等级，温度和湿度条件的微小差别不显著，在正常的测量容差范围内。持续时间 96 h，对于大多数产品来说能够充分表明它的设计足以耐受住该湿度。

4） 温度变化试验经常用来测试设计容差，范围并不重要。该等级中可能会出现凝露，因此提出一个跨越 0 ℃的温度范围使低散热性产品形成凝露。

5） 对于密封产品或者贮存/处理液体的产品，推荐进行 GB/T 2423.21 试验 M。对于正式的应用，当在元件级评价气压的影响时，没有推荐试验。

6） GB/T 2423 中没有该条件下的试验方法，该条件在 GB/T 2421 中定义的标准大气条件范围内，因此对大多数产品来说是温和的。没有推荐试验。

7） 选择 GB/T 2423.24 中的方法 C 是因为它产生连续辐射，因此可以评价光降解影响。该等级的严酷等级为 1 120 W/m²，与 GB/T 2423.24 中包含的试验 Sa 条件一致。

由于难以重现实际承受的真实辐射，太阳辐射试验不太理想。建议通过高温试验评价该条件并且评价材料和元件的光化学反应。更多的信息参见 IEC 60741-4-0。

产品可能具备太阳辐射防护装置，例如，安装高效防热罩，此时温度升高试验可以省略，或者根据防护效率降低试验严酷等级。为了使产品有能力抵抗太阳辐射的影响，正常情况下应当采取防护措施。

8） 没有推荐试验。GB/T 4798.3 中没有热辐射数值，其影响通常包括在高温试验中。对于安装在高热辐射源附近的产品，可能要求具备特殊防护措施诸如热防护罩、绝热层或者要求附加高温试验，温度升高的程度取决于热源的严酷等级。

9） 没有推荐试验。没有合适的 GB/T 2423 试验，该条件对大多数产品来说是温和的。如果选用特殊的条件(3Z4、3Z5 或者 3Z6)，应当采取防护措施，特别是大产品。如果要评价此条件，则用户必须制定自己的评价方法。

10） 试验温度是气候图中的典型严酷等级的优选值。持续时间为 2 个循环(48 h)，对大多数产品来说已经足够了。对于持续高散热性产品，由于自热效应阻止了凝露的产生并且高湿度的影响包括在方法 Cab(试验 z))中，因此省略该试验。选择试验 Db 的方法 2，是因为它足以检测该条件，并且比方法 1 操作简单。

11） GB/T 4798 中没有风致降水的数据，因此没有推荐试验。对于在有防护场所，但是靠近建筑出口安装的设备，应当采取防护措施或者要求进行水试验(GB/T 2423.38)。

12） 除了对四种水源的描述之外(表 3，3Z7～3Z10)，GB/T 4798.3 中没有具体数据：

a） 滴水：如果产品通常有防雨措施，但是有可能暴露于降落的凝露水滴或者上面的渗漏水滴中，则 GB/T 2423.38 试验 Ra 2—滴水试验是优选的试验方法，滴落高度 2 m、倾斜角 0°、持续时间 1 h。

b） 溅水：如果产品有可能暴露于洒水系统或者水轮车喷溅环境中时，则 GB/T 2423.38 试验 Rb 2.1—摆动管法或者 Rb 2.2—手持洒水法，1 min/m²，最多 30 min 是优选的方法。

c） 水浪：如果产品有可能暴露于冲洗或冲刷中，则 GB/T 2423.38 试验 Rb 3—软管法是优选的方法。

d) 射水：如果喷射水有可能冲击产品，选择 GB/T 2423.38 试验 Ra 或者试验 Rb 来表明该产品是为了在这些条件下运行而设计的。

13) 除了低温试验（试验 y））之外，GB/T 2423 中没有合适的试验，但是如果设备包含活动部件，应当采取特殊防护措施。

表 A.5 对 GB/T 4798.3 等级 3K8H 推荐的试验
（不控制温度和湿度）

GB/T 4798.3—环境条件		GB/T 2423—环境试验				
环境参数	等级	最接近的 GB/T 2423 试验		推荐试验		注释序号
	3K8H	试验方法	严酷等级	试验方法	严酷等级	
等级 3K8H 气候图				x） 高温 GB/T 2423.2：Bb/Bd y） 低温 GB/T 2423.1：Ab/Ad z） 湿热 GB/T 2423.3：Cab	+70 ℃，16 h −25 ℃，16 h +40 ℃，93%RH，96 h	1），2） 1），2） 1），3）
a） 低气温	−25 ℃	同推荐试验		同上		
b） 高气温	+70 ℃	同推荐试验		同上		
c） 低相对湿度	10%	同推荐试验		同上		
d） 高相对湿度	100%	同推荐试验		同上		
e） 低绝对湿度	0.5 g/m³	同推荐试验		同上		
f） 高绝对湿度	35 g/m³	同推荐试验		同上		
g） 气温变化率	1.0 ℃/min	同推荐试验		GB/T 2423.22：Nb	−25 ℃到环境温度 2 个循环 1 ℃/min，t_1=3 h	4）

表 A.5(续)

GB/T 4798.3—环境条件		GB/T 2423—环境试验				
环境参数	等级 3K8H	最接近的 GB/T 2423 试验		推荐试验		注释序号
		试验方法	严酷等级	试验方法	严酷等级	
h) 低气压	70 kPa	GE/T 2423.21:M	70 kPa,30 min	一般不要求试验,见注 5)		5)
i) 高气压	106 kPa	GB/T 2423 中无此试验		一般不要求试验,见注 6)		6)
j) 太阳辐射	1 120 W/m²	GE/T 2423.24:Sa 方法 C	1 120 W/m²,72 h,40 ℃	进行高温试验并评价材料的光化学反应		7)
k) 热辐射 用户从 3Z1、3Z2 或者 3Z3 中选择		GB/T 2423 中无此试验		一般不要求试验,见注 8)		8)
l) 周围大气运动 5 m/s 或者用户从 3Z4、3Z5 或 3Z6 中选择		GB/T 2423 中无此试验		一般不要求试验,见注 9)		9)
m) 凝露	有	同推荐试验		GB/T 2423.4:Db 方法 2	+40 ℃,90%~100% RH,2 个循环	10)
n) 风致降水(雨、雪、冰雹等)	有	GB/T 4798 中没有数值		一般不要求试验,见注 11)		11)
q)非降雨水源 用户从 3Z7、3Z8、3Z9 或者 3Z10 中选择		GB/T 2423 中无此试验		GB/T 2423.38:Ra,Rb	见注 12)	12)
r) 结冰	有	GB/T 2423 中无此试验		一般不要求试验,见注 13)		13)

表 A.5 的解释性注释—等级 3K8H:

1) 为了测试产品耐受气候图中各种条件的性能,通常只使用以下三种试验:

——高温试验,其中相对湿度不应超过 50%,但不做准确控制;

——低温试验,不控制湿度;

——恒定湿热试验,控制温度和湿度。

在气候图中这些试验表示为试验 x)、y)和 z)。气候图中的其他边界条件不要求试验,而且 GB/T 2423 中没有适合的试验。

2) 试验温度与 GB/T 4798.3 中该等级的环境参数相等。选择持续时间为 16 h,对于大多数散热性产品来说能够充分表明它的设计在该温度下足以维持其正常功能。

3) 这些严酷等级最接近 GB/T 2423 的严酷等级,温度和湿度条件的微小差别不显著，在正常的测量容差范围内。持续时间 96 h，对于大多数产品来说能够充分表明它的设计足以耐受住该湿度。

4） 温度变化试验经常用来测试设计容差，范围并不重要。该等级中可能会出现凝露，因此提出一个跨越 0 ℃的温度范围使低散热性产品形成凝露。

5） 对于密封产品或者贮存/处理液体的产品，推荐进行 GB/T 2423.21 试验 M。对于正式的应用，当在元件级评价气压的影响时，没有推荐试验。

6） GB/T 2423 中没有该条件下的试验方法，该条件在 GB/T 2421 中定义的标准大气条件范围内，因此对大多数产品来说是温和的。没有推荐试验。

7） 选择 GB/T 2423.24 中的方法 C 是因为它产生连续辐射，因此可以评价光降解影响。该等级的严酷等级为 1 120 W/m²，与 GB/T 2423.24 中包含的试验 Sa 条件一致。

由于难以重现实际承受的真实辐射，太阳辐射试验不太理想。建议通过高温试验评价该条件并且评价材料和元件的光化学反应。更多的信息参见 IEC 60741-4-0。

产品可能具备太阳辐射防护装置，例如，安装高效防热罩，此时温度升高试验可以省略，或者根据防护效率降低试验严酷等级。为了使产品有能力抵抗太阳辐射的影响，正常情况下应当采取防护措施。

8） 没有推荐试验。GB/T 4798.3 中没有热辐射数值，其影响通常包括在高温试验中。对于安装在高热辐射源附近的产品，可能要求具备特殊防护措施诸如热防护罩、绝热层或者要求附加高温试验，温度升高的程度取决于热源的严酷等级。

9） 没有推荐试验。没有合适的 GB/T 2423 试验，该条件对大多数产品来说是温和的。如果选用特殊的条件（3Z4、3Z5 或者 3Z6），应当采取防护措施，特别是大产品。如果要评价此条件，则用户必须制定自己的评价方法。

10） 试验温度是气候图中的典型严酷等级的优选值。持续时间为 2 个循环（48 h），对大多数产品来说已经足够了。对于持续高散热性产品，由于自热效应阻止了凝露的产生并且高湿度的影响包括在方法 Cab（试验 z））中，因此省略该试验。选择试验 Db 的方法 2，是因为它足以检测该条件，并且比方法 1 操作简单。

11） GB/T 4798 中没有风致降水的数据，因此没有推荐试验。对于在有防护场所，但是靠近建筑出口安装的设备，应当采取防护措施或者要求进行水试验（GB/T 2423.38）。

12） 除了对四种水源的描述之外（表 3，3Z7～3Z10），GB/T 4798.3 中没有具体数据：

a） 滴水：如果产品通常有防雨措施，但是有可能暴露于降落的凝露水滴或者上面的渗漏水滴中，则 GB/T 2423.38 试验 Ra 2—滴水试验是优选的试验方法，滴落高度 2 m、倾斜角 0°、持续时间 1 h。

b） 溅水：如果产品有可能暴露于洒水系统或者水轮车喷溅环境中时，则 GB/T 2423.38 试验 Rb 2.1—摆动管法或者 Rb 2.2—手持洒水法，1 min/m²，最多 30 min 是优选的方法。

c） 水浪：如果产品有可能暴露于冲洗或冲刷中，则 GB/T 2423.38 试验 Rb 3—软管法是优选的方法。

d） 射水：如果喷射水有可能冲击产品，选择 GB/T 2423.38 试验 Ra 或者试验 Rb 来表明该产品是为了在这些条件下运行而设计的。

13） 除了低温试验（试验 y））之外，GB/T 2423 中没有合适的试验，但是如果设备包含活动部件，应当采取特殊防护措施。

表 A.6　对 GB/T 4798.3 等级 3K8L 推荐的试验

（不控制温度和湿度）

GB/T 4798.3—环境条件		GB/T 2423—环境试验				
环境参数	等级	最接近的 GB/T 2423 试验		推荐试验		注释序号
	3K8L	试验方法	严酷等级	试验方法	严酷等级	
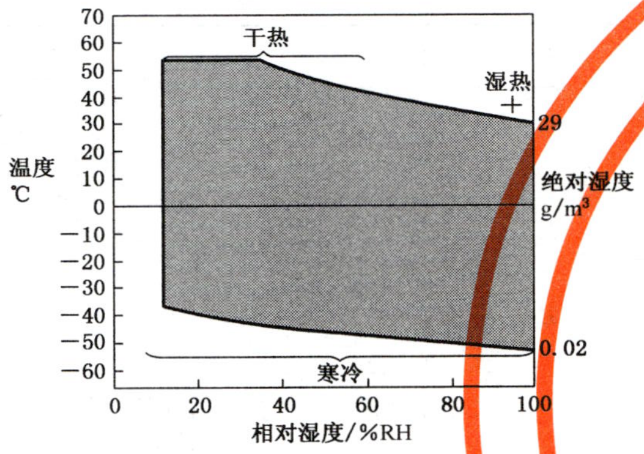 等级 3K8L 气候图				x）高温 GB/T 2423.2:Bb/Bd y）低温 GB/T 2423.1:Ab/Ad z）湿热 GB/T 2423.3:Cab	+55 ℃,16 h −55 ℃,16 h +30 ℃,93%RH,96 h	1),2) 1),2) 1),3)
a）低气温	−55 ℃	同推荐试验		同上		
b）高气温	+55 ℃	同推荐试验		同上		
c）低相对湿度	10%	同推荐试验		同上		
d）高相对湿度	100%	同推荐试验		同上		
e）低绝对湿度	0.02 g/m³	同推荐试验		同上		
f）高绝对湿度	29 g/m³	同推荐试验		同上		
g）气温变化率	1.0 ℃/min	同推荐试验		GB/T 2423.22 Nb	−55 ℃到环境温度 2 个循环 1 ℃/min,t_1=3 h	4)

表 A.6（续）

GB/T 4798.3—环境条件		GB/T 2423—环境试验				
环境参数	等级 3K8L	最接近的 GB/T 2423 试验		推荐试验		注释序号
		试验方法	严酷等级	试验方法	严酷等级	
h） 低气压	70 kPa	GB/T 2423.21:M	70 kPa,30 min	一般不要求试验,见注 5）		5）
i） 高气压	106 kPa	GB/T 2423 中无此试验		一般不要求试验,见注 6）		6）
j） 太阳辐射	1 120 W/m²	GB/T 2423.24:Sa 方法 C	1 120 W/m²,72 h,40 ℃	增加高温试验温度 15 ℃并评价材料的光化学反应		7）
k） 热辐射 用户从 3Z1、3Z2 或者 3Z3 中选择		GB/T 2423 中无此试验		一般不要求试验,见注 8）		8）
l） 周围大气运动 5 m/s 或者用户从 3Z4、3Z5 或 3Z6 中选择		GB/T 2423 中无此试验		一般不要求试验,见注 9）		9）
m） 凝露	有	GB/T 2423.4:Db 方法 2	+40 ℃,90%～100% RH,2 个循环	GB/T 2423.4:Db 方法 2	+30 ℃,90%～100% RH,2 个循环	10）
n） 风致降水（雨、雪、冰雹等）	有	GB/T 4798 中没有数值		一般不要求试验,见注 11）		11）
o） 非降雨水源 用户从 3Z7、3Z8、3Z9 或者 3Z10 中选择		GB/T 2423 中无此试验		GB/T 2423.38:Ra,Rb	见注 12）	12）
p） 结冰	有	GB/T 2423 中无此试验		一般不要求试验,见注 13）		13）

表 A.6 的解释性注释—等级 3K8L：

1） 为了测试产品耐受气候图中各种条件的性能,通常只使用以下三种试验：

——高温试验,其中相对湿度不应超过 50%,但不做准确控制；

——低温试验,不控制湿度；

——恒定湿热试验,控制温度和湿度。

在气候图中这些试验表示为试验 x)、y)和 z)。气候图中的其他边界条件不要求试验,而且 GB/T 2423 中没有适合的试验。

2） 试验温度与 GB/T 4798.3 中该等级的环境参数相等。选择持续时间为 16 h,对于大多数散热性产品来说能够充分表明它的设计在该温度下足以维持其正常功能。

3） 这些严酷等级最接近 GB/T 2423 的严酷等级,温度和湿度条件的微小差别不显著，在正常的测量容差范围内。持续时间 96 h，对于大多数产品来说能够充分表明它的设计足以耐受住该湿度。

4） 温度变化试验经常用来测试设计容差，范围并不重要。该等级中可能会出现凝露，因此提出一个跨越 0 ℃的范围以使低散热性产品形成凝露。

5） 对于密封产品或者贮存/处理液体的产品，推荐进行 GB/T 2423.21 试验 M。对于正式的应用，当在元件级评价气压的影响时，没有推荐试验。

6） GB/T 2423 中没有该条件下的试验方法，该条件在 GB/T 2421 中定义的标准大气条件范围内，因此对大多数产品来说是温和的。没有推荐试验。

7） 选择 GB/T 2423.24 中的方法 C 是因为它产生连续辐射，因此可以评价光降解影响。该等级的严酷等级为 1 120 W/m^2，与 GB/T 2423.24 中包含的试验 Sa 条件一致。

由于难以重现实际承受的真实辐射，太阳辐射试验不太理想。建议通过高温试验评价该条件并且评价材料和元件的光化学反应。更多的信息参见 IEC 60741-4-0。

产品可能具备太阳辐射防护装置，例如，安装高效防热罩，此时温度升高试验可以省略，或者根据防护效率降低试验严酷等级。为了使产品有能力抵抗太阳辐射的影响，正常情况下应当采取防护措施。

8） 没有推荐试验。GB/T 4798.3 中没有热辐射数值，其影响通常包括在高温试验中。对于安装在高热辐射源附近的产品，可能要求具备特殊防护措施诸如热防护罩、绝热层或者要求附加高温试验，温度升高的程度取决于热源的严酷等级。

9） 没有推荐试验。没有合适的 GB/T 2423 试验，该条件对大多数产品来说是温和的。如果选用特殊的条件（3Z4、3Z5 或者 3Z6），应当采取防护措施，特别是大产品。如果要评价此条件，则用户必须制定自己的评价方法。

10） 试验温度是气候图中的典型严酷等级的优选值。持续时间为 2 个循环（48 h），对大多数产品来说已经足够了。对于持续高散热性产品，由于自热效应阻止了凝露的产生并且高湿度的影响包括在方法 Cab（试验 z））中，因此省略该试验。选择试验 Db 的方法 2，是因为它足以检测该条件，并且比方法 1 操作简单。

11） GB/T 4798 中没有风致降水的数据，因此没有推荐试验。对于在有防护场所，但是靠近建筑出口安装的设备，应当采取防护措施或者要求进行水试验（GB/T 2423.38）。

12） 除了对四种水源的描述之外（表 3，3Z7～3Z10），GB/T 4798.3 中没有具体数据：

a） 滴水：如果产品通常有防雨措施，但是有可能暴露于降落的凝露水滴或者上面的渗漏水滴中，则 GB/T 2423.38 试验 Ra 2—滴水试验是优选的试验方法，滴落高度 2 m、倾斜角 0°、持续时间 1 h。

b） 溅水：如果产品有可能暴露于洒水系统或者水轮车喷溅环境中时，则 GB/T 2423.38 试验 Rb 2.1—摆动管法或者 Rb 2.2—手持洒水法，1 min/m^2，最多 30 min 是优选的方法。

c） 水浪：如果产品有可能暴露于冲洗或冲刷中，则 GB/T 2423.38 试验 Rb 3—软管法是优选的方法。

d） 射水：如果喷射水有可能冲击产品，选择 GB/T 2423.38 试验 Ra 或者试验 Rb 来表明该产品是为了在这些条件下运行而设计的。

13） 除了低温试验（试验 y））之外，GB/T 2423 中没有合适的试验，但是如果设备包含活动部件，应当采取特殊防护措施。

表 A.7　对 GB/T 4798.3 等级 3K9 推荐的试验
（热带场所）

GB/T 4798.3—环境条件		GB/T 2423—环境试验				
环境参数	等级 3K9	最接近的 GB/T 2423 试验		推荐试验		注释序号
		试验方法	严酷等级	试验方法	严酷等级	
温度 ℃；相对湿度/%RH；绝对湿度 g/m³；干热；湿热；寒冷；36；6 等级 3K9 气候图				x） 高温 GB/T 2423.2:Bb/Bd	+40 ℃,16 h	1),2)
				y） 低温 GB/T 2423.1:Ab/Ad	+5 ℃,16 h	1),2)
				z） 湿热 GB/T 2423.3:Cab	+40 ℃,93%RH,96 h	1),3)
a） 低气温	+5 ℃	同推荐试验		同上		
b） 高气温	+40 ℃	同推荐试验		同上		
c） 低相对湿度	30%	同推荐试验		同上		
d） 高相对湿度	100%	同推荐试验		同上		
e） 低绝对湿度	6 g/m³	同推荐试验		同上		
f） 高绝对湿度	36 g/m³	同推荐试验		同上		
g） 气温变化率	1 ℃/min	同推荐试验		GB/T 2423.22:Nb	+5 ℃到环境温度 2 个循环 1 ℃/min,t_1=3 h	4)
h） 低气压	70 kPa	GB/T 2423.21:M	70 kPa,30 min	一般不要求试验,见注 5)		5)

表 A.7（续）

GB/T 4798.3—环境条件		GB/T 2423—环境试验				
环境参数	等级 3K9	最接近的 GB/T 2423 试验		推荐试验		注释序号
		试验方法	严酷等级	试验方法	严酷等级	
i) 高气压	106 kPa	GB/T 2423 中无此试验		一般不要求试验，见注 6)		6)
j)太阳辐射	1 120 W/m²	GB/T 2423.24:Sa 方法 C	1 120 W/m²，72 h，40 ℃	增加高温试验温度 15 ℃并评价材料的光化学反应		7)
k) 热辐射 用户从 3Z1、3Z2 或者 3Z3 中选择		GB/T 2423 中无此试验		一般不要求试验，见注 8)		8)
l) 周围大气运动 5 m/s 或者用户从 3Z4、3Z5 或 3Z6 中选择		GB/T 2423 中无此试验		一般不要求试验，见注 9)		9)
m) 凝露	有	同推荐试验		GB/T 2423.4:Db 方法 2	+40 ℃，90%～100% RH，2 个循环	10)
n) 风致降水(雨、雪、冰雹等)	有	GB/T 4798 中没有数据		一般不要求试验，见注 11)		11)
o) 非降雨水源 用户从 3Z7、3Z8、3Z9 或者 3Z10 中选择		GB/T 2423 中无此试验		GB/T 2423.38:Ra，Rb	见注 12)	12)
p) 结冰	有	GB/T 2423 中无此试验		一般不要求试验，见注 13)		13)

表 A.7 解释性注释—等级 3K9：

1) 为了测试产品耐受气候图中各种条件的性能，通常只使用以下三种试验：

——高温试验，其中相对湿度不应超过 50%，但不做准确控制；

——低温试验，不控制湿度；

——恒定湿热试验，控制温度和湿度。

在气候图中这些试验表示为试验 x)、y)和 z)。气候图中的其他边界条件不要求试验，而且 GB/T 2423 中没有适合的试验。

2) 试验温度与 GB/T 4798.3 中该等级的环境参数相等。选择持续时间为 16 h，对于大多数散热性产品来说能够充分表明它的设计在该温度下足以维持其正常功能。

3) 这些严酷等级最接近 GB/T 2423 的严酷等级，温度和湿度条件的微小差别不显著，在正常的测量容差范围内。持续时间 96 h，对于大多数产品来说能够充分表明它的设计足以耐受住该湿度。

4） 温度变化试验经常用来测试设计容差，范围并不重要。该等级中可能会出现凝露，因此提出一个跨越 0 ℃的温度范围使低散热性产品形成凝露。

5） 对于密封产品或者贮存/处理液体的产品，推荐进行 GB/T 2423.21 试验 M。对于正式的应用，当在元件级评价气压的影响时，没有推荐试验。

6） GB/T 2423 中没有该条件下的试验方法，该条件在 GB/T 2421 中定义的标准大气条件范围内，因此对大多数产品来说是温和的。没有推荐试验。

7） 选择 GB/T 2423.24 中的方法 C 是因为它产生连续辐射，因此可以评价光降解影响。该等级的严酷等级为 1 120 W/m^2，与 GB/T 2423.24 中包含的试验 Sa 条件一致。

由于难以重现实际承受的真实辐射，太阳辐射试验不太理想。建议通过高温试验评价该条件并且评价材料和元件的光化学反应。更多的信息参见 IEC 60741-4-0。

产品可能具备太阳辐射防护装置，例如，安装高效防热罩，此时温度升高试验可以省略，或者根据防护效率降低试验严酷等级。为了使产品有能力抵抗太阳辐射的影响，正常情况下应当采取防护措施。

8） 没有推荐试验。GB/T 4798.3 中没有热辐射数值，其影响通常包括在高温试验中。对于安装在高热辐射源附近的产品，可能要求具备特殊防护措施诸如热防护罩、绝热层或者要求附加高温试验，温度升高的程度取决于热源的严酷等级。

9） 没有推荐试验。没有合适的 GB/T 2423 试验，该条件对大多数产品来说是温和的。如果选用特殊的条件（3Z4、3Z5 或者 3Z6），应当采取防护措施，特别是大产品。如果要评价此条件，则用户必须制定自己的评价方法。

10） 试验温度是气候图中的典型严酷等级的优选值。持续时间为 2 个循环（48 h），对大多数产品来说已经足够了。对于持续高散热性产品，由于自热效应阻止了凝露的产生并且高湿度的影响包括在方法 Cab（试验 z））中，因此省略该试验。选择试验 Db 的方法 2，是因为它足以检测该条件，并且比方法 1 操作简单。

11） GB/T 4798 中没有风致降水的数据，因此没有推荐试验。对于在有防护场所，但是靠近建筑出口安装的设备，应当采取防护措施或者要求进行水试验（GB/T 2423.38）。

12） 除了对四种水源的描述之外（表 3，3Z7～3Z10），GB/T 4798.3 中没有具体数据：

a） 滴水：如果产品通常有防雨措施，但是有可能暴露于降落的凝露水滴或者上面的渗漏水滴中，则 GB/T 2423.38 试验 Ra 2—滴水试验是优选的试验方法，滴落高度 2 m、倾斜角 0°、持续时间 1 h。

b） 溅水：如果产品有可能暴露于洒水系统或者水轮车喷溅环境中时，则 GB/T 2423.38 试验 Rb 2.1—摆动管法或者 Rb 2.2—手持洒水法，1 min/m^2，最多 30 min 是优选的方法。

c） 水浪：如果产品有可能暴露于冲洗或冲刷中，则 GB/T 2423.38 试验 Rb 3—软管法是优选的方法。

d） 射水：如果喷射水有可能冲击产品，选择 GB/T 2423.38 试验 Ra 或者试验 Rb 来表明该产品是为了在这些条件下运行而设计的。

13） 除了低温试验（试验 y））之外，GB/T 2423 中没有合适的试验，但是如果设备包含活动部件，应当采取特殊防护措施。

表 A.8 对 GB/T 4798.3 等级 3K10 推荐的试验
（沙漠场所）

GB/T 4798.3—环境条件		GB/T 2423—环境试验				
环境参数	等级 3K10	最接近的 GB/T 2423 试验		推荐试验		注释序号
		试验方法	严酷等级	试验方法	严酷等级	
等级 3K10 气候图		x) 高温 GB/T 2423.2:Bb/Bd y) 低温 GB/T 2423.1:Ab/Ad z) 湿热 GB/T 2423.3:Cab	同推荐试验 −25 ℃,16 h 同推荐试验	x) 高温 GB/T 2423.2:Bb/Bd y) 低温 GB/T 2423.1:Ab/Ad z) 湿热 GB/T 2423.3:Cab	+55 ℃,16 h −20 ℃,16 h +30 ℃,93%RH,96 h	1),2) 1),2) 1),3)
a) 低气温	−20 ℃	同上		同上		
b) 高气温	+55 ℃	同推荐试验		同上		
c) 低相对湿度	4%	同推荐试验		同上		
d) 高相对湿度	100%	同推荐试验		同上		
e) 低绝对湿度	0.9 g/m³	同推荐试验		同上		
f) 高绝对湿度	27 g/m³	同推荐试验		同上		
g) 气温变化率	1 ℃/min	同推荐试验		GB/T 2423.22:Nb	−25 ℃到环境温度 2 个循环 1 ℃/min,t_1=3 h	4)
h) 低气压	70 kPa	GB/T 2423.21:M	70 kPa,30 min	一般不要求试验,见注 5)		5)
i) 高气压	106 kPa	GB/T 2423 中无此试验		一般不要求试验,见注 6)		6)

表 A.8（续）

GB/T 4798.3—环境条件		GB/T 2423—环境试验				
环境参数	等级 3K10	最接近的 GB/T 2423 试验		推荐试验		注释序号
		试验方法	严酷等级	试验方法	严酷等级	
j) 太阳辐射	1 120 W/m²	GB/T 2423.24:Sa 方法 C	1 120 W/m²,72 h,40 ℃	增加高温试验温度 15 ℃并评价材料的光化学反应		7)
k) 热辐射 用户从 3Z1、3Z2 或者 3Z3 中选择		GB/T 2423 中无此试验		一般不要求试验,见注 8)		8)
l) 周围大气运动 5 m/s 或者用户从 3Z4、3Z5 或 3Z6 中选择		GB/T 2423 中无此试验		一般不要求试验,见注 9)		9)
m) 凝露	有	GB/T 2423.4:Db 方法 2	+40 ℃,90%～100% RH,2 个循环	GB/T 2423.4:Db 方法 2	+30 ℃,90%～100% RH,2 个循环	10)
n)风致降水(雨、雪、冰雹等)	有	GB/T 4798 中没有数据		一般不要求试验,见注 11)		11)
o) 非降雨水源 用户从 3Z7、3Z8、3Z9 或者 3Z10 中选择		GB/T 2423 中无此试验		GB/T 2423.38:Ra,Rb	见注 12)	12)
p) 结冰	有	GB/T 2423 中无此试验		一般不要求试验,见注 13)		13)

表 A.8 解释性注释—等级 3K10:

1) 为了测试产品耐受气候图中各种条件的性能,通常只使用以下三种试验:

——高温试验,其中相对湿度不应超过 50%,但不做准确控制;

——低温试验,不控制湿度;

——恒定湿热试验,控制温度和湿度。

在气候图中这些试验表示为试验 x)、y)和 z)。气候图中的其他边界条件不要求试验,而且 GB/T 2423 中没有适合的试验。

2) 试验温度与 GB/T 4798.3 中该等级的环境参数相等。选择持续时间为 16 h,对于大多数散热性产品来说能够充分表明它的设计在该温度下足以维持其正常功能。

3) 这些严酷等级最接近 GB/T 2423 的严酷等级,温度和湿度条件的微小差别不显著,在正常的测量容差范围内。持续时间 96 h,对于大多数产品来说能够充分表明它的设计足以耐受住该湿度。

4) 温度变化试验经常用来测试设计容差,范围并不重要。该等级中可能会出现凝露,因此提出一个跨越 0 ℃的温度范围使低散热性产品形成凝露。

5) 对于密封产品或者贮存/处理液体的产品,推荐进行 GB/T 2423.21 试验 M。对于正式的应用,当在元件级评价气压的影响时,没有推荐试验。

6) GB/T 2423 中没有该条件下的试验方法,该条件在 GB/T 2421 中定义的标准大气条件范围内,因此对大多数产品来说是温和的。没有推荐试验。

7） 选择 GB/T 2423.24 中的方法 C 是因为它产生连续辐射，因此可以评价光降解影响。该等级的严酷等级为 1 120 W/m²，与 GB/T 2423.24 中包含的试验 Sa 条件一致。

由于难以重现实际承受的真实辐射，太阳辐射试验不太理想。建议通过高温试验评价该条件并且评价材料和元件的光化学反应。更多的信息参见 IEC 60741-4-0。

产品可能具备太阳辐射防护装置，例如，安装高效防热罩，此时温度升高试验可以省略，或者根据防护效率降低试验严酷等级。为了使产品有能力抵抗太阳辐射的影响，正常情况下应当采取防护措施。

8） 没有推荐试验。GB/T 4798.3 中没有热辐射数值，其影响通常包括在高温试验中。对于安装在高热辐射源附近的产品，可能要求具备特殊防护措施诸如热防护罩、绝热层或者要求附加高温试验，温度升高的程度取决于热源的严酷等级。

9） 没有推荐试验。没有合适的 GB/T 2423 试验，该条件对大多数产品来说是温和的。如果选用特殊的条件(3Z4、3Z5 或者 3Z6)，应当采取防护措施，特别是大产品。如果要评价此条件，则用户必须制定自己的评价方法。

10） 试验温度是气候图中的典型严酷等级的优选值。持续时间为 2 个循环(48 h)，对大多数产品来说已经足够了。对于持续高散热性产品，由于自热效应阻止了凝露的产生并且高湿度的影响包括在方法 Cab(试验 z))中，因此省略该试验。选择试验 Db 的方法 2，是因为它足以检测该条件，并且比方法 1 操作简单。

11） GB/T 4798 中没有风致降水的数据，因此没有推荐试验。对于在有防护场所，但是靠近建筑出口安装的设备，应当采取防护措施或者要求进行水试验(GB/T 2423.38)。

12） 除了对四种水源的描述之外(表 3，3Z7～3Z10)，GB/T 4798.3 中没有具体数据：

a) 滴水：如果产品通常有防雨措施，但是有可能暴露于降落的凝露水滴或者上面的渗漏水滴中，则 GB/T 2423.38 试验 Ra 2—滴水试验是优选的试验方法，滴落高度 2 m、倾斜角 0°、持续时间 1 h。

b) 溅水：如果产品有可能暴露于洒水系统或者水轮车喷溅环境中时，则 GB/T 2423.38 试验 Rb 2.1—摆动管法或者 Rb 2.2—手持洒水法，1 min/m²，最多 30 min 是优选的方法。

c) 水浪：如果产品有可能暴露于冲洗或冲刷中，则 GB/T 2423.38 试验 Rb 3—软管法是优选的方法。

d) 射水：如果喷射水有可能冲击产品，选择 GB/T 2423.38 试验 Ra 或者试验 Rb 来表明该产品是为了在这些条件下运行而设计的。

13） 除了低温试验(试验 y))之外，GB/T 2423 中没有合适的试验，但是如果设备包含活动部件，应当采取特殊防护措施。

附　录　B
（资料性附录）
有气候防护场所固定使用——机械条件

见表 B.1～表 B.3。

表 B.1　对 GB/T 4798.3 等级 3M4 推荐的试验
（显著振动和剧烈冲击场所）

GB/T 4798.3—机械条件				GB/T 2423—机械试验				
环境参数	单位	3M4 等级		最接近的 GB/T 2423 试验		推荐试验		注释序号
				试验方法	严酷等级	试验方法	严酷等级	
a）　稳态正弦振动				同推荐试验		GB/T 2423.10 Fc：振动 正弦		
位移	mm	3.0					3.5	1）
加速度	m/s²		10				10	
频率范围	Hz	2～9	9～200				1～150	
轴线个数							3	
扫频循环个数							10	
b）　冲击				GB/T 2423.5 Ea：冲击 （半正弦）		GB/T 2423.6 Eb：碰撞		
冲击响应谱图		Ⅱ型						
峰值加速度	m/s²	250			300		250	2）
持续时间	ms	6			6		6	
冲击/碰撞的次数					3		100	3）
冲击/碰撞的方向					6		6	

表 B.1 的解释性注释—等级 3M4：

1）　这些严酷等级最接近于 GB/T 2423.10：Fc 中的优选值，认为频率和位移微小改变不显著。已知产品在 10 Hz 以下不会发生共振时，允许将 GB/T 2423.10 中给定的较低频率由 1 Hz 调整到 5 Hz 以便于使用标准试验设备。但是由于采用了防震装置，必须从 1 Hz 开始试验。对于那些小巧、紧凑的产品，有必要将频率范围扩大到 200 Hz。

2）　在该环境下，预期有重复性冲击。GB/T 4798.3 规定为“剧烈振动和冲击，例如紧邻重型机器、传送带等”。推荐进行 GB/T 2423.6：Eb，碰撞试验。根据它们产生的速度变化最接近于 GB/T 4798 冲击条件，选择严酷等级最接近于 GB/T 2423.6：Eb 的推荐值。

3） 如果已知一个产品对一个特定方向的冲击敏感，而对 3 个主轴方向不敏感，宜将该方向作为一个附加试验方向。

表 B.2 对 GB/T 4798.3 等级 3M7 推荐的试验
（高强度振动和剧烈冲击场所）

GB/T 4798.3—机械条件				GB/T 2423—机械试验				
环境参数	单位	等级 3M7		最接近的 GB/T 2423 试验		推荐试验		注释序号
				试验方法	严酷等级	试验方法	严酷等级	
a） 稳态正弦振动				同推荐试验		GB/T 2423.10 Fc：振动 正弦		1）
位移	mm	10.0					10	
加速度	m/s^2		30				30	
频率范围	Hz	2～9	9～200				1～150	
轴线个数							3	
扫频循环个数							10	
b） 冲击								
冲击响应谱图		Ⅱ型		GB/T 2423.5 Ea：冲击 （半正弦）		GB/T 2423.6 Eb：碰撞		
峰值加速度	m/s^2	250			300		250	2）
持续时间	ms	6			6		6	
冲击/碰撞的次数					3		100	3）
冲击/碰撞的方向					6		6	

表 B.2 的解释性注释—等级 3M7：

1） 这些严酷等级最接近于 GB/T 2423.10：Fc 中的优选值，认为频率和位移微小改变不显著。已知产品在 10 Hz 以下不会发生共振时，允许将 GB/T 2423.10 中给定的较低频率由 1 Hz 调整到 5 Hz 以便于使用标准试验设备。但是由于采用了防震装置，必须从 1 Hz 开始试验。对于那些小巧、紧凑的产品，有必要将频率范围扩大到 200 Hz。

2） 在该环境下，预期有重复性冲击。GB/T 4798.3 规定为“剧烈振动和冲击，例如紧邻重型机器、传送带等”。推荐进行 GB/T 2423.6：Eb，碰撞试验。根据它们产生的速度变化最接近于 GB/T 4798.3 冲击条件，选择严酷等级最接近于 GB/T 2423.6：Eb 的推荐值。

3） 如果已知一个产品对一个特定方向的冲击敏感，而对 3 个主轴方向不敏感，宜将该方向作为一个附加试验方向。

表 B.3 对 GB/T 4798.3 等级 3M8 推荐的试验

（极强振动和剧烈冲击场所）

GB/T 4798.3—机械条件				GB/T 2423—机械试验				
环境参数	单位	等级 3M8		最接近的 GB/T 2423 试验		推荐试验		注释序号
				试验方法	严酷等级	试验方法	严酷等级	
a） 稳态正弦振动								
位移	mm	15.0					15.0	1)
加速度	m/s^2		50				50	
频率范围	Hz	2～9	9～200	同推荐试验		GB/T 2423.10 Fc:振动 正弦	1～150	
轴线个数							3	
扫频循环个数							10	
b） 冲击								
冲击响应谱图		Ⅱ型						
峰值加速度	m/s^2	250		GB/T 2423.5 Ea:冲击 （半正弦）	300	GB/T 2423.6 Eb:碰撞	250	2)
持续时间	ms	6			6		6	
冲击/碰撞的次数					3		100	3)
冲击/碰撞的方向					6		6	

表 9 的解释性注释—等级 3M8:

1) 这些严酷等级最接近于 GB/T 2423.10:Fc 中的优选值，认为频率和位移微小改变不显著。已知产品在 10 Hz 以下不会发生共振时，允许将 GB/T 2423.10 中给定的较低频率由 1 Hz 调整到 5 Hz 以便于使用标准试验设备。但是由于采用了防震装置，必须从 1 Hz 开始试验。对于那些小巧、紧凑的产品，有必要将频率范围扩大到 200 Hz。

2) 在该环境下，预期有重复性冲击。GB/T 4798.3 规定为“剧烈振动和冲击，例如紧邻重型机器、传送带等”。推荐进行 GB/T 2423.6:Eb，碰撞试验。根据它们产生的速度变化最接近于 GB/T 4798 冲击条件，选择严酷等级最接近于 GB/T 2423.6:Eb 的推荐值。

3) 如果已知一个产品对一个特定方向的冲击敏感，而对 3 个主轴方向不敏感，宜将该方向作为一个附加试验方向。

ICS 19.040
A 21

中华人民共和国国家标准

GB/T 20159.4—2011/IEC/TR 60721-4-4:2003

环境条件分类　环境条件分类与环境试验之间的关系及转换指南　无气候防护场所固定使用

Classification of environmental condition—Guidance for the correlation and transformation of environmental condition classes to the environmental tests—Stationary use at non-weatherprotected locations

(IEC/TR 60721-4-4:2003,Classification of environmental conditions—Part 4-4:Guidance for the correlation and transformation of environmental condition classes of IEC 60721-3 to the environmental tests of IEC 60068—Stationary use at non-weatherprotected locations,IDT)

2011-12-30 发布　　2012-05-01 实施

中华人民共和国国家质量监督检验检疫总局
中国国家标准化管理委员会　发布

前　言

GB/T 20159《环境条件分类　环境条件分类与环境试验之间的关系及转换指南》分为以下几个部分：

——贮存；

——运输；

——有气候防护场所固定使用；

——无气候防护场所固定使用；

——地面车辆使用；

——船用；

——携带和非固定使用；

——导言。

本部分为 GB/T 20159 的第 4 部分。

本部分按照 GB/T 1.1—2009 给出的规则起草。

本部分等同采用国际标准 IEC 60721-4-4:2003《环境条件分类　第 4-4 部分:IEC 60721-3 中环境条件分类与 IEC 60068-2 中环境试验之间的关系及转换指南　无气候防护场所固定使用》。

本部分对 IEC 60721-4-4 做了以下编辑性修改：

——"IEC 60721 本部分"修改为"GB/T 20159 的本部分"；

——"本技术报告"修改为"本部分"；

——引用了采用国际标准的我国标准，而非国际标准，并且改变了排列顺序，以适合我国国情；

——删除了 IEC 60721-4-4 的前言和引言；

——增加了国家标准的前言；

——对 IEC 标准中的图表作了编辑性修改。

本部分由中国电器工业协会提出。

本部分由全国电工电子产品环境条件与环境试验标准化技术委员会(SAC/TC 8)归口。

本部分起草单位:机械工业广州电器科学研究院。

本部分主要起草人:颜景莲、王玲、陈灵、谢建华。

环境条件分类 环境条件分类与环境试验之间的关系及转换指南 无气候防护场所固定使用

1 范围和目的

GB/T 20159 的本部分拟定了环境条件与环境试验之间的关系及转换指南。

环境可由若干环境条件组成，诸如机械的、气候的、生物的以及由于化学活性物质和机械活性物质产生的其他效应。本部分仅考虑机械条件和气候条件。

本部分的目的是提供指南以及一套便于应用的表格，使表格中的条件相互关联及转换。

2 规范性引用文件

下列文件对于本文件的应用是必不可少的。凡是注日期的引用文件，仅注日期的版本适用于本文件。凡是不注日期的引用文件，其最新版本(包括所有的修改单)适用于本文件。

GB/T 2421.1—2008 电工电子产品环境试验 概述和指南(IEC 60068-1:1988,IDT)

GB/T 2423.1—2008 电工电子产品环境试验 第2部分:试验方法 试验A:低温(IEC 60068-2-1:2007,IDT)

GB/T 2423.2—2008 电工电子产品环境试验 第2部分:试验方法 试验B:高温(IEC 60068-2-2:2007,IDT)

GB/T 2423.3—2006 电工电子产品环境试验 第2部分:试验方法 试验Cab:恒定湿热试验(IEC 60068-2-78:2001,IDT)

GB/T 2423.4—2008 电工电子产品环境试验 第2部分:试验方法 试验Db:交变湿热(12 h+12 h循环)(IEC 60068-2-30:2005,IDT)

GB/T 2423.5—1995 电工电子产品环境试验 第2部分:试验方法 试验Ea和导则:冲击(IEC 60068-2-27:1987,IDT)

GB/T 2423.6—1995 电工电子产品环境试验 第2部分:试验方法 试验Eb和导则:碰撞(IEC 60068-2-29:1987,IDT)

GB/T 2423.10—2008 电工电子产品环境试验 第2部分:试验方法 试验Fc:振动(正弦)(IEC 60068-2-6:1995,IDT)

GB/T 2423.21—2008 电工电子产品环境试验 第2部分:试验方法 试验M:低气压(IEC 60068-2-13:1983,IDT)

GB/T 2423.22—2002 电工电子产品环境试验 第2部分:试验方法 试验N:温度变化(IEC 60068-2-14:1984,IDT)

GB/T 2423.24—1995 电工电子产品环境试验 第2部分:试验方法 试验Sa:模拟地面上的太阳辐射(IEC 60068-2-5:1975,IDT)

GB/T 2423.38—2008 电工电子产品环境试验 第2部分:试验方法 试验R:水试验方法和导则(IEC 60068-2-18:2000,IDT)

GB/T 4797.2—2005 电工电子产品自然环境条件 第2部分:海拔与气压、水深与水压(IEC

60721-2-3:1987,MOD)

GB/T 4797.4—2006 电工电子产品自然环境条件 太阳辐射与温度(IEC 60721-2-4:2002,IDT)

GB/T 4798.4—2007 电工电子产品应用环境条件 第4部分:无气候防护场所固定使用(IEC 60721-3-4:1995,MOD)

GB/T 20159.8—2008 环境条件分类 环境条件分类与环境试验之间的关系及转换指南 导言(IEC TR 60721-4-0:2002,IDT)

ISO 554:1976 条件试验和(或)检验用的标准大气 规范(Standard atmospheres for conditioning and/or testing—Specifications)

ISO 2533:1975 标准大气 附录1(1985),附录2(1997)(Standard atmosphere—Addendum 1(1985),Addendum 2(1997))

3 概述

3.1 对GB/T 4798.4的一般说明

GB/T 4798.4将产品在贮存期间可能暴露的环境条件按环境参数组进行了分级。这些等级中的参数是分别给出的,但产品可能同时暴露于其中。其中一些参数是互相独立的,而另一些参数则是密切相关的,例如太阳辐射和温度。

3.2 对GB/T 2423的一般说明

GB/T 2423建立了一系列的环境试验规程和适当的试验严酷等级。试验严酷等级的选择取决于产品的失效后果。两种类型的产品可能放置于同一环境等级的各种场所中,但由于不同的失效后果,产品可能会在的不同的严酷等级下进行试验。本部分只给出常规的失效后果;对于更严重的失效后果,则必须根据专家对产品的了解增加试验严酷等级。

3.3 严酷等级

GB/T 4798.4建立了包括产品可能暴露于其中的短期极端条件在内的环境条件等级,超过这些等级的概率较低。在本部分各表格中给出的推荐性试验严酷等级考虑到了这一点,更多的信息请参见GB/T 20159.8,即GB/T 20159的引言。

3.4 推荐试验

本标准所列表格中有两类试验。第一类试验列举了最接近的GB/T 2423试验。第二类试验就是本部分推荐的试验方法和严酷等级,一般认为更适于大多数电工电子产品。

3.5 现用的环境试验

现用的等级制定了产品在使用、装配、非工作状态、维护以及修理等过程中所暴露的环境条件。不包括由堆放产品引起的环境条件。相关规定应当详细指出,在环境试验程序中产品何时处于非工作状态,以及何种性能要求在试验前、中、后测量,以及失效标准。

3.6 试验持续时间

表1～表8中推荐的试验持续时间是在经验基础上选择的,经验证明这些持续时间足以表明环境条件对大多数产品的影响。但是如果经过特定应用验证,用户可以改变这些数值。为了便于用户理解,本部分中表格的相关注解解释了为什么选择这些推荐持续时间。

3.7 周围环境

“周围环境”是指在 GB/T 2421.1—2008 的 5.3.1 中规定的标准大气条件，即：温度 15 ℃～35 ℃，相对湿度 25％～75％，最大绝对湿度为 22 g/m³，气压 86 kPa～106 kPa。ISO 2533 及其附录提供了标准大气的详细情况，GB/T 4797.2 仅提供了概要。ISO 554 中规定了试验用的“基准条件”。

4 气候条件

见表 1～表 3。

表 1 对 GB/T 4798.4 等级 4K2 推荐的试验

（无气候防护场所，温和的户外气候参数组）

GB/T 4798.4—环境条件		GB/T 2423—环境试验				
环境参数	等级 4K2	最接近的 GB/T 2423 试验		推荐试验		注释序号
		试验方法	严酷等级	试验方法	严酷等级	
等级 4K2 气候图				x） 高温 GB/T 2423.2:Bb/Bd y） 低温 GB/T 2423.1:Ab/Ad z） 湿热 GB/T 2423.3:Cab	+40 ℃，16 h −40 ℃，16 h +30 ℃，93%RH，96 h	1），2） 1），3） 1），4）
a） 低温	−33 ℃	同推荐试验		同上		
b） 高温	+40 ℃	同推荐试验		同上		
c） 低相对湿度	15%	同推荐试验		同上		
d） 高相对湿度	100%	同推荐试验		同上		
e） 低绝对湿度	0.26 g/m³	同推荐试验		同上		
f） 高绝对湿度	25 g/m³	同推荐试验		同上		
g） 降雨强度	6 mm/min	GB/T 2423.38:Ra 方法 1	强度：400 mm/h 持续时间至少 10 min	GB/T 2423.38:Rb 方法 2.2	暴露 1 min/m² 持续时间至少 5 min	5）
h） 温度变化率	0.5 ℃/min	GB/T 2423.22:Nb	−40 ℃到环境温度， 1 ℃/min	GB/T 2423.22:Nb	−33 ℃到环境温度， 2 个循环， 1 ℃/min，t_1=3 h	6）
i） 低气压	70 kPa	GB/T 2423.21:M	70 kPa，30 min	一般不要求试验，见注 7）		7）
j） 高气压	106 kPa	GB/T 2423 无此试验		一般不要求试验，见注 8）		8）

表 1（续）

GB/T 4798.4—环境条件		GB/T 2423—环境试验				
环境参数	等级 4K2	最接近的 GB/T 2423 试验		推荐试验		注释序号
		试验方法	严酷等级	试验方法	严酷等级	
k） 太阳辐射	1 120 W/m²	GB/T 2423.24 Sa 方法 C	1 120 W/m²，72 h，40 ℃	高温试验温度增加 15 ℃并评价材料的光化学反应		9）
l） 热辐射 用户从 4Z1 或 4Z2 中选择		GB/T 2423 无此试验		一般不要求试验，见注 10）		10）
m） 周围空气运动 用户从 4Z3、4Z4 或 4Z5 中选择		GB/T 2423 无此试验		一般不要求试验，见注 11）		11）
n） 凝露	有	GB/T 2423 无此试验		GB/T 2423.4 方法 2	40 ℃，90%～100%RH，2 个循环	12）
o） 降水（雨、雪、冰雹等）	有	GB/T 2423 无此试验		一般不要求试验，见注 13）		13）
p） 低雨水温度	+5 ℃	GB/T 2423 无此试验		一般不要求试验，见注 14）		14）
q） 降雨以外的水 用户从 4Z6、4Z7、4Z8 或 4Z9 中选择		GB/T 2423 无此试验		见注 15）		15）
r） 冰冻和霜冻	有	GB/T 2423 无此试验		一般不要求试验，见注 16）		16）

表 1 的解释性注释—等级 4K2：

1） 为了测试产品耐受气候图中各种条件的性能，通常只使用以下三种试验：

——高温试验，其中相对湿度不应超过 50%，不精确控制相对湿度；

——低温试验，不控制湿度；

——稳态湿热试验，控制温度和湿度。

在表格中这些试验表示为试验 x）、y）和 z）。气候图中的其他边界条件不要求试验，在 GB/T 2423 中没有现成合用的试验。

2） 试验温度与 GB/T 4798.4 中该等级的环境参数相等。一般认为，对于大多数散热试验样品来说，选择持续时间为 16 h 足以说明这些产品的构造完全有能力在该温度下工作。

3） 试验温度是最接近于 GB/T 2423 的优选值。热辐射的影响宜考虑在内（见注 9））。选择持续时间为 16 h，对于大多数产品来说能够充分表明它们的结构完全有能力在该温度下工作。

4） 这些严酷等级是最接近于 GB/T 2423 的优选值，温度和湿度条件的微小变化不明显，在正常的容差范围内。选择持续时间 96 h，对于大多数散热性产品来说能够充分表明它们的结构完全有能力在该湿度下工作。

5） GB/T 2423.38 对于暴露在雨中的产品推荐试验 Ra 1。但是，这与 GB/T 4798 该等级的降雨强度不符，且不适用于大产品。试验

Rb 2.2 简单、可重复，而且适用于所有尺寸的产品，因此推荐该试验。

6) 温度变化试验经常用来测试设计容差，范围并不重要。然而在该等级中可能会出现冷凝，因此提出一个跨越 0 ℃的温度范围，以便于使低散热性产品出现冷凝。GB/T 4798 中规定的温度变化速率为 0.5 ℃/min，但是 GB/T 2423.22 试验 N 中最小的优先值为 1 ℃/min。建议使用 0.5 ℃/min，尤其是对发热的大产品。

7) 对于密封产品或者贮存/处理液体的产品，推荐进行 GB/T 2423.21 中的试验 M。对于正式的应用，当要评定气压对元件的影响时，没有推荐试验。

8) 没有推荐试验。GB/T 2423 中没有该条件下的试验方法，一般认为该条件对大多数产品来说是温和的。

9) 选择 GB/T 2423.24 中试验方法 C 中的模拟地面上的太阳辐射影响的试验 C 是因为它产生连续辐射，因此可以评定光降解影响。该等级的严酷等级为 1 120 W/m²，与 GB/T 2423.24 中试验 Sa 条件一致。

由于难以重现实际承受的真实辐射，太阳辐射试验不太理想。建议通过提高高温试验的温度 15 ℃来评定这个条件，并且评定材料和元件的光化学反应。更多的信息参见 IEC 60741-4-0。

在该等级太阳辐射下，表面温度可能比周围环境温度高出 25 ℃；而在夜间，由于热辐射（GB/T 4797.4），表面温度还会降低。选择材料时宜考虑到这些影响，对于低温试验（试验 Ab/Ad）来说，宜认为是简化的温度试验。

产品可能对太阳辐射有防护措施，例如安装高效防热罩，此时应根据防护措施的有效性省略高温试验的高温或者降低严酷等级。为了确信该产品抵抗太阳辐射的能力，一般的做法是按这类防护措施制造。

10) GB/T 2423.4 没有热辐射数值，因此没有推荐试验。其影响通常包括在高温试验中。对于安装在高热辐射源附近的产品，可能要求具备特殊防护措施诸如热防护罩、绝热层或者要求附加高温试验，温度升高的程度取决于热源的严酷等级。

11) GB/T 4798.4 规定了三个相当于作用在该产品上的风速的严酷等级（表 2，4Z3、4Z4 和 4Z5）：

——4Z3：风速 20 m/s；

——4Z4：风速 30 m/s；

——4Z5：风速 50 m/s。

GB/T 2423 中没有合适的试验。但是，宜采取专用的防护措施，特别是对于大产品。如果要评定此条件，用户可能不得不自行采取办法。

12) 由于该温度是 GB/T 2423 中最高的优先值，该试验温度与高绝对湿度典型的严酷等级不符。对于大多数产品，2 个循环（48 h）的持续时间足够了。对于高散热性产品，由于自热效应会阻止出现凝露，可以省略该试验；高湿度影响包括在试验 Cab（试验 z））中。由于比方法 1 简单，而且能充分测试该条件，选择试验 Db 的第 2 种方法。

13) GB/T 2423.4 中没有降水的数据，因此没有推荐试验。降雨影响涵盖在降雨试验中（见表格 g）行）。选择材料时宜评定冰雹和降雪的影响，设计在该等级使用的产品时亦宜把这些影响计算在内。

14) 由于 GB/T 2423 中没有合适的试验，所以没有推荐试验。根据 GB/T 2423.38，水试验应采用新鲜的自来水，因此不能控制温度。

15) 如果有合适的数据，鼓励用户从 4Z6、4Z7、4Z8 和 4Z9 中选择一个条件。然后从 GB/T 2423.38 选用适当的试验、持续时间以及试验严酷等级。作为指南，以下可以帮助用户选用适当的试验：

a) 滴水：如果产品通常有防雨措施，但是有可能暴露于降落的凝露水滴或者上面的渗漏水滴中，则 GB/T 2423.38 试验 Ra 2—滴水试验是优选的试验方法，滴落高度 2 m、倾斜角 0°、持续时间 1 h。

b) 溅水：如果产品有可能暴露于洒水系统或者水轮车喷溅环境中时，则 GB/T 2423.38 试验 Rb 2.1—摆动管法或者 Rb 2.2—手持洒水法，1 min/m²，最多 30 min 是优选的方法。

c) 水浪：如果产品有可能暴露于冲洗或冲刷中，则 GB/T 2423.38

试验 Rb 3—软管法是优选的方法。

d）射水：如果喷射水有可能冲击产品，选择 GB/T 2423.38 试验 Ra 或者试验 Rb 来表明该产品是为了在这些条件下运行而设计的。

16）除了低温试验（试验 Ab/Ad）之外，GB/T 2423 中没有合适的试验，但是在为该等级设计产品时应考虑到该条件，特别是当产品包含活动部件时，宜采取专用的防护措施。

表 2 对 GB/T 4798.4 等级 4K3 推荐的试验
（无气候防护场所，一般户外气候条件）

GB/T 4798.4—环境条件		GB/T 2423—环境试验				
环境参数	等级	最接近的 GB/T 2423 试验		推荐试验		注释序号
	4K3	试验方法	严酷等级	试验方法	严酷等级	
等级 4K3 气候图（温度 ℃ / 相对湿度 /%RH；干热、湿热、寒冷；绝对湿度 g/m³：36、0.03）				x）高温 GB/T 2423.2：Bb/Bd	+40 ℃，16 h	1），2）
				y）低温 GB/T 2423.1：Ab/Ad	−55 ℃，16 h	1），3）
				z）湿热 GB/T 2423.3：Cab	+40 ℃，93%RH，10 d	1），4）
a）低温	−50 ℃	同推荐试验		同上		
b）高温	+40 ℃	同推荐试验		同上		
c）低相对湿度	15%	同推荐试验		同上		
d）高相对湿度	100%	同推荐试验		同上		
e）低绝对湿度	0.03 g/m³	同推荐试验		同上		
f）高绝对湿度	36 g/m³	同推荐试验		同上		
g）降雨强度	15 mm/min	同推荐试验		GB/T 2423.38：Rb 方法 2.2	暴露 3 min/m²，持续时间至少 15 min	5）

表 2（续）

GB/T 4798.4—环境条件		GB/T 2423—环境试验				
环境参数	等级 4K3	最接近的 GB/T 2423 试验		推荐试验		注释序号
		试验方法	严酷等级	试验方法	严酷等级	
h） 温度变化率	0.5 ℃/min	同推荐试验		GB/T 2423.22:Nb	−50 ℃到环境温度，2 个循环，1 ℃/min，t_1=3 h	6）
i） 低气压	70 kPa	GB/T 2423.21:M	70 kPa，30 min	一般不要求试验，见注 7）		7）
j） 高气压	106 kPa	GB/T 2423 无此试验		一般不要求试验，见注 8）		8）
k） 太阳辐射	1 120 W/m^2	GB/T 2423.24 Sa 方法 C	1 120 W/m^2，72 h，40 ℃	高温试验温度增加 15 ℃并评定材料的光化学反应		9）
l） 热辐射 用户从 4Z1 或 4Z2 中选择		GB/T 2423 无此试验		一般不要求试验，见注 10）		10）
m） 周围空气运动 1 m/s 或者用户从 4Z3、4Z4 或 4Z5 中选择		GB/T 2423 无此试验		一般不要求试验，见注 11）		11）
n） 凝露	有	GB/T 2423 无此试验		GB/T 2423.4 方法 2	40 ℃，90%～100%RH，2 个循环	12）
o） 降水（雨、雪、冰雹等）	有	GB/T 2423 无此试验		一般不要求试验，见注 13）		13）
p） 低雨水温度	+5 ℃	GB/T 2423 无此试验		一般不要求试验，见注 14）		14）
q） 降雨以外的水 用户从 4Z6、4Z7、4Z8 或 4Z9 中选择		GB/T 2423 无此试验		见注 15）		15）
r） 冰冻	有	GB/T 2423 无此试验		一般不要求试验，见注 16）		16）

表 2 的解释性注释—等级 4K3：

1） 为了测试产品耐受气候图中各种条件的性能，通常只使用以下三种试验：

——高温试验，其中相对湿度不应超过 50%，不精确控制相对湿度；

——低温试验，不控制湿度；

——稳态湿热试验，控制温度和湿度。

在表格中这些试验表示为试验 x)、y)和 z)。气候图中的其他边界条件不要求试验，在 GB/T 2423 中没有现成合用的试验。

2） 试验温度与 GB/T 4798.4 中该等级的环境参数相等。选择持续时间为 16 h，对于大多数产品来说能够充分表明它们的结构完全有能力在该温度下工作。

3） 试验温度是最接近于 GB/T 2423 的优选值。根据 GB/T 4798.4 中该等级的环境参数，推荐试验温度 −50 ℃。但是太阳辐射的影响也应当考虑在内(见注 9))。选择持续时间为 16 h，对于大多数散热性产品来说，能够充分表明它的设计足以耐受得住该温度。

4） 这些严酷等级是最接近于 GB/T 2423 的优选值，温度和湿度条件的变化不明显，均在正常的测量容差内。选择持续时间 10 天，对于大多数散热性产品来说，能够充分表明它们的结构完全有能力在该湿度下工作。

5） GB/T 2423.38 对于暴露在雨中的产品推荐试验 Ra 1。但是，这与 GB/T 4798 该等级的降雨强度不符，且不适用于大产品。试验 Rb 2.2 简单、可重复，且适用于所有尺寸的产品，因此推荐该试验。

6） 温度变化试验经常用来测试设计容差，范围并不重要。然而在该等级中可能会出现冷凝，因此提出一个跨越 0 ℃的温度范围，以便于使低散热性产品出现冷凝。GB/T 4798 中规定的温度变化速率为 0.5 ℃/min，但是 GB/T 2423.22 试验 N 中最小的优先值为 1 ℃/min。建议使用 0.5 ℃/min，尤其是对发热的大产品。

7） 对于密封产品或者贮存/处理液体的产品，推荐进行 GB/T 2423.21 中的试验 M。对于正式的应用，当要评定气压对元件的影响时，没有推荐试验。

8） 没有推荐试验。GB/T 2423 中没有该条件下的试验方法，该条件对大多数产品来说是温和的。

9） 选择 GB/T 2423.24 中试验规程中的模拟地面水平的太阳辐射影响的试验 C 是因为它产生连续辐射，因此可以评定光降解影响。该等级的严酷等级为 1 120 W/m²，与 GB/T 2423.24 中包含的试验 Sa 条件一致。

由于难以重复实际承受的真正辐射，太阳辐射试验不太理想。建议通过提高高温试验的温度 15 ℃来评定这个条件，并且评定材料和元件的光化学反应。更多的信息参见 IEC 60741-4-0。

在该等级太阳辐射下，表面温度可能比周围环境温度高出 25 ℃；而在夜间，由于热辐射(GB/T 4797.4)，表面温度还会降低。选择材料时宜考虑到这些影响，低温试验(试验 Ab/Ad)应当考虑降低温度。

产品可能对太阳辐射有防护措施，例如安装高效防热罩，此时应根据防护措施的有效性省略高温试验的高温或者降低严酷等级。对于有防护产品，通常采用此种措施以确信该产品对太阳辐射的抵抗性。

10） GB/T 4798.4 中没有热辐射数值，因此没有推荐试验。其影响通常包括在高温试验中。对于安装在高热辐射源附近的产品，可能要求具备特殊防护措施诸如热防护罩、绝热层或者要求附加高温试验，温度升高的程度取决于热源的严酷等级。

11） GB/T 4798.4 规定了三个相当于作用在该产品上的风速的严酷等级(表 2，4Z3、4Z4 和 4Z5)：

——4Z3：风速 20 m/s；

——4Z4：风速 30 m/s；

——4Z5：风速 50 m/s。

GB/T 2423 中没有合适的试验。但是，宜采取专用的防护措施，特别是对于大产品。如果要评定此条件，用户可能不得不自行采取办法。

12） 由于该温度是 GB/T 2423 中最高的优先值，该试验温度与高绝对湿度典型的严酷等级不符。对于大多数产品，2 个循环(48 h)的持续时间足够了。对于高散热性产品，由于自热效应会阻止出现凝露，可以省略该试验；高湿度影响涵盖在试验 Cab(试验 z))中。由于比方法 1 简单，而且能充分测试该条件，选择试验 Db 的第 2 种方法。

13） GB/T 4798.4 没有降水的数据，因此没有推荐试验。降雨影响涵盖在降雨试验中(见表格 g)行)。选择材料时宜评定冰雹和降雪的影响,设计在该等级使用的产品时亦宜把这些影响计算在内。

14）由于 GB/T 2423 中没有合适的试验,所以没有推荐试验。根据 GB/T 2423.38,水试验应采用新鲜的自来水,因此不能控制温度。

15）如果有合适的数据,鼓励用户从 4Z6、4Z7、4Z8 和 4Z9 中选择一个条件。然后从 GB/T 2423.38 选用适当的试验、持续时间以及试验严酷等级。作为指南,以下可以帮助用户选用适当的试验:

a）滴水:如果产品通常有防雨措施,但是有可能暴露于降落的凝露水滴或者上面的渗漏水滴中,则 GB/T 2423.38 试验 Ra 2—滴水试验是优选的试验方法,滴落高度 2 m、倾斜角 0°、持续时间 1 h。

b）溅水:如果产品有可能暴露于洒水系统或者水轮车喷溅环境中时,则 GB/T 2423.38 试验 Rb 2.1—摆动管法或者 Rb 2.2—手持洒水法,1 min/m²,最多 30 min 是优选的方法。

c）水浪:如果产品有可能暴露于冲洗或冲刷中,则 GB/T 2423.38 试验 Rb 3—软管法是优选的方法。

d）射水:如果喷射水有可能冲击产品,选择 GB/T 2423.38 试验 Ra 或者试验 Rb 来表明该产品是为了在这些条件下运行而设计的。

16）除了低温试验(试验 Ab/Ad)之外,GB/T 2423 中没有合适的试验,但是在为该等级设计产品时应考虑到该条件,特别是当产品包含活动部件时,宜采取专用的防护措施。

表 3　对 GB/T 4798.4 等级 4K4 推荐的试验

(无气候防护场所,世界范围的户外气候条件)

GB/T 4798.4—环境条件		GB/T 2423—环境试验				
环境参数	等级	最接近的 GB/T 2423 试验		推荐试验		注释序号
	4K4	试验方法	严酷等级	试验方法	严酷等级	
等级 4K4 气候图				x）高温 GB/T 2423.2:Bb/Bd	+55 ℃,16 h	1),2)
				y）低温 GB/T 2423.1:Ab/Ad	−65 ℃,16 h	1),3)
				z）湿热 GB/T 2423.3:Cab	+40 ℃,93%RH,10 d	1),4)

表 3（续）

GB/T 4798.4—环境条件		GB/T 2423—环境试验				
环境参数	等级 4K4	最接近的 GB/T 2423 试验		推荐试验		注释序号
		试验方法	严酷等级	试验方法	严酷等级	
a） 低温	−65 ℃	同推荐试验		同上		
b） 高温	+55 ℃	同推荐试验		同上		
c） 低相对湿度	4%	同推荐试验		同上		
d） 高相对湿度	100%	同推荐试验		同上		
e） 低绝对湿度	0.003 g/m³	同推荐试验		同上		
f） 高绝对湿度	36 g/m³	同推荐试验		同上		
g） 降雨强度	15 mm/min	同推荐试验		GB/T 2423.38:Rb 方法 2.2	暴露 3 min/m² 持续时间至少 15 min	5）
h） 温度变化率	0.5 ℃/min	同推荐试验		GB/T 2423.22:Nb	−50 ℃到环境温度，2 个循环，1 ℃/min，t_1=3 h	6）
i） 低气压	70 kPa	GB/T 2423.21:M	70 kPa，30 min	一般不要求试验，见注 7）		7）
j） 高气压	106 kPa	GB/T 2423 无此试验		一般不要求试验，见注 8）		8）
k） 太阳辐射	1 120 W/m²	GB/T 2423.24:Sa 方法 C	1 120 W/m²，72 h，40 ℃	高温试验温度增加 10 ℃并评定材料的光化学反应		9）
l） 热辐射 用户从 4Z1 或 4Z2 中选择		GB/T 2423 无此试验		一般不要求试验，见注 10）		10）
m） 周围空气运动 1 m/s 或者用户从 4Z3、4Z4 者 4Z5 中选择		GB/T 2423 无此试验		一般不要求试验，见注 11）		11）
n） 凝露	有			GB/T 2423.4 方法 2	40 ℃，90%～100%RH，2 个循环	12）

表 3（续）

GB/T 4798.4—环境条件		GB/T 2423—环境试验				
环境参数	等级 4K4	最接近的 GB/T 2423 试验		推荐试验		注释序号
		试验方法	严酷等级	试验方法	严酷等级	
o）降水（雨、雪、冰雹等）	有	GB/T 2423 无此试验		一般不要求试验，见注 13）		13）
p）低雨水温度	+5 ℃	GB/T 2423 无此试验		一般不要求试验，见注 14）		14）
q）降雨以外的水 用户从 4Z6、4Z7、4Z8 或 4Z9 中选择		GB/T 2423 无此试验		见注 15）		15）
r）冰冻	有	GB/T 2423 无此试验		一般不要求试验，见注 16）		16）

表 3 的解释性注释—等级 4K4：

1） 为了测试产品耐该气候图中各种条件的性能，通常只使用以下三种试验：

——高温试验，其中相对湿度不应超过 50%，不精确控制相对湿度；

——低温试验，不控制湿度；

——稳态湿热试验，控制温度和湿度。

在表 3 中这些试验表示为试验 x）、y）和 z）。气候图中的其他边界条件不要求试验，在 GB/T 2423 中没有现成合用的试验。

2） 试验温度与 GB/T 4798.4 中该等级的环境参数相等。选择持续时间为 16 h，对于大多数产品来说能够充分表明它们的结构完全有能力在该温度下工作。

3） 试验温度与 GB/T 4798.4 中该等级的环境参数相等。但是太阳辐射的影响也应当考虑在内（见注 9））。选择持续时间为 16 h，对于大多数散热性产品来说，能够充分表明它的设计足以耐受得住该温度。

4） 这些严酷等级是最接近于 GB/T 2423 的优选值，温度和湿度条件的变化不明显，均在正常的测量容差内。选择持续时间 10 天，对于大多数散热性产品来说，能够充分表明它们的结构完全有能力在该湿度下工作。

5） GB/T 2423.38 对于暴露在雨中的产品推荐试验 Ra 1。但是，这与 GB/T 4798 该等级的降雨强度不符，且不适用于大产品。试验 Rb 2.2简单、可重复，且适用于所有尺寸的产品，因此推荐该试验。

6） 温度变化试验经常用来测试设计容差，范围并不重要。然而在该等级中可能会出现冷凝，因此提出一个跨越 0 ℃的温度范围，以便于使低散热性产品出现冷凝。GB/T 4798 中规定的温度变化速率为 0.5 ℃/min，但是 GB/T 2423.22 试验 N 中最小的优先值为 1 ℃/min。建议使用 0.5 ℃/min，尤其是对发热的大产品。

7） 对于密封产品或者贮存/处理液体的产品，推荐进行 GB/T 2423.21 中的试验 M。对于正式的应用，当要评定气压对元件的影响时，没有推荐试验。

8） 没有推荐试验。GB/T 2423 中没有该条件下的试验方法，该条件对大多数产品来说是温和的。

9） 选择 GB/T 2423.24 中试验规程中的模拟地面水平的太阳辐射影响的试验 C 是因为它产生连续辐射，因此可以评定光降解影响。该等级的严酷等级为 1 120 W/m²,与 GB/T 2423.24 中包含的试验 Sa 条件一致。

由于难以重复实际承受的真正辐射,太阳辐射试验不太理想。建议通过提高高温试验的温度 15 ℃来评定这个条件,并且评定材料和元件的光化学反应。更多的信息参见 IEC 60741-4-0。

在该等级太阳辐射下,表面温度可能比周围环境温度高出 25 ℃;而在夜间,由于热辐射(GB/T 4797.4),表面温度还会降低。选择材料时宜考虑到这些影响,低温试验(试验 Ab/Ad)应当考虑降低温度。

产品可能对太阳辐射有防护措施,例如安装高效防热罩,此时应根据防护措施的有效性省略高温试验的高温或者降低严酷等级。对于有防护产品,通常采用此种措施以确信该产品对太阳辐射的抵抗性。

10) GB/T 4798.4 中没有热辐射数值,因此没有推荐试验。其影响通常包括在高温试验中。对于安装在高热辐射源附近的产品,可能要求具备特殊防护措施诸如热防护罩、绝热层或者要求附加高温试验,温度升高的程度取决于热源的严酷等级。

11) GB/T 4798.4 规定了三个相当于作用在该产品上的风速的严酷等级(表 2,4Z3、4Z4 和 4Z5):

——4Z3:风速 20 m/s;

——4Z4:风速 30 m/s;

——4Z5:风速 50 m/s。

GB/T 2423 中没有合适的试验。但是,宜采取专用的防护措施,特别是对于大产品。如果要评定此条件,用户可能不得不自行采取办法。

12) 由于该温度是 GB/T 2423 中最高的优先值,该试验温度与高绝对湿度典型的严酷等级不符。对于大多数产品,2 个循环(48 h)的持续时间足够了。对于高散热性产品,由于自热效应会阻止出现凝露,可以省略该试验;高湿度影响涵盖在试验 Cab(试验 z))中。由于比方法 1 简单,而且能充分测试该条件,选择试验 Db 的第 2 种方法。

13) GB/T 4798.4 没有降水的数据,因此没有推荐试验。降雨影响涵盖在降雨试验中(见表格 g)行)。选择材料时宜评定冰雹和降雪的影响,设计在该等级使用的产品时亦宜把这些影响计算在内。

14) 由于 GB/T 2423 中没有合适的试验,所以没有推荐试验。根据 GB/T 2423.38,水试验应采用新鲜的自来水,因此不能控制温度。

15) 如果有合适的数据,鼓励用户从 4Z6、4Z7、4Z8 和 4Z9 中选择一个条件。然后从 GB/T 2423.38 选用适当的试验、持续时间以及试验严酷等级。作为指南,以下可以帮助用户选用适当的试验:

a) 滴水:如果产品通常有防雨措施,但是有可能暴露于降落的凝露水滴或者上面的渗漏水滴中,则 GB/T 2423.38 试验 Ra 2—滴水试验是优选的试验方法,滴落高度 2 m、倾斜角 0°、持续时间 1 h。

b) 溅水:如果产品有可能暴露于洒水系统或者水轮车喷溅环境中时,则 GB/T 2423.38 试验 Rb 2.1—摆动管法或者 Rb 2.2—手持洒水法,1 min/m²,最多 30 min 是优选的方法。

c) 水浪:如果产品有可能暴露于冲洗或冲刷中,则 GB/T 2423.38 试验 Rb 3—软管法是优选的方法。

d) 射水:如果喷射水有可能冲击产品,选择 GB/T 2423.38 试验 Ra 或者试验 Rb 来表明该产品是为了在这些条件下运行而设计的。

16) 除了低温试验(试验 Ab/Ad)之外,GB/T 2423 中没有合适的试验,但是在为该等级设计产品时应考虑到该条件,特别是当产品包含活动部件时,宜采取专用的防护措施。

5 机械条件

见表4～表8。

表4 对GB/T 4798.4等级4M1推荐的试验

（有防护显著振动和冲击场所）

GB/T 4798.4—机械条件				GB/T 2423—机械试验				
环境参数	单位	等级 4M1		最接近的GB/T 2423试验		推荐试验		注释序号
				试验方法	严酷等级	试验方法	严酷等级	
a) 稳态正弦振动								
位移	mm	0.3		GB/T 2423.10	0.35	没有推荐试验，见注1)		1)
加速度	m/s²		1.0	Fc：振动	1.0			
频率范围	Hz	2～9	9～200	正弦	1～150			2)
轴线个数					3			
扫频循环个数					10			
b) 冲击								
冲击响应谱		L型		GB/T 2423.5		没有推荐试验，见注3)		3)
峰值加速度	m/s²	40		Ea：冲击	50			
持续时间	ms	22		（半正弦）	30			
冲击的次数/方向					3			
冲击的方向					6			

表4的解释性注释—等级4M1：

1）对于大多数产品来说，该条件是温和的，试验可以省略。建议仅对正弦振动特别敏感的产品进行试验。

2）已知产品在10 Hz以下不会发生共振时，允许将GB/T 2423.5中给定的低频率由1 Hz调整到5 Hz以便于使用标准试验设备。但是由于采用了防震装置，必须从1 Hz开始试验。对于那些小巧、紧凑的产品，有必要将频率范围扩大到200 Hz。

3）该等级规定为有防护显著振动和冲击场所。GB/T 4798中给定的值以及GB/T 2423.5中的最低严酷等级过于严酷。没有推荐试验。

表 5　对 GB/T 4798.4 等级 4M2 推荐的试验

（有防护显著振动和冲击场所）

GB/T 4798.4—机械条件				GB/T 2423—机械试验				
环境参数	单位	等级 4M2		最接近的 GB/T 2423 试验		推荐试验		注释序号
				试验方法	严酷等级	试验方法	严酷等级	
a）稳态正弦振动								
位移	mm	1.5		GB/T 2423.10	1.5	GB/T 2423.10	0.75	1）
加速度	m/s^2		5.0	Fc：振动	5.0	Fc：振动	2	
频率范围	Hz	2～9	9～200	正弦	1～150	正弦	1～150	2）
轴线个数					3		3	
扫频循环个数					5		5	
b）冲击								
冲击响应谱		L 型		GB/T 2423.5		没有推荐试验，见注 3）		3）
峰值加速度	m/s^2	40		Ea：冲击	50			
持续时间	ms	22		（半正弦）	30			
冲击的次数/方向					3			
冲击的方向					6			

表 5 的解释性注释—等级 4M2：

1）GB/T 4798.4 中的数值对该等级来说过于严酷，该等级规定为有防护显著振动和冲击。推荐使用替代试验。对于质量大的产品，低频率下的严酷等级仍然偏高，宜在此基础上进一步降低。

2）已知产品在 10 Hz 以下不会发生共振时，允许将 GB/T 2423.5 中给定的低频率由 1 Hz 调整到 5 Hz 以便于使用标准试验设备。但是由于采用了防震装置，必须从 1 Hz 开始试验。对于那些小巧、紧凑的产品，有必要将频率范围扩大到 200 Hz。

3）该等级规定为有防护显著振动和冲击。GB/T 4798.4 中给定的值过于严酷，因此没有推荐试验。

表 6　对 GB/T 4798.4 等级 4M3 推荐的试验
（有防护显著振动和一些传递冲击场所）

GB/T 4798.4—机械条件				GB/T 2423—机械试验				
环境参数	单位	等级 4M3		最接近的 GB/T 2423 试验		推荐试验		注释序号
				试验方法	严酷等级	试验方法	严酷等级	
a）稳态正弦振动								
位移	mm	1.5		GB/T 2423.10	1.5	GB/T 2423.10	0.75	1）
加速度	m/s^2		5.0	Fc:振动	5.0	Fc:振动	2.0	
频率范围	Hz	2～9	9～200	正弦	1～150	正弦	1～150	2）
轴线个数					3		3	
扫频循环个数					5		5	
b）冲击								
冲击响应谱		L 型		GB/T 2423.5		GB/T 2423.5		
峰值加速度	m/s^2	70		Ea:冲击	50	Ea:冲击	50	3）
持续时间	ms	22		（半正弦）	30	（半正弦）	6.0	
冲击的次数/方向					3		3	
冲击的方向					6		6	

表 6 的解释性注释—等级 4M3：

1）GB/T 4798.4 中的数值对该等级来说过于严酷，该等级规定为有防护显著振动。推荐使用替代试验。对于质量大的产品，低频率下的严酷等级仍然偏高，宜在此基础上进一步降低。

2）已知产品在 10 Hz 以下不会发生共振时，允许将 GB/T 2423.5 中给定的低频率由 1 Hz 调整到 5 Hz 以便于使用标准试验设备。但是由于采用了防震装置，必须从 1 Hz 开始试验。对于那些小巧、紧凑的产品，有必要将频率范围扩大到 200 Hz。

3）GB/T 4798.4 中的数值对该等级来说过于严酷，该等级规定为“可能承受某些传递冲击，例如来自爆破或打桩活动”。因此推荐进行替代试验。

表 7 对 GB/T 4798.4 等级 4M4 推荐的试验

（来自机器或路过车辆的传递振动场所）

GB/T 4798.4—机械条件				GB/T 2423—机械试验				
环境参数	单位	等级 4M4		最接近的 GB/T 2423 试验		推荐试验		注释序号
				试验方法	严酷等级	试验方法	严酷等级	
a） 稳态正弦振动				同推荐试验				
位移	mm	3.0				GB/T 2423.10	3.5	1）
加速度	m/s^2		10			Fc:振动	10	
频率范围	Hz	2～9	9～200			正弦	1～150	
轴线个数							3	
扫频循环个数							10	
b） 冲击								
冲击响应谱		L 型				GB/T 2423.6		
峰值加速度	m/s^2	100		GB/T 2423.5	150	Eb:碰撞	150	2）
持续时间	ms	11		Ea:冲击	11		6	
冲击的次数/方向				（半正弦）	每个方向 3		每个方向 100	3）
冲击的方向					6		6	

表 7 的解释性注释—等级 4M4：

1） 这些严酷等级是 GB/T 2423.10:Fc 中最近提出的，认为频率和位移微小改变不显著。已知产品在 10 Hz 以下不会发生共振时，允许将 GB/T 2423.10 中给定的低频率由 1 Hz 调整到 5 Hz 以便于使用标准试验设备。但是由于采用了防震装置，必须从 1 Hz 开始试验。对于那些小巧、紧凑的产品，有必要将频率范围扩大到 200 Hz。

2） 在该环境下，预期有重复冲击。GB/T 4798.4 规定为“例如来自爆破或打桩等活动的传递冲击以及来自机器或者路过的车辆的传递振动”。推荐进行 GB/T 2423.6:Eb，碰撞试验。选择 GB/T 2423.6:Eb 最近提出的严酷等级，是因为它与 GB/T 4798.4 的冲击条件产生最小的速度变化。

3） 如果已知一个产品对其中一个方向的冲击敏感，而对 3 个主轴方向不敏感，该方向宜作为附加的试验方向。

表 8　对 GB/T 4798.4 等级 4M6 推荐的试验

（传递振动和高度冲击场所）

GB/T 4798.4—机械条件				GB/T 2423—机械试验				
环境参数	单位	等级 4M6		最接近的 GB/T 2423 试验		推荐试验		注释序号
				试验方法	严酷等级	试验方法	严酷等级	
a）稳态正弦振动				同推荐试验		GB/T 2423.10 Fc:振动 正弦		
位移	mm	7.0					7.5	1）
加速度	m/s^2		20				20	
频率范围	Hz	2～9	9～200				1～150	
轴线个数							3	
扫频循环个数							10	
b）冲击								
冲击响应谱		Ⅱ型		GB/T 2423.5 Ea:冲击（半正弦）				
峰值加速度	m/s^2	250			300	GB/T 2423.6 Eb:碰撞	250	2）
持续时间	ms	6			6		6	
冲击的次数/方向					每个方向 3		每个方向 100	3）
冲击的方向					6		6	

表 8 的解释性注释—等级 4M6：

1） 这些严酷等级是 GB/T 2423.10:Fc 中最近提出的，认为频率和位移微小改变不显著。已知产品在 10 Hz 以下不会发生共振时，允许将 GB/T 2423.10 中给定的低频率由 1 Hz 调整到 5 Hz 以便于使用标准试验设备。但是由于采用了防震装置，必须从 1 Hz 开始试验。对于那些小巧、紧凑的产品，有必要将频率范围扩大到 200 Hz。

2） 在该环境下，预期有重复冲击。GB/T 4798.4 规定为“可能承受高强度冲击，例如附近的机器或传送带”。推荐进行 GB/T 2423.6:Eb，碰撞试验。选择 GB/T 2423.6:Eb 最近提出的严酷等级，是因为它与 GB/T 4798.4 的冲击条件产生最小的速度变化。

3） 如果已知一个产品对其中一个方向的冲击敏感，而对 3 个主轴方向不敏感，该方向宜作为附加的试验方向。

附 录 A
（资料性附录）
无气候防护场所固定使用——气候条件

见表 A.1～表 A.5。

表 A.1 对 GB/T 4798.4 等级 4K1 推荐的试验
（无气候防护场所，仅适用于有限的户外气候组—暖温）

GB/T 4798.4—环境条件		GB/T 2423—环境试验				
环境参数	等级	最接近的 GB/T 2423 试验		推荐试验		注释序号
	4K1	试验方法	严酷等级	试验方法	严酷等级	
温度 ℃ 40 30 20 10 0 −10 −20；相对湿度/%RH 0 20 40 60 80 100；干热 湿热 寒冷；绝对湿度 g/m³ 22 0.9 等级 4K1 气候图		x） 高温 GB/T 2423.2：Bb/Bd y） 低温 GB/T 2423.1：Ab/Ad z） 湿热 GB/T 2423.3：Cab	+40 ℃，16 h −25 ℃，16 h 同推荐试验	x） 高温 GB/T 2423.2：Bb/Bd y） 低温 GB/T 2423.1：Ab/Ad z） 湿热 GB/T 2423.3：Cab	+35 ℃，16 h −20 ℃，16 h +30 ℃，93%RH，96 h	1），2） 1），3） 1），4）
a） 低温	−20 ℃	同上		同上		
b） 高温	+35 ℃	同上		同上		
c） 低相对湿度	20%	同推荐试验		同上		
d） 高相对湿度	100%	同推荐试验		同上		
e） 低绝对湿度	0.9 g/m³	同推荐试验		同上		
f） 高绝对湿度	22 g/m³	同推荐试验		同上		
g） 降雨强度	6 mm/min	GB/T 2423.38：Ra 方法 1	强度 400 mm/h 持续时间至少 10 min	GB/T 2423.38：Rb 方法 2.2	暴露 1 min/m² 持续时间至少 5 min	5）

表 A.1（续）

GB/T 4798.4—环境条件		GB/T 2423—环境试验				
环境参数	等级	最接近的 GB/T 2423 试验		推荐试验		注释序号
	4K1	试验方法	严酷等级	试验方法	严酷等级	
h） 温度变化率	0.5 ℃/min	GB/T 2423.22:Nb	环境温度－25 ℃ 2 个循环 1 ℃/min,t_1=3 h	GB/T 2423.22:Nb	－20 ℃到环境温度 2 个循环 0.5 ℃/min,t_1=3 h	6）
i） 低气压	70 kPa	GB/T 2423.21:M	70 kPa,30 min	一般不要求试验,见注 7）		7）
j） 高气压	106 kPa	GB/T 2423 无此试验		一般不要求试验,见注 8）		8）
k） 太阳辐射	1 120 W/m²	GB/T 2423.24 Sa 方法 C	1 120 W/m²,72 h, 40 ℃	高温试验温度增加 15 ℃并评定材料的光化学反应		9）
l） 热辐射 用户从 4Z1 或 4Z2 中选择		GB/T 2423 无此试验		一般不要求试验,见注 10）		10）
m） 周围空气运动 用户从 4Z3、4Z4 者 4Z5 中选择		GB/T 2423 无此试验		一般不要求试验,见注 11）		11）
n） 凝露	有	同推荐试验		GB/T 2423.4:Db 方法 2	＋40 ℃,90％～100％RH,2 个循环	12）
o） 降水(雨、雪、冰雹等）	有	GB/T 2423 无此试验		一般不要求试验,见注 13）		13）
p） 低雨水温度	＋5 ℃	GB/T 2423 无此试验		一般不要求试验,见注 14）		14）
q） 降雨以外的水 用户从 4Z6、4Z7、4Z8 或 4Z9 中选择		GB/T 2423 无此试验		见注 15）		15）
r） 冰冻和霜冻	有	GB/T 2423 无此试验		一般不要求试验,见注 16）		16）

表 A.1 的解释性注释—等级 4K1：

1） 为了测试产品耐受气候图中各种条件的性能，通常只使用以下三种试验：

——高温试验，其中相对湿度不应超过 50%，不精确控制相对湿度；

——低温试验，不控制湿度；

——稳态湿热试验，控制温度和湿度。

在表格中这些试验表示为试验 x）、y）和 z）。气候图中的其他边界条件不要求试验，在 GB/T 2423 中没有现成合用的试验。

2） 试验温度是最接近 GB/T 2423 的优先值。根据 GB/T 4798.4 中该等级的环境参数，推荐试验温度 +35℃。选择持续时间为 16 h，对于大多数散热试验样品来说，充分说明它的设计在该温度下完全能够正常运行。

3） 试验温度是最接近于 GB/T 2423 的优选值。根据 GB/T 4798.4 中该等级的环境参数，推荐试验温度 −20 ℃。热辐射的影响宜考虑在内（见注 9））。选择持续时间为 16 h，对于大多数散热性试验样品来说，充分说明它的设计在该温度下完全能够正常运行。

4） 这些严酷等级是最接近于 GB/T 2423 的优选值，温度和湿度条件的微小变化不明显，均在正常的测量容差内。选择持续时间 96 h，对于大多数散热性产品来说充分说明它的设计在该湿度下完全能够正常运行。

5） GB/T 2423.38 对于暴露在雨中的产品推荐试验 Ra 1。但是，这与 GB/T 4798 该等级的降雨强度不符，且不适用于大产品。试验 Rb 2.2 简单、可重复，而且适用于所有尺寸的产品，因此推荐该试验。

6） 温度变化试验经常用来测试设计容差，范围并不重要。然而在该等级中可能会出现冷凝，因此提出一个跨越 0 ℃的温度范围，以便于使低散热性产品出现冷凝。GB/T 4798 中规定的温度变化速率为 0.5 ℃/min，但是 GB/T 2423.22 试验 N 中最小的优先值为 1 ℃/min。建议使用 0.5 ℃/min，尤其是对发热的大产品。

7） 对于密封产品或贮存/处理液体的产品，推荐进行 GB/T 2423.21 中的试验 M。对于正式的应用，当要评定气压对元件的影响时，没有推荐试验。

8） 没有推荐试验。GB/T 2423 中没有该条件下的试验方法，一般认为该条件对大多数产品来说是温和的。

9） 选择 GB/T 2423.24 中试验规程中的模拟地面水平的太阳辐射影响的试验 C 是因为它产生连续辐射，因此可以评定光降解影响。该等级的严酷等级为 1 120 W/m^2，与 GB/T 2423.24 中试验 Sa 条件一致。

由于难以重复实际承受的真正辐射，太阳辐射试验不太理想。建议通过提高高温试验的温度 15 ℃来评定这个条件，并且评定材料和元件的光化学反应。更多的信息参见 IEC 60741-4-0。

在该等级太阳辐射下，表面温度可能比周围环境温度高出 25 ℃；而在夜间，由于热辐射（GB/T 4797.4），表面温度还会降低。选择材料时宜考虑到这些影响，低温试验（试验 Ab/Ad）应当考虑降低温度。

产品可能对太阳辐射有防护措施，例如安装高效防热罩，此时应根据防护措施的有效性省略高温试验的高温或者降低严酷等级。对于有防护产品，通常采用此种措施以确信该产品对太阳辐射的抵抗性。

10） GB/T 4798.4 中没有热辐射数值，因此没有推荐试验。其影响通常包括在高温试验中。对于安装在高热辐射源附近的产品，可能要求具备特殊防护措施诸如热防护罩、绝热层或者要求附加高温试验，温度升高的程度取决于热源的严酷等级。

11） GB/T 4798.4 规定了 3 个相当于作用在该产品上的风速的严酷等级（表 2，4Z3、4Z4 和 4Z5）：

——4Z3：风速 20 m/s；

——4Z4：风速 30 m/s；

——4Z5：风速 50 m/s。

GB/T 2423 中没有合适的试验。但是，宜采取专用的防护措施，特别是对于大产品。如果要评定此条件，用户可能不得不自行采取办法。

12) 由于该值最接近 GB/T 2423 中的优先温度，该试验温度与高绝对湿度严酷等级不符。对于大多数产品，2 个循环(48 h)的持续时间足够了。对于高散热性产品，由于自热效应会阻止出现凝露，可以省略该试验；高湿度影响涵盖在试验 Cab(试验 z))中。由于比方法 1 简单，而且能充分测试该条件，选择试验 Db 的第 2 种方法。

13) GB/T 4798.4 没有降水的数据，因此没有推荐试验。降雨影响包括在降雨试验中(见表格 g)行)。选择材料时宜评定冰雹和降雪的影响，设计在该等级使用的产品时亦宜把这些影响计算在内。

14) 由于 GB/T 2423 中没有合适的试验，所以没有推荐试验。根据 GB/T 2423.38，水试验应采用新鲜的自来水，因此不能控制温度。

15) 如果有合适的数据，鼓励用户从 4Z6、4Z7、4Z8 和 4Z9 中选择一个条件。然后从 GB/T 2423.38 选用适当的试验、持续时间以及试验严酷等级。作为指南，以下可以帮助用户选用适当的试验：

a) 滴水：如果产品通常有防雨措施，但是有可能暴露于降落的凝露水滴或者上面的渗漏水滴中，则 GB/T 2423.38 试验 Ra 2—滴水试验是优选的试验方法，滴落高度 2 m、倾斜角 0°、持续时间 1 h。

b) 溅水：如果产品有可能暴露于洒水系统或者水轮车喷溅环境中时，则 GB/T 2423.38 试验 Rb 2.1—摆动管法或者 Rb 2.2—手持洒水法，1 min/m^2，最多 30 min 是优选的方法。

c) 水浪：如果产品有可能暴露于冲洗或冲刷中，则 GB/T 2423.38 试验 Rb 3—软管法是优选的方法。

d) 射水：如果喷射水有可能冲击产品，选择 GB/T 2423.38 试验 Ra 或者试验 Rb 来表明该产品是为了在这些条件下运行而设计的。

16) 除了低温试验(试验 Ab/Ad)之外，GB/T 2423 中没有合适的试验，但是在为该等级设计产品时应考虑到该条件，特别是当产品包含活动部件时，宜采取专用的防护措施。

表 A.2 对 GB/T 4798.4 等级 4K4H 推荐的试验

(无气候防护场所，有限的户外气候组—包括极端干热环境)

GB/T 4798.4—环境条件		GB/T 2423—环境试验				
环境参数	等级 4K4H	最接近的 GB/T 2423 试验		推荐试验		注释序号
		试验方法	严酷等级	试验方法	严酷等级	
温度 ℃: 60, 50, 40, 30, 20, 10, 0, −10, −20 干热；湿热；寒冷 绝对湿度 g/m^3: 36, 0.9 相对湿度/%RH: 0, 20, 40, 60, 80, 100 等级 4K4H 气候图		x) 高温 GB/T 2423.2:Bb/Bd	同推荐试验	x) 高温 GB/T 2423.2:Bb/Bd	+55 ℃,16 h	1),2)
		y) 低温 GB/T 2423.1:Ab/Ad	−25 ℃,16 h	y) 低温 GB/T 2423.1:Ab/Ad	−20 ℃,16 h	1),3)
		z) 湿热 GB/T 2423.3:Cab	同推荐试验	z) 湿热 GB/T 2423.3:Cab	+40 ℃,93%RH,10 d	1),4)

表 A.2（续）

GB/T 4798.4—环境条件		GB/T 2423—环境试验				
环境参数	等级 4K4H	最接近的 GB/T 2423 试验		推荐试验		注释序号
		试验方法	严酷等级	试验方法	严酷等级	
a） 低温	−20 ℃	同上		同上		
b） 高温	+55 ℃	同推荐试验		同上		
c） 低相对湿度	4%	同推荐试验		同上		
d） 高相对湿度	100%	同推荐试验		同上		
e） 低绝对湿度	0.9 g/m³	同推荐试验		同上		
f） 高绝对湿度	36 g/m³	同推荐试验		同上		
g） 降雨强度	15 mm/min	GB/T 2423.38:Ra 方法 1	强度 400 mm/h 持续时间至少 10 min	GB/T 2423.38:Rb 方法 2.2	暴露 3 min/m² 持续时间至少 15 min	5）
h） 温度变化率	0.5 ℃/min	GB/T 2423.22:Nb	−25 ℃到环境温度，2 个循环，1 ℃/min，t_1=3 h	GB/T 2423.22:Nb	−20 ℃到环境温度，2 个循环，0.5 ℃/min，t_1=3 h	6）
i） 低气压	70 kPa	GB/T 2423.21:M	70 kPa，30 min	一般不要求试验，见注 7）		7）
j） 高气压	106 kPa	GB/T 2423 无此试验		一般不要求试验，见注 8）		8）
k） 太阳辐射	1 120 W/m²	G3/T 2423.24 Sa 方法 C	1 120 W/m²，72 h，40 ℃	高温试验温度增加 15 ℃并评定材料的光化学反应		9）
l） 热辐射 用户从 4Z1 或 4Z2 中选择		GB/T 2423 无此试验		一般不要求试验，见注 10）		10）
m） 周围空气运动 1 m/s 或者用户从 4Z3、4Z4 者 4Z5 中选择		GB/T 2423 无此试验		一般不要求试验，见注 11）		11）
n） 凝露	有	同推荐试验		GB/T 2423.4:Db 方法 2	+40 ℃，90%～100% RH，2 个循环	12）

表 A.2（续）

GB/T 4798.4—环境条件		GB/T 2423—环境试验				
环境参数	等级 4K4H	最接近的 GB/T 2423 试验		推荐试验		注释序号
		试验方法	严酷等级	试验方法	严酷等级	
o） 降水（雨、雪、冰雹等）	有	GB/T 2423 无此试验		一般不要求试验，见注 13）		13）
p） 低雨水温度	+5 ℃	GB/T 2423 无此试验		一般不要求试验，见注 14）		14）
q） 降雨以外的水 用户从 4Z6、4Z7、4Z8 或 4Z9 中选择		GB/T 2423 无此试验		见注 15）		15）
r） 冰冻	有	GB/T 2423 无此试验		一般不要求试验，见注 16）		16）

表 A.2 的解释性注释—等级 4K4H：

1） 为了测试产品耐受气候图中各种条件的性能，通常只使用以下三种试验：

——高温试验，其中相对湿度不应超过 50%，不精确控制相对湿度；

——低温试验，不控制湿度；

——稳态湿热试验，控制温度和湿度。

在表格中这些试验表示为试验 x）、y）和 z）。气候图中的其他边界条件不要求试验，在 GB/T 2423 中没有现成合用的试验。

2） 试验温度等于 GB/T 4798.4 中该等级的环境参数。选择持续时间为 16 h，对于大多数产品来说充分说明它的设计在该温度下完全能够正常运行。

3） 试验温度是最接近于 GB/T 2423 的优选值。根据 GB/T 4798.4 中该等级的环境参数，推荐试验温度 −20 ℃。热辐射的影响宜考虑在内（见注 9））。选择持续时间为 16 h，对于大多数产品来说充分说明它的设计在该温度下完全能够正常运行。

4） 这些严酷等级是最接近于 GB/T 2423 的优选值，温度和湿度条件的微小变化不明显，均在正常的测量容差内。选择持续时间 96 h，对于大多数散热性产品来说充分说明它的设计在该湿度下完全能够正常运行。

5） GB/T 2423.38 对于暴露在雨中的产品推荐试验 Ra 1。但是，这与 GB/T 4798 该等级的降雨强度不符，且不适用于大产品。试验 Rb 2.2 简单、可重复，而且适用于所有尺寸的产品，因此推荐该试验。

6） 温度变化试验经常用来测试设计容差，范围并不重要。然而在该等级中可能会出现冷凝，因此提出一个跨越 0 ℃的温度范围，以便于使低散热性产品出现冷凝。GB/T 4798 中规定的温度变化速率为 0.5 ℃/min，但是 GB/T 2423.22 试验 N 中最小的优先值为 1 ℃/min。建议使用 0.5 ℃/min，尤其是对发热的大产品。

7） 对于密封产品或者贮存/处理液体的产品，推荐进行 GB/T 2423.21 中的试验 M。对于正式的应用，当要评定气压对元件的影响时，没有推荐试验。

8） 没有推荐试验。GB/T 2423 中没有该条件下的试验方法，一般认为该条件对大多数产品来说是温和的。

9） 选择 GB/T 2423.24 中试验规程中的模拟地面水平的太阳辐射影响

的试验 C 是因为它产生连续辐射，因此可以评定光降解影响。该等级的严酷等级为 1 120 W/m^2，与 GB/T 2423.24 中试验 Sa 条件一致。

由于难以重复实际承受的真正辐射，太阳辐射试验不太理想。建议通过提高高温试验的温度 15 ℃来评定这个条件，并且评定材料和元件的光化学反应。更多的信息参见 IEC 60741-4-0。

在该等级太阳辐射下，表面温度可能比周围环境温度高出 25 ℃；而在夜间，由于热辐射（GB/T 4797.4），表面温度还会降低。选择材料时宜考虑到这些影响，低温试验（试验 Ab/Ad）应当考虑降低温度。

产品可能对太阳辐射有防护措施，例如安装高效防热罩，此时应根据防护措施的有效性省略高温试验的高温或者降低严酷等级。对于有防护产品，通常采用此种措施以确信该产品对太阳辐射的抵抗性。

10）GB/T 4798.4 中没有热辐射数值，因此没有推荐试验。其影响通常包括在高温试验中。对于安装在高热辐射源附近的产品，可能要求具备特殊防护措施诸如热防护罩、绝热层或者要求附加高温试验，温度升高的程度取决于热源的严酷等级。

11）GB/T 4798.4 规定了 3 个相当于作用在该产品上的风速的严酷等级（表 2，4Z3、4Z4 和 4Z5）：

——4Z3：风速 20 m/s；

——4Z4：风速 30 m/s；

——4Z5：风速 50 m/s。

GB/T 2423 中没有合适的试验。但是，宜采取专用的防护措施，特别是对于大产品。如果要评定此条件，用户可能不得不自行采取办法。

12）由于该值最接近 GB/T 2423 中的优先温度，该试验温度与高绝对湿度严酷等级不符。对于大多数产品，2 个循环（48 h）的持续时间足够了。对于高散热性产品，由于自热效应会阻止出现凝露，可以省略该试验；高湿度影响涵盖在试验 Cab（试验 z））中。由于比方法 1 简单，而且能充分测试该条件，选择试验 Db 的第 2 种方法。

13）GB/T 4798.4 没有降水的数据，因此没有推荐试验。降雨影响包括在降雨试验中（见表格 g）行）。选择材料时宜评定冰雹和降雪的影响，设计在该等级使用的产品时亦宜把这些影响计算在内。

14）由于 GB/T 2423 中没有合适的试验，所以没有推荐试验。根据 GB/T 2423.38，水试验应采用新鲜的自来水，因此不能控制温度。

15）如果有合适的数据，鼓励用户从 4Z6、4Z7、4Z8 和 4Z9 中选择一个条件。然后从 GB/T 2423.38 选用适当的试验、持续时间以及试验严酷等级。作为指南，以下可以帮助用户选用适当的试验：

a）滴水：如果产品通常有防雨措施，但是有可能暴露于降落的凝露水滴或者上面的渗漏水滴中，则 GB/T 2423.38 试验 Ra 2—滴水试验是优选的试验方法，滴落高度 2 m、倾斜角 0°、持续时间 1 h。

b）溅水：如果产品有可能暴露于洒水系统或者水轮车喷溅环境中时，则 GB/T 2423.38 试验 Rb 2.1—摆动管法或者 Rb 2.2—手持洒水法，1 min/m^2，最多 30 min 是优选的方法。

c）水浪：如果产品有可能暴露于冲洗或冲刷中，则 GB/T 2423.38 试验 Rb 3—软管法是优选的方法。

d）射水：如果喷射水有可能冲击产品，选择 GB/T 2423.38 试验 Ra 或者试验 Rb 来表明该产品是为了在这些条件下运行而设计的。

16）除了低温试验（试验 Ab/Ad）之外，GB/T 2423 中没有合适的试验，但是在为该等级设计产品时应考虑到该条件，特别是当产品包含活动部件时，宜采取专用的防护措施。

表 A.3 对 GB/T 4798.4 等级 4K4L 推荐的试验

（无气候防护场所，有限户外气候组—包括极端寒冷环境）

GB/T 4798.4—环境条件		GB/T 2423—环境试验				
环境参数	等级 4K4L	最接近的 GB/T 2423 试验		推荐试验		注释序号
		试验方法	严酷等级	试验方法	严酷等级	
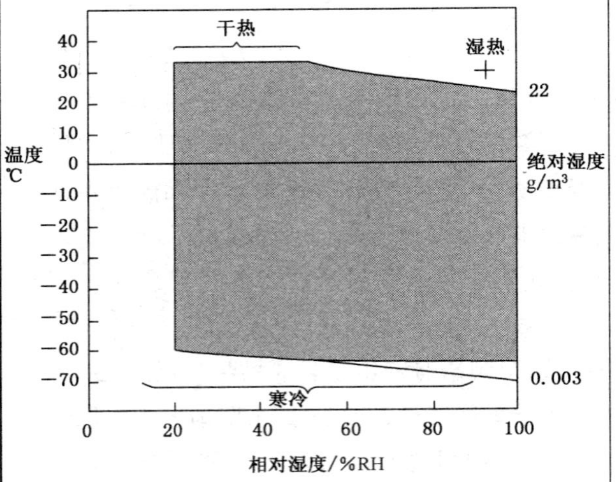 等级 4K4L 气候图		x） 高温 GB/T 2423.2：Bb/Bd y） 低温 GB/T 2423.1：Ab/Ad z） 湿热 GB/T 2423.3：Cab	+40 ℃，16 h 同推荐试验 同推荐试验	x） 高温 GB/T 2423.2：Bb/Bd y） 低温 GB/T 2423.1：Ab/Ad z） 湿热 GB/T 2423.3：Cab	+35 ℃，16 h −65 ℃，16 h +30 ℃，93%RH，10 d	1），2） 1），3） 1），4）
a） 低温	−65 ℃	同推荐试验		同上		
b） 高温	+35 ℃	同上		同上		
c） 低相对湿度	20%	同推荐试验		同上		
d） 高相对湿度	100%	同推荐试验		同上		
e） 低绝对湿度	0.003 g/m^3	同推荐试验		同上		
f） 高绝对湿度	22 g/m^3	同推荐试验		同上		
g） 降雨强度	15 mm/min	同推荐试验		GB/T 2423.38：Rb 方法 2.2	暴露 3 min/m^2 持续时间至少 15 min	5）

表 A.3（续）

GB/T 4798.4—环境条件		GB/T 2423—环境试验				
环境参数	等级 4K4L	最接近的 GB/T 2423 试验		推荐试验		注释序号
		试验方法	严酷等级	试验方法	严酷等级	
h) 温度变化率	0.5 ℃/min	GB/T 2423.22:Nb	−65 ℃到环境温度 2 个循环 1 ℃/min，t_1=3 h	GB/T 2423.22:Nb	−65 ℃到环境温度 2 个循环 0.5 ℃/min，t_1=3 h	6)
i) 低气压	70 kPa	GB/T 2423.21:M	70 kPa，30 min	一般不要求试验，见注 7)		7)
j) 高气压	106 kPa	GB/T 2423 无此试验		一般不要求试验，见注 8)		8)
k) 太阳辐射	1 120 W/m²	GB/T 2423.24 Sa 方法 C	1 120 W/m²，72 h，40 ℃	高温试验温度增加 15 ℃并评定材料的光化学反应		9)
l) 热辐射 用户从 4Z1 或 4Z2 中选择		GB/T 2423 无此试验		一般不要求试验，见注 10)		10)
m) 周围空气运动 1 m/s 或者用户从 4Z3、4Z4、4Z5 中选择		GB/T 2423 无此试验		一般不要求试验，见注 11)		11)
n) 凝露	有	同推荐试验		GB/T 2423.4:Db 方法 2	+40 ℃，90%～100% RH，2 个循环	12)
o) 降水（雨、雪、冰雹等）	有	GB/T 2423 无此试验		一般不要求试验，见注 13)		13)
p) 低雨水温度	+5 ℃	GB/T 2423 无此试验		一般不要求试验，见注 14)		14)
q) 降雨以外的水 用户从 4Z6、4Z7、4Z8 或 4Z9 中选择		GB/T 2423 无此试验		见注 15)		15)
r) 冰冻	有	GB/T 2423 无此试验		一般不要求试验，见注 16)		16)

表 A.3 的解释性注释—等级 4K4L：

1) 为了测试产品耐受气候图中各种条件的性能，通常只使用以下三种试验：
——高温试验，其中相对湿度不应超过 50%，不精确控制相对湿度；
——低温试验，不控制湿度；
——稳态湿热试验，控制温度和湿度。
在表格中这些试验表示为试验 x)、y) 和 z)。气候图中的其他边界条件不要求试验，在 GB/T 2423 中没有现成合用的试验。

2) 试验温度是最接近于 GB/T 2423 的优选值。根据 GB/T 4798.4 中该等级的环境参数，推荐试验温度 +35 ℃。选择持续时间为 16 h，对于大多数散热试验样品来说充分说明它的设计在该温度下完全能够正常运行。

3) 试验温度是最接近于 GB/T 2423 的优选值。根据 GB/T 4798.4 中该等级的环境参数，推荐试验温度 −20 ℃。热辐射的影响宜考虑在内(见注 9))。选择持续时间为 16 h，对于大多数产品来说充分说明它的设计在该温度下完全能够正常运行。

4) 这些严酷等级是最接近于 GB/T 2423 的优选值，温度和湿度条件的微小变化不明显，均在正常的测量容差内。选择持续时间 96 h，对于大多数散热性产品来说充分说明它的设计在该湿度下完全能够正常运行。

5) GB/T 2423.38 对于暴露在雨中的产品推荐试验 Ra 1。但是，这与 GB/T 4798 该等级的降雨强度不符，且不适用于大产品。试验 Rb 2.2 简单、可重复，而且适用于所有尺寸的产品，因此推荐该试验。

6) 温度变化试验经常用来测试设计容差，范围并不重要。然而在该等级中可能会出现冷凝，因此提出一个跨越 0 ℃的温度范围，以便于使低散热性产品出现冷凝。GB/T 4798 中规定的温度变化速率为 0.5 ℃/min，但是 GB/T 2423.22 试验 N 中最小的优先值为 1 ℃/min。建议使用 0.5 ℃/min，尤其是对发热的大产品。

7) 对于密封产品或贮存/处理液体的产品，推荐进行 GB/T 2423.21 中的试验 M。对于正式的应用，当要评定气压对元件的影响时，没有推荐试验。

8) 没有推荐试验。GB/T 2423 中没有该条件下的试验方法，一般认为该条件对大多数产品来说是温和的。

9) 选择 GB/T 2423.24 中试验规程中的模拟地面水平的太阳辐射影响的试验 C 是因为它产生连续辐射，因此可以评定光降解影响。该等级的严酷等级为 1 120 W/m^2，与 GB/T 2423.24 中试验 Sa 条件一致。
由于难以重复实际承受的真正辐射，太阳辐射试验不太理想。建议通过提高高温试验的温度 15 ℃来评定这个条件，并且评定材料和元件的光化学反应。更多的信息参见 IEC 60741-4-0。
在该等级太阳辐射下，表面温度可能比周围环境温度高出 25 ℃；而在夜间，由于热辐射(GB/T 4797.4)，表面温度还会降低。选择材料时宜考虑到这些影响，低温试验(试验 Ab/Ad)应当考虑降低温度。
产品可能对太阳辐射有防护措施，例如安装高效防热罩，此时应根据防护措施的有效性省略高温试验的高温或者降低严酷等级。对于有防护产品，通常采用此种措施以确信该产品对太阳辐射的抵抗性。

10) GB/T 4798.4 中没有热辐射数值，因此没有推荐试验。其影响通常包括在高温试验中。对于安装在高热辐射源附近的产品，可能要求具备特殊防护措施诸如热防护罩、绝热层或者要求附加高温试验，温度升高的程度取决于热源的严酷等级。

11) GB/T 4798.4 规定了 3 个相当于作用在该产品上的风速的严酷等级(表 2，4Z3、4Z4 和 4Z5)：
——4Z3：风速 20 m/s；
——4Z4：风速 30 m/s；
——4Z5：风速 50 m/s。
GB/T 2423 中没有合适的试验。但是，宜采取专用的防护措施，特别是对于大产品。如果要评定此条件，用户可能不得不自行采取办法。

12）由于该值最接近 GB/T 2423 中的优先温度，该试验温度与高绝对湿度严酷等级不符。对于大多数产品，2 个循环（48 h）的持续时间足够了。对于高散热性产品，由于自热效应会阻止出现凝露，可以省略该试验；高湿度影响包括在试验 Cab（试验 z））中。由于比方法 1 简单，而且能充分测试该条件，选择试验 Db 的第 2 种方法。

13）GB/T 4798.4 没有降水的数据，因此没有推荐试验。降雨影响包括在降雨试验中（见表格 g）行）。选择材料时应当评定冰雹和降雪的影响，设计在该等级使用的产品时亦宜把这些影响计算在内。

14）由于 GB/T 2423 中没有合适的试验，所以没有推荐试验。根据 GB/T 2423.38，水试验应采用新鲜的自来水，因此不能控制温度。

15）如果有合适的数据，鼓励用户从 4Z6、4Z7、4Z8 和 4Z9 中选择一个条件。然后从 GB/T 2423.38 选用适当的试验、持续时间以及试验严酷等级。作为指南，以下可以帮助用户选用适当的试验：

a） 滴水：如果产品通常有防雨措施，但是有可能暴露于降落的凝露水滴或者上面的渗漏水滴中，则 GB/T 2423.38 试验 Ra 2—滴水试验是优选的试验方法，滴落高度 2 m、倾斜角 0°、持续时间 1 h。

b） 溅水：如果产品有可能暴露于洒水系统或者水轮车喷溅环境中时，则 GB/T 2423.38 试验 Rb 2.1—摆动管法或者 Rb 2.2—手持洒水法，1 min/m²，最多 30 min 是优选的方法。

c） 水浪：如果产品有可能暴露于冲洗或冲刷中，则 GB/T 2423.38 试验 Rb 3—软管法是优选的方法。

d） 射水：如果喷射水有可能冲击产品，选择 GB/T 2423.38 试验 Ra 或者试验 Rb 来表明该产品是为了在这些条件下运行而设计的。

16）除了低温试验（试验 Ab/Ad）之外，GB/T 2423 中没有合适的试验，但是在为该等级设计产品时应考虑到该条件，特别是当产品包含活动部件时，宜采取专用的防护措施。

表 A.4 对 GB/T 4798.4 等级 4K5 推荐的试验

（无气候防护场所，有限的户外气候组—包括极端干热环境）

GB/T 4798.4—环境条件		GB/T 2423—环境试验				
环境参数	等级	最接近的 GB/T 2423 试验		推荐试验		注释序号
	4K5	试验方法	严酷等级	试验方法	严酷等级	
干热 湿热 温度 ℃ 40 30 20 10 0 36 绝对湿度 g/m³ 6 寒冷 0 20 40 60 80 100 相对湿度/%RH 等级 4K5 气候图				x） 高温 GB/T 2423.2:Bb/Bd	+40 ℃，16 h	1），2）
				y） 低温 GB/T 2423.1:Ab/Ad	+5 ℃，16 h	1），3）
				z） 湿热 GB/T 2423.3:Cab	+40 ℃，93%RH，10 d	1），4）

表 A.4（续）

GB/T 4798.4—环境条件		GB/T 2423—环境试验				
环境参数	等级 4K5	最接近的 GB/T 2423 试验		推荐试验		注释序号
		试验方法	严酷等级	试验方法	严酷等级	
a） 低温	+5 ℃	同推荐试验		同上		
b） 高温	+40 ℃	同推荐试验		同上		
c） 低相对湿度	30%	同推荐试验		同上		
d） 高相对湿度	100%	同推荐试验		同上		
e） 低绝对湿度	6 g/m³	同推荐试验		同上		
f） 高绝对湿度	36 g/m³	同推荐试验		同上		
g） 降雨强度	15 mm/min	同推荐试验		GB/T 2423.38:Rb 方法 2.2	暴露 3 min/m² 持续时间至少 15 min	5）
h） 温度变化率	0.5 ℃/min	GB/T 2423.22:Nb	+5 ℃到环境温度， 2 个循环， 1 ℃/min,t_1=3 h	GB/T 2423.22:Nb	+5 ℃到环境温度， 2 个循环， 0.5 ℃/min,t_1=3 h	6）
i） 低气压	70 kPa	GB/T 2423.21:M	70 kPa,30 min	一般不要求试验，见注 7）		7）
j） 高气压	106 kPa	GB/T 2423 无此试验		一般不要求试验，见注 8）		8）
k） 太阳辐射	1 120 W/m²	GB/T 2423.24 Sa 方法 C	1 120 W/m²,72 h,40 ℃	高温试验温度增加 15 ℃并评定材料的光化学反应		9）
l） 热辐射 用户从 4Z1 或 4Z2 中选择		GB/T 2423 无此试验		一般不要求试验，见注 10）		10）
m） 周围空气运动		GB/T 2423 无此试验		一般不要求试验，见注 11）		11）
n） 凝露	有	同推荐试验		GB/T 2423.4:Db 方法 2	+40 ℃，90%～100% RH,2 个循环	12）
o） 降水（雨、雪、冰雹等）	有	GB/T 2423 无此试验		一般不要求试验，见注 13）		13）

表 A.4(续)

GB/T 4798.4—环境条件		GB/T 2423—环境试验				
环境参数	等级 4K5	最接近的 GB/T 2423 试验		推荐试验		注释序号
		试验方法	严酷等级	试验方法	严酷等级	
p) 低雨水温度	+5 ℃	GB/T 2423 无此试验		一般不要求试验,见注 14)		14)
q) 降雨以外的水 用户从 4Z6、4Z7、4Z8 或 4Z9 中选择		GB/T 2423 无此试验		见注 15)		15)
r) 冰冻	无[a]	GB/T 2423 无此试验		一般不要求试验,见注 16)		16)

[a] 等级列的“无”表示没有规定 GB/T 4798.4 条件。

表 A.4 的解释性注释—等级 4K5:

1) 为了测试产品耐受气候图中各种条件的性能,通常只使用以下三种试验:

——高温试验,其中相对湿度不应超过 50%,不精确控制相对湿度;

——低温试验,不控制湿度;

——稳态湿热试验,控制温度和湿度。

在表格中这些试验表示为试验 x)、y)和 z)。气候图中的其他边界条件不要求试验,在 GB/T 2423 中没有现成合用的试验。

2) 试验温度是最接近于 GB/T 2423 的优选值。根据 GB/T 4798.4 中该等级的环境参数,推荐试验温度+35 ℃。选择持续时间为 16 h,对于大多数产品来说充分说明它的设计在该温度下完全能够正常运行。

3) 试验温度是最接近于 GB/T 2423 的优选值。根据 GB/T 4798.4 中该等级的环境参数,推荐试验温度−20 ℃。热辐射的影响宜考虑在内(见注 9))。选择持续时间为 16 h,对于大多数产品来说充分说明它的设计在该温度下完全能够正常运行。

4) 这些严酷等级是最接近于 GB/T 2423 的优选值,温度和湿度条件的微小变化不明显,均在正常的测量容差内。选择持续时间 96 h,对于大多数散热性产品来说充分说明它的设计在该湿度下完全能够正常运行。

5) GB/T 2423.38 对于暴露在雨中的产品推荐试验 Ra 1。但是,这与 GB/T 4798 该等级的降雨强度不符,且不适用于大产品。试验 Rb 2.2 简单、可重复,而且适用于所有尺寸的产品,因此推荐该试验。

6) 温度变化试验经常用来测试设计容差,范围并不重要。然而在该等级中可能会出现冷凝,因此提出一个跨越 0 ℃的温度范围,以便于使低散热性产品出现冷凝。GB/T 4798 中规定的温度变化速率为 0.5 ℃/min,但是 GB/T 2423.22 试验 N 中最小的优先值为 1 ℃/min。建议使用 0.5 ℃/min,特别是对于大的生热产品。

7) 对于密封产品或者贮存/处理液体的产品,推荐进行 GB/T 2423.21 中的试验 M。对于正式的应用,当要评定气压对元件的影响时,没有推荐试验。

8) 没有推荐试验。GB/T 2423 中没有该条件下的试验方法，一般认为该条件对大多数产品来说是温和的。

9) 选择 GB/T 2423.24 中试验规程中的模拟地面水平的太阳辐射影响的试验 C 是因为它产生连续辐射，因此可以评定光降解影响。该等级的严酷等级为 1 120 W/m^2，与 GB/T 2423.24 中试验 Sa 条件一致。

由于难以重复实际承受的真正辐射，太阳辐射试验不太理想。建议通过提高高温试验的温度 15 ℃来评定这个条件，并且评定材料和元件的光化学反应。更多的信息参见 IEC 60741-4-0。

在该等级太阳辐射下，表面温度可能比周围环境温度高出 25 ℃；而在夜间，由于热辐射(GB/T 4797.4)，表面温度还会降低。选择材料时宜考虑到这些影响，低温试验(试验 Ab/Ad)应当考虑降低温度。

产品可能对太阳辐射有防护措施，例如安装高效防热罩，此时应根据防护措施的有效性省略高温试验的高温或者降低严酷等级。对于有防护产品，通常采用此种措施以确信该产品对太阳辐射的抵抗性。

10) GB/T 4798.4 中没有热辐射数值，因此没有推荐试验。其影响通常包括在高温试验中。对于安装在高热辐射源附近的产品，可能要求具备特殊防护措施诸如热防护罩、绝热层或者要求附加高温试验，温度升高的程度取决于热源的严酷等级。

11) GB/T 4798.4 规定了 3 个相当于作用在该产品上的风速的严酷等级(表 2，4Z3、4Z4 和 4Z5)：

——4Z3：风速 20 m/s；

——4Z4：风速 30 m/s；

——4Z5：风速 50 m/s。

GB/T 2423 中没有合适的试验。但是，宜采取专用的防护措施，特别是对于大产品。如果要评定此条件，用户可能不得不自行采取办法。

12) 由于该值最接近 GB/T 2423 中的优先温度，该试验温度与高绝对湿度严酷等级不符。对于大多数产品，2 个循环(48 h)的持续时间足够了。对于高散热性产品，由于自热效应会阻止出现凝露，可以省略该试验；高湿度影响包括在试验 Cab(试验 z))中。由于比方法 1 简单，而且能充分测试该条件，选择试验 Db 的第 2 种方法。

13) GB/T 4798.4 没有降水的数据，因此没有推荐试验。降雨影响包括在降雨试验中(见表格 g)行)。选择材料时应当评定冰雹和降雪的影响，设计在该等级使用的产品时亦宜把这些影响计算在内。

14) 由于 GB/T 2423 中没有合适的试验，所以没有推荐试验。根据 GB/T 2423.38，水试验应采用新鲜的自来水，因此不能控制温度。

15) 如果有合适的数据，鼓励用户从 4Z6、4Z7、4Z8 和 4Z9 中选择一个条件。然后从 GB/T 2423.38 选用适当的试验、持续时间以及试验严酷等级。作为指南，以下可以帮助用户选用适当的试验：

a) 滴水：如果产品通常有防雨措施，但是有可能暴露于降落的凝露水滴或者上面的渗漏水滴中，则 GB/T 2423.38 试验 Ra 2—滴水试验是优选的试验方法，滴落高度 2 m、倾斜角 0°、持续时间 1 h。

b) 溅水：如果产品有可能暴露于洒水系统或者水轮车喷溅环境中时，则 GB/T 2423.38 试验 Rb 2.1—摆动管法或者 Rb 2.2—手持洒水法，1 min/m^2，最多 30 min 是优选的方法。

c) 水浪：如果产品有可能暴露于冲洗或冲刷中，则 GB/T 2423.38 试验 Rb 3—软管法是优选的方法。

d) 射水：如果喷射水有可能冲击产品，选择 GB/T 2423.38 试验 Ra 或者试验 Rb 来表明该产品是为了在这些条件下运行而设计的。

表 A.5 对 GB/T 4798.4 等级 4K6 推荐的试验
（无气候防护场所，有限的户外气候组—包括极端干热环境）

GB/T 4798.4—环境条件		GB/T 2423—环境试验				
环境参数	等级 4K6	最接近的 GB/T 2423 试验		推荐试验		注释序号
		试验方法	严酷等级	试验方法	严酷等级	
等级 4K6 气候图		x） 高温 y） 低温 GB/T 2423.1：Ab/Ad z） 湿热	同推荐试验 －25 ℃，16 h 同推荐试验	x） 高温 GB/T 2423.2：Bb/Bd y） 低温 GB/T 2423.1：Ab/Ad z） 湿热 GB/T 2423.3：Cab	＋55 ℃，16 h －20 ℃，16 h ＋30 ℃，93%RH，10 d	1），2） 1），3） 1），4）
a） 低温	－20 ℃	同推荐试验		同上		
b） 高温	＋55 ℃	同推荐试验		同上		
c） 低相对湿度	4%	同推荐试验		同上		
d） 高相对湿度	100%	同推荐试验		同上		
e） 低绝对湿度	0.9 g/m^3	同推荐试验		同上		
f） 高绝对湿度	27 g/m^3	同推荐试验		同上		
g） 降雨强度	15 mm/min	同推荐试验		GB/T 2423.38：Rb 方法 2.2	暴露 3 min/m^2 持续时间至少 15 min	5）
h） 温度变化率	0.5 ℃/min	GB/T 2423.22：Nb	－25 ℃到环境温度， 2 个循环， 1 ℃/min，t_1＝3 h	GB/T 2423.22：Nb	－20 ℃到环境温度， 2 个循环， 0.5 ℃/min，t_1＝3 h	6）

表 A.5(续)

GB/T 4798.4—环境条件		GB/T 2423—环境试验				
环境参数	等级 4K6	最接近的 GB/T 2423 试验		推荐试验		注释序号
		试验方法	严酷等级	试验方法	严酷等级	
i) 低气压	70 kPa	GB/T 2423.21:M	70 kPa,30 min	一般不要求试验,见注 7)		7)
j) 高气压	106 kPa	GB/T 2423 无此试验		一般不要求试验,见注 8)		8)
k) 太阳辐射	1 120 W/m²	GB/T 2423.24 Sa 方法 C	1 120 W/m²,72 h,40 ℃	高温试验温度增加 15 ℃并评定材料的光化学反应		9)
l) 热辐射 用户从 4Z1 或 4Z2 中选择		GB/T 2423 无此试验		一般不要求试验,见注 10)		10)
m) 周围空气运动	50 m/s	GB/T 2423 无此试验		一般不要求试验,见注 11)		11)
n) 凝露	有	同推荐试验		GB/T 2423.4:Db 方法 2	+40 ℃,90%～100% RH,2 个循环	12)
o) 降水(雨、雪、冰雹等)	有	GB/T 2423 无此试验		一般不要求试验,见注 13)		13)
p) 低雨水温度	+5 ℃	GB/T 2423 无此试验		一般不要求试验,见注 14)		14)
q) 非降雨水 用户从 4Z6、4Z7、4Z8 或 4Z9 中选择		GB/T 2423 无此试验		见注 15)		15)
r) 冰冻	有	GB/T 2423 无此试验		一般不要求试验,见注 16)		16)

表 A.5 的解释性注释—等级 4K6:

1) 为了测试产品耐受气候图中各种条件的性能,通常只使用以下三种试验:

——高温试验,其中相对湿度不应超过 50%,不精确控制相对湿度;

——低温试验,不控制湿度;

——稳态湿热试验,控制温度和湿度。

在表格中这些试验表示为试验 x)、y)和 z)。气候图中的其他边界条件不要求试验在 GB/T 2423 中没有现成合用的试验。

2) 试验温度是最接近于 GB/T 2423 的优选值。根据 GB/T 4798.4 中该等级的环境参数,推荐试验温度+35 ℃。选择持续时间为 16 h,对于大多数产品来说充分说明它的设计在该温度下完全能够正常运行。

3) 试验温度是最接近于 GB/T 2423 的优选值。根据 GB/T 4798.4 中该等级的环境参数,推荐试验温度−20 ℃。热辐射的影响宜考虑在内(见注 9))。选择持续时间为 16 h,对于大多数产品来说充分说明它的设计在该温度下完全能够正常运行。

4) 这些严酷等级是最接近于 GB/T 2423 的优选值,温度和湿度条件的微小变化不明显,均在正常的测量容差内。选择持续时间 96 h,对于大多数散热性产品来说充分说明它的设计在该湿度下完全能够正常运行。

5) GB/T 2423.38 对于暴露在雨中的产品推荐试验 Ra 1。但是,这与 GB/T 4798 该等级的降雨强度不符,且不适用于大产品。试验 Rb 2.2 简单、可重复,而且适用于所有尺寸的产品,因此推荐该试验。

6) 温度变化试验经常用来测试设计容差,范围并不重要。然而在该等级中可能会出现冷凝,因此提出一个跨越 0 ℃的温度范围,以便于使低散热性产品出现冷凝。GB/T 4798 中规定的温度变化速率为 0.5 ℃/min,但是 GB/T 2423.22 试验 N 中最小的优先值为 1 ℃/min。建议使用 0.5 ℃/min,特别是对于大的生热产品。

7) 对于密封产品或者贮存/处理液体的产品,推荐进行 GB/T 2423.21 中的试验 M。对于正式的应用,当要评定气压对元件的影响时,没有推荐试验。

8) 没有推荐试验。GB/T 2423 中没有该条件下的试验方法,一般认为该条件对大多数产品来说是温和的。

9) 选择 GB/T 2423.24 中试验规程中的模拟地面水平的太阳辐射影响的试验 C 是因为它产生连续辐射,因此可以评定光降解影响。该等级的严酷等级为 1 120 W/m²,与 GB/T 2423.24 中试验 Sa 条件一致。

由于难以重复实际承受的真正辐射,太阳辐射试验不太理想。建议通过提高高温试验的温度 15 ℃来评定这个条件,并且评定材料和元件的光化学反应。更多的信息参见 IEC 60741-4-0。

在该等级太阳辐射下,表面温度可能比周围环境温度高出 25 ℃;而在夜间,由于热辐射(GB/T 4797.4),表面温度还会降低。选择材料时宜考虑到这些影响,低温试验(试验 Ab/Ad)应当考虑降低温度。

产品可能对太阳辐射有防护措施,例如安装高效防热罩,此时应根据防护措施的有效性省略高温试验的高温或者降低严酷等级。对于有防护产品,通常采用此种措施以确信该产品对太阳辐射的抵抗性。

10) GB/T 4798.4 中没有热辐射数值,因此没有推荐试验。其影响通常包括在高温试验中。对于安装在高热辐射源附近的产品,可能要求具备特殊防护措施诸如热防护罩、绝热层或者要求附加高温试验,温度升高的程度取决于热源的严酷等级。

11) GB/T 4798.4 规定了 3 个相当于作用在该产品上的风速的严酷等级(表 2,4Z3、4Z4 和 4Z5):

——4Z3:风速 20 m/s;
——4Z4:风速 30 m/s;
——4Z5:风速 50 m/s。

GB/T 2423 中没有合适的试验。但是,宜采取专用的防护措施,特别是对于大产品。如果要评定此条件,用户可能不得不自行采取办法。

12) 由于该值最接近 GB/T 2423 中的优先温度,该试验温度与高绝对湿度严酷等级不符。对于大多数产品,2 个循环(48 h)的持续时间足够了。对于高散热性产品,由于自热效应会阻止出现凝露,可以省略该试验;高湿度影响包括在试验 Cab(试验 z))中。由于比方法 1 简单,而且能充分测试该条件,选择试验 Db 的第 2 种方法。

13) GB/T 4798.4 没有降水的数据,因此没有推荐试验。降雨影响包括在降雨试验中(见表格 g)行)。选择材料时应当评定冰雹和降雪的影响,设计在该等级使用的产品时亦宜把这些影响计算在内。

14) 由于 GB/T 2423 中没有合适的试验,所以没有推荐试验。根据 GB/T 2423.38,水试验应采用新鲜的自来水,因此不能控制温度。

15) 如果有合适的数据,鼓励用户从 4Z6、4Z7、4Z8 和 4Z9 中选择一个条件。然后从 GB/T 2423.38 选用适当的试验、持续时间以及试验严酷等级。作为指南,以下可以帮助用户选用适当的试验:

a) 滴水:如果产品通常有防雨措施,但是有可能暴露于降落的凝露水滴或者上面的渗漏水滴中，则 GB/T 2423.38 试验 Ra 2—滴水试验是优选的试验方法，滴落高度 2 m、倾斜角 0°、持续时间 1 h。

b) 溅水：如果产品有可能暴露于洒水系统或者水轮车喷溅环境中时，则 GB/T 2423.38 试验 Rb 2.1—摆动管法或者 Rb 2.2—手持洒水法，1 min/m²，最多 30 min 是优选的方法。

c) 水浪：如果产品有可能暴露于冲洗或冲刷中，则 GB/T 2423.38 试验 Rb 3—软管法是优选的方法。

d) 射水：如果喷射水有可能冲击产品，选择 GB/T 2423.38 试验 Ra 或者试验 Rb 来表明该产品是为了在这些条件下运行而设计的。

16) 除了低温试验（试验 Ab/Ad）之外，GB/T 2423 中没有合适的试验，但是在为该等级设计产品时应考虑到该条件，特别是当产品包含活动部件时，宜采取专用的防护措施。

附 录 B
（资料性附录）
无气候防护场所固定使用——机械条件

见表 B.1～表 B.3。

表 B.1 对 GB/T 4798.4 等级 4M5 推荐的试验
（较高冲击场所）

GB/T 4798.4—机械条件				GB/T 2423—机械试验				
环境参数	单位	等级 4M5		最接近的 GB/T 2423 试验		推荐试验		注释序号
				试验方法	严酷等级	试验方法	严酷等级	
a) 稳态正弦振动								1)
位移	mm	3.0		GB/T 2423.10	同推荐试验	GB/T 2423.10	3.5	
加速度	m/s²		10.0	Fc:振动		Fc:振动	10	
频率范围	Hz	2～9	9～200	正弦		正弦	1～150	
轴线个数							3	
扫频循环个数							10	
b) 冲击								
冲击响应谱		Ⅱ型				GB/T 2423.5		
峰值加速度	m/s²	250		GB/T 2423.5	300	Eb:碰撞	250	2)
持续时间	ms	6		Ea:冲击	6	(半正弦)	6.0	
冲击的次数/方向				(半正弦)	3		100	3)
冲击的方向					6		6	

表 B.1 的解释性注释—等级 4M5：

1) 这些严酷等级是 GB/T 2423.10:Fc 中最近提出的，认为频率和位移微小改变不显著。已知产品在 10 Hz 以下不会发生共振时，允许将 GB/T 2423.10 中给定的低频率由 1 Hz 调整到 5 Hz 以便于使用标准试验设备。但是由于采用了防震装置，必须从 1 Hz 开始试验。对于那些小巧、紧凑的产品，有必要将频率范围扩大到 200 Hz。

2） 在该环境下，预期有重复冲击。GB/T 4798.4 规定为“可能承受高强度冲击，例如附近的机器或传送带”。推荐进行 GB/T 2423.6：Eb，碰撞试验。选择 GB/T 2423.6：Eb 最近提出的严酷等级，是因为它与 GB/T 4798.4 的冲击条件产生最小的速度变化。

3） 如果已知一个产品对其中一个方向的冲击敏感，而对 3 个主轴方向不敏感，该方向宜作为附加的试验方向。

表 B.2 对 GB/T 4798.4 等级 4M7 推荐的试验

（直接安装在有旋转部件的机器上）

GB/T 4798.4—机械条件				GB/T 2423—机械试验				
环境参数	单位	等级 4M7		最接近的 GB/T 2423 试验		推荐试验		注释序号
				试验方法	严酷等级	试验方法	严酷等级	
a） 稳态正弦振动				同推荐试验		GB/T 2423.10 Fc：振动 正弦		
位移	mm	10.0					10.0	1）
加速度	m/s²		30				30.0	
频率范围	Hz	2～9	9～200				1～150	
轴线个数							3	
扫频循环个数							10	
b） 冲击						GB/T 2423.5 Eb：碰撞		
冲击响应谱		Ⅱ型						
峰值加速度	m/s²	250		GB/T 2423.5 Ea：冲击（半正弦）	300		250	2）
持续时间	ms	6			6		6	
冲击的次数/方向					3		100	3）
冲击的方向					6		6	

表 B.2 的解释性注释—等级 4M7：

1） 这些严酷等级是 GB/T 2423.10：Fc 中最近提出的，认为频率和位移微小改变不显著。已知产品在 10 Hz 以下不会发生共振时，允许将 GB/T 2423.10 中给定的低频率由 1 Hz 调整到 5 Hz 以便于使用标准试验设备。但是由于采用了防震装置，必须从 1 Hz 开始试验。对于那些小巧、紧凑的产品，有必要将频率范围扩大到 200 Hz。

2） 在该环境下，预期有重复冲击。GB/T 4798.4 规定为“直接安装在机器上，并承受来自于机器的高强度振动和冲击场所”。推荐进行 GB/T 2423.6：Eb，碰撞试验。选择 GB/T 2423.6：Eb 最近提出的严酷等级，是因为它与 GB/T 4798.4 的冲击条件产生最小的速度变化。

3） 如果已知一个产品对其中一个方向的冲击敏感，而对 3 个主轴方向不敏感，该方向宜作为附加的试验方向。

表 B.3　对 GB/T 4798.4 等级 4M8 推荐的试验

（直接安装在高水平振动和冲击的机器上）

GB/T 4798.4—机械条件				GB/T 2423—机械试验				
环境参数	单位	等级 4M8		最接近的 GB/T 2423 试验		推荐试验		注释序号
				试验方法	严酷等级	试验方法	严酷等级	
a)　稳态正弦振动				GB/T 2423.10 Fc:振动正弦		GB/T 2423.10 Fc:振动正弦		
位移	mm	15.0					15.0	1)
加速度	m/s²		50.0				50.0	
频率范围	Hz	2~9	9~200				1~150	
轴线个数							3	
扫频循环个数							10	
b)　冲击				GB/T 2423.5 Ea:冲击（半正弦）		GB/T 2423.5 Eb:碰撞		
冲击响应谱		Ⅱ型						
峰值加速度	m/s²	250			300		250	2)
持续时间	ms	6			6		6	
冲击的次数/方向					3		100	3)
冲击的方向					6		6	

表 B.3 的解释性注释—等级 4M8：

1）这些严酷等级是 GB/T 2423.10:Fc 中最近提出的，认为频率和位移微小改变不显著。已知产品在 10 Hz 以下不会发生共振时，允许将 GB/T 2423.10 中给定的低频率由 1 Hz 调整到 5 Hz 以便于使用标准试验设备。但是由于采用了防震装置，必须从 1 Hz 开始试验。对于那些小巧、紧凑的产品，有必要将频率范围扩大到 200 Hz。

2）在该环境下，预期有重复冲击。GB/T 4798.4 规定为“带有直接安装在机器上的零部件，并承受来自于机器的高强度振动和冲击场所”。推荐进行 GB/T 2423.6:Eb，碰撞试验。选择 GB/T 2423.6:Eb 最近提出的严酷等级，是因为它与 GB/T 4798.4 的冲击条件产生最小的速度变化。

3）如果已知一个产品对其中一个方向的冲击敏感，而对 3 个主轴方向不敏感，该方向宜作为附加的试验方向。

ICS 43.040.99
T 35

中华人民共和国国家标准

GB/T 20234.1—2011
代替 GB/T 20234—2006

电动汽车传导充电用连接装置 第1部分:通用要求

Connection set of conductive charging for electric vehicles—Part 1:General requirements

2011-12-22 发布　　2012-03-01 实施

中华人民共和国国家质量监督检验检疫总局
中国国家标准化管理委员会　发布

前　言

GB/T 20234《电动汽车传导充电用连接装置》分为三个部分：

——第1部分：通用要求；

——第2部分：交流充电接口；

——第3部分：直流充电接口。

本部分为GB/T 20234的第1部分。

本部分按照GB/T 1.1—2009给出的规则起草。

本部分代替GB/T 20234—2006《电动汽车传导充电用插头、插座、车辆耦合器和车辆插孔通用要求》。

本部分参考了IEC 62196-1:《电动汽车传导充电用插头插座、车辆接口和车辆插座》(CDV)，并根据我国实际情况制定。

本部分由全国汽车标准化技术委员会(SAC/TC 114)归口。

本部分负责起草单位：中国汽车技术研究中心、中国电力企业联合会、中国电器科学研究院有限公司。

本部分参加起草单位：国家电网公司、南方电网科学研究院、国网电力科学研究院、天津清源电动车辆有限责任公司、深圳市比亚迪汽车有限公司、普天海油新能源动力有限公司、北京突破电气有限公司、南京曼奈柯斯电器有限公司、奇瑞汽车股份有限公司、东风电动车辆股份有限公司、上海汽车集团股份有限公司。

本部分主要起草人：钱明华、周荣、罗怀平、甄子健、贾俊国、孟祥峰、张浩、吴俊阳、赵春明、刘永东、金卫东、倪海锦、杨孝伦、方运舟、樊晓松、吴智强。

电动汽车传导充电用连接装置 第1部分:通用要求

1 范围

GB/T 20234 的本部分规定了电动汽车传导充电用连接装置的定义、要求、试验方法和检验规则。

本部分适用于电动汽车传导式充电用的充电连接装置,其:

——交流额定电压不超过 690 V,频率 50 Hz,额定电流不超过 250 A;

——直流额定电压不超过 1 000 V,额定电流不超过 400 A。

如果充电连接装置的供电接口使用了符合 GB 2099.1 的标准化插头插座,则本部分不适用于这些插头插座。

注:本部分中的车辆是指可外接充电的电动汽车。

2 规范性引用文件

下列文件对于本文件的应用是必不可少的。凡是注日期的引用文件,仅注日期的版本适用于本文件。凡是不注日期的引用文件,其最新版本(包括所有的修改单)适用于本文件。

GB 2099.1 家用和类似用途插头插座 第1部分:通用要求

GB/T 3956 电缆的导体

GB 4208 外壳防护等级(IP 代码)

GB/T 5013 额定电压 450/750 V 及以下橡皮绝缘电缆

GB/T 5023 额定电压 450/750 V 及以下聚氯乙烯绝缘电缆

GB/T 11918—2001 工业用插头插座和耦合器 第1部分:通用要求

GB/T 16916.1 家用和类似用途的不带过电流保护的剩余电流动作断路器(RCCB) 第1部分:一般规则

GB/T 16917.1 家用和类似用途的带过电流保护的剩余电流动作断路器(RCBO) 第1部分:一般规则

GB/T 18487.1 电动车辆传导充电系统 一般要求

GB/T 19596 电动汽车术语

3 术语和定义

GB/T 19596、GB/T 18487.1、GB/T 11918—2001 界定的以及下列术语和定义适用于本文件。

3.1

充电连接装置 connection set for charging

电动汽车充电时,连接电动汽车和电动汽车供电设备的组件,除电缆外,还可能包括供电接口、车辆接口、缆上控制盒和帽盖等部件。充电连接装置示意图见图1。

注:本部分所指的充电连接装置所适用的充电模式和连接方式参见附录 A。

3.2

充电接口 charging coupler

充电连接装置中,除电缆、电缆控制盒(如果有)之外的部件,包括供电接口和车辆接口。

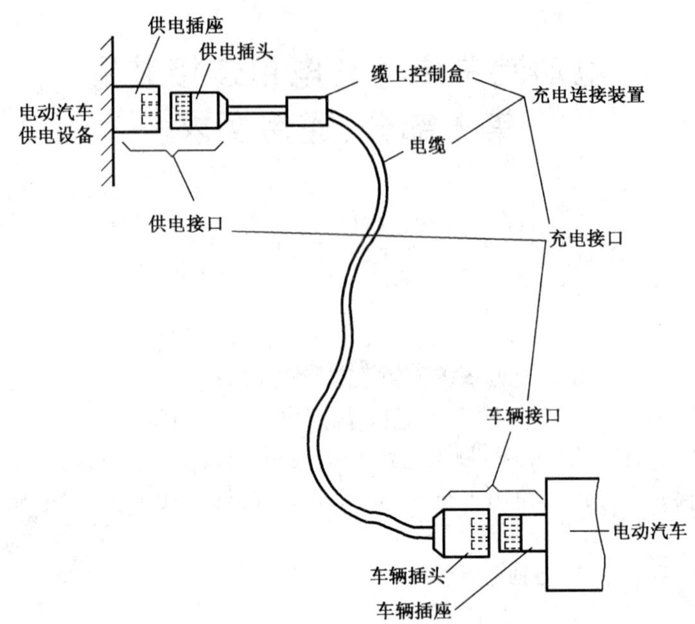

图 1　电动汽车传导充电用连接装置示意图

3.3

供电接口　plug and socket-outlet

能将电缆连接到电源或电动汽车供电设备的器件，由供电插头和供电插座组成。对应于 GB/T 11918—2001 中的插头和插座。

3.3.1

供电插座　socket-outlet

插座　socket-outlet

供电接口中和电源供电线缆或供电设备连接在一起且固定安装的部分。对应于 GB/T 11918—2001 中的插座。

3.3.2

供电插头　plug

插头　plug

供电接口中和充电线缆连接且可以移动的部分。对应于 GB/T 11918—2001 中的插头。

3.4

车辆接口　vehicle coupler

车辆耦合器　vehicle coupler

能将电缆连接到电动汽车的器件，由车辆插头和车辆插座组成。对应于 GB/T 11918—2001 中的器具耦合器。

3.4.1

车辆插座　vehicle inlet

车辆输入插座　vehicle inlet

车辆接口中固定安装在电动汽车上，并通过电缆和车载充电机或车载动力蓄电池相互连接的部分。对应于 GB/T 11918—2001 中的车辆输入插座。

3.4.2

车辆插头　vehicle connector

车辆连接器　vehicle connector

车辆接口中和充电线缆连接且可以移动的部分。对应于GB/T 11918—2001中的连接器。

3.5

缆上控制盒　in-cable control box

安装在充电连接装置上靠近供电插头一侧，且至少具有连接确认、漏电保护等控制功能的装置。

4　符号和缩略语

A	安[培]
V	伏[特]
Hz	赫[兹]
～或AC	交流电
⎓或DC	直流电
L、L1、L2、L3	交流电源相线
NC	备用
N	中线
⏚	保护接地(PE)
DC＋	直流电源正或电池正极
DC－	直流电源负或电池负极
CP	控制确认
CC	充电连接确认
S＋	充电通信1
S－	充电通信2
A＋	低压辅助电源正(如:12 V＋,24 V＋)
A－	低压辅助电源负(如:12 V－,24 V－)
IP××(有关数字)	IP代码(GB 4208规定的防护等级)

5　充电连接装置的额定值

5.1　额定工作电压(优选值)

250 V(AC)

440 V(AC)

690 V(AC)

400 V(DC)

750 V(DC)

0 V～30 V(DC)(用于信号、控制或低压辅助电源)

5.2　额定工作电流(优选值)

16 A(AC)

32 A(AC)

63 A(AC)
125 A(AC)
250 A(AC)
125 A(DC)
250 A(DC)
400 A(DC)
2 A(DC)(只用于信号或控制)
20 A(DC)(只用于低压辅助电源)

6 要求

6.1 一般要求

6.1.1 充电连接装置在正常使用时应性能可靠,对使用者和周围环境没有危害。

6.1.2 充电连接装置的使用环境温度为−30 ℃～+50 ℃。

6.1.3 充电连接装置易触及的表面应无毛刺、飞边及类似尖锐边缘。

6.1.4 供电插头、供电插座,车辆插头、车辆插座的外壳上应标有制造商的名称或商标、产品型号、额定电压和额定电流等信息。

6.1.5 额定工作电流超过16 A(不含16 A)的充电连接装置,应设计有控制导引电路,且控制导引电路处于正常工作状态时,充电连接装置应不会出现带载分断。

6.1.6 采用连接方式B时,供电接口和车辆接口应有清晰可见的不同标识以进行区分。

6.2 结构要求

6.2.1 供电插头、供电插座、车辆插头和车辆插座应有配属的保护盖,这些保护盖与其配属的部件之间应有起固定连接作用的附件装置(如链、绳等),且不使用工具时应不能拆卸。

6.2.2 供电插头、供电插座、车辆插头和车辆插座应包括接地端子和触头,且在连接和断开过程中,接地触头应最先接通和最后断开。

6.2.3 供电插头和车辆插头的外壳应将端子和充电电缆的端部完全封闭。

6.2.4 供电插头和车辆插头的部件(如端子、插销、壳体等)应可靠固定,正常使用时不应松脱,且不使用工具时应不能从供电插头或车辆插头上拆卸。

6.2.5 充电接口应保证使用者不能改变接地触头或者中性触头(如果有)的位置。

6.2.6 供电插头和供电插座之间,车辆插头和车辆插座之间只能按唯一的相对位置进行插合,从而避免由于误插入引起插头和插座中不同功能的针和插套的导电部分接触。

6.2.7 供电插头和车辆插头的电缆入口应便于电缆导管或电缆保护层进入,并给电缆提供完善的机械保护。

6.2.8 绝缘衬垫、绝缘隔层及类似部件等应具有足够的机械强度,并应固定到外壳或本体中,且应做到:

——如果不将其严重损坏,则无法拆除,或:

——设计成无法将其置于不正确的位置。

6.3 锁止装置

6.3.1 充电接口应有锁止功能,用于防止充电过程中的意外断开。

6.3.2 在锁止状态下,施加200 N的拔出外力时,连接不应断开,且锁止装置不得损坏。

6.3.3 对于直流充电接口,锁止装置应使用专用方式(机械和或电子)才能打开。

6.4 插拔力

供电插头插入和拔出供电插座、车辆插头插入和拔出车辆插座的全过程的力均应满足：

——对于交流充电接口，小于 100 N；

——对于直流充电接口，小于 140 N。

充电接口可以使用助力装置，如果使用助力装置，则进行插入和拔出操作时，助力装置的操作力应满足上述条件。

6.5 防触电保护

6.5.1 供电插头、供电插座、车辆插头、车辆插座的防触电保护应满足 GB/T 11918—2001 中第 9 章的要求。

注：车辆插头和车辆插座的中性端子和控制导引端子视作带电部件，信号、数据地、接地端子不视为带电部件。

6.5.2 当插入供电插头或车辆插头时：

——接地端子应最先连接；

——控制导引端子应在相线端子及中性端子之后连接。

6.5.3 当拔出供电插头或车辆插头时：

——接地端子应最后断开；

——控制导引端子应先于相线端子及中性端子断开。

6.6 接地措施

6.6.1 电动汽车充电连接装置的接地保护应满足 GB/T 11918—2001 中第 10 章的要求。

6.6.2 电动汽车充电连接装置的接地保护按照 7.6 进行短时间耐大电流测试，接地电路中的部件不应熔化、断开或破损。

6.6.3 和接地端子相连的导线用绿-黄双色予以标识。接地导线和中线（如果有）的横截面积至少应等于相线导线横截面积，或者满足表 2 的要求。

6.7 端子

6.7.1 充电接口的端子应满足 GB/T 11918—2001 中第 11 章的要求。

6.7.2 对于额定电流大于 250 A 的端子，应使用不可拆线方式。

6.8 橡胶和热塑性材料的耐老化

电动汽车充电接口中所采用的橡胶和热塑性材料的耐老化性能应满足 GB/T 11918—2001 中第 13 章的要求。

6.9 防护等级

6.9.1 在与保护盖连接后，供电插头、供电插座、车辆插头、车辆插座的防护等级应分别达到 IP54。

6.9.2 供电插头和供电插座、车辆插头和车辆插座插合后，其防护等级应分别达到 IP55。

6.10 绝缘电阻和介电强度

电动汽车充电接口的绝缘电阻和介电强度应满足 GB/T 11918—2001 中第 19 章的要求。

6.11 分断能力

6.11.1 对于有控制导引且在其正常工作时能避免带载分断的充电接口，按照 7.11 进行试验期间，不得有引起着火或触电的危险;试验结束后,不要求充电接口保持原有功能。

6.11.2 对于没有控制导引功能或者控制导引电路不能避免带载分断的充电连接装置,按照7.11进行试验,试验结束后,试样不应出现不利于继续使用的损坏。

6.12 使用寿命(正常操作)

供电插头和供电插座、车辆插头和车辆插座按7.12进行插拔寿命试验。试验结束后,应满足:

——附件或锁止装置应能继续使用;

——无外壳或隔板的劣化;

——插销上的绝缘帽无松脱;

——无电气连接或机械连接松脱;

——无密封胶渗漏;

——保持触点之间信号传输的连续性;

——介电强度性能复试满足6.10的相关要求。

6.13 表面温度和端子温升

充电连接装置按照7.13的试验方法进行试验,应满足如下要求:

a) 供电插头和车辆插头的抓握部位,其允许的最高温度不应超过:

——金属部件50 ℃;

——非金属部件60 ℃。

b) 供电插头和车辆插头可以接触的非抓握部位允许温度不应超过:

——金属部件60 ℃;

——非金属部件85 ℃。

c) 端子的温升不超过50 K。

6.14 电缆及其连接

充电连接装置的电缆及其连接应满足GB/T 11918—2001中第23章和GB/T 5013和GB/T 5023的要求,但部分试验方法及线缆位移的要求见7.14。

6.15 机械强度

充电连接装置的电缆及其连接应满足GB/T 11918—2001中第24章的要求。

6.16 螺钉、载流部件和连接

充电接口的螺钉、载流部件和连接应满足GB/T 11918—2001中第25章的要求。

6.17 爬电距离、电气间隙和穿透密封胶距离

充电接口的爬电距离、电气间隙和穿透密封胶距离应满足GB/T 11918—2001中第26章的要求。

6.18 耐热、耐燃和耐电痕化

充电接口的耐热、耐燃和耐电痕化应满足GB/T 11918—2001中第27章的要求。

6.19 腐蚀与防锈

充电接口的腐蚀和防锈应满足GB/T 11918—2001中第28章的要求。

6.20 限制短路电流耐受试验

充电接口的限制短路和电流耐受试验应满足GB/T 11918—2001中第29章的要求。

6.21 车辆碾压

供电插头和车辆插头，按照7.21的方法进行车辆碾压试验后，不应出现如下现象：

——防护等级不满足6.9的要求；

——爬电距离、电气间隙和穿透密封胶距离不满足6.17的要求；

——其他可能会增加着火或电击事件的可能性的损坏迹象；

——不能满足6.10的介电强度要求。

7 试验方法

7.1 一般规定

7.1.1 除非另有规定，否则试样应以(20±5)℃的环境温度，按交货状态下进行试验。

7.1.2 所有测试仪表、设备应具有足够的精度，其精度应高于被测指标精度至少一个数量级或误差小于被测参数允许误差的三分之一。

7.1.3 本部分规定的试验均为型式试验，如果充电连接装置的一部分已经在某一给定严酷程度的试验合格，且有关的型式试验的严酷程度没有超过已进行的试验，不再重复这些有关的型式试验。

7.1.4 试验应按本部分的试验项目的顺序进行。

7.1.5 应采用3个试样进行全部试验，但必要时，要用一个新的附加试样进行7.19的试验。

7.1.6 当试验需要用导线进行时，所用导线采用制造商提供的导线，或者采用满足GB/T 5023、GB/T 3956和GB/T 5013的铜导线。

7.2 外观检查

用目测法对充电连接装置的外观进行检验。

7.3 锁止装置

插合车辆插头和车辆插座，供电插头和供电插座，并施加200 N的拔出外力，检验锁止装置的功能。

7.4 插拔力

通过仪器(如弹簧秤、砝码等)测试供电插头和供电插座、车辆插头和车辆插座之间插拔力。

7.5 防触电保护

参照GB/T 11918—2001中第9章进行试验。

注：本部分车辆插头的插销和车辆插座的插套同GB/T 11918—2001的型式可能不同。

7.6 接地措施

7.6.1 按照GB/T 11918—2001中第10章进行试验。

7.6.2 按照如下步骤进行短时间耐大电流试验：

a) 模拟实际使用状态，将供电插头、供电插座、车辆插头和车辆插座进行安装。

b) 将长度不小于0.6 m的满足表1尺寸的导线按照制造商规定的紧固条件连接到保护接地端子：供电插座和车辆插座连接所允许最小尺寸的铜导体电缆，供电插头和车辆插头连接和额定电流相匹配的电缆,允许直接使用已经连接好的组件。

c) 按照表1所示的电流和时间进行试验。

d) 试验结束后用欧姆表或类似设备检查接地导体间连接的连续性。

表1 接地端子短时耐大电流测试参数

充电接口额定电流/A	接地导体(铜)的最小尺寸/mm^2	时间/s	测试电流/A
16	4	4	470
32	6	4	750
63	10	4	1 180
125	16	6	1 530
250	25	6	2 450
400	35	6	3 100

7.7 端子

按照GB/T 11918—2001中第11章进行试验,其中GB/T 11918—2001中的表3用本部分表2代替。

表2 端子应能连接的导线的横截面积

触头电流额定值/A	供电插头、车辆插头和车辆插座用电缆的横截面积/mm^2		供电插座用的电缆横截面积/mm^2	
	非接地导线	接地导线	非接地导线	接地导线
2	0.5	—	0.5	—
16～20	1.0～2.5	2.5	1.5～4	4
32	2.5～6	6	2.5～10	10
63	6～16	16	2.5～10	25
125	16～50	16～25	25～70	25
250	70～150	25	70～185	25
400	240	70～120	300	95～150

7.8 橡胶和热塑性材料的耐老化

按照GB/T 11918—2001中第13章进行试验。

7.9 防护等级

按GB 4208的规定进行防护等级试验。

7.10 绝缘电阻和介电强度

按照GB/T 11918—2001中第19章进行试验,其中介电强度试验参数(GB/T 11918—2001的表5)用本部分表3代替:

表 3　介电强度试验的测试电压

充电接口的额定电压 U/ V	试验电压/ V
$U \leqslant 50$	500
$50 < U \leqslant 500$	2 000[a]
$U > 500$	$2 \times U + 1\ 000$
[a] 若为垫有绝缘材料的金属外壳，此值要增加 500 V。	

注 1：在进行绝缘电阻和介电强度试验时，中线触头、导引触头、通信触头以及其他所有用于信号或控制的触头各视为 极。

注 2：对于 GB/T 11918—2001 中 19.2.1a)和 19.2.2a)规定试验对象，如果该对象应用在非功率电路中(如控制、信号等)，则每个测试电路分别进行，测试电压使用该对象所应用的实际电路的最高电压；对于 GB/T 11918—2001 中 19.2.1b)和 19.2.2b)规定试验对象，如果该对象应用在非功率电路中(如控制、信号等)，则这些对象和功率电路之间的测试电压使用功率电路的电压。

7.11　分断能力

按 GB/T 11918—2001 第 20 章的规定进行分断能力试验。对于有控制导引电路的充电接口，应使其控制导引电路处于非工作状态，并按表 4(代替 GB/T 11918—2001 的表 6)的参数进行分断能力测试。直流接口用等值的交流电流进行试验。

表 4　分断能力测试参数

触头额定电流/ A	测试电流/ A(AC)	测试电压/ V(AC)	$\cos\Phi \pm 0.05$	分断循环次数
16(无控制导引)	20	1.1×额定值	0.8	50
16	20	1.1×额定值	0.8	3
≥32	40	1.1×额定值	0.8	3

7.12　使用寿命(正常操作)

将固定部件(供电插座或车辆插座)固定，使活动部件(供电插头或车辆插头)往复运动，进行空载带电(额定电压、无电流)插拔循环 10 000 次。试验结束后，按 7.10 进行介电强度试验，但对于额定电压超过 50 V 的附件，试验电压在表 3 的基础上应降低 500 V。

注：试验设备、试样安装方式、插拔速度(率)等和 7.11 相同。

7.13　温升

温升试验在(25±5)℃环境温度下进行，试验时，供电插头、车辆插头上连接制造商提供的电缆，按 GB/T 11918—2001 第 22 章规定的方法进行试验，测试电流使用交流电，具体电流值见表 5(代替 GB/T 11918—2001 的表 8)。达到温度稳定状态后读取温升数值。

注：在间隔时间不少于 10 min 的连续 3 次读数的温升值低于 2 K，则可以认为达到了温度稳定状态。

表 5　温升试验的测试电流

<table>
<tr><th rowspan="2">触头额定电流/
A</th><th rowspan="2">测试电流(交流)/
A</th><th colspan="2">导线横截面积/mm²</th></tr>
<tr><th>车辆插头、供电插头</th><th>车辆插座、供电插座</th></tr>
<tr><td>2</td><td>2</td><td>0.5</td><td>0.5</td></tr>
<tr><td>16～20</td><td>22</td><td>2.5</td><td>4</td></tr>
<tr><td>32</td><td>42</td><td>6</td><td>10</td></tr>
<tr><td>63</td><td rowspan="4">额定电流</td><td>16</td><td>25</td></tr>
<tr><td>125</td><td>50</td><td>70</td></tr>
<tr><td>250</td><td>150</td><td>185</td></tr>
<tr><td>400</td><td>250</td><td>300</td></tr>
</table>

7.14　电缆及其连接

按 GB/T 11918—2001 第 23 章规定的方法进行试验，部分内容用下述内容代替：

——对于不可拆线供电插头和车辆插头，应配有制造商所要求的和额定工作值相适应的电缆，且作为电缆组件进行试验。

——经受的拉力和力矩值，以及试验后电缆的位移最大允许值见表 6(代替 GB/T 11918—2001 的表 11)。

表 6　电缆固定件的拉力、扭矩测试值和电缆允许最大位移值

触头额定电流/ A	拉力/ N	扭矩/ N·m	最大位移/ mm
16	160	0.6	2
32	200	0.7	2
63	240	1.2	2
125～400	500	11.0	5

7.15　机械强度

充电接口按 GB/T 11918—2001 第 24 章规定的方法进行试验，其中冲击试验中摆球冲击能量、弯曲试验中重物等效重力等具体参数分别见表 7 和表 8(分别代替 GB/T 11918—2001 中的表 12 和表 13)。

表 7　摆球冲击试验的冲击能量

<table>
<tr><th rowspan="2">充电接口额定值/
A</th><th colspan="2">能量/
J</th></tr>
<tr><th>车辆插座</th><th>供电插座</th></tr>
<tr><td>≤32</td><td>1</td><td>1</td></tr>
<tr><td>>32</td><td>2</td><td>2</td></tr>
</table>

表 8　弯曲试验重物等效重力参数

额定电流/ A	力/ N
16	20
32	25
63	50
125	60
250	75
400	100

7.16　螺钉、载流部件和连接

按 GB/T 11918—2001 第 25 章规定的方法进行试验。

7.17　爬电距离、电气间隙和穿透密封胶距离

按 GB/T 11918—2001 第 26 章规定的方法进行试验。

7.18　耐热、耐燃和耐电痕化

按 GB/T 11918—2001 第 27 章规定的方法进行试验。

7.19　腐蚀与防锈

按 GB/T 11918—2001 第 28 章规定的方法进行试验。

7.20　限制短路电流耐受试验

按 GB/T 11918—2001 第 29 章规定的方法进行试验。

7.21　车辆碾压

将带有制造商推荐的电缆的供电插头和车辆插头随意地放在水泥地上。用 P225/75R15 或同等负载的传统汽车轮胎以(5 000±250)N 的压力，以(8±2)km/h 的速度压过供电插头或车辆插头(轮胎充气压力(220±10)kPa)。当车轮从试件压过之前，每一个试件均应随意地以正常方式放在地上。测试中的试件应无明显移动。被施加压力的试件不应放置在突出物上。

8　检验规则

如果所有试样在全部试验中都合格，试样视作符合本部分的要求。如果有一个试样在某一项试验中不合格，该项试验及对其试验结果可能已发生影响的前项或前几项试验应在另一组 3 个试样上重复进行，复试时，所有这 3 个试样均应试验合格。

附 录 A
（资料性附录）
电动汽车充电模式与连接方式

A.1 电动汽车充电模式

A.1.1 充电模式1：将电动汽车连接到交流电网时，在电源侧使用了符合GB 2099.1要求的插头插座，在电源侧使用了相线、中性线和接地保护的导体，并且在电源侧使用了剩余电流动作断路器。

A.1.2 充电模式2：将电动汽车连接到交流电网时，在电源侧使用了符合GB 2099.1要求的插头插座，在电源侧使用了相线、中性线和接地保护的导体，并且在充电连接电缆上安装了缆上控制盒。

A.1.3 充电模式3：将电动汽车连接到交流电网时，使用了专用供电设备，将电动汽车与交流电网直接连接，并且在专用供电设备上安装了控制导引装置。

A.1.4 充电模式4：将电动汽车连接到交流电网时，使用了非车载充电机，将电动汽车与交流电网间接连接。

注1：交流充电推荐使用充电模式2和充电模式3。

注2：各种充电模式都应安装剩余电流保护装置。

A.2 电动汽车的连接方式

A.2.1 连接方式A：将电动汽车和交流电网连接时，使用和电动汽车永久连接在一起的充电电缆和供电插头。

A.2.2 连接方式B：将电动汽车和交流电网连接时，使用带有车辆插头和供电插头的独立的活动电缆。

A.2.3 连接方式C：将电动汽车和交流电网连接时，使用了和供电设备永久连接在一起的充电电缆和电动汽车车辆插头。

ICS 43.040.99
T 35

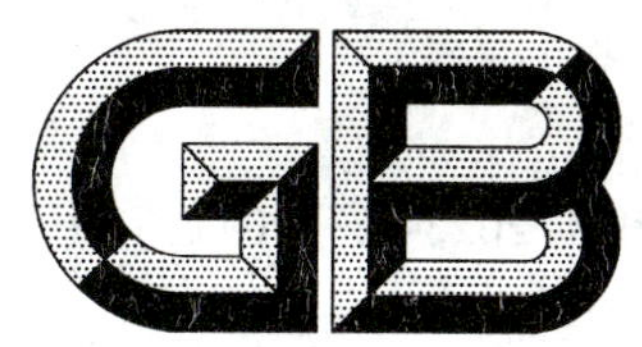

中华人民共和国国家标准

GB/T 20234.2—2011

电动汽车传导充电用连接装置 第2部分:交流充电接口

Connection set for conductive charging of electric vehicles—Part 2:AC charging coupler

2011-12-22 发布 2012-03-01 实施

中华人民共和国国家质量监督检验检疫总局
中国国家标准化管理委员会 发布

前　言

GB/T 20234《电动汽车传导充电用连接装置》分为三个部分：

——第1部分：通用要求；

——第2部分：交流充电接口；

——第3部分：直流充电接口。

本部分为GB/T 20234的第2部分。

本部分按照GB/T 1.1—2009给出的规则起草。

本部分由全国汽车标准化技术委员会(SAC/TC 114)归口。

本部分负责起草单位：中国汽车技术研究中心、国家电网公司、中国电器科学研究院有限公司。

本部分参加起草单位：天津清源电动车辆有限责任公司、中国电力企业联合会、南方电网科学研究院、深圳市比亚迪汽车有限公司、奇瑞汽车股份有限公司、上海汽车集团股份有限公司、深圳新能电力开发设计院有限公司、中国电力科学研究院、国网电力科学研究院、广东电网公司电力科学研究院、安费诺精密连接器(深圳)有限公司、南京曼奈柯斯电器有限公司、北京突破电气有限公司、东风电动车辆股份有限公司。

本部分主要起草人：赵春明、贾俊国、罗怀平、武斌、刘永东、陈良亮、邓伟光、张建华、孟祥峰、何云堂、王晓毛、倪峰、周光荣、吴尚洁、杨孝伦、方运舟、樊晓松、倪海锦、金卫东、李庆。

电动汽车传导充电用连接装置 第2部分:交流充电接口

1 范围

GB/T 20234的本部分规定了电动汽车传导充电用交流充电接口的通用要求、功能定义、型式结构、参数和尺寸。

本部分适用于电动汽车传导充电用的交流充电接口,其额定电压不超过440 V(AC),频率50 Hz,额定电流不超过32 A(AC)。

如果交流充电接口的供电接口使用了符合GB 2099.1的标准化插头插座,则本部分附录B和附录C规定的结构尺寸和安装尺寸不适用于这些插头插座。

2 规范性引用文件

下列文件对于本文件的应用是必不可少的。凡是注日期的引用文件,仅注日期的版本适用于本文件。凡是不注日期的引用文件,其最新版本(包括所有的修改单)适用于本文件。

GB/T 20234.1 电动汽车传导充电用连接装置 第1部分:通用要求

3 术语和定义

GB/T 20234.1界定的术语和定义适用于本文件。

4 通用要求

交流充电接口的技术要求和试验方法应满足GB/T 20234.1的要求。

5 交流充电接口的额定值

交流充电接口的额定值见表1。

表1 交流充电接口的额定值

额定电压/V	额定电流/A
250/440	16
	32

6 充电接口的功能

6.1 电气参数值及功能

车辆接口和充电模式3的供电接口分别包含7对触头,其电气参数值及功能定义见表2。

表 2 触头电气参数值及功能定义

触头编号/标识	额定电压和额定电流	功能定义
1——(L)	250 V/440 V 16 A/32 A	交流电源
2——(NC1)	—	备用触头
3——(NC2)	—	备用触头
4——(N)	250 V/440 V 16A/32A	中线
5——(⏚)	—	保护接地(PE),连接供电设备地线和车辆车身地线
6——(CC)	30 V 2 A	充电连接确认,参见附录 A
7——(CP)	30 V 2 A	控制确认,参见附录 A

6.2 触头布置方式

车辆接口和充电模式 3 的供电接口的触头布置方式如图 1 和图 2 所示。

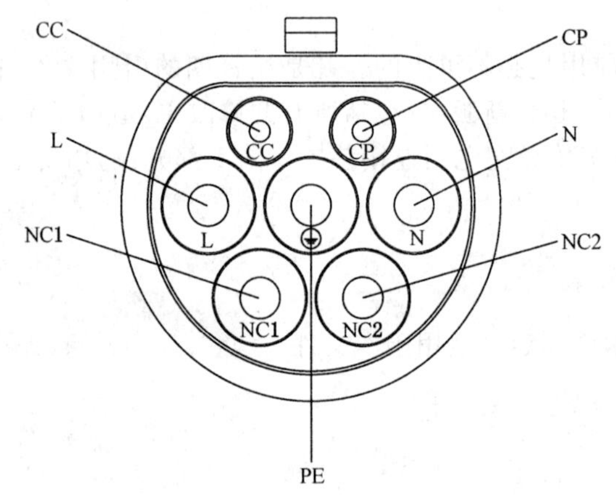

图 1 车辆/供电插头触头布置图

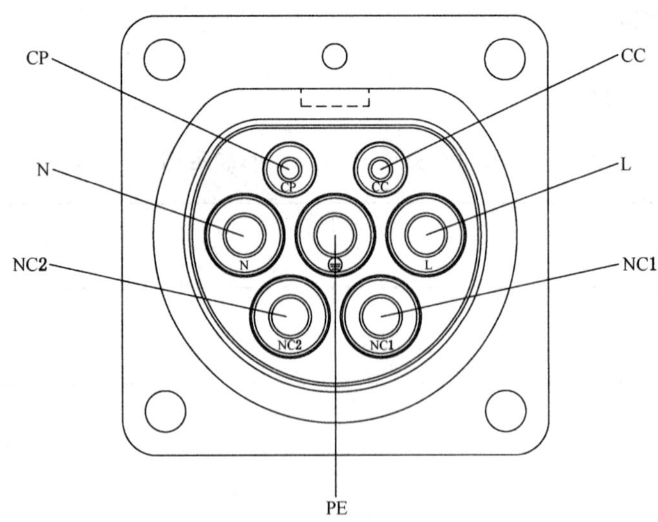

图 2 车辆/供电插座触头布置图

6.3 充电连接界面

在充电连接过程中，首先接通保护接地触头，最后接通控制确认触头与充电连接确认触头。在脱开的过程中，首先断开控制确认触头与充电连接确认触头，最后断开保护接地触头。车辆接口的电气连接界面如图 3 所示，充电模式 3 的供电接口的电气连接界面如图 4 所示。

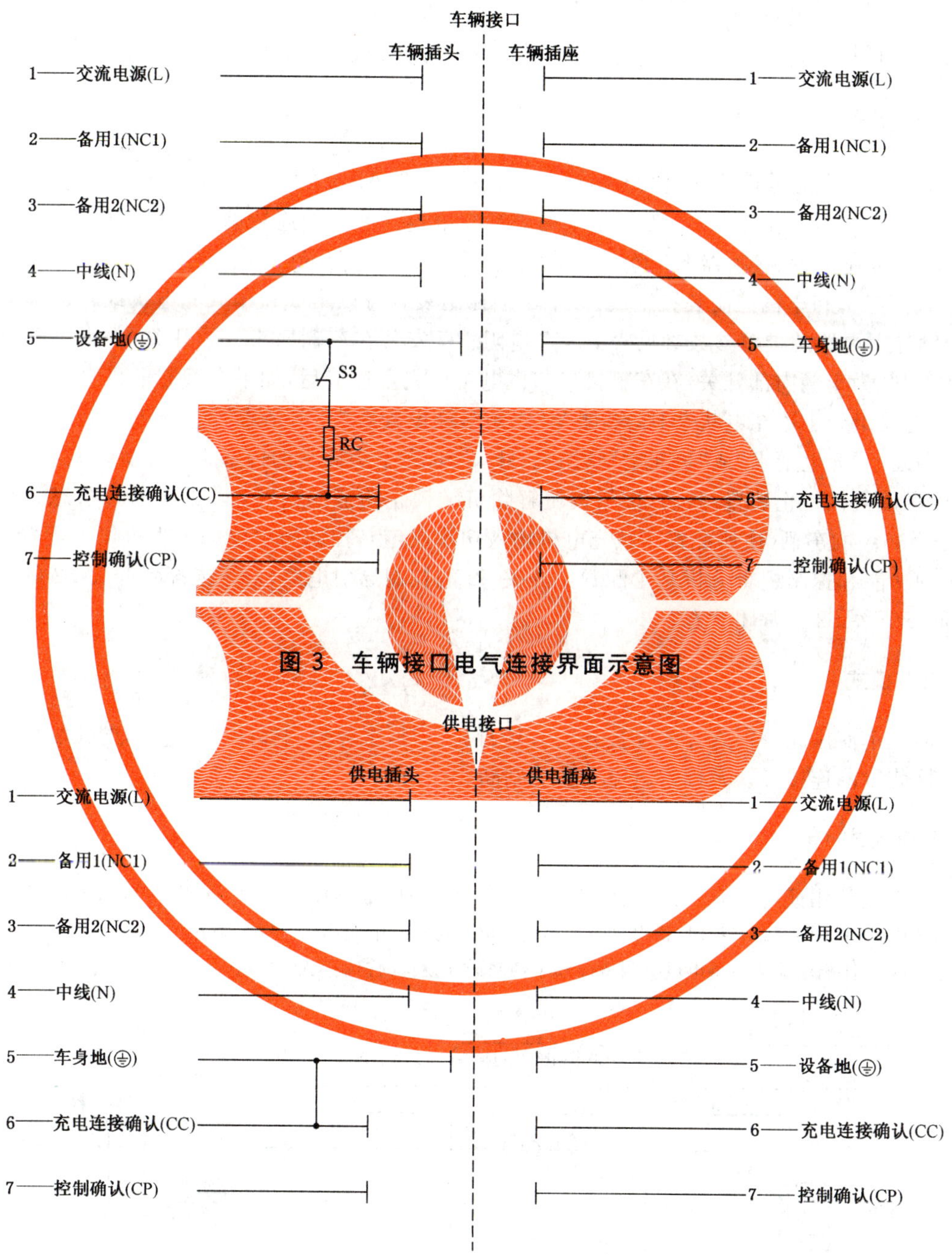

图 3　车辆接口电气连接界面示意图

图 4　充电模式 3 的供电接口电气连接界面示意图

7 结构尺寸和安装尺寸

交流充电接口的结构尺寸应符合附录 B 的规定，安装尺寸参见附录 C 和附录 D。

附 录 A
（资料性附录）
控制导引电路与控制原理

A.1 控制导引电路

A.1.1 充电模式 3

当电动汽车使用充电模式 3 进行充电时，推荐使用如图 A.1（连接方式 A）、图 A.2（连接方式 B）及图 A.3（连接方式 C）所示的典型控制导引电路进行充电连接装置的连接确认及额定电流参数的判断。该电路由供电控制装置、接触器 K1 和 K2（可以仅设置一个）、电阻 R1、R2、R3、RC、二极管 D1、开关 S1、S2、S3、车载充电机和车辆控制装置组成，其中车辆控制装置可以集成在车载充电机或其他车载控制单元中。控制导引电路的推荐参数参见表 A.3。电阻 RC 安装在车辆插头上。开关 S1 为供电设备内部开关。开关 S2 为车辆内部开关，在车辆接口与供电接口完全连接后，如果车载充电机自检测完成后无故障，并且电池组处于可充电状态时，S2 闭合（如果车辆设置有“充电请求”或“充电控制”功能，则同时应满足车辆处于“充电请求”或“可充电”状态）。开关 S3 为车辆插头的内部常闭开关，与插头上的下压按钮（用以触发机械锁止装置）联动，按下按钮解除机械锁止功能的同时，S3 处于断开状态。对于充电电流不大于 16A 的车辆（由所配置车载充电机输入功率决定），控制导引电路中也可以不配置开关 S2。本附录中的功能和控制逻辑分析基于配置了开关 S2 的控制导引电路，对于未配置开关 S2 的控制导引电路，等同于开关 S2 为常闭状态。

A.1.2 充电模式 2

当电动汽车使用充电模式 2 的连接方式 B 进行充电时，推荐使用如图 A.4 所示的控制导引电路进行充电连接装置的连接确认及额定电流参数的判断。

A.1.3 充电模式 1

当电动汽车使用充电模式 1 的连接方式 B 进行充电时，推荐使用如图 A.5 所示的电路进行充电。

注：开关 S3 在不同状态切换时，供电设备和车载充电机可做出响应动作。以下和开关 S3 相关的响应动作可作为参考，具体响应动作由供电设备制造商和车辆制造商设置的控制策略决定。

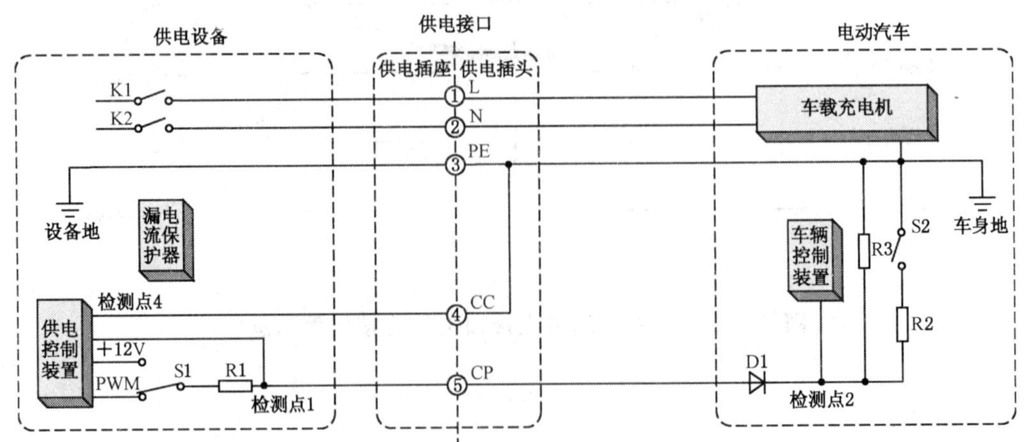

图 A.1 充电模式 3 连接方式 A 的典型控制导引电路原理图

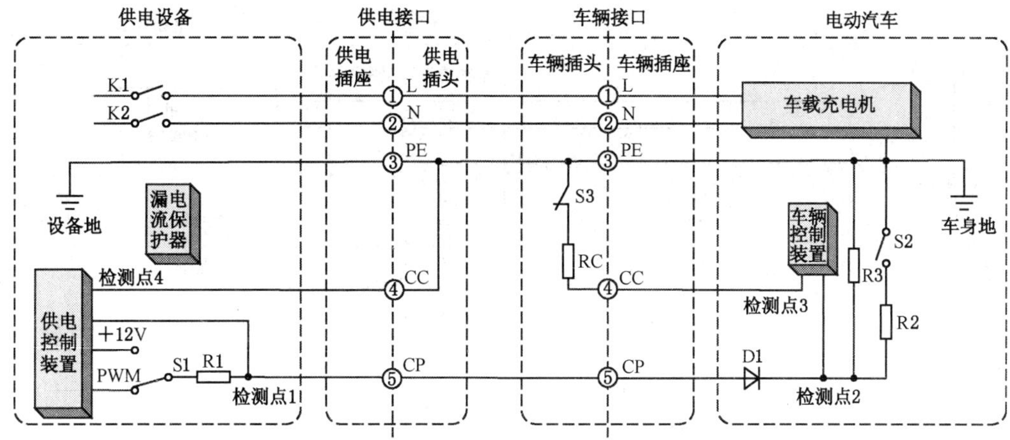

图 A.2 充电模式 3 连接方式 B 的典型控制导引电路原理图

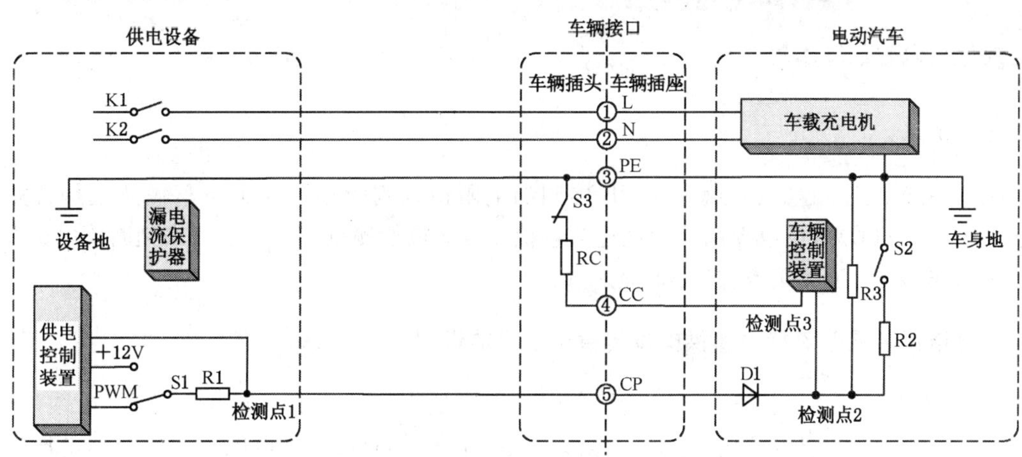

图 A.3 充电模式 3 连接方式 C 的典型控制导引电路原理图

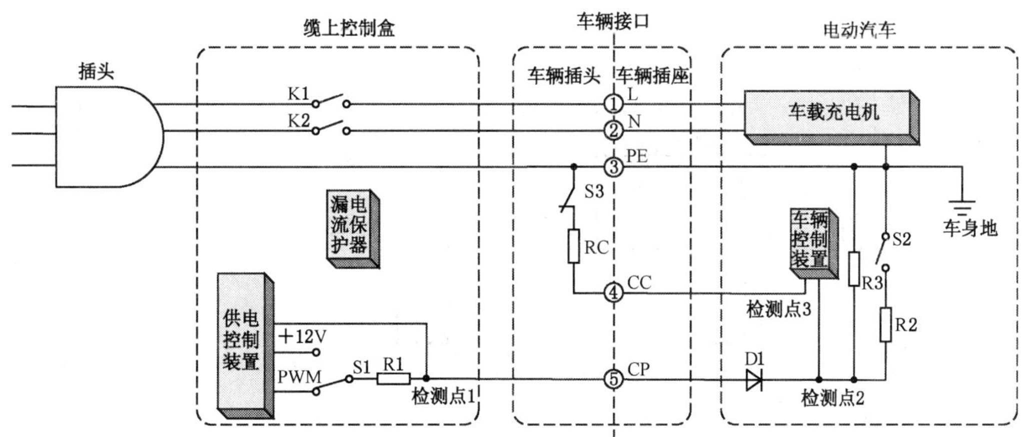

图 A.4 充电模式 2 连接方式 B 的控制导引电路原理图

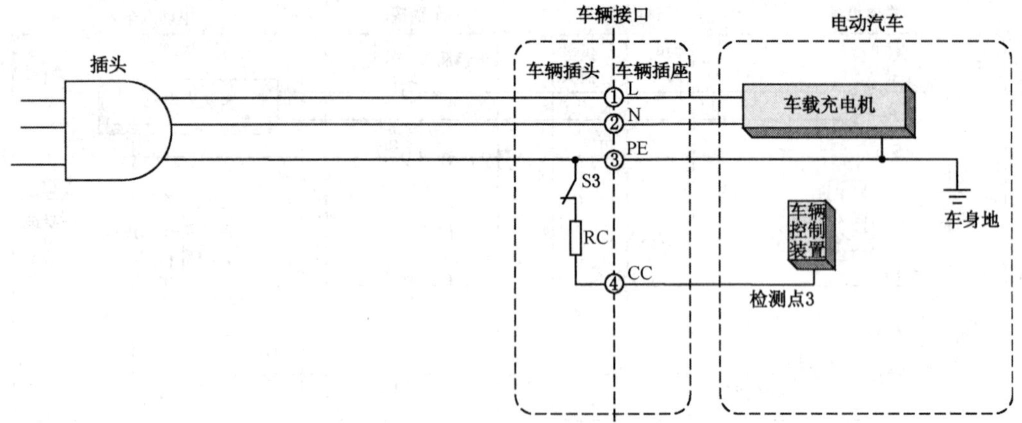

图 A.5 充电模式 1 连接方式 B 的电路原理图

A.2 控制导引电路的基本功能

A.2.1 连接确认

车辆控制装置通过测量检测点 3 与 PE 之间的电阻值来判断车辆插头与车辆插座是否完全连接(对于连接方式 B 和 C)。供电控制装置通过测量检测点 1 或检测点 4 的电压值来判断供电插头和供电插座是否完全连接(对于连接方式 A 和 B)。

A.2.2 充电连接装置载流能力和供电设备供电功率的识别

车辆控制装置通过测量检测点 3 与 PE 之间的电阻值来确认当前充电连接装置(电缆)的额定容量;通过测量检测点 2 的 PWM 信号占空比确认当前供电设备的最大供电电流。振荡器电压如图 A.6 所示。

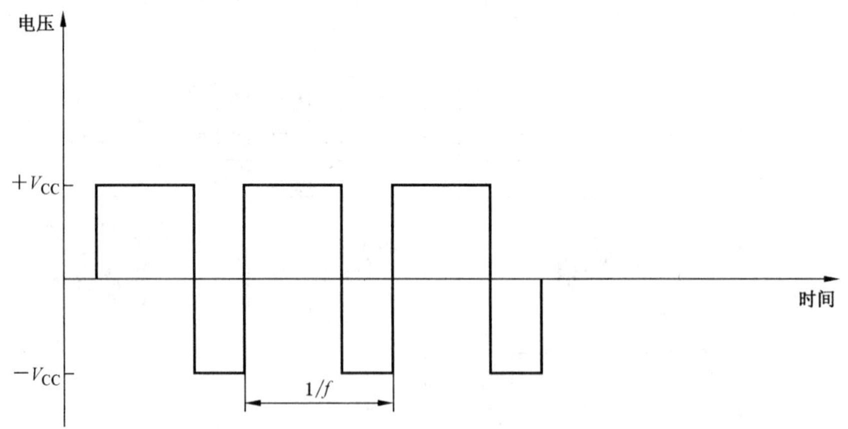

图 A.6 振荡器电压

A.2.3 充电过程的监测

充电过程中,车辆控制装置可以对检测点 3 与 PE 之间的电阻值(对于连接方式 B 和 C)及检测点 2 的 PWM 信号占空比进行监测,供电控制装置可以对检测点 4 及检测点 1(对于充电模式 3 的连接方式

A 和 B)的电压值进行监测。

A.2.4 充电系统的停止

在充电过程中，当充电完成或因为其他原因不能满足继续充电的条件时，车辆控制装置和供电控制装置分别停止充电的相关控制功能。

A.3 充电过程的工作控制程序

A.3.1 车辆插头与车辆插座插合，使车辆处于不可行驶状态

当车辆插头与车辆插座插合后，车辆的总体设计方案可以自动启动某种触发条件(如打开充电门、车辆插头与车辆插座连接或者对车辆的充电按钮、开关等进行功能触发设置)，通过互锁或者其他控制措施使车辆处于不可行驶状态。

A.3.2 确认供电接口已完全连接(对于充电模式 3 的连接方式 A 和 B)

供电控制装置通过测量检测点 1 或检测点 4 的电压值来判断供电插头与供电插座是否完全连接。

A.3.3 确认车辆接口已完全连接(对于连接方式 B 和 C)

车辆控制装置通过测量检测点 3 与 PE 之间的电阻值来判断车辆插头与车辆插座是否完全连接。

A.3.4 确认充电连接装置是否已完全连接

在操作人员对供电设备完成充电启动设置后，如供电设备无故障，并且供电接口已完全连接(对于充电模式 3 的连接方式 A 和 B)，则开关 S1 从连接 12V+状态切换至 PWM 连接状态，供电控制装置发出 PWM 信号。供电控制装置通过测量检测点 1 或检测点 4 的电压值来判断充电连接装置是否完全连接。车辆控制装置通过测量检测点 2 的 PWM 信号，判断充电连接装置是否已完全连接。

A.3.5 车辆准备就绪

在车载充电机自检完成没有故障的情况下，并且电池组处于可充电状态时，车辆控制装置闭合开关 S2(如果车辆设置有"充电请求"或"充电控制"功能时，则同时应满足车辆处于"充电请求"或"可充电"状态)。

A.3.6 供电设备准备就绪

供电控制装置通过测量检测点 1 的电压值判断车辆是否准备就绪。当检测点 1 的峰值电压为表 A.2 中状态 3 对应的电压值时，则供电控制装置通过闭合接触器 K1 和 K2 使交流供电回路导通。

A.3.7 充电系统的启动

A.3.7.1 当电动汽车和供电设备建立电气连接后，车辆控制装置通过判断检测点 2 的 PWM 信号占空比确认供电设备的最大可供电能力，并且通过判断检测点 3 与 PE 之间的电阻值来确认电缆的额定容量。车辆接口的连接状态及 RC 的电阻值见表 A.1。车辆控制装置对供电设备当前提供的最大供电电流值、车载充电机的额定输入电流值及电缆的额定容量进行比较，将其最小值设定为车载充电机当前最大允许输入电流。当车辆控制装置判断充电连接装置已完全连接，并完成车载充电机最大允许输入电流设置后，车载充电机开始对电动汽车进行充电。

A.3.7.2 当车辆接口处于完全连接状态，并且车辆控制装置没有接收到检测点 2 的 PWM 信号时，如果车辆控制装置接收到驾驶员的强制充电请求信号(要求车辆设置充电请求的手动触发装置)时，则车

载充电机的功率设置按照输入电流不大于13A的模式对电动汽车进行充电。在充电过程中，如果接收到检测点2的PWM信号时，则车载充电机最大允许输入电流设置取决于供电设备的可供电能力和车载充电机的额定电流的最小值。

A.3.8 检查充电接口的连接状态及供电设备的供电能力变化情况

A.3.8.1 在充电过程中，车辆控制装置通过周期性监测检测点2和检测点3，供电控制装置通过周期性监测检测点1和检测点4，确认供电接口和车辆接口的连接状态，监测周期不大于50 ms。

A.3.8.2 车辆控制装置对检测点2的PWM信号进行不间断检测，当占空比有变化时，车辆控制装置实时调整车载充电机的输出功率，检测周期不大于5 s。

A.3.9 正常条件下充电结束或停止

A.3.9.1 在充电过程中，当达到车辆设置的结束条件或者驾驶员对车辆实施了停止充电的指令时，车辆控制装置断开开关S2，并使车载充电机处于停止充电状态。

A.3.9.2 在充电过程中，当达到操作人员设置的结束条件、操作人员对供电装置实施了停止充电的指令或检测到开关S2断开时，则供电控制装置控制开关S1切换到+12V连接状态，并通过断开接触器K1和K2切断交流供电回路。

A.3.10 非正常条件下充电结束或停止

A.3.10.1 在充电过程中，车辆控制装置通过检测PE与检测点3之间的电阻值(对于连接方式B和C)来判断车辆插头和车辆插座的连接状态，如判断开关S3由闭合变为断开(状态B)，并在一定时间内(如300 ms)持续保持，则车辆控制装置控制车载充电机停止充电，并断开S2。

A.3.10.2 在充电过程中，车辆控制装置通过检测PE与检测点3之间的电阻值(对于连接方式B和C)来判断车辆插头和车辆插座的连接状态，如判断车辆接口由完全连接变为断开(状态A)，则车辆控制装置控制车载充电机停止充电，并断开S2。

A.3.10.3 在充电过程中，车辆控制装置通过对检测点2的PWM信号进行检测，当信号中断时，则车辆控制装置控制车载充电机停止充电。

A.3.10.4 在充电过程中，如果检测点1的电压值为12 V(状态1)、9 V(状态2)或者其他非6 V(状态3)的状态，则供电控制装置断开交流供电回路。

A.3.10.5 在充电过程中，供电控制装置通过对检测点4进行检测(对于充电模式3的连接方式A和B)，如检测到供电接口由完全连接变为断开(状态A)，则供电控制装置控制开关S1切换到与+12 V连接状态并断开交流供电回路。

A.3.10.6 在充电过程中，如果漏电流保护器(漏电断路器)动作，则车载充电机处于欠压状态，车辆控制装置断开开关S2。

注：如供电控制装置因充电连接装置由完全连接变为断开(状态A和状态1)的原因而切断供电回路并结束充电时，则操作人员需要检查和恢复连接，并重新启动充电设置才能进行充电。

表A.1 车辆接口连接状态及RC的电阻值

状态	RC	S3	车辆接口连接状态及额定电流
状态A	—	—	车辆接口未完全连接
状态B	—	断开	机械锁止装置处于解锁状态
状态C	680 Ω/0.5W[a]	闭合	车辆接口已完全连接，充电电缆容量为16 A
状态D	220 Ω/0.5W[a]	闭合	车辆接口已完全连接，充电电缆容量为32 A

[a] 电阻RC的精度为±3%。

表 A.2 检测点 1 的电压状态

充电过程状态	充电连接装置是否连接	S2	车辆是否可以充电	检测点 1 峰值电压（稳定后测量）/V	说明
状态 1	否	断开	否	12	S1 切换至与 PWM 连接状态，车辆接口未完全连接，检测点 2 的电压为 0
状态 2	是	断开	否	9	R3 被检测到
状态 3	是	闭合	可	6	车载充电机及供电设备处于正常工作状态

表 A.3 控制引导电路的推荐参数

对象	参数[a]	符号	单位	标称值	最大值	最小值
供电设备	输出高电压	$+V_{CC}$	V	12.00	12.60	11.40
	输出低电压	$-V_{CC}$	V	−12.00	−12.60	−11.40
	输出频率	f	Hz	1 000.00	1 030.00	970.00
	输出占空比	Dc_o	—	—	+1%	−1%
	信号设置时间[b]	Ts	μs	n. a.	3	n. a.
	信号上升时间（10%～90%）	Tr	μs	n. a.	2	n. a.
	信号下降时间（90%～10%）	Tf	μs	n. a.	2	n. a.
	R1 等效电阻	$R1$	Ω	1 000	1 030	970
	状态 1（检测点 1 电压）	$U1a$	V	12	12.8	11.2
	状态 2（检测点 1 电压）	$U1b$	V	9	9.8	8.2
	状态 3（检测点 1 电压）	$U1c$	V	6	6.8	5.2
电动汽车	R2 等效电阻	$R2$	Ω	1 300	1 339	1 261
	R3 等效电阻	$R3$	Ω	2 740	2 822	2 658
	等效二极管压降	$Vd1$	V	0.70	0.85	0.55
	输入占空比	Dc_i	—	—	+1%	−1%

[a] 在使用环境条件下和可用寿命内都要达到精度要求。

[b] 从开始转变到达稳定值的 95%时所用的时间。

附 录 B
（规范性附录）
充电接口结构尺寸

B.1 车辆接口结构尺寸

车辆插头结构尺寸见图 B.1。

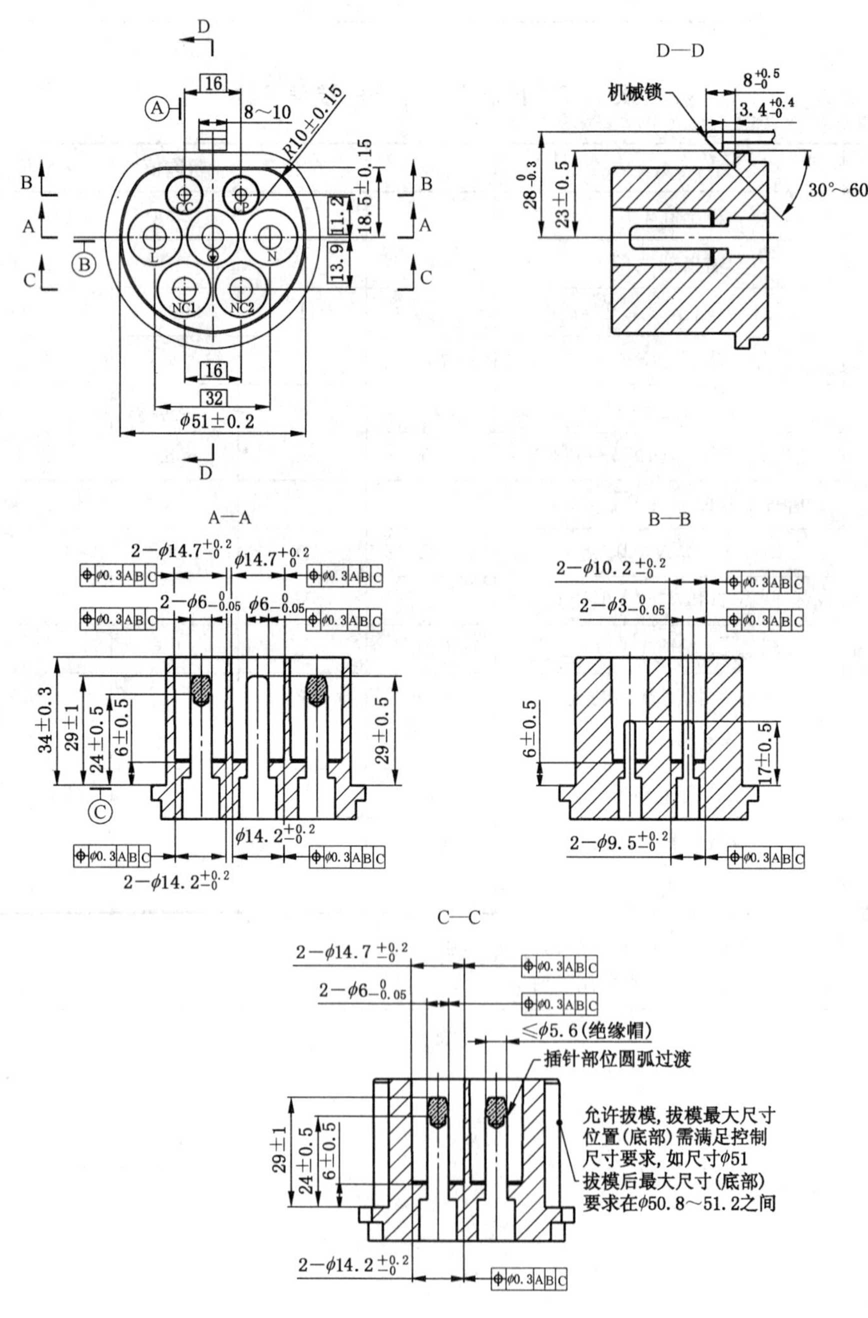

图 B.1 车辆插头结构尺寸

车辆插座结构尺寸见图 B.2。

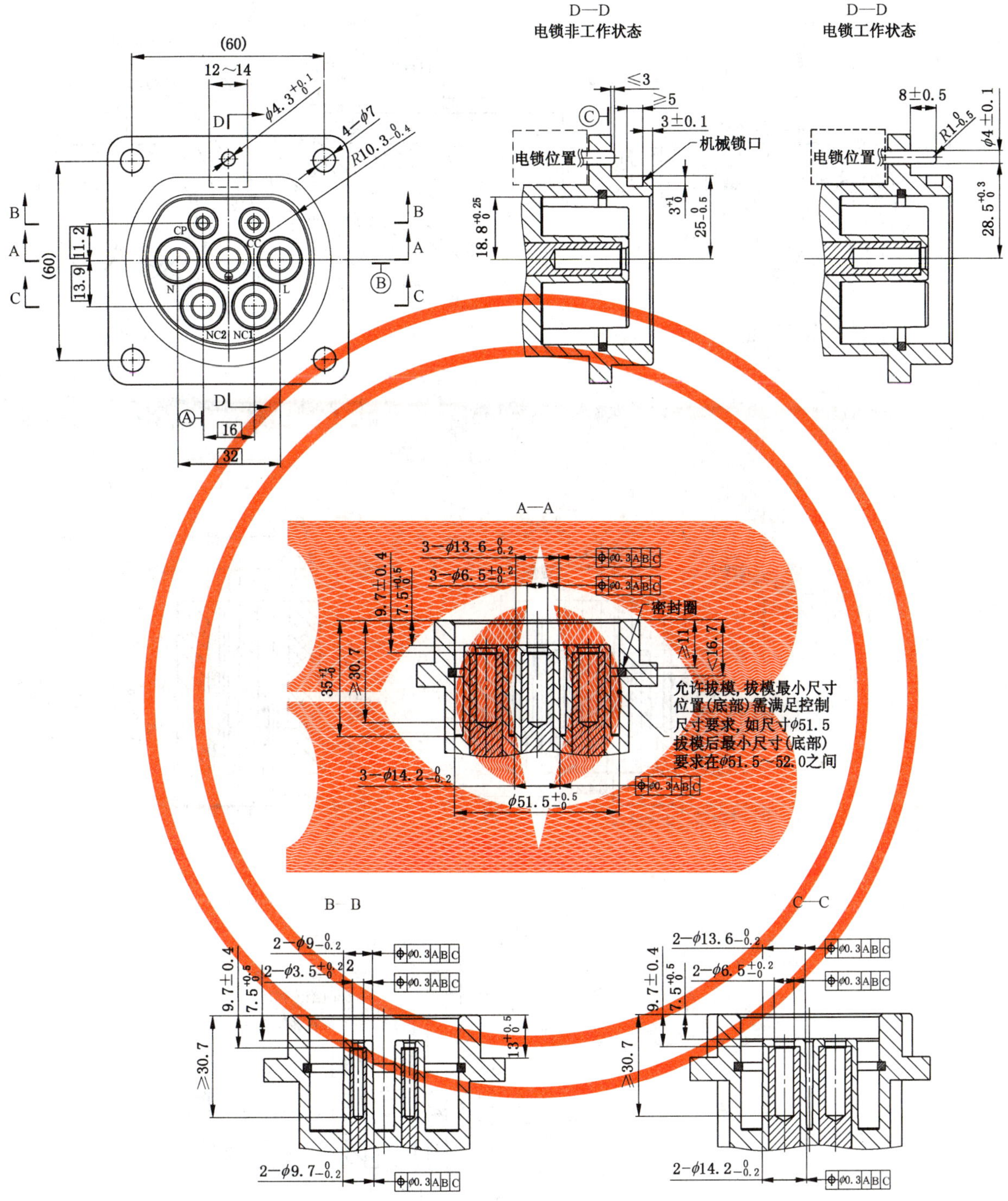

图 B.2　车辆插座结构尺寸

B.2　充电模式 3 的供电接口结构尺寸

充电模式 3 的供电插头结构尺寸见图 B.3。

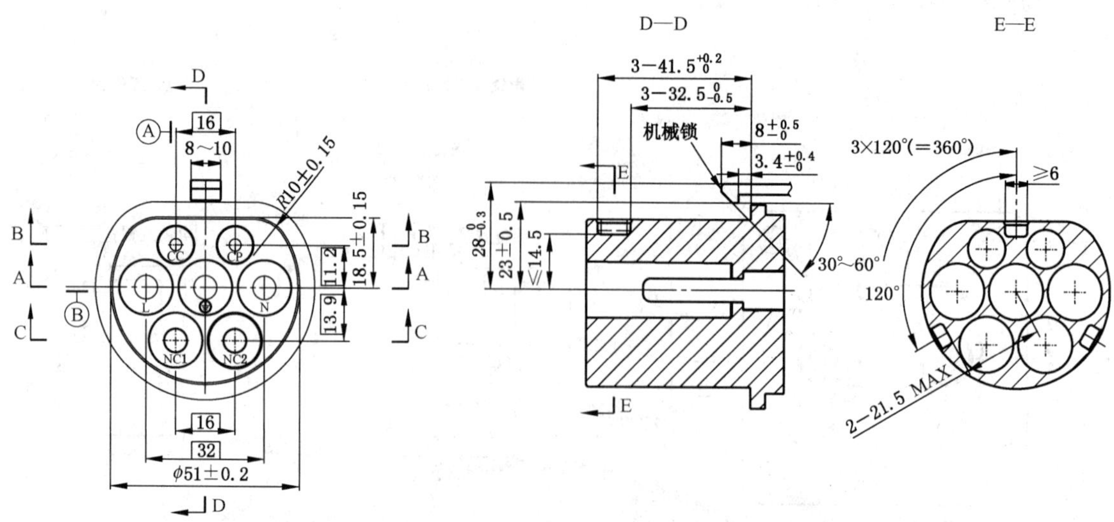

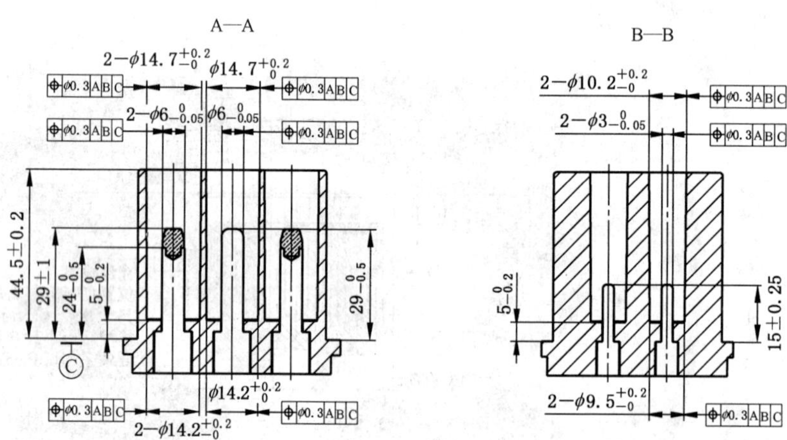

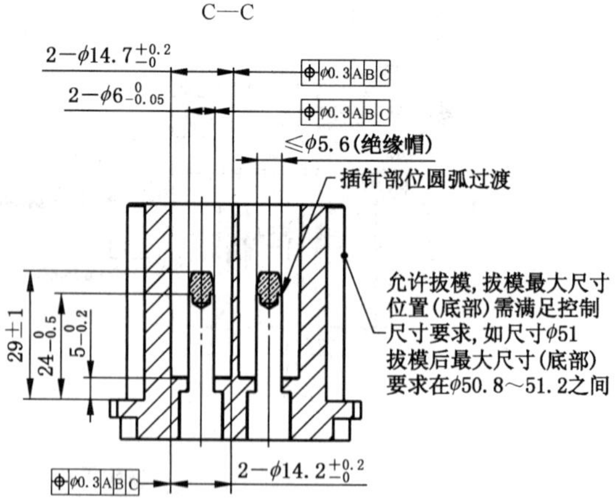

图 B.3　充电模式 3 的供电插头结构尺寸

充电模式 3 的供电插座结构尺寸见图 B.4。

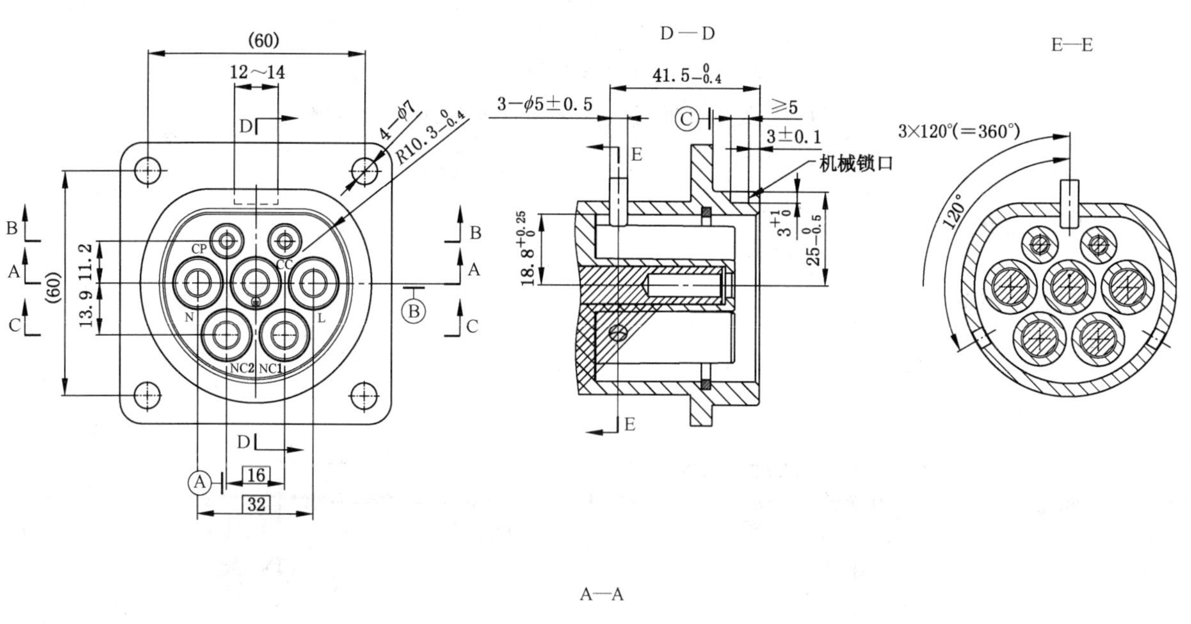

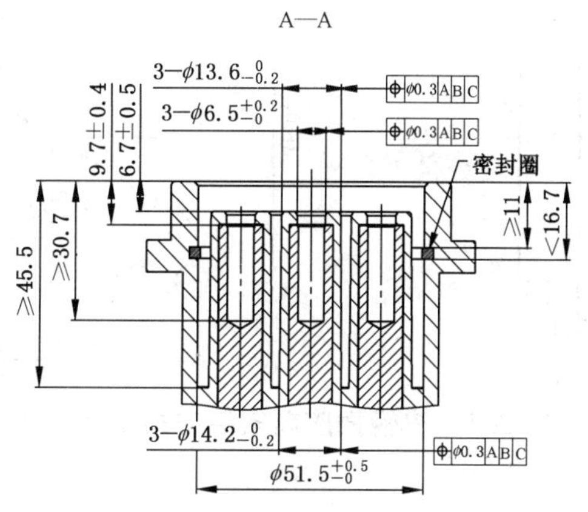

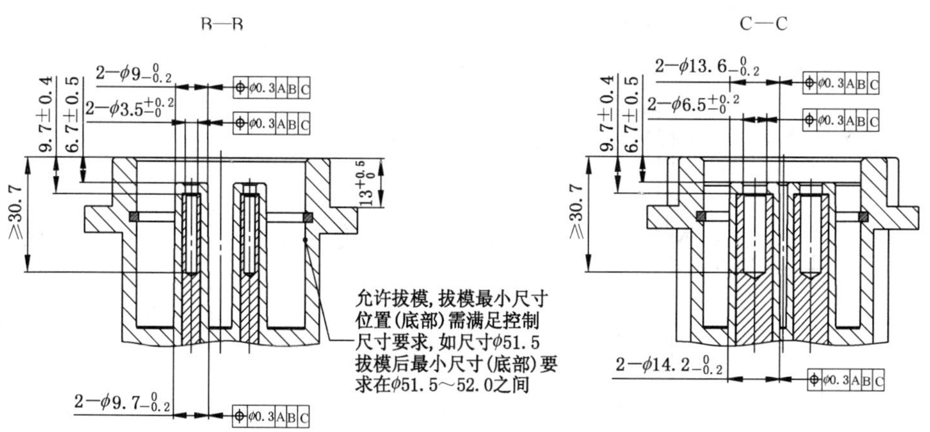

图 B.4　充电模式 3 的供电插座结构尺寸

附 录 C
（资料性附录）
车辆插座及充电模式 3 的供电插座安装尺寸示例

C.1 车辆插座安装要求

C.1.1 前安装方式

车辆插座前安装方式安装示例如图 C.1。

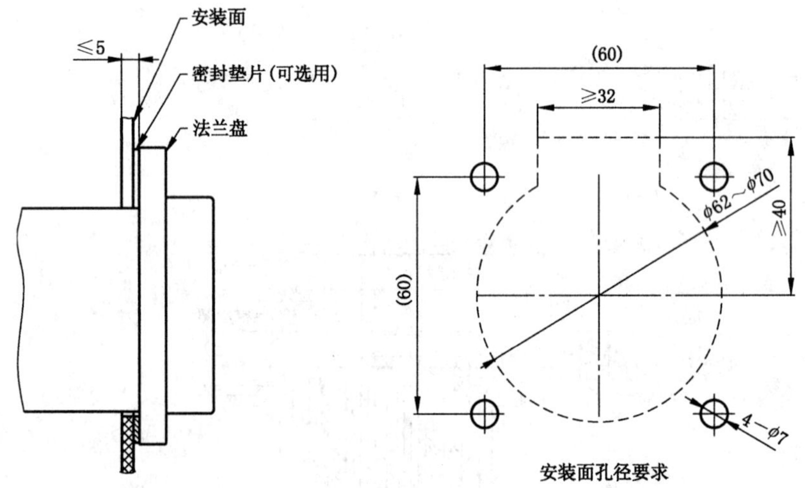

图 C.1 车辆插座前安装方式安装示例

C.1.2 后安装方式

车辆插座后安装方式安装示例如图 C.2。

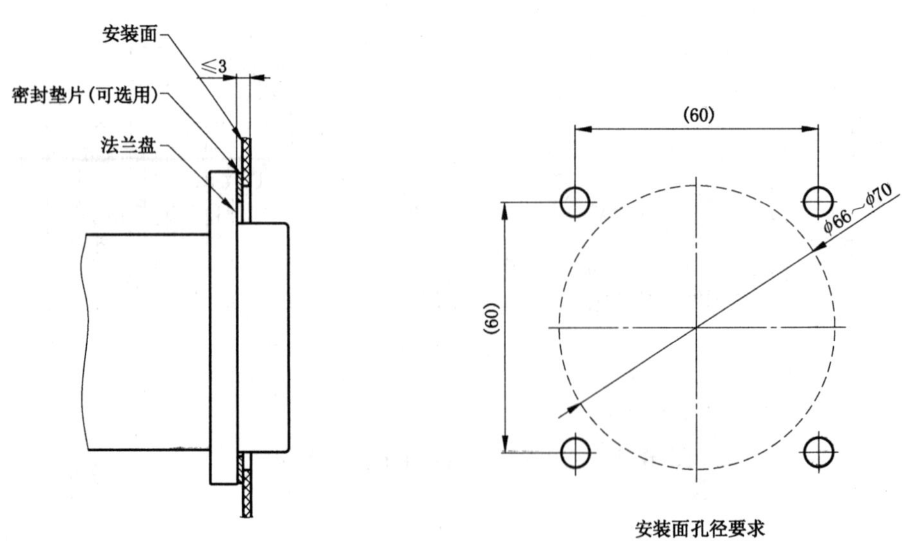

图 C.2 车辆插座后安装方式安装示例

C.2 充电模式 3 的供电插座安装示例

C.2.1 前安装方式

充电模式 3 的供电插座前安装方式安装示例如图 C.3。

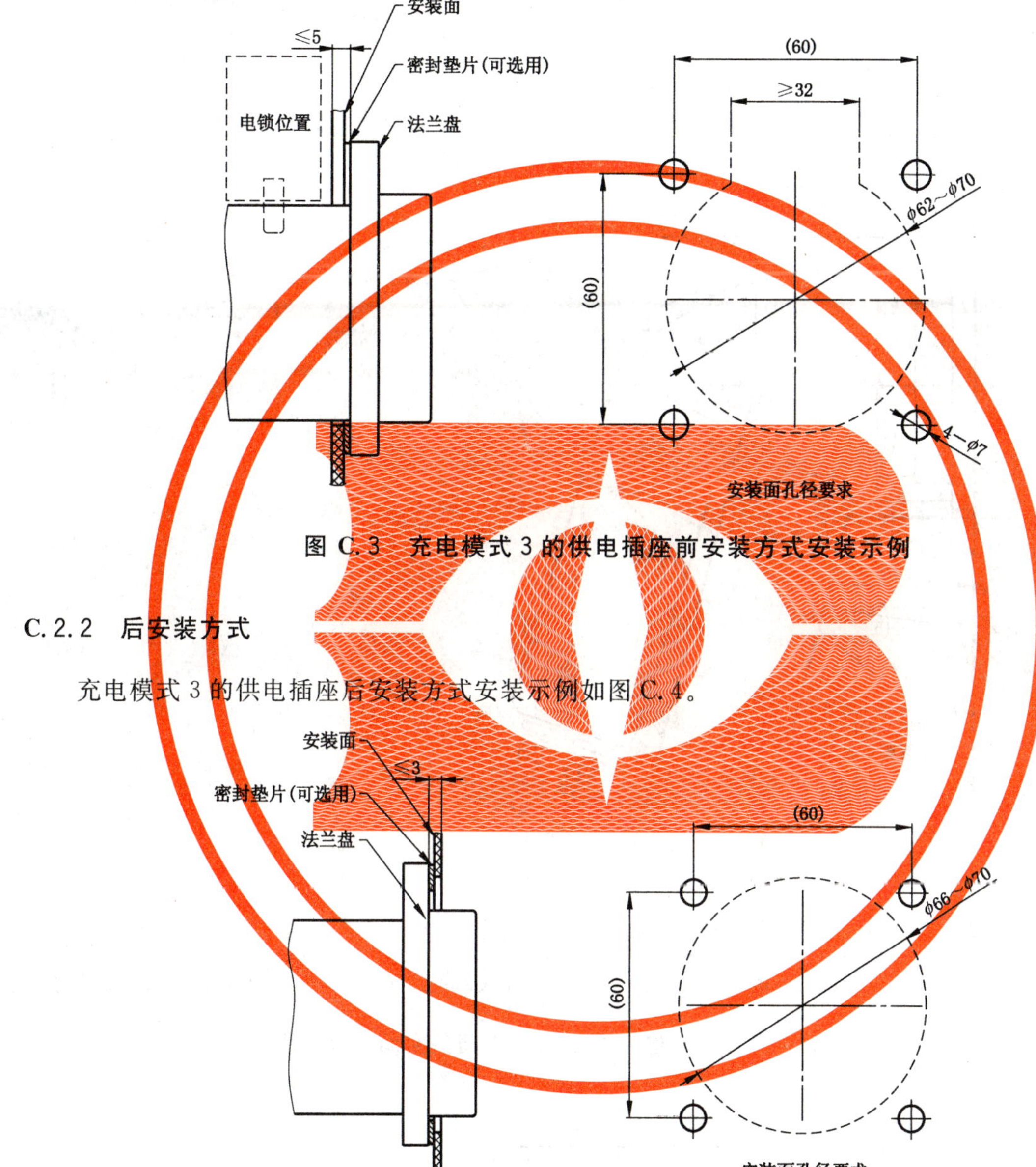

图 C.3 充电模式 3 的供电插座前安装方式安装示例

C.2.2 后安装方式

充电模式 3 的供电插座后安装方式安装示例如图 C.4。

图 C.4 充电模式 3 的供电插座后安装方式安装示例

附 录 D
（资料性附录）
车辆插头及充电模式 3 的供电插头空间尺寸示例

车辆插头及充电模式 3 的供电插头空间尺寸示例如图 D.1。

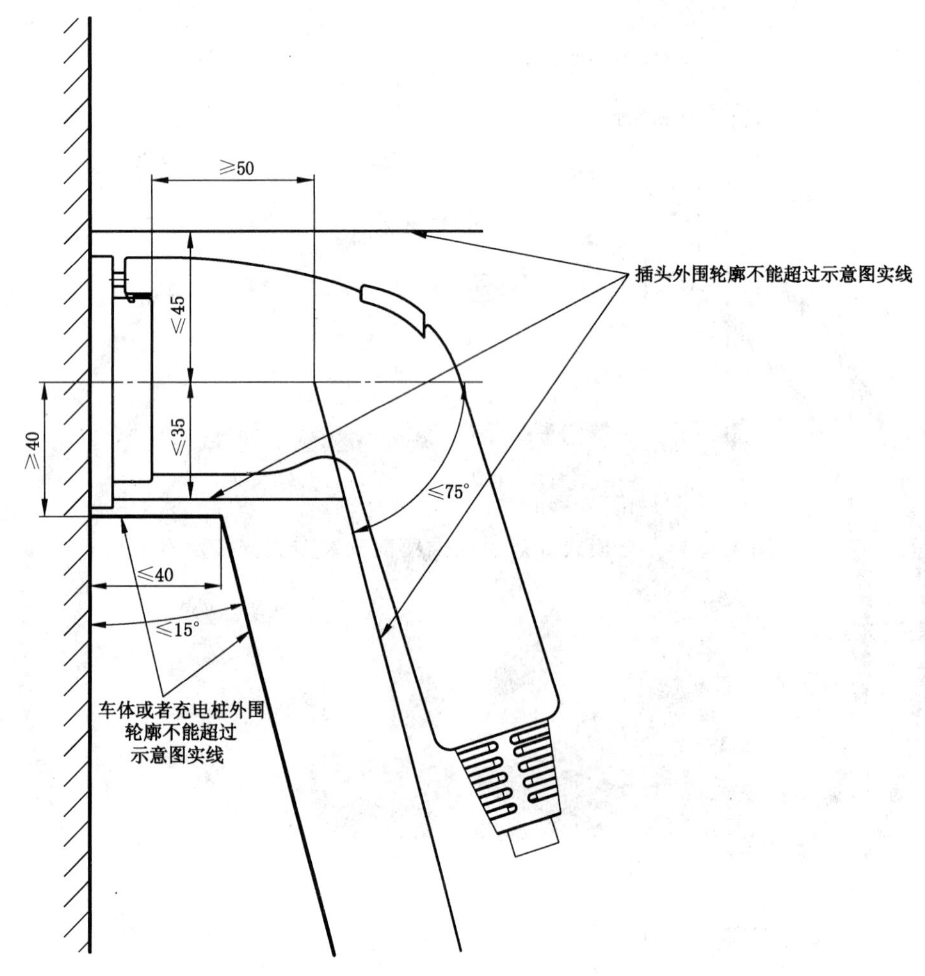

注：本图仅表示车辆插头与车辆或充电模式 3 的供电插头与供电装置的尺寸关系，不表示具体产品的外形结构。

图 D.1 车辆插头及充电模式 3 的供电插头空间尺寸示例

ICS 43.040.99
T 35

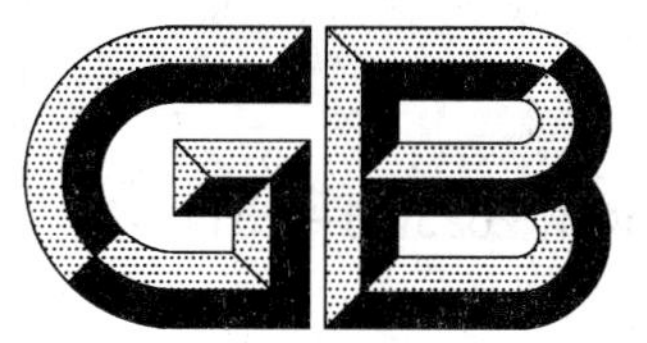

中华人民共和国国家标准

GB/T 20234.3—2011

电动汽车传导充电用连接装置 第3部分:直流充电接口

Connection set for conductive charging of electric vehicles—
Part 3:DC charging coupler

2011-12-22 发布 2012-03-01 实施

中华人民共和国国家质量监督检验检疫总局
中国国家标准化管理委员会 发布

前　言

GB/T 20234《电动汽车传导充电用连接装置》分为三个部分：

——第1部分：通用要求；

——第2部分：交流充电接口；

——第3部分：直流充电接口。

本部分为GB/T 20234的第3部分。

本部分按照GB/T 1.1—2009给出的规则起草。

本部分由全国汽车标准化技术委员会(SAC/TC 114)归口。

本部分负责起草单位：中国汽车技术研究中心、国家电网公司、中国电器科学研究院有限公司。

本部分参加起草单位：天津清源电动车辆有限责任公司、中国电力企业联合会、南方电网科学研究院、普天海油新能源动力有限公司、深圳市比亚迪汽车有限公司、奇瑞汽车股份有限公司、东风电动车辆股份有限公司、深圳新能电力开发设计院有限公司、中国电力科学研究院、国网电力科学研究院、广东电网公司电力科学研究院、安费诺精密连接器(深圳)有限公司、南京曼奈柯斯电器有限公司、北京突破电气有限公司。

本部分主要起草人：吴志新、武斌、孟祥峰、赵春明、罗怀平、倪峰、张建华、邵浙海、王晓毛、李武峰、邓伟光、方运舟、杨孝伦、周光荣、倪海锦、金卫东、李庆、李磊。

电动汽车传导充电用连接装置 第3部分:直流充电接口

1 范围

GB/T 20234 的本部分规定了电动汽车传导充电用直流充电接口的通用要求、功能定义、型式结构、参数和尺寸。

本部分适用于充电模式4及连接方式C的车辆接口,其额定电压不超过750 V(DC)、额定电流不超过250 A(DC)。

充电模式和连接方式的定义参见 GB/T 20234.1—2011 的附录 A。

2 规范性引用文件

下列文件对于本文件的应用是必不可少的。凡是注日期的引用文件,仅注日期的版本适用于本文件。凡是不注日期的引用文件,其最新版本(包括所有的修改单)适用于本文件。

GB/T 20234.1—2011 电动汽车传导充电用连接装置 第1部分:通用要求

3 术语和定义

GB/T 20234.1—2011 界定的术语和定义适用于本文件。

4 通用要求

直流充电接口的技术要求和试验方法应满足 GB/T 20234.1—2011 的要求。

5 直流充电接口的额定值

直流充电接口的额定值见表1。

表1 直流充电接口的额定值

额定电压/ V	额定电流/ A
750	125
	250

6 车辆接口的功能

6.1 车辆接口的电气参数及功能

车辆插头和车辆插座分别包含9对触头,其电气参数值及功能定义见表2。

表2 触头电气参数值及功能定义

触头编号/标识	额定电压和额定电流	功能定义
1——(DC+)	750 V 125 A/250 A	直流电源正,连接直流电源正与电池正极
2——(DC−)	750 V 125 A/250 A	直流电源负,连接直流电源负与电池负极
3——(⏚)	—	保护接地(PE),连接供电设备地线和车辆车身地线
4——(S+)	30 V 2 A	充电通信 CAN_H,连接非车载充电机与电动汽车的通信线[a]
5——(S−)	30 V 2 A	充电通信 CAN_L,连接非车载充电机与电动汽车的通信线[a]
6——(CC1)	30 V 2 A	充电连接确认1,参见附录A
7——(CC2)	30 V 2 A	充电连接确认2,参见附录A
8——(A+)	30 V 20 A	低压辅助电源正,连接非车载充电机为电动汽车提供的低压辅助电源
9——(A−)	30 V 20 A	低压辅助电源负,连接非车载充电机为电动汽车提供的低压辅助电源

[a] 非车载充电机控制装置和车辆控制装置应有 CAN 总线终端电阻,建议为 120 Ω。通信线宜采用屏蔽双绞线,非车载充电机端屏蔽层接地。

6.2 触头布置方式

车辆插头和车辆插座的触头布置方式如图1和图2所示。

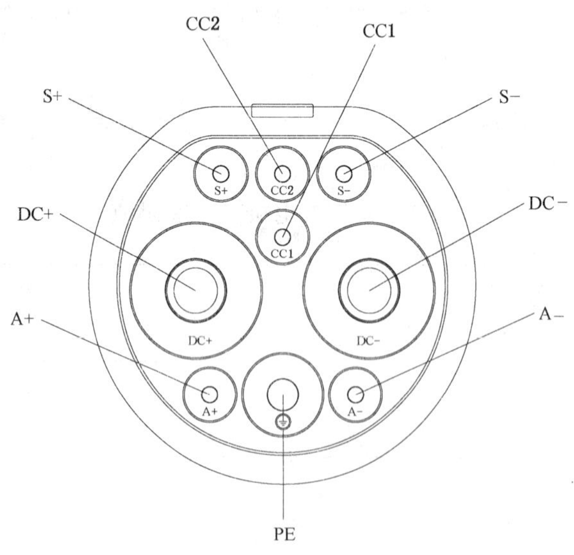

图1 车辆插头触头布置图

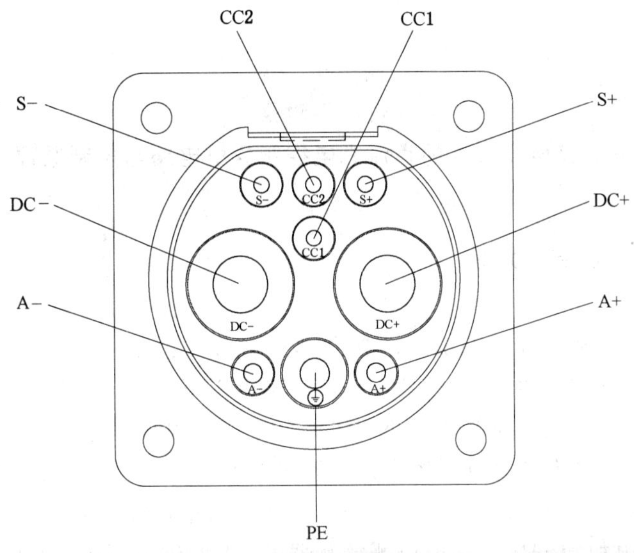

图 2 车辆插座触头布置图

6.3 充电连接界面

车辆插头和车辆插座在连接过程中触头耦合的顺序为:保护接地,直流电源正、直流电源负、车辆端连接确认,低压辅助电源正与低压辅助电源负,充电通信与供电端连接确认;在脱开的过程中则顺序相反。直流充电接口的连接界面如图 3 所示,直流充电安全保护的相关设计要求参见附录 A。

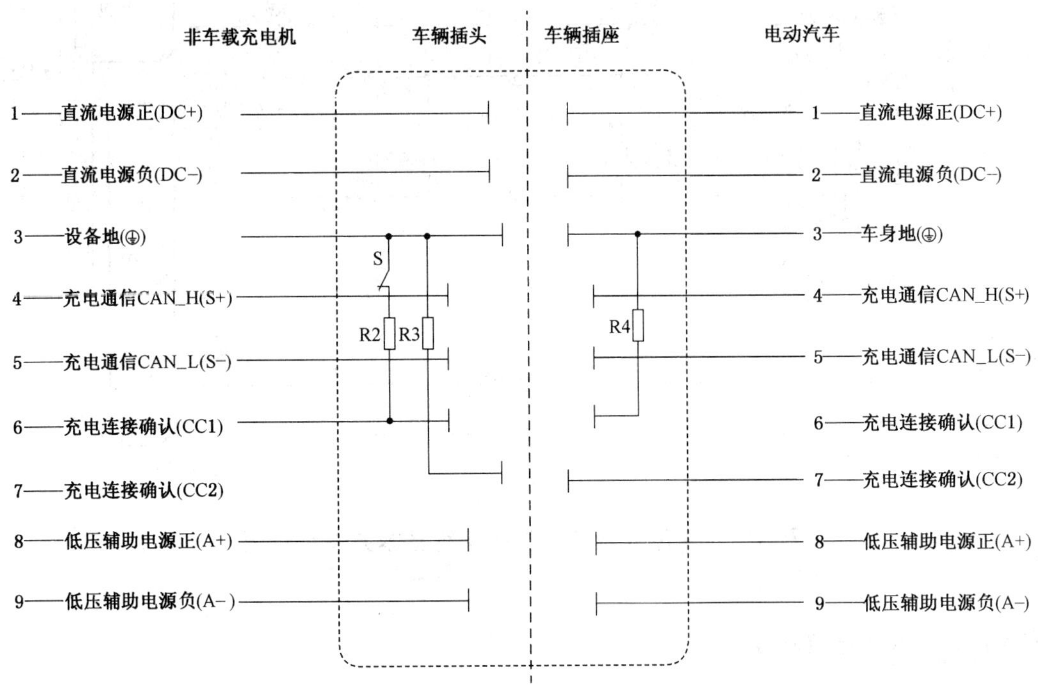

图 3 充电连接界面示意图

7 结构尺寸

直流充电接口的结构尺寸应符合附录 B 的规定,安装尺寸参见附录 C 和附录 D。

附 录 A
（资料性附录）
满足充电模式 4 的直流充电控制导引电路与控制原理

A.1 直流充电安全保护系统基本方案

直流充电安全保护系统基本方案的示意图如图 A.1 所示，包括非车载充电机控制装置、电阻 R1、R2、R3、R4、R5、开关 S、直流供电回路接触器 K1 和 K2（可以仅设置一个）、低压辅助供电回路接触器 K3 和 K4（可以仅设置 K3）、充电回路接触器 K5 和 K6（可以仅设置一个）、电子锁以及车辆控制装置，其中车辆控制装置可以集成在电池管理系统中。电阻 R2 和 R3 安装在车辆插头上，电阻 R4 安装在车辆插座上。开关 S 为车辆插头的内部常闭开关，当车辆插头与车辆插座完全连接后，开关 S 闭合。在整个充电过程中，非车载充电机控制装置应能监测接触器 K1、K2，继电器 K3、K4 及电子锁状态并控制其接通及关断。电动汽车车辆控制装置应能监测接触器 K5 和 K6 状态并控制其接通及关断。充电过程的状态定义和直流充电安全保护系统的推荐参数分别见表 A.1 和表 A.2。

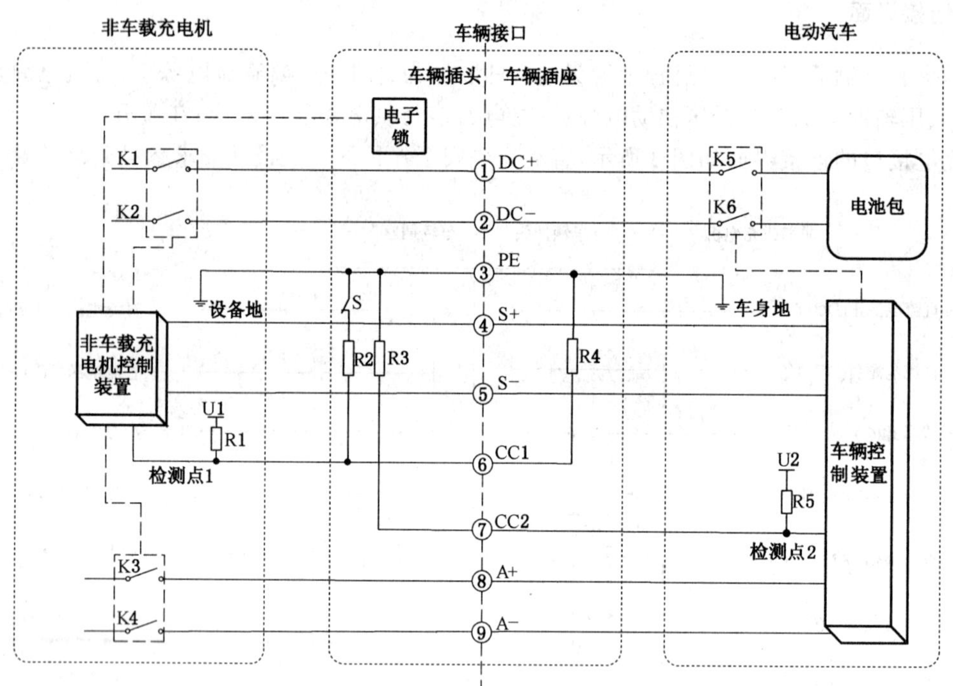

图 A.1 直流充电安全保护系统基本方案示意图

A.2 充电过程的操作与控制程序

A.2.1 车辆插头与车辆插座插合：使车辆处于不可行驶状态

将车辆插头与车辆插座插合，车辆的总体设计方案可以自动启动某种触发条件（如打开充电门、车辆插头与车辆插座连接或对车辆的充电按钮、开关等进行功能触发设置），通过互锁或其他控制措施使车辆处于不可行驶状态。

A.2.2 进行充电人机交互设置:控制装置对车辆接口完全连接状态进行确认(状态3)

操作人员对非车载充电机进行充电设置后,非车载充电机控制装置通过测量检测点1的电压值判断车辆插头与车辆插座是否已完全连接,如检测点1电压值为4 V,则判断车辆接口完全连接。当操作人员对充电机人机交互设置完成后且非车载充电机判断车辆接口已完全连接后,非车载充电机控制电子锁锁止。整个充电过程只有在操作人员对非车载充电机设置充电停止指令后才可对电子锁解锁。

A.2.3 非车载充电机完成自检(状态4)

在车辆接口完全连接后,如非车载充电机完成自检,则闭合接触器K3和K4,使低压辅助供电回路导通。同时开始周期发送"充电机辨识报文"。在得到非车载充电机提供的低压辅助电源供电后,车辆控制装置通过测量检测点2的电压值判断车辆接口是否已完全连接。如检测点2的电压值为6 V,则车辆控制装置开始周期发送"车辆控制装置(或电池管理系统)辨识报文",该信号也可作为车辆处于不可行驶状态的触发条件之一。

A.2.4 充电准备就绪(状态5)

车辆控制装置与非车载充电机控制装置通过通讯完成握手和配置后,车辆控制装置闭合接触器K5和K6,使充电回路导通;非车载充电机控制装置闭合接触器K1和K2,使直流供电回路导通。

A.2.5 充电阶段(状态5)

在整个充电阶段,车辆控制装置通过向非车载充电机控制装置实时发送电池充电级别需求来控制整个充电过程。非车载充电机控制装置根据电池充电级别需求来调整充电电压和充电电流以确保充电过程正常进行。此外,车辆控制装置和非车载充电机控制装置还相互发送各自的状态信息。

A.2.6 正常条件下充电结束

车辆控制装置根据电池系统是否达到满充状态或是否收到"充电机中止充电报文"来判断是否结束充电。在满足以上充电结束条件时,车辆控制装置开始周期发送"车辆控制装置(或电池管理系统)中止充电报文",在一定时间(如1 s)后断开接触器K5和K6。当达到操作人员设定的充电结束条件或收到"车辆控制装置(或电池管理系统)中止充电报文"后,非车载充电机控制装置开始周期发送"充电机中止充电报文",并控制充电机停止充电,之后断开接触器K1和K2。当操作人员实施了停止充电指令时,非车载充电机控制装置开始周期发送"充电机中止充电报文",并控制充电机停止充电,之后断开接触器K1、K2、K3和K4,然后电子锁解锁。

A.2.7 故障条件下的安全保护

A.2.7.1 在充电过程中,如果车辆出现不可以继续进行充电的严重故障,则车辆控制装置开始周期发送"车辆控制装置(或电池管理系统)中止充电报文",在一定时间(如100 ms)后断开接触器K5和K6。

A.2.7.2 在充电过程中,如果非车载充电机出现不可以继续进行充电的严重故障,则非车载充电机控制装置开始周期发送"充电机中止充电报文",并控制充电机停止充电,之后断开接触器K1、K2、K3和K4。

A.2.7.3 在充电过程中,非车载充电机控制装置如确认通讯中断(状态6),则非车载充电机停止充电,并断开接触器K1、K2、K3和K4。

A.2.7.4 在充电过程中,非车载充电机控制装置通过对检测点1的电压进行检测,如果判断开关S由闭合变为断开(状态7),并在一定时间内(如300 ms)持续保持,则控制充电机停止充电,之后断开接触器K1、K2、K3和K4。

A.2.7.5 在充电过程中,非车载充电机控制装置通过对检测点1的电压进行检测,如果判断车辆接口由完全连接变为断开(状态 8),则控制充电机停止充电，并断开 K1、K2、K3 和 K4,然后电子锁解锁。

注：如果非车载充电机因严重故障结束充电,重新启动充电需要操作人员进行完整的充电启动设置。

表 A.1 充电过程状态定义

充电过程状态	充电接口状态	S	充电机自检是否完成	握手和配置是否完成	通讯状态	可否充电	电压 1/V	电压 2/V	说明
状态 1	断开	断开	—	—	—	否	12	—	没有建立通讯
状态 2	断开	闭合	—	—	—	否	6	—	没有建立通讯
状态 3	连接	闭合	否	—	—	否	4	—	充电机没有完成自检,没有建立通讯
状态 4	连接	闭合	是	否	有	否	4	6	闭合接触器 K3 和 K4,建立通讯
状态 5	连接	闭合	是	是	有	是	4	6	闭合接触器 K5 和 K6,闭合接触器 K1 和 K2
状态 6	连接	闭合	是	是	无	否	4	6	通讯中断,启动相应保护策略
状态 7	连接	断开	是	是	—	否	6	6	如在一定时间内(如 200 ms)持续保持,则非车载充电机启动相应的保护策略
状态 8	断开	断开	是	是	—	否	12	6/12	非车载充电机和车辆分别启动相应的保护策略

表 A.2 直流充电安全保护系统的推荐参数

对象	参数[a]	符号	单位	标称值	最大值	最小值
非车载充电机的要求	R1 等效电阻	$R1$	Ω	1 000	1 030	970
	上拉电压	$U1$	V	12	12.6	11.4
	电压 1	$U1a$	V	12	12.8	11.2
		$U1b$	V	6	6.8	5.2
		$U1c$	V	4	4.8	3.2
车辆插头的要求	R2 等效电阻	$R2$	Ω	1 000	1 030	970
	R3 等效电阻	$R3$	Ω	1 000	1 030	970
车辆插座的要求	R4 等效电阻	$R4$	Ω	1 000	1 030	970
电动汽车的要求	R5 等效电阻	$R5$	Ω	1 000	1 030	970
	上拉电压	$U2$	V	12	12.6	11.4
	电压 2	$U2a$	V	12	12.8	11.2
		$U2b$	V	6	6.8	5.2

[a] 在使用环境条件下和可用寿命内都要保持精度范围。

附　录　B
（规范性附录）
车辆接口结构尺寸

车辆插头结构尺寸见图 B.1。

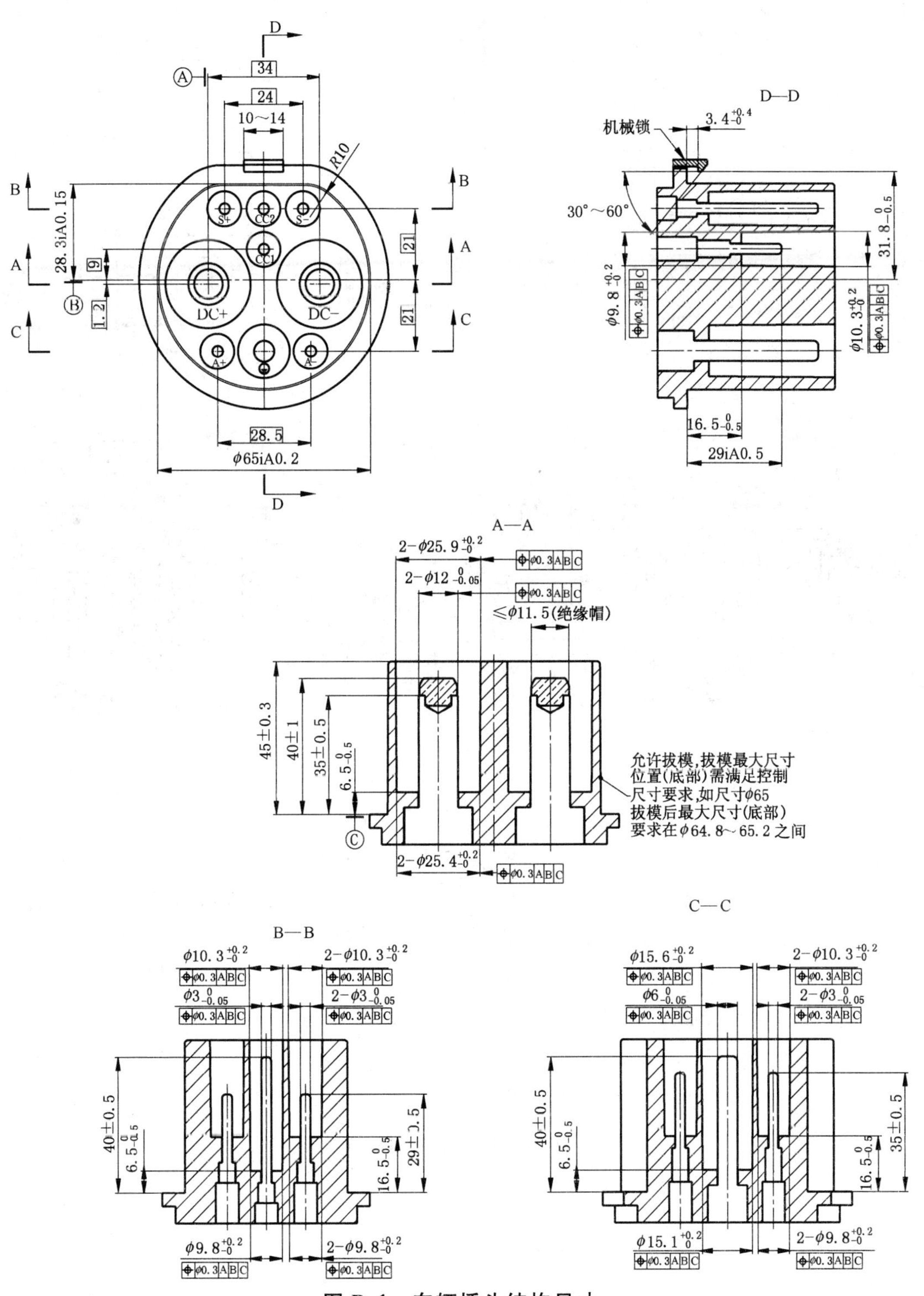

图 B.1　车辆插头结构尺寸

车辆插座结构尺寸见图 B.2。

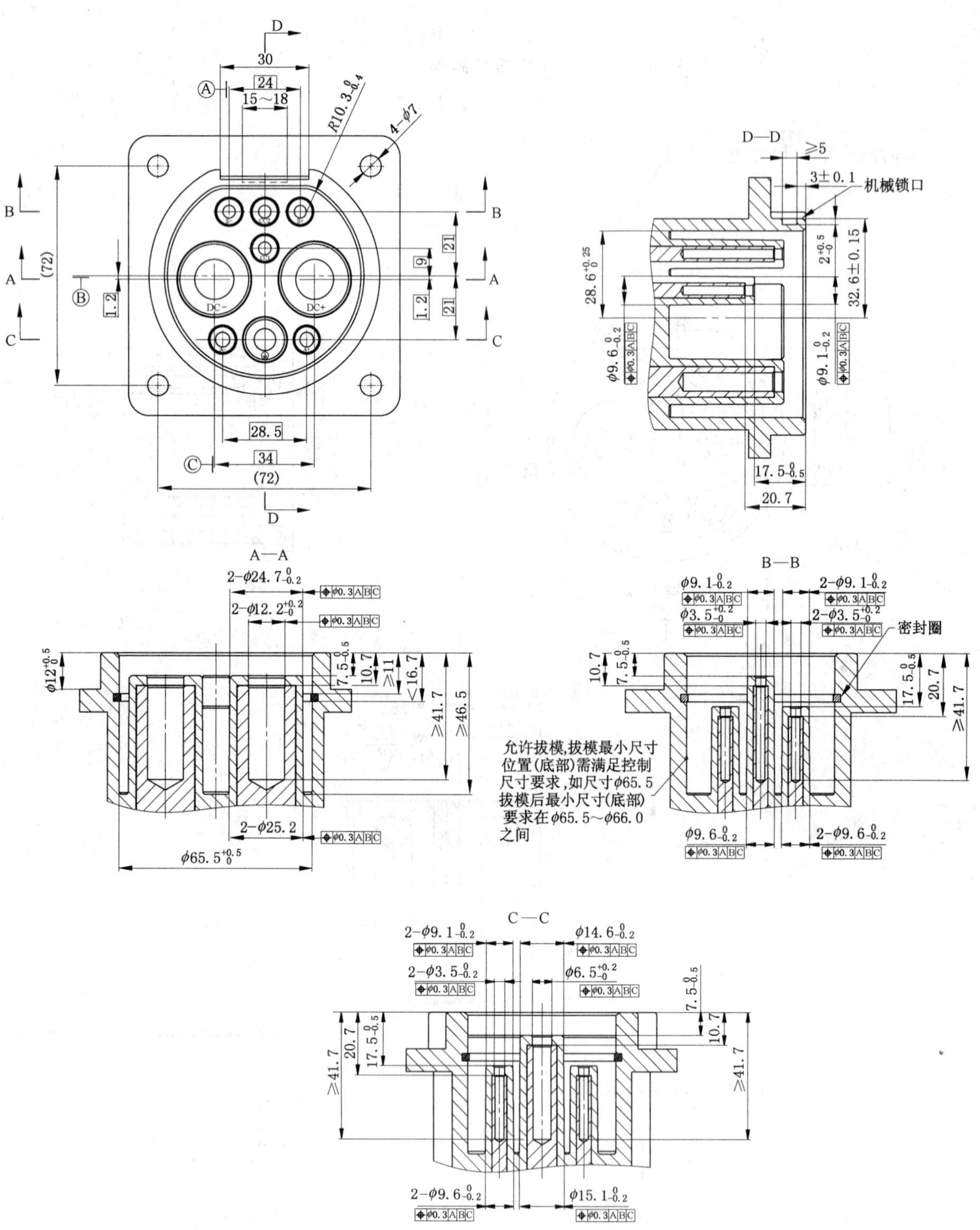

图 B.2　车辆插座结构尺寸

附 录 C
（资料性附录）
车辆插座安装尺寸示例

C.1 车辆插座前安装方式示例如图 C.1。

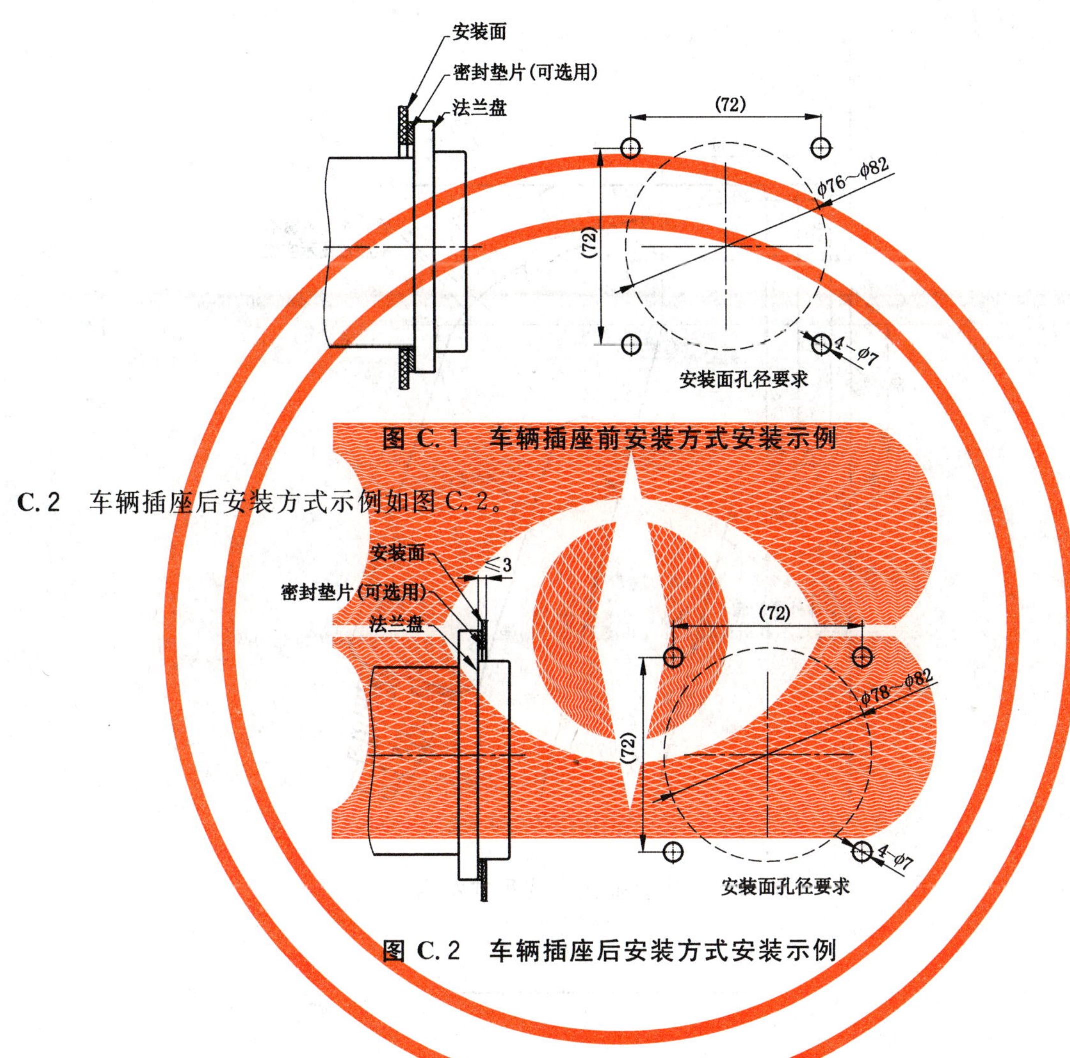

图 C.1 车辆插座前安装方式安装示例

C.2 车辆插座后安装方式示例如图 C.2。

图 C.2 车辆插座后安装方式安装示例

附　录　D
（资料性附录）
车辆插头空间尺寸示例

车辆插头空间尺寸示例如图 D.1。

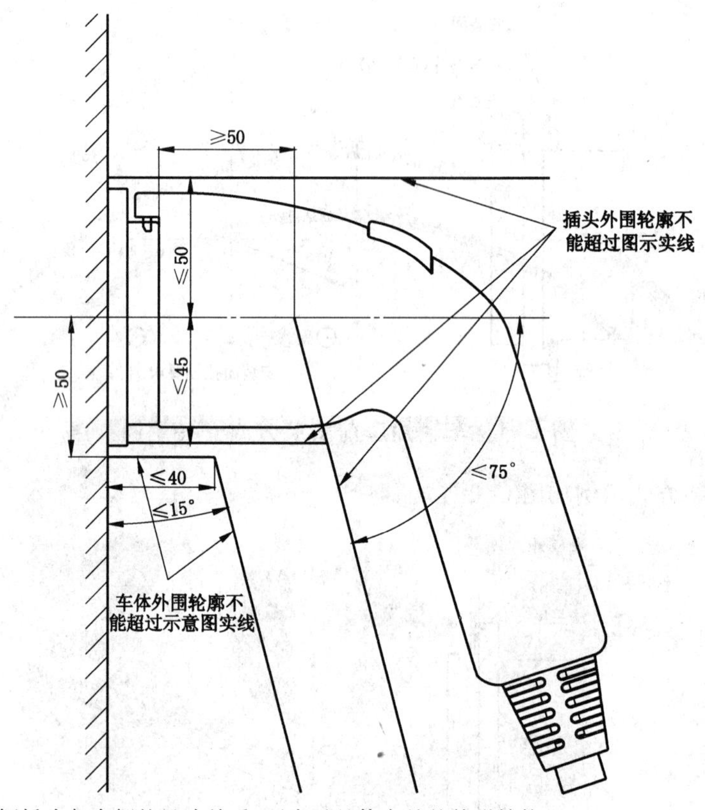

注：本图仅表示车辆插头与车辆的尺寸关系，不表示具体产品的外形结构。

图 D.1　车辆插头空间尺寸示例

ICS 53.100
P 97

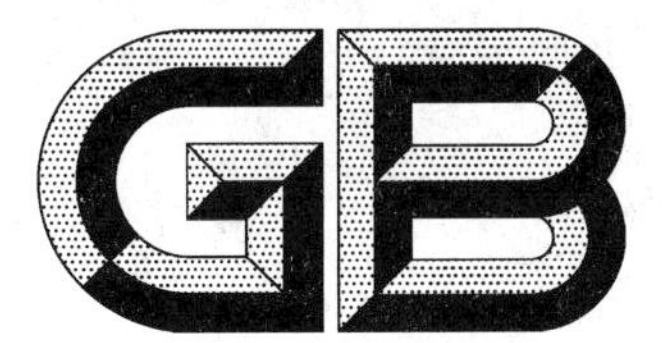

中华人民共和国国家标准

GB/T 20418—2011
代替 GB/T 20418—2006

土方机械 照明、信号和标志灯以及反射器

Earth-moving machinery—Lighting, signalling, and marking lights, and reflex-reflector devices

(ISO 12509:2004,MOD)

2011-09-29 发布 2012-01-01 实施

中华人民共和国国家质量监督检验检疫总局
中国国家标准化管理委员会 发布

前言

本标准按照 GB/T 1.1—2009 给出的规则起草。

本标准代替 GB/T 20418—2006《土方机械 照明、信号和标志灯以及反射器》。本标准与 GB/T 20418—2006 相比,除编辑性修改外主要技术变化如下:

——增加了引言;

——删除了部分规范性引用文件;

——修改了部分术语和定义(见 3.1.6、3.1.8、3.1.9 和 3.1.10,2006 年版的 3.6、3.8、3.9 和3.10);

——增加了"符号"(见 3.2);

——修改了部分基本要求(见 4.6.1 和 4.6.2,2006 年版的 4.1.6.1 和 4.1.6.2);

——修改了有关图形(见图 B.1、图 C.1、图 D.1,2006 年版的图 B.1、图 C.1、表 D.2);

——修改了照明和信号灯光的琥珀色三色坐标值(见表 D.1,2006 年版的表 D.1);

——修改了附录 E 的有关内容。

本标准使用重新起草法修改采用 ISO 12509:2004《土方机械 照明、信号和标志灯以及反射器》。

本标准与 ISO 12509:2004 相比存在技术性差异,主要技术性差异及其原因如下:

——为便于使用,附录 E 中的表增加了表的编号及对表的引用;

——3.2 条中,K 的定义中增加"(或机器后部)",使定义更准确;

——E.5.1.6 中,后置转向信号灯的类型 1a 改为类型 2a,修正 ISO 错误;

——图 E.4、图 E.11、图 E.12、图 E.16、图 E.19 中,β_1、β_2 标注位置对调,修正 ISO 错误;

——图 E.5 a)中,修改了 B 尺寸线标注位置,修正 ISO 错误;

——图 E.5 的说明 b 条中,"$1/3L$"改为"$1/3L_1$",修正 ISO 错误;

——E.5.3.2 中,转向信号灯的类型 2 改为类型 1,修正 ISO 错误;

——E.5.4.1 中,前侧转向信号灯的类型 3b 改为类型 3,修正 ISO 错误;

——表 E.10 中,"K"改为"K_1","见 E.5.4"改为"见 E.5.1.7.2 布局 C",修正 ISO 错误;

——E.7.1.3 c)中,"不应与后位灯混合"改为"可与后位灯混合",符合我国国情,也可能是 ISO 错误;

——图 E.14,补充标注 H_1、H_2、D、E 尺寸的视图,使图表尺寸更完整;

——E.15.1.3,"前反射器"改为"侧反射器",修正 ISO 错误;

——表 E.20 中,"每侧的最少数量依据 E.15.1.2"改为"每侧的最少数量依据图 E.20";

——表 E.20 中,H_1 的数值前增加"≤",应指定其是上限值。

本标准由中国机械工业联合会提出。

本标准由全国土方机械标准化技术委员会(SAC/TC 334)归口。

本标准负责起草单位:天津工程机械研究院、广西柳工机械股份有限公司、厦门厦工机械股份有限公司、陕西同力重工股份有限公司、山重建机有限公司。

本标准参加起草单位:山东临工工程机械有限公司。

本标准主要起草人:段琳、尚海波、吴润才、蔡登胜、李蔚苹、范翠玲、庞建光、熊玉力。

本标准于 2006 年 7 月首次发布,本次为第一次修订。

引　言

土方机械设计成适应各种各样的作业和工作场地，它们的尺寸、质量、速度、组成部分和工作装置变化也各式各样。因此，照明、信号和标志灯以及反射器的组合也是不同的。

本标准根据机器的应用和速度，提供了照明、信号和标志灯以及反射器的选用信息。

土方机械
照明、信号和标志灯以及反射器

1 范围

本标准规定了土方机械上使用的照明、信号和标志灯以及反射器的安装和性能的最低要求。

本标准适用于GB/T 8498定义的非公路和公路型自行轮胎式或自行履带式土方机械，本标准不适用于步行操纵式机器。

2 规范性引用文件

下列文件对于本文件的应用是必不可少的。凡是注日期的引用文件，仅注日期的版本适用于本文件。凡是不注日期的引用文件，其最新版本(包括所有的修改单)适用于本文件。

GB/T 8498 土方机械 基本类型 识别、术语和定义(GB/T 8498—2008,ISO 6165:2006,IDT)

ISO 303:2002 道路车辆 机动车和挂车用照明和灯信号装置的安装(Road vehicles—Installation of lighting and light signalling devices for motor vehicles and their trailers)

ISO 7227:1987 道路车辆 照明和灯信号装置 术语(Road vehicles—Lighting and light signalling devices—Vocabulary)

3 术语、定义和符号

3.1 术语和定义

ISO 303、ISO 7227界定的以及下列术语和定义适用于本文件。

3.1.1

零*Y*平面 zero *Y* plane

通过机器纵向中心线的垂直平面。

注：见GB/T 18577.1。

3.1.2

***X*平面 *X* plane**

任一与*Y*平面正交的垂直平面。

注：见GB/T 18577.1。

3.1.3

基准地平面 ground reference plane

GRP

放置机器的坚实水平面。

3.1.4

最外侧 extreme outer edge

平行于机器中间的纵向平面，并与机器任一侧的横向凸出物外侧相接触的平面，不考虑：地面接触点附近及与轮胎测压计相连的轮胎上的突出物，向外突出的安装于车轮上防滑装置、后视镜、侧向指示灯、前后位置灯和制动灯。

3.1.5

总宽 overall width

最外侧两垂直平面间的距离。

3.1.6

工作质量 operating mass

OM

主机带有包括制造商规定的工作装置和空载的附属装置、司机(75 kg)、燃油箱加足燃油、其他液体系统加到制造商规定液位时的质量。

[GB/T 21154—2007,定义 3.2.1]

3.1.7

灯具 lamp

用来照亮道路或场地(照明)或散发一个光信号(信号灯)的装置。

注:标志光将被认同为一个灯具(见 ISO 7227)。

3.1.7.1

等效灯 equivalent lamps

具有相同功能并且具有几何形状互换的灯具。

[ISO 7227:1987,定义 3.8]

3.1.7.2

独立灯 independent lamps

具有分开的发光面、分开的光源和分开的灯体的灯具。

[ISO 7227:1987,定义 3.9]

3.1.7.3

组合灯 grouped lamps

具有分开的发光面、分开的光源而有一个共同灯体的装置。

[ISO 7227:1987,定义 3.10]

3.1.7.4

复合灯 combined lamps

具有分开的发光面,而有共同的一个光源和共同灯体的装置。

[ISO 7227:1987,定义 3.11]

3.1.7.5

混合灯 reciprocally incorporated lamps

具有分开的光源的装置(或在不同条件下工作的单独光源,全部或部分共有发光面和共同的灯体)。

[ISO 7227:1987,定义 3.12]

3.1.7.6

反射器 reflex reflector

通过反射与机器无关联的光源发出的光,为光源附近的观察者显示机器存在或标识机器某个特定部件的装置。

3.1.8

发光面 illuminating surface

〈照明装置〉反射器整个口径在横截面上的垂直投影。

注1:如果照明装置没有反射器,信号装置发光面(3.1.9)的定义适用。若灯具的透光面只占据反射器口径的一部分,则仅考虑该部分的投影;如果灯具的透镜仅伸出反射器口径一部分,则仅考虑该部分的投影。

注2:当近光灯有明确隔断的屏蔽光源时,则发光面受透镜上隔断外观轮廓的限制。如果反射镜和玻璃可相对调

整，则优先调整在中位。

注 3：改写 ISO 7227:1987。

注 4：见附录 C。

3.1.9

发光面　illuminating surface

〈除反射器以外的信号装置〉与基准轴线相垂直，且与外透光面相切的平面上的垂直投影，该投影的周边由位于投影平面上的各屏蔽框边缘确定，在基准轴线方向上每次仅允许 98%的发光强度。

[ISO 7227:1987，定义 3.36]

注：见附录 C。

3.1.10

发光面　illuminating surface

〈反射器〉该发光面位于与基准轴垂直的平面上，其边界由平行于基准轴的光线投影外边缘平面围成。

[ISO 7227:1987，定义 3.37]

3.1.11

基准轴线　reference axis

在光度测量和机器安装灯具时，用于基准方向($\alpha=0°$，$\beta=0°$)的光信号特性轴线。

注：该基准轴线由制造商确定(见附录 C)。

3.1.12

基准中心　reference centre

基准轴线与透光面的交点。

[ISO 7227:1987，定义 3.41]

注：见附录 C。

3.1.13

透光面　light emitting surface

组成照明和光信号装置的透镜全部或部分外表面，并符合光度和色度的某些限定条件。

[ISO 7227:1987，定义 3.38]

注：见附录 C。

3.1.14

操纵装置　control device

表明是在正常工作或是在动作中的装置。

3.1.14.1

指示器　tell-tale

表明照明和光信号装置或系统的起动和/或工作状态的可视和/或可听的装置。

[ISO 7227:1987，定义 3.32]

3.1.14.2

工作指示器　operational tell-tale

通告操作者/司机，打开的照明或光信号装置或系统是否正常工作的指示器。

[ISO 7227:1987，定义 3.33]

3.1.14.3

接通指示器　circuit-closed tell-tale

通告操作者/司机，照明或光信号装置或系统是否接通，而不管其工作是否正常的指示器。

[ISO 7227:1987，定义 3.34]

3.1.15

几何可视性角度 angles of geometric visibility

灯外表面可视的最大立体角度确定的角。

注：该立体角度由灯具基准中心相一致的球中心的球缺确定，并且等分该球体的圆与地面相平行。这些球缺由基准轴线来确定。水平方向角与经线相对应，垂直方向角与纬线相对应，与外侧经线对应的水平方向角为 β_1，与内侧经线对应的水平方向角为 β_2，与上侧纬线对应的垂直方向角为 α_1，与下侧纬线对应的垂直方向角为 α_2（见附录 E 中的数据图表）。

3.2 符号

H_1 ——地平面以上的最大高度；

H_2 ——地平面以上的最小高度；

E ——机器的外侧和照明装置发光面之间的距离；

D ——两灯之间的距离；

K ——机器前部（或机器后部）到发光面边缘的距离；

K_1 ——发光面边缘之间的距离；

α_1 ——对应上侧纬线的垂直方向角；

α_2 ——对应下侧纬线的垂直方向角；

β_1 ——对应外侧经线的水平方向角；

β_2 ——对应内侧经线的水平方向角；

S ——有关公路/非公路使用的照明、信号和标志灯以及反射器的最低要求；

O ——可安装在机器上的可选照明、信号和标志灯以及反射器，当使用这些照明、信号和标志灯以及反射器装置时，宜符合本标准；

N/A——不适用。

4 土方机械上照明、信号和标志灯以及反射器的安装

4.1 安装在一般使用工况和可能承受特殊的有关振动工况下的照明、信号和标志灯以及反射器，应符合附录 E 中规定的特性。不能将灯接错。

4.2 将无载荷的机器停在平坦的基准地平面上，校核各灯的位置（如：高度和排列方向）。

4.3 成对灯的安装为：

a) 在机器上的安装要对称于零 Y 平面，并且在地平面以上相同的高度，除非机器的形状不对称；

b) 满足相同的比色特性（见附录 D）；

c) 具有本质上的相同光学特性（见附录 D）。

4.4 地平面以上的最大高度（H_1）应从发光面的最高点测量，最小高度（H_2）应从发光面的最低点测量。当高度要求满足时，才可查看灯的实际边侧（见 ISO 303）。

4.5 宽度位置由发光面的边缘确定，当表征外侧宽度（E）时，用发光面上距离土方机械零 Y 平面最远的外侧边缘；当表征两灯距离（D）时，用发光面的内侧边缘。当宽度要求满足时，才可查看灯的实际边侧（见 ISO 303）。

4.6 不应有向前的可见的红光。除了旋转灯的白光或工作灯的白光外，向后不应有可能导致发光混淆的可见的白光。根据 ISO 303 和本标准的附录 B 进行试验时，应达到以上这些要求。试验期间，机器应安放在基准地平面上，铰接转向的机器应处于直线位置。

4.6.1 即使观察者在距前部的车轮/履带 25 m 处的横截面范围 1 内运动，也不应有直接可见的红光。从车轮/履带轨距两侧开始的 15°角确定范围 1 的宽度[见图 B.1a)]。

4.6.2 即使观察者在距后部的车轮/履带 25 m 处的横截面范围 2 内运动，也不应有直接可见的白光。从车轮/履带轨距两侧开始的 15°角确定范围 2 的宽度[见图 B.1b)]。

4.7 前位灯、后位灯和后牌照灯(如果有)的电路连接应使其只能同时打开和关闭。

4.8 远光灯(如果有)和近光灯和后雾灯(如果有)的电路连接应使其只能在前位灯、后位灯和后牌照灯打开时才能打开。当信号灯打开时，这些要求不应适用于远光灯或近光灯。

4.9 机器上安装灯的数量应符合附录 E 中表内规定的数量。

附 录 A
（规范性附录）
照 明 组

照明组（Ⅰ、Ⅱ和Ⅲ）由应用于土方机械上的照明灯、信号灯和标志灯以及反射器组成（见附录E）。表A.1中的准则是根据机器的使用场合和最大行驶速度进行划分的。

注： 不保证表A.1中照明的组合与国家道路法规或条例规定的一致。机器上使用照明组Ⅱ中的所有照明灯、信号灯、标志灯以及反射器，可能需要进行符合国家条例的型式核准。

表 A.1 照明的组合

<table>
<tr><th rowspan="2">适用机器</th><th rowspan="2">照明组[a]</th><th colspan="3">标定的最高行驶速度 v/(km/h)</th></tr>
<tr><th>A
$v \leqslant 10$</th><th>B
$10 < v \leqslant 40$</th><th>C
$v > 40$</th></tr>
<tr><td>不准备在公路上行驶的机器[b]</td><td>Ⅰ</td><td colspan="3">例如：轮胎式/软履带式推土机、轮胎式装载机、轮胎式挖掘机、轮胎式挖掘装载机、轮胎式/软履带式自卸车、平地机、橡胶轮胎压路机和轮胎式挖沟机</td></tr>
<tr><td>准备在公路上行驶的机器</td><td>Ⅱ</td><td colspan="3">例如：轮胎式/软履带式推土机、轮胎式装载机、轮胎式挖掘机、轮胎式挖掘装载机、轮胎式/软履带式自卸车、平地机、橡胶轮胎压路机和轮胎式挖沟机</td></tr>
<tr><td>由于物理特性超出了道路的限定，不允许在公路上行驶的机器</td><td>Ⅲ</td><td colspan="3">例如：轮胎式/软履带式推土机、装载机、挖掘机、自卸车、自行式铲运机、吊管机和压实机械</td></tr>
<tr><td colspan="5">[a] 见附录E。
[b] 由制造商和用户确定。</td></tr>
</table>

附　录　B
（规范性附录）
红光的前部可视性和白光的后部可视性

红光的前部可视性和白光的后部可视性见图 B.1。

单位为米

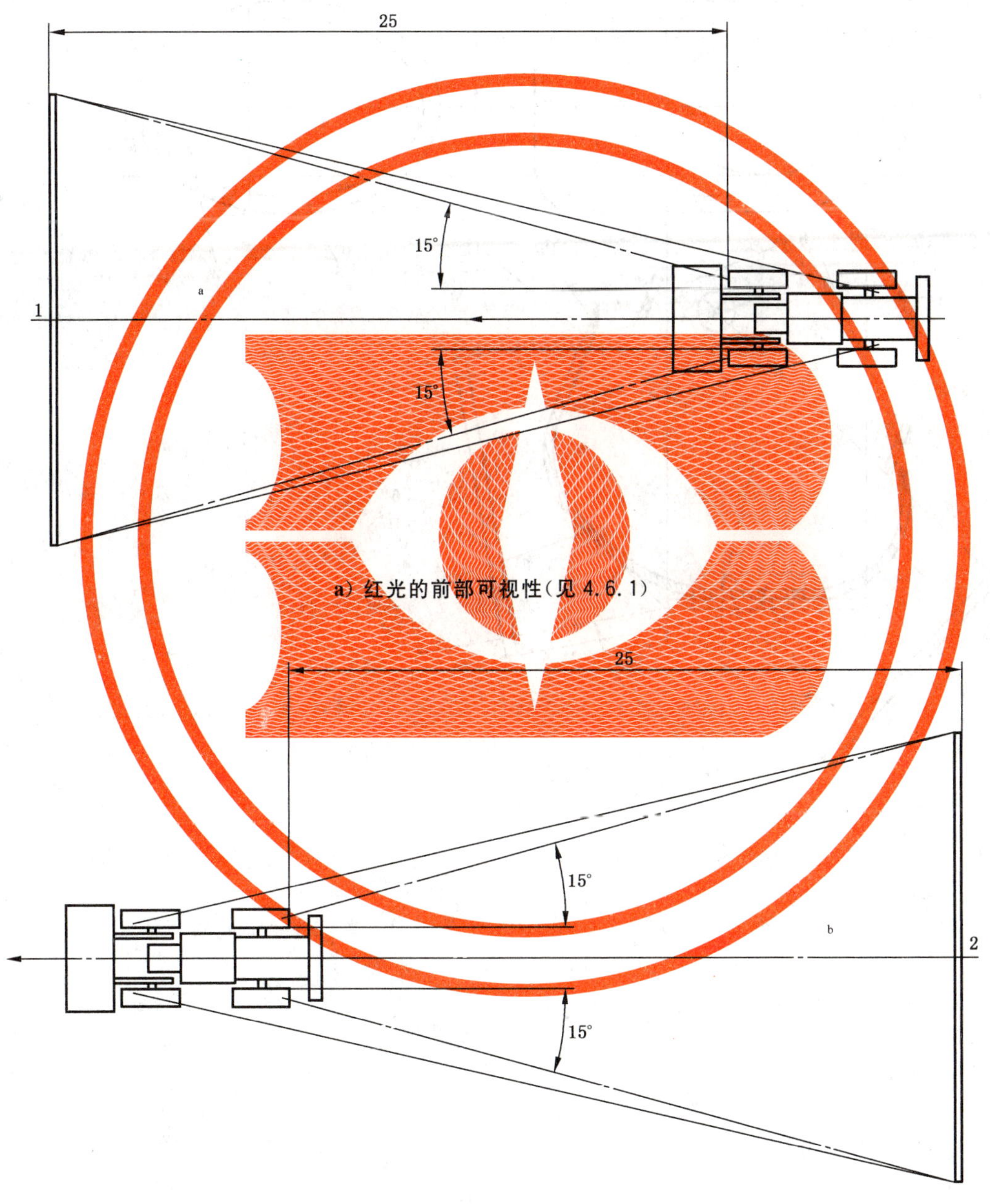

a）红光的前部可视性（见 4.6.1）

b）白光的后部可视性（见 4.6.2）

说明：

1——范围 1；　　[a] 无可见红光；

2——范围 2。　　[b] 无可见白光。

图 B.1

附　录　C
（规范性附录）
光信号装置

光信号装置见图 C.1。

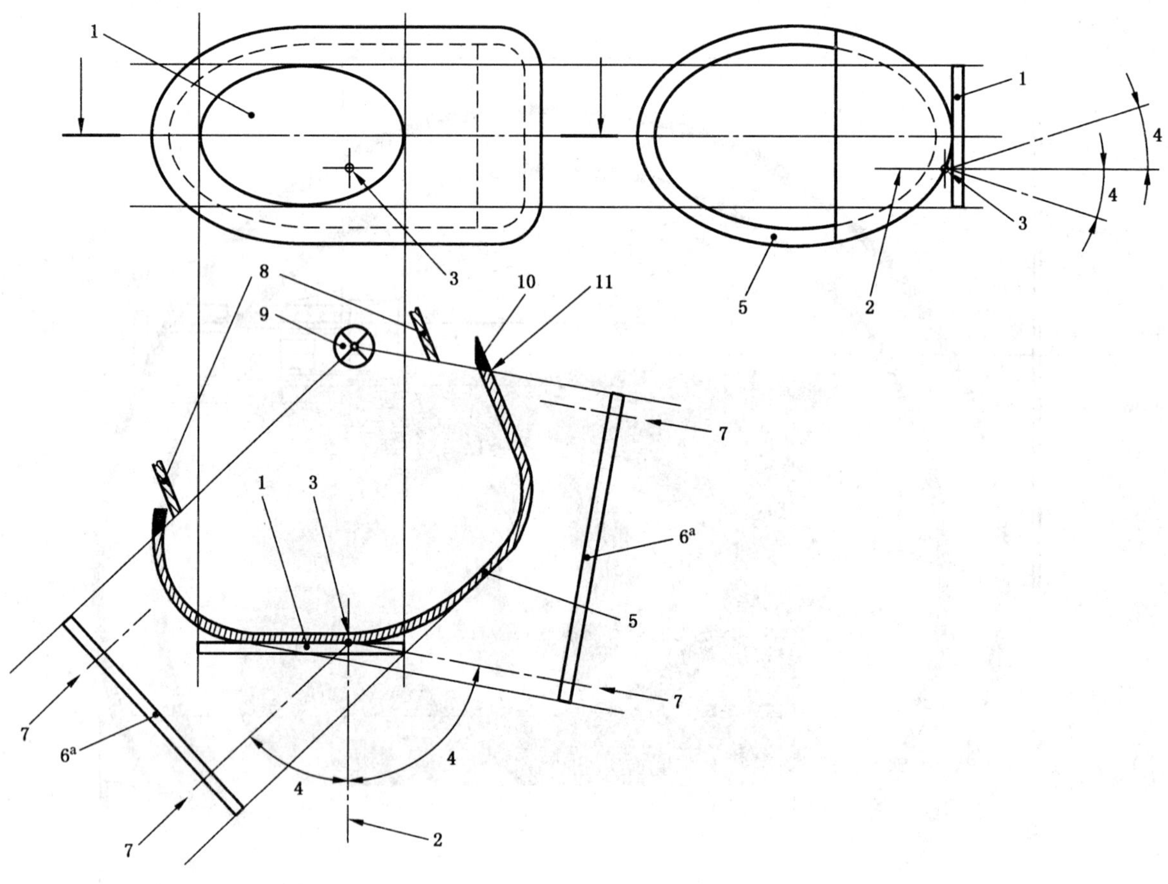

说明：

1——发光面；

2——基准轴线；

3——基准中心；

4——几何可视性角度；

5——透光面；

6——视表面；

7——可视性方向；

8——非透明表面/部分；

9——灯丝；

10——镜头透明部分；

11——透光面边界。

[a] 认为该表面与透光面相切。

图 C.1

附　录　D
（规范性附录）
照明和信号灯光的比色特性

照明和信号灯光的三色坐标应符合表 D.1。见图 D.1。

注：本处规定的三色坐标不必符合 CIE S004 [10]。

表 D.1　三色坐标

<table>
<tr><td rowspan="2">红色</td><td rowspan="2">限值趋势</td><td>黄</td><td>$y \leqslant 0.335$</td></tr>
<tr><td>紫</td><td>$z \leqslant 0.008$</td></tr>
<tr><td rowspan="6">白色</td><td rowspan="6">限值趋势</td><td>蓝</td><td>$x \geqslant 0.310$</td></tr>
<tr><td>黄</td><td>$x \leqslant 0.500$</td></tr>
<tr><td>绿</td><td>$y \leqslant 0.150+0.640x$</td></tr>
<tr><td>绿</td><td>$y \leqslant 0.440$</td></tr>
<tr><td>紫</td><td>$y \geqslant 0.050+0.750x$</td></tr>
<tr><td>红</td><td>$y \geqslant 0.382$</td></tr>
<tr><td rowspan="3">琥珀色</td><td rowspan="3">限值趋势</td><td>绿</td><td>$y \leqslant x-0.120$</td></tr>
<tr><td>红</td><td>$y \geqslant 0.398$</td></tr>
<tr><td>白</td><td>$y=0.790-0.670x$</td></tr>
<tr><td rowspan="4">选择黄</td><td rowspan="4">限值趋势</td><td>红</td><td>$y \geqslant 0.138+0.580x$</td></tr>
<tr><td>绿</td><td>$y \leqslant 1.29x-0.100$</td></tr>
<tr><td>白</td><td>$y \geqslant -x+0.966$</td></tr>
<tr><td>趋光谱色度值</td><td>$y \geqslant -x+0.992$</td></tr>
<tr><td rowspan="5">扩展选择黄</td><td rowspan="5">限值趋势</td><td>红</td><td>$y \geqslant 0.138+0.580x$</td></tr>
<tr><td>绿</td><td>$y \leqslant 1.29x-0.100$</td></tr>
<tr><td rowspan="2">白</td><td>$y \geqslant -x+0.940$</td></tr>
<tr><td>$y \geqslant 0.440$</td></tr>
<tr><td>趋光谱色度值</td><td>$y \leqslant -x+0.992$</td></tr>
</table>

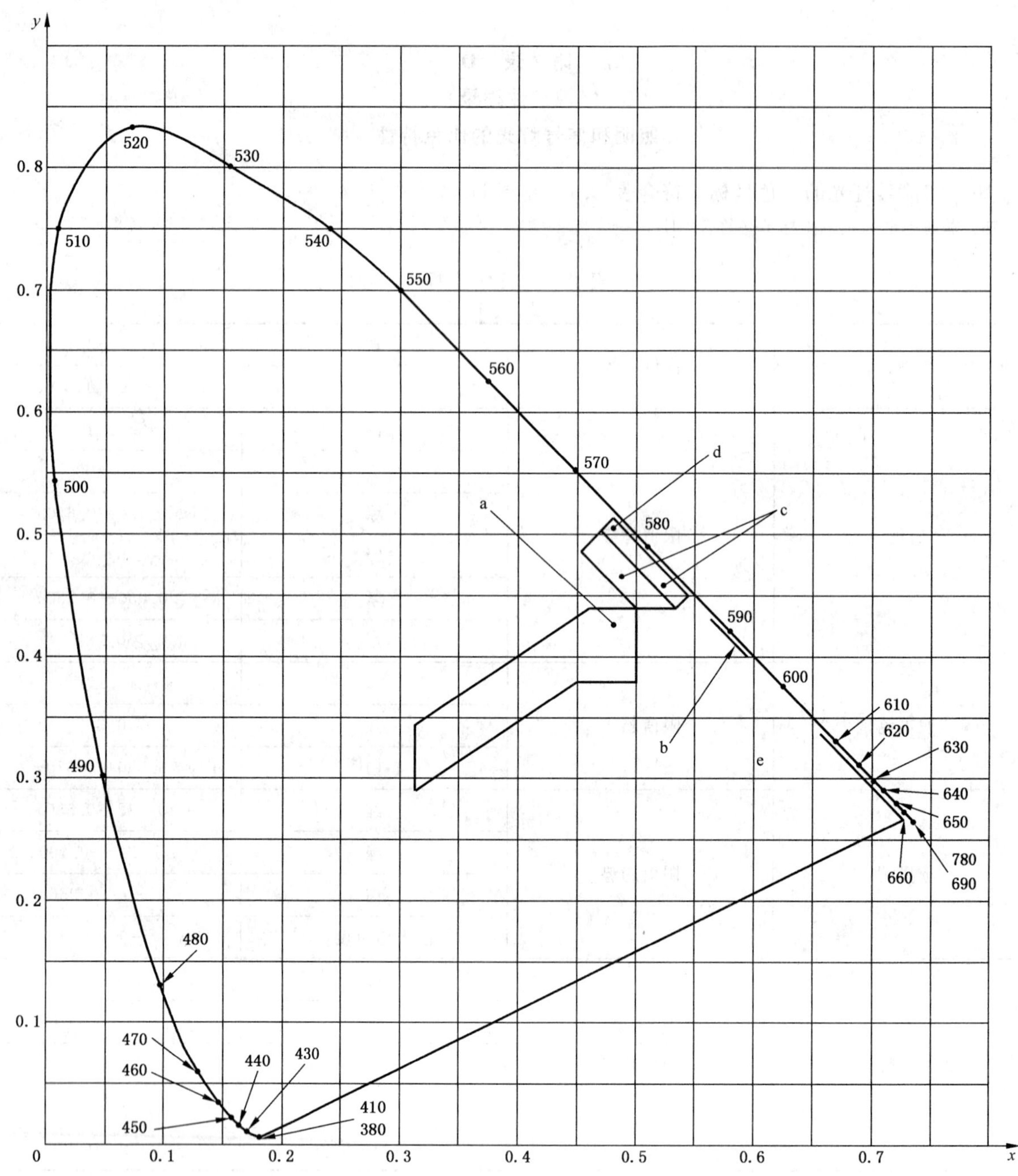

与表 D.1 的限值相对应，本图表示 CIE 颜色三角的范围。

说明：

a 白色；

b 琥珀色；

c 扩展选择黄；

d 选择黄；

e 红色。

图 D.1 与推荐限值相对应的色度范围

附 录 E
（规范性附录）
照明、信号和标志灯以及反射器的资料数据表

E.0 资料数据表和总体要求索引

资料数据表给出的尺寸和几何可视性规范是基于制造商规定的土方机械运输和/或运送位置。

如果国家要求与本标准要求不同，则国家要求适用。

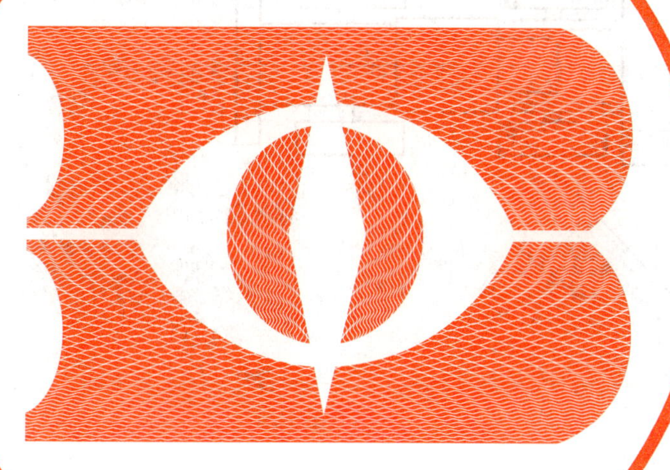

照明灯

E.1 近光灯(倾斜光)

E.2 远光灯(行驶灯光)

E.3 工作灯(工作照明光)

信号灯

E.4 倒车灯

E.5 转向信号灯

E.6 危险报警灯

E.7 制动灯

标志灯

E.8 后牌照灯

E.9 前位灯

E.10 后位灯

E.11 后雾灯

E.12 专用报警灯

反射器

E.13 后反射器

E.14 前反射器

E.15 侧反射器

E.16 低速车辆标志牌

E.1 照明灯——近光灯的资料数据表

E.1.1 近光灯：该灯用来照亮土方机械前进方向的道路或地面，该灯不会使迎面过来的司机和道路上其他用户或工作人员产生过度的眩目或不舒服。见图 E.1。

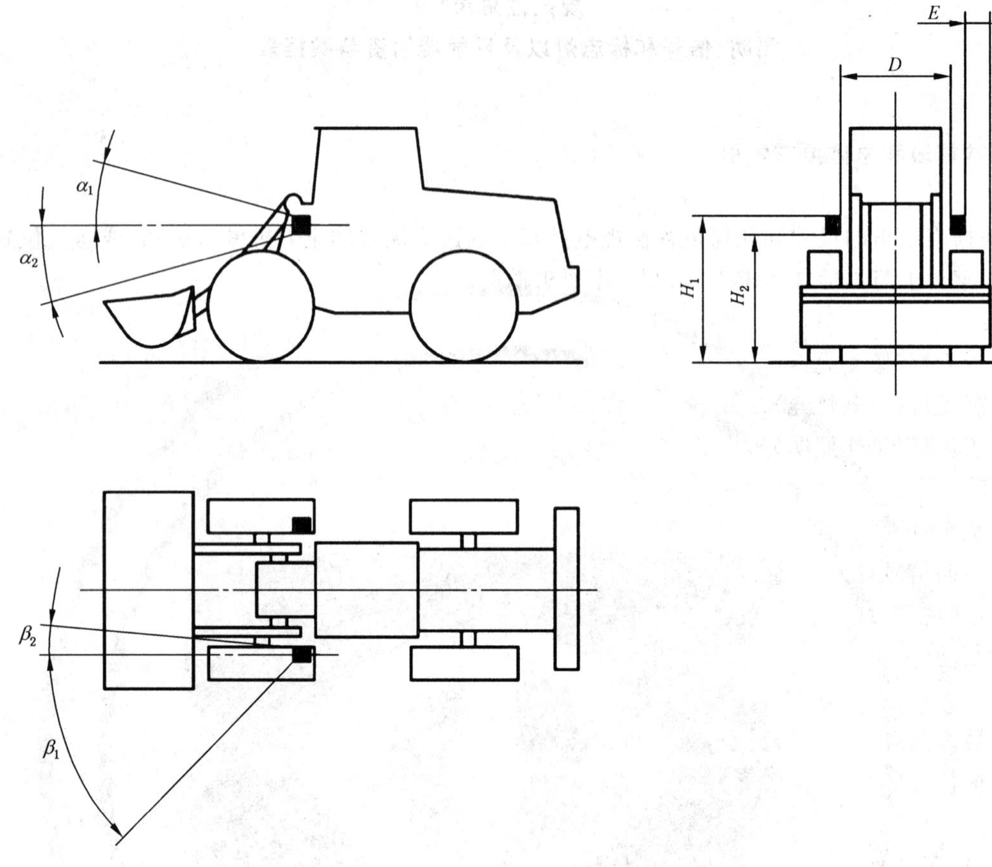

图 E.1

E.1.1.1 灯光颜色：白色。

E.1.1.2 定向：前端朝前。

E.1.1.3 配置：近光灯。

a) 可与其组合的有：
——远光灯，和
——任何其他前灯；

b) 不应与任何其他前灯复合；

c) 可与其混合的有：
——远光灯，和
——任何其他前灯。

E.1.2 近光灯的要求(见表 E.1)

表 E.1

照明组（见附录 A）	Ⅰ			Ⅱ			Ⅲ		
	A	B	C	A	B	C	A	B	C
适用的机器	O	O	O	S	S[a]	S[a]	N/A	O	O
数量	2[b]						N/A	2[b]	
尺寸/mm									
H_1	≤1 500[c]						N/A	≤2 100[d]	
H_2	>500						N/A	>500	
E	≤400[e]						N/A	≤400[e]	
D	N/A								
几何可视性角度，最小值									
α_1	10°						N/A	10°	
α_2	10°[f]						N/A	10°[f]	
β_1	45°						N/A	45°	
β_2	5°[g]						N/A	5°[g]	
电路连接	远光灯打开的同时，近光灯仍可保持接通状态。当接通近光灯开关，所有远光灯应同时断开								
指示器	N/A								
其他要求	对称分布于中间的纵向平面[h]								

[a] 不适用于安装了钢链和钢支腿的轮胎机器。

[b] 尽可能地在土方机械的最前端。该光线直接或间接通过后视镜和(或)其他反光装置的表面后，不应对司机或操作者引起不适。可选择附加两盏近光灯。当在公路上使用附加灯时，这种例外应是认可的。

[c] 如果受机器车身的结构限制，使灯不可能保持在 1 500 mm 以内，则可大于 1 500 mm，但最大行驶速度应受国家法规的限定。

[d] 如果受机器车身的结构限制，使灯不可能保持在 2 100 mm 以内，则可大于 2 100 mm。

[e] 如果受结构的限制，与土方机械最外侧的尺寸可大于 400 mm。

[f] 如果受机器车身结构限制必须减少时，可减少到 5°。

[g] 如果受机器车身结构限制必须减少时，可减少到 3°。

[h] 光束偏移线的原始调整，光屏与灯中心之间的距离应是 10 m。

近光灯发光面的最高点是：

——1 200 mm，近光灯光束的倾斜应在 1.0%～3.0%之间；

——大于 1 200 mm，安装高度大于 1 200 mm 的附加近光灯的调整量应是：在土方机械前方 15 m 处的光束偏移线的水平部分是近光灯光束中心高度的一半。

E.2 照明灯——远光灯的资料数据表

E.2.1 远光灯：该灯用于远距离照亮土方机械前进方向的道路或地面，见图 E.2。

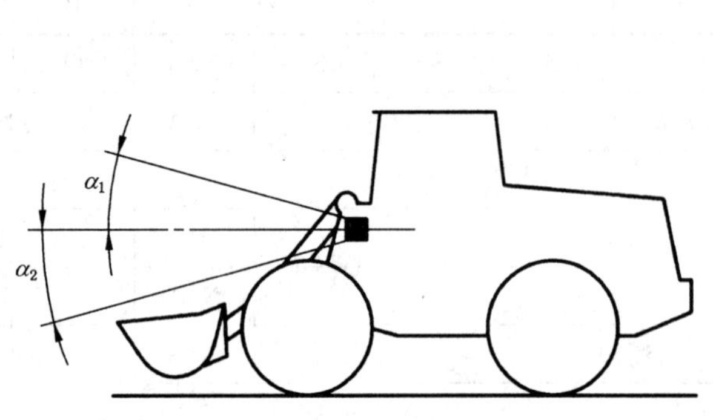

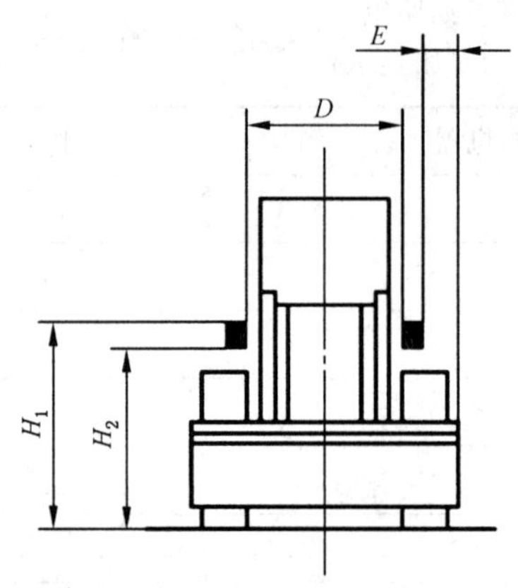

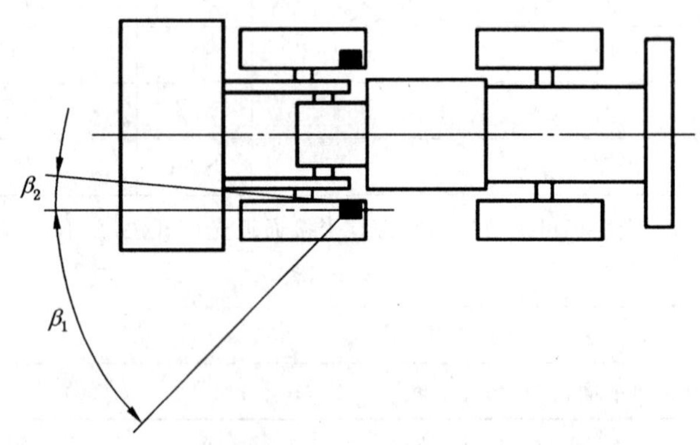

图 E.2

E.2.1.1 灯光颜色:白色。

E.2.1.2 定向:前端朝前。

E.2.1.3 配置:远光灯。

a) 可与其组合的有:

——近光灯,和

——任何其他前灯;

b) 不应与任何其他前灯复合;

c) 可与其混合的有:

——近光灯,或

——前位灯。

E.2.2 远光灯的要求(见表 E.2)

表 E.2

照明组（见附录 A）	Ⅰ			Ⅱ			Ⅲ		
	A	B	C	A	B	C	A	B	C
适用的机器	N/A			O	O[a]	O[a]	N/A	O[a]	O[a]
数量	N/A			2 或 4[b]			N/A	2 或 4[b]	
尺寸/mm									
H_1	N/A								
H_2	N/A								
E	N/A			[c]			N/A	[c]	
D	N/A								
几何可视性角度，最小值									
α_1	N/A								
α_2	N/A								
β_1	N/A								
β_2	N/A								
电路连接	N/A			[d]			N/A	[d]	
指示器	N/A			[e]			N/A	[e]	
其他要求	N/A			[f]			N/A	[f]	

[a] 不适用于安装了钢链和钢支腿的轮胎机器。

[b] 尽可能地在土方机械的最前端。该光线无论是直接或间接地通过后视镜和/或其他反光装置的表面后，都不应对司机或操作者引起不适。

[c] 远光灯发光面的外侧至土方机械最外侧距离不应比近光灯发光面的外侧距离小。

[d] 应同时或成对地接通。从近光灯转换到远光灯时，至少有一对远光灯应接通。对于从远光灯转换到近光灯时，所有的远光灯应同时断开。

[e] 当远光灯接通时，一个蓝色警示灯应在操作者或司机的视野内。

[f] 对称于土方机械的中间纵向平面。能同时接通的远光灯最大强度的总和不应超过 225 000 cd。

E.3 照明灯——工作灯的资料数据表

E.3.1 工作灯：该灯用于土方机械和/或其附属装置的前、后或侧面工作范围的照明，见图 E.3。

E.3.1.1 灯光颜色：白色。

E.3.1.2 定向：方向任意，即在必需的所有位置。

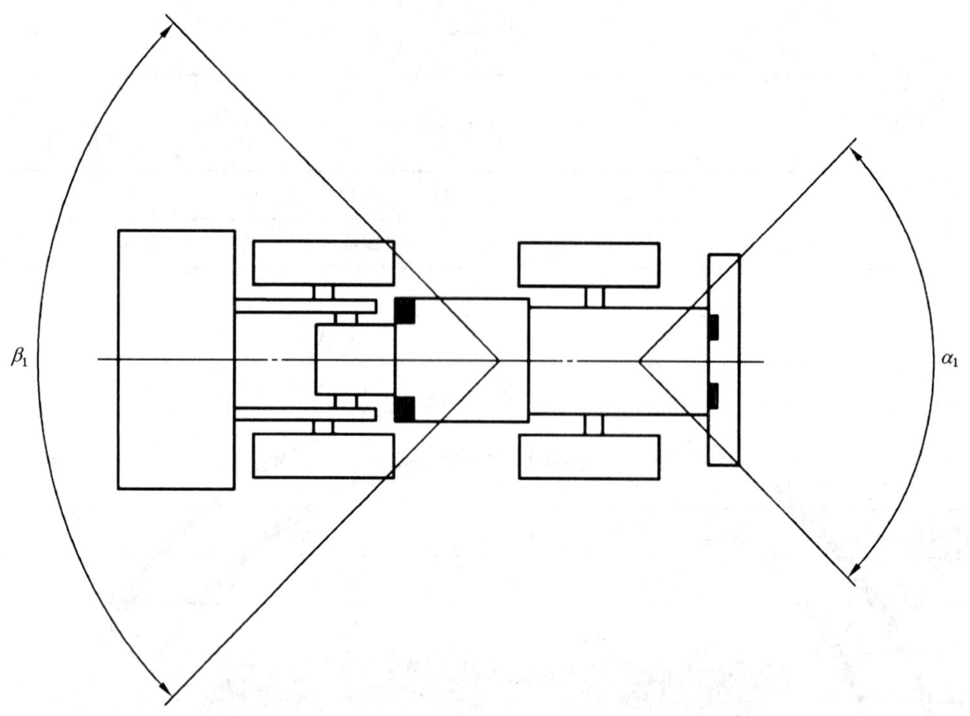

图 E.3

E.3.1.3　配置:工作灯。

a)　不应与其他灯组合;

b)　不应与其他灯复合;

c)　不应与其他灯混合。

E.3.2　工作灯的要求(见表 E.3)

表 E.3

照明组 (见附录 A)	Ⅰ			Ⅱ			Ⅲ		
	A	B	C	A	B	C	A	B	C
适用的机器	O	O	O	O	O	O	O	O	O
数量	≥1[a]								
尺寸/mm									
H_1	N/A								
H_2	N/A								
E	N/A								
D	N/A								
几何可视性角度,最小值									
α_1[c]	90°								
α_2	N/A								
β_1[d]	90°								
β_2	N/A								

表 E.3（续）

照明组（见附录 A）	Ⅰ			Ⅱ			Ⅲ		
	A	B	C	A	B	C	A	B	C
电路连接	应具有独立的控制开关								
指示器	N/A								
其他要求	当行驶在公路上时，工作灯的开关应断开[b]								
如果国家要求与本标准要求不同，则国家要求适用。									

[a] 这个数量，应能看清该机器或其附属装置（必要时）的实际工作范围。

[b] 用于铺筑、修建和清洗公路或公路辅助设施的机器，其行驶是工作过程中的一部分，当行驶时，工作灯可打开。只有不会引起道路的其他用户和工作人员的眩目时，工作灯才可打开。当机器安装了前、后位灯时，只有前、后位灯打开时，工作灯才可打开。

[c] 角度扇形线应包含主机最前端，如适用。

[d] 角度扇形线应包含主机最后端，如适用。

E.4 信号灯——倒车灯的资料数据表

E.4.1 倒车灯：当操作者操纵控制器选择倒车方向时，就打开的灯，给机器尾部的区域提供提示信号，见图 E.4。

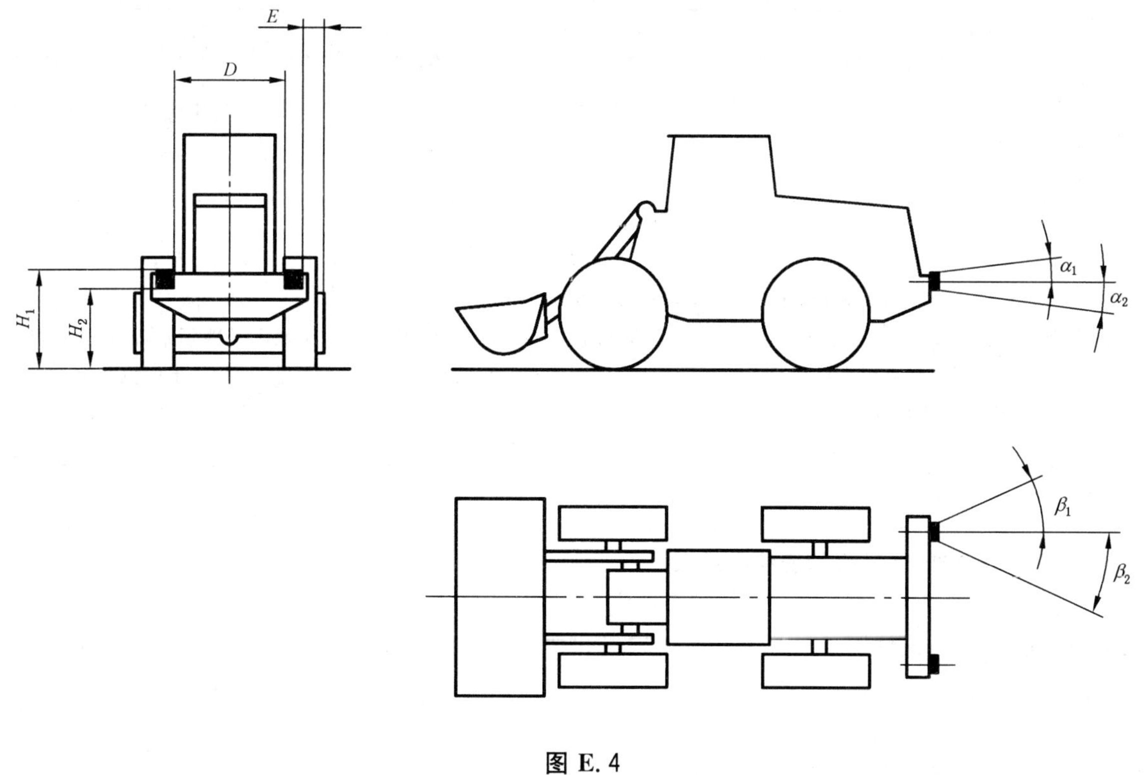

图 E.4

E.4.1.1 灯光颜色：白色。

E.4.1.2 定向：尾部朝后。

E.4.1.3 配置:倒车灯。

a) 可与任何其他尾灯组合;

b) 不应与其他灯复合;

c) 不应与其他灯混合。

E.4.2 倒车灯的要求(见表 E.4)

表 E.4

照明组(见附录 A)	Ⅰ			Ⅱ			Ⅲ		
	A	B	C	A	B	C	A	B	C
适用的机器	N/A	O	O	O	O	O	N/A	O	O
数量	≥1								
尺寸/mm									
H_1	≤1 500[a]								
H_2	>400								
E	N/A								
D	N/A								
几何可视性角度,最小值									
α_1	15°								
α_2	5°								
β_1	45°[b]								
β_2	45°								
电路连接	[c]								
指示器	可选								
其他要求	N/A								

[a] 位于土方机械纵向方向的尾部。如果机身的结构使其不能小于 1 500 mm,则允许安装稍高些。

[b] 如果受到机身结构的限制必须减少时,则该角度可减小至 10°。

[c] 当操作者已操纵控制器为倒车方向,并且发动机的启动或停止控制装置是处于发动机能正常运行的位置时,倒车灯应打开。如果以上任何一个条件不能满足,则倒车灯应无法打开。当方向控制器处于中位或前进方向时,倒车灯应无法打开。

E.5 信号灯——转向信号灯的资料数据表

E.5.1 转向信号灯:该灯用于向其他道路使用者和工地现场的其他参与者显示土方机械的司机或操作者向右或向左转向的意图。

E.5.1.1 灯光颜色:琥珀色。

E.5.1.2 定向:应考虑由灯具制造商规定的安装方向。

E.5.1.3 闪烁频率:1.5 Hz±0.5 Hz (90 次/分±30 次/分)。

E.5.1.4 转向信号灯的类型:

类型 1、1a、1b:前置转向信号灯；

类型 2a、2b:后置转向信号灯；

类型 3:前侧转向信号灯(不与任何其他类型灯复合)；

类型 4:前侧转向信号灯(与类型 2 灯复合)；

类型 5:附加的侧向转向信号灯(与类型 1 和类型 2 复合——三种复合在一起)。

表 E.5

适用范围	布局[a]	安装要点	类型
主机长度的最大值为 4.60 m,并且灯具发光面外侧的侧向最大距离为 1.50 m 的土方机械	A [图 E.5 a)]	2 个前侧转向信号灯	3
受前端安装的结构、连杆等限制,A、C 和 D 排列方式不能应用的土方机械	B [图 E.5 b)]	2 个前侧转向信号灯	4
		2 个后置转向信号灯	2a 或 2b
任何土方机械	C [图 E.5 c)]	2 个前置转向信号灯	1 或 1a 或 1b
		2 个后置转向信号灯	2a 或 2b
		2 个侧转向信号灯(附加的)	5
任何土方机械	D [图 E.5 d)]	2 个前置转向信号灯	1 或 1a 或 1b
		2 个后置转向信号灯	2a 或 2b

[a] 图 E.5 a)~E.5 d) 的灯可采用复合灯具。

E.5.1.5 一般要求/说明:

a) 转向信号灯的发光应独立于其他灯。机器一侧的所有转向信号灯应由同一个控制开关接通和断开,并且以同一频率闪烁。

b) 对于前、后转向信号灯,法规规定应有接通指示器。该指示器应可视(绿色闪烁)或可听(能清晰地听清)或两者的组合。对于照明组Ⅱ的机器,前、后转向信号灯宜配备一工作指示器。

c) 信号灯开关打开到灯光出现的时间间隔应小于 1 s,并且打开到第一次熄灭的时间应小于 1.5 s。类型 1 的前转向信号灯的发光面与近光灯的发光面距离应大于 40 mm;类型 1a 的应小于 40 mm,大于 20 mm;类型 1b 的应小于 20 mm。

d) 当危险报警灯打开时,处在转向信号方式的转向信号灯不需要具有指示功能。

e) 对于照明组Ⅱ的机器,如果前、后转向信号灯的发光面外侧间的距离大于 6 m,应在机器的两侧安装类型 5 转向信号灯作为辅助灯,第一个辅助灯最好安装在机器总长的 1/3 处[见图 E.5 c)]。

E.5.1.6 配置:转向信号灯。

a) 可与一种或多种灯组合。

b) 只能与以下灯复合:

——前置转向信号灯(类型 1、1a、1b);

——后置转向信号灯(类型 2a、2b);

——附加的侧向转向信号灯(类型 5)。

c) 只可与附加的侧向转向信号灯(类型 5)混合。

E.5.1.7 转向信号灯的最小可视性角度

E.5.1.7.1 布局 A 和 B:水平几何可视性(资料表 E.5.2~E.5.6)。见图 E.5a)和图 E.5b)。

E.5.1.7.2 布局 C 和 D:见图 E.5c)和图 E.5d)。

单位为米

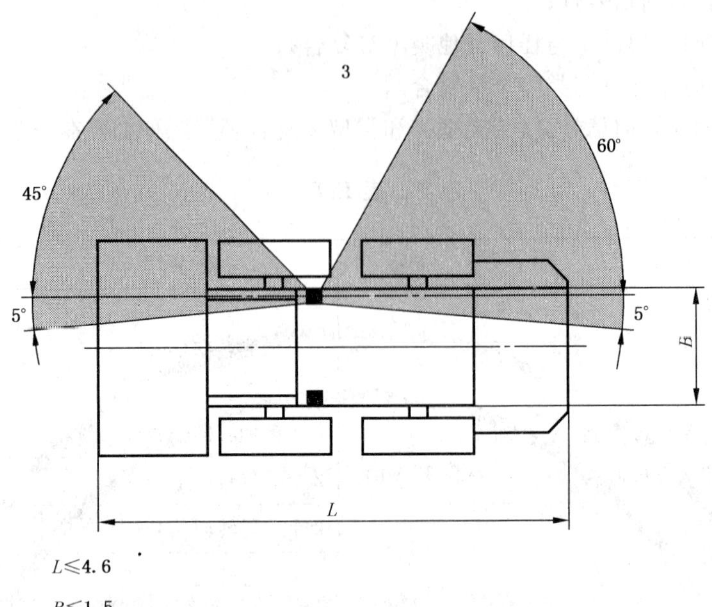

$L \leqslant 4.6$

$B \leqslant 1.5$

a） 布局 A

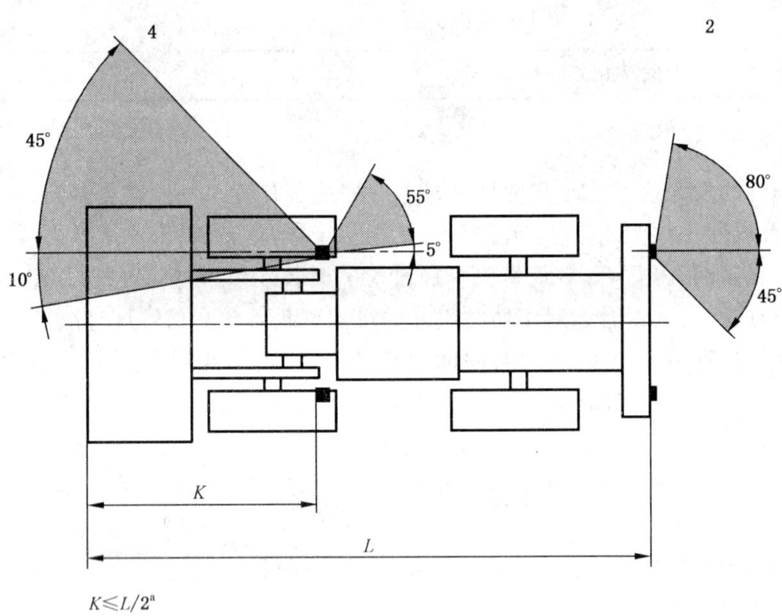

$K \leqslant L/2$[a]

b） 布局 B

图 E.5

单位为米

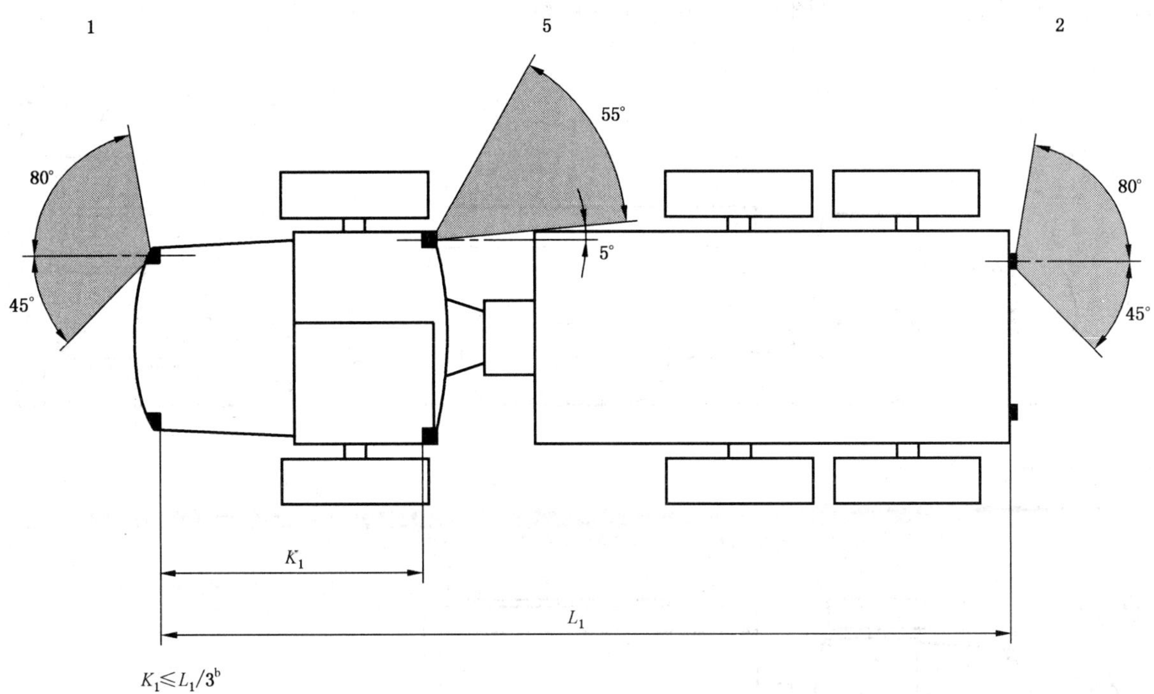

c） 布局 C

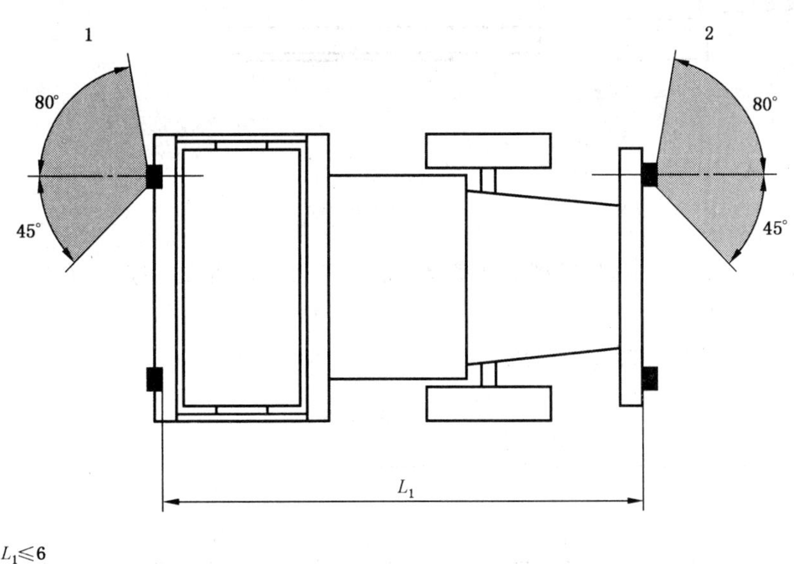

d） 布局 D

说明：

L ——包括前、后工作装置时的主机长度[c]；	1 类型 1；
L_1——转向信号灯发光面边缘间的距离；	2 类型 2；
K ——机器最前端至发光面边缘间距离；	3 类型 3；
K_1——前置转向信号灯和侧向转向信号灯的发光面边缘间距离；	4 类型 4；
B ——转向信号灯发光面外侧边缘间距离。	5 类型 5。

[a] 转向信号灯应尽可能安装在靠近前方的位置；

[b] 如果 K_1 不可能小于或等于 1/3 L_1，则转向信号灯应尽可能安装在靠近前方的位置；

[c] 举例见 GB/T 25604 和 GB/T 7920.8。

图 E.5（续）

E.5.2 前置转向信号灯的资料数据表

E.5.2.1 前置转向信号灯：见图 E.6，类型 1，1a 和 1b(见 E.5.1.4)。

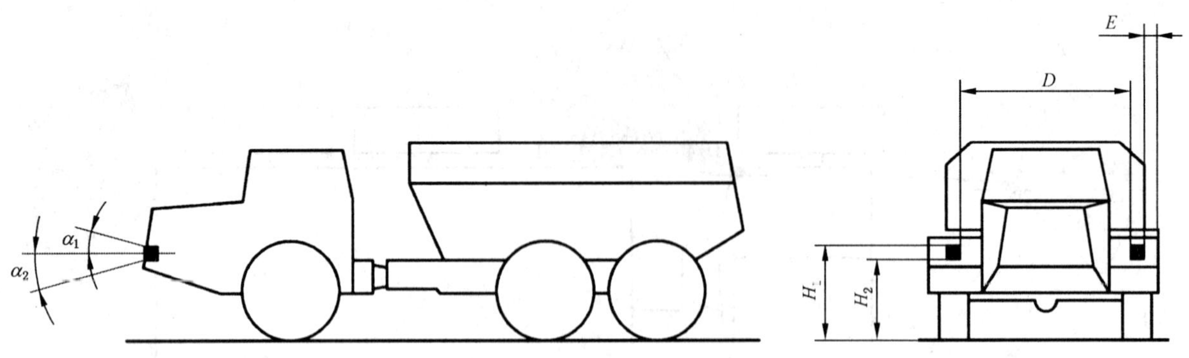

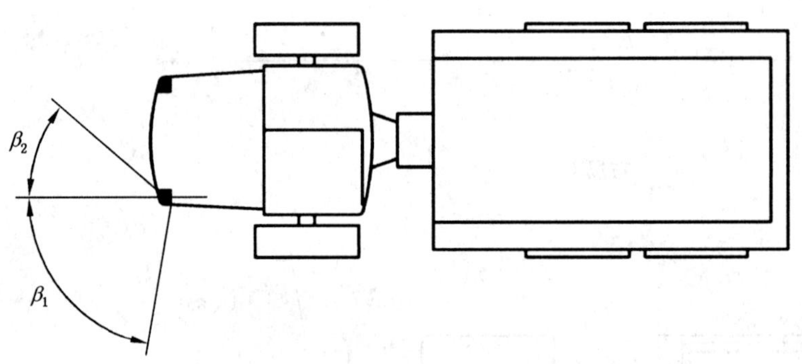

图 E.6

E.5.2.2 配置：在布局 C 中，与类型 2 和类型 5 转向信号灯配置在一起，在布局 D 中，与类型 2 转向信号灯配置在一起(见 E.5.1.7.2)。

E.5.2.3 前置转向信号灯的要求(见表 E.6)，类型 1、1a 和 1b(见 E.5.1.4)。

表 E.6

照明组 (见附录 A)	Ⅰ			Ⅱ			Ⅲ		
	A	B	C	A	B	C	A	B	C
适用的机器	N/A	O[a]	S[a]	S[a]	S[a]	S[a]	N/A	O[a]	S[a]
数量	N/A	2 或 4[b]					N/A	2 或 4[b]	
尺寸/mm									
H_1	N/A	≤1 500[c]		≤1 500[d]			N/A	≤1 500[c]	
H_2	N/A	>400					N/A	>600	
E	N/A	≤400[e]		≤400			N/A	≤400[e]	
D	N/A	>500[f]					N/A	>500[f]	

表 E.6（续）

照明组（见附录 A）	Ⅰ			Ⅱ			Ⅲ		
	A	B	C	A	B	C	A	B	C
几何可视性角度，最小值									
α_1	N/A	15°纬度					N/A	15°纬度	
α_2	N/A	15°纬度[g]					N/A	15°纬度	
β_1	N/A	80°[h]					N/A	80°[h,i]	
β_2	N/A	45°[h]					N/A	45°[h,i]	
电路连接	N/A	见 E.5.1.5					N/A	见 E.5.1.5	
指示器	N/A	见 E.5.1.5					N/A	见 E.5.1.5	
其他要求	N/A	见 E.5.1.5					N/A	见 E.5.1.5	

[a] 不适用于安装了钢链和钢支腿的轮胎机器。

[b] 如果两盏灯不能满足 β_1 角（外侧）和 β_2 角（内侧）的要求，允许用四盏灯。如果是四盏灯，则一对灯应满足 β_1 角，而另一对灯应满足 β_2 角。

[c] 如果机身结构不能满足不大于 1 500 mm 时，可安装高一些。

[d] 如果机身结构不能满足不大于 1 500 mm 时，可安装高一些，但最大高度应为 2 100 mm。

[e] 如果机身结构不能满足不大于 400 mm 时，可大于 400 mm。

[f] 如果机身结构不能满足大于 500 mm 时，可小于 500 mm。

[g] 如果受机身结构限制必须减少时，可减少至 5°。

[h] 如果是两对灯，则一对灯应满足 80°角，而另一对灯应满足 45°角。

[i] 如果机身的结构不能满足 80°角或 45°角时，可减少些。

E.5.3 后置转向信号灯的资料数据表

E.5.3.1 后置转向信号灯（见图 E.7）

类型 2a 和 2b。

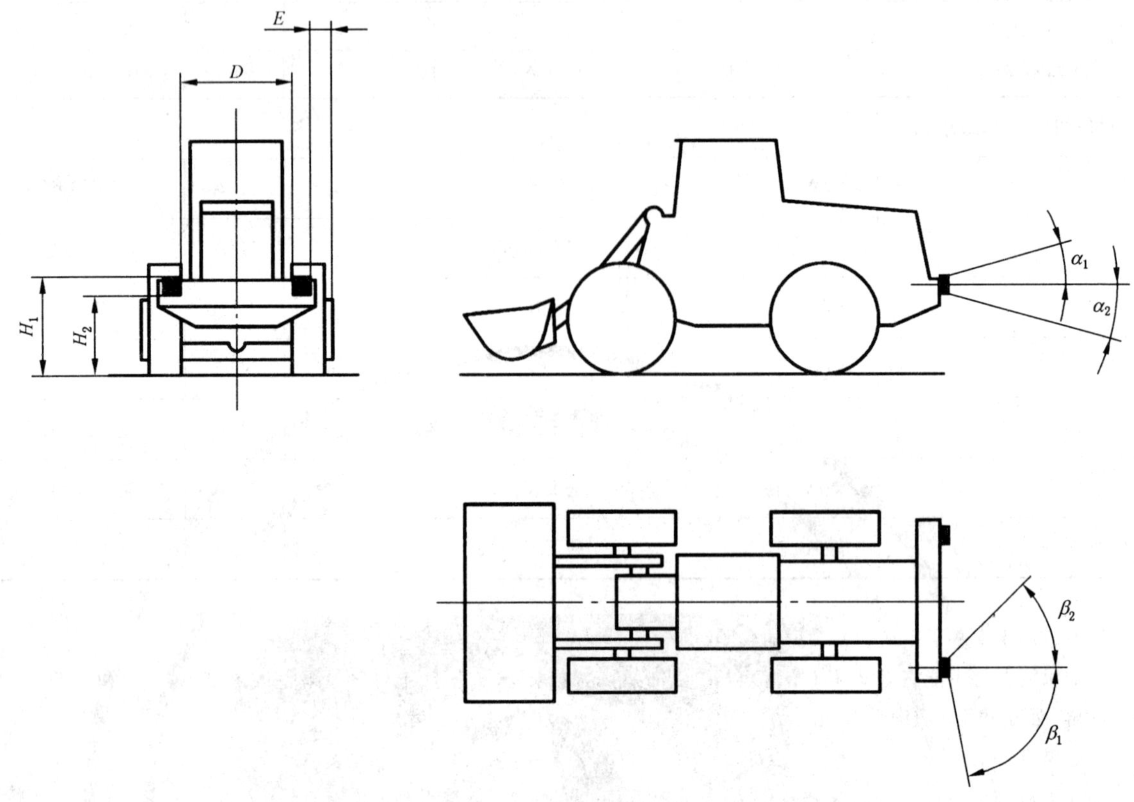

图 E.7

E.5.3.2 配置

在布局 B 中,与类型 4 转向信号灯配置在一起(见 E.5.1.7.1);在布局 C 中,与类型 1 和 5 转向信号灯配置在一起;在布局 D 中,与类型 1 转向信号灯配置在一起(见 E.5.1.7.2)。

E.5.3.3 后置转向信号灯的要求(见表 E.7)

类型 2a 和 2b(见 E.5.1.4)。

表 E.7

照明组 (见附录 A)	Ⅰ			Ⅱ			Ⅲ		
	A	B	C	A	B	C	A	B	C
适用的机器	N/A	O[a]	S[a]	S[a]	S[a]	S[a]	N/A	O[a]	S[a]
数量	N/A	2 或 4[b]					N/A	2 或 4[b]	
尺寸/mm									
H_1	N/A	≤1 500[c]		≤1 500[d]			N/A	≤1 500[c]	
H_2	N/A	>400					N/A	>600	
E	N/A	≤400[e]		≤400			N/A	≤400[e]	
D	N/A	>500[f]					N/A	>500[f]	
几何可视性角度,最小值									
α_1	N/A	15°纬度[g]					N/A	15°纬度[g]	

表 E.7（续）

照明组（见附录 A）	Ⅰ			Ⅱ			Ⅲ		
	A	B	C	A	B	C	A	B	C
α_2	N/A	15°纬度[h]					N/A	15°纬度[h]	
β_1	N/A	80°[i]					N/A	80°[i,j]	
β_2	N/A	45°[i]					N/A	45°[i,j]	
电路连接	N/A	见 E.5.1.5					N/A	见 E.5.1.5	
指示器	N/A	见 E.5.1.5					N/A	见 E.5.1.5	
其他要求	N/A	见 E.5.1.5					N/A	见 E.5.1.5	

[a] 不适用于安装了钢链和钢支腿的轮胎机器。

[b] 如果两盏灯不能满足 β_1 角（外侧）和 β_2 角（内侧）的要求，应使用四盏灯。如果是四盏灯，则一对灯应满足 β_1 角，而另一对灯应满足 β_2 角。

[c] 如果机身结构不能满足不大于 1 500 mm 时，可安装高一些。

[d] 如果机身结构不能满足不大于 1 500 mm 时，可安装高一些，但最大高度应为 2 100 mm。

[e] 如果机身结构不能满足不大于 400 mm 时，可大于 400 mm。

[f] 如果机身结构不能满足大于 500 mm 时，可减小。例如，后卸式自卸车。

[g] 如果受机身结构限制必须减少时，可减少至 10°。

[h] 如果受机身结构限制必须减少时，可减少至 5°。

[i] 如果是两对灯，则一对灯应满足 80°角，而另一对灯应满足 45°角。

[j] 如果机身结构不能满足 80°角或 45°角时，可减少些。例如，装有后置工作装置的机器或后卸式自卸车。

E.5.4　前侧转向信号灯的资料数据表

E.5.4.1　前侧转向信号灯（见图 E.8）

类型 3。

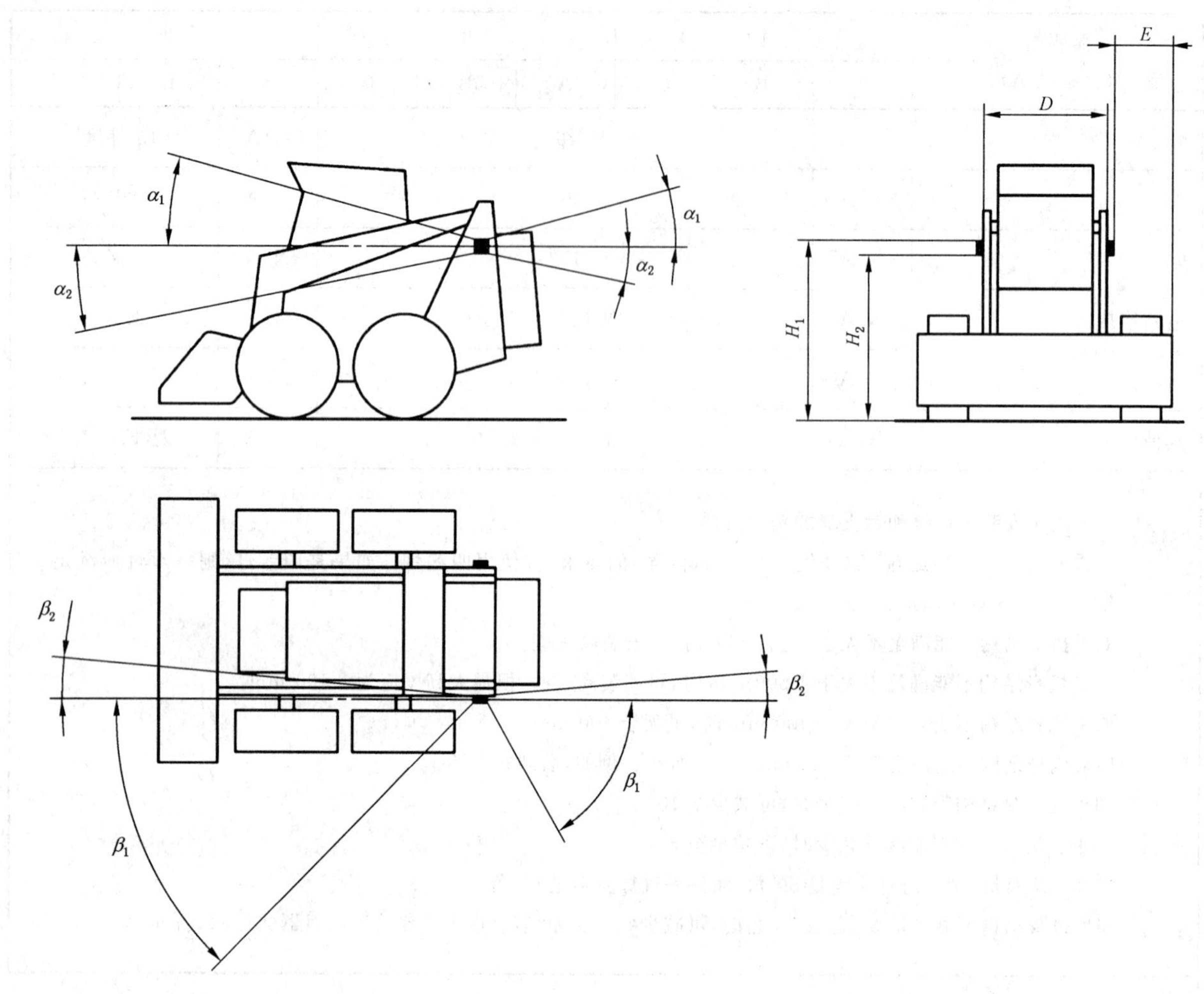

图 E.8

E.5.4.2 配置

按布局 A(见 E.5.1.7.1)。

E.5.4.3 前侧转向信号灯的要求(见表 E.8)

类型 3 (见 E.5.1.4)。

表 E.8

<table>
<tr><td rowspan="2">照明组
(见附录 A)</td><td colspan="3">Ⅰ</td><td colspan="3">Ⅱ</td><td colspan="3">Ⅲ</td></tr>
<tr><td>A</td><td>B</td><td>C</td><td>A</td><td>B</td><td>C</td><td>A</td><td>B</td><td>C</td></tr>
<tr><td>适用的机器</td><td>O[a]</td><td>O[a]</td><td>O[a]</td><td>S[a]</td><td>S[a]</td><td>S[a]</td><td>N/A</td><td>S[a]</td><td>S[a]</td></tr>
<tr><td>数量</td><td colspan="6">2[b]</td><td>N/A</td><td colspan="2">2[b]</td></tr>
<tr><td colspan="10">尺寸/mm</td></tr>
<tr><td>H_1</td><td colspan="3">≤1 500[c]</td><td colspan="3">≤1 500[d]</td><td>N/A</td><td colspan="2">≤1 500[c]</td></tr>
<tr><td>H_2</td><td colspan="6">>400</td><td>N/A</td><td colspan="2">>600</td></tr>
<tr><td>E</td><td colspan="9">N/A</td></tr>
</table>

表 E.8（续）

照明组（见附录 A）	Ⅰ			Ⅱ			Ⅲ		
	A	B	C	A	B	C	A	B	C
D	N/A								
几何可视性角度，最小值									
α_1	15°纬度						N/A	15°纬度	
α_2	10°纬度						N/A	10°纬度	
β_1	前 45°						N/A	前 45°	
	后 60°						N/A	后 60°	
β_2	前 5°						N/A	前 5°[e]	
	后 5°						N/A	后 5°[e]	
电路连接	见 E.5.1.5						N/A	见 E.5.1.5	
指示器	见 E.5.1.5						N/A	见 E.5.1.5	
其他要求	见 E.5.1.5						N/A	见 E.5.1.5[f]	

a 不适用于安装了钢链和钢支腿的轮胎机器。

b 类型 3 的转向信号灯不能与任何其他转向信号灯复合(见 E.5.1.7.1 布局 A)。如果类型 3 的转向信号灯由于工作装置或附属装置缘故不能满足几何可视性，应使用布局 D(见 E.5.1.7.2)。

c 如果机身结构不能满足不大于 1 500 mm 时，可安装高一些。

d 如果机身结构不能满足不大于 1 500 mm 时，可安装高一些，但最大高度应为 2 100 mm。

e 由于土方机械机身的缘故，可减少至 2°。

f 类型 3 的转向信号灯仅适用于整机长度不超过 4 600 mm 的土方机械，并且前、后转向信号灯的发光面外形之间的距离不大于 1 600 mm，见 E.5.1.7.1 中布局 A。

E.5.5 前侧转向信号灯的资料数据表

E.5.5.1 前侧转向信号灯(见图 E.9)

类型 4。

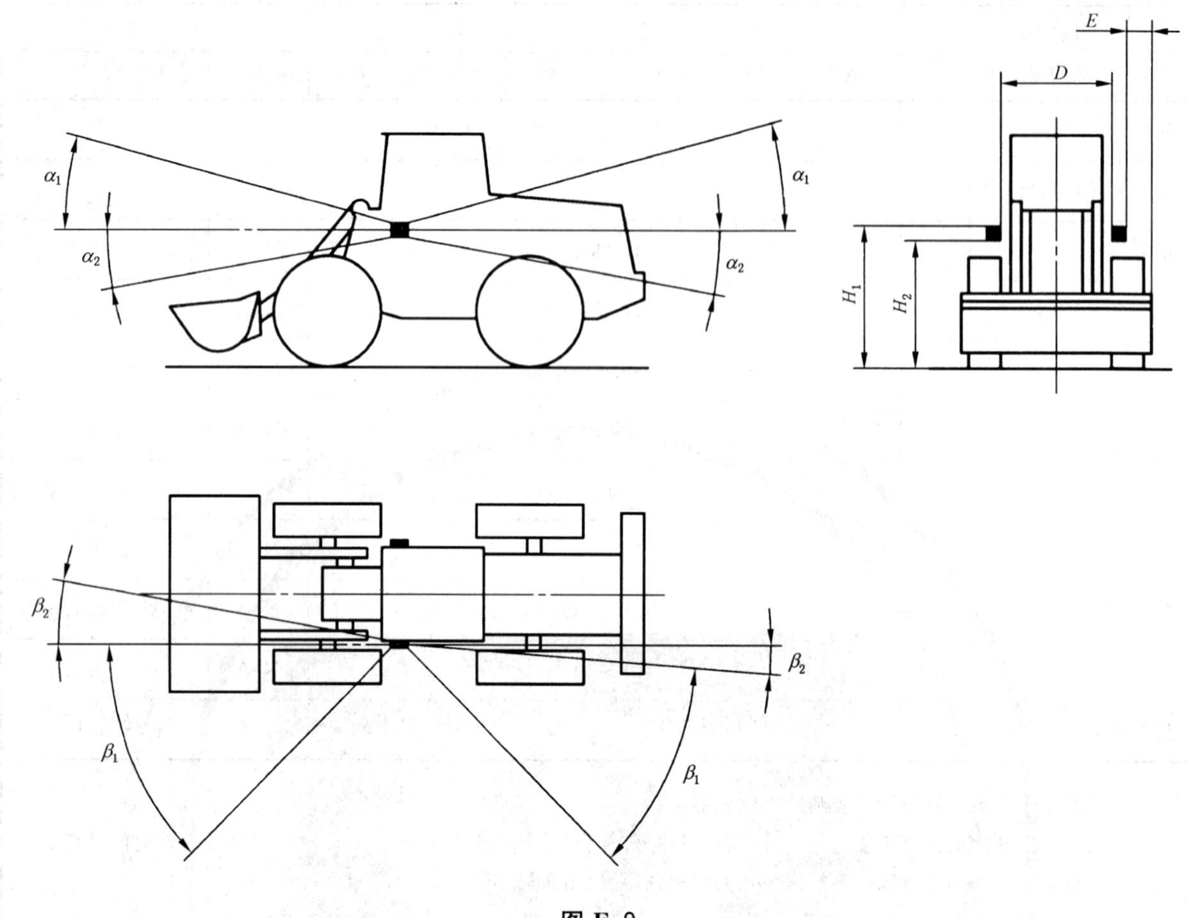

图 E.9

E.5.5.2　配置

在布局 B 中，它应与类型 2 转向信号灯复合(见 E.5.1.7.1)。

E.5.5.3　前侧转向信号灯的要求(见表 E.9)

类型 4(见 E.5.1.4)。

表 E.9

照明组 (见附录 A)	Ⅰ			Ⅱ			Ⅲ		
	A	B	C	A	B	C	A	B	C
适用的机器	N/A	O[a]	S[a]	S[a]	S[a]	S[a]	N/A	O[a]	S[a]
数量	N/A	2[b]					N/A	2[b]	
尺寸/mm									
H_1	N/A	≤1 500[c]		≤1 500[d]			N/A	≤1 500[c]	
H_2	N/A	>400					N/A	>600	
E	N/A	≤400[e]		≤400			N/A	≤400[e]	
D	N/A	>500					N/A	>500	
K	N/A	[f]					N/A	[f]	

表 E.9（续）

照明组（见附录 A）	Ⅰ			Ⅱ			Ⅲ		
	A	B	C	A	B	C	A	B	C
几何可视性角度，最小值									
α_1	N/A	15°纬度					N/A	15°纬度	
α_2	N/A	10°纬度					N/A	10°纬度	
β_1	N/A	前 45°					N/A	前 45°	
	N/A	后 55°					N/A	后 55°	
β_2	N/A	前 10°					N/A	前 10°	
	N/A	后 −5°					N/A	后 −5°	
电路连接	N/A	见 E.5.1.5					N/A	见 E.5.1.5	
指示器	N/A	见 E.5.1.5					N/A	见 E.5.1.5	
其他要求	N/A	见 E.5.1.5					N/A	见 E.5.1.5	

[a] 不适用于安装了钢链和钢支腿的轮胎机器。

[b] 类型 4 的侧向转向信号灯仅适用于与类型 2 的后置转向信号灯复合，见 E.5.1.7.1 中布局 B。

[c] 如果机身结构不能满足不大于 1 500 mm 时，可安装高一些。

[d] 如果机身结构不能满足不大于 1 500 mm 时，可安装高一些，但最大高度应为 2 100 mm。

[e] 如果机身结构不能满足不大于 400 mm 时，可大于 400 mm。

[f] 见 E.5.1.7.1。

E.5.6　附加侧转向信号灯的资料数据表

E.5.6.1　附加侧转向信号灯（见图 E.10）

类型 5。

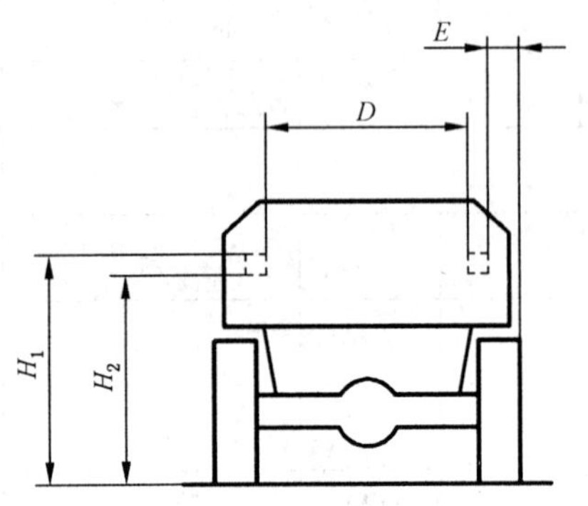

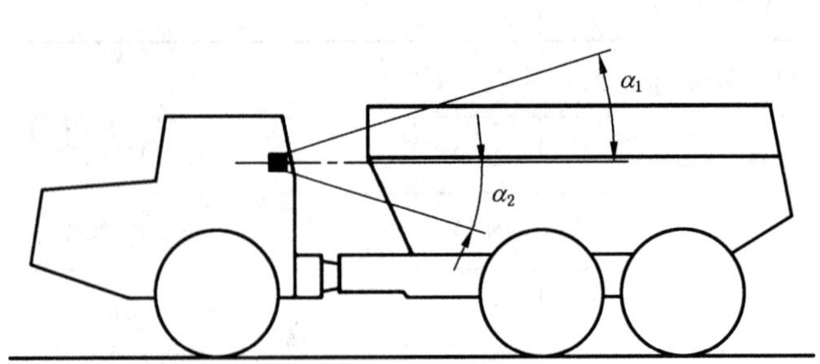

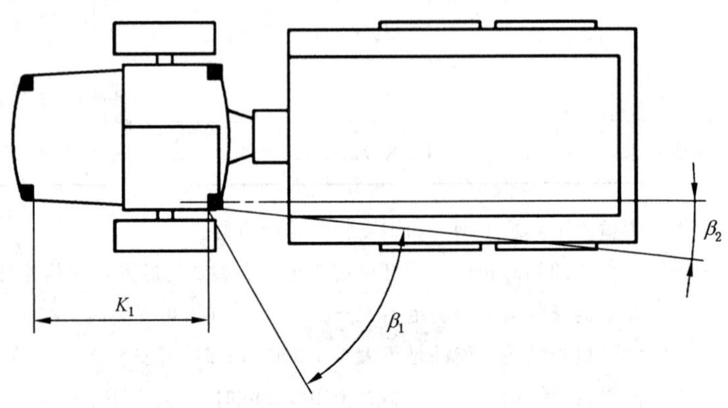

图 E.10

E.5.6.2 配置

按布局 C,它应与类型 1 和类型 2 转向信号灯复合(见 E.5.1.7.2)。

E.5.6.3 附加侧转向信号灯的要求(见表 E.10)

类型 5(见 E.5.1.4)。

表 E.10

照明组（见附录 A）	Ⅰ			Ⅱ			Ⅲ		
	A	B	C	A	B	C	A	B	C
适用的机器	N/A	O	O	S	S	S	N/A	O	O
数量	N/A	2					N/A	2	
尺寸/mm									
H_1	N/A	≤1 500[a]		≤1 500[b]			N/A	≤1 500[a]	
H_2	N/A	>500					N/A	>800	
E	N/A								
D	N/A								
K_1	N/A	[c]					N/A	[c]	

表 E.10（续）

照明组（见附录 A）	Ⅰ			Ⅱ			Ⅲ		
	A	B	C	A	B	C	A	B	C
几何可视性角度，最小值									
α_1	N/A	15°纬度					N/A	15°纬度	
α_2	N/A	15°纬度[d]					N/A	15°纬度[d]	
β_1	N/A	后 55°					N/A	后 55°	
β_2	N/A	后 −5°					N/A	后 −5°	
电路连接	N/A	见 E.5.1.5					N/A	见 E.5.1.5	
指示器	N/A	见 E.5.1.5					N/A	见 E.5.1.5	
其他要求	N/A	见 E.5.1.5[e]					N/A	见 E.5.1.5[e]	

[a] 如果机身结构不能满足不大于 1 500 mm 时，可安装高一些。

[b] 如果机身结构不能满足不大于 1 500 mm 时，可安装高一些，但最大高度应为 2 100 mm。

[c] 见 E.5.1.7.2 布局 C。

[d] 如果受机身结构限制必须减少时，可减少至 5°。

[e] 类型 5 的附加侧转向信号灯仅适用于整机长度 L 大于 6 000 mm 的土方机械上与类型 1 和类型 2 的转向信号灯复合(三种类型的转向信号灯的配置同布局)。见 E.5.1.7.2 布局 C。

E.6 信号灯——危险报警信号的资料数据表

E.6.1 危险报警信号

土方机械的所有转向信号灯同时打开，因而向其他公路上和野外的现场用户提出警告，显示当前的土方机械不能继续进行作业或降速运行。见图 E.11。

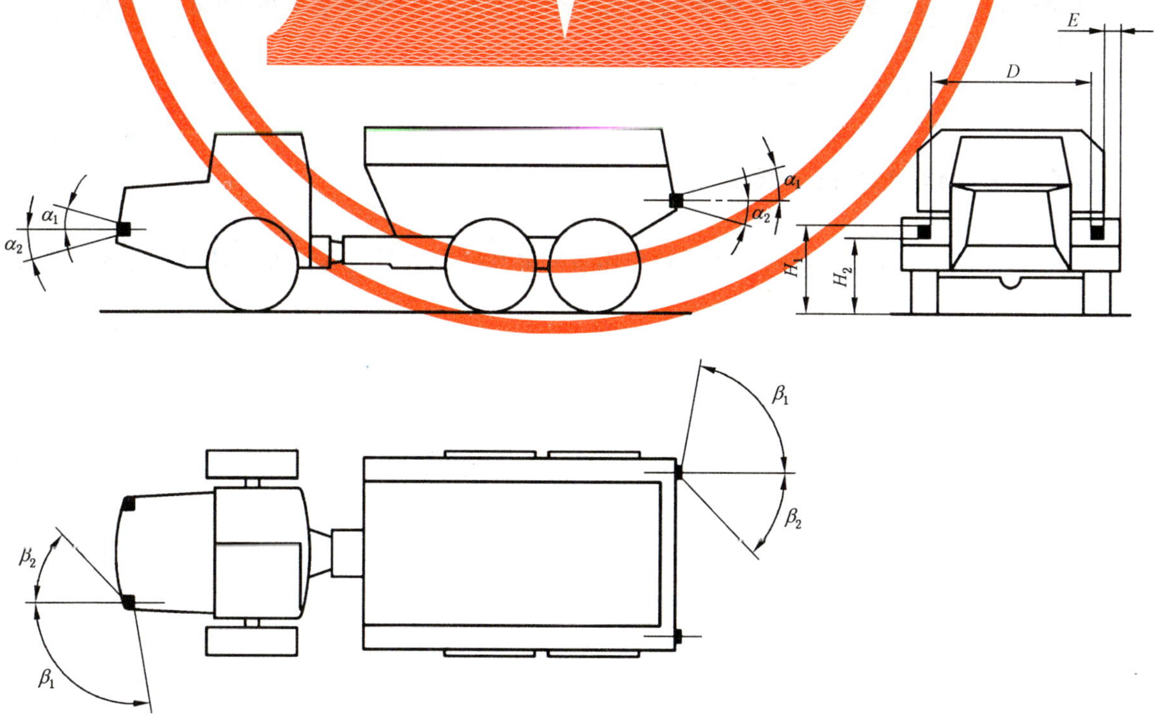

图 E.11

E.6.2 配置

布局见 E.5。

E.6.3 危险报警信号的要求(见表 E.11)

表 E.11

照明组 (见附录 A)	Ⅰ			Ⅱ			Ⅲ		
	A	B	C	A	B	C	A	B	C
适用的机器	N/A	O[a]	S[a]	S[a]	S[a]	S[a]	N/A	O[a]	S[a]
数量	N/A	[b]					N/A	[b]	
尺寸/mm	N/A	[b]					N/A	[b]	
几何可视性角度,最小值	N/A	[b]					N/A	[b]	
电路连接	N/A	[c]					N/A	[c]	
指示器	N/A	[d]					N/A	[d]	
其他要求	N/A	[e]					N/A	[e]	

[a] 不适用于钢链和钢支腿的轮胎机器。

[b] 等同于转向信号灯(见 E.5.2~E.5.6)。

[c] 应由单独的开关控制,所有转向信号灯应同时打开。

[d] 要求有接通指示器,指示器的灯应闪烁,并可与转向信号灯的指示灯同时打开(见 E.5.1.5)。

[e] 危险报警信号可用于交通繁忙的工地现场,例如:压路机的前后运行,或装载机的循环作业。危险报警信号灯不应与发动机的停车开关连接在一起。

E.7 信号灯——制动灯的资料数据表

E.7.1 制动灯:用于向土方机械后面的道路使用者和其他暴露人员显示土方机械司机已踩行车制动控制的灯,见图 E.12。

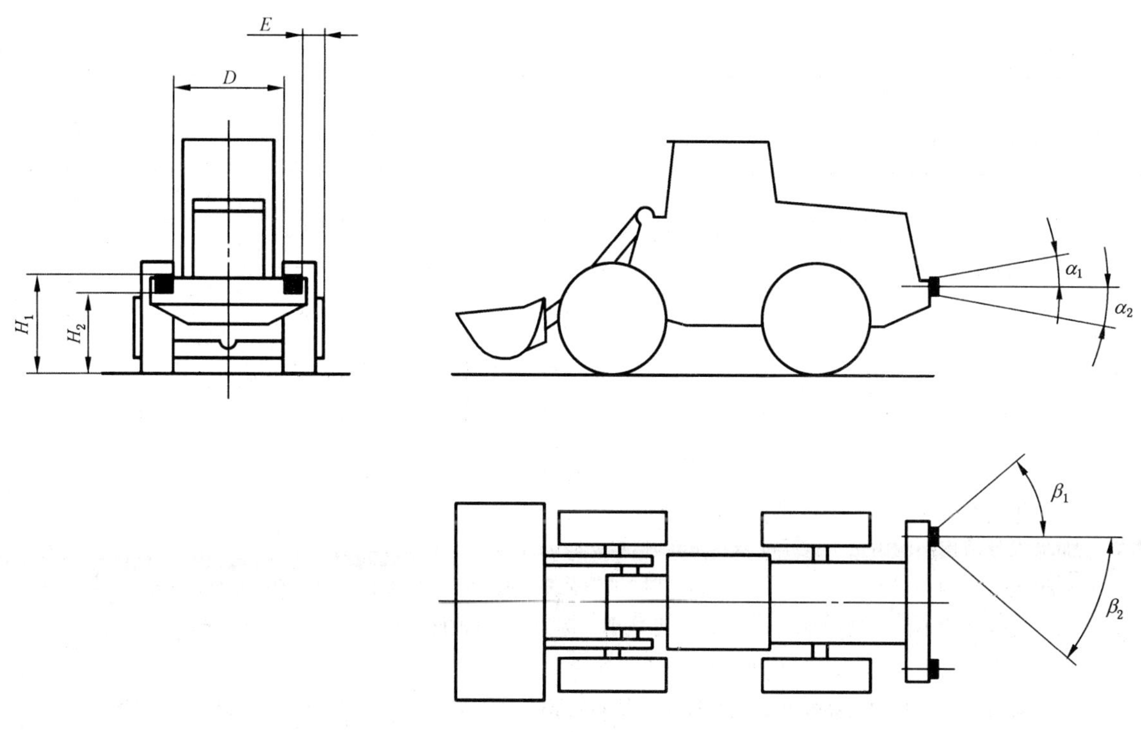

图 E.12

E.7.1.1 灯光颜色:红色。

E.7.1.2 定向:后部朝后。

E.7.1.3 配置:制动灯:

a) 可与一种或多种其他后灯组合;

b) 不应与任何其他灯复合;

c) 可与后位灯混合。

E.7.2 制动灯的要求(见表 E.12)

表 E.12

照明组(见附录 A)	Ⅰ			Ⅱ			Ⅲ		
	A	B	C	A	B	C	A	B	C
适用的机器	N/A	O	S[b]	O	S[a]	S[b]	N/A	O	S[b]
数量	N/A	2[b]		2			N/A	2[b]	
尺寸/mm									
H_1	N/A	≤1 500[c]		≤1 500[d]			N/A	≤1 500[c]	
H_2	N/A	>400					N/A	>600	
E	N/A								
D	N/A	>500[e]					N/A	>500[e]	
几何可视性角度,最小值									
α_1	N/A	15°					N/A	10°	
α_2	N/A	15°[f]					N/A	15°[f]	

表 E.12（续）

照明组（见附录 A）	Ⅰ			Ⅱ			Ⅲ		
	A	B	C	A	B	C	A	B	C
β_1	N/A	45°					N/A	30°[g]	
β_2	N/A	45°					N/A	30°[g]	
电路连接	N/A	[h]					N/A	[h]	
指示器	N/A	[i]					N/A	[i]	
其他要求	N/A	[j]					N/A	[j]	

[a] 不适用于设计速度不大于 20 km/h 和没有制动踏板的静液压驱动的机器。

[b] 不适用于安装了钢链和钢支腿的轮胎机器。

[c] 如果机身结构不能满足不大于 1 500 mm 时，可安装高一些。

[d] 如果机身结构不能满足不大于 1 500 mm 时，可安装高一些，但最大高度应为 2 100 mm。

[e] 如果机身结构不能满足大于 500 mm 时，可减小。例如，后卸式自卸车。

[f] 由于土方机械机身结构的缘故，可减少至 5°。

[g] 后部安装工作装置的机器和后卸式自卸车如果不行驶在公路上，由于这类机器机身的限制，不能满足 30°的要求，则该角可减小些。

[h] 行车制动控制一经动作，制动灯的电路应接通。

[i] 如果可能，制动灯制造商宜将其制成不闪烁的灯。

[j] 制动灯的发光强度应比后位灯明显亮。

E.8 标志灯——后牌照灯的资料数据表

E.8.1 后牌照灯：用于照亮后牌照空间的装置，它可由不同的光学元件组成，见图 E.13。

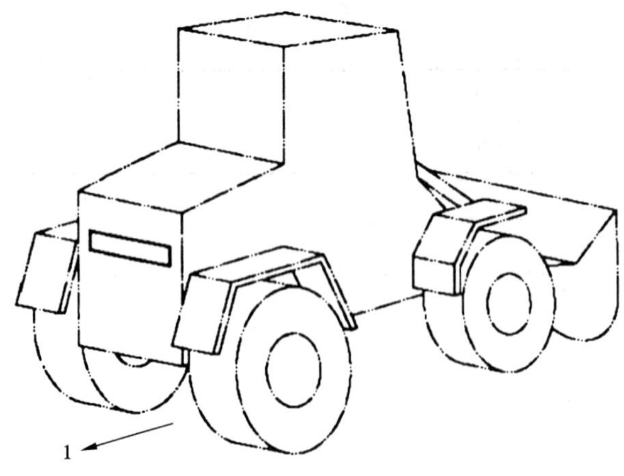

说明：

1——后部。

图 E.13

E.8.1.1 灯光颜色：白色。

E.8.1.2 定向：尾部向后。

E.8.1.3 配置:后牌照灯。

a) 可与一种或多种后灯组合;

b) 可与后位灯复合;

c) 不应与任何其他灯混合。

E.8.2 后牌照灯的要求(见表 E.13)

表 E.13

照明组 (见附录 A)	Ⅰ			Ⅱ			Ⅲ		
	A	B	C	A	B	C	A	B	C
适用的机器	N/A				S[a]		N/A		
数量	N/A				[b]		N/A		
尺寸/mm									
H_1	N/A				[b]		N/A		
H_2	N/A				[b]		N/A		
E	N/A				[b]		N/A		
D	N/A				[b]		N/A		
几何可视性角度,最小值									
α_1	N/A				[b]		N/A		
α_2	N/A				[b]		N/A		
β_1	N/A				[b]		N/A		
β_2	N/A				[b]		N/A		
电路连接	N/A				[c]		N/A		
指示器	N/A								
其他要求	N/A				[d]		N/A		

[a] 仅适合于公路上行驶的土方机械,这类机械根据国家法规必须进行注册和安装后牌照灯。

[b] 该装置应有能力照亮容纳后牌照的整个空间。

[c] 后牌照灯应与后位灯同时打开。

[d] 光线不能眩目,并且不应有向后直射的光线。

E.9 标志灯——前位灯的资料数据表

E.9.1 前位灯:当从前方观察时,该灯用于显示土方机械的存在和宽度,见图 E.14。

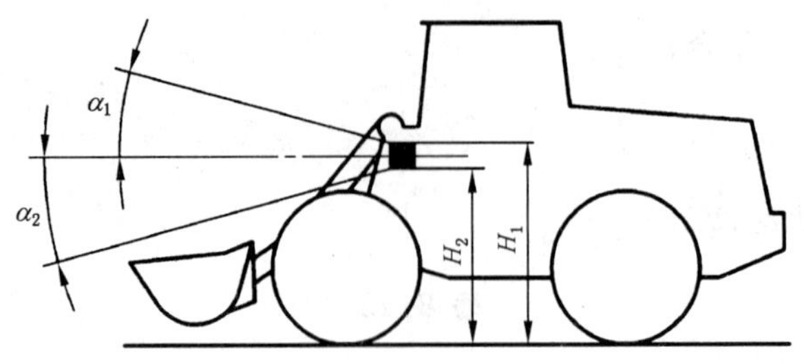

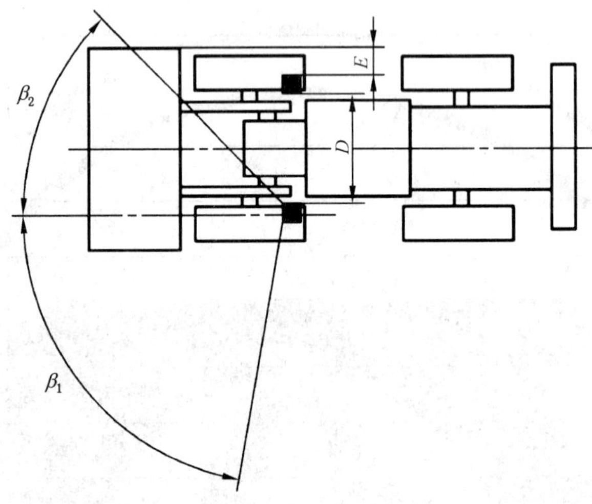

图 E.14

E.9.1.1　灯光颜色:白色。但国家要求与本标准要求不同时,应执行国家要求。

E.9.1.2　定向:前端朝前。

E.9.1.3　配置:前位灯。

a)　可与任何其他前灯组合;

b)　不应与任何其他灯复合;

c)　可与任何其他前灯混合。

E.9.2　前位灯的要求(见表 E.14)

表 E.14

照明组 (见附录 A)	Ⅰ			Ⅱ			Ⅲ		
	A	B	C	A	B	C	A	B	C
适用的机器	N/A			S	S	S	N/A		O
数量	N/A			2[a]			N/A		2[a]
尺寸/mm									
H_1	N/A			≤1 500[b]			N/A		≤1 500[c]
H_2	N/A			>400			N/A		>600
E	N/A			≤400			N/A		≤400[d]
D	N/A			>500[e]			N/A		>500[e]

表 E.14（续）

照明组（见附录 A）	I			Ⅱ			Ⅲ		
	A	B	C	A	B	C	A	B	C
几何可视性角度，最小值									
α_1	N/A			15°			N/A		15°
α_2	N/A			15°[f]			N/A		15°[f]
β_1	N/A			80°			N/A		80°
β_2	N/A			45°[g]			N/A		45°[h]
电路连接	N/A			[i]			N/A		[i]
指示器	N/A			[j]			N/A		[j]
其他要求	N/A			[k]			N/A		[k]
当国家要求与本表不同时，可执行国家要求									

[a] 可用四盏灯［见[d]］。附加的前位灯应与附加的其他灯组合或混合。

[b] 如果机身结构不能满足不大于 1 500 mm 时，可安装高一些，但最大高度应为 2 100 mm。

[c] 如果机身结构不能满足不大于 1 500 mm 时，可安装高一些。

[d] 如果机身结构不能满足不大于 400 mm 时，可大于 400 mm。

[e] 如果机身结构不能满足大于 500 mm 时，可减小。例如，后卸式自卸车。

[f] 由于土方机械结构的缘故，可减少至 5°。

[g] 由于土方机械的结构和/或附属装置的缘故，不能满足 45°，可减少至 10°。

[h] 由于土方机械的结构和/或附属装置的缘故，不能满足 45°，可减少至 5°。

[i] 电路连接应为：近光灯或远光灯打开时，前位灯和后位灯也应一起打开。它们应对称分布于中间的纵向平面。

[j] 如果有，接通指示器应是非闪烁的。

[k] 前位灯不应眩目。

E.10 标志灯——后位灯的资料数据表

E.10.1 后位灯：当从后方观察时，用于显示土方机械的存在和宽度的灯，见图 E.15。

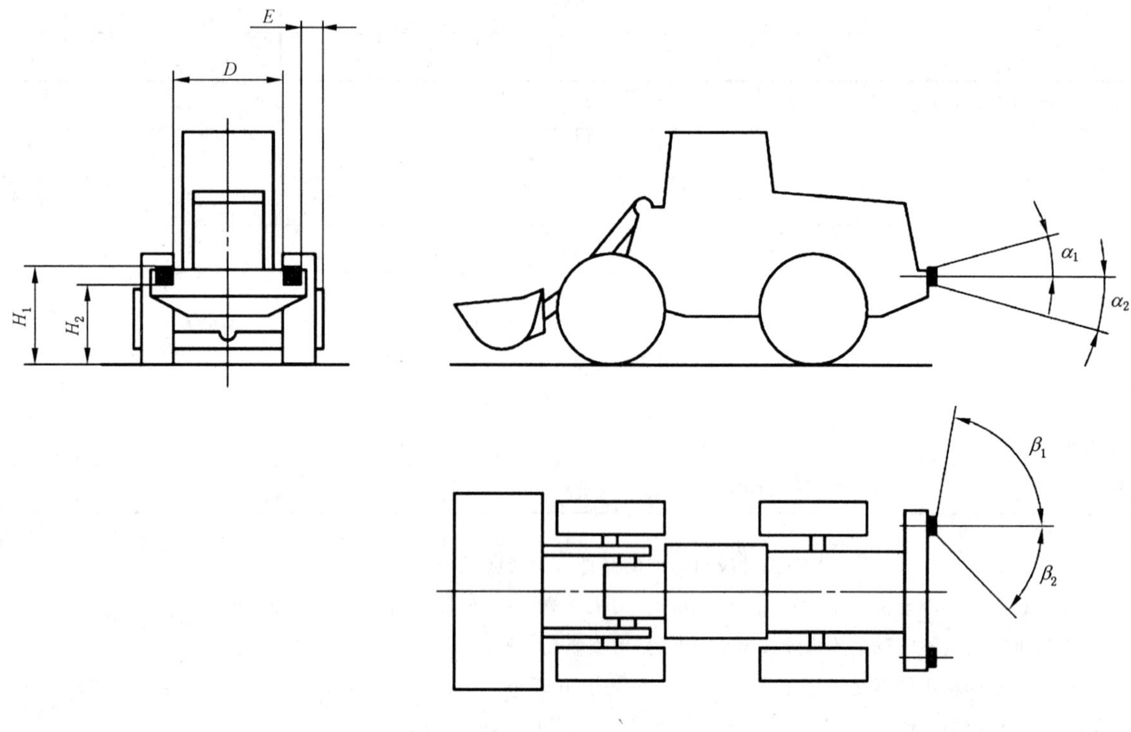

图 E.15

E.10.1.1 灯光颜色:红色。

E.10.1.2 定向:尾部朝后。

E.10.1.3 配置:后位灯。

a) 可与任何其他后灯组合。

b) 可与后牌照灯复合。

c) 可与其混合的有:

——制动灯;

——后雾灯。

E.10.2 后位灯的要求(见表 E.15)

表 E.15

照明组 (见附录 A)	Ⅰ			Ⅱ			Ⅲ		
	A	B	C	A	B	C	A	B	C
适用的机器	O	O	S[a]	S[a]	S[a]	S[a]	N/A	O	S[a]
数量	≥2						N/A	≥2	
尺寸/mm									
H_1	≤1 500[b]						N/A	≤1 500[c]	
H_2	>400						N/A	>600	
E	≤400[d]			≤400			N/A	≤400[d]	
D	>500[e]						N/A	>500[e]	

表 E.15（续）

照明组（见附录 A）	Ⅰ			Ⅱ			Ⅲ		
	A	B	C	A	B	C	A	B	C
几何可视性角度，最小值									
α_1	15°						N/A	15°	
α_2	15°[f]						N/A	15°[f]	
β_1	80°/45°[g]						N/A	80°/45°[g,j]	
β_2	45°/80°[g]						N/A	80°/45°[g,j]	
电路连接	[h]						N/A	[h]	
指示器	[i]						N/A	[i]	
其他要求	N/A								

[a] 不适用于安装了钢轨和钢支腿的轮胎式机器。

[b] 如果机身结构不能满足不大于 1 500 mm 时，可安装高一些，但最大高度应为 2 100 mm。

[c] 如果机身结构不能满足不大于 1 500 mm 时，可安装高一些。

[d] 由于土方机械的结构（太偏离土方机械的外侧时）可大于 400 mm。

[e] 如果机身结构不能满足大于 500 mm 时，可减小。例如，后卸式自卸车或总宽小于 1 400 mm 的机器。

[f] 由于土方机械结构的缘故，可减少至 5°。

[g] 两个后位灯的水平角度为：

——内侧 45°和外侧 80°；

——或内侧 80°和外侧 45°。

[h] 当近光灯或远光灯打开时，后位灯应与前位灯一起打开。

[i] 如果有，接通指示器应不闪烁，并与前位灯的接通指示器复合在一起。

[j] 由于土方机械结构的限制，80°角可减小至 50°，45°角可减小至 30°。如果后部安装工作装置的机器或不在公路上行驶的后卸式自卸车，其机身结构使其不能满足 50°和 30°时，这些角度可进一步减小。

E.11 标志灯——后雾灯的资料数据表

E.11.1 后雾灯：在雾或其他影响可视性的状态下，用来向后方发出土方机械存在的信号灯，见图 E.16。

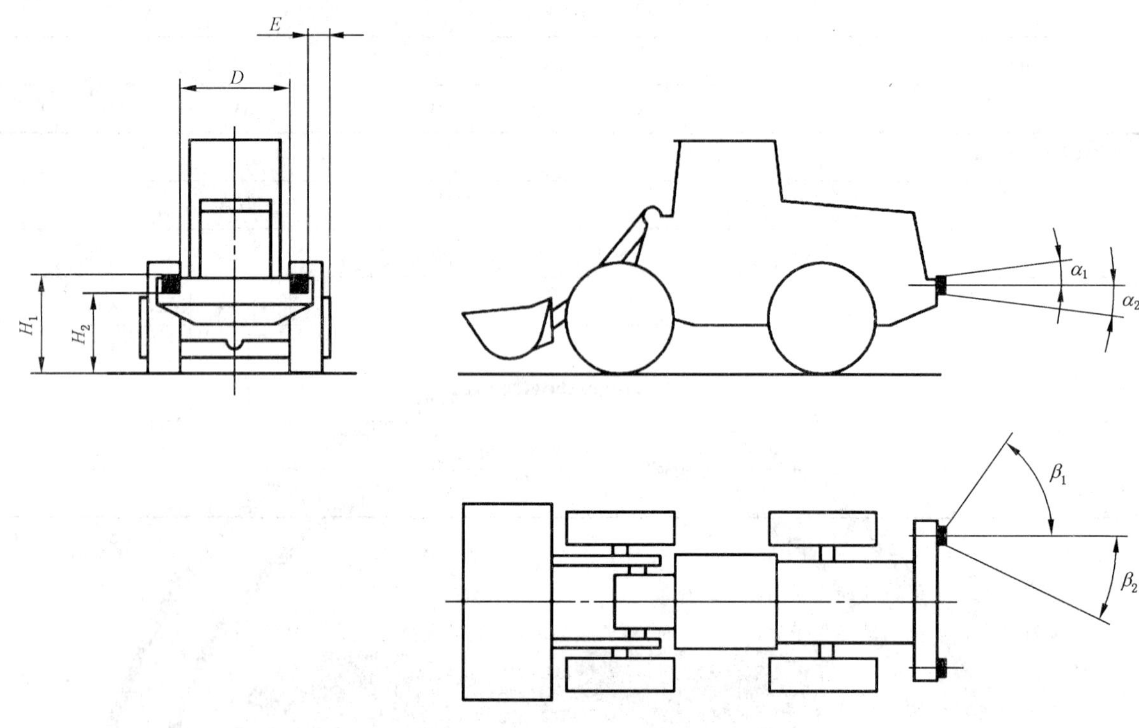

图 E. 16

E. 11. 1. 1 灯光颜色：红色。

E. 11. 1. 2 定向：尾部朝后。

E. 11. 1. 3 配置：后雾灯。

a) 可与任何其他后灯组合；

b) 可与其他灯复合；

c) 可与后位灯混合。

E. 11. 2 后雾灯的要求(见表 E. 16)

表 E. 16

照明组 (见附录 A)	Ⅰ			Ⅱ			Ⅲ		
	A	B	C	A	B	C	A	B	C
适用的机器	N/A				O	O[a]	N/A		
数量	N/A				1[b]		N/A		
尺寸/mm									
H_1	N/A				≤1 500[c]		N/A		
H_2	N/A				>400		N/A		
E	N/A								
D	N/A								
几何可视性角度，最小值									
α_1	N/A				5°		N/A		
α_2	N/A				5°		N/A		

表 E.16（续）

照明组 （见附录 A）	Ⅰ			Ⅱ			Ⅲ		
	A	B	C	A	B	C	A	B	C
β_1	N/A				25°		N/A		
β_2	N/A				55°		N/A		
电路连接	N/A				[d]		N/A		
指示器	N/A				[e]		N/A		
其他要求	N/A				[f]		N/A		

[a] 如果最大行驶速度超过 60 km/h 时，应使用 S。

[b] 可选用两个。

[c] 如果机身结构不能满足不大于 1 500 mm 时，可安装高一些，但最大高度应为 2 100 mm。

[d] 只有在近光灯或远光灯打开时，才能操作。

[e] 要求是不闪烁的接通指示器。

[f] 当只安装一盏后雾灯时，其应安置在机器使用国交通规定方向相对于机器中间纵向平面的另一侧。后雾灯与制动灯之间的距离应大于 100 mm。

E.12 标志灯——专用报警灯的资料数据表

E.12.1 专用报警灯：用来向其他的道路使用者或暴露的人们显示土方机械存在的一种闪烁灯，见图 E.17。

单位为米

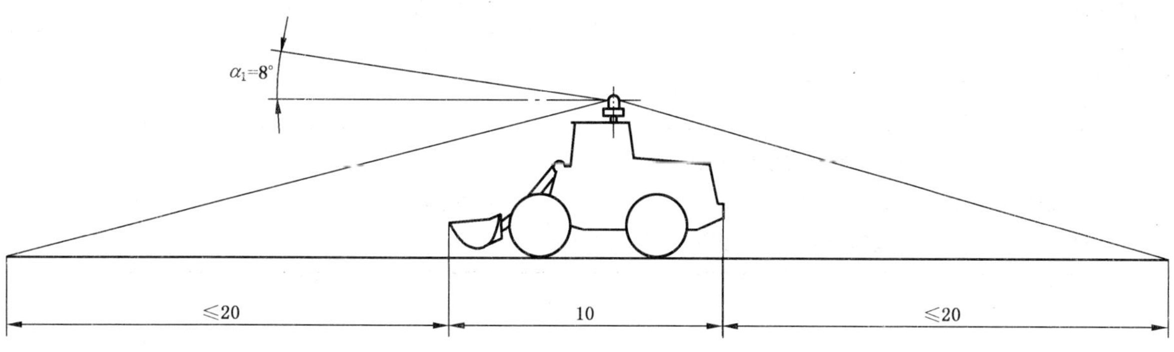

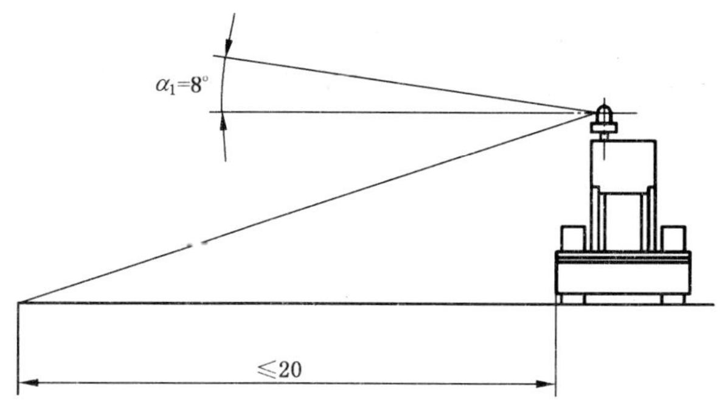

图 E.17

E.12.1.1 灯光颜色:黄色或琥珀色。

E.12.1.2 定向:所有周边方向。

E.12.1.3 配置:黄色或琥珀色专用报警灯。

不应与任何其他灯组合、复合和混合。

E.12.2 专用报警灯的要求(见表E.17)

表 E.17

照明组 (见附录A)	Ⅰ			Ⅱ			Ⅲ		
	A	B	C	A	B	C	A	B	C
适用的机器	O	O	O	O	O	O	O	O	O
数量	1个或多个(当有水平和垂直的可视性要求时)								
尺寸/mm									
H_1	高度和可视性[a]								
H_2	N/A								
E	N/A								
D	N/A								
几何可视性角度,最小值									
α_1	8°								
α_2	应照亮距机器外围20 m的地面								
β_1	360°								
β_2									
电路连接	N/A								
指示器	固定为琥珀色								
其他要求	[b]								

[a] 一个专用报警灯应在锥角 α_2 规定的范围内总是可见。

[b] 闪烁频率2 Hz～4 Hz(120次/分～240次/分)。专用报警灯应安装在令人注目的地方,为了防止对司机的眩目,最好安装在司机室的顶部。专用报警灯可合拢或分离。

E.13 反射器——后反射器的资料数据表

E.13.1 后反射器(非三角形):通过光的反射,用来显示土方机械后部位置的装置,该光的光源与所在的土方机械无关联,观察者位于光源的附近,见图E.18。

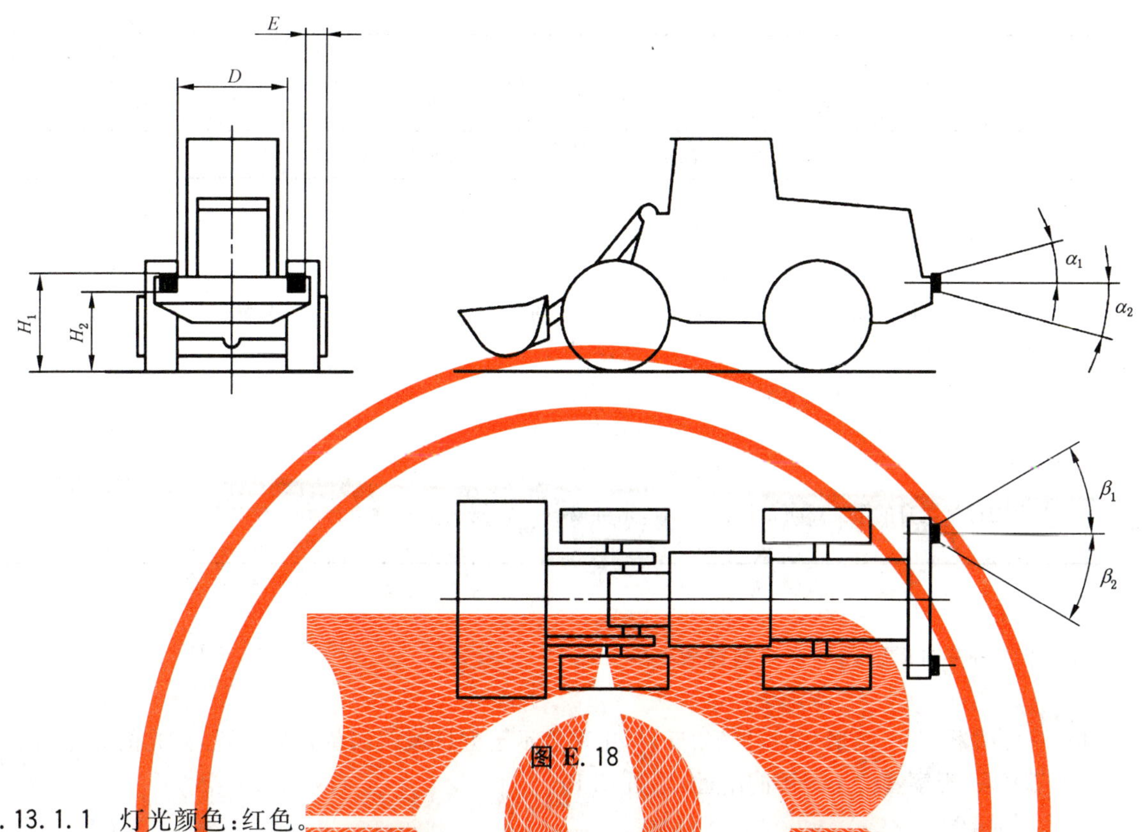

图 E.18

E.13.1.1 灯光颜色:红色。

E.13.1.2 定向:尾部朝后。

E.13.1.3 配置:后反射器可与任何其他后灯组合。

E.13.2 后反射器(非三角形)的要求(见表 E.18)

表 E.18

照明组 (见附录 A)	Ⅰ			Ⅱ			Ⅲ		
	A	B	C	A	B	C	A	B	C
适用的机器	S	S	S	S	S	S	S	S	S
数量	2 或 4[a]								
尺寸/mm									
H_1	≤900[b]			≤900[c]			≤900[b]		
H_2	>400						>600		
E	≤400[d]			≤400			≤400[d]		
D	>500[e]								
几何可视性角度,最小值									
α_1	15°								
α_2	15°[f]								
β_1	30°[g]						30°[h]		
β_2	30°[g]						30°[h]		

表 E.18（续）

照明组（见附录 A）	Ⅰ			Ⅱ			Ⅲ		
	A	B	C	A	B	C	A	B	C
电路连接	后反射器的发光面可与任何其他一个后灯有共同部分								

[a] 若两个后反射器不能符合位置和可视性要求时，可使用四个。
[b] 如果机身结构使得离地距离不能满足不大于 900 mm 时，可大于 900 mm。
[c] 如果机身结构使得离地距离不能满足不大于 900 mm 时，可大于 900 mm，但最大高度应为 1 500 mm。
[d] 如果机身结构使得不能满足不大于 400 mm 时，可大于 400mm。
[e] 如果机身结构使得不能满足大于 500 mm 时，可减小。
[f] 若后反射器的离地最小高度是 900 mm 时，可减少至 5°。
[g] 可通过使用两个单独的后反射器达到要求。
[h] 由于土方机械机身的限制不可能满足 30°时，则可减小。

E.14 反射器——前反射器的资料数据表

E.14.1 前反射器（非三角形）：通过光的反射，用来显示土方机械前部位置的装置，该光的光源与土方机械本身无关联，观察者位于光源的附近，见图 E.19。

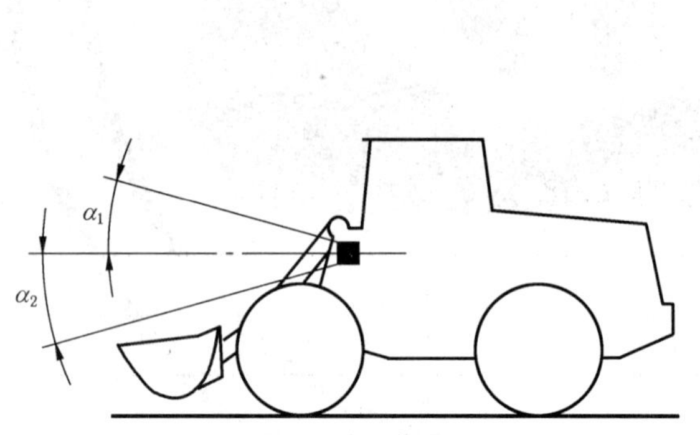

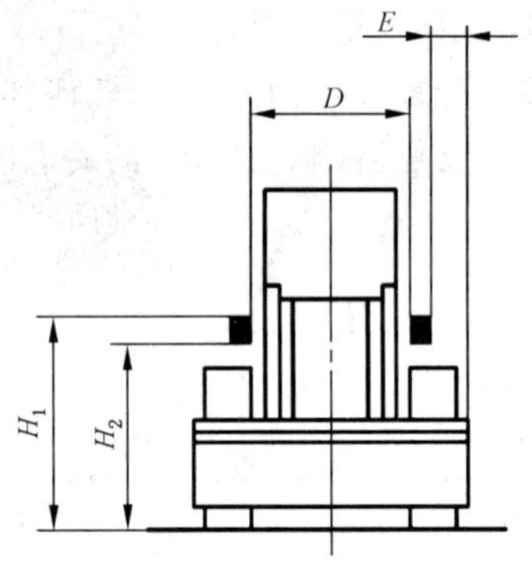

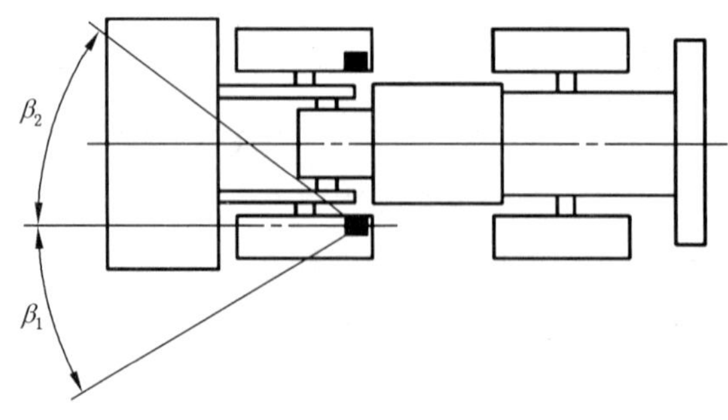

图 E.19

E. 14. 1. 1　灯光颜色:白色或无色。

E. 14. 1. 2　定向:前端朝前。

E. 14. 1. 3　配置:前反射器ⅠA 组可与前位灯组合。

E. 14. 2　前反射器(非三角形)的要求(见表 E. 19)

表 E. 19

照明组 (见附录 A)	Ⅰ			Ⅱ			Ⅲ		
	A	B	C	A	B	C	A	B	C
适用的机器	O	O	O	O	O	O	O	O	O
数量	2								
尺寸/mm									
H_1	≤900[a]			N/A			≤1 500[b]		
H_2	>400			N/A			>600		
E	≤400[c]			N/A			≤500[d]		
D	>400			N/A			>600[e]		
几何可视性角度,最小值									
α_1	15°			N/A			15°		
α_2	15°[f]			N/A			15°[f]		
β_1	30°[g]			N/A			30°[g]		
β_2	30°			N/A			30°		
电路连接	前反射器的反光面可与任何其他一个前灯有共同部分								

[a] 如果机身结构使得不能满足不大于 900 mm 时,可安装高一些。

[b] 如果机身结构使得不能满足不大于 1 500 mm 时,可安装高一些。

[c] 如果机身结构使得不能满足不大于 400 mm 时,可增加。

[d] 如果机身结构使得不能满足不大于 500 mm 时,可增加。

[e] 如果机身结构使得不能满足大于 600 mm 时,可减小。

[f] 若前反射器位于地平面以上 900 mm 时,可减少至 5°。

[g] 由于土方机械机身的限制不可能满足 30°时,则可减少至 10°。

E. 15　反射器——侧反射器的资料数据表

E. 15. 1　侧反射器(非三角形):通过光的反射,用来显示土方机械侧面位置的装置,该光的光源与土方机械本身无关联,观察者位于光源的附近,见图 E. 20。

单位为米

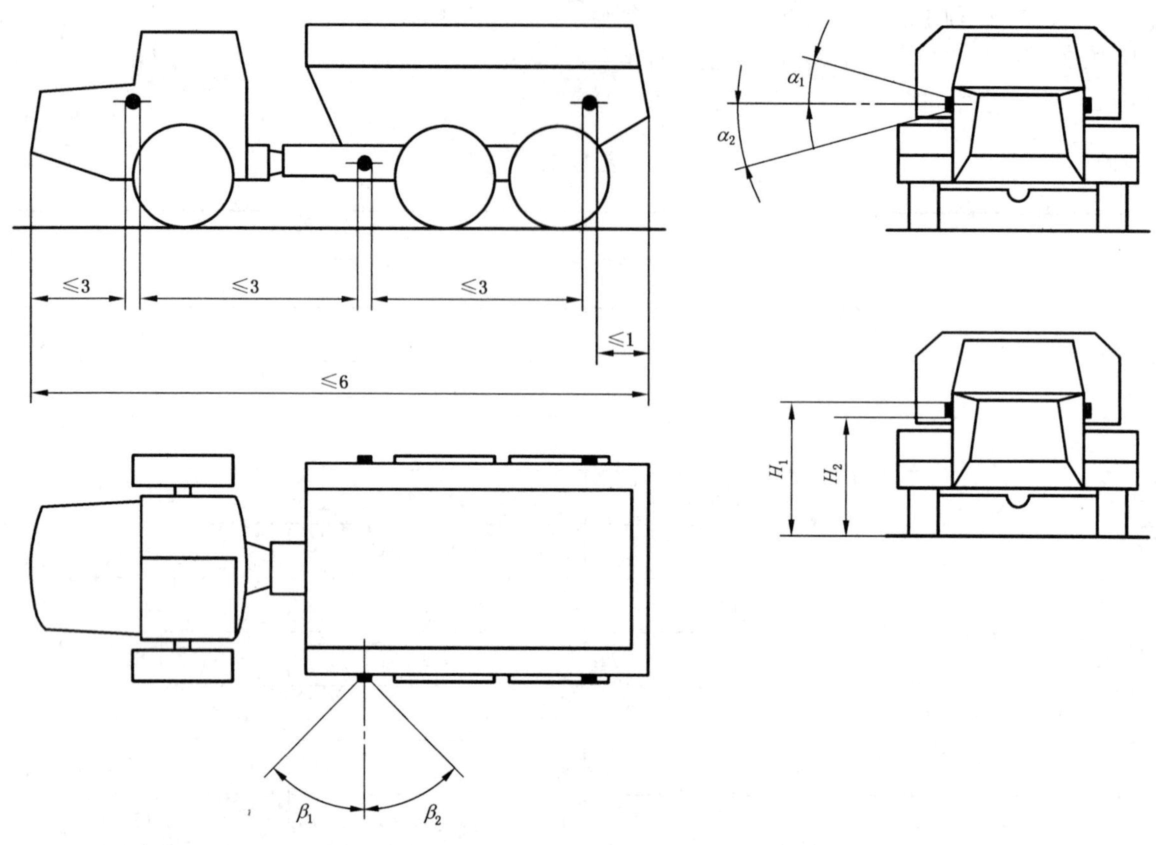

图 E.20

E.15.1.1 灯光颜色:琥珀色。

E.15.1.2 定向:朝向侧面。

E.15.1.3 配置:侧反射器不应与任何其他灯组合。

E.15.2 侧反射器(非三角形)的要求(见表 E.20)

表 E.20

照明组 (见附录 A)	Ⅰ			Ⅱ			Ⅲ		
	A	B	C	A	B	C	A	B	C
适用的机器	N/A	O		S[a,b]			O		
数量	N/A	每侧的最少数量依据图 E.20,纵向位置是成对出现							
尺寸/mm									
H_1	≤900[c]			≤900[d]			≤900[c]		
H_2	>400								
E	N/A								
D	N/A								
几何可视性角度,最小值									
α_1	15°								
α_2	15°[e]								

表 E.20（续）

照明组（见附录 A）	I			II			III		
	A	B	C	A	B	C	A	B	C
β_1	45°								
β_2	45°								
其他要求	[f]								

[a] 不适用于安装了钢链和钢支腿的轮胎式机器。

[b] 适用于主机长度大于 6 000 mm 的土方机械。

[c] 如果机身结构使得不能满足不大于 900 mm 时，可大于 900 mm。

[d] 如果机身结构使得不能满足不大于 900 mm 时，可大于 900 mm，但最大高度应为 1 500 mm。

[e] 当机身结构使得不能满足 15°时，可减少至 5°。

[f] 一个侧反射器应装在机器上三个反射器的中间位置；最前端的反射器与机器最前端之间距离不应大于 3 000 mm；两个邻近的侧反射器之间的间隔不应超过 3 000 mm；最后端的反射器与机器后端之间的距离不应超过 1 000 mm。侧反射器的基准轴线应水平并与机器中间的纵向平面相垂直，并且方向朝外。见图 E.20。

E.16 反射器——低速车辆（SMV）标志牌的资料数据表

E.16.1 低速车辆（SMV）标志牌：该标志牌用于对后方前来的其他道路使用者表明存在低速行驶（按照设计）的土方机械。见图 E.21。

向后反射光的颜色：红色。

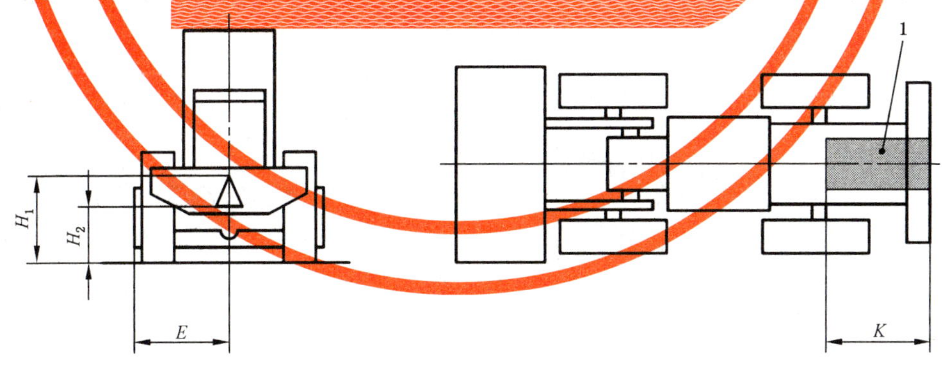

说明：

1——安装标志牌的区域。

图 E.21

E.16.2 低速车辆（SMV）标志牌的要求（见表 E.21）

表 E.21

照明组（见附录 A）	Ⅰ			Ⅱ			Ⅲ		
	A	B	C	A	B	C	A	B	C
适用的机器	O[a]		N/A	O[b]		N/A	N/A		
数量	1(后)		N/A	1(后)		N/A	N/A		
尺寸/mm									
H_1	≤1 800[c]		N/A	≤1 800[c]		N/A	N/A		
H_2	>600[c]		N/A	>600[c]		N/A	N/A		
E	[d]		N/A	[d]		N/A	N/A		
K	≤2 000[e]		N/A	≤2 000[e]		N/A	N/A		
其他要求	[f,g]		N/A	[f,g]		N/A	N/A		

[a] 照明组ⅠA 和ⅠB 中的带驾乘式司机的轮胎式机器和软履带机器，在下列情况下作业时应有低速车辆标志牌：在交通繁杂的工地作业，或在工地之间转移时要在公路上行驶。

[b] 在公路上使用，最大设计速度不大于 40 km/h 的土方机械应有低速车辆标志牌。低速车辆标志牌的顶端应向上。

[c] 应测量标志牌底边与地面的距离。若机身结构的限制，使其不能满足不大于 1 800 mm 和大于 600 mm 时，标志牌可安装高些或低些，但应与地面垂直，并与机器中间纵向平面垂直，其最大偏差不大于 10°。

[d] 可安装在机器中心线的后部，处于水平并垂直于机器的中间纵向平面，方向向外。

[e] 从主机的后部测量，不包括后部的附属装置。若受机身结构的缘故，使得不能满足不大于 2 000 mm 的尺寸，则可大于 2 000 mm。

[f] SMV 标志牌不应安装在后窗上或任何其他玻璃窗上。

[g] 土方机械后部的 SMV 标志牌在作业期间，可折叠或拆除。

附 录 F
（资料性附录）
照明、信号和标志灯以及反射器的位置

照明、信号和标志灯以及反射器的位置见图 F.1 和图 F.2。

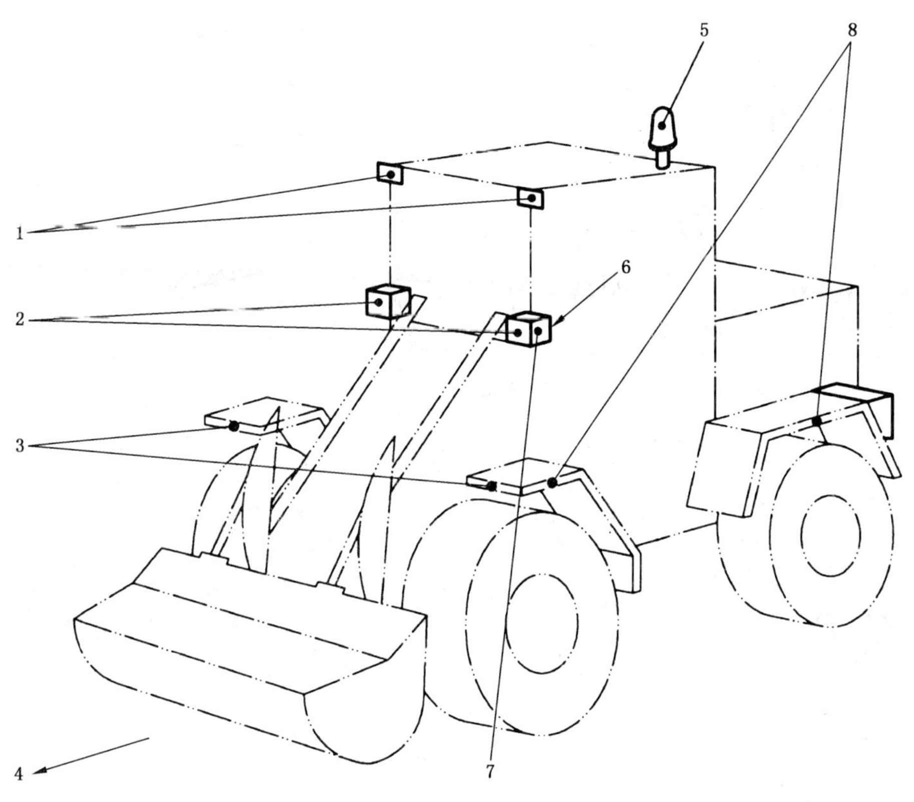

说明：

1——工作灯；

2——近光灯和远光灯；

3——前反射器；

4——机器前端；

5——专用报警灯(黄色)；

6——转向信号灯/危险报警信号；

7——前位灯；

8——侧反射器。

图 F.1

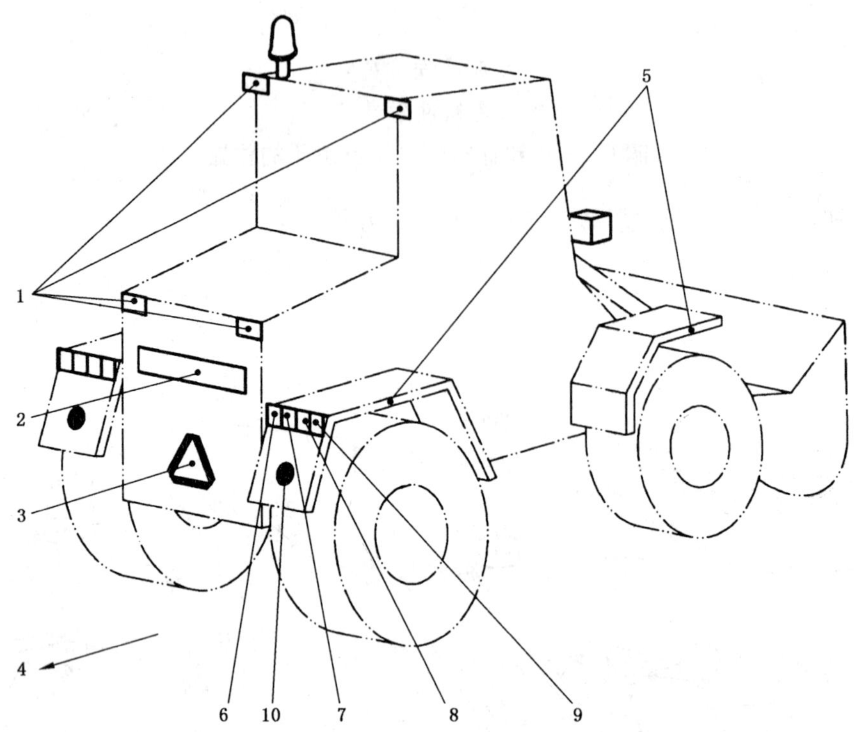

说明：

1——工作灯；

2——后牌照灯；

3——低速车辆(SMV)标志牌；

4——机器后端；

5——侧反射器；

6——制动灯；

7——倒车灯；

8——后位灯/后雾灯；

9——转向信号灯/危险报警信号；

10——后反射器。

图 F.2

附 录 G
（资料性附录）
代表机器类别的土方机械图示

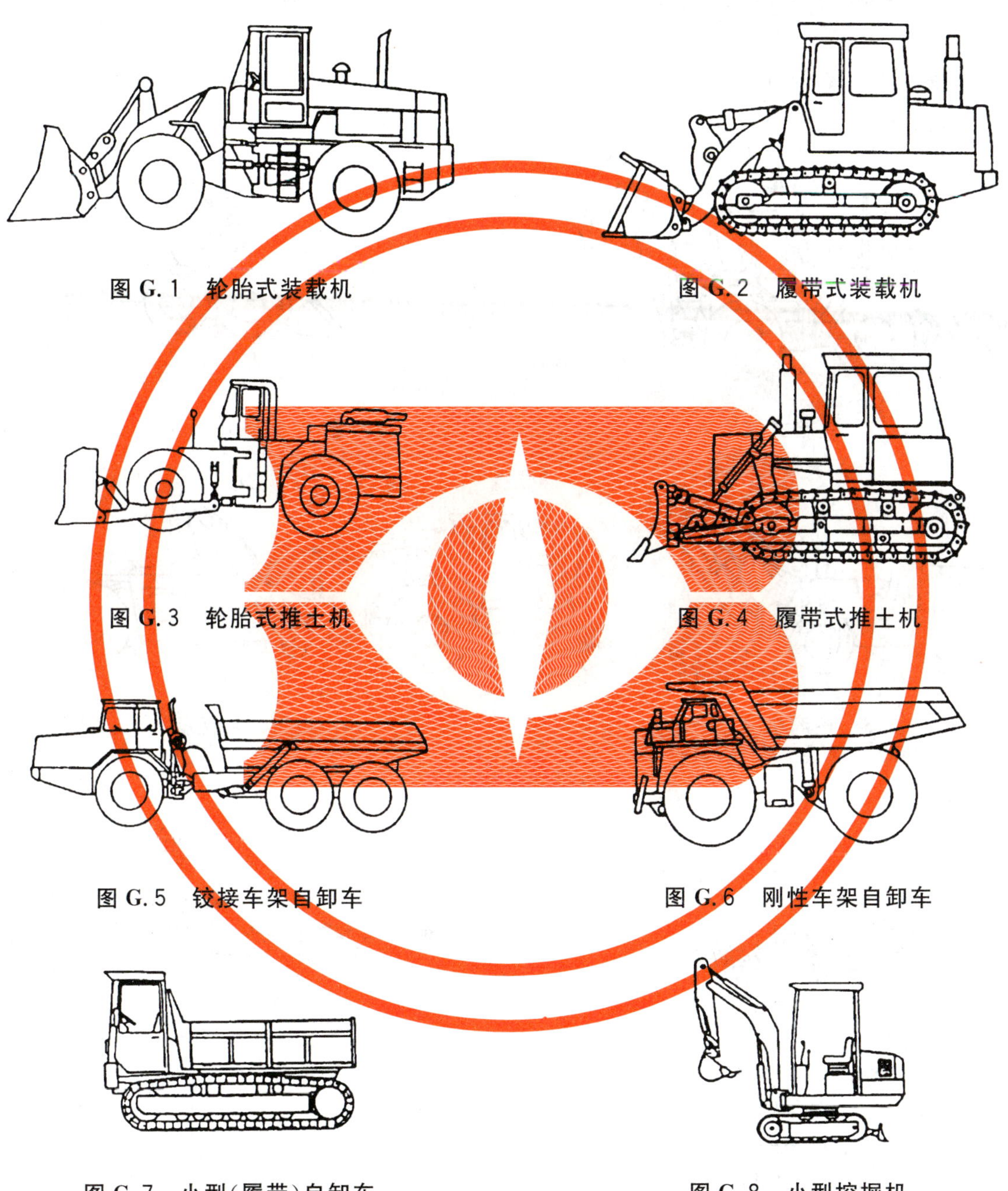

图 G.1 轮胎式装载机

图 G.2 履带式装载机

图 G.3 轮胎式推土机

图 G.4 履带式推土机

图 G.5 铰接车架自卸车

图 G.6 刚性车架自卸车

图 G.7 小型(履带)自卸车

图 G.8 小型挖掘机

图 G.9　液压轮胎式挖掘机

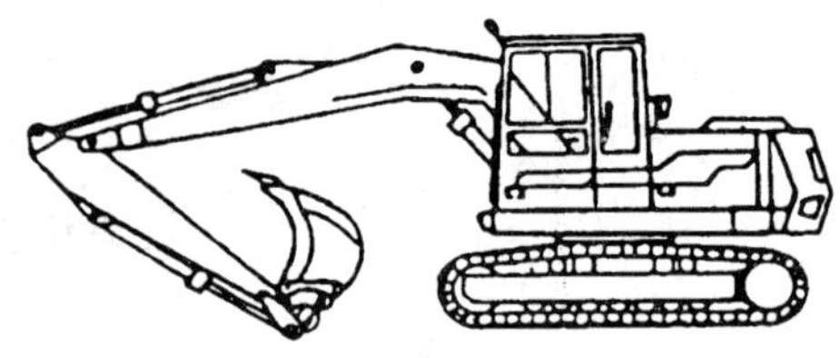

图 G.10　液压履带式挖掘机

图 G.11　轮胎式挖掘装载机

图 G.12　小型装载机

图 G.13　挖沟机

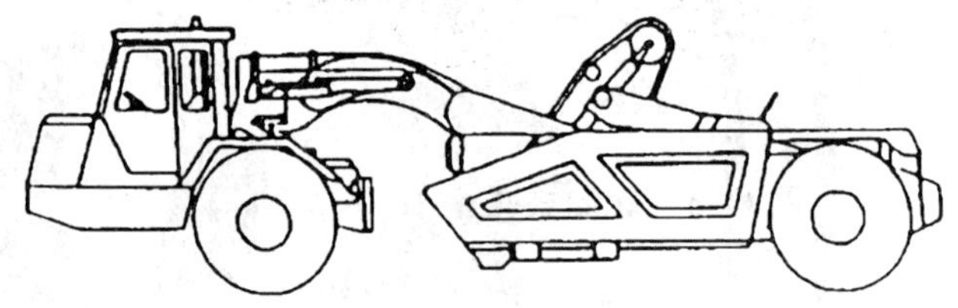

图 G.14　自行式铲运机

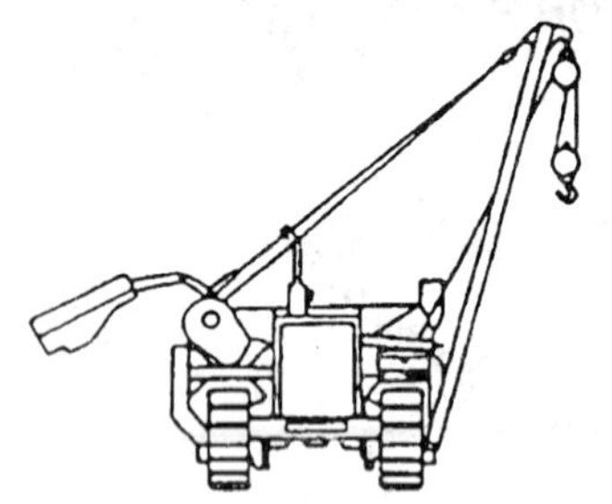

图 G.15　吊管机

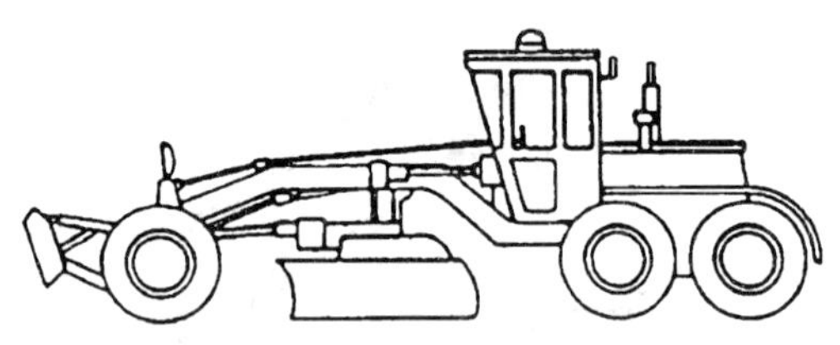

图 G.16　平地机

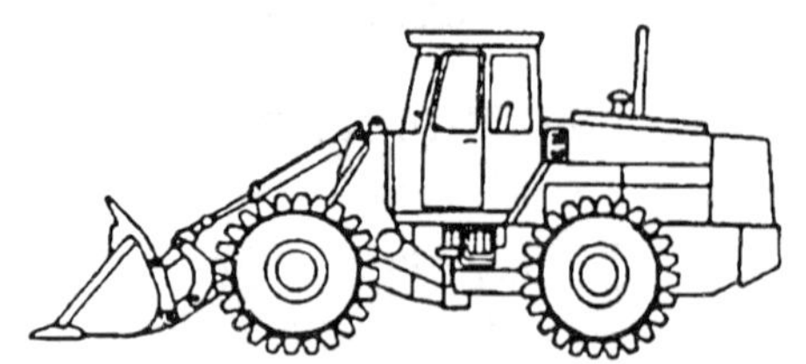

图 G.17　压实机

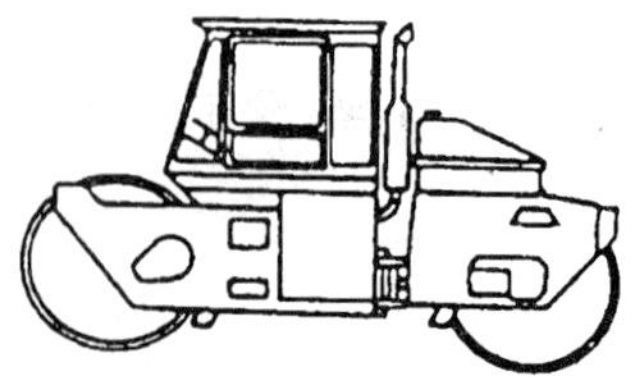

图 G.18　压路机

附 录 H
（资料性附录）
照明、信号和标志灯、专用报警灯、转向信号灯、反射器和工作灯以及低速车辆标志牌的ECE规程

ECE规程为使用于公路上的机动车提供帮助，即土方机械的制造厂可从中为机器选择照明、信号和标志灯以及反射器。这将对可能在公路上行驶的机器特别适用（例如工地间的转移行驶）。

这些规程不仅规定了为驾驶提供充足的照明，也规定了其他人能看清在行驶状态下的机器的性能要求。

ECE R1　安装R2类型白热丝灯且扩散光束和（或）主光束为不对称的机动车前照灯　认可的统一规定(Uniform provisions concerning the approval of motor vehicle headlamps emitting an asymmetrical passing beam and/or a driving beam and equipped with filament lamps of category R2)

ECE R2　扩散光束或主光束或扩散和主光束为不对称前照灯的白炽灯　认可的统一规定(Uniform provisions concerning the approval of incandescent electric lamps for headlamps emitting an asymmetrical passing beam or a driving beam or both)

ECE R3　机动车和其挂车的后反射器　认可的统一规定(Uniform provisions concerning the approval of retro-reflecting devices for power driven vehicles and their trailer)

ECE R4　机动车（不包括摩托车）和其挂车的后牌照标志牌照明装置　认可的统一规定[Uniform provisions for the approval of devices for the illumination of rear registration plates of motor vehicles (except motor cycles) and their trailers]

ECE R5　扩散光束或主光束或扩散和主光束为欧洲式不对称的机动车"密封"（SB）前照灯　认可的统一规定[Uniform provisions for the approval of motor vehicles "sealed beam" headlamps (SB) emitting a European asymmetrical passing beam or a driving beam or both]

ECE R6　机动车和其挂车的转向信号灯　认可的统一规定(Uniform provisions concerning the approval of direction-indicators for motor vehicles and their trailers)

ECE R7　机动车（不包括摩托车）和其挂车的前后（侧向）灯、制动灯和示廓灯　认可的统一规定[Uniform provisions concerning the approval of front and rear position (side) lamps, stop-lamps and end-outline marker lamps for motor vehicles (except motor cycles) and their trailers]

ECE R8　安装（H1，H2或H3灯）卤灯，且扩散光束或主光束或扩散和主光束为不对称的机动车前照灯　认可的统一规定[Uniform provisions concerning the approval of motor vehicle headlamps emitting an asymmetrical passing beam or driving beam or both and equipped with halogen lamps (H1, H2 or H3 lamps)]

ECE R20　安装（H4灯）卤灯，且扩散光束或主光束或扩散和主光束为不对称的机车前照灯　认可的统一规定[Uniform provisions concerning the approval of motor vehicle headlamps emitting an asymmetrical passing beam or a driving beam, or both and equipped with halogen filament lamps (H4 lamps)]

ECE R23　机动车和其挂车的倒车灯　认可的统一规定(Uniform provisions concerning the approval of reversing lights for power-driven vehicles and their trailers)

ECE R31　扩散光束或主光束或扩散和主光束为不对称的机动车密封卤式（HSB装置）前照灯　认可的统一规定[Uniform provisions concerning the approval of halogen sealed-beam unit (HSB unit) motor vehicle headlamps emitting an asymmetrical passing beam or a driving beam, or both]

ECE R37　机动车和挂车认可灯具用灯丝灯泡　认可的统一规定(Uniform provisions concerning the approval of filament lamps for use in approved lamps units of power-driven vehicles and of their trailers)

ECE R38　机动车和挂车的后雾灯　认可的统一规定(Uniform provisions concerning the approval of rear fog lamps for power-driven vehicles and their trailers)

ECE R65　机动车的专用报警灯　认可的统一规定(Uniform provisions concerning the approval of special warning lights for motor vehicles)

ECE R69　低速车辆(工程机械)和其挂车的后标志牌　认可的统一规定[Uniform provisions concerning the approval of rear-marking plates for slow moving vehicles (by construction) and their trailers]

ECE R91　机动车和其挂车的侧标志灯　认可的统一规定(Uniform provisions concerning the approval of side-marker lamps for motor vehicles and their trailers)

参 考 文 献

[1] GB/T 6572.1—1997 液压挖掘机 术语(eqv ISO 7135:1993)

[2] GB/T 7920.8—2003 土方机械 铲运机 术语和商业规格(ISO 7133:1994,MOD)

[3] GB/T 7920.9—2003 土方机械 平地机 术语和商业规格(ISO 7134:1993,MOD)

[4] GB/T 8590—2001 推土机 术语(eqv ISO 6747:1998)

[5] GB/T 18577.1—2008 土方机械 尺寸与符号的定义 第1部分:主机(ISO 6746-1:2003,IDT)

[6] GB/T 21154—2007 土方机械 整机及其工作装置和部件的质量测量方法(ISO 6016:1998,IDT)

[7] GB/T 22352—2008 土方机械 吊管机 术语和商业规格(ISO 7136:2006,IDT)

[8] GB/T 25604—2010 土方机械 装载机 术语和商业规格(ISO/DIS 7131:2007,MOD)

[9] GB/T 25605—2010 土方机械 自卸车 术语和商业规格(ISO 7132:2003,MOD)

[10] CIE S004 光信号的颜色(Colours of Light Signals)[1]

1) 国际照明标准委员会

ICS 17.160
J 04

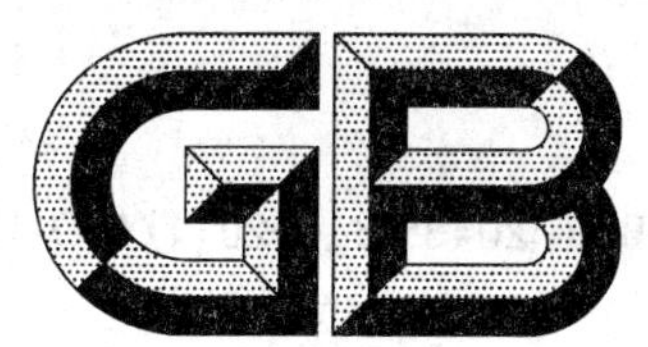

中华人民共和国国家标准

GB/T 20485.31—2011/ISO 16063-31:2009
代替 GB/T 13823.8—1994

振动与冲击传感器的校准方法 第31部分:横向振动灵敏度测试

Methods for the calibration of vibration and shock transducers—Part 31:Testing of transverse vibration sensitivity

(ISO 16063-31:2009,IDT)

2011-12-30 发布 2012-10-01 实施

中华人民共和国国家质量监督检验检疫总局
中国国家标准化管理委员会 发布

前　言

GB/T 20485《振动与冲击传感器的校准方法》由以下几大类组成：

——第 1 类：基本概念；

——第 2 类：绝对法校准(如：激光干涉法振动绝对校准、激光干涉法冲击绝对校准等)；

——第 3 类：比较法校准(如：振动比较法校准、冲击比较法校准等)；

——第 4 类：环境模拟校准(如：磁灵敏度、声灵敏度、基座应变灵敏度、横向振动灵敏度等)。

本部分属第 4 类，是 GB/T 20485 的第 31 部分。

本部分按照 GB/T 1.1—2009 给出的规则起草。

本部分代替 GB/T 13823.8—1994。本部分与 GB/T 13823.8—1994 的主要区别是：

——GB/T 13823.8—1994 只提出了一种方法，而本部分提出了三种不同的测试方法：单轴振动激励法，两轴振动激励法和三轴振动激励法。

本部分使用翻译法等同采用 ISO 16063-31:2009《振动与冲击传感器的校准方法　第 31 部分：横向振动灵敏度的测试》(英文版)。

本部分由全国机械振动、冲击与状态监测标准化技术委员会(SAC/TC 53)提出并归口。

本部分起草单位：中国测试技术研究院、中国航空工业集团公司北京长城计量测试技术研究所、陕西省计量科学研究院、江苏联能电子技术有限公司、航天科技集团公司第 704 研究所。

本部分主要起草人：朱沙、李新良、秦宇、陈启山、鲁敏。

本部分所代替标准的历次版本发布情况为：

——GB/T 13823.8—1994。

振动与冲击传感器的校准方法
第31部分:横向振动灵敏度测试

1 范围

GB/T 20485 的本部分规定了横向振动灵敏度测试的仪器设备和方法。该方法适用于直线速度和加速度传感器。

本部分给出的是传感器在垂直于敏感几何轴方向的平面内振动而产生的灵敏度(见附录A)测试的方法和步骤。由于横向灵敏度的大小随振动方位的不同而变化,因而有多种确定其最大值的方法。横向灵敏度与传感器几何轴灵敏度之比的最大值为最大横向灵敏度,同时此时的角度亦是传感器的最大横向灵敏度的方位角。

本部分给出的方法与技术实现了在测试过程中传感器的一次安装,避免了由于传感器重复安装所引入的较大的测量不确定度。本部分提出三种不同的测试方法:单轴振动激励法,双轴振动激励法和三轴振动激励法。三轴振动激励法同时测量横向和几何敏感方向灵敏度,从而模拟了现实环境中传感器受到的多轴向振动的情况。

注:在弯曲梁设计的加速度计当中,测得的横向灵敏度在没有振动作用于加速度计的敏感几何轴方向与有振动作用于加速度计的敏感几何轴方向时有明显的差别(例如,当弯曲梁因被测振动而偏转时)。

本部分适用的频率范围为1 Hz~5 kHz,动态范围为1 m/s^2~1 000 m/s^2(依频率而定)和1 mm/s~1 m/s(依频率而定)。虽然以上所提到的系统都可实现这些测量范围,但是具体的每一个系统通常都有其局限性,其实际使用范围要小得多。

本部分给出的方法都是参考传感器及激光干涉仪的输出比较而得到的横向灵敏度。

本部分给出的横向灵敏度的扩展不确定度为0.1%(包含因子$k=2$),如果以横向灵敏度与传感器灵敏度的百分比来表述,不确定度会更小。

2 规范性引用文件

下列文件对于本文件的应用是必不可少的。凡是注日期的引用文件,仅注日期的版本适用于本文件。凡是不注日期的引用文件,其最新版本(包括所有的修改单)适用于本文件。

GB/T 20485.1—2008 振动与冲击传感器的校准方法 第1部分:基本概念(ISO 16063-1:1998,IDT)

ISO 266 声学 常用频率(Acoustics—Preferred frequencies)

3 测量不确定度

以横向灵敏度1%为例,扩展不确定度0.1%(见第1章)是指测量值应该介于1.1%和0.9%之间。

希望所有使用GB/T 20485的用户按照GB/T 20485.1—2008附录A进行测量不确定度的评估与报告,扩展不确定度的包含因子取2或者置信概率取95%。实验室或终端用户有责任保证扩展不确定度报告数据是可信的。

4 单轴振动激励法的横向灵敏度测试系统

4.1 装置

横向灵敏度测试系统的单轴向振动发生器是指配备了特定设计装置的单轴激振器，该特定装置用于安装被测传感器，并且使得传感器的敏感几何轴的方向垂直于激振器的运动方向（激振器的运动方向如图1所示，定义为 Z 方向）。激振方向的改变可以使得传感器的敏感几何轴的垂直方向与激振器的运动方向形成不同的角度，最优为至少180°连续角度的变化。如图1所示为一个八面体固定装置的示例（见参考文献[5]）。

另一个方法是使用电动长冲程激振器与转盘，转盘由步进电机驱动（见第5章）。固定（传感器）装置的横向加速度振幅取决于激振器的横向振动，在每个测试频率下激振器的横向振动应小于 Z 方向加速度振幅值的1%，当被测传感器的横向灵敏度小于它几何轴灵敏度2%的情况下，对激振器的横向振动应有更高的要求（例如在测量频率处为0.2%）。为确保激振器的横向振动足够小，应事先测量安装有负载（形状重量和被测传感器近似）的整个装置（激振器和固定装置）的横向振动，或者在实际的横向灵敏度测量中对横向振动进行监测。对于被测传感器的输入和输出信号的测量见第8章。

横向测试系统的频率范围一般是1 Hz～5 kHz，这取决于激振器的工作范围、固定装置和被测传感器的质量，产生的加速度幅值范围通常是1 m/s²～200 m/s²。

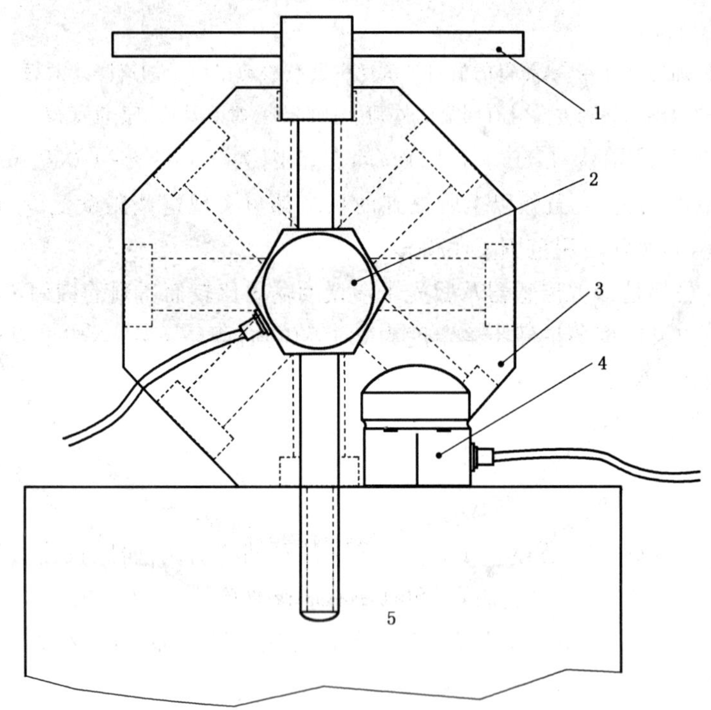

说明：

1——旋转8面体的旋拧装置（角度变化45°）；

2——被测传感器；

3——八面体；

4——参考加速度计；

5——振动激励台台面。

图1 横向灵敏度测量装置中传感器敏感轴与激振器振动方向垂直示意

4.2 方法

4.2.1 测试程序

振动传感器的灵敏度是指在参考振幅和振动频率下振动与传感器敏感几何轴方向一致时的灵敏度 S_N(简记为 S)。横向灵敏度 S_T 是频率的函数,它是振动施加于传感器敏感轴的垂直方向传感器的灵敏度,垂直于沿传感器敏感轴的不同方向的横向灵敏度不同。

测试报告应给出测试频率下最大和最小的横向灵敏度的方向和大小,或者以频响函数的形式给出。

4.2.2 结果表达式

用式(1)计算横向灵敏度 S_T:

$$S_T = \frac{\hat{u}_{out}}{\hat{a}_T} \quad \cdots\cdots (1)$$

式中:

$\hat{u}_{out}$——垂直于敏感轴振动时传感器输出信号幅值;

$\hat{a}_T$ ——测试方向上的加速度幅值。

用式(2)计算相对横向灵敏度 S_T^*,以百分比表示:

$$S_T^* = \frac{S_T}{S} \times 100\% \quad \cdots\cdots (2)$$

式中:

S——传感器在几何敏感轴上的灵敏度。

5 带转盘的振动激励法的横向灵敏度测试系统

5.1 装置

5.1.1 概述

本章阐述的横向灵敏度测量系统由一个单轴向激振器和一个旋转台组成。

注:为了符合 ISA-RP 37.2[6]标准,多个加速度计的生产厂家采用了类似于图 2 的设备。示例中设备详见参考文献[7]。

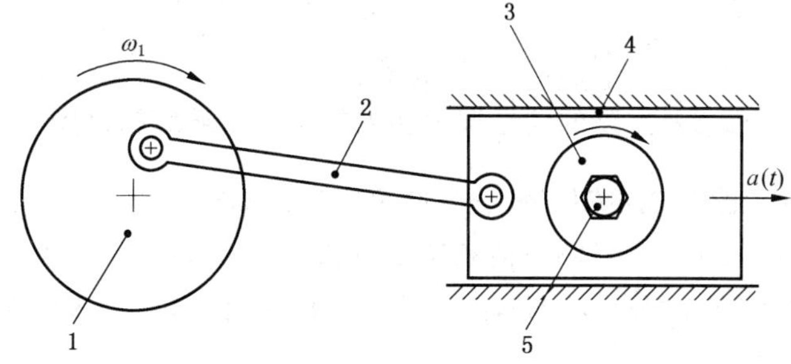

说明:

1——旋转圆盘;

2——传动杆;

3——由步进电机控制的转盘;

4——滑块或空气轴承;

5——被测试传感器;

$a(t)$——加速度;

ω_1——角频率("角速度")。

图 2 使用转盘和机械激振器测量横向灵敏度的示例

电机通过齿形传动带以ω恒定速度转动，驱动曲柄，滑块带动结构体在带有青铜套的两根导轨的约束下运动。在结构体内，有一个由步进电机控制其运动的转盘。结构体作 12 Hz、25.4 mm 峰-峰振幅的往复运动，相当于加速度均方根值(有效值)为 51 m/s^2。

加速度计安装在结构体的转盘上进行测试，例如可安装在转盘中央¼ -28UNF[1)]中心孔上。一般情况下，加速度计的安装几何轴垂直于输入加速度方向，通过特殊设计的配接器，加速度计的几何轴也可以同结构体的运动方向一致。这样，在此方向上用相同的激励频率可确定加速度计的几何轴灵敏度。而在安装加速度计几何轴向与运动方向垂直时，可得到几何轴轴向方位角度函数的横向灵敏度，如图 3 所示。完成一次旋转的时间在 30 s 和 120 s 之间，分辨力决定了旋转时间，特别是最小横向灵敏度方向的分辨力。

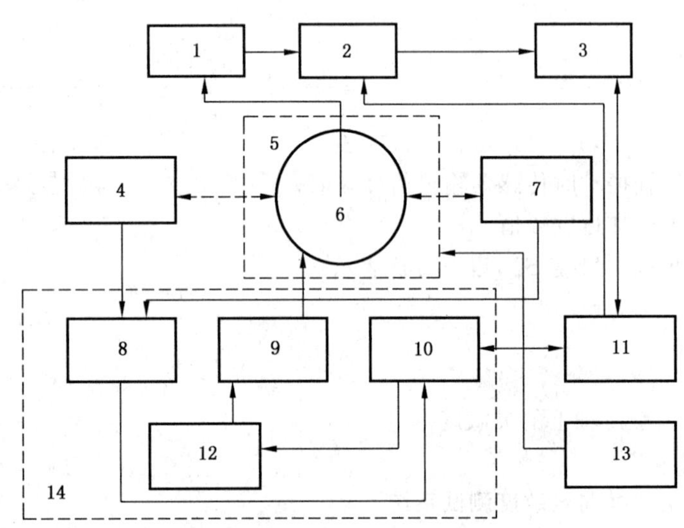

说明：

1——电源/耦合器(或)电荷放大器；
2——滤波器；
3——数字电压表(DVM)；
4——角位置探测器 A；
5——结构体；
6——安装在转盘上的被测传感器；
7——角位置探测器 B；
8——对 4 和 7 项的角位置控制器；
9——步进电机；
10——控制器；
11——计算机；
12——驱动器；
13——交流电动机；
14——转动控制面板。

图 3 完整的信号调理和数据采集系统结构框图

建议在导轨运动方向上永久或定期安装一个加速度计监测振动状态。通过两次积分，将激励轴方向的加速度变为位移幅值，由此可比较测量值和期望值(25.4 mm)。

横向测试系统一般工作在 5 Hz～15 Hz，固定的位移振幅(首选 25.4 mm 峰-峰值振幅)。

5.1.2 激振器组件

5.1.1 给出的示例中，激振器的基本构成是三相交流同步电机和机械激振单元。激振单元本身是由一个曲柄滑块机构驱动带有转盘的结构体构成，装有被测传感器的转盘由步进电机控制。电源频率为50 Hz，4 极性电机的转速 n 为 1 500 r/min。

注： 并非一定使用 3 相 4 极同步电动机。为了简化装置，可用与电源频率同步工作的串绕单相同步电机。

---

1) 英制细牙螺纹，1/4 为螺纹外径，转换为公制乘以 25.4，单位 mm；UNF 表示细牙螺纹，每英寸有 28 个螺纹。

5.1.3 信号调理和数据采集系统

一般情况下，测量单元的输出需要进行信号调理，包括滤波和放大。信号调理单元由电源、电压或电荷放大器、24 dB/oct 窄带模拟带通滤波器组成，窄带模拟带通滤波器可由一个高通和低通滤波器组合而成。滤波后的信号接入模数转换器，然后通过相应的数字接口连接到计算机。图 3 是一个完整的信号调理和数据采集系统示例框图。

5.2 方法

按预定的测试步骤安装传感器，确保垂直于敏感轴平面的已知振动至少是敏感轴方向的 100 倍。设定振动的频率和振幅，并保证在传感器工作的频率和振幅范围之内。传感器绕传感器敏感轴旋转，确定其最大横向灵敏度及最大、最小灵敏度的方向。

注：通常最感兴趣的参数是最大横向灵敏度的大小和最小横向灵敏度的方向。

5.3 结果表达

结果表示为同样运动的振动激励条件下，横向运动最大横向灵敏度时传感器的输出和几何轴向振动时传感器输出的百分比(参考文献[7])。

详见 4.2.2 和附录 A。

6 *X* 轴、*Y* 轴振动激励法的横向灵敏度测试系统

6.1 装置

横向灵敏度测试系统包括 *X*-*Y* 平面上的至少两个激振器、*X* 轴和 *Y* 轴参考加速度计、功率放大器和基于计算机的采集与控制系统。图 4 和图 5 给出了两种形式的横向激振器(图 4 见参考文献[8]，图 5 见参考文献[9])。两种形式都能在 *X*-*Y* 平面内产生所有可能方向的振动，仍能保持传感器位置角度不变。与在第 4 章中给出的方法不同，那里只在一个方向上振动并通过旋转传感器的安装角度(绕几何轴的所有角度)找出最大横向灵敏度方向。

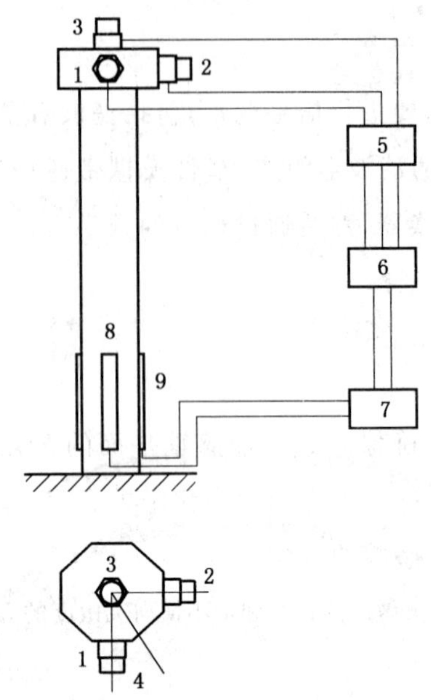

说明：

1——*X* 轴参考加速度计；

2——*Y* 轴参考加速度计；

3——被测传感器；

4——横向加速度的方向；

5——信号适调仪；

6——计算机、数据采集及模拟输出模块；

7——功率放大器；

8——*X* 轴驱动器；

9——*Y* 轴驱动器。

图 4 ***X-Y*** 平面测试系统 例 1

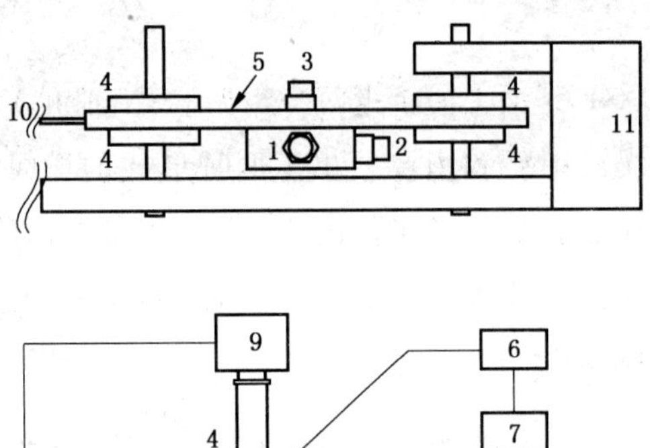

说明：

1——*X* 轴参考加速度计；

2——*Y* 轴参考加速度计；

3——被测传感器；

4——空气轴承垫；

5——*X-Y* 平板；

6——信号适调仪；

7——计算机、数据采集及模拟输出模块；

8——功率放大器；

9——*X* 轴激振器；

10——*Y* 轴激振器；

11——框架。

图 5 ***X-Y*** 平面测试系统 例 2

第一种类型的激振装置(见图 4)[8]是以悬臂形式安装在较大地基上的圆柱型杆,被测传感器安装在杆的自由端,其敏感轴和杆中心线平行。附粘在杆上的双压电晶片驱动器通常以杆的一阶固有频率来驱动杆,以在谐振条件下获得较大的信号幅度和较小的波形失真。

注:圆柱型杆应有足够轴向刚度,以防止在被测传感器敏感方向上产生有影响的运动。变形杆的微小角度可能在被测传感器的灵敏度几何轴上产生纵向向心加速度。如果轨迹是理想圆形(俯视),向心加速度理论上是不变的;如果轨道不是真正的圆,这时的向心加速度只是近似不变。某一振动频率下杆和 X 轴、Y 轴的夹角也是微小角加速度的来源之一。

第二种类型的激振器(见图 5)[9]是用空气轴承约束在 X-Y 方向运动的平整的平台,在平台上安装被测传感器并使其灵敏轴垂直于振动台面。两个或更多的激振器用来驱动台面运动。从激振器到振动台连接件的设计是以减少 Z 轴的任何旋转运动(围绕传感器敏感轴)为目标。

在这两种系统中,有两只小的参考传感器安装在运动部件上,其几何轴在振动台平面内,并靠近被测传感器(见图 4 和图 5)。调整激振器波形使杆的端部按照预定模式运动。

同相位驱动 X 和 Y 激振器,通过改变相对振幅获得在任何方向上的线性运动,可测量任一个方向的横向灵敏度。

此外,调整激振器使 Y 向和与 X 向的运动正交,即 Y 向与 X 向相位成 90°,则 Y 向与 X 向运动合成为一个圆形的轨迹。在此条件下,传感器受到的向心加速度矢量以振动周期为周期变化。可分析、比较被测传感器输出的幅值和相位与参考传感器的关系。此时,横向灵敏度是被测传感器的输出与加速度输入之比,输出相位相对于旋转运动而变化,取决于被测传感器的横向灵敏度方向。

圆柱型杆的谐振频率范围一般是 350 Hz 到 500 Hz,谐振频率取决于固紧装置的质量和测试单元本身。加速度振幅从 10 m/s^2～200 m/s^2。

对于使用两个或更多的激振器的平面系统,测试频率一般为 5 Hz～100 Hz,加速度幅值 10 m/s^2～200 m/s^2,位移振幅 1 mm～10 mm。

6.2 方法和结果表达

以图 4 为例介绍这种方法,详见参考文献[8]。计算机控制在 X-Y 平面的运动,根据式(3)和式(4)(当 $\hat{a}_X=\hat{a}_Y$时)产生近似圆周运动。此时计算机可同步采集 X 向和 Y 向参考加速度计和被测传感器的信号。

横向灵敏度测试系统处在 X-Y 平面内产生频率 f 的直线加速度运动,控制加速度沿 X 轴和 Y 轴方向的分量,使其相位差为 90°,关系式如下:

$$a_X(t)=\hat{a}_X\sin(2\pi ft) \qquad (3)$$

$$a_Y(t)=\hat{a}_Y\cos(2\pi ft) \qquad (4)$$

式中:

$a_X(t)$——沿 X 轴的加速度随时间变化的值;

$\hat{a}_X$——沿 X 轴的加速度分量幅值;

f——振动频率;

t——时间;

$\hat{a}_Y$——沿 Y 轴的加速度分量幅值;

$a_Y(t)$——沿 Y 轴的加速度随时间变化的值。

在一般情况下,式(3)及式(4)描述的是 X-Y 平面内的椭圆运动。如果加速度幅值 $\hat{a}_X$ 和 $\hat{a}_Y$ 相等,则描述的是一个圆。

在 X-Y 平面内,任何时刻 t 时加速度矢量 α 由加速度幅值 a 以及其方位角 β 求得:

$$a(t)=\sqrt{a_X^2(t)+a_Y^2(t)} \qquad (5)$$

$$\beta(t)=\mathrm{atan}\left[\frac{a_Y(t)}{a_X(t)}\right] \qquad (6)$$

传感器输出幅值 $u_{\mathrm{out}}(t)$ 与加速度幅值 $a(t)$ 的比率最大值为被测传感器最大横向灵敏度 $S_{\mathrm{T,max}}$：

$$S_{\mathrm{T,max}}=\max\left[\frac{u_{\mathrm{out}}(t)}{a(t)}\right] \qquad (7)$$

对于冲击加速度计，其敏感轴灵敏度(图 A.1 里的 S_{N})很小，横向运动的输出振幅 $u_{\mathrm{out}}(t)$ 可能会非常小。在这种情况下，采用“正弦逼近法”技术可以改善信号的分辨力(此法在 GB/T 20485.11[2] 中有详述)，或同时对被测传感器和参考加速度计的输出信号进行快速傅里叶变换也可达到目的。

在激振频率点 $\omega_2=2\pi f$ 处，加速度分量 a_X 和 a_Y 的频谱、被测传感器输出的频谱的复数表达式分别为：

$$A_X(\mathrm{j}\omega_2)=\mathrm{FFT}[a_X(t)]_{\omega_2} \qquad (8)$$

$$A_Y(\mathrm{j}\omega_2)=\mathrm{FFT}[a_Y(t)]_{\omega_2} \qquad (9)$$

$$U_{\mathrm{out}}(\mathrm{j}\omega_2)=\mathrm{FFT}[u_{\mathrm{out}}(t)]_{\omega_2} \qquad (10)$$

被测传感器与 X-Y 轴参考加速度计同相的输出可表示为：

$$U_X=\mathrm{Re}\left(U_{\mathrm{out}}\frac{A_X^*}{|A_X|}\right) \qquad (11)$$

$$U_Y=\mathrm{Re}\left(U_{\mathrm{out}}\frac{A_Y^*}{|A_Y|}\right) \qquad (12)$$

其中 Re( )代表实数部分，$|A_i|$ 和 A_i^* 分别是 A_i 的模和共轭。

在 X 和 Y 方向上的横向灵敏度分别为：

$$S_X=\frac{U_X}{|A_X|} \qquad (13)$$

$$S_Y=\frac{U_Y}{|A_Y|} \qquad (14)$$

由式(15)和式(16)计算最大横向灵敏度 $S_{\mathrm{T,max}}$ 和最大横向灵敏度角度 $\beta_{\mathrm{T,max}}$：

$$S_{\mathrm{T,max}}=\sqrt{S_{X,\max}^2+S_{Y,\max}^2} \qquad (15)$$

$$\beta_{\mathrm{T,max}}=\mathrm{atan}\sqrt{\frac{S_{Y,\max}}{S_{X,\max}}} \qquad (16)$$

最小横向灵敏度角度 $\beta_{\mathrm{T,min}}$ 可由下式得到：

$$\beta_{\mathrm{T,min}}=\beta_{\mathrm{T,max}}\pm\frac{\pi}{2} \qquad (17)$$

7 三轴振动激励法的横向灵敏度测试系统

7.1 仪器

这种横向测试系统由 X、Y 和 Z 方向三个独立的激振器组成，通过交叉耦合单元，在 Z 方向产生额定的振动加速度，同时激发在 X-Y 平面的振动，以此来模拟被测传感器的典型应用条件。

在参考文献[10]和[11](见图 6)中描述的三轴运动发生器由 3 个线性电动式激振器组成，激振器采用静压轴承耦合。它可以独立控制三个轴(X、Y 和 Z)的振动频率和振幅。

横向测试系统应有测量 X、Y 和 Z 方向的振动参数和被测传感器的输出信号的测量子系统。

在三轴校准系统的示例(参考文献[10]和[11])中，同时测量 X、Y 和 Z 振动参数的测量系统可分为三种情况：

——图 6 使用一只三轴向加速度计和三轴激振器；

——图 7 使用三台激光干涉仪和和三轴激振器；

——图 8 使用一台 3D 激光测振仪和三轴激振器测量。

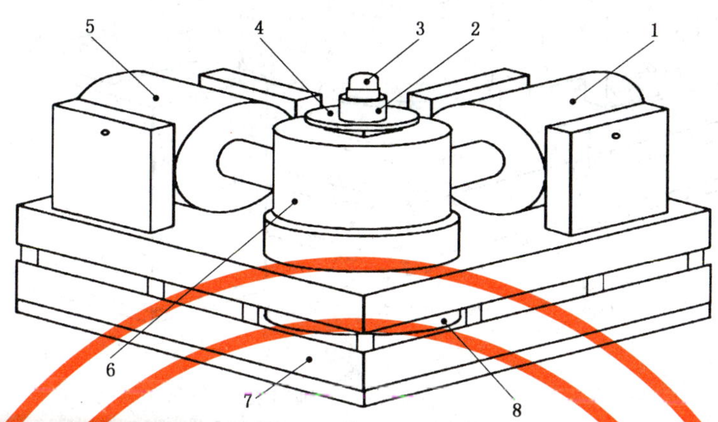

说明：

1——X 轴向激励器；

2——带三轴向加速度计的适配器；

3——被测传感器；

4——振动台面；

5——Y 轴向激励器；

6——交叉耦合单元；

7——隔振基础；

8——Z 轴向激励器。

图 6　采用三轴向加速度计测试横向灵敏度的三轴激振器的示例

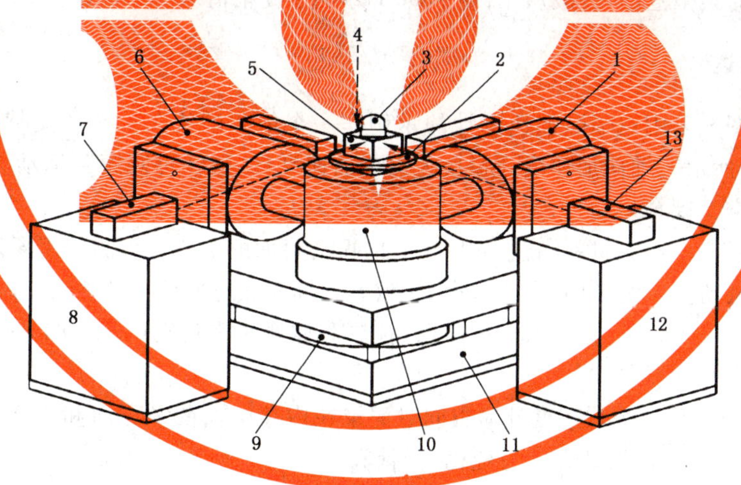

说明：

1——X 轴向激励器；

2——振动台面；

3——被测传感器；

4——Z 向干涉仪射出的激光测量光束；

5——反射器；

6——Y 轴向激励器；

7——X 轴向干涉仪；

8——X 轴向干涉仪的隔振垫；

9——Z 轴向激励器；

10——交叉耦合单元；

11——隔振基础；

12——Y 轴向干涉仪的隔振垫；

13——Y 轴向干涉仪。

图 7　采用三个激光干涉仪的三轴激振器的示例

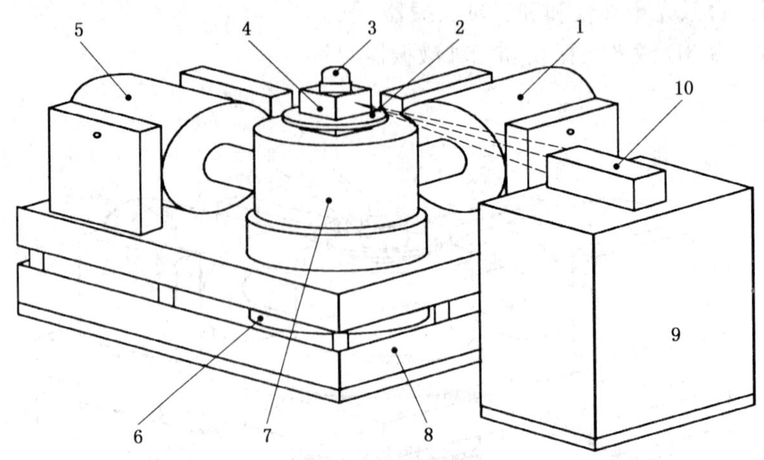

说明：

1——X 轴向激励器；
2——振动台面；
3——被测传感器；
4——反射器；
5——Y 轴向激励器；
6——Z 轴向激励器；
7——交叉耦合单元；
8——隔振基础；
9——3D 激光测振仪的隔振垫；
10——3D 激光测振仪。

图 8　采用 3D 激光测振仪的三轴激振器的示例

关于被测传感器的输入和输出信号的测量过程见第 8 章。

横向测试系统的频率范围，一般从 1 Hz～500 Hz，加速度幅值从 10 m/s^2～200 m/s^2。

7.2　方法和结果表达

对这种方法以图 6 采用三轴向加速度计的示例作一个简要的说明。参考文献[12]给出了详细介绍，不同的是将图 6 所示三轴向加速度计替换为四个加速度计，这样可观察到运动失真，或者观测由静压轴承引起的任何交叉耦合运动。

被测加速度计固定在铸铝材料、直径 420 mm 的振动台面的中心。被测加速度计、三轴向加速度计（Z 向）的敏感轴和振动激励的 Z 向（垂直方向）一致。三轴向加速度计的其余两个向（X 和 Y）也与激振器另外两个运动方向一致。通过三轴向加速度计控制和监测水平运动（X 和 Y），确保三轴向激振器系统的控制反馈不会影响测量。

模数转换器（ADC）将每个加速度计输出同时记录在内存中。在 Z 方向和 X-Y 平面内的振动频率可独立选择。在 X-Y 平面内振动方向每变化 30°计算一次。

X-Y 平面内的加速度幅值 a_{XY} 表示为：

$$a_{XY}=\sqrt{a_X^2+a_Y^2} \qquad \cdots\cdots(18)$$

其中 a_X 和 a_Y 分别是 X 和 Y 轴的加速度分量。

在 $\mathrm{atan}(a_Y/a_X)$ 方向的被测传感器的横向灵敏度由 a_{XY} 的值来计算。加速度分量 a_X 和 a_Y 的 X 轴和 Y 轴的监测加速度分量相符合。

结果表达的更多信息见 4.2.2。

8　被测传感器输入输出信号的测量设备

测量横向灵敏度时，第 4 章和第 5 章中描述的产生横向振动的装置还应配备适当的测试系统，该系统应满足传感器横向灵敏度测试的不确定度要求。

例如激振台的加速度幅值或速度幅值的测量设备如下：

a) 压电加速度计、电荷放大器和同时测量 X、Y 和 Z 方向加速度振幅的真有效值电压表，各一台/只；

b) 同时测量 X、Y 和 Z 方向速度振幅的激光干涉测振仪，三台；

c) 同时测量 X、Y 和 Z 方向速度振幅的 3D 激光干涉测振仪，一台。

在三轴激振器的情况下，应使用三通道的测量仪器（见图 6、图 7 和图 8）（参考文献[10]和[11]）。

示例中，信号放大器和真有效值电压表为测量传感器输出的方式之一。

9 首选振幅和频率

加速度或速度幅值应选择以传感器输出信号的信噪比满足输出幅值准确测量要求为目标。

频率应在 1 Hz～5 kHz 间按三分之一倍频程的标准（ISO 266）选取（或以角频率 $\omega=1\,000$ rad/s 往后选取）。

附　录　A
（规范性附录）
横向灵敏度的定义

加速度计的横向灵敏度是加速度施加在与其几何轴成直角时加速度计的输出灵敏度，速度传感器的横向灵敏度是速度施加于其几何轴成直角时的速度计的输出灵敏度。

传感器的灵敏轴不一定和其几何轴在一条线上，如图 A.1 所示。如果传感器放置于一个直角坐标系内，如图 A.1 所示，向量 S_{max}（代表传感器最大灵敏度幅值和方向）可以分解成两部分：几何轴灵敏度 S_N 和最大横向灵敏度 $S_{T,max}$。

横向灵敏度的理论曲线如图 A.2 所示。横向灵敏度可表示为几何轴灵敏度的百分数（取决于激振角）。

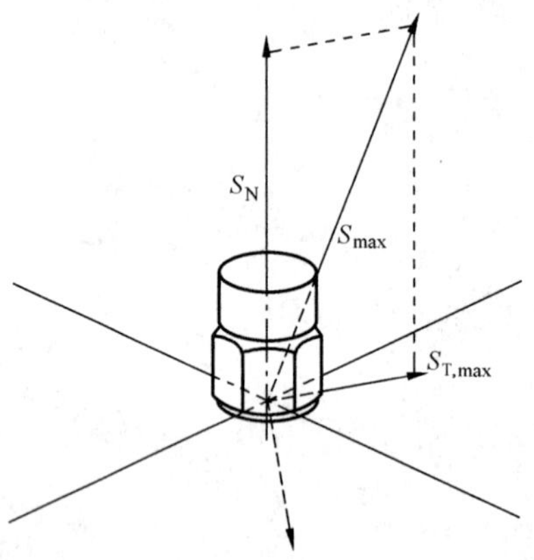

说明：

S_{max} ——代表最大传感器灵敏度幅值和方向的向量；

S_N ——几何轴灵敏度幅值；

$S_{T,max}$ ——最大横向灵敏度幅值。

图 A.1　横向灵敏度的图形示意

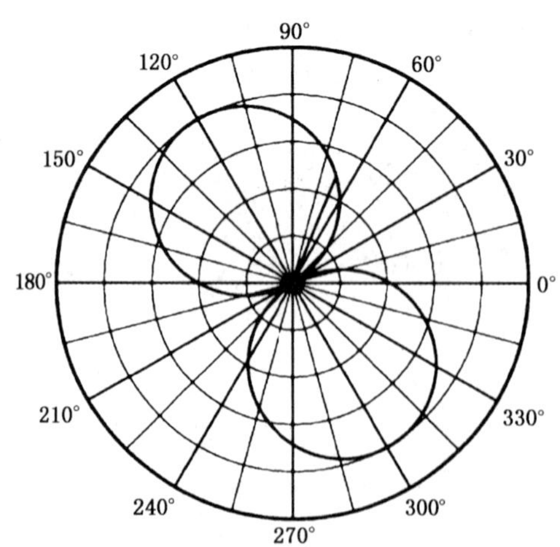

图 A.2　横向灵敏度典型极坐标图

参 考 文 献

[1] ISO 2041,Mechanical vibration,shock and condition monitoring—Vocabulary

[2] ISO 16063-11,Methods for the calibration of vibration and shock transducers—Part 11:Primary vibration calibration by laser interferometry

[3] ISO 16063-21,Methods for the calibration of vibration and shock transducers—Part 21:Vibration calibration by comparison to a reference transducer

[4] ISO/IEC Guide 98-3,Uncertainty of measurement—Part 3:Guide to the expression of uncertainty in measurement(GUM:1995)

[5] ASMW-Vorschrift Messwesen ASMW VM 1273 (Sept. 1987),Mechanische Schwingungen—Beschleuni gungsaufnehmer und Schwingungserreger—Zulassungs- und Eichvorschrift für Referenznormale [Mechanical vibrations—Accelerometers and vibration exciters—Regulation for pattern approval and verification of reference standards]

[6] ISA-RP 37.2-1982 (R1995),Guide for specifications and tests for piezoelectric acceleration transducers for aerospace testing

[7] PETZSCHE,T. Determination of the transverse sensitivity using a mechanical vibration generator with turntable. ISO TC 108/SC 3/WG 6 Doc. N153 (2007)

[8] DOSCH,J. J. ,LALLY,M. L. Automated testing of accelerometer transverse sensitivity. In: Proceedings of the International Modal Analysis Conference,pp. 1-4. IMAC,Kissimee,FL,USA,2003

[9] SILL,R. D. ,SELLER,E. J. Accelerometer transverse sensitivity measurement using planar orbital motion. In:Proceedings of the 77th Shock and Vibration Symposium,pp. 8-12. Monterey,CA,USA,Nov. 2006. Available (2009-03-12) at: http://www. pcb. com/techsupport/docs/vib/AR-86_Transverse_Sensitivity. pdf

[10] VON MARTENS,H.-J. ,WEISSENBORN,C. Simultaneous multi-component calibration—A new research area in the field of vibration and shock. 1st Meeting of the Consultative Committee for Acoustics,Ultrasound and Vibration. Bureau International de Poids et Mesures,Sevres,France,1999

[11] WEISSENBORN,C. A new measurement system for simultaneous multicomponent calibration of motion transducers. In: Proceedings of the 9th International Conference for Sensors,Transducers and Systems (Sensor 99). Nürnberg,Germany (1999)

[12] USUDA,T. ,WEISSENBORN,C. ,VON MARTENS,H.-J. Theoretical and experimental investigation of transverse sensitivity of accelerometers under multiaxial excitation. Meas. Sci. Technol. 2004,15,pp. 896-904

ICS 03.060
A 11

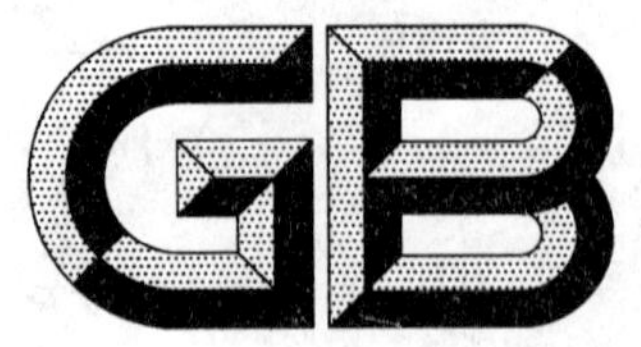

中华人民共和国国家标准

GB/T 20543.1—2011/ISO 13616-1:2007
代替 GB/T 20543—2006

金融服务　国际银行账号(IBAN)
第1部分:IBAN的结构

**Financial services—International bank account number (IBAN)—
Part 1:Structure of the IBAN**

(ISO 13616-1:2007,IDT)

2011-12-30 发布　　2012-02-01 实施

中华人民共和国国家质量监督检验检疫总局
中国国家标准化管理委员会　发布

前　言

GB/T 20543—2011《金融服务　国际银行账号(IBAN)》由以下两个部分构成：

——第1部分：IBAN的结构；

——第2部分：注册机构的角色和职责。

本部分为该标准的第1部分。

本部分按照GB/T 1.1—2009给出的规则起草。

本部分代替GB/T 20543—2006《银行业务和相关金融服务　国际银行账号(IBAN)》。

本部分与GB/T 20543—2006相比主要变化如下：

——第5章中增加了对每一个国家IBAN都应有一个固定长度，以及每一个国家的银行标识符在IBAN应有固定长度和位置的规定。

本部分使用翻译法等同采用ISO 13616-1:2007《金融服务　国际银行账号(IBAN)　第1部分：IBAN的结构》。

本部分做了下列编辑性修改：

——为便于使用，本部分删除了国际标准前言。

与本部分中规范性引用的国际文件有一致性对应关系的我国文件如下：

——GB/T 2659　世界各国和地区名称代码(GB/T 2659—2000，eqv ISO 3166-1:1997)

——GB/T 17710　信息技术　安全技术　校验字符系统(GB/T 17710—2008，ISO/IEC 7064:2003，IDT)

本部分由中国人民银行提出。

本部分由全国金融标准化技术委员会(SAC/TC 180)归口。

本部分负责起草单位：中国金融电子化公司。

本部分参加起草单位：中国人民银行、中国工商银行、中国建设银行、交通银行、中信银行、北京银联金卡科技有限公司。

本部分主要起草人：王平娃、陆书春、李曙光、杨倩、田洁、赵志兰、邵冠军、李延、杨宝辉、贾静、李孟琰、刘志刚、仲志晖、贾树辉、刘运、景芸。

本部分于2006年首次发布，本次为第一次修订。

引　　言

0.1　概述

在金融机构之间以及金融机构与其客户之间，用于跨境信息传输、资金支付以及与支付相关交易的电子通讯媒介的应用和国际性服务继续呈现显著增长趋势。在该环境下，为使自动处理更便利以支持直通处理(STP)，制定了本部分。通过本部分及行业内的电子数据交换(EDI)技术，金融机构与客户能够以机器可读的方式交换账户身份信息。本部分同时规定了验证所提供信息有效性的条款。

在标准制定中采用单一的、通用的方法来识别金融机构客户的账户和银行之间的关系是不现实的，并且金融机构都希望保留自己所在国家现有的标识方法。鉴于此，本部分提出了一种只需对现有体系进行最低限度的改动的标识方法及组织信息的方式，以促进信息的自动化处理。

在电子数据交换方面，本部分的应用将会带来：

a)　在处理行业内和行业间的数据交换方面，减少了人为干预；

b)　提高了所提供信息的准确水平；

c)　确保所提供的信息可以体现账户所有者的国家信息。

IBAN 可以应用到纸质环境中。在应用 IBAN 描述金融机构的同时，如果为进一步限定金融机构，也可以使用 IBAN 以外的技术标准。

符合 GB/T 20543 并由 IBAN 注册机构注册的各国协定 IBAN 格式，公布在 http://www.swift.com。

0.2　GB/T 20543 本次修订的背景

GB/T 20543 本次修订是为了使 IBAN 标准与欧洲银行标准委员会(ECBS)的 IBAN 标准达成一致，以形成一个统一的全球可接受的标准。

GB/T 20543 的本次修订吸取了欧洲许多国家的实践经验，这些国家已经实施了基于 ECBS 标准的 IBAN。与前一版本 GB/T 20543 中的 IBAN 相比，明显的优势是本次修订规定了 IBAN 的固定长度，以及规定了每一个国家的银行标识符在 IBAN 中均应有固定长度和位置，这一优势便于进行更有效的准确性检查和更好的直通处理(STP)，有利于降低成本提高效率。

本次修订的一个主要关注点是，GB/T 20543 规定的固定长度要求可能会改变国内账号，或者不同国家的账号结构需要协调转换。但是，实际并非如此，事实上在创建 IBAN 时就能够达到固定长度的要求。

另外，国内账号依然可以使用小写字母字符表示，对此 GB/T 20543 未作任何变化，即小写字符可以继续被使用，校验位算法与大小写字母无关。

金融服务　国际银行账号(IBAN)
第1部分:IBAN的结构

1 范围

GB/T 20543的本部分规定了国际银行账号(IBAN)的构成要素,以便于在金融领域以及其他行业进行跨境数据交换时的数据处理工作。

IBAN是为自动化处理而设计的,但在适宜的情况下,它也可以便捷地应用于基于其他介质的信息交换之中(如纸质文件的交换等)。

本部分既不规定实施标准所涉及的内部程序、文件组织技术、存储介质、语言等,也不用于优化网络报文路由,而只用于通过系统(网络)间传输文本数据。

本部分适用于金融领域以及其他领域进行跨境数据交换时国际银行账号(IBAN)的使用。

2 规范性引用文件

下列文件对于本文件的应用是必不可少的。凡是注日期的引用文件,仅注日期的版本适用于本文件。凡是不注日期的引用文件,其最新版本(包括所有的修改单)适用于本文件。

ISO 3166-1　世界各国和地区名称代码(Codes for the representation of names of countries and their subdivisions—Part 1: Country codes)

ISO/IEC 7064　信息技术　安全技术　校验字符系统(Information technology—Security techniques—Check character systems)

3 术语和定义

下列术语和定义适用于本文件。

3.1

账号　account number

识别账户的标识符。

3.2

银行标识符　bank identifier

惟一识别金融机构的标识符,以及必要时惟一识别提供账户服务的金融分支机构的标识符。

3.3

银行基本账号　basic bank account number (BBAN)

某一国家特定金融机构采用的、用以惟一标识其客户账号的标识符,并且该标志符包含一个为该账户提供服务的金融机构的银行标识符。

3.4

国际银行账号　international bank account number (IBAN)

银行基本账号的扩充版,用以在国际范围内惟一标识某一国家特定金融机构客户账号的标识符。

注:虽然IBAN被设计用于国际环境,但并不限制在国内使用。

4 约定

本部分对数据元的表示采用下列约定。

——数据元子元素的状态：

[ ]：可选。

——字符的表示：

n：数字(0 到 9 之间的数字)；

a：大写字母(大写字母 A～Z)；或者

c：大小写字母和数字(大写字母 A～Z，小写字母 a～z，数字 0～9)；

e：空格。

——长度的表示：

nn!：固定长度；

nn：最大长度。

5 结构

IBAN 的格式如下：

2!a2!n30c

IBAN 的构成如下：

a) 前两个字符(2!a)为国家代码(alpha-2 型代码)，按照 ISO 3166-1 的规定定义，代表提供账户服务的金融机构常驻的国家；
b) 第 3 和第 4 个字符(2!n)为校验码，按照本部分(见第 6 章)规定的算法得出；
c) IBAN 的剩余部分(不超过 30c)，即 BBAN，只包含大小写字母(A 到 Z 和 a 到 z))和数字(0 到 9)，没有特殊字符，例如分隔符和标点符号，这些特殊字符可以用于国内账号中；
d) 另外 BBAN 应：
    - 每一个国家都有一个固定的长度；
    - 每一个国家的银行标识符都有固定位置和长度。

如果 BBAN 的结构与上述 d)款一致，相应的 IBAN 格式将满足 IBAN 注册中的要求。IBAN 的格式设计是基于 GB/T 20543 的前一个版本，该版本不符合上述 d)款的要求，IBAN 格式列入注册文件的专门章节供免费使用。

IBAN 在印制格式中的表示法见附录 A。

6 校验码

6.1 通则

校验码应根据 ISO/IEC 7064 规定的方法计算(MOD 97-10)，具体见附录 B。

校验码用于验证 BBAN 和国家代码的正确性。

只有为账户提供服务的金融机构才允许生成该账户的 IBAN(包括校验码)。

6.2 验证校验码

6.2.1 如果 IBAN 是以纸质格式(见附录 A)出现的，则应删除所有空格。

6.2.2 将 IBAN 的前 4 个字符移到其右首边。

6.2.3 根据下列关系，将字母转换为数字：

A=10，B=11，C=12，D=13，E=14，F=15，G=16，H=17，I=18，J=19，K=20，L=21，M=22，N=23，O=24，P=25，Q=26，R=27，S=28，T=29，U=30，V=31，W=32，X=33，Y=34，Z=35。

6.2.4 应用字符校验 MOD97-10 方法进行校验(见 ISO/IEC 7064)。

6.2.5 如果余数是 1，说明这个账号是有效的。

6.3 生成校验码

6.3.1 将国家代码(2!a)和字符“00”加到 BBAN 的最右侧。

6.3.2 依据 6.2.3 将字母(alpha-2)转换为数字。

6.3.3 应用字符校验 MOD97-10 方法进行校验(见 ISO/IEC 7064)。

7 IBAN 格式的注册

希望为其国家注册符合本标准的 IBAN 格式的国家标准组织，应参照 GB/T 20543.2 的有关规定执行。

8 IBAN 的格式和示例

在 IBAN 格式注册处中能够找到符合本标准要求的 IBAN 格式和示例，这些 IBAN 格式由 GB/T 20543.2 中描述的注册机构维护。

附 录 A
（规范性附录）
IBAN 在印制格式中的表示法

A.1 引言

本附录规定了 IBAN 在印制格式中的应用和表示方法。

A.2 范围

在印制格式中需要采用国际银行账号规范的，应依照本附录的规定来使用 IBAN。

在产生支付(或与支付相关)指令的纸质文件中，必须包含 IBAN，除此之外，根据实际情况，还可以包含该 IBAN 所代表的金融机构的其他标识。该标识不是隐含在 IBAN 中的金融机构标识(如按照 GB/T 16711 中的规定确定的 BIC)，而是根据另外的标识方案确定的标识。

本附录没有规定在纸质文件或相似情况中 IBAN 的书写位置。

A.3 结构

在印制格式中，应保留 IBAN 的结构(2!a2!n30c)，但是应按照四个字符为一组，每组之间以空格分隔的方式印制。这样可以提高 IBAN 在纸质文件中的易读性。

示例：

电子 IBAN:BE68539007547034

印制 IBAN:BE68 5390 0754 7034

附 录 B
（资料性附录）
校验码的计算和验证举例

B.1 构造一个 IBAN 并计算其校验码

B.1.1 本附录中给出的示例采用捷克共和国国内使用的账号，将其转化为第 5 章中给出的 IBAN 结构。捷克共和国国内使用的账号由 6～20 位数字组成，这个账号里有固定四位长度的银行标识符，并且这个标识总是在最后四位。

例如：其国内使用账号为 19-2000145399/0800，银行标识符是 0800。

B.1.2 删除 BBAN 中所有非字母数字字符的 BBAN 格式。

例如：国内使用账号为 19-2000145399/0800 变为 1920001453990800。

B.1.3 在上述数字的最右侧增加国家代码（如 2！a，见 ISO 3166-1），然后再加数字“00”。

例如：账号就变为 08000000192000145399CZ00。

B.1.4 根据 6.2.3，将所有的字母字符转换为数字字符。

例如：账号就变为 08000000192000145399123500。

B.1.5 作模 97 运算（即被 97 除后的余数）。

例如：08000000192000145399123500 被 97 除后的余数是 33。

B.1.6 用 98 减去余数，如果结果小于 10，在该数字前补 0。

例如：98 减去 33 等于 65。

注：本附录中给出的示例不需要插入前导“0”。

B.1.7 在 BBAN 的最左端插入国家代码和校验位。

例如：IBAN 为 CZ6508000000192000145399（电子格式）或 CZ65 0800 0000 1920 0014 5399（印制格式）。

B.2 验证 IBAN 校验码

B.2.1 以下是验证 IBAN 校验码的方法。

例如：将要被验证的 IBAN 为 CZ6508000000192000145399。

B.2.2 将 IBAN 的前 4 个字符移到最右侧。

例如：国际银行账号变为 08000000192000145399CZ65。

B.2.3 根据 6.2.3，将字母字符转换为数字字符。

例如：账号变为 08000000192000145399123565。

B.2.4 作模 97 运算（即被 97 除后的余数）。

例如：08000000192000145399123565 被 97 除后的余数是 1。

B.2.5 如果余数是 1，说明 IBAN 的校验码是正确的。

参 考 文 献

[1] GB/T 16711 银行业 银行电信报文 银行标识代码(GB/T 16711—1996,idt ISO 9362:1994)

[2] GB/T 20543.2 金融服务 国际银行账号(IBAN) 第2部分:注册机构的角色和职责(GB/T 20543.2—2011,ISO 13616-2:2007,IDT)

ICS 03.060
A 11

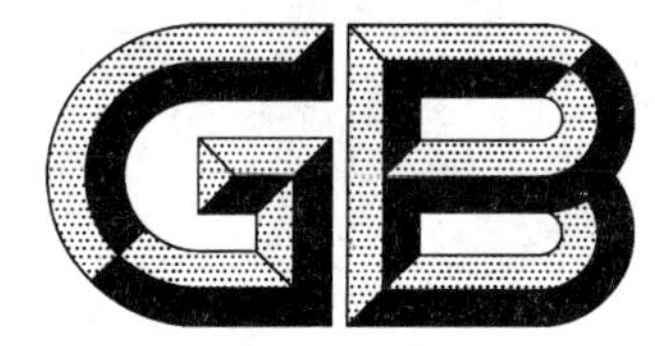

中华人民共和国国家标准

GB/T 20543.2—2011/ISO 13616-2:2007

金融服务　国际银行账号(IBAN)
第2部分:注册机构的角色和职责

Financial services—International bank account number (IBAN)—
Part 2:Role and responsibilities of the registration authority

(ISO 13616-2:2007,IDT)

2011-12-30 发布　　　　2012-02-01 实施

中华人民共和国国家质量监督检验检疫总局
中国国家标准化管理委员会　发布

前　　言

GB/T 20543—2011《金融服务　国际银行账号(IBAN)》由以下两部分构成:

——第1部分:IBAN的结构;

——第2部分:注册机构的角色和职责。

本部分为GB/T 20543的第2部分。

本部分按照GB/T 1.1—2009给出的规则起草。

本部分使用翻译法等同采用ISO 13616-2:2007《金融服务　国际银行账号(IBAN)　第2部分:注册机构的角色和职责》。

本部分做了下列编辑性修改:

——为便于使用,本部分删除了国际标准前言。

与本部分规范性引用的国际文件有一致性对应关系的我国文件如下:

——GB/T 2659　世界各国和地区名称代码(GB/T 2659—2000,eqv　ISO 3166-1:1997)

——GB/T 20543.1　金融服务　国际银行账号(IBAN)　第1部分:IBAN的结构(GB/T 20543.1—2011,ISO 13161-1:2007,IDT)

本部分由中国人民银行提出。

本部分由全国金融标准化技术委员会(SAC/TC 180)归口。

本部分负责起草单位:中国金融电子化公司。

本部分参加起草单位:中国人民银行、中国工商银行、中国建设银行、交通银行、中信银行、北京银联金卡科技有限公司。

本部分主要起草人:王平娃、陆书春、李曙光、杨倩、田洁、赵志兰、邵冠军、李延、杨宝辉、贾静、李孟琰、刘志刚、仲志晖、贾树辉、刘运、景芸。

引　言

0.1 概述

在金融机构之间以及金融机构与其客户之间，用于跨境信息传输、资金支付以及与支付相关交易的电子通讯媒介的应用和国际性服务继续呈现显著增长趋势。在该环境下，为使自动处理更便利以支持直通处理(STP)，制定了 GB/T 20543 标准。通过该标准及行业内的电子数据交换(EDI)技术，金融机构与客户能够以机器可读的方式交换账户身份信息。该标准同时规定了验证所提供信息有效性的条款。

在标准制定中采用单一的、通用的方法来识别金融机构客户的账户和银行之间的关系是不现实的，并且金融机构都希望保留自己所在国家现有的标识方法。鉴于此，该标准提出了一种只需对现有体系进行最低限度的改动的标识方法及组织信息的方式，以促进信息的自动化处理。

在电子数据交换方面，该标准的应用将会带来：

a) 在处理行业内和行业间的数据交换方面，减少了人为干预；

b) 提高了所提供信息的准确水平；

c) 确保所提供的信息可以体现账户所有者的国家信息。

本部分描述：

——负责 IBAN 格式注册的注册机构；

——注册 IBAN 格式的程序；

——注册 IBAN 格式的数据元素。

符合 GB/T 20543 并由 IBAN 注册机构注册的国际协定 IBAN 格式，公布在 http://www.swift.com。

0.2 GB/T 20543 本次修订的背景

GB/T 20543 本次修订是为了使 IBAN 标准与欧洲银行标准委员会(ECBS)的 IBAN 标准达成一致，以形成一个统一的全球可接受的标准。

GB/T 20543 的本次修订吸取了欧洲许多国家的实践经验，这些国家已经实施了基于 ECBS 标准的 IBAN。与前一版本 GB/T 20543 中的 IBAN 相比，明显的优势是本次修订规定了 IBAN 的固定长度，以及规定了银行标识符在 IBAN 中的固定长度和位置，这一优势便于进行更有效的真实性检查和更好的直通处理(STP)，有利于降低成本提高效率。

本次修订的一个主要关注点是，GB/T 20543 规定的固定长度要求可能会改变国内账号，或者不同国家的账号结构需要协调转换。但是，实际并非如此，事实上在创建 IBAN 时就能够达到固定长度的要求。

另外，国内账号依然可以使用小写字母字符表示，对此 GB/T 20543 未作任何变化，即小写字符可以继续被使用，校验位算法与大小写字母无关。

金融服务　国际银行账号(IBAN)
第2部分:注册机构的角色和职责

1　范围

GB/T 20543的本部分描述IBAN格式的注册机构、注册程序和注册结构,注册的IBAN格式应满足ISO 13616-1的要求。

本部分适用于使用IBAN的相关机构的注册管理。

2　规范性引用文件

下列文件对于本文件的应用是必不可少的。凡是注日期的引用文件,仅注日期的版本适用于本文件。凡是不注日期的引用文件,其最新版本(包括所有的修改单)适用于本文件。

ISO 3166-1　世界各国和地区名称代码(Codes for the representation of names of countries and their subdivisions—Part 1:Country codes)

ISO 13616-1　金融服务　国际银行账号(IBAN)　第1部分:IBAN的结构(Financial services—International bank account number (IBAN)—Part 1:Structure of the IBAN)

ISO/IEC导则:2004　第1部分:技术工作程序

3　术语和定义

ISO 13616-1界定的术语和定义适用于本文件。

4　注册机构(RA)

4.1　任命

按照ISO/IEC导则第1部分附录H的指示,ISO TC 68/SC 7的成员之一或者一个经批准的实体单位,将被指定作为ISO IBAN合法的注册机构。

4.2　职责

注册机构负责对符合ISO 13616格式要求的IBAN进行注册和维护,该过程称之为"IBAN注册",注册机构(RA)的职责为:

——IBAN注册和维护;

——在互联网上发布注册的IBAN;

——向ISO TC 68/SC 7秘书处提交注册的IBAN副本;

——在ISO TC 68/SC 7每次会议的前30天,提交供审查的注册管理报告;

——永久保留所有的申请及处理的记录,即副本。

5　注册程序

每个国家的标准机构应为其国家提交符合ISO 13616格式要求的IBAN。

进行 IBAN 注册时,提供 ISO 13616-1 中规定的强制和推荐的信息,具体如下:

a) 国家名称;

b) 符合 ISO 3166-1 的国家代码;

c) IBAN 的长度,最大长度为 34 字符;

d) 在 BBAN 中银行标识符的位置和长度;

e) IBAN 结构;

f) 可由注册机构(RA)联络的个人或实体的详细联系方式,这些个人或实体负责解答疑问,并且更新注册信息。

注:IBAN 格式注册时,联系方式是必须提供的,但是这些信息不公开,除非国家标准化机构或国家中央银行同意公开。

此外,IBAN 格式注册时还需要提供以下数据:

——银行标识符示例(如用于 BBAN);

——国内账号示例;

——银行基本账号(BBAN)示例;

——BBAN 的结构和 BBAN 的长度;

——IBAN 的示例,包括电子格式和印制格式。

ECBS TR201 中给出的由欧洲银行标准委员会(ECBS)注册的 IBAN 格式将作为 IBAN 注册的一部分即时生效。

6 IBAN 注册的结构

应按照表 1 指定的格式注册和维护 IBAN。

表 1 IBAN 注册的结构

数据元素	示例
国家名称	Czech Republic(捷克共和国)
ISO 3166-1 定义的国家代码	CZ
国内账号示例	19-2000145399/0800
BBAN	
BBAN 的结构	4!n16!n
BBAN 的长度	20!n
BBAN 中银行标识符的位置	Positions 1-4
银行标识符的长度	4!n
银行标识符示例	0800
BBAN 示例	08000000192000145399
IBAN	
IBAN 结构	CZ2!n4!n16!n
IBAN 长度	24!c

表 1(续)

数据元素	示例
IBAN 电子格式示例	CZ6508000000192000145399
IBAN 印制格式示例	CZ65 0800 0000 1920 0014 5399
以上信息仅由 RA 作为内部使用,不对外公开,除非国家标准机构或者国家中央银行同意公开。	
联系方式	Mr. lvan FENCL Czech National Bank Na Prikope 28 praha 1 Tel:+420 224 413 580 Fax:+420 224 413 351 Email:fencl@cnb. cz

7 服务级别协议

注册机构应在 IBAN 注册处公布一个有效的符合 ISO 13616 要求的 IBAN 格式,该 IBAN 格式由国家标准化机构或国家中央银行提交。

注册机构(RA)应在收到初始提交资料的五个工作日内告知收到,并十个工作日内进行信息验证,如果还需要额外信息,也应在这十个工作日内提出。

如果确定初始提交资料是有效的,那么注册机构(RA)应在确定初始资料有效后的五个工作日内公布这些初始提交资料。如果认为初始提交资料无效,那么注册机构(RA)应在认定再次提交资料有效之后的五个工作日内公布。

国家标准化机构或国家中央银行负责确保他们的注册登记信息保持最新状态。

注册机构(RA)将在指定的提供 RA 服务的网站上公布最新的 IBAN 注册信息。

IBAN 在线注册的有效性由注册机构(RA)负责。

8 信息所有权

国家标准化机构或国家中央银行对其提供的 IBAN 注册信息拥有全部知识产权(IPR)。提供信息的国家标准化机构对其所提供的信息拥有充分的权利,该信息通过 IBAN 注册机构(RA)按照 ISO 13616 指定的规则进行 IBAN 注册并发布。为确保 IBAN 注册信息的广泛、公开及统一使用,注册信息提供机构允许第三方以非独享、无特权的方式使用已公布的信息。

当 ISO 和指定为注册机构(RA)组织之间的协议终止时,ISO 可要求该机构以电子形式提供全部信息的所有副本和所有变更记录。

附 录 A
（规范性附录）
注册机构的指定

负责 IBAN 注册的注册机构为 SWIFT：

SWIFT SCRL（“SWIFT”）

Avenue Adele 1

B-1310 La Hulpe

比利时（Belgium）

电话：＋ 3226553111

网址：http://www.swift.com.

参 考 文 献

[1] ECBS TR 201, Register of European Bank Account Numbers

ICS 29.035.99
K 15

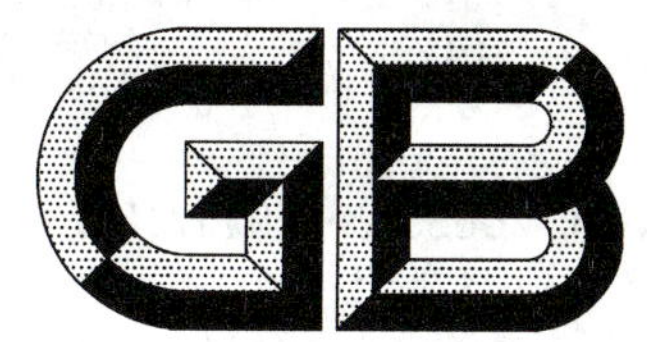

中华人民共和国国家标准

GB/T 20633.2—2011/IEC 61086-2:2004

承载印制电路板用涂料(敷形涂料) 第2部分:试验方法

Coatings for loaded printed wire boards (conformal coatings)— Part 2:Methods of test

(IEC 61086-2:2004,IDT)

2011-12-30 发布　　2012-05-01 实施

中华人民共和国国家质量监督检验检疫总局
中国国家标准化管理委员会　发布

前　言

GB/T 20633《承载印制电路板用涂料(敷形涂料)》分为以下几个部分:

——第1部分:定义、分类及一般要求;

——第2部分:试验方法;

——第3部分:一般用(1级)、高可靠性用(2级)和航空航天用(3级)涂料;

……

本部分为GB/T 20633的第2部分。

本部分按照GB/T 1.1—2009给出的规则起草。

本部分采用翻译法等同采用IEC 61086-2:2004《承载印制电路板用涂料(敷形涂料)　第2部分:试验方法》。

与本部分中规范性引用的国际文件有一致性对应关系的我国文件如下:

——GB/T 458—2008　纸和纸板透气度的测定(ISO 5636-3:1992,MOD);

——GB/T 4722—1992　印制电路用覆铜箔层压板试验方法(neq IEC 249-1:1982);

——GB/T 9271—2008　色漆和清漆　标准试板(ISO 1514:2004,MOD);

——GB/T 15022.2—2007　电气绝缘用树脂基活性复合物　第2部分:试验方法(IEC 60455-2:1998,MOD)。

本部分与IEC 61086-2:2004相比较,技术内容未变,仅在编辑格式上删除了IEC 61086-2:2004中的“前言”和“引言”,将引言内容编入本部分的“前言”;将“规范性引用文件”中的IEC标准用已等同采标转化后的国家标准代替。

请注意本文件的某些内容可能涉及专利。本文件的发布机构不承担识别这些专利的责任。

本部分由中国电器工业协会提出。

本部分由全国绝缘材料标准化技术委员会(SAC/TC 51)归口。

本部分主要起草单位:桂林电器科学研究院、桂林电子科技大学。

本部分起草人:罗传勇、祝晚华、戴培邦、宋玉侠、张波。

承载印制电路板用涂料(敷形涂料)第2部分:试验方法

1 范围

GB/T 20633的本部分规定了用于承载印制电路板用涂料(敷形涂料)的试验方法。

本部分适用于试验未固化涂料和应用到特定电路板上的涂料。

2 规范性引用文件

下列文件对于本文件的应用是必不可少的。凡是注日期的引用文件,仅注日期的版本适用于本文件。凡是不注日期的引用文件,其最新版本(包括所有的修改单)适用于本文件。

GB/T 1408.1—2006 绝缘材料电气强度试验方法 第1部分:工频下试验(IEC 60243-1:1998,IDT)

GB/T 2423.3—2006 电工电子产品环境试验 第2部分:试验方法 试验Cab:恒定湿热试验(IEC 60058-2-78:2001,IDT)

GB/T 2423.16—2008 电工电子产品环境试验 第2部分:试验方法 试验J及导则:长霉(IEC 60068-2-10:2005,IDT)

GB/T 2423.17—2008 电工电子产品环境试验 第2部分:试验方法 试验Ka:盐雾(IEC 60068-2-11:1981,IDT)

GB/T 2423.22—2002 电工电子产品环境试验 第2部分:试验方法 试验N:温度变化(IEC 60068-2-14:1984,IDT)

GB/T 2423.27—2005 电工电子产品环境试验 第2部分:试验方法 试验Z/AMD:低温/低气压/湿热连续综合试验(IEC 60068-2-39:1976,IDT)

GB/T 6742—2007 色漆和清漆 弯曲试验(圆柱轴)(ISO 1519:2002,IDT)

GB/T 11020—2005 固体非金属材料暴露在火焰源时的燃烧性 试验方法清单(IEC 60707:1999,IDT)

GB/T 13452.2—2008 色漆和清漆 漆膜厚度的测定(ISO 2808:2007,IDT)

GB/T 20633.1—2006 承载印制电路板用涂料(敷形涂料) 第1部分:定义、分类和一般要求(IEC 61086-1:2004,IDT)

GB/T 20633.3—2011 承载印制电路板用涂料(敷形涂料) 第3部分:一般用(1级)、高可靠性用(2级)和航空航天用(3级)涂料(IEC 61086-3-1:2004,IDT)

ISO 1514:2004 色漆和清漆 标准试板(Paints and varnishes—Standard panels for testing)

ISO 5636-3:1992 纸和纸板透气性测定(中等范围) 第3部分:本特生(Bendtsen)法(Paper and board—Determination of air permeance (medium range)—Part 3:Bendtsen method)

IEC 60249-1:1982 印制电路用基材 第1部分:试验方法(Basic materials for printed circuits—Part 1:Test methods)

IEC 60455-2:1998 电气绝缘用树脂基活性复合物 第2部分:试验方法(Resin based reactive compounds used for electrical insulation—Part 2:Methods of test)

3 试样

3.1 A试样

3.1.1 试验底板

试验底板(如图1所示)由以下三部分组成:

a) 一个用作测试绝缘电阻的梳状电极;

b) 一个用作测试击穿电压的"Y"形电极;

c) 用做厚度测量的八个垫子。

试验底板的主体面积应为(100±0.2)mm^2 且有一个尺寸是(84.0±0.2)mm×(12.0±0.2)mm的突出连接物(如图1所示),试验底(仪表)板的反面(背面)应当完全蚀刻。

3.1.2 准备工作

3.1.2.1 首先选择由聚乙烯或类似材料制成的容器或由硼硅酸盐玻璃制成容器作为清洗容器。容器用新配制的溶液(按3.1.2.2)进行冲洗,洗净后立即投入使用。经过(15±1)min后,装在该容器中溶液的电阻率降低应不超过10%。

试验完毕后,该容器应妥善保存以备再次使用,严禁用做其他用途。

3.1.2.2 用由75% 2-丙醇和25%去离子水(以离子交换法除去溶液中的离子)所配成的溶液清洗试验底板。在清洗试验底板前,应先将该溶液经过一个离子交换柱进行去离子处理,经过处理的溶液在(20±2)℃时的电导率应不超过5.0 μSm^{-1}。

3.1.2.3 试验底板经溶剂清洗后,再用按3.1.2.2中所规定的去离子溶剂(320 mL)进行萃取处理。将已清洗的试验底板放置于一个合适的漏斗中,漏斗下放置一个大小适宜的容器,然后将这320 mL溶液缓缓注入,彻底清洗试验底板的两个侧面。在进行萃取时,注入溶液的流速应当满足:用320 mL溶剂进行萃取,其过程至少要保证持续300 s(5 min)。然后,用一个精确度不低于±5%的电导(率)测量仪测量该萃取物在(20±2)℃下的电导率。该萃取物的电导率应不大于50 μSm^{-1}。

3.1.2.4 在印制电路板生产过程中应购买仪器,它们可能用于试验底板的清洗过程。产品说明书中规定了仪器的使用方法,比如,用完1 mL溶液或试验底板上每1 mm^2 面积上含有百万分之一克NaCl来表示该溶液中NaCl的浓度。配制溶液的实例:将(1.000±0.001)g NaCl溶解在1 000 mL去离子水中(稀释因子为1∶1 000)。

3.1.3 应用

用移液管吸取被试涂料,然后均匀涂覆在试验底板的所有面及侧边上,按生产商提供的条件进行固化处理。如果采用蒸汽加热使涂料固化,所采用的工艺应该经供方认可或采用在使用说明中规定的工艺。接线处应进行妥善屏蔽处理。

3.2 B试样

3.2.1 试验底板

用作涂层黏性和柔软性的试验底板的软铜片厚度为(0.125±0.010)mm,尺寸为100 mm×50 mm,试验底板应用合适的溶液(如1∶1的二甲苯-乙醇溶液)进行清洗,接着用零号钢丝绒进行抛光处理,然后再用溶液清洗,并用非棉织布块擦拭干净(直至铜片表面不含任何指纹或细金属微粒)。经清洗处理的底板应立即在1 h内进行试验。

3.2.2 应用

涂层应按 A 试样的制备方法进行涂覆制备(详见 3.1.3),然后按生产商提供的说明进行固化处理。

3.3 C 试样

3.3.1 试验底板

用作涂层耐酶菌生长的试验底板(如 7.7.1 所示)由一块面积为 40 mm^2 擦亮的厚玻璃板构成,然后用 ISO 1514:2004 中所述溶剂进行清洗处理,在该试验中可能会用到尺寸为 15 mm×25 mm 的标准显微镜载玻片。

3.3.2 应用

涂层应按 A 试样制备方法进行涂覆(详见 3.1.3),然后按生产商提供的说明进行固化处理。

3.4 D 试样

3.4.1 试验底板

试验底板的材质与 A 试样相同,不同的是 D 试样的试验底板的所有边/面均应完全进行蚀刻处理,试验底板的长度为(125±5)mm,宽度为(13±1)mm,厚度为(0.75±0.05)mm。在试验底板上离点燃端(25±0.5)mm 处划一垂直于长轴的标志线。底板的其他要求及操作规程参照 IEC 60249-1:1982 的规定。

3.4.2 应用

涂层应按 A 试样的制备方法进行涂覆制备(详见 3.1.3),然后按生产商提供的说明进行固化处理。

4 涂层试样的环境暴露

下列环境暴露程序应与 GB/T 20633.3—2011 里相关章节中所规定的试验方法结合使用。在某些情况下(详见附录 A),需要用一组试样在几个不同的环境条件下进行环境暴露试验。

注:常规试验一览表参阅附录 A。

4.1 热循环法

将 A 试样按 GB/T 2423.22—2002 中试验(Nb)的具体要求分别暴露在温度为(−55±5)℃、(125±5)℃和温度变化率为(12±2)℃/min 的环境中。在每个温度下持续暴露的时间为(25±2)min,循环次数为 20 次。

4.2 热冲击法

将试样 A 按 GB/T 2423.22—2002 中试验(Nb)的具体要求分别暴露在温度为(−55+5)℃ 和(125±5)℃环境中。在每个温度下持续暴露的时间应当为(25±2)min,循环次数为 20 次。

4.3 热老化法

4.3.1 试样

下列每种试验均应分别在五个 A 试样(见 3.1)和五个 B 试样(见 3.2)上进行。

4.3.2 方法

将试样暴露在温度为(125±2)℃的循环鼓风烘箱中,暴露时间为500 h。待最后冷却到(23±2)℃温度下,目测(见7.1)涂层粘附力的降低情况。

4.4 防潮湿性(湿热)

应采用GB/T 2423.3—2006中规定的暴露方法,持续暴露时间为96 h。

4.5 盐雾法

应采用GB/T 2423.17—2008的操作步骤。

4.6 低温,低气压及湿热暴露法

采用GB/T 2423.27—2005中规定的暴露方法,持续暴露时间为96 h。

5 试验方法(未固化时的涂料)

5.1 保存限期

按照下面的试验方法测试涂料的黏性,如果合适也可测试其荧光性(详见7.3)。

5.1.1 方法

按照IEC 60455-2:1998规定的试验方法之一来测定在标准状况下未固化涂料的黏性。

按照GB/T 20633.3—2011中所规定的温度条件,贮存在密封容器中的同一批次涂料可以储存一段时间。试验时打开容器,采用相同的方法测定涂料的黏性。贮存前后涂料黏性的测试温度为(23±0.5)℃。

由于所测黏性与采用的试验仪器关系密切(特别是对于具有非牛顿特性的液体),因此对测试标准状况下涂料的黏性或贮存后涂料的黏性,应采用同一种试验仪器。

5.1.2 试验报告

试验报告涂料储存前后的黏性。

6 电气性能的试验方法(涂层)

下列试验方法应与GB/T 20633.3—2011中规定的环境暴露法结合使用。

6.1 击穿电压

6.1.1 样品(试样)

将五个A试样与“Y”型电极相连接来进行试验。

6.1.2 试验方法

该试验通常作为环境暴露试验的最后项目,有关试验特性已列入GB/T 20633.3—2011中。

按GB/T 1408.1—2006的要求选用试验电压(快速升压法)。

6.2 高频介电性能(谐振下的特性)

待定。

6.3 绝缘电阻试验

6.3.1 样品(试样)

采用"梳状"电极(如图1所示),在五个A试样上来进行试验。

6.3.2 试验方法

a) 该试验通常为环境暴露试验的项目之一。有关试验特性已列入GB/T 20633.3—2011中。
   将"梳"状电极与高阻计的接线端相连。试验中采用(50±2)V的直流电压;高阻计的精确度应高于±10%。
   试样在整个暴露期间,应每隔(20±1)min进行一次测量。记录试验所施加的电压值以及相应的电阻读数。

注:试验中高阻计所指示的电阻值(电压与电流的比值)并非真实电阻,因为该值会受绝缘极化(作用)因数的影响。

最好使用更便捷的自动控制测量设备进行试验。

b) 如果用电阻变化来评估热老化作用对绝缘涂层的影响,我们应将试样置于温度为(23±2)℃、相对湿度为(50±5)%下处理(24±2)h,然后加上电压试验。持续施加电压时间为(60±5)s。

6.3.3 试验报告

试验结果为所有测量值的算术平均值,并报告测量的最小值。

7 非电气性能的试验方法(涂层)

7.1 目测

7.1.1 试样

采用A试样进行试验。

7.1.2 试验方法

应当在日光或其他正常光源下采用线性放大率约为×10倍的光学设备,以正常矫正视力来测试试样。对于含有荧光添加剂的涂料,应在黑暗环境下采用较长波长($\lambda \geqslant 350$ nm)的紫外线进行测试。

7.1.3 试验报告

对五个试样,任何一个试样铜导体上出现的空隙、孔洞、褶皱、条痕、变色、裂痕(纹)、分层、气泡或涂层脱落以及其他显示涂层粘附力减退等现象,均应如实记录,同时报告在试验中涂层变化情况的图例。

7.2 涂层厚度测量

7.2.1 试样

采用A试样进行试验。

7.2.2 试验方法

采用GB/T 13452.2—2008中第8章3B中的试验方法。测量点为沿A试样板边垫子的厚度。对每个垫子的厚度测量一次。被测A试样板的数量由GB/T 20633.3—2011规定。测量涂覆前后每个垫子的厚度,垫子上涂层的实际厚度即为前后两次所测垫子厚度的差值。

7.2.3 测量结果为所有垫子厚度读数的算术平均值。

7.3 涂层的荧光性

采用A试样进行试验。最好选用标准状况下的涂覆A试样和超过储存期的涂覆A试样分别进行涂层的荧光性试验。

7.3.1 试验方法

试样应在黑暗环境下采用波长较长($\lambda \geqslant 350$ nm)的紫外线进行检测。

7.3.2 试验报告

如果荧光性在视觉感官上很明显,在报告上应注明试验结果符合要求。试验按7.1.2中的试验方法进行。

7.4 涂层的黏性

7.4.1 试样

选用五个B试样进行试验(详见3.2)。

7.4.2 测量仪器

试验采用下列仪器:

a) 直径为20 mm,厚度为5 cm的柔软橡胶圆盘;

b) 一个重约500 g,接触面直径为20 mm的圆柱形砝码;

c) 漂白棉纤维制成的定量滤纸,直径或边缘大于30 mm,滤纸定量为(92±9)g/m^2,厚度为(205±30)μm,标称密度为0.45 g/cm^3,孔隙率为11 s/300 cm^3(ISO 5636-3:1992)。

7.4.3 试验方法

试验在(23±2)℃的温度条件下进行。将一张滤纸放置在试样上,但留出距试样边端10 mm宽的部分露在滤纸外面。然后将圆柱形砝码放在试样的中心位置,将柔软橡胶圆盘置于砝码和滤纸之间,并保证压力均匀分配在滤纸上。压力施加持续时间1 min后,将橡胶圆盘和砝码拿走,然后手持试样未被滤纸盖住的另一端,使试样和滤纸垂直放置,以检查在下列两种情况下滤纸是否脱离试样:

a) 轻微的振动;

b) 轻轻拍触滤纸。

7.4.4 试验结果及报告

当采用方法a)或方法b)时,滤纸自然地脱离试样且没有任何滤纸棉纤维留在试样涂层上,应在试验报告中写明“没有黏性”。

当采用方法a)或方法b)时,应用力强行使滤纸脱离试样,或可轻松使滤纸脱离试样但有大量滤纸纤维残留在试样涂层上,应在试验报告中写明“具有黏性”。

7.5 柔韧性

7.5.1 试样

选用五个B试样进行试验(详见3.2)。

7.5.2 试验方法

采用 GB/T 6742—2007 中的试验方法。在 2、3 级试验中，使用一个直径为 3 mm 的心轴，在 1 级试验中，使用直径为 6 mm 的心轴(如图 3 和图 4 所示)。试验应在日光或其他正常人造光线下采用线性放大率约为×10 倍的光学设备，以正常矫正视力测试。

7.5.3 试验结果及报告

任何一个试样若出现龟裂和裂化等现象，都应在试验报告中详细记录。

7.6 燃烧性

7.6.1 试验目的

试验证明涂层是否满足燃烧性条件。

7.6.2 试样

选用五个 D 试样进行试验(详见 3.4)。

7.6.3 试验方法

采用 GB/T 11020—2005 中的试验方法 V 来进行试验。

7.6.4 试验结果及报告

应在报告中写明按 GB/T 11020—2005 的试验说明、试验板型号与试验结果。

7.7 耐霉菌生长性

7.7.1 试样

选用五个 C 试样进行试验(详见 3.3)。

7.7.2 试验方法

采用 GB/T 2423.16—2008 中试验方法进行，试验持续时间为 28 d。

7.7.3 试验结果及报告

采用 GB/T 2423.16—2008 中第 14 章的方法进行，试验报告记录每个试样所测得的耐霉菌生长范围。

7.8 耐有机溶剂性

7.8.1 试验目的

试验证明：偶尔接触承载印制电路板的液体物质不会对涂层造成有害影响。根据 GB/T 20633.1—2006 的第 4 章，该试验仅适用于(普通用)1 级涂料。

7.8.2 液体试验

该试验应选用经供需双方认可的且适合应用的有机溶剂来进行试验。

7.8.3 试样

选用五个 A 试样进行试验(详见 3.1)。

7.8.4 测量仪器

试验应选用由惰性物质制成的容器。容器尺寸足以使整个试样能完全浸渍于其中。速冷却液体物质("冷却剂")除外。

一个毛发长度大致相同的钢刷。

7.8.5 试验方法

在温度为(23±2)℃环境中,将试样完全浸渍在试验液体中。浸渍时间为 2 min。如果是速冷却液体物质("冷却剂"),经过该环节处理后,应立即用钢刷朝同一个方向轻擦每一个试样。

然后采用目测方式查看每一个试样(详见 7.1)。

7.8.6 试验结果

试样如果出现整个或部分涂层变坏的迹象,如出现细裂纹,脱落或黏性现象等,都应详细记录。

7.9 涂层清除

7.9.1 试验目的

通过试验检验涂层能够从印制电路板上被清除但不会对电路板、衬[基]底或导线(体)等造成任何损坏。

7.9.2 试样

选用五个 A 试样进行试验(详见 3.1)。

试验方法:按供应商推荐的试验方法,将延伸到绝缘电阻梳上尺寸为 10 mm×10 mm 的涂层除去。按 GB/T 20633.1—2006 的要求,采用供货商推荐的一种溶剂除去涂层。然后采用目测方式检查每个试样(详见 7.1)。

7.9.3 试验结果

对于试样不能除去涂层,或在除涂层过程中对试样上的电路板、导线(体)、衬[基]底等造成损伤等,都应详细记录。

单位为毫米

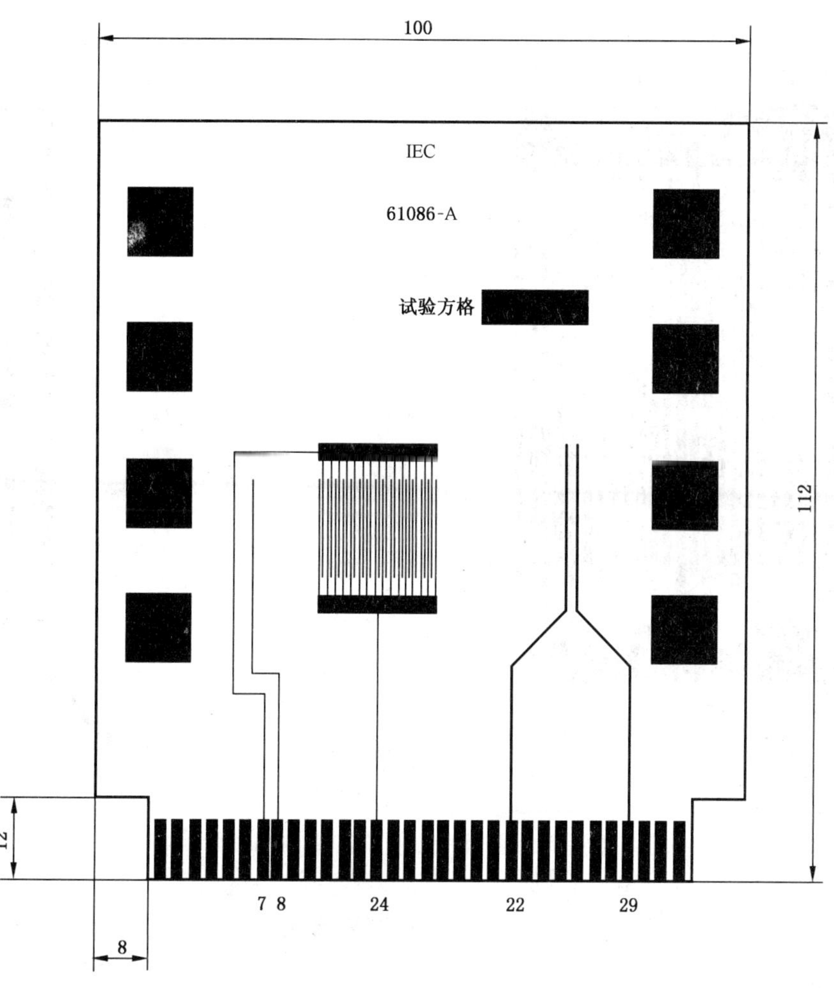

说明：

板材：FT4 1盎司铜(按GB/T 4722—1992要求)。

梳状电极：0.4 mm印制线，0.2 mm间距。

"Y"电极：0.76 mm印制线，0.76 mm间距。

正方形：10 mm×10 mm。

如无其他规定，允许偏差为±0.2 mm。

7：测量点。

8：隔离带。

22：击穿电压负极。

24：BIAS偏离值。

29：击穿电压正极。

图1 试样A

单位为毫米

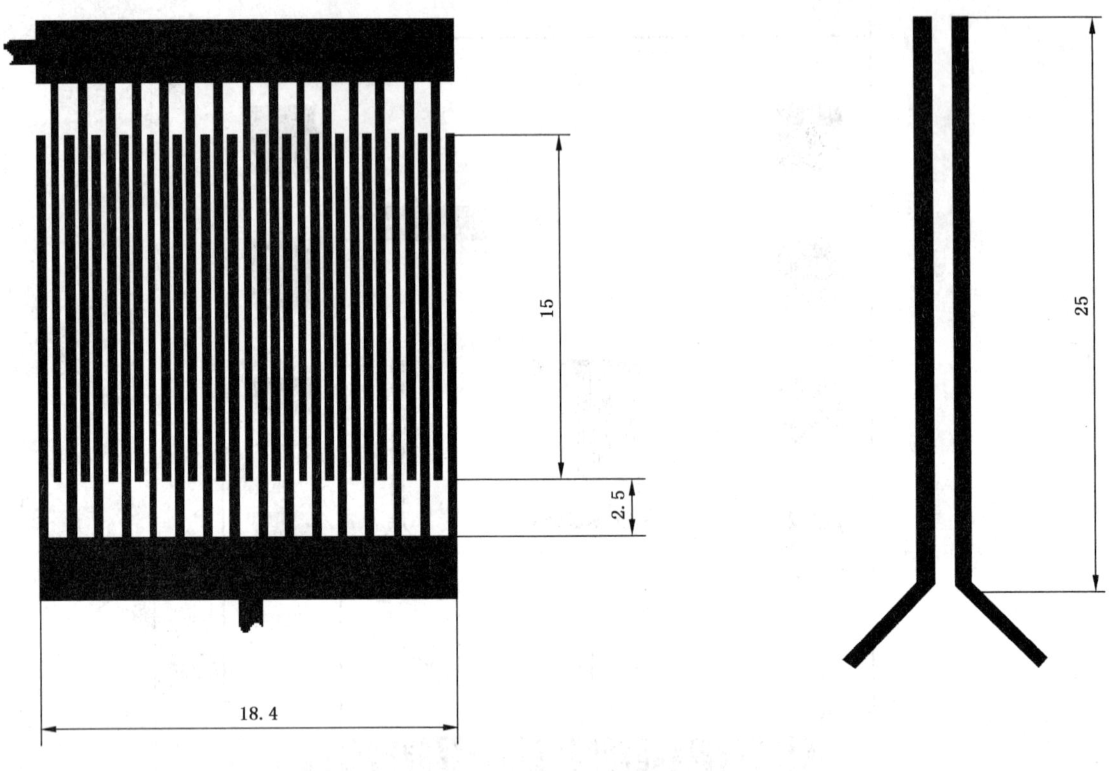

图 2 “梳”形和“Y”形电极

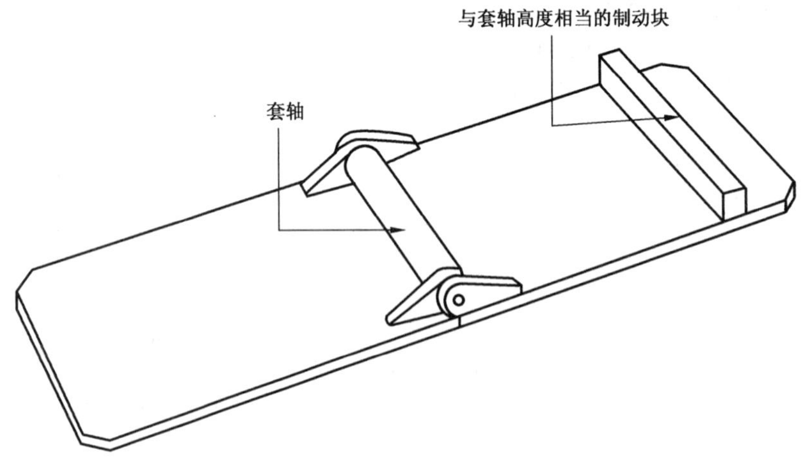

图 3 弯曲试验装置

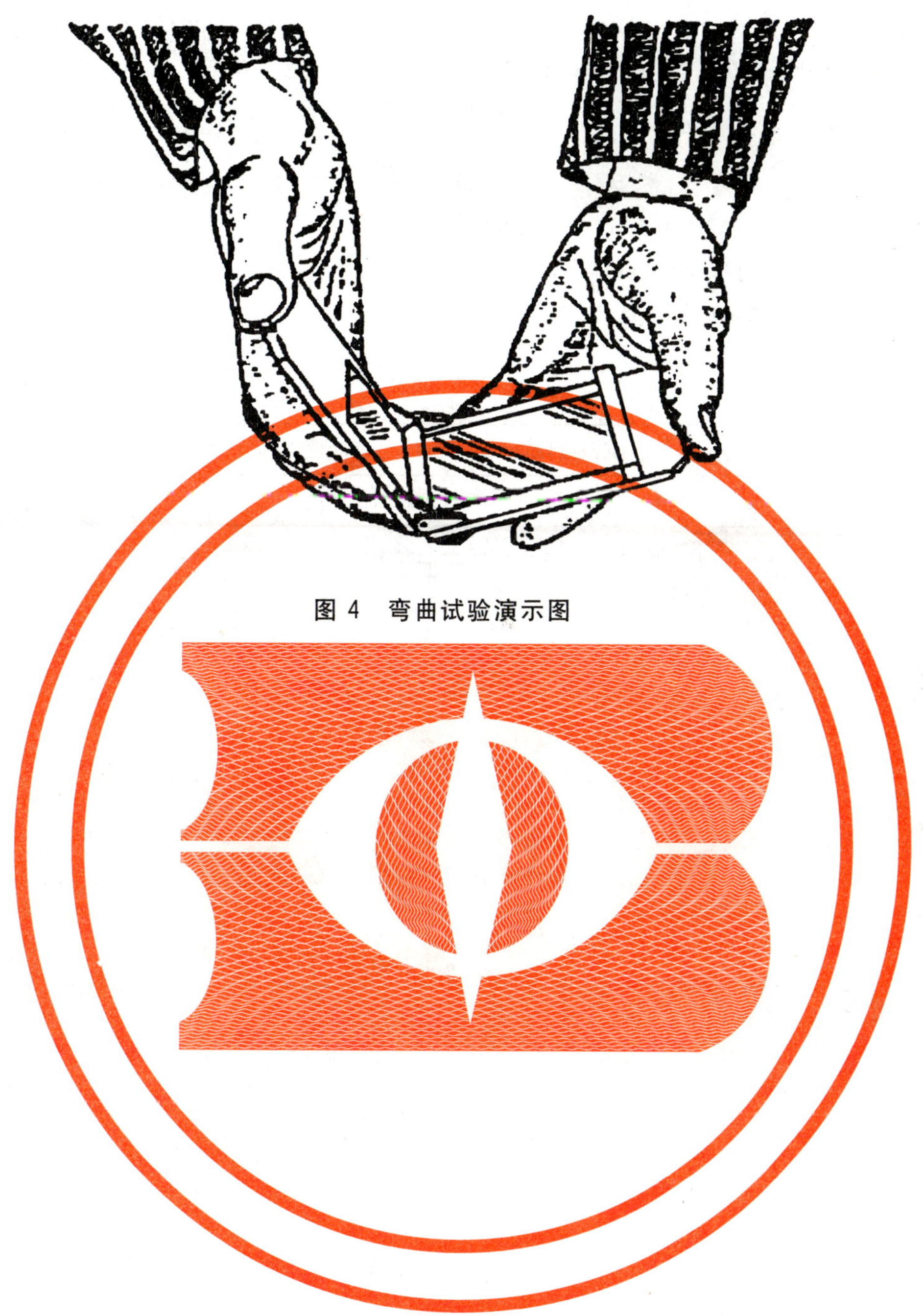

图 4　弯曲试验演示图

附 录 A
（规范性附录）
涂 层 试 样

下列试验方法将用在 GB/T 20633.3—2011 中。

每个试样均应进行每项试验（试样数量见表 A.1～表 A.4）。

如另有要求，还应测试涂料的适用期。

表 A.1 试样 A

试验程序（章条号）	试验阶段	试验性能（章条号）	试样数量（编号）
清洗（3.1.2）	涂覆前	表面清洁度	20(1-20)
涂覆（3.1）	涂覆前	厚度（7.2）	10(1-10)
涂覆（3.1）	涂覆		20(1-20)
涂覆（3.1）	涂覆后，暴露前	目测（7.1）	20(1-20)
涂覆（3.1）	涂覆后，暴露前	厚度（7.2）	10(1-10)
涂覆（3.1）	涂覆后，暴露前	荧光性（7.3）	20(1-20)
热循环（4.1）			20(1-20)
热循环（4.1）	暴露后	目测（7.1）	20(1-20)
热冲击（4.2）			20(1-20)
热冲击（4.2）	暴露后	目测（7.1）	20(1-20)
耐潮湿（4.4）			5(1-5)
耐潮湿（4.4）	暴露过程中	绝缘电阻（6.3）	5(1-5)
耐潮湿（4.4）	暴露后	击穿电压（6.1）	5(1-5)
热老化（4.3）			5(11-15)
热老化（4.3）		目测（7.1）	5(11-15)
热老化（4.3）		绝缘电阻（6.3）	5(11-15)
热老化（4.3）	暴露后	目测（7.1）	5(11-15)
热老化（4.3）		粘合力	5(11-15)
热老化（4.3）			5(11-15)
盐雾（4.5）			5(6-10)
盐雾（4.5）	在暴露处理过程	绝缘电阻（6.3）	5(6-10)
盐雾（4.5）	暴露处理后	击穿电压（6.1）	5(6-10)
低温/低气压/湿热（4.6）			5(16-20)
低温/低气压/湿热（4.6）	在暴露处理过程中	绝缘电阻（6.3）	5(16-20)
低温/低气压/湿热（4.6）	暴露处理后	击穿电压（6.1）	5(16-20)

表 A.2 试样 B

试验步骤(章条号)	试验阶段	试验性能(章条号)	试样数量(编号)
清洗处理(3.1.2)	涂覆前	表面清洁度	15(1-15)
涂覆(3.1)			15
	涂覆后,暴露前	目测(7.1)	5(1-5)
		厚度(7.2)	5(1-5)
		挠性测试(7.5)	5(1-5)
热冲击法 (温度急增法)(4.2)	暴露处理后	目测(7.1)	5(6-10)
		柔韧性测试(7.5)	5(6-10)
热老化法(4.3)	暴露处理后	目测(7.1)	
		柔韧性测试(7.5)	

表 A.3 试样 C

试验步骤(章条号)	试验阶段	试验性能(章条号)	试样数量(编号)
清洗处理(3.1.2)	涂覆前	表面清洁度	5(1-5)
涂覆(3.1)			5
	涂覆后,暴露前	目测(7.1)	5(1-5)
酶菌生长性	暴露处理后	目测(7.1)	5(1-5)

表 A.4 试样 D

试验步骤(章条号)	试验阶段	试验性能(章条号)	试样数量(编号)
清洗处理(3.1.2)	涂覆前	表面清洁度	5(1-5)
涂覆(3.1)			5
	涂覆后	目测(7.1)	5(1-5)
燃烧性(7.6)		燃烧性(7.6)	5(1-5)

ICS 29.035.99
K 15

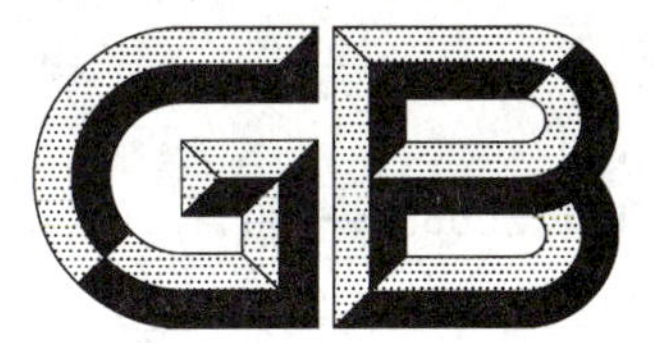

中华人民共和国国家标准

GB/T 20633.3—2011/IEC 61086-3-1:2004

承载印制电路板用涂料(敷形涂料)第3部分:一般用(1级)、高可靠性用(2级)和航空航天用(3级)涂料

Coatings for loaded printed wire boards (conformal coatings)—Part 3:Coatings for general purpose (Class 1), high reliability (Class 2) and aerospace (Class 3)

(IEC 61086-3-1:2004,Coatings for loaded printed wire boards (conformal coatings)—Part 3-1:Coatings for general purpose (Class 1), high reliability (Class 2) and aerospace (Class 3),IDT)

2011-12-30 发布　　2012-05-01 实施

中华人民共和国国家质量监督检验检疫总局
中国国家标准化管理委员会　发布

前　言

GB/T 20633《承载印制电路板用涂料(敷形涂料)》,分为以下几个部分:

——第1部分:定义、分类及一般要求;

——第2部分:试验方法;

——第3部分:一般用(1级)、高可靠性用(2级)和航空航天用(3级)涂料;

……

本部分为GB/T 20633的第3部分。

本部分按照GB/T 1.1—2009给出的规则起草。

本部分采用翻译法等同采用IEC 61086-3-1:2004(第2版)《承载印制电路板用涂料(敷形涂料) 第3-1部分:单项材料规范　一般用(1级)、高可靠性用(2级)和航空航天用(3级)涂料》。

本部分与IEC 61086-3-1:2004相比较,技术内容未变,仅在编辑格式上删除了IEC 60893-3-7中的“前言”和“引言”,将引言内容编入本部分的“前言”;将“规范性引用文件”中的IEC标准用已采标转化后的国家标准代替。

本部分由中国电器工业协会提出。

本部分由全国绝缘材料标准化技术委员会(SAC/TC 51)归口。

本部分主要起草单位:桂林电器科学研究院、桂林电子科技大学。

本部分起草人:罗传勇、祝晚华、戴培邦、宋玉侠、张波。

承载印制电路板用涂料(敷形涂料) 第3部分:一般用(1级)、高可靠性用(2级)和航空航天用(3级)涂料

1 范围

GB/T 20633的本部分规定了用于承载印制电路板用涂料(敷形涂料)的性能要求。

本部分适用于未固化涂料和应用到特定电路板上的涂料。

2 规范性引用文件

下列文件对于本文件的应用是必不可少的。凡是注日期的引用文件,仅注日期的版本适用于本文件。凡是不注日期的引用文件,其最新版本(包括所有的修改单)适用于本文件。

GB/T 20633.1—2006 承载印制电路板用涂料(敷形涂料) 第1部分:定义、分类和一般要求(IEC 61086-1:2004,IDT)

GB/T 20633.2—2011 承载印制电路板用涂料(敷形涂料) 第2部分:试验方法(IEC 61086-2:2004,IDT)

3 命名

涂料命名方法按GB/T 20633.1—2006的规定。

4 性能要求

涂料应满足GB/T 20633.1—2006中第4章的一般要求。当按GB/T 20633.2—2011方法试验时,涂料应满足表1、表2、表3、表4及表5的要求。

表1 A试样

a) 1级

程序(GB/T 20633.2—2011中章条)	阶段	试验性能(GB/T 20633.2—2011中章条)	样品数量(标志)	要求
清洗(3.1.2)	—	萃取物电导率或离子含量(3.1.2)	全部	<50 μSm⁻¹或<1.55 μg/cm² NaCl[a]
涂覆(3.1)	涂覆前	厚度(7.2)	10(1-10)	记录板的厚度
	涂覆时	—	20(1-20)	—
	涂覆后,暴露前	目视检查(7.1)	20(1-20)	观察[b]
		厚度(7.2)		见表5
		荧光(性)(7.3)		若需要应可见

表 1（续）

a） 1 级

程序（GB/T 20633.2—2011 中章条）	阶段	试验性能（GB/T 20633.2—2011 中章条）	样品数量（标志）	要求
热循环(4.1)	—	—	20(1-20)	—
	暴露后	目视检查(7.1)	20(1-20)	观察[b]
		粘着力	20(1-20)	涂层不应分层或剥落
热冲击(4.2)	—	—	20(1-20)	—
	暴露后	目视检查(7.1)	20(1-20)	观察[b]
		粘着力	20(1-20)	涂层不应分层或剥落
湿热(防潮湿)(4.4)	—	—	5(1-5)	—
	暴露过程中	绝缘电阻(6.3)	5(1-5)	不低于 $1\times10^9\ \Omega$
	暴露后	击穿电压(6.1)	5(1-5)	报告击穿电压值

[a] 清洗设备的指示器为 μg/in² NaCl，1.5 μg/cm² 等同于 10 μg/in²。

[b] 目视检查要求：不应有空隙、孔眼、皱纹、脱皮、破裂、裂纹或涂层凹凸不平，铜导体也不应变色。

表 1（续）

b） 2 级

程序（GB/T 20633.2—2011 中章条）	阶段	试验性能（GB/T 20633.2—2011 中章条）	样品数量（标志）	要求
清洗(3.1.2)	—	萃取物电导率或离子含量(3.1.2)	全部	<50 μSm⁻¹ 或 <1.55 μg/cm² NaCl[a]
涂覆(3.1)	涂覆前	厚度(7.2)	10(1-10)	记录板的厚度
	涂覆时	—	20(1-20)	—
	涂覆后，暴露前	目视检查(7.1)	20(1-20)	观察[b]
		厚度(7.2)		见表 5
		荧光(性)(7.3)		若需要应可见
热循环(4.1)	—	—	20(1-20)	—
	暴露后	目视检查(7.1)	20(1-20)	观察[b]
		粘着力	20(1-20)	涂层不应分层或剥落
热冲击(4.2)	—	—	20(1-20)	—
	暴露后	目视检查(7.1)	20(1-20)	观察[b]
		粘着力	20(1-20)	涂层不应分层或剥落
湿热(防潮湿)(4.4)	—	—	5(1-5)	—
	暴露过程中	绝缘电阻(6.3)	5(1-5)	不低于 $1\times10^9\ \Omega$
	暴露后	击穿电压(6.1)	5(1-5)	报告击穿电压值
盐雾(4.5)	—	—	5(6-10)	—
			5(6-10)	不低于 $1\times10^9\ \Omega$
			5(6-10)	报告击穿电压

[a] 清洗设备的指示器为 μg/in² NaCl，1.5 μg/cm² 等同于 10 μg/in²。

[b] 目视检查要求：不应有空隙、孔眼、皱纹、脱皮、破裂、裂纹或涂层凹凸不平，铜导体也不应变色。

表 1(续)

c) 3级

程序（GB/T 20633.2—2011 中章条）	阶段	试验性能（GB/T 20633.2—2011 中章条）	样品数量（标志）	要求
清洗(3.1.2)	—	萃取物电导率或离子含量(3.1.2)	全部	$<50\ \mu Sm^{-1}$ 或 $<1.55\ \mu g/cm^2$ NaCl[a]
涂覆(3.1)	涂覆前	厚度(7.2)	10(1-10)	记录板的厚度
	涂覆时	—	20(1-20)	—
	涂覆后，暴露前	目视检查(7.1)	20(1-20)	观察[b]
		厚度(7.2)		见表 5
		荧光(性)(7.3)		若需要应可见
热循环(4.1)	—	—	20(1-20)	—
	暴露后	目视检查(7.1)	20(1-20)	观察[b]
		粘着力	20(1-20)	涂层不应分层或剥落
热冲击(4.2)	—	—	20(1-20)	—
	暴露后	目视检查(7.1)	20(1-20)	观察[b]
		粘着力	20(1-20)	涂层不应分层或剥落
湿热(防潮湿)(4.4)	—	—	5(1-5)	—
	暴露过程中	绝缘电阻(6.3)	5(1-5)	不低于 $1\times10^9\ \Omega$
		击穿电压(6.1)	5(1-5)	报告击穿电压值
盐雾(4.5)	—	—	5(6-10)	—
			5(6-10)	不低于 $1\times10^9\ \Omega$
			5(6-10)	报告击穿电压
冷却/施压/湿热(4.6)	—	—	5(11-15)	—
	暴露过程中	绝缘电阻(6.3)	5(11-15)	不低于 $1\times10^9\ \Omega$
	暴露后	击穿电压(6.1)	5(11-15)	报告击穿电压值

[a] 清洗设备的指示器为 $\mu g/in^2$ NaCl，$1.5\ \mu g/cm^2$ 等同于 $10\ \mu g/in^2$。

[b] 目视检查要求：不应有空隙、孔眼、皱纹、脱皮、破裂、裂纹或涂层凹凸不平，铜导体也不应变色。

表 2　B 试样

程序 (GB/T 20633.2—2011 中章条)	阶段	试验性能 (GB/T 20633.2—2011 中章条)	样品数量 (标志)	要求
清洗(3.1.2)	—	离子含量(3.1.2)	—	—
涂覆(3.1)	—	—	10	—
	涂覆后,暴露前	目视检查(7.1)	5(1-5)	观察[a]
		厚度(7.2)	5(1-5)	涂层不应发粘
		柔软性(7.5):1 级,6 mm 芯轴;2 级和 3 级:3 mm 芯轴	5(1-5)	不应有破裂或裂纹
热冲击(4.2)	暴露后	目视检查(7.1)	5(6-10)	观察
		柔软性(7.5):1 级,6 mm 芯轴;2 级和 3 级:3 mm 芯轴	5(6-10)	不应有破裂或裂纹

[a] 目视检查要求:不应有空隙、孔眼、皱纹、脱皮、破裂、裂纹或涂层凹凸不平,铜导体也不应变色。

表 3　C 试样

程序 (GB/T 20633.2—2011 中章条)	阶段	试验性能 (GB/T 20633.2—2011 中章条)	样品数量 (标志)	要求
清洗(3.1.2)	—	萃取物电导率或离子含量(3.1.2)	全部	$<50\ \mu Sm^{-1}$ 或 $<1.55\ \mu g/cm^2$ NaCl[a]
涂覆(3.1)	—	—	5	—
	涂覆后,暴露前	目视检查(7.1)	5(1-5)	观察[b]
霉菌生长(7.7)	暴露后	目视检查(7.1)	5(1-5)	不大于 1 级水平

[a] 清洗设备的指示器为 $\mu g/in^2$ NaCl,1.5 $\mu g/cm^2$ 等同于 10 $\mu g/in^2$。

[b] 目视检查要求:不应有空隙、孔眼、皱纹、脱皮、破裂、裂纹或涂层凹凸不平,铜导体也不应变色。

表 4　D 试样

程序 (GB/T 20633.2—2011 中章条)	阶段	试验性能 (GB/T 20633.2—2011 中章条)	样品数量 (标志)	要求
清洗(3.1.2)	—	萃取物电导率或离子含量(3.1.2)	全部	$<50\ \mu Sm^{-1}$ 或 $<1.55\ \mu g/cm^2$ NaCl[a]
涂覆(3.1)	—	—	5	—
	涂覆后,暴露前	目视检查(7.1)	5(1-5)	观察[b]
燃烧性(7.6)	—	燃烧性(7.6)	5(1-5)	燃烧时间不大于 10 s,自熄时间为 4 s 之内

[a] 清洗设备的指示器为 $\mu g/in^2$ NaCl,1.5 $\mu g/cm^2$ 等同于 10 $\mu g/in^2$。

[b] 目视检查要求:不应有空隙、孔眼、皱纹、脱皮、破裂、裂纹或涂层凹凸不平,铜导体也不应变色。

表 5 涂层厚度

树脂类型	代码	涂层厚度/μm
丙烯酸	A	25～75
环氧	EP	25～75
有机硅	Si	25～200
聚氨酯	PUR	25～75
齐聚物混合材料	OL	25～75
对二甲苯	XY	5～25